Hydraulique industrielle

Théorie et exercices

Marc Julien, ing.

JFD Éditions

Hydraulique industrielle : théorie et exercices
Marc Julien, ing.

Catalogage avant publication de Bibliothèque et Archives nationales du Québec et Bibliothèque et Archives Canada

Julien, Marc, ing.

Hydraulique industrielle : théorie et exercices

ISBN 978-2-924651-39-1

1. Hydraulique - Manuels d'enseignement supérieur. 2. Technologie hydraulique - Manuels d'enseignement supérieur. 3. Manuels d'enseignement supérieur.

TC160.J84 2017 627 C2017-940496-2

Les Éditions JFD inc.
CP 15 Succ. Rosemont
Montréal (Québec) H1X 3B6
Téléphone : 514-999-4483
Courriel : info@editionsjfd.com
www.editionsjfd.com

ISBN 978-2-924651-39-1

Dépôt légal : 3e trimestre 2017
Bibliothèque et Archives nationales du Québec
Bibliothèque et Archives Canada

Infographie et graphisme : Jean-Sébastien Delorme et Maude Gauthier
Correction : Marie Vezina

Imprimé au Québec, Canada

Table des matières

Chapitre 5
Montage hydraulique : en ligne, sandwich et cartouche

Chapitre 6
Valves de distribution

Chapitre 7
Valves de contrôle de débit et d'isolement

Chapitre 8
Clapet antiretour

Chapitre 9
Valves de contrôle de pression

Chapitre 10
Contrôle par saignage (venting)

Chapitre 11
Valves de contrebalance

Chapitre 12
Moteurs

Chapitre 13
Vérins

Chapitre 14
Pompes

Chapitre 15
Hydrauliques pour équipement mobiles

Chapitre 16
Fluides hydrauliques

Chapitre 17
Filtration

Chapitre 18
Unités hydrauliques

Chapitre 19
Conditionnement de la température d'huile

Chapitre 20
Accumulateurs

1 Introduction

Ce manuel a pour but de réunir l'information nécessaire pour former un technicien en hydraulique dans le cadre de leur formation au niveau collégial. Le manuel a été rédigé dans le cadre de la formation des techniciens en maintenance industrielle qui cumulent un total de trois cours (75 heures - 105 heures - 75 heures) en hydraulique, au CÉGEP du vieux Montréal.

Ce manuel présente les notions théoriques, et par choix, ne contient pas les informations pour des laboratoires. À la fin de chaque chapitre se trouvent des exercices. Il y a trois niveaux de question, soit niveau 1 à 3. Le niveau est rattaché au cours basé sur la formation en technique de maintenance industrielle, soit les exercices de niveau #1 pour cours #1, soit les exercices de niveau #2 pour cours #2, soit les exercices de niveau #3 pour cours #3.

Le domaine hydraulique est très large et il n'est pas de la prétention de ce manuel de faire un tour complet sur tous les aspects et subtilités du domaine.

L'approche sera bien souvent de considérer les systèmes hydrauliques industriels ayant un débit toujours suffisant pour maintenir la pression. Ce sont les systèmes qui demandent une bonne compréhension des phénomènes de pertes de charge, ce qui constitue une des bases importantes des systèmes hydrauliques. Rappelons que les réseaux d'aqueduc répondent à cette définition.

Le manuel fournira bien entendu de l'information pour les systèmes plus petits où l'on s'attend à ce que la pression varie, mais principalement pour les équipements mobiles ou encore les systèmes avec très peu de mouvement.

Il y a une emphase sur les notions de perte de charges à travers les composantes afin d'obtenir une pression utile de fonctionnement en deçà la pression d'opération de la pompe. C'est une notion importante pour bien comprendre le fonctionnement d'un circuit, et aussi pour trouver des solutions à des problèmes que l'on rencontre.

Le manuel ne couvre pas les circuits à cartouche pour les circuits avec des débits très importants. Ces circuits sont une spécialité en soi.

Il ne sera pas question des circuits logiques utilisant des valves de séquence. Ce n'est pas très compliqué et cette technologie présente de moins en moins d'intérêt aujourd'hui avec les systèmes automatisés utilisant des automates.

1.1 Plan d'enseignement, technique de maintenance industrielle

Un plan d'enseignement est bâti autour des compétences visées par le ministère de l'Éducation et qui reste sujet à une certaine interprétation de l'enseignement. Ainsi, le contenu de cette section est très personnel et a le but d'établir certaines réflexions et aides aux enseignements désirant utiliser ce manuel dans le cadre de leurs cours. Je ne considère pas que le plan d'enseignement est parfait, et je tiens pour acquis qu'il évoluera encore beaucoup.

Tel que décrit précédemment, le manuel a été créé dans le cadre de l'enseignement de trois cours hydrauliques faisant partie de la formation de techniciens en maintenance industrielle. Les prochaines pages présentent le plan de cours utilisé avec l'orientation prise. Un plan de cours est quelque chose de dynamique et change sans cesse.

1.1.1 Cours #1

AU CÉGEP du vieux Montréal, le premier cours hydraulique se déroule en première session aux étudiants qui arrivent du secondaire. Le plan d'enseignement est fait en tenant compte des objectifs suivants :

- Être en mesure de comprendre les notions de base de l'hydraulique, soit Pression, Débit, Rendement;
- Être en mesure de sélectionner un vérin hydraulique;
- Comprendre le phénomène de surpression dans un vérin hydraulique;
- Être en mesure de sélectionner un moteur hydraulique;

- Être en mesure de sélectionner une pompe hydraulique;
- Être en mesure de concevoir des circuits avec plusieurs vitesses;
- Être en mesure de schématiser un circuit hydraulique de façon traditionnelle.

Ce qui n'est pas vu en détail :

- Le détail interne des composantes;
- La notion des pertes de charge;
- La sélection des composantes avec des catalogues en tenant compte des pertes de charge.

Sem.	Activités d'apprentissage	Chapitre
1	• Introduction à l'hydraulique • Généralités sur physique du mouvement en lien avec l'hydraulique • Introduction aux mouvements hydrauliques	2, 3.1 à 3.7
2	• Représentation d'un circuit hydraulique • Les pressions : • Valves de distribution	4, 6.1, 6.2, 6.3
3	• Régulateur de débit • Clapet anti-retour • Les vérins	7 (sauf 7.2.2 et 7.2.3), 8, 13 (pas 13.6, 13.7, 13.9, 13.10)
4	• Les vérins • Actuateurs rotatifs	13 (sauf 13.6, 13.7, 13.9, 13.10)
5	• Contrôle de pression, valves • Valves de décharge • Circuit typique équipement mobile • Circuit typique équipement fixe	9.1, 9.2, 9.3, 14 (notions des rendements et valves de ctl de pression), 29.1
6	• Retour sur les valves de contrôle de pression • Schématisation • Indications importantes sur schéma hydraulique • Lecture de schémas	4, 30
7	Examen	
8	• Les moteurs hydrauliques	12 (sauf 12.4, 12.8)
9	• Retour sur les moteurs hydrauliques • Pompes hydrauliques	14 (sauf 14.6, 4.7)
10	• Retour sur les pompes hydrauliques • Comportement du circuit avec pompe ayant un débit moins important que la demande hydraulique • Comportement du circuit avec pompe ayant un débit plus important que la demande hydraulique	14, 30

Sem.	Activités d'apprentissage	Chapitre
11	• L'unité hydraulique • Accumulateur	18, 19 (brièvement), 20 (brièvement)
12	• Raccords hydrauliques • Tubes • Boyaux	23
13	• Révision	
14	• Examen théorique final	

1.1.2 Cours #2

AU CÉGEP du vieux Montréal, le deuxième cours hydraulique se déroule en quatrième session. Ce cours est très dense et déborde sur le cours #3. Le plan d'enseignement est fait en tenant compte des objectifs suivants :

- Comprendre les notions vues dans le cours #1;
- Être en mesure de comprendre les notions de perte de charge dans les composantes et les circuits;
- Développer un sens critique face aux spécifications et aux technologies disponibles;
- Être en mesure de concevoir des circuits avec saignage;
- Être en mesure de faire la sélection des composantes pour un équipement fixe;
- Comprendre le montage en ligne, en sandwich ainsi que dans un bloc personnalisé;
- Comprendre les différences entre les valves de protection de pression (décharge) versus les valves de réduction de pression, dans des circuits fixes et mobiles;
- Être en mesure de schématiser un circuit hydraulique en sandwich.

Bien que la pneumatique soit au programme, la théorie est rapidement vue étant donné que les étudiants ont reçu d'autres cours avec la pneumatique. Ainsi, la théorie sur cette matière est vue avec une approche plus globale et se limitant aux notions qui n'ont pas été vues dans les autres cours.

Sem.	Activités d'apprentissage	Chapitre
1	• Revue des notions de base en mécanique • Revue des notions de base en hydraulique • Représentation d'un schéma hydraulique	2, 3, 4
2	• Perte de charge dans trous fixes • Type de montage • Valves de distribution	3.3, 5, 6
3	• Valves de contrôle de débit • Clapets anti-retour	7, 8
4	• Vérin	13
5	• Pompe hydraulique	14

Sem.	Activités d'apprentissage	Chapitre
6	• Valves de contrôles de pression, limitation de pression	9
7	• Valves de contrôles de pression, réduction de pression, et combinées • Contrôle par saignage	9, 10
8	• Examen #	
9	• Valves de contrebalance	11
10	• Moteur hydraulique	12
11	• Tuyauterie et raccords	23
12	• Unité hydraulique • Accumulateur	18, 20
13	• Système de conditionnement de l'huile • Diviseur de débit • Analyse de circuits • Démarrage de système	19, 21, 30, 25
14	• Valves pour équipements mobiles • Introduction aux systèmes hydrostatiques	15, 28
15	• Pneumatique	22
16	• Examen	

1.1.3 Cours #3

Le cours #3 touche essentiellement la compréhension des circuits avec contrôle de vitesse tels que l'on retrouve pour les circuits avec valves proportionnelles. Les directives du ministère sont claires quant aux compétences visées dans ce cours. En tant qu'enseignant, je me questionne souvent sur la pertinence de l'atteinte de ces compétences dans le milieu collégial alors que cette matière est du niveau universitaire sur plusieurs aspects. Une introduction aurait pu être suffisante à mon avis. Ceci étant dit, le cours tel que construit tente de répondre aux attentes ministérielles. Le cours #2 étant très chargé, le cours #3 complète certaines notions laissées à l'écart par faute de temps.

AU CÉGEP du Vieux Montréal, le troisième cours hydraulique se déroule en cinquième session. Le plan d'enseignement est fait en tenant compte des objectifs suivants :

- Comprendre les notions vues dans le cours #1 et #2;
- Être en mesure de comprendre les notions d'oscillation naturelle et leurs causes;
- Être de mesure de contrer les oscillations naturelles;
- Comprendre les notions de contrôles analogiques et discrètes;
- Développer un sens critique face aux spécifications et aux technologies disponibles;
- Être en mesure de concevoir des circuits avec saignage proportionnelle;
- Être en mesure de faire la sélection des composantes pour un équipement fixe;
- Être en mesure de sélectionner les composantes proportionnelles en fonction des critères de signaux nécessaires pour un contrôle adéquat.

Dans ce cours, il y a beaucoup de temps consacré à la compréhension des phénomènes de contrôle et du temps de réaction électronique et mécanique. Tout n'est pas dans les notes de cours. Au même titre, les valves servos sont discutées bien que non couvertes par le présent manuel.

Sem.	Activités d'apprentissage	Chapitre
1	• Retour sur les notions de perte de charge • Introduction aux valves proportionnelles	2, 3, 26.1, 26.2
2	• Fluide hydraulique	16
3	• Langage lié à l'asservissement • Valve de vitesse proportionnelle	26.3
4	• Valves directionnelles proportionnelles • Sélection d'une valve directionnelle proportionnelle	26.3
5	• Carte de contrôle, valve directionnelle	
6	• Carte de contrôle, directionnelle • Ordre de priorité des consignes	
7	• Carte de contrôle, directionnelle • Ordre de priorité des consignes • Contrôle par un automate	
8	• Examen	
9	• Sélection d'une valve directionnelle proportionnelle	26.4
10	• Sélection d'une valve directionnelle proportionnelle	26.5
11	• Protection d'un circuit avec valve proportionnelle directionnelle	26.6 & 26.7
12	• Valve proportionnelle de pression	27
13	• Filtration et ses composantes	17
14	• Circuit hydrostatique	28
15	• Examen	

1.2 Plan d'enseignement, technique de génie mécanique

Je n'ai pas enseigné pour ces étudiants. Le temps alloué à la formation de ces techniciens est par beaucoup inférieur à la formation de maintenance industrielle. D'un autre côté, l'expertise ayant conduit à l'écriture de ce manuel est rattachée à l'expérience en tant que concepteur de circuit et d'équipement industriel.

Je crois que la compréhension des circuits en sandwich peut conduire à une connaissance pertinente et aidante. Les notions de pertes de charge sont extrêmement importantes pour la sélection des composantes avec succès. Ainsi, je crois que la base du cours devrait suivre les objectifs du cours #2 de technique de maintenance industrielle.

2 Quelques notions de base

Ce chapitre présente quelques notions générales qui ne sont pas obligatoirement liées au domaine hydraulique.

2.1 Surface

En hydraulique, il est essentiel de comprendre les notions de surfaces. Lorsqu'un fluide sous pression pousse sur une paroi, la force qui est créée est proportionnelle à la surface sur laquelle s'applique ladite pression.

On retrouve essentiellement des surfaces rondes en hydraulique comme pour le cas des vérins et des accumulateurs hydrauliques.

L'équation de l'aire d'un cercle, dont il devient rapidement essentiel de mémoriser, est :

$$A = \frac{\pi d^2}{4} = \pi r^2$$

Le « d » étant le diamètre d'un cercle, et « r » le rayon, soit « r = d/2 ».

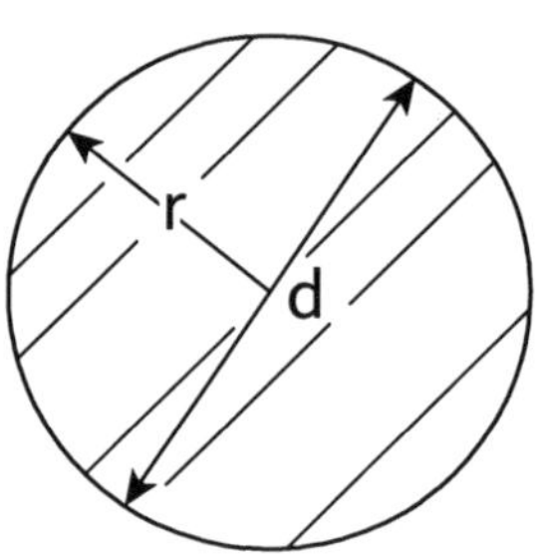

L'équation de l'aire d'un anneau, dont il devient elle-aussi rapidement essentiel de mémoriser, est :

$$A = \frac{\pi\left(D^2 - d^2\right)}{4}$$

$$A = \pi\left(R^2 - r^2\right)$$

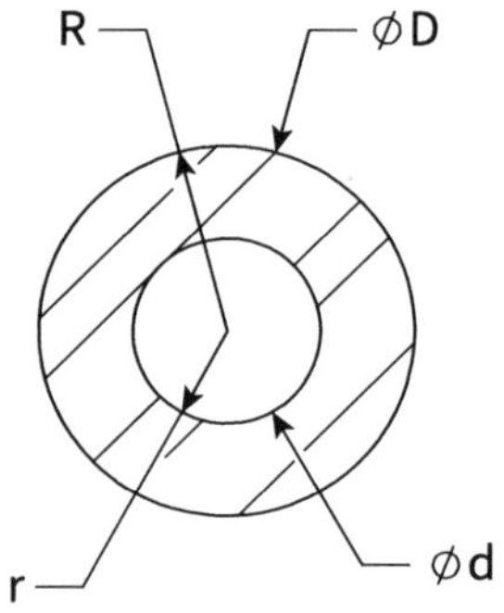

On retrouve parfois des surfaces rectangulaires dont l'équation de son aire est tout simplement :

$$A = ab$$

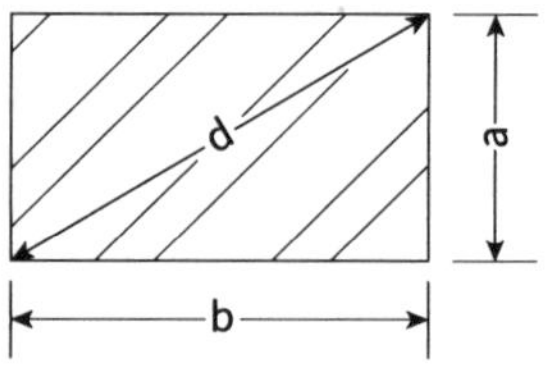

Les unités les plus communes que l'on utilise dans le système impérial sont le pouce carré (po^2), ou encore le millimètre carré (mm^2) dans le système métrique.

2.2 Volume

Un volume se représente par un objet en trois dimensions, qui possède une hauteur, une profondeur ainsi qu'une épaisseur. C'est une autre mesure essentielle en hydraulique.

On retrouve souvent dans le domaine hydraulique des volumes dont la forme est tout simplement un cylindre que l'on doit emplir.

$$V = \frac{\pi h d^2}{4} = \pi h r^2$$

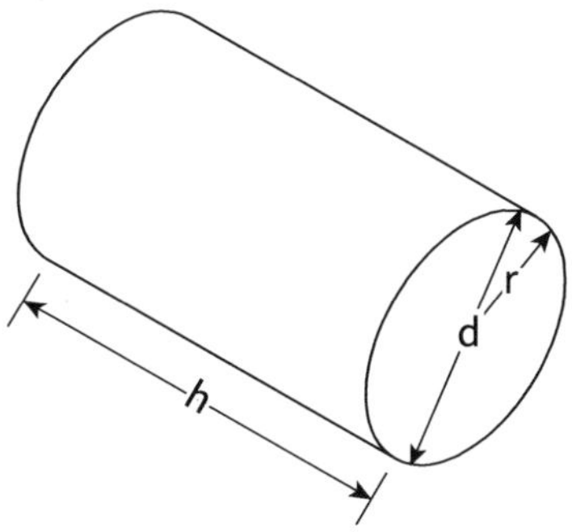

On retrouve aussi les volumes comme les réservoirs, dont l'équation du volume est :

$$A = abc$$

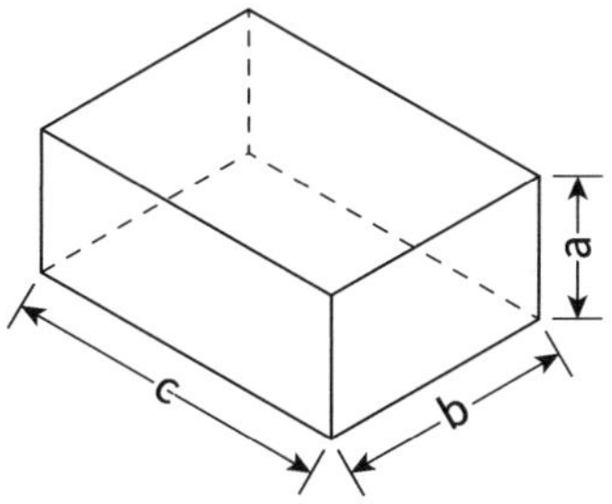

Les unités les plus communes que l'on utilise dans le système impérial sont le pouce cube (po^3), le gallon US (gal US), et dans le système métrique, le centimètre cube (cm^3, CC) ou encore le litre (L).

231 po^3	=	1 gal US
1 gal IMP	=	1,2 gal US
1 gal US	=	3,785 L
1 po^3	=	16,39 cm^3

1L	=	1 000 000 mm^3
1L	=	1 000 cm^3
1L	=	61,02 po^3
1 cm^3	=	0,061 po^3

2.3 Masse, force et moment

pour parler de force, il faut d'abord faire la distinction entre une masse et une force. La masse d'un objet est constante que nous soyons sur la Terre ou dans l'espace. C'est en quelque sorte la quantité de matière. La masse est constante pour les vitesses dans lesquelles nous avons affaire dans la vie de tous les jours. Dire que la masse varie demande une plus grande connaissance des systèmes d'équations relevant de la relativité d'Einstein, et devient pertinent à des vitesses se rapprochant de la vitesse de la lumière. Retenez donc qu'elle est constante. La masse s'exprime en kilogramme dans le système métrique, puis en slug dans le système impérial. Cependant, l'unité slug est très rarement utilisée.

Une force peut être représentée comme l'effort requis pour retenir une masse dans un système de gravitation tel que celui de la Terre. La force s'exprime en Newton dans le système métrique et en livre-force dans le système impérial. Ainsi, sur Terre, retenir une masse de 1 kg demandera une force de 9,8 Newtons (N), car la Terre entraîne vers son centre les objets selon une accélération moyenne de 9,8 m/s^2. Dans le système impérial, pour retenir une masse de 1 slug, il faudra 32,2 livres-force.

C'est ici que ça se complique, car lorsque nous travaillons avec le système d'unités impérial, nous parlons généralement d'une masse de 1 livre par exemple. Il s'agit donc d'une livre-masse. Dans la vie courante, nous faisons la distinction entre livre-masse et livre-force afin de s'assurer que nous ayons une compréhension commune. Alors, si nous poussons une voiture d'une masse de 2 000 livres (livres-masses, 909 kg), en supposant une friction de 1,5 %, il faudra une force de 30 livres (livres-force, 134 N) pour la déplacer. Il faut donc porter une attention particulière pour ne pas créer de confusion. L'abréviation de la livre est lb, et nous provient du mot latin *libra*.

Il faut voir une force comme un vecteur qui possède une grandeur et une direction. Si nous poussons la voiture décrite précédemment, nous devrons fournir un effort de pousser de 134 N dans le sens du déplacement de l'auto.

Un moment est l'équivalent du couple, mais le terme moment représente une notion plus générale. Le moment est le fruit d'une force appliquée multipliée par une distance. Si nous prenons une clé dynamométrique, que cette clé a une longueur de 50 cm, que nous appliquons une force de 100 N en prenant soin que cette force soit orientée à 90 degrés de l'outil, nous obtenons alors un moment de 100 N × 50 cm = 5 000 N cm = 50 N.m. En définitive, un moment est le produit d'une force et d'une distance normale par rapport à un point. Sur les clés dynamométriques, nous retrouvons plusieurs unités, soit : N.m ou kg.m; lb.ft ou lb.in.

2.4 Inertie

Le concept d'inertie est relativement abstrait. On peut résumer que l'inertie représente la capacité d'un objet à vouloir demeurer à l'état d'origine de référence. Ainsi, l'inertie fera en sorte qu'un effort devra être fourni afin de prendre un objet initialement immobile puis de lui donner du mouvement. À l'inverse, un effort devra être fourni afin de prendre un objet en mouvement puis de l'amener à l'état immobile.

Lorsque l'on tente d'accélérer un équipement roulant, il s'agit d'appliquer une force plus grande que nécessaire et de se retrouver avec un système qui respecte $\sum F=ma$. Un équipement a normalement une résistance au roulement, une résistance aérodynamique et possiblement un mouvement sur un plan incliné. Si la force motrice est plus grande que ces forces résistives, on se retrouve alors avec un équipement qui accélère. Parfois, il est très important de tenir compte de l'inertie pour accélérer la masse dans l'élaboration des systèmes hydrauliques, alors que parfois ce n'est pas nécessaire si les vitesses sont basses et que nous ne sommes pas tenus de suivre une accélération précise. Un système hydraulique est toujours plus fort à l'arrêt qu'à pleine vitesse où les pertes de charge sont maximales au travers des composantes.

Nous retrouvons le même phénomène avec les mouvements rotatifs où l'on retrouve une accélération de rotation lorsque la relation $\Sigma M \neq 0$. Dans ce cas, l'accélération tiendra compte de l'inertie de rotation. Nous avons rarement besoin de faire ce genre de calcul en hydraulique.

2.5 Accélération

L'accélération représente la capacité à changer de vitesse. Lorsque la vitesse est constante, il s'en suit une accélération nulle.

Si nous nous lançons dans le vide du haut d'un plongeon d'une piscine, au départ notre vitesse est nulle, nous sommes à l'arrêt. Ensuite, notre corps prend de la vitesse en direction de la piscine. Pendant ce laps de temps, c'est la gravité terrestre qui nous attire vers son centre. À ce moment, notre accélération est gérée par les seules forces de la nature et l'accélération atteint une valeur de 9,81 m/s^2. Que veut dire ce nombre? Cela indique que notre vitesse corporelle change de 9,81 m/s à toutes les secondes. Ainsi, après une seconde la vitesse atteinte sera de 9,81 m/s. Après 10 secondes, la vitesse atteinte sera de 98,1 m/s. Notez qu'une vitesse de 100 km/h correspond à une vitesse de 27,8 m/s. En pratique, si nous nous jetons d'un avion en plein vol, notre vitesse de descente finira par atteindre une vitesse limite, à la façon d'une plume dans l'air. Ainsi, au départ, notre descente se fera à pleine accélération puis à mesure que nous prenons de la vitesse, la résistance aérodynamique deviendra de plus en plus importante pour atteindre un seuil d'équilibre. L'équation qui indique la vitesse atteinte sous une accélération constante est :

$$\mathbf{v\ (m/s) = a\ (m/s^2) \times t\ (seconde) + vi\ (m/s)}$$

$$\mathbf{V\ (km/h) = a\ (m/s^2) \times t\ (seconde) \times 3{,}597 + Vi\ (km/h)}$$

Où vi et Vi sont les vitesses initiales. Pour un départ arrêté, vi et Vi sont de 0.

Comme il devient compliqué de parler de l'accélération en termes de m/s^2, l'usage veut que l'on parle de l'accélération en termes de G. Par définition, la valeur de 1 G correspond à la gravité terrestre, soit de 9,81 m/s^2. Cette simplification nous permet de mieux visualiser le phénomène d'accélération. Ainsi, si nous étions dans une navette spatiale non soumise à la gravité terrestre, le sentiment que nous aurions serait une chute libre sans fin. Si une voiture atteint une accélération de 1 G en ligne droite, nous pouvons dire que la personne est soumise à une accélération de 1 G vers le sol et ressent une poussée de 1 G dans le dos.

Pour les équipements industriels, on parle souvent d'accélération variant entre 0,05 G et 0,1 G.

2.6 Puissance

La notion qui définit la puissance peut paraître subtile, mais elle demeure le meilleur outil pour comparer deux systèmes. La notion de puissance réside dans la capacité qu'un moteur, par exemple, à générer un couple en alliant la notion de vitesse.

En effet, la capacité de produire un couple ne demande pas de mouvement. Lorsque vous serrez un boulon avec une clé, vous exercez un couple de serrage, lorsque vous atteignez le couple requis, vous maintenez le couple sans toutefois faire davantage de mouvement. À cet instant, vous produisez un couple mais aucune puissance.

La puissance procure l'indice ultime pour définir la capacité à produire du mouvement.

Pour un moteur, la puissance est directement fonction du couple et de la vitesse de rotation de celui-ci. À couple égal, un moteur tournant à un régime deux fois supérieur produira une puissance deux fois supérieure.

La puissance s'exprime communément en HP, mais aussi en Watt. Comme toujours, pour confondre, il y a le HP impérial et le HP métrique (rarement utilisé). Ici-bas, vous trouverez quelques formules pour calculer la puissance, portez attention au fait qu'il y a toujours un mouvement.

HP = Couple (N.m) × RPM/7 123

HP = Couple (lb.pied) × RPM/5 252

HP = Couple (lb.pouce) × RPM/63 030

HP = Masse (kg) × Vitesse (km/h)/273,7

HP = Masse (kg) × Vitesse (mètre/min)/4 561

HP = Force (N) × Vitesse (mètre/sec)/746

HP = Force (lb) × Vitesse (pied/min)/33 000

HP = Force (lb) × Vitesse (mph)/376,3

HP = Force (lb) × Vitesse (km/h)/602,0

kW = Couple (N.m) × RPM/9 549

En hydraulique, lorsque l'on considère une efficacité de 100 %, on peut associer la puissance d'un écoulement sous pression avec la relation suivante :

$$P(hp) = \frac{Q(gpm)P(psi)}{1714} = \frac{Q(lpm)P(bar)}{447,4}$$

$$P(kW) = \frac{Q(lpm)P(bar)}{600}$$

2.7 Énergie

Lorsque nous prenons une masse et que nous la soulevons, nous faisons un travail, c'est-à-dire que nous fournissons un effort sur une certaine distance. Cet effort n'est pas perdu, la masse que nous avons soulevée a accumulé de l'énergie, on l'appelle dans ce cas énergie potentielle. Si nous lâchons la masse subitement elle se mettra à accélérer prenant de ce fait de la vitesse. Au cours de la chute, l'énergie potentielle se transformera en énergie cinétique. Cette énergie est fonction de la vitesse de la masse, le mot cinétique fait référence au mouvement. Juste avant d'atteindre le sol, la masse aura atteint son maximum d'énergie cinétique alors que l'énergie potentielle aura atteint son minimum. Dans le système métrique, l'unité de l'énergie est le Joule, qui est un équivalent des calories. Rien de mieux qu'un exemple pour présenter ces concepts.

Prenons une masse de 10 kg que nous prenons au niveau du sol et que nous la soulevons d'une hauteur de 2 mètres.

Lorsque nous soulevons la masse, nous effectuons un travail. La force que l'on applique est de 10 kg × 9,81 m/s^2 (accélération gravitationnelle), soit de 98,1 Newtons (N). Le fait d'appliquer cette force sur une hauteur de 2 mètres (m) nous a demandé un travail de 98,1 N × 2 m, soit 196,2 N.m. Lorsque nous fournissons un effort verticalement sans friction, le travail équivaut à de l'énergie potentielle. Cela dit, l'énergie potentielle accumulée est de 196,2 Joules.

Lorsque nous relâchons la masse pour la laisser retomber au sol, elle se met à prendre de la vitesse. La vitesse atteinte avant le contact au sol sera de :

$$V\left(juste\,avant\,l'arriv\acute{e}e\,au\,sol\right)=\sqrt{2\times d\times G}$$

La variable d est la distance correspondant à la hauteur de la chute l'objet, soit 2 m. La variable G est l'accélération gravitationnelle, soit 9,81 m/s^2. Nous obtenons donc une vitesse de 6,24 m/s. À l'arrivée au sol de la masse, celle-ci aura perdu 196,2 Joules d'énergie potentielle. La masse, en prenant de la vitesse, accumule de l'énergie cinétique équivalente à 196,2 Joules une fois la vitesse de 6,24 m/s atteinte. Que s'est-il passé au contact de la masse sur le sol? L'énergie cinétique s'est dissipée en chaleur, en bruit, en fissure ou encore en rayonnement. La masse ainsi que le sol augmenteront alors en température.

L'équation pour l'énergie potentielle est :

$$\mathbf{Ep = m \times G \times h}$$

L'équation pour l'énergie cinétique est :

$$\mathbf{Ec = m \times V^2/2}$$

$$\mathbf{Ec = m \times V^2/25{,}92\ (V\ en\ km/h)}$$

Où : m = La masse de l'objet à soulever (kg)

G = L'accélération gravitationnelle, soit 9,81 m/s^2

h = La hauteur que l'objet est soulevé (m)

V = La vitesse de l'objet (m/s)

D'un point de vue thermique, nous pouvons aussi dire qu'un objet accumule de l'énergie. En effet, pour réchauffer une pièce il faut lui injecter de l'énergie. Chaque matériau possède une chaleur spécifique qui le rend plus ou moins apte à accumuler de l'énergie. La valeur de la chaleur spécifique d'un matériau se définit par l'énergie nécessaire pour élever une masse de 1 kg de 1 °C.

Prenons l'exemple de la fonte (de fer) grise. Ce matériau possède une chaleur spécifique de 840 J/kg/C. Cela indique qu'il faut injecter 840 Joules à un kg de ce matériau pour que sa température augmente d'un degré Celsius. Le tableau 2.1 présente la chaleur spécifique pour différents éléments. Ces valeurs sont approximatives et, dans les faits, changent en fonction de la température.

Tableau 2.1 **Différents coefficients de chaleur spécifique pour différents éléments (Valeurs très approximatives)**

Matériau	Chaleur spécifique (J/kg/C) (Cs)	Température de fusion (°C)
Acier	486	1 360
Acier inoxydable	502	1 450
Aluminium	921	660
Eau	4 187	

Matériau	Chaleur spécifique (J/kg/C) (Cs)	Température de fusion (°C)
Fonte ductile	544	1 535
Fonte grise	840	1 535
Huile hydraulique	2 080	
Titane	520	1 780

La formule pour connaître l'énergie accumulée en chaleur est la suivante :

$$Et = m \times Cs \times (Tf - Ti)$$

Nous pouvons reformuler l'équation précédente ainsi :

$$dT = \frac{Et}{m \times Cs}$$

Où : Et = Énergie thermique (Joule)

m = Masse de l'objet qui accumule la chaleur (kg)

Cs = Chaleur spécifique (J/kg/°C)

dT = Variation de température (°C)

Tf = Température finale (°C)

Ti = Température initiale (°C)

Exemple 1

Prenons une fonte grise de 3 kg à 50 °C que nous chauffons à la température de 540 °C.

L'énergie thermique accumulée est alors de :

Et = m Cs (Tf – Ti)

Et = 5 kg 840 J/kg/°C (540 °C – 50°C)= 2 058 000 Joules

Une petite parenthèse sur l'équation que nous avons tous aperçue au moins une fois, soit $E=mc^2$. Cette équation est issue des recherches d'Einstein et fait référence à l'énergie produite par les réactions nucléaires. La lettre m représente la masse, mais dans ce cas, la masse représente la perte de masse. Il faut savoir qu'en général on dit que dans notre réalité rien ne se crée et ne se perd, mais que tout se transforme. Dans le cas d'une réaction nucléaire, il en est autrement, il y a véritablement une perte de masse dans le monde matériel au niveau de l'univers. Cette perte de masse génère une importante quantité d'énergie. La lettre c représente la vitesse de la lumière.

L'augmentation de la température (dT) au travers une composante passive (ne produisant pas de travail) est fonction de la variation de pression (dP, psi) au travers du régulateur, de la masse volumétrique du fluide (p, kg/litre), et de sa chaleur spécifique (h, Joule/kg.C). La perte de puissance (HP) créée par le fluide passant dans la composante est fonction de la variation de pression (dP, psi) au travers du régulateur, du débit de la pompe (Q, gpm). Nous obtenons donc les équations suivantes :

$$\mathbf{HP = Q\ (gpm) \times dP\ (psi)/1\ 714}$$

$$\mathbf{dT\ (°C) = 6{,}90 \times dP\ (psi)/(p \times h)}$$

$$(6{,}90 = 1\ kg/2{,}2046\ lb \times 1\ 550\ pouce^2/1\ m^2 \times 1\ m^3/1\ 000\ L \times 9{,}81\ N/1\ kg)$$

Exemple 2

Prenons le cas d'une composante dans lequel circule un débit de 10 gpm dont lequel l'huile entre à 2 000 psis et en ressort à 1 500 psis. Le système fonctionne avec de l'huile hydraulique ayant une masse volumétrique de .85 kg/litre (p) (typiquement entre 0,85 et 0,92), et une chaleur spécifique de 2 080 Joules/kg.°C.

Il faut d'abord calculer la variation de pression au travers la composante (dP), et dans ce cas nous avons :

$$dP = 2\ 000\ psis - 1\ 500\ psis = 500\ psi$$

$$HP = Q \times dP/\ 1\ 714 = 10\ gpm \times 500\ psis\ /\ 1\ 714 = 2{,}9\ HP$$

$$dT = 6{,}90 \times dP/(p \times h) = 6{,}90 \times 500/(0{,}85 \times 2\ 080) = 2°Celsius$$

L'augmentation de température est faible à priori, mais le fait que le fluide passe à travers des composantes en permanence crée une élévation de température jusqu'à atteindre un état d'équilibre. Cet état arrive lorsque l'échange de chaleur entre l'huile et l'air ambiant devient égal. Plus la différence de température est élevée et plus l'échange de chaleur se fait efficacement. Ainsi, il arrivera toujours un moment où un équilibre sera atteint, mais possiblement à une température trop élevée pour l'huile que nous désirons maintenir à une certaine limite.

2.8 Efficacité

La notion d'efficacité est très importante et encore davantage en hydraulique. C'est un aspect que l'on doit toujours tenir en compte. Un système hydraulique est rarement très efficace énergiquement en pratique.

Il y a beaucoup de facteurs qui affectent l'efficacité d'un système. Nous n'avons jamais un rendement de 100 % lors d'une transmission de puissance.

Dans un système hydraulique, nous avons une pompe qui est possiblement entraînée par un moteur électrique. Si le moteur en question a une puissance de 10 hp, il faut obligatoirement s'attendre à ce que la puissance électrique fournie soit supérieure. Pour la pompe, on peut espérer avoir une efficacité de 85 %, on se retrouve donc que l'on pourra utiliser une puissance hydraulique de 10 × 0,85, soit de 8,5 HP. Mais en fait, cette puissance utilisable sera nettement plus faible, car on perdra encore de la puissance dans les autres composantes tout au long du parcours de l'huile. En pratique, on peut s'attendre bien souvent à une efficacité de 50 % dans les circuits industriels.

La perte d'efficacité se traduit toujours par une génération de chaleur, et dans le cas d'un système hydraulique, l'huile devient alors au premier plan pour le transport de cette chaleur. On doit donc s'attendre à ce que la température de l'huile augmente, alors que toutes les composantes où l'huile passe deviennent des échangeurs de chaleur vers l'air ambiant, limitant l'élévation de la température de l'huile avec son retour au réservoir.

2.9 Force nécessaire pour faire bouger une charge

La force pour faire bouger une charge est en fait la sommation des forces résistives qui empêchent un mouvement de bouger ou encore qui l'empêchent d'atteindre sa vitesse. La force peut varier à mesure qu'un équipement prend de la vitesse, ou encore, que l'on accepte une accélération qui varie dans le temps.

Ainsi, la force nécessaire (force totale) pour faire bouger une charge et de l'entraîner à une certaine vitesse peut s'écrire ainsi :

$$F\ totale = F\ friction\, statique + F\ friction\, dynamique + F\ accélération + F\ friction\, aérodynamique$$

Pour les équipements industriels communs, il est très rare que l'on estime la force pour vaincre la friction aérodynamique, les vitesses étant relativement faibles.

Nous n'avons jamais en même temps une force statique et une friction dynamique. À l'arrêt, par exemple, la force pour faire bouger un objet devra vaincre la friction statique. Ensuite, une fois en mouvement, la force devra être suffisante pour vaincre la friction dynamique, qui généralement est plus faible que la friction statique. À très faible vitesse, on peut se retrouver avec une friction intermédiaire qui peut créer une vibration.

2.9.1 Force nécessaire pour accélérer une charge

Lorsqu'un corps est en équilibre, cela sous-entend qu'il n'accélère pas. Cela ne sous-entend pas que le corps est à l'arrêt. En physique statique, les calculs sont faits en considérant que les forces sur un corps sont en équilibre et nous nous retrouvons avec l'équation générale de Newton :

$$\sum F = m\,a = 0$$

Toutefois, lorsque les forces ne sont pas en équilibre, le corps accélère et change de vitesse. Évidemment, lorsque l'on désire prendre un équipement et l'accélérer, il faut que le système d'entrainement soit apte à créer cet état de déséquilibre.

Dans le système métrique, les forces sont généralement exprimées dans l'unité de mesure Newton. Ainsi, si nous désirons accélérer une masse de 500 kg avec une accélération de 0,5 G (0,5G × 9,81 m/s^2 = 4,9 m/s^2), il faudra considérer une force de :

$$\sum F = F\ accélération = m\,a = 500\,kg \times 4{,}9\,m/s^2 = 2450\,N$$

Dans le système impérial, les forces sont exprimées dans l'unité de mesure « livre ». On parlera parfois de livre-force (lbf). Afin d'éviter de passer par la slug pour faire les calculs, il devient plus pratique de calculer la force pour accélérer en prenant l'accélération en fonction de G.

Ainsi, si nous désirons accélérer une masse (rappelons que nous avons affaire avec une unité de force) de 1 100 lb avec une accélération de 0,5 G, il faudra une force de :

$$\sum F = F\ accélération = m\,a = 1100\,lbs \times 0{,}5G = 550\,lbf$$

2.9.2 Force nécessaire pour bouger une charge de friction

Le fait de faire bouger un objet demande toujours de vaincre une certaine friction. Si l'on prend une masse en acier appuyée sur une surface fixe elle aussi en acier, il y aura une friction que l'on devra vaincre pour permettre le mouvement. À l'arrêt, la force devra être assez grande pour vaincre la friction statique. En mouvement, la force devra alors vaincre la friction dynamique. Supposons dans ce cas que le coefficient de friction dynamique est de 0,25, que nous avons une masse de 500 kg, la force nécessaire pour vaincre la friction devra alors être de :

$$F\ friction\,dynamique = 0{,}25 \times 500\,kg \times 9{,}81\,m/s^2 = 1226\,N$$

Notons que la force aurait pu s'exprimer aussi en kg force, ce qui est très rare, et dont la valeur serait alors 0,25 × 500 kg = 125 kg force.

Dans le système impérial, nous nous retrouvons à calculer par exemple une force pour déplacer une charge de 1 100 lb avec une friction de 0,25 comme suit :

$$F\ friction\,dynamique = 0{,}25 \times 1100 lbs = 275 lbf$$

Lorsque les équipements sont roulants, les forces de friction sont beaucoup plus faibles, on parle typiquement de friction allant de 0,5 à 2 %.

Dans le cadre de l'exercice en entreprise, il est avantageux de créer un standard des frictions à utiliser en fonction des applications que l'entreprise doit faire face. Il existe beaucoup de tables dans des manuels ou sur internet qui proposent des valeurs de friction typiques, mais qui contiennent souvent des grands intervalles.

2.9.3 Exemples

Nous avons un équipement roulant dont la friction de roulement est estimée à 1,5 %, dont la masse est de 5 000 kg, et dont on souhaite créer une accélération de 0,1 G. Pour y arriver, le système d'entrainement devra être apte à créer une force suffisante et équivalente à :

$$F\ totale = F\ friction\,dynamique + F\ accélération$$

Où la force de friction dynamique est égale à :

$$F\ friction\,dynamique = 0{,}015 \times 5000\,kg \times 9{,}81\,m/s^2 = 736\,N$$

Et où la force pour accélérer est égale à :

$$F\ accélération = 0{,}1 G \times 9{,}81\,m/s^2 \times 5000\,kg = 4905\,N$$

Si l'on considère que l'équipement doit se déplacer à une vitesse de 1 m/s, à pleine vitesse et à vitesse stable, la puissance nécessaire devra être de :

$$HP = \frac{Force(N) \times Vitesse(m/s)}{746} = \frac{736 \times 1}{746} = 0{,}99\,HP$$

On remarque que la puissance est relativement faible pour une masse relativement importante. Lorsqu'il s'agit de calculer la puissance requise en tenant compte de l'accélération, la réponse est relativement complexe et dépasse le niveau de ce manuel. On verra parfois que la puissance nécessaire sera faite en tenant compte des forces à pleine vitesse. Cette méthode surestime la puissance nécessaire et est à prendre avec réserve. Basée sur cette approche, la puissance nécessaire est alors de :

$$HP = \frac{Force(N) \times Vitesse(m/s)}{746} = \frac{(736 + 4905) \times 1}{746} = 7{,}56\,HP$$

2.10 Unités et équivalences

Puissance		
1 HP	=	745,7 W
1k W	=	1,34 HP
1 HP	=	2 547 BTU/h
1 W	=	3,42 BTU/h

Accélération		
1G	=	9,81 m/s²
1G	=	32,17 pi/s²
1G	=	386,1 po/s²

Vitesse		
1 pi/min	=	0,305 m/min
1 pi/s	=	0,305 m/s
1 pi/s	=	720 po/min
1 km/h	=	0,278 m/s
1 mph	=	1,47 pi/s
1 km/h	=	0,621 mph

Masse		
1 kg	=	2,2 lbs
1 lb	=	0,031 slug
1 tonne (long)	=	2 240 lbs
1 tonne (US)	=	2 000 lbs
1 tonne mét.	=	1 000 kg
1 lb	=	16 onces

Force		
1 livre-masse	=	1 livre-force
1 kg-force	=	9,81 N
1 livre-force	=	4,45 N

Couple		
1 N.m	=	0,74 lb.pi
1 lb.pi	=	1,36 N.m
1 lb.pi	=	16 onces.pi

Longueur		
1 po	=	25,4 mm
1 m	=	39,37 po
1 m	=	3,28 pi
1 mile	=	1,61 km
1 mile	=	5 280 pi

Surface		
1 m²	=	10,76 pi²
1 po²	=	645,16 mm²
1 000 mm²	=	1,55 po²

Volume		
1 gal. US	=	231 po³
1 gal. US	=	3,785 litres
1 gal. US	=	0,833 gal. UK
1 litre	=	0,264 gal. US
1 gal. US	=	128 onces US

Débit		
1 gpm (US)	=	3,785 l/min
10 l/min	=	2,64 gpm (US)

2.11 Exercices

Exercices niveau #1

Exercice #1 : Nous avons une plateforme qui pèse 10 000 livres et qui monte à une vitesse de 18 pieds/min, et dont l'efficacité du système de levage est de 60 %. Calculez la puissance requise pour lever la plateforme sans tenir compte de la perte de rendement? Calculez la puissance en tenant compte du rendement? Qu'elle pourrait être la solution que l'on pourrait prendre pour réduire la puissance requise d'un facteur de 2?

Exercice #2 : Nous avons une plateforme qui pèse 5 000 kg et qui monte à une vitesse de 5 m/min, et dont l'efficacité du système de levage est de 65 %. Calculez la puissance requise pour lever la plateforme sans tenir compte de la perte de rendement? Calculez la puissance en tenant compte du rendement? Qu'elle pourrait être la solution que l'on pourrait prendre pour réduire la puissance requise d'un facteur de 2?

Exercice #3 : Nous avons un moteur hydraulique dont le couple est de 2 000 lbs.po et qui tourne à une vitesse de 100 RPM. Calculez la puissance de sortie du moteur? Calculez la puissance hydraulique fournie au moteur si l'efficacité du moteur est de 77 %?

Exercice #4 : Nous avons un moteur hydraulique dont le couple est de 100 N.m et qui tourne à une vitesse de 120 RPM. Calculez la puissance de sortie du moteur? Calculez la puissance hydraulique fournie au moteur si l'efficacité du moteur est de 78 %?

Exercice #5 : Un charriot ayant un poids de 60 000 livres se déplace à une vitesse de 24 pouces/s. On estime la friction de roulement à 1 %. Quelle est la force requise pour déplacer le charriot? Quelle est la puissance requise à pleine vitesse si le rendement des moteurs hydrauliques est de 81 %?

Exercice #6 : Un charriot ayant un poids de 2 000 kg se déplace à une vitesse de 1 m/s. On estime la friction de roulement à 1,5 %. Quelle est la force requise pour déplacer le charriot? Quelle est la puissance requise à pleine vitesse si le rendement des moteurs hydrauliques est de 80 %?

Exercice #7 : Calculez le volume d'un tube dont le diamètre extérieur est de 3 pouces, le diamètre intérieur de 1,5 pouce, et la longueur de 8 pouces.

Exercice #8 : Convertir 10 kg en : Newton; livre masse; livre-force; slug.

Exercices niveau #2

Exercice #1 : Nous désirons atteindre une vitesse de 48 pouces/s en 2 secondes. Quelle est l'accélération obtenue en termes de G?

Exercice #2 : Une voiture est apte à accélérer de 0 à 100 km/h en 5 secondes, quelle est l'accélération moyenne obtenue en termes de G?

Exercice #3 : Un charriot ayant un poids de 40 000 livres se déplace à une vitesse de 24 pouces/s. On estime la friction de roulement à 1,5 %. Quelle est la force requise pour déplacer le charriot à pleine vitesse? L'équipement doit accélérer à sa pleine vitesse avec une accélération de 0,1 G, quelle est la force nécessaire pendant l'accélération?

Exercice niveau #3

N/A

Réponses exercices niveau #1

Exercice #1 : P= 5,45 HP; P= 9,1 HP; Réduire la vitesse à 9 pieds/min.

Exercice #2 : P= 5,48 HP; P= 8,43 HP; Réduire la vitesse à 2,5 mètres/min.

Exercice #3 : P= 3,2 HP; P entrant= 4,1 HP

Exercice #4 : P= 1,7 HP; P entrant= 2,2 HP

Exercice #5 : F= 600 lbs; P entrant= 2,7 HP

Exercice #6 : F= 294,3 N; P entrant= 0,48 HP

Exercice #7 : V=42,4 po^3

Exercice #8 : 10 kg = 98,1 N = 22,0 lb = 22,0 lbf = 0,685 slug

Réponses exercices niveau #2

Exercice #1 : 0,062 G

Exercice #2 : 0,57 G

Exercice #3 : Force à pleine vitesse = 600 lb; Force pendant l'accélération = (4 000 + 600) = 4 600 lb

Réponse exercice niveau #3

N/A

3 Base de l'hydraulique

Un système hydraulique est un système qui utilise un liquide quelconque (eau, huile, etc.) pour transmettre une puissance entre deux endroits. Le premier étant l'endroit où la puissance est transmise au liquide, et le deuxième endroit là où la puissance est fournie à un mécanisme quelconque.

Bien qu'en perte de vitesse dans certaines applications, les systèmes hydrauliques permettent d'atteindre des performances étonnantes. Les principaux avantages sont les suivants :

- Les composantes qui transmettent la puissance peuvent être très compactes et placées à des endroits stratégiques;
- Pour les systèmes avec beaucoup de mouvement, l'entrée électrique est relativement petite par rapport à un système mû par des moteurs électriques;
- Les mouvements requérant des vérins sont faciles à concevoir et économiques;
- Les mouvements avec des moteurs bénéficient du fait que les moteurs sont compacts, robustes et tournent à des vitesses naturellement proches des besoins industriels;
- Le système peut prendre des surcharges sans que des dommages importants d'ensuivent;
- On peut faire varier les forces et les vitesses avec des réglages faciles à faire;
- Les protections mécaniques sont faciles à faire avec des composantes de sécurités;
- Il est souvent économique d'utiliser un système hydraulique;
- Il est possible d'ajouter facilement des mouvements à un équipement avec un minimum de modification;
- Lubrification automatique de toutes les composantes;
- Efficacité nettement supérieure aux systèmes pneumatiques.

Bien entendu, l'hydraulique a de nombreux désavantages :

- Risques de fuite, en plus que c'est presque impossible de n'avoir aucune trace d'huile sur l'équipement. Ce défaut fait en sorte qu'il y a une grande demande sur le marché pour avoir des équipements sans système hydraulique;
- La conception de systèmes hydrauliques est une spécialité en soi, et il y a de nombreux pièges auxquels il faut faire attention;
- Il y a naturellement une variation de vitesse importante liée à une charge variable, bien qu'il y ait des solutions, qui ont leur part d'inconvénients;
- Les mouvements hydrauliques peuvent être sujets à des vibrations causées par l'élasticité de l'huile et des composantes à pression compensée;
- Efficacité énergétique bien moins bonne que pour un système avec moteurs électriques;
- Les systèmes de précision sont vulnérables à la poussière et à la contamination;
- La rupture ou l'éclatement d'un élément dans un système à haute pression peut être dangereux;
- Les systèmes asservis demandent une plus grande précaution lors de la conception que pour les systèmes équivalents électriques.

Malgré ces inconvénients, les systèmes hydrauliques sont un incontournable. Il arrive un point où l'on tente de concevoir des équipements sans hydraulique, et lorsqu'un mouvement oblige cette voie, le reste suit généralement au grand plaisir du concepteur, tout devenant plus simple du point de vue mécanique.

3.1 Pression

La loi de Pascal stipule : La pression exercée sur un liquide au repos est transmise intégralement en tous points du liquide. Elle s'exerce normalement aux surfaces en contact.

Ainsi, une force F agissant sur un piston de section A engendre une pression P selon l'équation suivante :

$$P = \frac{F}{A}$$

$$P(psi) = \frac{F(lbs)}{A(po^2)}$$

$$P(bar) = \frac{10\,F(N)}{A(mm^2)} = \frac{F(N)}{10\,A(cm^2)}$$

Figure 3.1 **Loi de Pascal**

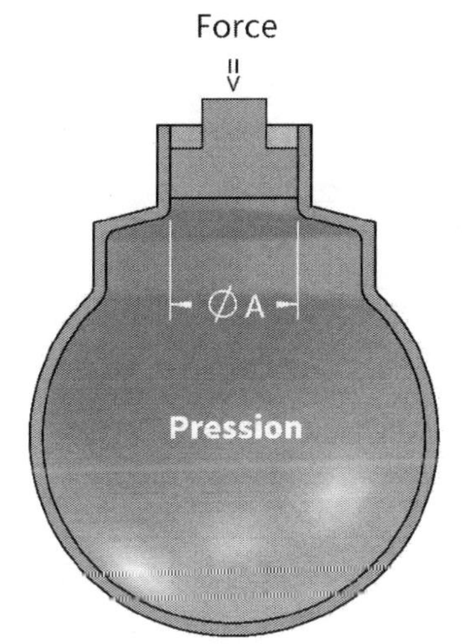

Les unités que l'on retrouve le plus souvent en hydraulique sont le psi (lb/po²) dans le système impérial, et le bar dans le système métrique.

$$1 \text{ bar} = 10^5 \text{ Pa} = 10 \text{ N/mm}^2 = 14{,}5 \text{ psi}$$

Rappelons que le fait de créer une pression ne demande théoriquement pas de travail, donc de puissance. Le fait qu'un liquide soit légèrement compressible oblige donc de faire un travail, mais bien souvent on considère dans les applications courantes que l'huile hydraulique est incompressible. Si l'on comprime de l'air comme dans le cas de système pneumatique, un travail important est nécessaire pour bâtir une pression, ce qui explique le rendement beaucoup plus faible de cette option.

Une pression est possible s'il y a résistance. Si par exemple nous avions un trou de dimension importante dans le réservoir de la Figure 3.1, le réservoir se viderait et il ne serait pas possible d'y avoir une pression, du moins pas aussi élevée que si le réservoir était étanche. Entre ces deux extrêmes, le réservoir pourrait avoir un petit trou laissant passer le fluide. Dans ce cas, une pression pourrait être présente dans le réservoir, à la limite presque aussi élevé que si le réservoir était étanche. Le trou laisserait passer l'huile, mais serait en mesure de créer une restriction suffisamment grande afin qu'une pression subsiste dans le réservoir. On verra plus loin les notions de débit et de perte de charge à travers un orifice.

Le concepteur d'un système hydraulique aura toujours à choisir la pression d'opération à laquelle il souhaite voir fonctionner l'équipement. C'est un élément de base majeur dans l'élaboration d'un circuit. Les composantes d'un circuit, valves, tubes, moteurs, doivent être sélectionnées afin de résister à la pression. Une pression trop élevée dans une composante non prévue à cette fin pourra tout simplement briser ou exploser.

Il y a de nombreux avantages à utiliser une pression élevée dans un système. Si l'on regarde la formule suivante qui donne la puissance en fonction du débit et de la pression, on remarque que pour une même puissance, le fait d'augmenter la pression fait en sorte de réduire le débit proportionnellement. Comme on verra au cours tout au long du manuel, le fait de réduire le débit fait en sorte de réduire de façon importante la grosseur des composantes.

$$P(hp)=\frac{Q(gpm)P(psi)}{1714}=\frac{Q(lpm)P(bar)}{447{,}4}$$

Toutefois, certains systèmes mécaniques sont beaucoup plus adaptés à utiliser des pressions d'opération plus faible, comme le cas où l'utilisation de vérins à longue course est utilisée. Dans ce cas précis, il se peut que le vérin soit dimensionné au niveau de la grosseur de la tige pour résister à la force afin d'éviter le flambage. Une fois la tige choisie, on remarque alors que la pression doit nécessairement être à une certaine limite. De plus, une pression plus basse s'impose dans certaines applications par la nécessité d'éviter les effets de la compressibilité de l'huile qui peut nuire dans les mouvements que l'on désire très constants.

Tableau 3.1 Pression typique

Secteur	Exemple d'équipement	Pmin typ., psi (bar)	Pmax typ., psi (bar)
Machinerie agricole	• Tracteur • Moissonneuses-batteuses	2 000 (140)	3 500 (240)
Machinerie fixe	• Usine de fabrication de produit de béton • Usine de transformation de produit de consommation	800 (55)	3 000 (210)
Machinerie fixe avec beaucoup de vérins à longues courses	• Usine de fabrication de produit de béton • Usine de transformation de produit de consommation	800 (55)	1 500 (105)
Engin de transport public, véhicules de voirie	• Pelles, niveleuses, chargeurs, grues	1 700 (120)	3 500 (240)
Élévateur pour autobus	• Avec vérins porteurs autoguidés	150 (10)	500 (35)
Sidérurgie et laminoirs	• Laminoirs • Coulées continues	1 500 (105)	4 500 (310)
Outillage portatif	• Cric hydraulique • Presse	5 000 (345)	10 000 (690)

On remarque aussi qu'il existe des gammes de produits qui visent des pressions typiques d'opération. On retrouve des pompes basse pression, ensuite pression moyenne, ensuite pression élevée et enfin pression extrême.

Le Tableau 3.1 présente des pressions d'opérations typiques en fonction des types d'équipement.

Dans un circuit hydraulique, il arrive que certaines composantes fonctionnent à une certaine pression alors qu'une autre section du circuit travaille à une autre pression. Un circuit ainsi conçu perd toujours en efficacité énergétique, mais c'est souvent la façon d'arriver à nos fins.

La pression atmosphérique est de l'ordre de 100 kPa, soit 1 bar, ou encore de l'ordre de 14,5 psis. Ainsi, on dira souvent que la pression dans un système est à zéro, mais cela réfère au fait que le système est alors à la pression atmosphérique, comme le dessus de l'huile dans un réservoir d'une unité hydraulique. Du moment que la pression descend en bas de la pression ambiante, on parle alors d'une pression négative, ou encore de dépression. Lorsque l'on parle ainsi, nous nous exprimons en utilisant une échelle relative. Il faut éviter d'avoir une pression négative dans les systèmes hydrauliques. Toutefois, la pompe hydraulique doit souvent composer avec une pression négative de l'ordre de −4 psis au niveau de la canalisation d'aspiration.

Mais rappelons qu'une pression négative n'existe pas vraiment, car une pression absolue de zéro correspond au vide absolu. On parlera alors en utilisant une échelle en pression absolue.

Toutes les composantes hydrauliques possèdent une limitation de pression de fonctionnement avant qu'elle éclate, en tenant compte d'un facteur de sécurité bien entendu. On verra parfois des composantes qui sont aptes à supporter une pression de l'ordre de 3 000 psis, ou bien 500 psis, ou encore 5 000 psis. Comme on le verra en détail dans le chapitre des vérins, on se retrouve parfois avec des pressions dans les lignes hydrauliques supérieures à la pression d'opération de la pompe, nous appelons cela « surpression ». Il faut en tenir compte dans le choix des composantes.

3.2 Débit

Le débit représente le volume d'huile qui est acheminé par exemple vers une composante, et ce en fonction du temps. Si nous devons alimenter un vérin ayant un volume de 1 gallon US, et ce en 1 minute, on obtient alors un débit « Q » de 1 gallon US par minute, ou communément appelé gpm.

On se retrouve donc avec les équations suivantes :

$$Q(gpm) = \frac{Volume(gal\ US)}{t(\text{min.})} = \frac{Volume(po^3)}{3.85 \cdot t(sec)}$$

$$Q(lpm) = \frac{Volume(litre)}{t(\text{min.})} = \frac{Volume(cm^3)}{16{,}67 \cdot t(sec)}$$

Plus un débit est important et plus une composante donnée fera son mouvement rapidement. Prenons le cas d'un vérin dont la surface du piston est de « A » alors que sa vitesse de déploiement est « V ». Le débit du fluide allant au vérin sera donc de :

$$Q(gpm) = \frac{A(po^2)\ V(po/min)}{231} = \frac{A(po^2)\ V(po/sec)}{3{,}85}$$

$$Q(lpm) = \frac{A(cm^2)\ V(cm/min)}{1000} = \frac{A(cm^2)\ V(cm/s)}{16{,}67}$$

Comme nous le verrons plus loin dans ce manuel, un moteur hydraulique possède une cylindrée par révolution « D » (« displacement » en anglais), tournant à une vitesse de rotation en tour par minute « RPM ». Le débit du fluide au moteur sera donc de :

$$Q(gpm) = \frac{D(po^3 / t)\ RPM(t / min)}{231}$$

$$Q(lpm) = \frac{A(cm^3)\ RPM(t / min)}{1000}$$

Le débit est un aspect qui influence grandement la sélection des composantes. En effet, le fait de faire passer un débit dans une composante demande toujours un effort qui s'accompagne par une perte de charge. Prenons l'exemple de votre robinet de cuisine à la maison. Si vous l'ouvrez à pleine capacité, vous pouvez imaginer que toute l'eau de l'usine de filtration n'ira pas à votre robinet. La ville fournit l'eau à une certaine pression, disons 80 psis. Vous ouvrez votre robinet, vous savez que la pression de l'eau à la sortie du robinet sera obligatoirement de zéro, de ce fait, on peut dire que la perte de pression pour acheminer l'eau a été de 80 psis. Si la pression de la ville avait été plus importante, le débit aurait été plus important. De même, si la pression avait été plus faible, le débit aurait été plus faible. Nous savons aussi d'expérience que si l'on désire emplir une piscine rapidement, le débit sera plus important si l'on se branche à une borne fontaine et utilisant un boyau d'incendie, que si l'on utilise un simple boyau d'arrosage.

Pour cette raison, et comme nous le verrons plus loin à de nombreuses occasions, une composante hydraulique est toujours (devrait l'être si ce n'est pas le cas) identifiée ayant une certaine capacité de débit en fonction d'une perte de charge.

Lorsque nous avons un tube hydraulique, le fait d'avoir un débit dans ce dernier oblige le fluide à avoir une vitesse de déplacement qui est fonction du diamètre de la section.

$$Q(gpm) = 3{,}117 \bullet A(po^2) \bullet V(pied / sec)$$

$$Q(lpm) = 6 \bullet A(cm^2) \bullet V(m / sec)$$

Dans les faits, la dimension des tubes hydrauliques sera établie en tentant de respecter des vitesses du fluide conforme aux règles de l'art afin d'obtenir des pertes de charge respectables. Ce n'est pas un absolu.

Des instruments de mesure sont disponibles afin de mesurer le débit dans les circuits, ou dans des sections de circuits.

3.3 Perte de charge à travers un orifice fixe

la perte de charge à travers un orifice fixe varie en fonction du débit, mais non pas linéairement, mais bien en suivant une relation au carré du débit. Ainsi, si l'on tente de faire passer un débit deux fois plus important, on doit s'attendre à devoir fournir une pression 4 fois plus élevée.

Ce n'est pas tous les jours que l'on utilise des orifices fixes dans les circuits hydrauliques, mais parfois nous en retrouvons pour limiter économiquement le débit à certains endroits.

Pour l'huile dont la masse spécifique est de 0,9, on peut utiliser la relation pour obtenir une approximation de la perte de charge à travers l'orifice :

$$\Delta P(psi) = \left(\frac{Q(gpm)}{23{,}5\ A(po^2)} \right)^2$$

$$\Delta P(bar) = \left(\frac{1{,}9\ Q(lpm)}{A(mm^2)} \right)^2$$

Par exemple, si nous avons un débit de 10 gpm que l'on désire faire passer dans un orifice de 0,125 pouce, on devrait se retrouver avec une perte de charge de 1 202 psis. Évidemment, ce calcul est approximatif, car la formule ne tient pas compte de la forme de l'orifice, de sa longueur ainsi que de la viscosité de l'huile. Toutefois, lorsque l'on connaît la perte de charge à travers une composante ayant un orifice fixe (un régulateur de débit sans compensation de pression), il est possible de prévoir la variation de perte de charge pour un débit différent, avec la relation qui suit, et qui est très importante :

$$\Delta P_2 = \Delta P_1 \left(\frac{Q_2}{Q_1} \right)^2$$

$$Q_2 = Q_1 \sqrt{\frac{\Delta P_2}{\Delta P_1}}$$

Beaucoup de composantes respectent cette règle. Cette approche peut même être utilisée pour prévoir le comportement d'un circuit hydraulique face à une variation de charge. Ce sujet sera abordé plus loin dans le manuel.

Lorsque l'on enclenche une commande hydraulique via une valve directionnelle par exemple, à l'ouverture le débit est nul et la pression monte rapidement dans les canalisations. Du coup, à ce moment, la pression est maximale pour engager le mouvement. Ensuite, à mesure que le débit augmente, la pression utile diminue, car les pertes de charge apparaissent et augmentent jusqu'il y a équilibre entre la pression nécessaire pour assurer le mouvement, et les pertes de charge.

P à la pompe = P nécessaire pour la charge + Pertes de charges dans le circuit

Lorsque la pression à la pompe est maintenue constante, le fait de diminuer la charge fait en sorte que pour qu'il y ait équilibre, les pertes de charge dans le circuit doivent augmenter. Les pertes de charge dans le circuit augmentent si le débit augmente. Ceci est vrai dans certains cas, mais pas toujours.

Un circuit hydraulique se conçoit à plein débit et pleine charge dans la majorité des cas. Le fait d'avoir une pression maximale au départ fait en sorte que normalement le système aura suffisamment de pression pour accélérer naturellement, même si nous avons négligé la force pour accélérer la masse. Toutefois, l'accélération ne sera pas linéaire, mais suivra une courbe où l'accélération est de plus en plus faible à mesure que le débit augmente.

3.4 Puissance

En hydraulique, lorsque l'on considère une efficacité de 100 %, on peut associer la puissance d'un écoulement sous pression avec la relation suivante :

$$P(hp) = \frac{Q(gpm)P(psi)}{1714} = \frac{Q(lpm)P(bar)}{447{,}4}$$

$$P(kW) = \frac{Q(lpm)P(bar)}{600}$$

En pratique, on ne peut espérer avoir une efficacité aussi élevée dans toute action. Il y a toujours une friction ou des fuites qui font en sorte d'obtenir un rendement qui n'est pas de 100 %.

Lorsque l'on tient compte du rendement « η », les équations précédentes deviennent alors :

$$P(hp) = \frac{Q(gpm)P(psi)}{1714\eta} = \frac{Q(lpm)P(bar)}{447{,}4\eta}$$

$$P(kW) = \frac{Q(lpm)P(bar)}{600\eta}$$

Ainsi, si nous avons une pompe hydraulique qui doit fournir un débit de 50 gpm à une pression de 1 000 psis, la puissance nécessaire pour entraîner la pompe si celle-ci possède une efficacité de 85 % sera alors de :

$$P(hp) = \frac{Q(gpm)P(psi)}{1714 \bullet \eta} = \frac{50\,gpm \bullet 1000\,psi}{1714 \bullet 0{,}85} = 34{,}3\,hp$$

Dans cet exemple, le moteur qui serait choisi serait alors un moteur de 40 hp (35 hp n'existe pas). Ce moteur électrique consommera à son tour une puissance électrique supérieure au 34,3 hp demandé, car l'efficacité d'un moteur n'est pas de 100 %.

Si nous avons un moteur hydraulique produisant un couple T à une vitesse RPM, et ayant un rendement « η », la puissance que le moteur consomme est alors de :

$$P(hp) = \frac{T(lb.po)\ RPM(t/min)}{63030 \bullet \eta}$$

$$P(hp) = \frac{T(N.m)\ RPM(t/min)}{7123 \bullet \eta}$$

Si notre moteur en question possède un rendement de 70 % et que la pompe en amont possède un rendement de 85 %, on se retrouve automatiquement avec un système ayant au mieux un rendement de 60 %, et ceci sans tenir compte des pertes de charge dans le circuit et le fait que souvent les charges de conception sont surestimées par rapport à ce qui est nécessaire dans la moyenne des utilisations.

3.5 Lignes hydrauliques

Une convention est utilisée pour nommer les différentes lignes hydrauliques. Les lignes hydrauliques sont les canalisations qui conduisent l'huile aux éléments de contrôle hydraulique, puis aux actionneurs, puis la retournent au réservoir.

On différencie les lignes de travail des lignes de pilotage ainsi que des lignes de drainage.

Au niveau des lignes de travail, dont la schématisation sur les schémas se fait en ligne pleine, on retrouve principalement les noms « P », « T », « A » ainsi que « B ».

- La ligne « P » représente la ligne sous pression qui est alimentée directement par la pompe. Cette canalisation est normalement pressurisée dès que la pompe est en opération. C'est donc la canalisation principale qui achemine l'huile vers les différentes composantes d'un circuit.
- La ligne « T » représente la ligne de retour du fluide, qui se termine au réservoir. La pression y est faible et se limite à la perte de charge dans la canalisation additionnée à la restriction de l'unité de filtration qui peut être présente.
- Les lignes « A » et « B » sont les lignes de travail qui peuvent être sous pression ou non en fonction des commandes faites aux différentes valves. Le sens de l'écoulement peut souvent s'inverser afin d'avoir un mouvement inversé.

Ainsi, on retrouve le liquide qui parcoure la ligne P, pour éventuellement se rendre à la ligne A et B, puis le fluide revient via les lignes B ou A pour se rendre finalement à la ligne T.

Tous les circuits n'ont pas obligatoirement ces quatre lignes de transport du fluide. Lorsqu'une valve de distribution est raccordée aux ports hydrauliques P, T, A et B, on dit que la valve est à quatre voies. C'est le symbole que l'on retrouve sur l'image suivante.

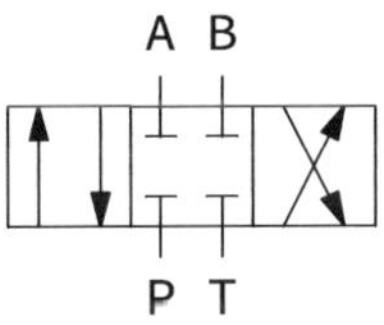

Au niveau des lignes de pilotage, dont la schématisation sur les schémas se fait en ligne pointillée, on ne retrouve généralement pas de nom, à l'exception de la ligne « X ». Tout d'abord, il faut préciser ce que signifie une ligne de pilotage. Ce type de ligne est en fait une canalisation qui peut être sous-pression, mais dont les débits sont très faibles. De plus, le fluide dans les lignes pilotées ne sert pas à faire bouger directement des mouvements mécaniques, mais essentiellement à alimenter des éléments du circuit. Il arrive par exemple d'avoir de l'huile qui est commandée par une huile dont la fonction est de commander une autre valve. La ligne « X » est un peu particulière. En effet, certaines valves doivent être alimentées directement par la ligne « P » sans passer par lesdites valves. On verra une application de cela pour les valves de distribution pilotée. Les lignes de saignage sont dessinées comme les lignes de pilotage, car il y a de la pression et un faible débit.

Les lignes de drainage sont quant à elles des canalisations où le fluide est à très basse pression et où le débit provient essentiellement des fuites ou encore de la ventilation des composantes. Généralement représentée en ligne pointillée, mais la norme est de la mettre en ligne avec des points rapprochés. Il existe encore un cas où l'on nomme une canalisation de drainage, soit pour les valves directionnelles et ayant pour nom ligne « Y ». Tout comme la ligne « X », son objectif est de se raccorder à une ligne principale « T » en déviation. L'huile de drainage retourne normalement directement au réservoir sans être filtrée.

Il y a beaucoup de composantes qui, par exemple, peuvent être installées sur la ligne A, et qui du coup, possède une entrée et une sortie. Bien souvent, on retrouvera un numéro indiquant le port 1 et le port 2. Il se peut que pour certaine configuration, l'entrée se doit d'être le port 2 alors que la sortie le port 1. Il ne faut rien tenir pour acquis, et consulter la documentation technique pour savoir comment faire les branchements, idéalement indiqués sur le schéma hydraulique.

3.6 Circuit hydraulique de base

Un système hydraulique se compose d'une pompe qui achemine un débit d'un fluide vers un actuateur qui transforme l'énergie hydraulique en mouvement.

Figure 3.2 **Circuit hydraulique de base**

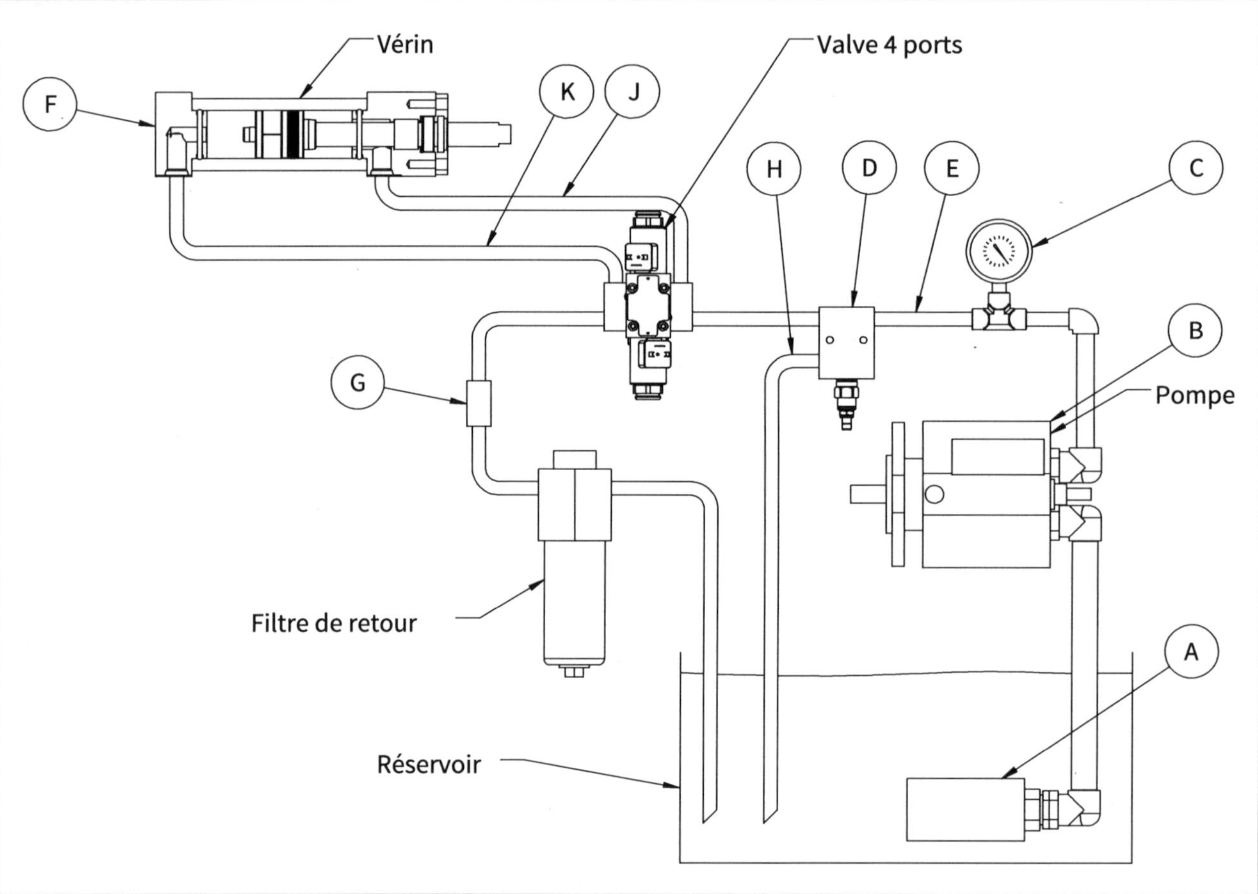

Dans un premier temps, le système se compose d'un réservoir où le fluide hydraulique est emmagasiné à la pression atmosphérique dans la majorité des cas. Le fluide hydraulique est généralement une huile spécifiquement adaptée à son utilisation dans de tels circuits.

L'huile est d'abord filtrée grossièrement (A) et aspirée par la pompe (B). La pompe a comme rôle de procurer un débit d'huile et d'être apte à créer une pression suffisante afin de transmettre la puissance désirée. La pompe est entraînée par une source de puissance telle qu'un moteur électrique ou un moteur à combustion. À la sortie de la pompe, nous retrouvons une jauge (C) qui indique la pression dans le circuit hydraulique. La pression maximale dans le circuit est contrôlée via une valve de limitation de pression (D). Si la pression dans le circuit devient trop importante, un débit d'huile sera détourné vers le réservoir via une canalisation (H), là où la pression manométrique est à peu près nulle. Le raccord présenté en (C) fonctionne à la pression créée par la restriction dans le circuit et elle est identifiée comme étant la ligne de pression P. L'huile est dirigée vers une valve de distribution (valve 4 ports) qui permet de faire bouger le vérin (F), en permettant à la tige de sortir ou d'entrer. Un vérin est un actuateur très commun permettant de faire des mouvements hydrauliques avec de grandes forces. Les lignes (J) et (K) sont les lignes dites (A) et (B). Le raccord en (G) représente le retour de l'huile vers le réservoir. La boucle du cheminement de l'huile est fermée à ce stade.

3.7 Circuit série versus circuit parallèle

Dans les circuits en parallèle, toutes les composantes reçoivent la même pression et possiblement un débit différent.

Figure 3.3 **Circuit de type parallèle**

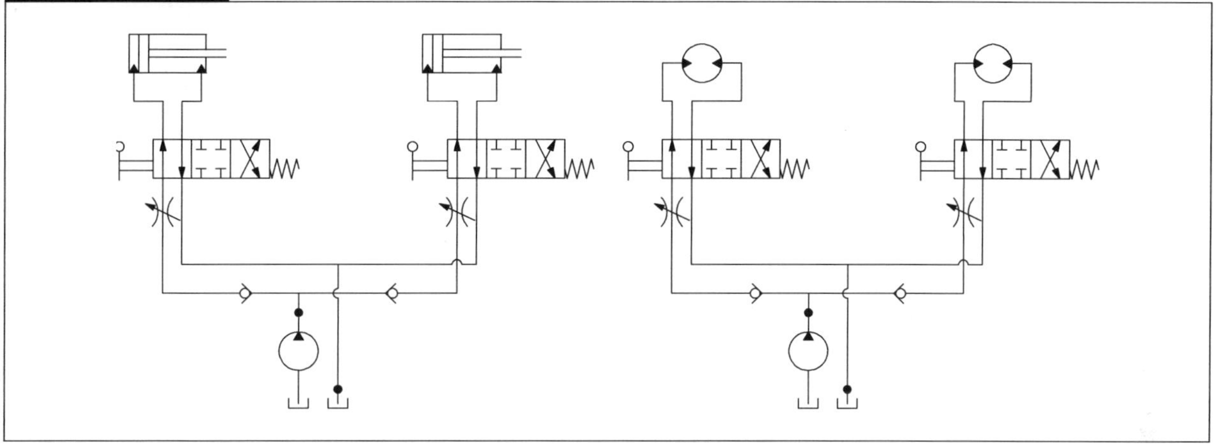

Dans les circuits en série, les composantes reçoivent le même débit et se divisent la pression en fonction des opérations et des besoins. On retrouve souvent cette configuration dans les petits circuits avec des pompes à débit fixe.

Figure 3.4 **Circuit de type série**

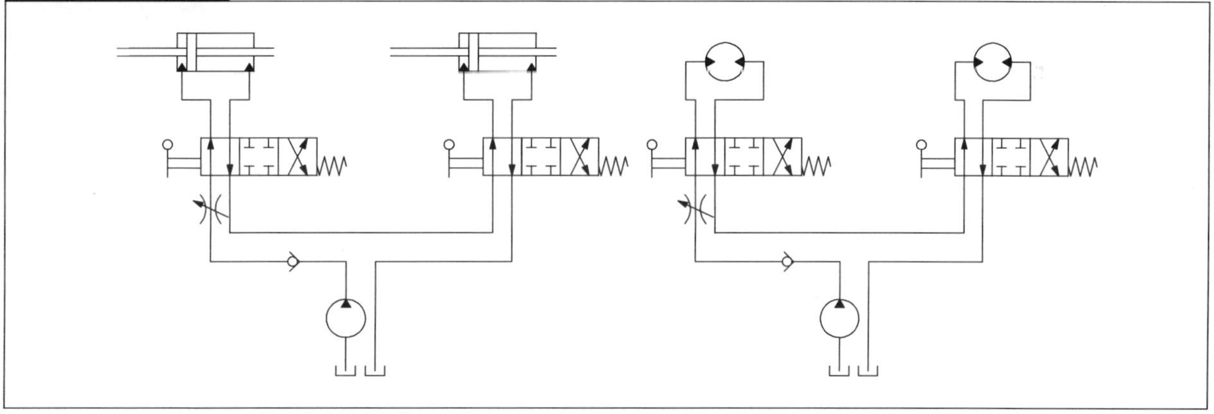

Le circuit Figure 3.4 permet de passer d'un circuit série à un circuit parallèle en fonction de la position de contrôle de la valve directionnelle B. Lorsque la valve B n'est pas énergisée, le circuit est alors un circuit de type série. Lorsque la valve est énergisée en permettant le passage du fluide de P vers A et de B vers T, le circuit est un circuit de type parallèle.

Dans la configuration circuit parallèle, le circuit permet d'obtenir un couple optimal aux moteurs pour une capacité de charge maximale, mais une vitesse réduite.

Dans la configuration circuit série, les moteurs peuvent alors atteindre une vitesse plus élevée avec une charge réduite.

Figure 3.5 **Circuit hybride**

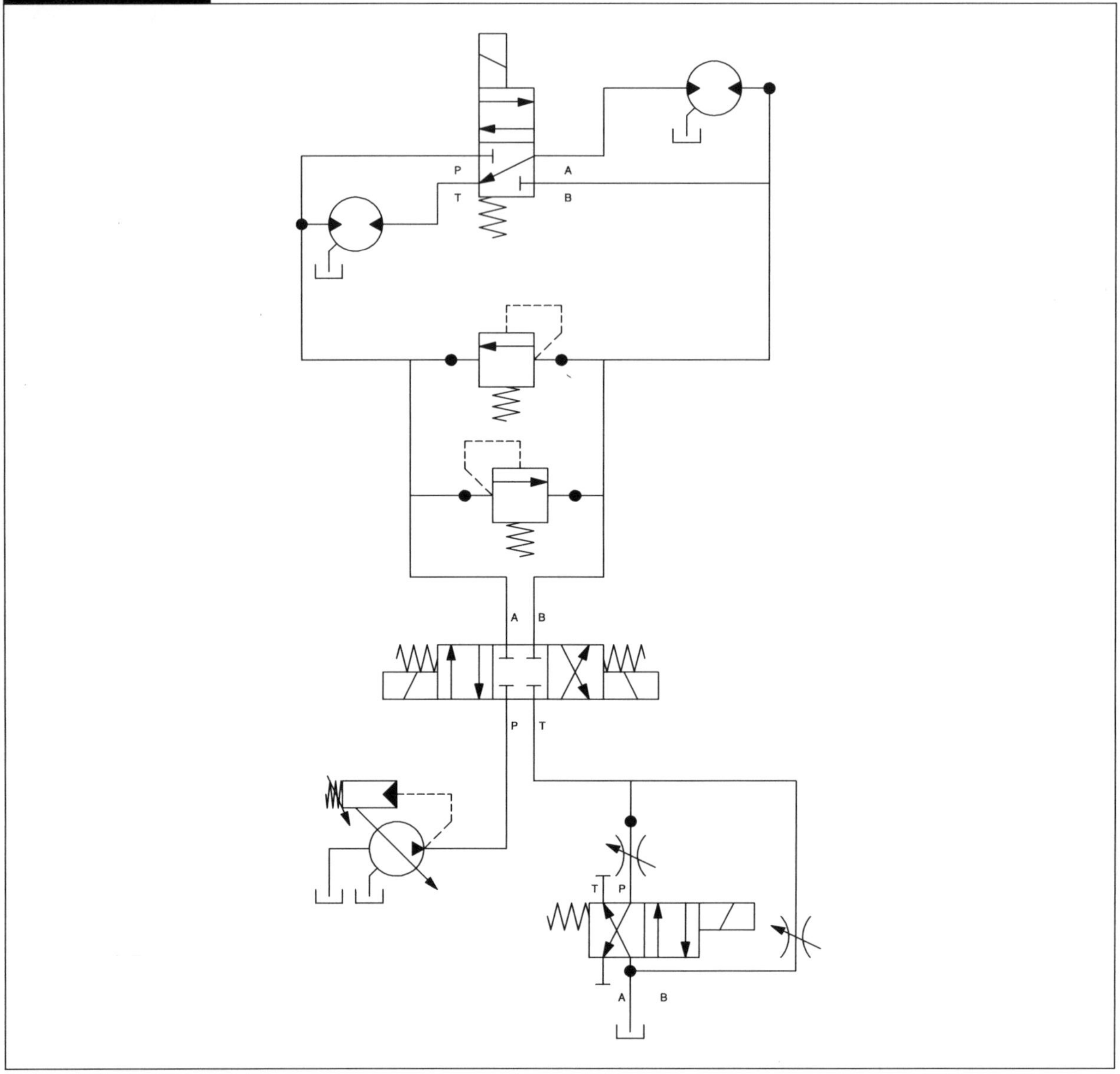

3.8 Loi de Bernoulli

Extrait de Wikipédia, modifié.

Le théorème de Bernoulli, qui a été établi en 1738, par Daniel Bernoulli, est la formulation mathématique du *principe de Bernoulli* qui énonce que dans le flux d'un fluide, une accélération se produit simultanément avec la diminution de la pression. Dans un flux de fluide sans viscosité et donc dans lequel une différence de pression est la seule force d'accélération, la vitesse est équivalente à celle donnée par les lois du mouvement de Newton. Il est très commun que l'effet de Bernoulli soit cité pour affirmer qu'un changement de vitesse cause un changement de pression; cependant le principe de Bernoulli ne fait pas ce rapport et ce n'est pas le cas.

Il a posé les bases de la dynamique des fluides et, d'une façon plus générale, de la mécanique des fluides. Initialement utilisé pour des fluides en circulation dans une conduite, il a trouvé un important champ d'application en aérodynamique (portance).

L'idée est de constater qu'un écoulement possède un bilan énergétique qui peut être décrit comme la somme des énergies, soit cinétique, potentielle (par rapport au point où l'écoulement doit se rendre), et de pression (par rapport au point de départ). Et cette somme doit correspondre à une certaine constante pour un écoulement. On a ainsi :

$$e_c + e_p + e_z = Constante$$

Où :

$$e_c = \frac{1}{V} \times \frac{mv^2}{2} = \frac{\rho v^2}{2}$$

$$e_p = \frac{1}{V} mgz = \rho gz$$

$$e_z = \frac{1}{V} PV = P$$

- P est la pression en un point situé à la hauteur z (en Pa ou N/m²)
- r est la masse volumique en un point (en kg/m³)
- v est la vitesse du fluide en un point (en m/s)
- g est l'accélération de la pesanteur (en N/kg ou m/s²)
- z est l'altitude du point que l'on observe par rapport à un point d'arrivé (en m)

On trouve alors la simplification suivante pour un point spécifique :

$$\frac{\rho v^2}{2} + \rho gz + P = Constante$$

Les applications que l'on retrouve souvent sont les suivantes :

- À vitesse nulle ($v = 0$), on retrouve la loi de l'hydrostatique. C'est souvent la simplification que l'on utilise, pouvant provoquer des erreurs d'interprétation de résultats;
- Effet Venturi : Supposons maintenant que la vitesse ne soit pas nulle, mais que l'on reste toujours à la même altitude (*z* constant). Si un liquide s'écoule dans une canalisation, alors comme il est incompressible, son débit (volume transitant à travers une surface par unité de temps) est constant. Si la canalisation s'élargit, alors la vitesse diminue (puisque le débit est le produit de la vitesse par la section, les deux varient à l'inverse). Le théorème de Bernoulli nous indique alors que la pression augmente. À l'inverse, si la canalisation se rétrécit, le fluide accélère et sa pression diminue. On qualifie ce dispositif expérimental de tube de Venturi. Ce résultat est assez peu intuitif car on s'attendrait à ce que la pression augmente lorsque la section diminue;
- Effet Magnus : Si maintenant la conduite reste de section constante mais que l'on met un obstacle à l'intérieur; l'obstacle diminue la section, on a donc le même effet. Si cet obstacle est un cylindre tournant, d'axe perpendiculaire à l'axe de la canalisation, alors le frottement accélère le fluide d'un côté et le ralentit de l'autre. On a donc une diminution de pression d'un côté et une augmentation de l'autre, le cylindre subit une force : c'est l'effet Magnus (l'on considère souvent l'effet Magnus dans l'air, qui est un fluide compressible, mais le principe général reste le même). Si la canalisation a une section constante, et qu'elle ne présente pas d'obstacle, alors la vitesse est constante. Si l'altitude varie, alors l'équation de Bernoulli nous indique que la pression varie à l'opposé de l'altitude. On peut évaluer alors la pression dynamique;

- Tube de Pitot : Cet appareil de mesure permet d'évaluer la vitesse d'écoulement d'un fluide en mesurant la différence de pression entre deux points A et B de l'écoulement joint par une ligne de courant. Au point A, le fluide est supposé être à vitesse (quasi) nulle, on cherche la vitesse en B. Les points étant sensiblement à la même altitude, on peut appliquer le théorème de Bernoulli sous sa forme usuelle entre A et B.

3.9 Coup de bélier

Extrait de Wikipédia, modifié.

Le coup de bélier est un phénomène de surpression qui apparaît au moment de la variation brusque de la vitesse d'un liquide, par suite d'une fermeture/ouverture rapide d'une vanne, d'un robinet ou du démarrage/arrêt d'une pompe.

Cette surpression peut être importante, elle se traduit souvent par un bruit caractéristique, et peut entraîner la rupture de la conduite dans les grosses installations, du fait de la quantité d'eau en mouvement. Ce problème peut être résolu avec la mise en place d'un accumulateur.

3.10 Rendement d'un système hydraulique

Le rendement global d'un système hydraulique est relativement mauvais. Le rendement global est la multiplication de tous les rendements. Voyons tout d'abord les différents rendements individuels qui affectent le rendement global.

η_p : soit le rendement de la pompe, situé entre 70 et 95 %, mais très souvent au alentour de 85 %.

η_a : soit le rendement de l'actuateur, un moteur ou un vérin. Un moteur possède un rendement situé entre 60 % et 95 %, mais très souvent aux alentours de 75 % pour une utilisation normale en dehors de l'optimum. Un vérin a quant à lui un rendement situé entre 85 et 95 %, on considère généralement un rendement de 90 %.

η_s: Le rendement de la sélection de l'actuateur. On se retrouve souvent à être obligé de choisir pour une composante surdimensionnée. Un exemple simple, nous calculons que nous avons besoin d'un vérin de 2,25 pouces par calculs alors ce qui est disponible sur le marché se limite à des vérins de 2 et 2,5 pouces, nous allons alors nous rabattre sur des vérins de 2,5, soit trop gros pour l'application. On peut rapidement se retrouver avec un surdimensionnement qui nous conduit vers un rendement de l'ordre de 80 %. Ce rendement n'est pas à tenir en compte sur les petits équipements dont la pression est gérée par la charge, mais est très présent dans les gros systèmes où la pression de fonctionnement est maintenue et constante.

η_d : soit le rendement du réseau de distribution. Ce qui influence ce rendement est les pertes de charge que l'on s'autorise lors de la sélection des composantes. Il est possible d'atteindre des rendements de l'ordre de 95 % à condition de surdimensionner les composantes telles que les valves et raccords. C'est un enjeu économique essentiellement. Si le système fonctionne à haute pression, il devient plus facile d'atteindre un rendement de 90 %, mais pour des pressions plus faibles où les débits sont importants, un rendement de 85 % est considéré raisonnable. Ceci ne tient pas compte de certaines particularités des circuits. Les composantes avec compensation hydraulique demanderont une perte de charge de l'ordre de 75 à 125 psi pour fonctionner. Les valves proportionnelles sont souvent sélectionnées pour une perte de charge minimale de 150 psi. Les valves servos quant à elle sont souvent sélectionnées pour une perte de charge minimale de 1 000 psi.

η_c: soit le rendement de la charge. Ce rendement est très peu considéré mais il est très important. Il est fort possible que la charge de départ soit surestimée dans les devis par rapport à ce que la machine verra dans les faits. On peut facilement se retrouver avec une surcharge conduisant à un rendement de l'ordre de 90 %. Ce rendement n'est pas à tenir en compte sur les petits équipements dont la pression est gérée par la charge, mais est très présent dans les gros systèmes où la pression de fonctionnement est maintenue et constante.

Étant donné que le rendement global est la multiplication de tous ces rendements, on se retrouve alors avec un rendement très faible de l'ordre de 50 %.

3.11 Note sur les spécifications des composantes

Afin d'aider les concepteurs de circuit hydraulique, les manufacturiers de composantes hydrauliques vont souvent écrire des spécifications de base qui en dise peu et trop sur les propriétés. Une des spécifications que l'on retrouve très souvent est qu'une composante est bonne pour un certain débit, par exemple 25 gpm. Que signifie cette capacité à faire passer un débit? En gros, il ne faut jamais prendre cette caractéristique comme un absolu, mais comme un indicatif avec une très grande marge d'erreur. Associé à cette capacité de 25 gpm vient des critères ayant conduit à ce nombre. Ces critères peuvent changer d'un manufacturier à l'autre, et dans tous les cas, peuvent être très loin de vos critères nécessaires. Un manufacturier pourrait établir que cette valve est très appropriée pour une application où un débit de 25 gpm passe, et où la pression de système est de 3 000 psis. Possiblement que la perte de charge associée serait de 150 psis. Si au contraire notre système fonctionne à 800 psis, on comprend que si l'on utilise cette même valve pour 25 gpm, on perdra encore 150 psis, ce qui est très important pour notre système en présence.

Un autre point important, Sun Hydraulics utilise beaucoup la norme de 100 psis de perte de charge pour établir les courbes de performance de certaines valves. La perte de charge en question de 100 psis n'est aucunement une limite autorisée, mais bien un outil pratique pour déterminer la perte de charge, peu importe le débit en tenant compte des équations vues à la section 3.3.

La capacité en pression des composantes est toujours pour la pression d'entrée des composantes. Il ne faut pas tenir pour acquis que cette capacité de supporter une pression est vraie pour tous les ports des composantes. Les valves directionnelles ont généralement une capacité inférieure sur le port T (à tenir en compte lorsque nous installons des contrôles en aval de la valve). Les moteurs et les pompes hydrauliques peuvent avoir une capacité très limitée à supporter une pression dans leur bâti. Ainsi, un moteur apte à travailler à 3 000 psi peut avoir une limite bien inférieure dans son bâti. Un vérin peut générer une surpression à sa sortie, ainsi, il faut donc parfois prévoir la capacité du vérin en fonction de sa pression de sortie au lieu de celle d'entrée.

La pression à la sortie d'une composante peut affecter ses performances ainsi que ses réglages.

Bien souvent, on pourra retrouver dans les catalogues une vue de coupe de la pièce que nous trouvons. Les symboles hydrauliques ne disent pas tout, la vue de coupe est là pour préciser le fonctionnement de la composante.

Globalement, il faut rester alerte et critique face à ce que l'on voit et il faut apprendre à interpréter les spécifications.

3.12 Accélération naturelle d'un mouvement hydraulique

Pour mieux comprendre cette section, il est indispensable de bien comprendre comment fonctionnent les pertes de charge dans un circuit hydraulique. Bien que situé en introduction de ce manuel, le contenu qui est présenté ici est relativement complexe et peut paraître très abstrait. On ne fera jamais ce type de calcul dans la réalité, mais la bonne compréhension des notions présentées a une influence sur le choix des composantes.

Naturellement, un mouvement hydraulique aura une tendance à accélérer. Le mieux est encore de présenter cela avec un exemple. Les données de l'exemple sont les suivantes :

- Charriot ayant un poids de 5 000 livres;
- Friction de roulement de 1,5 %, soit une force requise pour le déplacer de 75 livres (5 000 × 0.015);
- Système hydraulique fonctionnant à une pression de 2 000 psi;
- Utilisation d'un moteur hydraulique;
- Charriot allant à une vitesse maximale de 12 po/s;
- Vitesse maximale contrôlée par un régulateur de débit non compensé.

Figure 3.6 **Profil de vitesse et d'accélération dans le temps, calcul sans accélération**

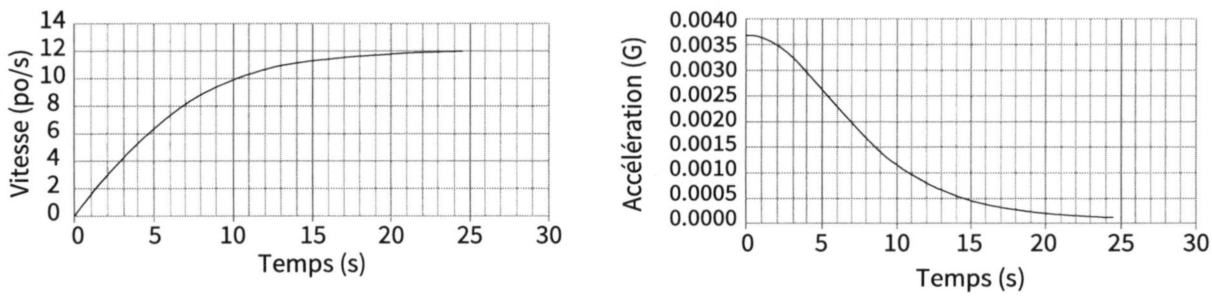

Lors de la conception du circuit, les composantes seront dimensionnées de façon à créer une perte de pression au passage du débit maximal de l'ordre de 15 %. Ce qui se traduit par une perte de charge autorisée de 0,15 × 2 000, soit 300 psis. Le choix du moteur hydraulique se fait ensuite basé sur ce critère, et bien souvent, le moteur disponible permettra une autre marge, imaginons donc que pour vaincre la force de friction de roulement, le moteur ait besoin de 1 600 psis (donc une marge de 100 psi). Ainsi, au départ lorsque le système n'a pas encore d'écoulement, le système aura alors une pression disponible de 400 psis. À pleine vitesse, on se retrouvera alors avec une perte de charge de 300 psis dans les composantes ainsi qu'un autre 100 psis dans le régulateur de débit limitant la vitesse maximale du charriot. Ainsi, au départ, la pression disponible de 400 psis permettra de générer une force aux roues de 75 lb × 2 000 psis/1 600 psis, soit près de 94 lb. La friction étant de 75 lb, nous avons alors une force pour accélérer de 94 lb − 75 lb, soit 19 lb. Cette force nous permet alors d'obtenir une accélération de 19 lbs/5 000 lb, soit 0,0038 G. À mesure que le système prend de la vitesse, le débit augmente et les pertes de charge deviennent de plus en plus importantes et en théorie, il devient alors impossible d'atteindre la vitesse maximale, car à ce point précis, la pression disponible pour accélérer tend vers zéro. C'est théorique bien entendu. La Figure 3.6 présente le profil résultant alors que le moteur aurait été sélectionné sans tenir compte de la masse à accélérer. La figure de droite présente le profil d'accélération. On remarque qu'en effet, nous avons une accélération au départ de 0,0038 G et que cette accélération tend vers zéro après 25 secondes. Le système démarre lentement alors qu'après 8 secondes nous avons déjà 75 % de la vitesse maximale d'atteinte.

Maintenant, toujours pour le même exemple, nous allons choisir le moteur en tenant compte de l'accélération désirée. Prenons le cas où nous désirons accélérer la masse selon une accélération de 0,02 G, une valeur relativement typique pour une application comme celle-ci. À priori, on pourrait être porté à croire que cette approche nous permettrait d'atteindre la vitesse maximale en près de 1.55 seconde (t = V/A = 12/(0,02 × 386)). On verra que le résultat sera bien différent. Nous nous trouvons alors à choisir un moteur qui est cette fois capable de vaincre une force de friction de 75 lb comme auparavant, mais aussi de produire une force supplémentaire de 100 lb (0,02G × 5 000 lb) pour accélérer. Le moteur sera bien entendu plus gros et consommera un débit plus important. Toujours sur les mêmes critères que nous avions dans la première étude, nous autorisons une perte de charge de 400 psis dans le circuit, ce qui nous laisse 1 600 psis pour le moteur lorsque le débit serait maximal. Il est faux de croire cela, mais nous y reviendrons. Sur les 1 600 psis disponibles, on peut prétendre que la proportion de la pression utilisée pour vaincre la friction sera alors de 75 lb/(100 lbs+75lbs) × 1 600 psis, soit 686 psis. Afin que l'accélération ne puisse continuer lorsque la vitesse maximale sera atteinte, il faut installer un régulateur de débit qui étranglera le circuit. Tout en considérant une perte de charge dans les composantes de 300 psis comme auparavant, on peut prétendre que le régulateur de débit devra alors générer une perte de charge de 1 014 psis (2 000 – 686 – 300). On voit aussi qu'au départ, nous aurons alors une pression de 1 314 psis pour assurer l'accélération du charriot. À première vue, on aurait pu penser que la pression pour accélérer aurait été de 100 lb/(100 lbs+75 lbs) × 1 600 psis, soit 914 psis. La pression de 1 314 psis disponible crée alors une force de départ de près de 144 lb, ce qui se traduit par une accélération théorique de 0,029 G, nettement au-dessus de ce qui était désiré.

Figure 3.7 **Profil de vitesse et d'accélération dans le temps, calcul avec une accélération de 0,02 G**

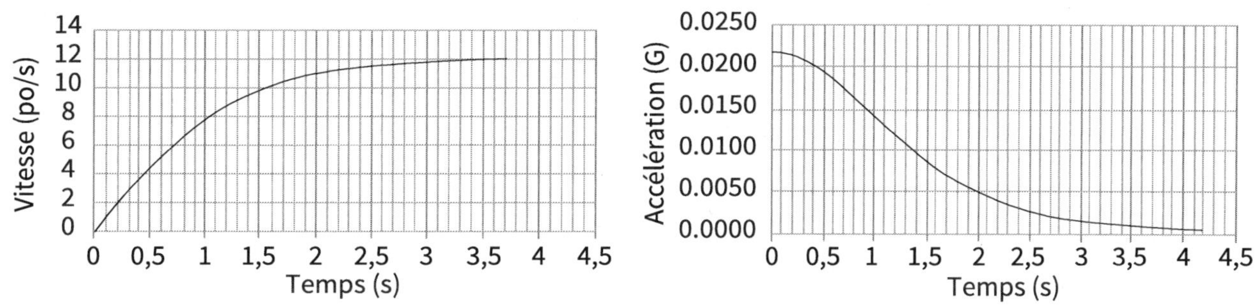

La Figure 3.7 présente le de vitesse profil résultant avec un moteur ayant été sélectionné en tenant compte de l'accélération (de .02 G), mais avec des critères plus conservateurs. Étant donné que l'on tient compte d'une accélération dans le choix du moteur, nous allons nous limiter à une perte de charge de 5 % générale dans le circuit, soit de 100 psis. La figure de droite présente le profil d'accélération. On remarque nous obtenons ici une accélération au départ de 0,022 G et que cette accélération tend vers zéro après 4 secondes. Le système démarre rapidement alors qu'après un peu plus de 1,5 seconde, nous avons déjà 75 % de la vitesse maximale d'atteinte.

Dans cet exemple, afin d'obtenir une accélération maximale de 0,02 G (soit une force de 5 000 lbs × 0,02 = 100 lb), il aurait été nécessaire de ne pas tenir compte d'une perte de charge générale, ce qui nous aurait permis de considérer une pression d'accélération de 100/(100 + 75) × 2 000 psis, soit 1 143 psis.

Ce que nous montre cet exemple est la complexité du comportement hydraulique alors que le système hydraulique cherche un état d'équilibre qui tient compte des pertes de charge.

Pour un mouvement vertical en montée, le phénomène est encore plus radical. Prenons un cas similaire au cas précédent où les données sont :

- Charge à lever de 5 000 livres;
- Force pour lever la charge de 5 000 livres (5 000 × 1 G);
- Système hydraulique fonctionnant à une pression de 2 000 psi;
- Utilisation d'un moteur hydraulique;
- Élévateur allant à une vitesse maximale de 12 po/s;
- Vitesse maximale contrôlée par un régulateur de débit non compensé.

Toujours avec les mêmes hypothèses que nous avons citées dans les études précédentes, nous avons une pression utile pour accélérer de 400 psis. Cela se traduit par une capacité d'une force totale pour monter lorsque le débit est nulle de 6 250 lb (2 000psi/1 600 psi × 5 000 lbs). Ce qui se traduit par une force disponible de 1 250 lb pour accélérer, pour une accélération spontanée de 0,25 G (1 250 lbs/5 000 lbs). La Figure 3.8 présente le profile de vitesse ainsi que le profil d'accélération dans le temps pour ce dernier cas.

Tous ces cas nous montrent clairement que le fait de tenir compte de l'accélération dans les calculs peut être nécessaire, mais que ce n'est pas toujours nécessaire. De plus, le fait d'en tenir compte peut donner des résultats légèrement différents de ce qui est recherché tout en demandant des composantes possiblement inutilement surdimensionnées.

Figure 3.8 **Profil de vitesse et d'accélération dans le temps, calcul sans accélération pour un mouvement vertical**

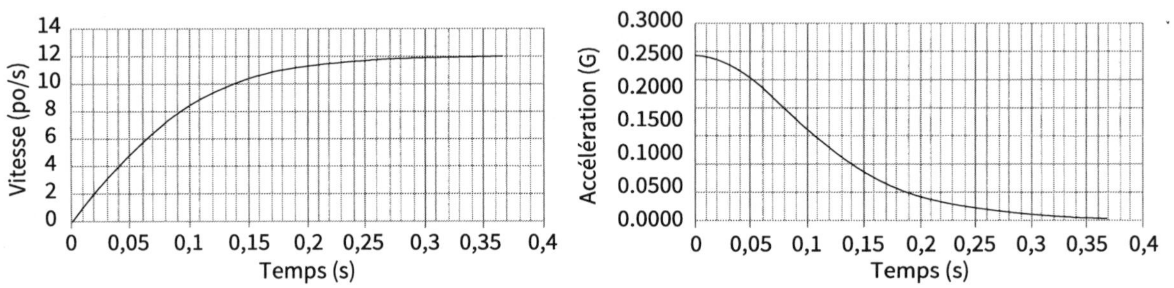

Il existe bien entendu des cas où des études poussées sont nécessaires. Le cas où les accélérations sont très importantes en proportion avec la résistance au mouvement en est un. Un autre cas important est lorsque nous avons un circuit asservi en boucle fermée qui tente de générer une accélération constante. Une accélération constante est très souvent souhaitée par les programmeurs, mais cela demande beaucoup de puissance en réserve. Une analogie automobile serait que vous souhaiteriez avoir une accélération constante de l'arrêt à la vitesse de 100 km/h. Vous avez deux choix avec votre voiture, vous observez l'accélération maximale que la voiture peut avoir à la vitesse maximale, puis lors de l'accélération à partir de l'arrêt, vous démarrez particulièrement lentement par rapport à ce que vous êtes habitué. L'autre approche est de par exemple choisir une accélération telle que 0,2 G, et de l'imposer à toutes les vitesses. Ainsi, si la voiture a un poids de 1 200 kg, la puissance pour l'accélérer à 100 km/h serait de l'ordre de 88 hp, plus la puissance pour vaincre l'aérodynamisme et la friction de roulement. Une rampe d'accélération constante est optimale en termes de temps de cycle et de douceur, en plus d'être facilement programmable, mais en revanche, cette approche demande une puissance maximale en réserve qui est utilisée seulement à vitesse maximale.

3.12.1 Méthode de calcul avec Excel

Les calculs ainsi que les graphiques de la section 3.8 ont été faits avec le logiciel Excel. Bien que l'on procède rarement à ce type de calcul en pratique, ce chapitre propose une méthode de calcul pour arriver aux données tel que discuté précédemment pour le cas d'un moteur. Pour un vérin, la méthode serait semblable, mais il faudrait tenir compte du rapport de surface.

Dans un premier temps, il faut déterminer les informations de base suivantes :

- A : l'accélération désirée en fonction de G;
- F : La charge pour déplacer l'objet à vitesse constante;
- L : Perte de pression autorisée à pleine charge, entre 0 à 20 % de P. Considérez 5 % pour un calcul tenant compte d'une accélération, et de l'ordre de 15 % à 20 % si vous négligez l'accélération;

- M : La masse de l'objet à déplacer;
- P : Pression de système;
- R : Variation de pression dans le moteur, soit :

$$R = \frac{F}{F + MA}(P - L)$$

- V : Vitesse maximale du mouvement;
- Z : Pression disponible pour accélérer à l'arrêt, soit P – R.

Il s'agit ensuite de créer une série de données en colonne où l'on fait varier graduellement le débit (en %) et de calculer la perte de pression associée. De cette façon, on génère rapidement une série de points rapprochés pour une faible variation de temps entre les points, pour un résultat relativement précis.

Il y a quelques façons d'utiliser ces équations qui conduisent aux mêmes résultats. Considérons un équipement roulant dont la masse est de 5 000 et ayant une résistance de roulement de 1,5 % et une pression de système de 1 000 psis. On peut faire le calcul en déterminant une force pour accélérer de 0,015 G et sans considérer une perte de pression L (soit L = 0). Le résultat est le même que si nous considérons une perte de charge L de 1 000 psis et un calcul qui ne tient pas compte de l'accélération.

Tableau 3.2 **Système d'équation pour une simulation par excel**

	A	B	C	D	...	AZ
1	Débit	0	= B1+0,02	= C1+0,02		100 %
2	Pression acc.	= Z × (1 – B1 × B1)	= Z × (1 – C1 × C1)	= Z × (1 – D1 × D1)		= Z × (1 – AZ1 × AZ1)
3	Force acc.	= F × B2/R	= F × C2/R	= F × D2/R		= F × AZ2/R
4	Acc.	= 386 × B3/M	= 386 × C3/M	= 386 × D3/M		= 386 × AZ3/M
5	Vitesse initiale	= B1 × V/100	= C1 × V/100	= D1 × V/100		= AZ1 × V/100
6	Temps	= (C5 – B5)/B4	= (D5 – B5)/B4	= (E5 – B5)/B4		= (V – B5)/B4
7	Temps cumul.	= B6	= B7 + C6	= C7 + D6		= AY7 + AZ6
8	Acc. (G)	= B4/386	= C4/386	= D4/386		= AZ4/386

Pour les charges résistives importantes, prenons un cas où nous avons un convoyeur dont la friction est de l'ordre de 0,25. Supposons une charge de 2 000 livres ainsi une perte de charge de 225 psis (15 %) pour une pression de système de 1 500 psis. En ne considérant aucune force d'accélération dans le calcul, on se retrouve tout de même avec une accélération de départ de 0,044 G au départ.

Pour un circuit contrôlé avec une valve proportionnelle en boucle ouverte, il faut se rappeler que la valve fera en sorte de réagir comme un régulateur de débit, mais qui diminue l'accélération de départ, mais qu'une fois la valve à son signal maximal, le circuit va s'équilibrer de lui-même à la façon d'un circuit normal.

3.13 Exercices

Exercices niveau #1

Exercice #1 : Un vérin ayant pour dimensions : 2,5 po d'alésage, 1,75 po de tige et 12 po de course, supporte, en milieu de course, une masse m = 5 000 lb. Dans l'arrangement suivant, quelle pression aura-t-on?

- du côté piston :
- du côté tige :

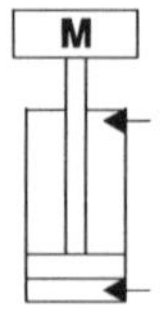

Même question que précédente, mais pour l'arrangement suivant?

- du côté piston :
- du côté tige :

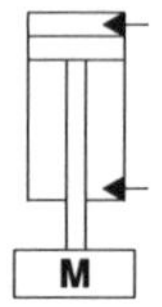

Exercice #2 : Trouvez la force récupérable RB à la sortie (point B) où l'objet offre une résistance, si :

- FA = 5 000 lbs
- A1 = 10 po²
- A2 = 20 po²
- A3 = 5 po²
- A4 = 15 po²

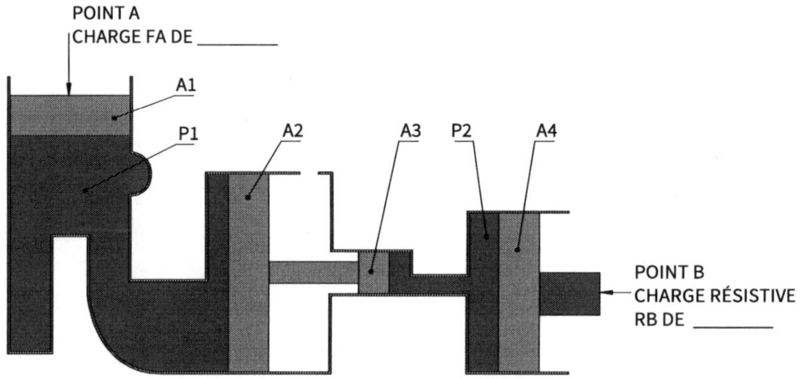

Exercice #3 : Quelle est la pression affichée aux manomètres A et B en tenant compte des hypothèses suivantes :

- Le piston est au milieu de sa course
- Charge de 20 000 lb
- Vérin 3,5 avec tige 2,5
- Trou de 1/16 dans le piston
- La pompe fonctionne
- Les deux valves (C et D) sont ouvertes
- La charge monte lentement
- On néglige la friction

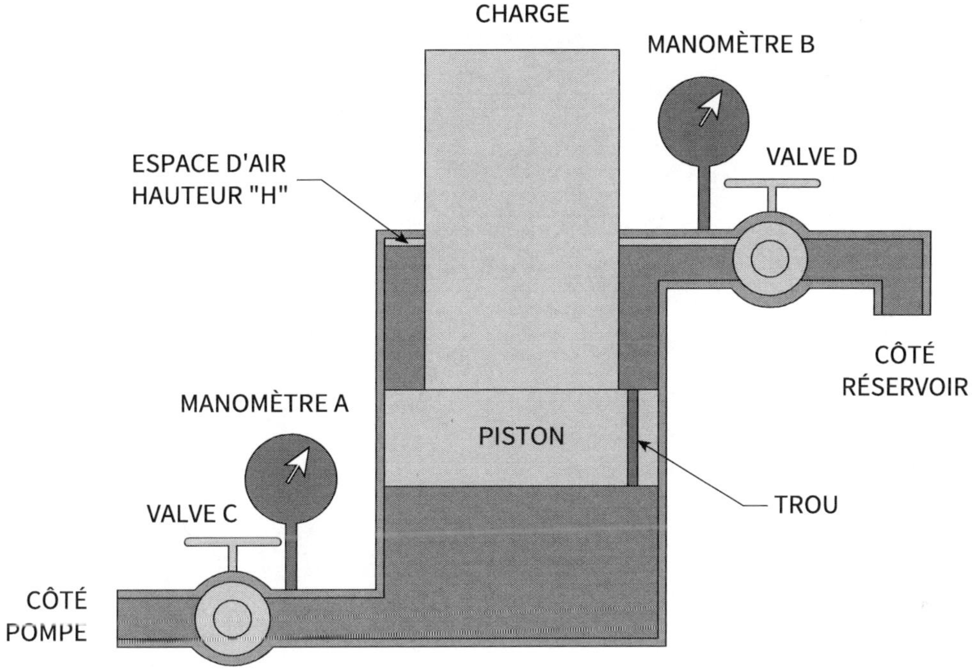

On arrête la pompe et au même moment, on ferme les valves C et D. Au moment de fermer les valves, pour une raison quelconque, il y a un peu d'air qui s'est installé dans la partie supérieure du cylindre (1/16 approx.). Si à cet instant, le piston est au milieu de sa course :

- Quelle sera la position du piston lorsque le système sera stabilisé?
- Quelle sera la pression indiquée sur les manomètres A et B?

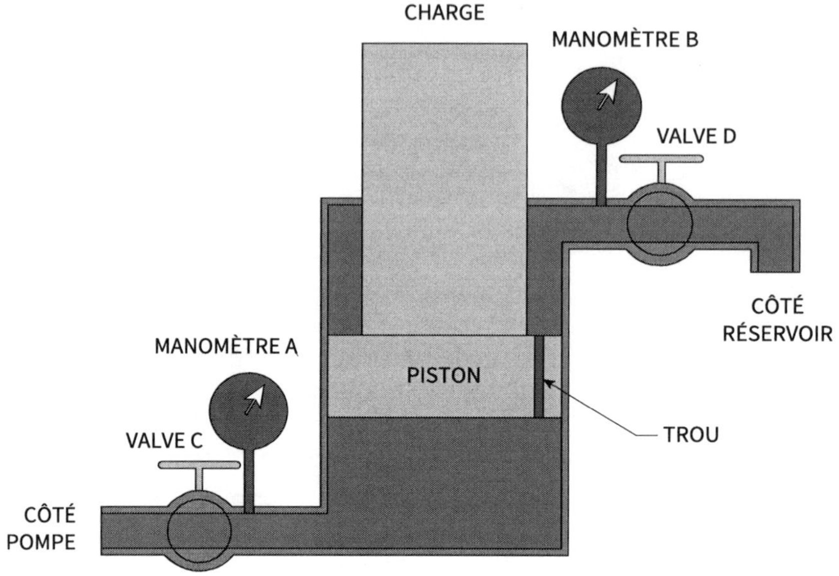

Exercice #4 :

Nous avons un vérin dont le diamètre est de 4 pouces et dont la tige est de 2 ½ pouces. Le vérin doit atteindre une vitesse maximale de 6 po/sec. Quel est le débit de pointe (en gpm) qu'il consomme lorsqu'il est :

- en extension :

- en rétraction :

Exercice niveau #2

Exercice#1 : Nous avons le schéma suivant dont les réglages initiaux sont faits en conséquence que la vitesse du moteur est de 80 rpm, pour un débit de 6 gpm (Q), et une variation de pression à travers le moteur (dP) de 1 000 psis (système à pleine charge). La pression de la pompe est ajustée à 1 200 psis.

a) Si l'on considère que la charge au moteur varie et que la variation de pression au moteur devient 300 psis, quel devrait être le débit au moteur?

b) Et toujours avec les mêmes paramètres, quel devrait être la vitesse du moteur?

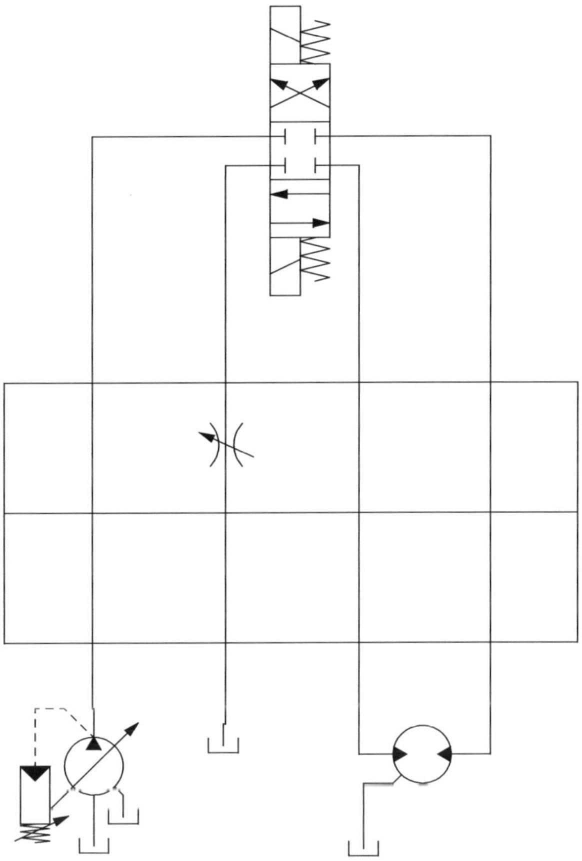

Exercice niveau #3

N/A

Réponse exercice niveau #1

Exercice #1 :

$$Ac = 2{,}5 \times 2{,}5 \times pi/4 = 4{,}91\ po^2$$

$$Ah = Ac\text{-}1{,}75 \times 1{,}75 \times pi/4 = 2{,}50\ po^2$$

- du côté piston : P = 5 000 / 4,91 = 1 018 psis
- du côté tige : P = 0

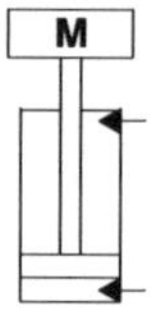

- du côté piston : P = 0
- du côté tige : P = 5 000/2,50 = 2 000 psis

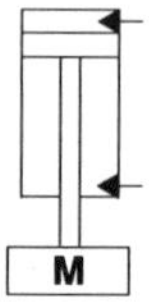

Exercice #2 : Pression sous le point A = 5 000/10 po^2 = 500 psis

Force au niveau du piston de 20 po^2 = 500 psis × 20 po^2 = 10 000 lbf

Pression au niveau du piston de 5 po^2 = 10 000 lbf/5 po^2 = 2 000 psis

Force au niveau du piston de 15 po^2 = 2 000 psis × 15 po^2 = 30 000 lbf = la force au point B

Exercice #3 : Première partie : Ac = 3,5 × 3,5 × pi/4 = 9,62 po^2; At = 2,5 × 2,5 × pi/4 = 4,91 po^2; Ah = Ac-At = 4,71 po^2; P = 20 000/9,62 = 2 079 psis

Deuxième partie : De façon simplifiée on peut répondre que le vérin restera essentiellement à la même place alors que la charge sera retenue par la surface de la tige.

La pression sera alors de lbs/4,91 po^2, soit 4 074 psis.

Si l'on tient compte du faible volume d'air dans le vérin en admettant qu'il est à la pression atmosphérique au départ, uniquement attribuable à la surface du vérin, nous avons donc un volume de 4,71 × 0,0625 = 0,295 po^3. C'est-à-dire que le volume d'air devra diminuer avec l'accroissement de pression selon la fonction PV = PV. Ainsi, on se retrouve alors avec 0,295 × 14,7 psis = Volume comprimé × (4 074 + 14,7) psis, soit près de zéro. Ainsi, le vérin devra descendre d'une distance associée au volume à combler, soit de 0,295 po^3/4,91 po^2 = 0,060 pouce. C'est un hasard que la distance est semblable à l'espace d'air (At = Ah).

Si on voulait aller plus loin, il faudrait tenir compte de la compressibilité de l'huile, car en fonctionnement, la pression était de 2 079 alors qu'à l'arrêt la pression grimpe à 4 074, ce qui oblige le vérin à descendre d'une certaine distance. De plus, le volume au-dessus du côté de la tige passe quand à lui d'une pression nulle à une pression de 4 074 ce qui encore une fois demanderait au piston de descendre.

Exercice #4 : Ac = 4 × 4 × pi/4 = 12,57 po^2; Ah = Ac − 2,5 × 2,5 × pi/4 = 7,66 po^2; en extension : Q = Ac × V × 60/231 = 12,57 × 6 × 60/231 = 19,6 gpm; en rétraction : Q = Ah × V × 60/231 = 7,66 × 6 × 60/231 = 11,9 gpm

Réponse exercices niveau #2

Exercice #1 : a) *Pertes de charge initiales dans le circuit = 1 200 − 1 000 = 200 psis; Pertes de charge actuelles = 1 200 − 300 = 900 psis;* $Q_2 = Q_1 \times \sqrt{(dP_2/dP_1)} = 6 \times \sqrt{(900/200)} = 12{,}7$ *gpm b) RPM = 80 × 12,7/6 = 170 rpm*

Réponse exercices niveau #3

N/A

4 Représentation d’un circuit hydraulique

Il faut se demander à quoi sert de faire des schémas hydrauliques. Et la réponse n'est pas aussi simple que cela peut sembler. En effet, les schémas hydrauliques ne peuvent prétendre de répondre à tous les besoins en termes de communication. Voyons tout de même les différents objectifs que l'on peut souhaiter :

- Permettre la compréhension d'un circuit hydraulique;
- Renseigner sur le montage des composantes;
- Permettre le diagnostic;
- Procurer la liste de matériel, mais de quoi?
    - Les composantes principales du circuit?
    - Les composantes secondaires du circuit?
    - Les raccords hydrauliques, boyaux, tubes?
- Si l'on aborde le cas des valves directionnelles avec des ports X (alimentation du circuit de pilotage) et Y (drainage du circuit de pilotage), on peut utiliser un symbole simplifié qui permet de comprendre la logique du circuit, mais si l'on fait ainsi, nous ne sommes pas en mesure de savoir ce qui était souhaité autre qu'en allant voir en détail le numéro de pièce, ce qui est dangereux. Va-t-on recevoir la pièce telle que commandée? Y a-t-il une erreur dans le numéro? Comment vérifier?

Il y a bien des façons d'atteindre ces objectifs et de répondre à ces questions. Toutes les entreprises n'utilisent pas la même approche. Il arrive fréquemment que les schémas hydrauliques manquent de rigueur au niveau de la symbolisation des valves sans que cela pose de problème.

On retrouve parfois des manuels d'utilisation qui présentent les schémas avec une approche plus conviviale pour le novice, mais qui deviennent plus compliqués à comprendre pour la personne spécialisée en hydraulique.

Il arrive souvent qu'une partie de l'information concernant le montage d'un équipement ne soit pas documentée, surtout dans le cas du montage des raccords et boyaux hydrauliques. Dans ce cas, un ouvrier reproduit le schéma hydraulique en choisissant lui-même les composantes de plomberie.

La façon d'aborder ces problématiques demeure une décision d'entreprise, en regard des objectifs et des responsabilités encourues.

4.1 Symbole hydraulique

La majorité des schémas hydrauliques sont représentés à l'aide de symbole représentant les composantes permettant le fonctionnement de l'équipement. Il y a des conventions et des normes à respecter.

En Amérique, il est d'usage d'utiliser la norme ANSI Y32.10 qui procure la liste des symboles hydrauliques.

En Europe, les entreprises livrant un équipement sur ce territoire doivent respecter la directive CE ISO 1219.

Normes ANSI ou CE :

- Certains standards s'appliquent à ce que doivent inclure les schémas hydrauliques selon les standards utilisés;
- Les symboles sont très similaires au niveau des deux normes, nous ne sommes généralement aucunement perturbés en passant d'une norme à l'autre pour la compréhension d'un circuit;
- La norme CE s'applique aux équipements livrés en Europe. Ce standard est plus rigoureux et demande une série d'information ainsi que de suivre une plus grande rigueur pour la proportion des symboles, et aussi de faire des analyses de risque. Le fait de vendre un équipement CE demande de suivre une procédure d'auto certification. Dans ce cas, un accumulateur ne peut rester chargé après l'arrêt de l'équipement à moins que cela augmente le risque. Les directives sont ISO 1219 et ISO EN 982;
- La norme ANSI est celle qui s'applique en Amérique, toutefois, il n'y a pas de procédure d'auto certification. En gros, il n'y a personne. Norme ANSI Y32.10.

Les symboles ont pour fonction de représenter la fonction de chaque composante. Toutefois, le symbole ne présente normalement pas toutes les subtilités. Ainsi, le symbole d'une valve de décharge peut ne pas montrer si elle est à action directe ou avec pilotage interne.

Figure 4.1 **Symboles typiques**

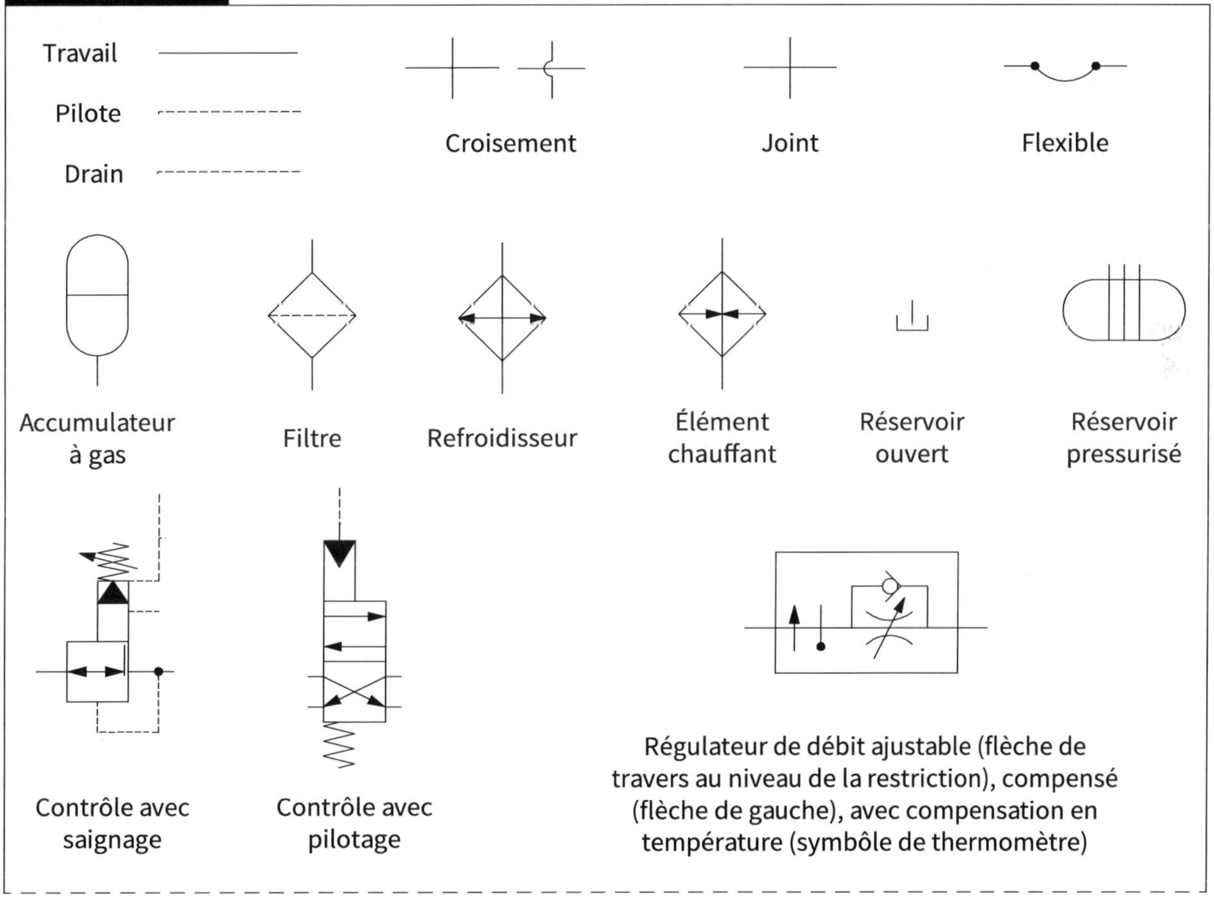

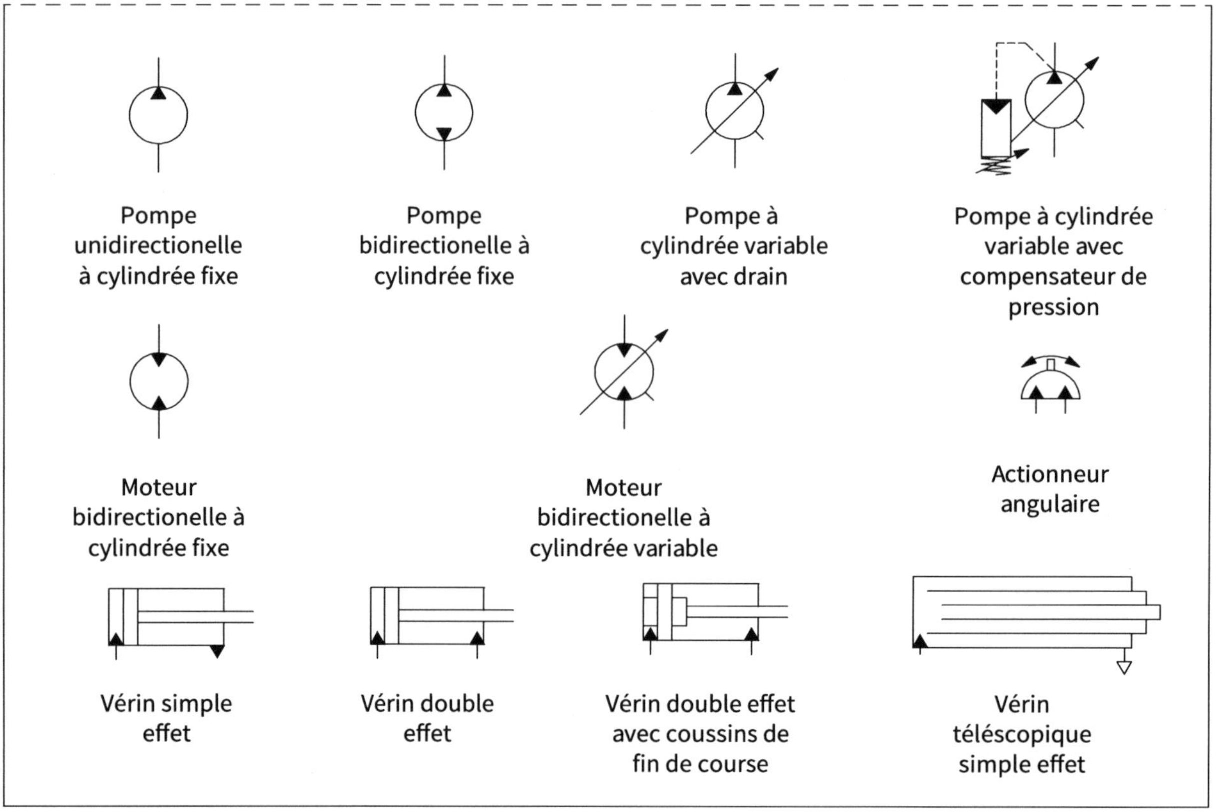

Figure 4.2 **Symboles typiques**

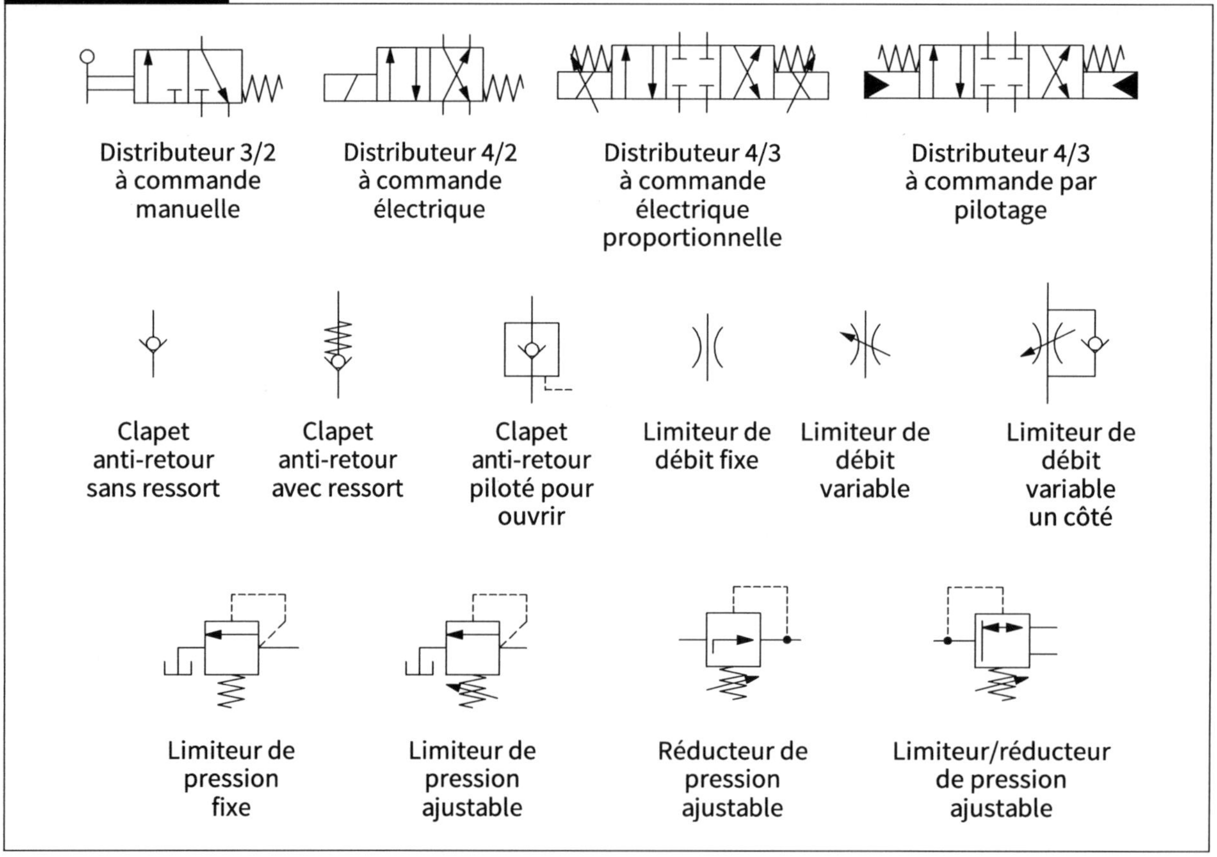

4.2 Les grandes étapes de conception d'un système hydraulique

Une fois que l'on connaît les forces en jeu ainsi que les vitesses des mouvements, il y a différentes étapes à suivre lors de l'élaboration d'un circuit hydraulique. La conception passe par des étapes itératives. Les grandes étapes sont les suivantes :

1. Établir la liste des mouvements et faire un circuit hydraulique assurant les mouvements;
2. Élaboration d'un circuit hydraulique de base qui gère les mouvements et les vitesses. Il faut au préalable connaître les grandes orientations qui seront prises au niveau de l'aménagement des composantes;
3. Conception du côté protection du circuit hydraulique, où l'on tente de sécuriser le circuit au maximum. Cette étape demande de bien comprendre le fonctionnement et la logique de l'hydraulique, c'est une étape très intuitive en prenant une approche très paranoïaque;
4. Sélection des composantes en fonctions des débits et des pertes de charge autorisées et acceptables. Cette étape est la plus difficile et de nombreuses hypothèses et estimations doivent être faites. C'est ici que l'on risque de faire un travail d'itération pour déterminer la pression d'opération en fonction des débits. On travaille donc sur les débits à la fois;
5. Homogénéisation de la conception, ce qui demande de revoir les étapes précédentes.

4.3 Approche pour le schéma

Il y a plusieurs tendances dans l'industrie pour la conception des circuits, dont trois grandes approches :

- Le schéma fonctionnel (Figure 4.3)
    - Cette approche est la plus répandue alors que le schéma ne tient pas compte de la disposition des composantes.
    - À notre époque où l'on tente de minimiser les vides d'informations, cela revient à dire que le monteur du circuit devra être apte à choisir des composantes qui ne sont pas représentées.
    - Bien souvent, dans ces circuits, on ne verra pas par exemple les bases sur lesquelles sont montées les valves de distribution.
    - Pour les circuits avec sandwich, il devient difficile de faire le lien entre le schéma et le montage des composantes.
    - Cette méthode est de loin la plus fréquente. C'est aussi la façon de travailler des logiciels comme Automation Studio.
    - Bien souvent, d'autres dessins devront être préparés pour renseigner sur certains détails de montage.
    - La méthode a l'avantage de demander moins de connaissances sur le montage réel des composantes.
    - Il y a toujours un risque de faire un schéma dont le montage est impossible à faire avec les composantes sélectionnées.

Figure 4.3 **Schéma de type fonctionnel**

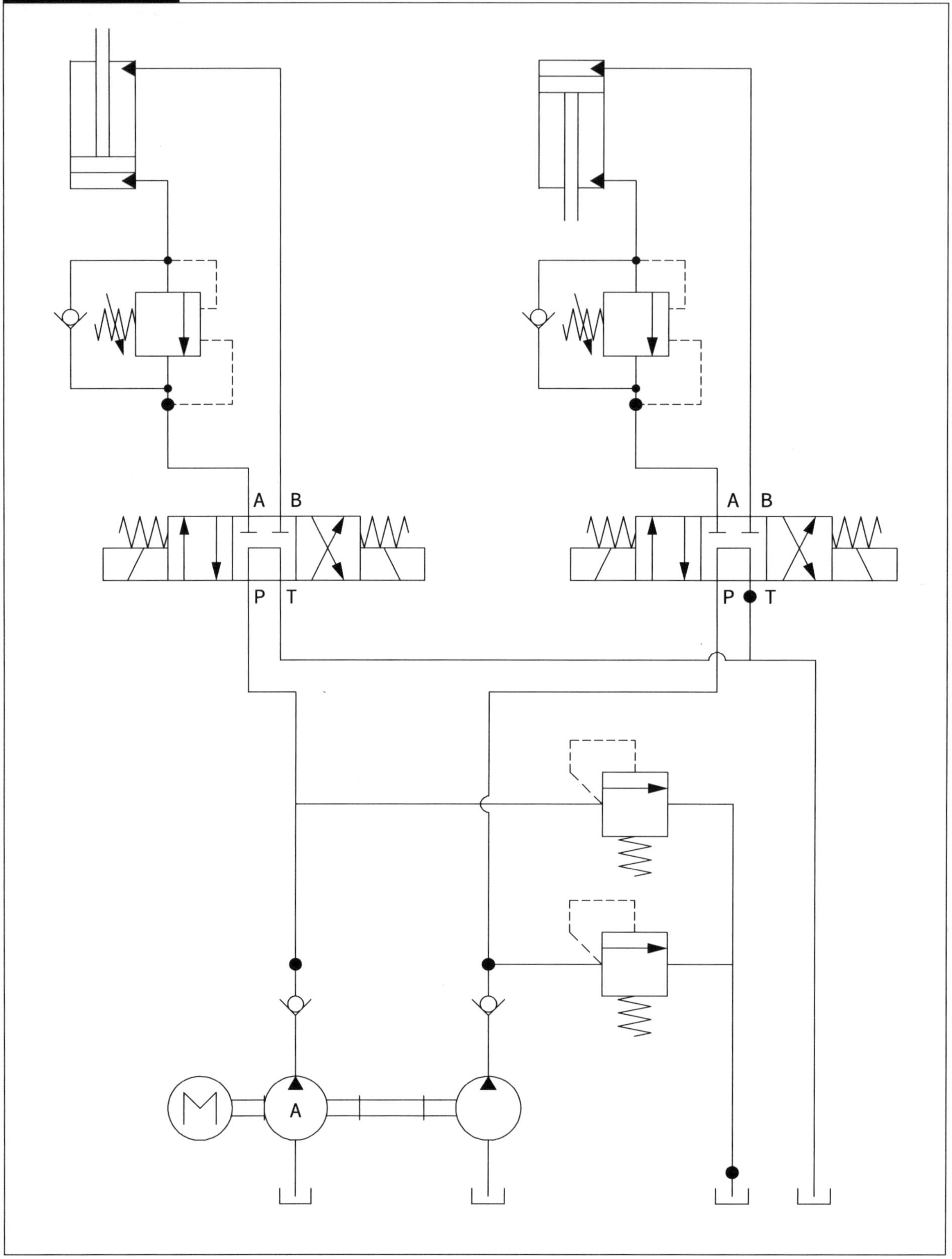

- Le schéma hybride de type sandwich (Figure 4.4)
  - Cette méthode est très peu utilisée bien que les catalogues montrent de nombreux exemples;
  - Permets de rendre compte de beaucoup de détail de montage. Au premier coup d'œil, on peut voir ce qui est en ligne et ce qui est dans des blocs ou encore en sandwich;
  - Dans ce manuel, cette approche sera utilisée ce qui permet une forme de simplification en plus de pouvoir tirer profit de l'expérience d'entreprises spécialisées. En effet, parfois, nous pouvons chercher une solution pour un problème alors que des composantes existent dans le catalogue qui combine des fonctions multiples;
  - On peut retrouver des composantes qui sont représentées en ligne si elles sont de ce type.

Figure 4.4 **Schéma hybride de type sandwich**

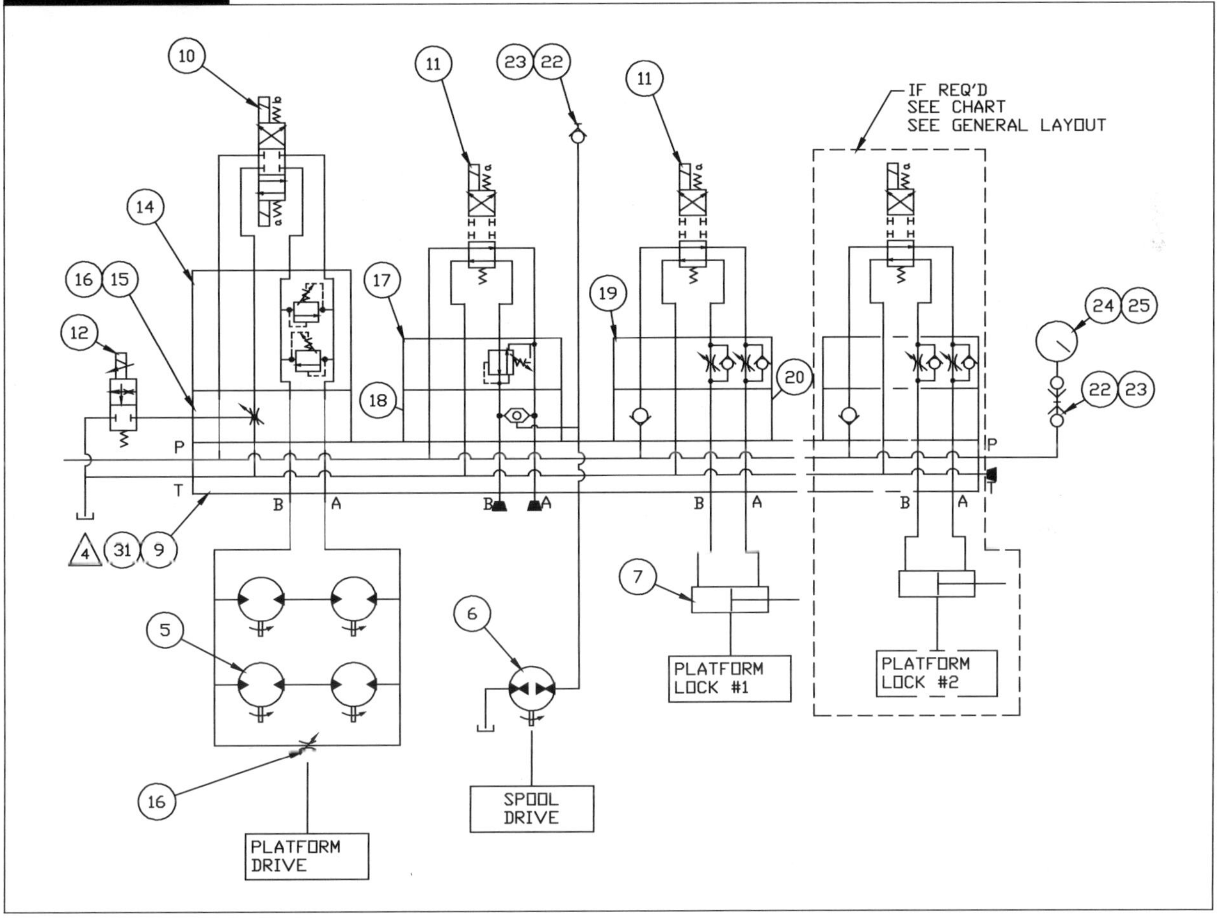

- Le schéma hybride de type bloc de distribution personnalisé (Figure 4.5)
  - Ici les composantes sont présentées en tenant compte qu'un certain nombre de composantes sont installées à l'intérieur d'un bloc de distribution fait sur mesure;
  - Il y a très peu de standards proposant une façon de faire. Par exemple, on verra parfois des symboles de valves directionnelles dont les bobines électriques sont représentées de façon non usuelle, mais qui rend compte du montage réel.

Figure 4.5 **Schéma hybride de type bloc personnalisé**

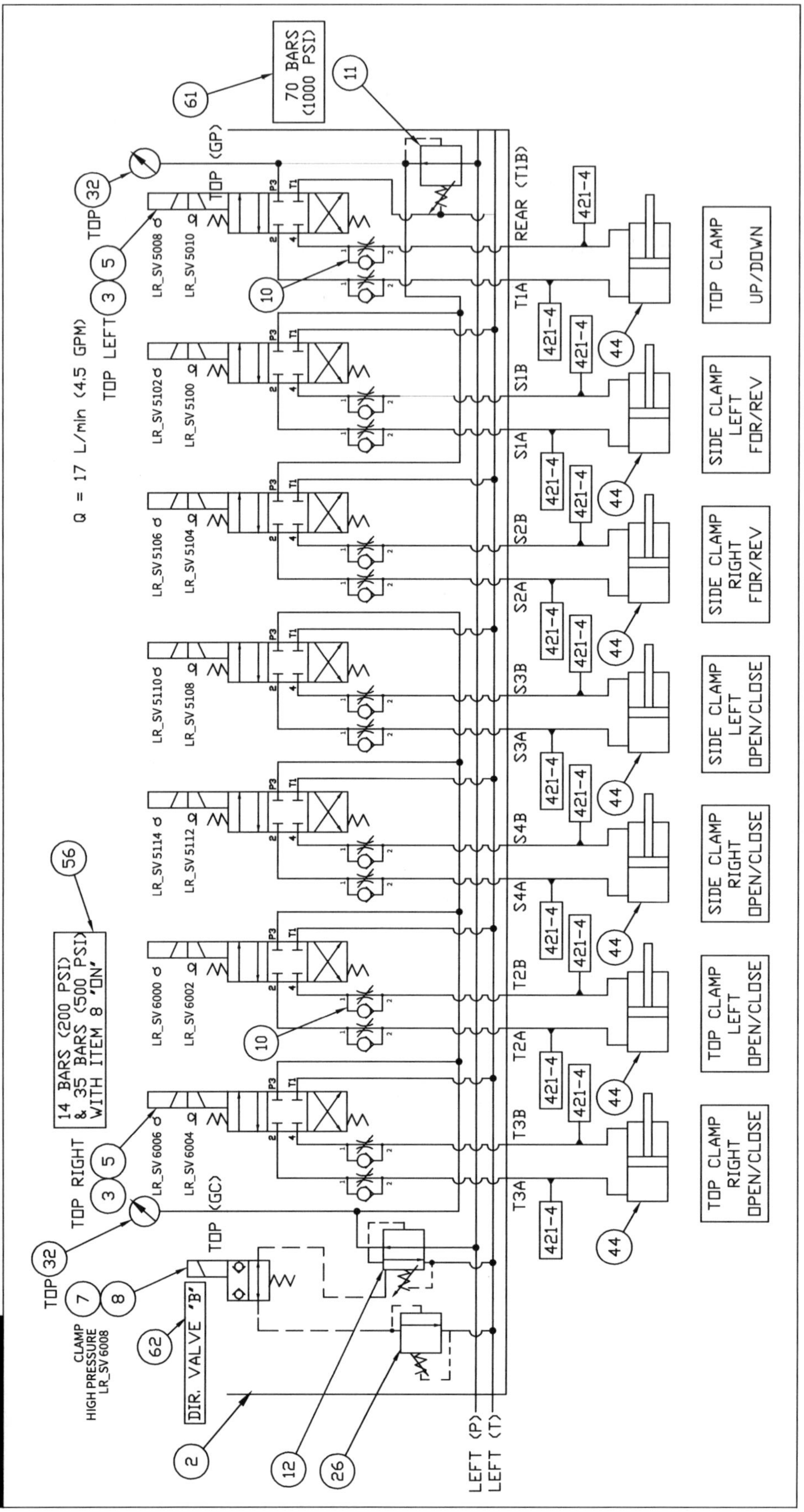

Bien que l'on retrouve souvent la pompe sur le schéma d'un équipement, il est possible de l'omettre. Toutefois, il devient utile de créer un document synthèse qui renseigne clairement à savoir quelle unité de pompage alimente quelle section de l'équipement, via un numéro de schéma (voir Figure 4.6).

- Bien souvent sur les schémas on va retrouver le schéma hydraulique de l'unité hydraulique simplifié. Simplifié, car le schéma complet rendrait plus complexe le circuit de l'équipement.
- Pour les très gros circuits, il devient impossible d'inclure tout sur une feuille. Il peut devenir intéressant de segmenter le circuit en sous-système semi-autonome. Afin d'obtenir une vision claire du circuit dans ce cas, il est possible de faire une feuille résumée qui indique quelles pompes alimentent quels circuits.
- Il est possible de ne pas inclure l'unité hydraulique, mais il faut indiquer les paramètres requis de fonctionnement, pression et débit. Dans ce cas, l'unité hydraulique possède son propre schéma détaillé.

Figure 4.6 Schéma synthèse

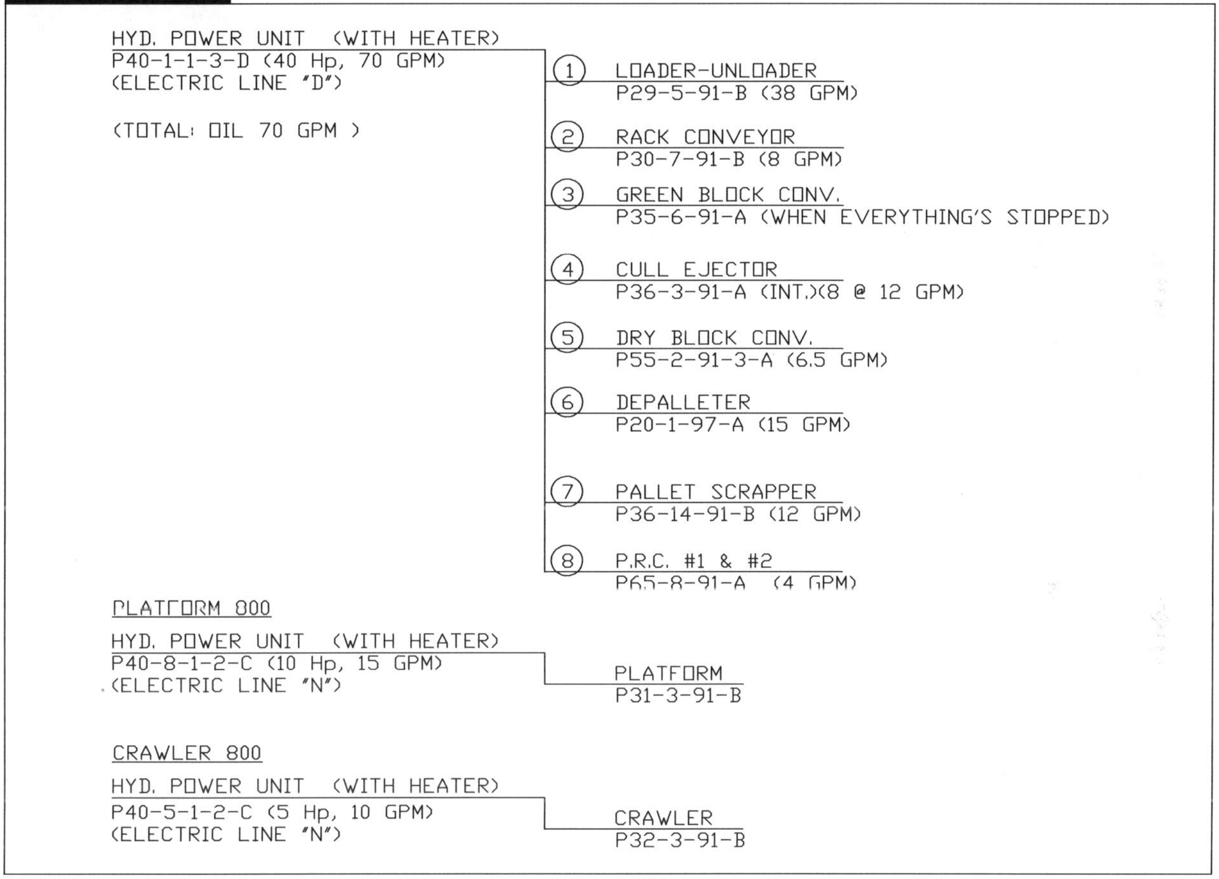

4.4 Liste de matériel

La liste de matériel des schémas se limite généralement aux composantes de la logique de schéma et n'indique pas les composantes comme les raccords, boyaux et tubes. Ces composantes secondaires représentent toujours un enjeu. On peut voir parfois ces composantes représentées dans le schéma hydraulique, mais cela devient rapidement beaucoup trop complexe lorsque le nombre de pièces devient trop important. Un schéma détenant trop d'information secondaire peut compromettre sa compréhension. Lors de la mise en production d'un équipement, toutes les pièces doivent être appelées par des listes de matériel, sans pour autant les appeler en trop. Ainsi, chaque dessin doit avoir sa fonction bien délimitée. Bien souvent, les vérins sont appelés dans les dessins mécaniques, mais indiqués en référence dans le schéma. Pour les moteurs hydrauliques, c'est l'inverse.

Si l'on observe la Figure 4.7, on voit bien que des valves sont représentées, mais non incluses dans la liste de matériel. On peut bien souvent voir des schémas hydrauliques où certaines composantes sont omises telles que les bases de montages. Cette tendance est hasardeuse et peut conduite à un oubli. En ce sens, il est très utile que le schéma hydraulique inclue toutes les pièces assurant la fonctionnalité du schéma. Bien souvent, les boulons de montage des valves sur les bases ne sont pas inclus dans liste de matériel.

Généralement, le dessin du schéma hydraulique est préparé par quelqu'un de l'ingénierie. Il arrive souvent que la sélection des composantes comme les raccords, boyaux et tubes soit faite par un mécanicien en hydraulique. Dans ce cas, parfois l'ingénierie peut prendre en note le travail fait conformément aux standards du département d'ingénierie. Tenter de faire une liste de matériel complète et fidèle des raccords est une tâche ardue et demande un niveau de connaissance très terre à terre. Mais cela est possible surtout si la machine a été réalisée en 3D. Ne pas tenter d'inclure ce niveau de détail à même un dessin d'ensemble de l'équipement.

Une approche qui peut être efficace tiendrait compte des étapes suivantes :

- Conception de l'équipement mécanique;
- Conception du schéma hydraulique, de type hybride, très détaillé, où l'on retrouve sous forme de notes le type de raccords utilisé, les tubes utilisés, et la sélection des boyaux pour chaque ligne, grosseur et type. La liste de matériel sert pour la commande pour les pièces du schéma, alors que les notes procurent des directives pour le matériel qui n'est pas dans la liste;
- Dessin d'intégration/modification de l'équipement pour inclure les raccords, boyaux, etc;
- Dessin de cheminement des composantes fidèles de toutes les composantes. Les boyaux flexibles sont un enjeu particulier, car le fait de les représenter demande beaucoup d'énergie. Dans certains cas on peut les omettre. La Figure 4.7 montre un tel choix, avec l'équipement non représenté pour plus de clarté.

Figure 4.7 Schéma de cheminement

ITEM	PART NUMBER	QTY	DESCRIPTION
1	M44-27-3-A	2	TUBE CLAMP KIT
2	M44-27-4-A	2	TUBE CLAMP KIT
3	0712-005310	4	ADAPTER, MALE CONNECTOR SAE6 TO 12MM
4	0712-005370	2	UNION 12MM
5	0712-005375	2	UNION 15MM
6	M44-27-13-A	1	TUBE CLAMP KIT
7	0712-005400	6	BULKHEAD UNION 12MM
8	0712-005430	2	UNION TEE 12MM
9	0712-005510	8	HOSE FITTING, STRAIGHT, 12MM
10	0712-005515	10	HOSE FITTING, ELBOWM 12MM
11	0712-005520	3	HOSE FITTING, STRAIGHT, 15MM
12	0712-005525	1	HOSE FITTING, ELBOW, 15MM
13	0712-005528	1	HOSE FITTING, ELBOW 45, 15MM
14	0712-005720	4	ADAPTER, REDUCER SAE12 TO SAE6
15	0712-000460	1	HYD. HOSE x 13 1/2" LG.
16	0712-000470	1	HYD. HOSE x 45" LG.
17	0712-000460	1	HYD. HOSE x 22" LG.
18	0712-000460	1	HYD. HOSE x 26" LG.
19	0712-000460	1	HYD. HOSE x 26" LG.
20	0712-000460	1	HYD. HOSE x 22" LG.
21	0712-000460	1	HYD. HOSE x 16 1/2" LG.
22	0712-000470	1	HYD. HOSE x 27" LG.
23	A32-6-124	2	HYD. TUBE
24	0712-005552	8	DUAL FUNCTION NUT 12MM
25	4TBM 0120 0015	2	HYD. TUBE x 12" LG.
26	A32-6-122	1	HYD. LINE LA
27	0712-005554	8	DUAL FUNCTION NUT 15MM
28	A32-6-123	1	HYD. LINE LB
29	0712-006000	7	ADAPTER, REDUCER SAE12 TO SAE8
30	0712-005300	7	ADAPTER, MALE CONNECTOR, SAE8 TO 15MM
31	0712-005450	2	SWIVEL NUT ELBOW 15MM
32	0712-005390	2	SWIVEL UNION 15MM
33	0712-005405	2	BULKHEAD UNION 15MM

ITEM	PART NUMBER	QTY	DESCRIPTION
34	M44-6-32-B	2	BULKHEAD PLATE
35	0712-005420	2	BULKHEAD UNION ELBOW 15MM
36	A32-4-264-2-A	2	HYD. LINE - CYLINDER HEAD
37	0712-000470	1	HYD. HOSE x 14" LG.
38	A32-6-121ZA	1	MANIFOLD ASSEMBLY

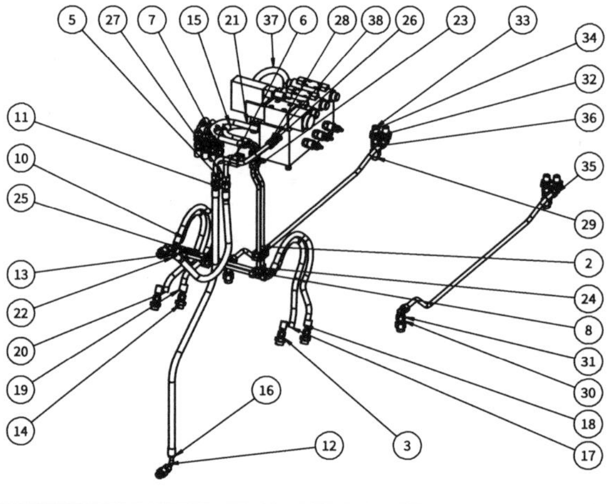

UNSPECIFIED TOLERANCES FABRICATION WELDING / ASSEMBLY 1/X ± " X.XX ± " X.XXX ± " ANG. ± " FINISH: 0 @ 36" ± 1/16" 3' < ± 1/8" ANG. ± 0.5°		TITLE / PROJECT MAST - HYDRAULIC PIPING				
	DRAWN BY	DATE (YYYY-MM-DD)		SCALE : 1:24	FORMAT A	REVISION
AS PER ASME Y14.5-1994	DESIGNER	CHK.	APR.	DRAWING NO. A32006121 CVM		PAGE 1 / 1

4.5 Exercices

Exercice niveau #1

N/A

Exercices niveau #2

1	Le port X d'une valve sert d'alimentation pour le contrôle du pilotage dissocié de la ligne P	**V**	**F**
2	Le port Y d'une valve sert d'alimentation pour le contrôle du pilotage dissocié de la ligne P	**V**	**F**
3	Le port X d'une valve sert de ligne de vidange pour le contrôle du pilotage dissocié de la ligne T	**V**	**F**
4	Le port Y d'une valve sert de ligne de vidange pour le contrôle du pilotage dissocié de la ligne T	**V**	**F**
5	Lorsqu'un schéma hydraulique est fait pour un équipement à être livré en Europe (CE), il n'est pas nécessaire de représenter schématiquement les coussins des vérins contrairement à la norme nord-américaine.	**V**	**F**
6	Certaines méthodes de schématisation ne présentent pas nécessairement toutes les pièces pour la réalisation physique.	**V**	**F**
7	La méthode de schématisation avec la représentation des sandwichs n'est pas employée systématiquement.	**V**	**F**
8	Les schémas hydrauliques doivent toujours présenter les raccords hydrauliques.	**V**	**F**
9	Les symboles hydrauliques sont normalisés.	**V**	**F**
10	On gagne à indiquer sur les schémas hydrauliques les boyaux utilisés, en autres pour des raisons de sécurité.	**V**	**F**
11	On gagne à indiquer sur les tubes hydrauliques les boyaux utilisés, en autres pour des raisons de sécurité.	**V**	**F**
12	Lors de la conception d'un circuit, on gagne à débuter par la sécurisation des circuits.	**V**	**F**

Exercice niveau #3

N/A

Réponse exercice niveau #1

N/A

Réponses exercices niveau #2

1	Le port X d'une valve sert d'alimentation pour le contrôle du pilotage dissocié de la ligne P	**V**
2	Le port Y d'une valve sert d'alimentation pour le contrôle du pilotage dissocié de la ligne P	**F**
3	Le port X d'une valve sert de ligne de vidange pour le contrôle du pilotage dissocié de la ligne T	**F**
4	Le port Y d'une valve sert de ligne de vidange pour le contrôle du pilotage dissocié de la ligne T	**V**
5	Lorsqu'un schéma hydraulique est fait pour un équipement à être livré en Europe (CE), il n'est pas nécessaire de représenter schématiquement les coussins des vérins contrairement à la norme nord-américaine.	**F**
6	Certaines méthodes de schématisation ne présentent pas nécessairement toutes les pièces pour la réalisation physique.	**V**
7	La méthode de schématisation avec la représentation des sandwichs n'est pas employée systématiquement.	**V**
8	Les schémas hydrauliques doivent toujours présenter les raccords hydrauliques.	**F**
9	Les symboles hydrauliques sont normalisés.	**V**
10	On gagne à indiquer sur les schémas hydrauliques les boyaux utilisés, en autres pour des raisons de sécurité.	**V**
11	On gagne à indiquer sur les tubes hydrauliques les boyaux utilisés, en autres pour des raisons de sécurité.	**V**
12	Lors de la conception d'un circuit, on gagne à débuter par la sécurisation des circuits.	**F**

Réponse exercice niveau #3

N/A

5 Montage hydraulique : en ligne, sandwich et cartouche

Lorsqu'il s'agit de sélectionner les composantes d'un circuit, il faut choisir entre le type de technologie qui sera utilisé. En gros, on retrouve des composantes qui s'installent en ligne, ou bien en sandwich ou bien de type cartouche. Chaque type possède ses avantages et inconvénients. Le choix du type de composantes que l'on sélectionne devrait avoir une influence sur la façon de dessiner le schéma, comme nous avons vu dans la section précédente. En pratique, ce n'est pas toujours le cas, alors que cela devient rapidement plus déroutant.

Une composante qui se monte en ligne se raccorde au schéma hydraulique via des boyaux et des tubes. Certaines composantes sont obligatoirement de ce type. Les régulateurs de débit sont offerts selon les trois types de montage, alors qu'un accumulateur est toujours une composante seule.

Figure 5.1 **Exemple de composantes en ligne**

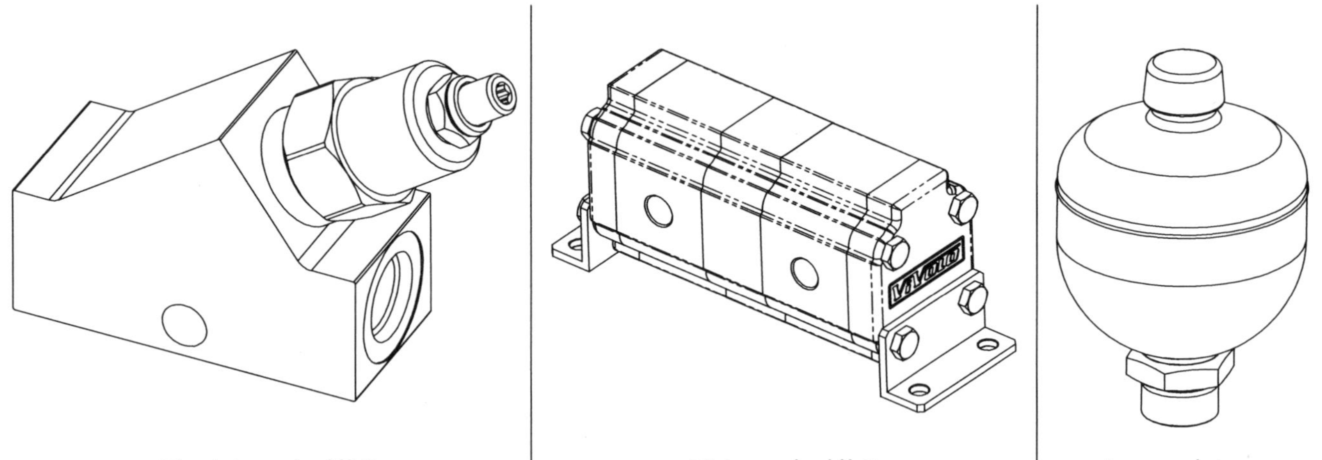

Régulateur de débit | Diviseur de débit | Accumulateur

Une composante en sandwich s'installe entre deux composantes. Ce mode de montage est donc offert spécifiquement pour les composantes avec interface normalisée (voir 6.3.1.1). Nous y reviendrons plus loin dans ce chapitre sur certaines règles à respecter. Tous les types de composantes ne sont pas offerts, mais la gamme de produits est très intéressante pour la conception de la logique d'un circuit. De plus, le fait d'utiliser cette approche permet d'utiliser l'expertise des manufacturiers dans la mesure où ils offrent des fonctions et des combinaisons répondant à des problèmes classiques. Cette approche est donc à préconiser lorsque le concepteur possède moins d'expertise et si le projet le permet. Il arrive rarement que nous soyons les premiers confrontés à un problème, la solution existe bien souvent dans les catalogues. On retrouve deux grandes approches : la première où nous avons un ensemble composé d'un bloc cartouche et d'une cartouche. La deuxième approche est celle où le sandwich est disponible en une seule pièce, avec une fonction dédiée. Chaque configuration possède ses avantages et désavantages comme on verra à la Table 5.1. « Sun Hydraulics » est un bon exemple d'un manufacturier qui offre une grande gamme de produits et dont l'approche est de type cartouche.

Les composantes de type cartouche sont en fait des éléments qui doivent d'insérer dans des cavités spécialement prévues à cette fin. Ainsi, il se peut qu'une cartouche soit installée dans un bloc prévu pour être installé en ligne, en sandwich ou encore dans un bloc personnalisé, voir 6.3.2. Mais normalement, lorsque l'on parle de montage de type cartouche, nous faisons référence au fait d'insérer la composante dans un bloc personnalisé, c'est là que l'on en tire le maximum de bénéfice.

Figure 5.2 **Exemple de montage de type sandwich**

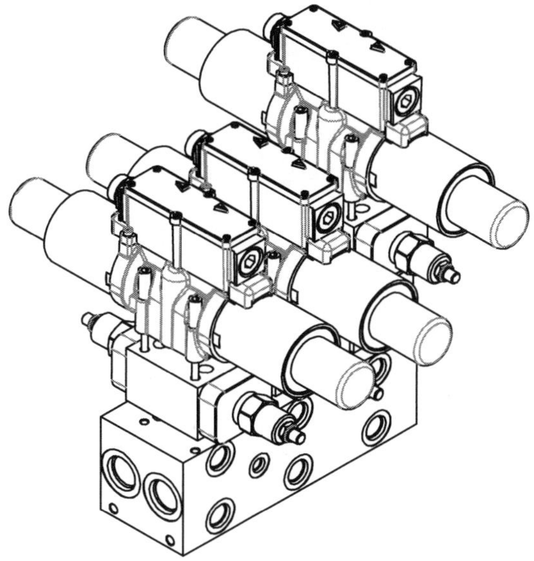

Figure 5.3 **Assemblage de type cartouche sur un bloc personnalisé**

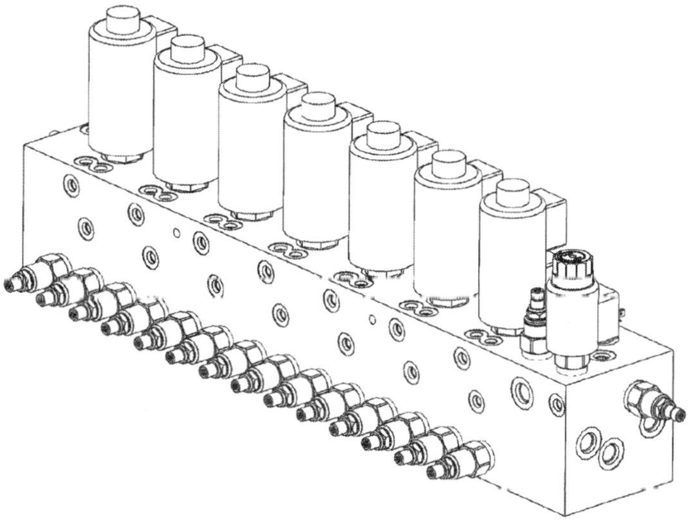

En pratique, un circuit est toujours composé de la combinaison de plusieurs types de composantes. Un moteur est toujours une composante en ligne tout comme un vérin. Parfois, pour certaines raisons, le schéma pourra inclure des composants sandwich ainsi que des composantes en ligne.

Le montage en ligne devrait être évité autant que possible et être réservé à des fonctions bien spécifiques. C'est l'option qui permet un accès souvent optimal pour les ajustements pour un opérateur.

Le montage en sandwich est l'option la mieux indiquée pour des prototypes, des équipements de bas volume, ou encore pour les applications où l'on risque de modifier le circuit dans le temps. Cette option est relativement économique. La conception de ces circuits est la plus simple à partir du moment où l'on maîtrise la notion des sandwichs, en permettant de tirer expérience des produits offerts chez les manufacturiers.

Tableau 5.1 **Liste des avantages et désavantages des types de montage**

Type	Avantages	Désavantages
En ligne	• Les composantes peuvent être localisées à des positions facilitant leur réglage; • Offre souvent une perte de charge réduite; • Tous les types de composantes sont représentés dans cette configuration; • Parfois offert avec des réglages particulièrement facile à interpréter.	• Beaucoup de raccords sont nécessaires; • Il faut fabriquer de multiples supports et panneaux sur lesquels se reposent les composantes; • Risque de fuite important; • Un changement du diagramme hydraulique demande de refaire des branchements.
Sandwich cartouche	• Nombre de raccords se limitant aux lignes A et B; • Assemblage compact; • Facilité de changer un schéma hydraulique facilement; • Facilité de faire des schémas hydrauliques; • Inventaire de pièce minimal pour faire un circuit; • Une très bonne approche pour le manufacturier d'équipement; • Une très bonne approche pour un prototype;	• Perte de charge pouvant devenir importante; • Risque de fuite d'huile si les sandwichs sont mal superposés; • Les réglages ne sont pas toujours faciles à faire; • Risque de confusion à l'assemblage.
Sandwich unité	• Comme sandwich cartouche; • Fonction du sandwich identifiée sur le côté (mais devenant non visible dans bien des cas); • Pas de risque de confusion à l'assemblage; • Perte de charge plus faible que pour les sandwichs cartouches;	• Inventaire de pièce importante; • C'est une approche favorable pour l'utilisateur de la machine comparativement au sandwich cartouche.
Cartouche vissée	• Risque minimal de fuite; • Économique; • Extrêmement compact;	• Très difficile de s'y retrouver pour les réglages; • Impossibilité de changer le diagramme hydraulique; • Temps de conception plus important; • Délai de fabrication plus long.
Cartouche de type slip-in	• Adapté pour les débits importants • Étanche • Voir chapitre 12	• Schéma un peu plus complexe; • Spécialité hydraulique.

Le montage en cartouche est l'option offrant un maximum de performance en permettant une optimisation des composantes par sous-circuit, peu importe les débits. Une fois développé, un circuit de ce type présente les avantages d'être très économique et d'être très étanche. Cette option présente l'inconvénient d'être peu flexible et de ne pas permettre de modifier le circuit hydraulique après coup. De plus, la conception du bloc regroupant les composantes hydrauliques est très complexe et doit être faite par des personnes ayant idéalement cette expertise, bien que les logiciels 3D peuvent aider efficacement à la conception.

5.1 Montage en ligne

Le montage des composantes en ligne est la méthode qui était la plus populaire jusqu'au début des années 80. Pour les équipements utilisant des valves de distribution avec montage normalisé, on retrouvait généralement un gros panneau de commande hydraulique où les valves étaient regroupées. Les valves de distribution étaient installées sur des bases dont l'accès aux ports (P, T, A, B, X et Y) se faisait en arrière du panneau. On retrouvait donc de multiples raccordements et le travail devait être fait par des hydrauliciens artisans très minutieux.

Le branchement de certaines composantes peut entraîner une multitude de branchements hydrauliques.

De nos jours, on essaie de se tenir loin de cette méthode de montage en limitant l'utilisation de composantes montées en ligne à des cas où les avantages deviennent évidents. Les composantes en ligne peuvent être localisées à des endroits stratégiques pour un accès optimal, tout en possédant des performances exceptionnelles.

La méthode permet une certaine flexibilité en permettant de changer le schéma hydraulique après coup. Toutefois, le fait de faire des changements demandera de modifier les boyaux et les tubes, et de trouver un endroit pour localiser les nouvelles composantes.

5.2 Sandwich avec cartouche

Un sandwich avec cartouche est en fait l'assemblage d'un bloc cartouche puis d'une ou plusieurs cartouches. Dans certains cas et chez certains manufacturiers, le sandwich vient avec ses cartouches formant un tout non démontable. Ce type de montage permet de minimiser les pertes de charge, la gestion des commandes de pièces est plus simple, et l'installation est elle aussi plus facile pour une personne novice. Dans ce type de sandwich, on retrouve généralement le schéma hydraulique du sandwich sur le côté. Bien que cela semble utile, le diagramme devient rapidement non accessible du regard, lorsqu'assemblé sur une base de montage commune.

Figure 5.4 **Sandwich avec cartouches permanentes**

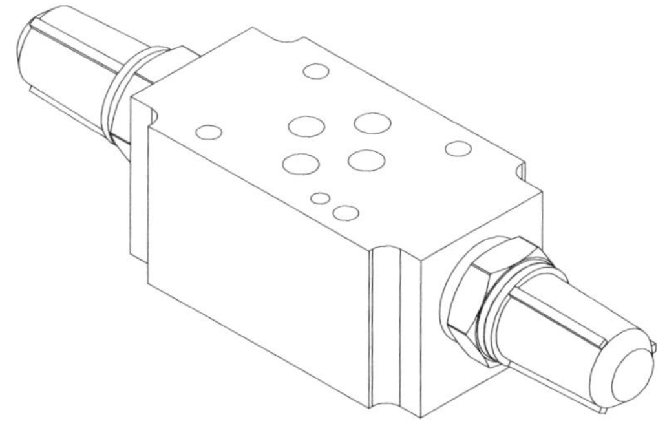

On retrouve aussi une autre approche qui consiste à ce que le sandwich soit un assemblage d'un bloc et de cartouches vissées. La façon la plus efficace de commander les pièces dans ce cas est de faire la liste de matériel qui permet de commander le bloc et les cartouches séparément. Cela permet de tirer parti de la possibilité de réduire les inventaires et de réduire les risques de confusion. Ce n'est pas toujours le cas, mais les cas où l'ensemble doit être commandé comme une seule pièce sont des cas isolés.

Figure 5.5 **Sandwich démontable FDCB-LAN-GBY de Sun Hydraulics**

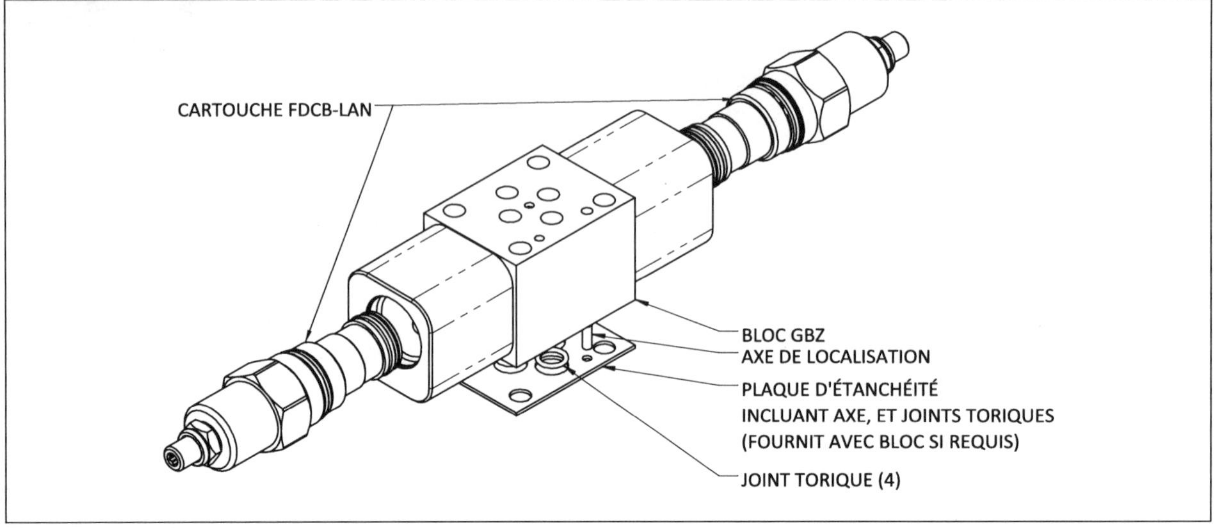

Un des manufacturiers faisant la promotion de cette façon de faire est Sun Hydraulics, qui est un incontournable de par l'étendue des produits dans ce secteur. Nous allons donc explorer leurs produits, car c'est aussi eux qui demandent une meilleure compréhension pour un débutant. Parker offre des sandwichs selon les deux types de construction, soit avec cartouches permanentes ou vissées.

Le montage avec sandwichs est l'option permettant la plus grande versatilité en termes de possibilités de modifier un circuit hydraulique après coup avec un minimum d'effort. Le fait de vouloir ajouter une caractéristique à un schéma peut se faire par le simple ajout d'un sandwich et le remplacement des vis de montage par de plus longues.

Figure 5.6 **Section d'un catalogue de sandwich de Sun Hydraulics**

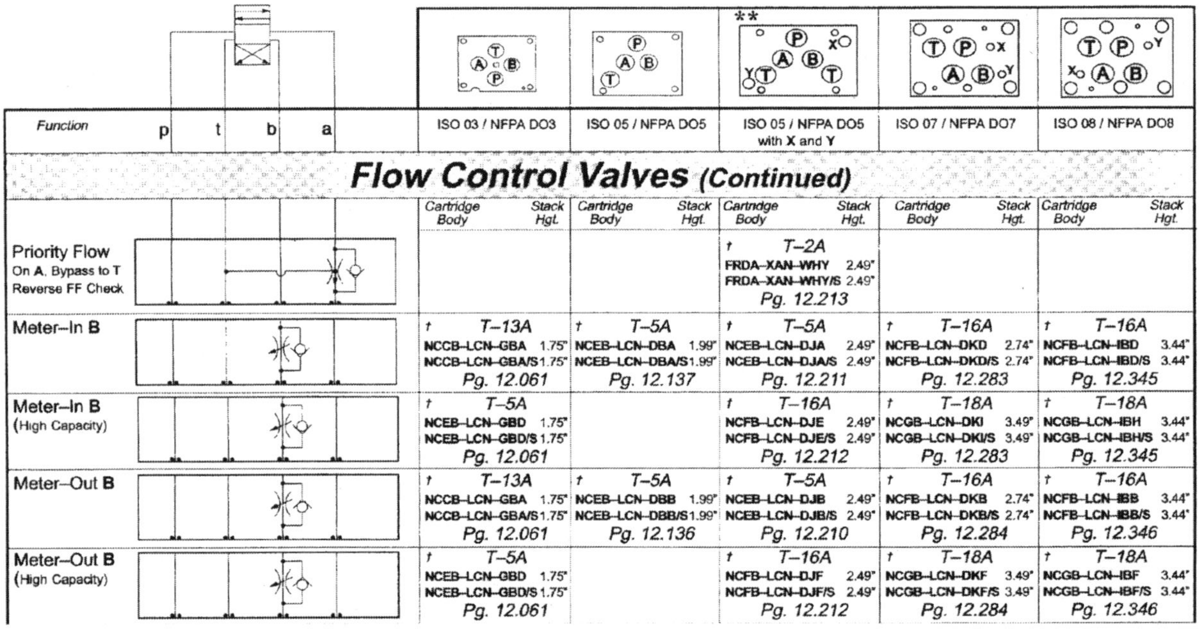

Flow Control Valves (Continued)

Function (p t b a)	ISO 03 / NFPA DO3 — Cartridge Body / Stack Hgt.	ISO 05 / NFPA DO5 — Cartridge Body / Stack Hgt.	ISO 05 / NFPA DO5 with X and Y — Cartridge Body / Stack Hgt.	ISO 07 / NFPA DO7 — Cartridge Body / Stack Hgt.	ISO 08 / NFPA DO8 — Cartridge Body / Stack Hgt.
Priority Flow On A, Bypass to T Reverse FF Check			† T-2A FRDA-XAN-WHY 2.49" FRDA-XAN-WHY/S 2.49" Pg. 12.213		
Meter-In B	† T-13A NCCB-LCN-GBA 1.75" NCCB-LCN-GBA/S 1.75" Pg. 12.061	† T-5A NCEB-LCN-DBA 1.99" NCEB-LCN-DBA/S 1.99" Pg. 12.137	† T-5A NCEB-LCN-DJA 2.49" NCEB-LCN-DJA/S 2.49" Pg. 12.211	† T-16A NCFB-LCN-DKD 2.74" NCFB-LCN-DKD/S 2.74" Pg. 12.283	† T-16A NCFB-LCN-IBD 3.44" NCFB-LCN-IBD/S 3.44" Pg. 12.345
Meter-In B (High Capacity)	† T-5A NCEB-LCN-GBD 1.75" NCEB-LCN-GBD/S 1.75" Pg. 12.061		† T-16A NCFB-LCN-DJE 2.49" NCFB-LCN-DJE/S 2.49" Pg. 12.212	† T-18A NCGB-LCN-DKI 3.49" NCGB-LCN-DKI/S 3.49" Pg. 12.283	† T-18A NCGB-LCN-IBH 3.44" NCGB-LCN-IBH/S 3.44" Pg. 12.345
Meter-Out B	† T-13A NCCB-LCN-GBA 1.75" NCCB-LCN-GBA/S 1.75" Pg. 12.061	† T-5A NCEB-LCN-DBB 1.99" NCEB-LCN-DBB/S 1.99" Pg. 12.136	† T-5A NCEB-LCN-DJB 2.49" NCEB-LCN-DJB/S 2.49" Pg. 12.210	† T-16A NCFB-LCN-DKB 2.74" NCFB-LCN-DKB/S 2.74" Pg. 12.284	† T-16A NCFB-LCN-IBB 3.44" NCFB-LCN-IBB/S 3.44" Pg. 12.346
Meter-Out B (High Capacity)	† T-5A NCEB-LCN-GBD 1.75" NCEB-LCN-GBD/S 1.75" Pg. 12.061		† T-16A NCFB-LCN-DJF 2.49" NCFB-LCN-DJF/S 2.49" Pg. 12.212	† T-18A NCGB-LCN-DKF 3.49" NCGB-LCN-DKF/S 3.49" Pg. 12.284	† T-18A NCGB-LCN-IBF 3.44" NCGB-LCN-IBF/S 3.44" Pg. 12.346

Source : Sun Hydraulics

Une cartouche est toujours faite pour une cavité spécifique, cette cavité possède un code la définissant. Si l'on regarde la Figure 5.6, on peut voir que pour un régulateur de débit de format ISO 03, en régulation à l'entrée (meter-in) sur la ligne B, on trouve les informations suivantes :

- T-13A
- NCCB-LCN-GBA 1,75''
- NCCB-LCN-GBA/S 1,75''
- Pg 12.061

Le code T-13A représente la cavité, dont il est possible de se douter qu'elle a deux trous. Le code NCCB représente le numéro de base de la cartouche. Le code LCN représente les options de base de la cartouche, et il est possible de commander d'autres options, dont la plus courante est LCV, pour des joints d'étanchéité en viton. Il faut donc toujours s'assurer que les options que nous avons sélectionnées correspondent bien à nos besoins. Le numéro de cartouche est alors NCCB-LCN. Le code GBA est le bloc de type cartouche qui est en soi le sandwich.

On peut remarquer que si nous désirons une régulation à la sortie (meter-out), en format ISO03, on se retrouve exactement avec les mêmes informations. C'est-à-dire que le même assemblage de pièces peut servir à différentes configurations en fonction du montage que l'on fera.

On peut remarquer toutefois que l'équivalent en ISO05 conduit à des pièces différentes.

5.2.1 Cartouche vissée

Beaucoup de types de valves sont disponibles dans le format cartouche. Une cartouche est en soi une composante qui n'est pas autonome, mais qui doit être insérée dans une cavité pour fonctionner. Parfois, une cartouche peut contenir deux fonctions ou même trois. Ainsi, nous pouvons avoir une cartouche qui inclut un régulateur de débit en plus d'avoir une soupape de contournement. L'exemple présenté à la Figure 5.7 est typique. Pour la même fonction hydraulique (définie par le symbole), il y a dans ce cas cinq formats de cartouches disponibles. Bien souvent, dans les catalogues on aura accès à une vue de coupe de la valve en question, image qui peut ne pas être parfaitement fidèle, mais qui peut nous aider à comprendre le fonctionnement d'une composante. C'est parfois très pratique de savoir lire à l'intérieur des valves lorsqu'il s'agit de faire un choix éclairé. On remarque aussi sur le symbole que la valve contient seulement deux ports, soit 1 et 2. Le nombre ne signifie pas la direction du débit, c'est seulement pour s'y retrouver.

Figure 5.7 **Exemple d'une cartouche de Sun Hydraulics**

FULLY ADJUSTABLE NEEDLE WITH REVERSE FLOW CHECK

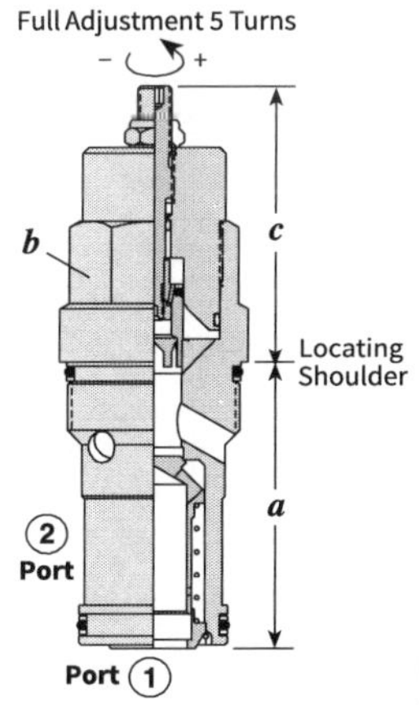

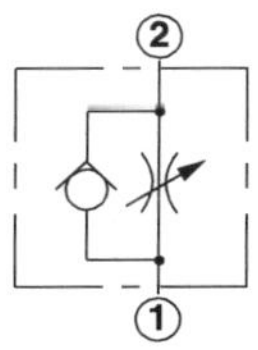

Maximum Nominmal Orifice	Typical Cartridge Model Code	Cavity	Cartridge Dimensions a	b	c L	H	K	Installation Torque (lb. ft.)
.16" dia.	NCBB - LCN	T - 162A	1.22	3/4"	1.59	-	1.73	25/30
.19" dia.	NCCB - LCN	T - 13A	1.38	7/8"	2.27	2.49	2.50	30/35
.25" dia.	NCEB - LCN	T - 5A	1.62	1 1/8"	2.35	2.82	2.73	45/50
.38" dia.	NCFB - LCN	T - 16A	2.44	1 1/4"	2.66	3.06	2.91	150/160
.56" dia.	NCGB - LCN	T - 18A	3.13	1 5/8"	3.31	3.50	3.47	350/375

Dans ce cas précis, toutes les cartouches ont un code similaire, soit NC * B. Ainsi, la troisième lettre identifie la cavité. Le code suivant à trois lettres (LCN) identifie une série d'options. Il faut consulter la page du catalogue de la cartouche pour en savoir plus. Dans ce cas précis, le code nous indique que l'ajustement du débit de la valve se fait avec une vis. Le C nous donne la pression à laquelle s'ouvre la soupape de contournement. Enfin, le N. nous indique que les joints d'étanchéités sont en caoutchouc synthétique de type Buna-N. La configuration LCN est la plus standard.

Dans certains cas, on pourra voir dans les pages de catalogues des codifications incomplètes, comme L * N. L'étoile n'est pas une option, le code est incomplet et un choix doit être fait.

Figure 5.8 Options typiques d'une cartouche

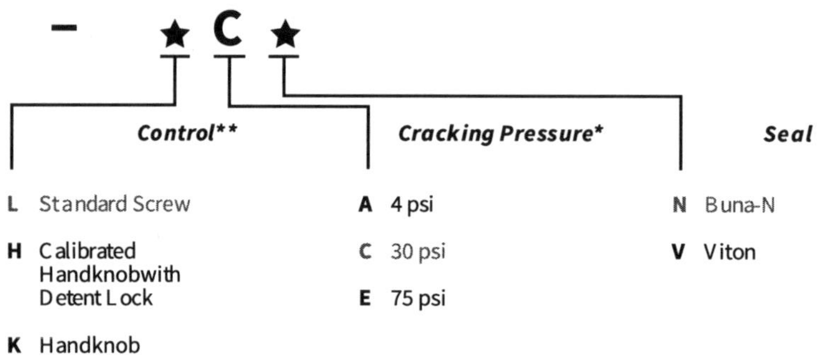

La Figure 5.9 présente une autre cartouche, toujours avec deux ports, mais dont la forme de la cavité est différente de l'exemple précédent. Il arrive que des cavités permettent d'y installer différents types de cartouches. Dans ce cas, on peut observer, tout aussi bien sur le symbole que dans la vue de coupe de la valve, que nous avons affaire à une soupape de surpression dont le contrôle se fait par saignage à travers une seconde soupape de surpression. On remarque le drainage de la soupape secondaire.

Figure 5.9 Exemple d'une cartouche de Sun Hydraulics

PILOT OPERATED BALANCED PISTON

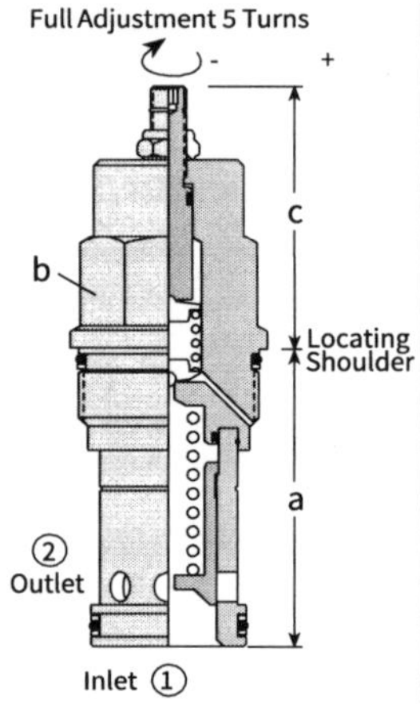

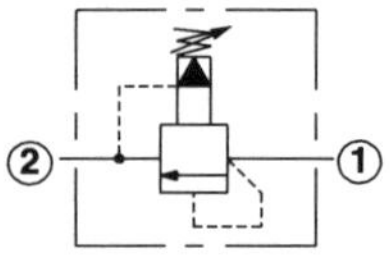

Capacity	Typical Cartridge Model Code	Cavity	Cartridge Dimensions a	b	c L	c C	c K	Installation Torque (lb. ft.)
12 GPM	RPCC - LAN	T - 162A	1.22	3/4"	2.11	2.17	2.31	25/30
25 GPM	RPEC - LAN	T - 10A	1.56	7/8"	2.00	2.06	2.25	30/35
50 GPM	RPGC - LAN	T - 3A	1.88	1 1/8"	2.12	2.18	2.38	45/50
100 GPM	RPIC - LAN	T - 16A	2.44	1 1/4"	2.44	2.47	2.69	150/160
200 GPM	RPKC - LAN	T - 18A	3.13	1 5/8"	2.81	2.94	3.06	350/375

La technologie des cartouches, peu importe le manufacturier, est une approche qui est devenue un incontournable à notre époque.

5.2.2 Bloc sandwich

Le bloc sandwich ou en d'autres mots le bloc perforé recevant la cartouche est souvent disponible en aluminium ou encore en acier. Étant donné que le bloc s'insère entre deux composantes, toutes les lignes hydrauliques passent à travers, avec ou sans contournement. Mais bien souvent, même une ligne sans contournement se verra fabriquée avec des passages à angle afin de contourner la cartouche qui prend place. Ce sont de belles pièces, qui ne sont pas très compliquées à reproduire. Il peut arriver que nous ne soyons pas en mesure de trouver le bloc pour faire une tâche spécifique (exceptionnellement rare), il est alors possible de modifier une pièce existante, ou encore d'en concevoir une soi-même.

Il y a aussi des blocs sandwich qui ne sont pas prévus pour recevoir de cartouche comme présente la Figure 5.10. Les catalogues ne sont pas toujours complets, il faut parfois pousser plus loin les recherches pour comprendre le fonctionnement de ces pièces. La pièce ZPT semble permettre deux configurations pour son installation. En pratique, la pièce peut être installée de quatre façons distinctes.

Figure 5.10 **Exemple de blocs sandwich avec ou sans cartouche**

Function (p t b a)	ISO 03 / NFPA DO3	ISO 05 / NFPA DO5	ISO 05 / NFPA DO5 with **X** and **Y**	ISO 07 / NFPA DO7	ISO 08 / NFPA DO8
Circuit Savers (Continued)					
	Cartridge Body — *Stack Hgt.*	*Cartridge Body* — *Stack Hgt.*	*Cartridge Body* — *Stack Hgt.*	*Cartridge Body* — *Stack Hgt.*	*Cartridge Body* — *Stack Hgt.*
A to **B** Regenerative	**YDCA–LHN–AA** 1.75" **YDCA–LHN–AA/S** 1.75" *Pg. 12.077*	**YDER–LHN–BA** 2.49" **YDER–LHN–BA/S** 2.49" *Pg. 12.156*		**YDFE–LAN–AB** 2.74" **YDFE–LAN–AB/S** 2.74" *Pg. 12.301*	**YDFJ–LHN–CA** 3.44" **YDFJ–LHN–CA/S** 3.44" *Pg. 12.365*
A to **B** Regenerative (High Capacity)					**YDGE–LHN–CA** 3.44" **YDGE–LHN–CA/S** 3.44" *Pg. 12.365*
A to **B** Regenerative (Full Time)	**YDCF–XCN–AA** 1.81" **YDCF–XCN–AA/S** 1.81" *Pg. 12.078*	**YDEV–XCN–BA** 2.49" **YDEV–XCN–BA/S** 2.49" *Pg. 12.155*		**YDFI–XCN–AB** 2.74" **YDFI–XCN–AB/S** 2.74" *Pg. 12.300*	**YDGI–XCN–CA** 3.44" **YDGI–XCN–CA/S** 3.44" *Pg. 12.364*
P and **A** Tap in Manifold	**ZPT** .99" **ZPT/S** .99" *Pg. 12.079*	**ZPS** .99" **ZPS/S** .99" *Pg. 12.157*	**WCA** 1.49" **WCA/S** 1.49" **NOT CATALOGED**		
P and **B** Tap in Manifold	**ZPT** .99" **ZPT/S** .99" *Pg. 12.079*	**ZPS** .99" **ZPS/S** .99" *Pg. 12.157*	**WCA** 1.49" **WCA/S** 1.49" **NOT CATALOGED**		

Source : Us sun sandwich

Un bloc sandwich possède généralement une codification à trois lettes. Il y a toutefois des exceptions. Encore à la Figure 5.10, on remarque l'ensemble YDCA-LHN-AA, ainsi on peut penser que le bloc sandwich possède le numéro AA. Dans les faits, ce cas oblige l'achat de l'ensemble comme étant une seule pièce.

Une autre exception que l'on retrouve plus souvent est le cas de l'ensemble PBDB-L * N-EB3 que l'on retrouve à la Figure 5.11. Dans ce cas, le code du bloc est bel et bien EB3. Le nombre 3 réfère au fait que le bloc arrive avec quelque chose d'intégré à l'intérieur. Dans les faits, la cartouche PBDB-L × N n'arrive pas avec un clapet de contournement. Pour y arriver, le bloc contient plusieurs passages et contient aussi le clapet. Ainsi, si l'on désire acheter cet ensemble, on gagne à commander la cartouche et le bloc sandwich (qui vient avec un clapet).

Figure 5.11 **Exemple de blocs sandwich**

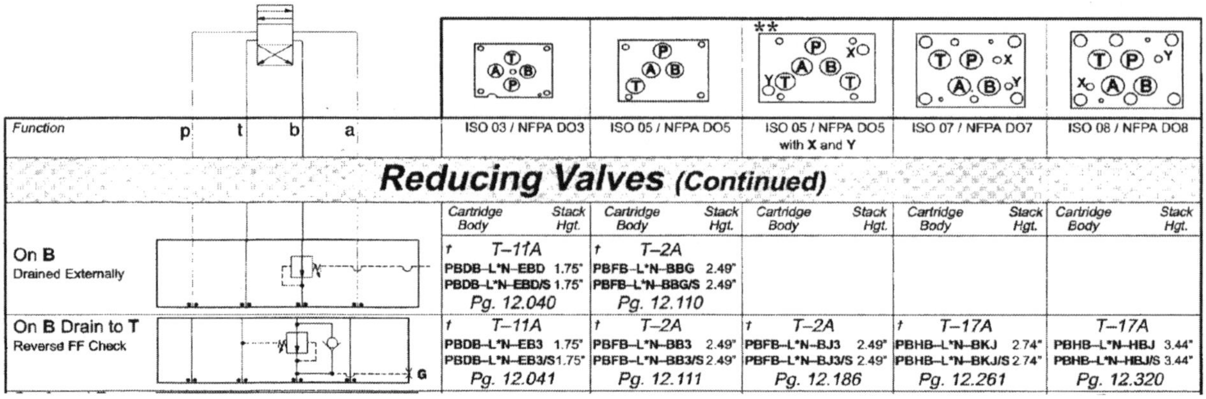

Function	ISO 03 / NFPA DO3	ISO 05 / NFPA DO5	ISO 05 / NFPA DO5 with **X** and **Y**	ISO 07 / NFPA DO7	ISO 08 / NFPA DO8
Reducing Valves (Continued)					
	Cartridge Body / Stack Hgt.	Cartridge Body / Stack Hgt.	Cartridge Body / Stack Hgt.	Cartridge Body / Stack Hgt.	Cartridge Body / Stack Hgt.
On **B** Drained Externally	† T–11A PBDB–L*N–EBD 1.75" PBDB–L*N–EBD/S 1.75" Pg. 12.040	† T–2A PBFB–L*N–BBG 2.49" PBFB–L*N–BBG/S 2.49" Pg. 12.110			
On **B** Drain to **T** Reverse FF Check	† T–11A PBDB–L*N–EB3 1.75" PBDB–L*N–EB3/S 1.75" Pg. 12.041	† T–2A PBFB–L*N–BB3 2.49" PBFB–L*N–BB3/S 2.49" Pg. 12.111	† T–2A PBFB–L*N–BJ3 2.49" PBFB–L*N–BJ3/S 2.49" Pg. 12.186	† T–17A PBHB–L*N–BKJ 2.74" PBHB–L*N–BKJ/S 2.74" Pg. 12.261	T–17A PBHB–L*N–HBJ 3.44" PBHB–L*N–HBJ/S 3.44" Pg. 12.320

Source : Us sun sandwich

5.2.3 Sandwich ISO03

C'est au niveau de la gamme de produits ISO03 que les risques de confusions sont maximaux quant au montage afin d'obtenir la fonction désirée sur le schéma. Comme nous avons vu précédemment, il est possible avec le même assemblage, ou la même pièce comme l'exemple du bloc ZPT, de l'installer de différentes façons et d'obtenir des résultats différents. C'est un grand avantage du format ISO03, mais aussi son désavantage.

Figure 5.12 **Rotation d'un bloc sandwich et plaque d'étanchéité**

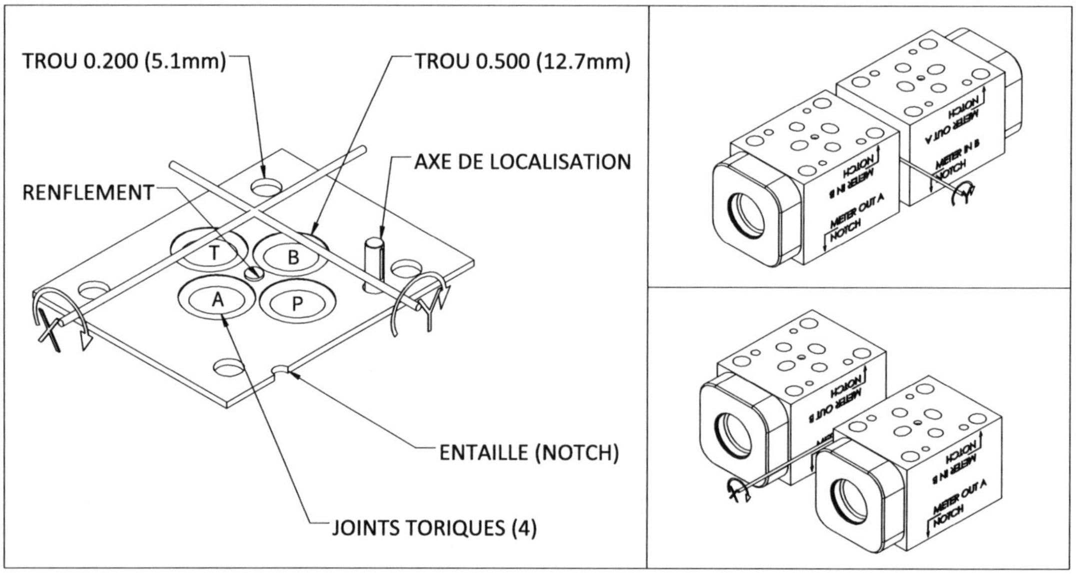

Pour arriver à permettre plusieurs configurations, le bloc arrive avec des faces uniformes et s'installe sur une base de montage (fourni avec le bloc) dans lequel s'insèrent des joints toriques. La base possède un petit renflement au centre, un trou laissant passer un axe de localisation, et aussi une entaille (« notch ») qu'il faudra placer en fonction des indications présentes sur le bloc, comme présenté à la Figure 5.13. Une fois la base placée, on insère l'axe de localisation ce qui permettra de ne plus se tromper ensuite. L'axe rend permanent le choix de configuration, bien qu'il soit possible de l'extraire, mais avec un peu de mal.

Figure 5.13 **Localisation de l'entaille et de l'axe de localisation**

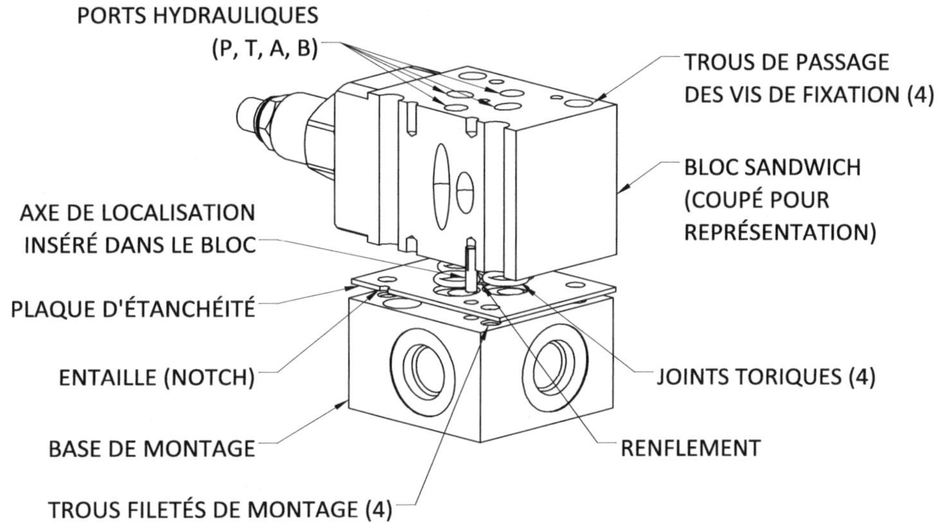

La Figure 5.14 montre un exemple de ce qui peut être fait avec un bloc sandwich GBA. Pour s'y retrouver, on retrouve une note telle que présentée à la Figure 5.13.

Figure 5.14 **Orientation possible d'un bloc sandwich GBA (Sun Hydraulics)**

5.2.4 Sandwich ISO05

Il est possible dans certains cas de tourner les blocs sandwichs pour les valves ISO05, mais seulement selon l'axe Y. Si le bloc n'est pas prévu pour être retourné, il arrivera avec un usinage pour recevoir les joints toriques, inclus avec le bloc.

5.3 Montage en cartouche vissée

Le montage en cartouche est à la fois très simple et complexe à la fois. La conception des blocs dans lesquels s'installent les cartouches est complexe et demande une expertise particulière. Il est possible de concevoir un bloc custom comprenant un maximum de composantes de différentes grosseurs, voir même des filtres à l'huile et des sondes hydrauliques. On peut se servir des passages pour créer naturellement des branchements et T sans avoir recours à des raccords hydrauliques extérieurs. On peut choisir entre des valves de distributions en cartouche ou encore avec base normalisée.

Les contraintes de conception feront en sorte que les cartouches se retrouveront un peu sur toutes les faces du bloc, ce qui peut devenir déroutant pour retrouver la fonction de chacune d'elles. Une fois développé, le montage en cartouche devient rapidement la méthode la plus économique, au prix d'une conception ne permettant de modifier le circuit après coup. C'est donc une méthode non recommandée pour la conception de prototype à moins d'être absolument certaine du résultat.

La Figure 5.15 présente un montage de cartouches sur un bloc custom. On retrouve des valves de distribution de type cartouche sur le dessus. La face cachée ainsi que les faces de bout incluent des cartouches avec des fonctions multiples. La face bien en évidence présente quant à elle les ports A et B où les branchements hydrauliques sont faits.

Figure 5.15 **Bloc Custom avec cartouches**

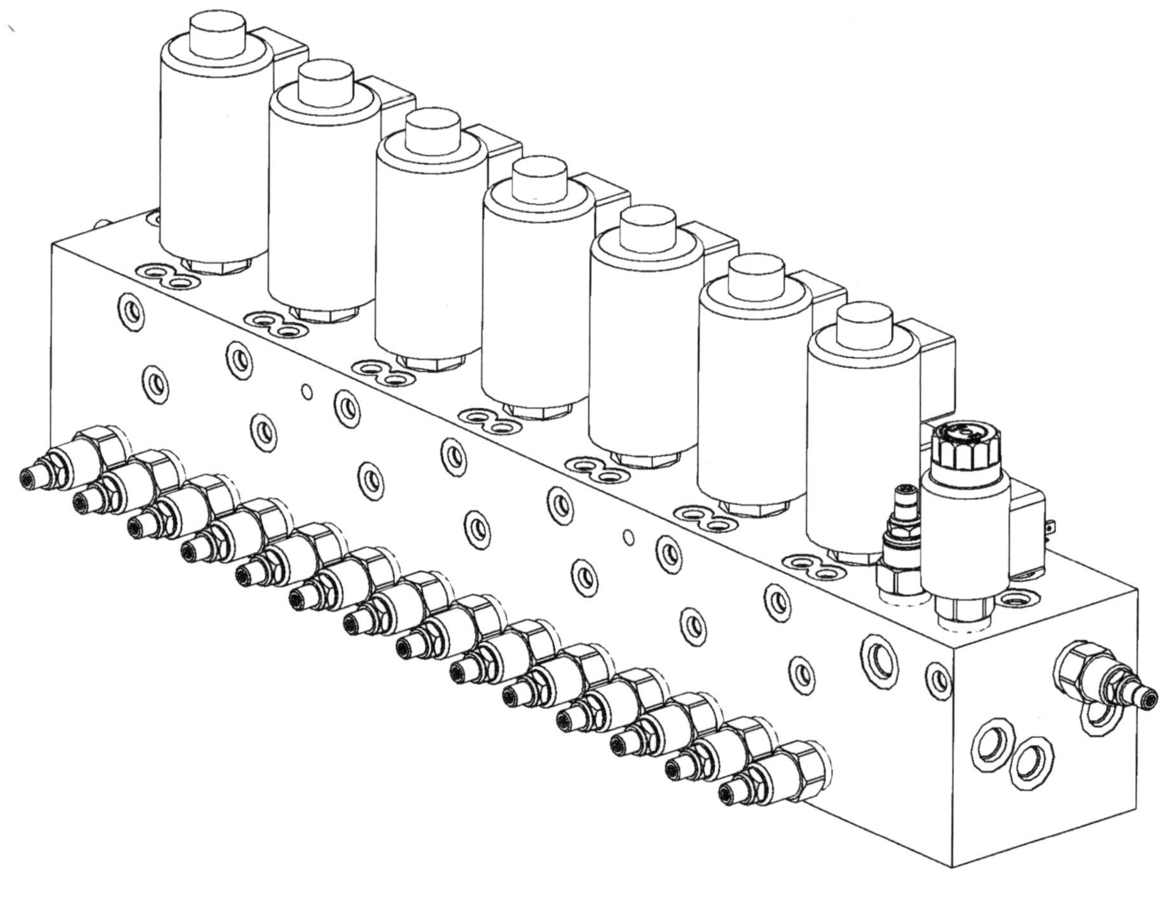

La Figure 5.16 présente un montage avec un bloc custom qui utilise des cartouches ainsi que des valves de distribution normalisées. Cette façon de faire permet d'utiliser des valves standards pour la distribution et rend aussi possible l'ajout de sandwich dans le futur en cas de besoin. Rappelons qu'il est toujours possible d'enlever des cartouches et de les remplacer par des bouchons.

Figure 5.16 **Bloc custom hybride**

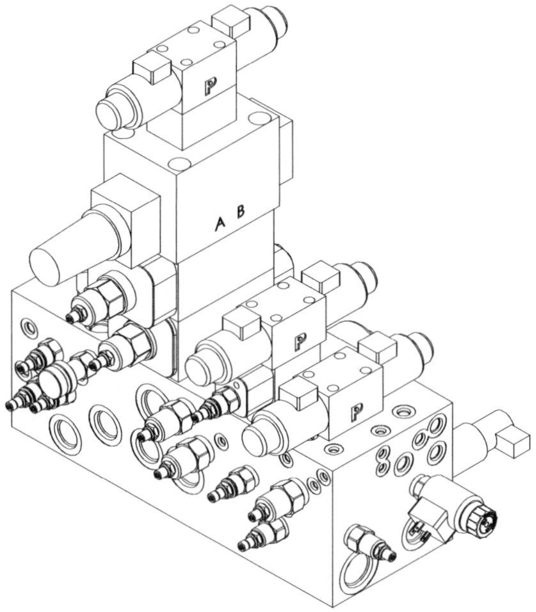

Un bloc custom peut rapidement devenir un formage gruyère compte tenu du nombre de passages importants. La Figure 5.17 en montre un exemple.

Figure 5.17 **Bloc custom et ses nombreux passages**

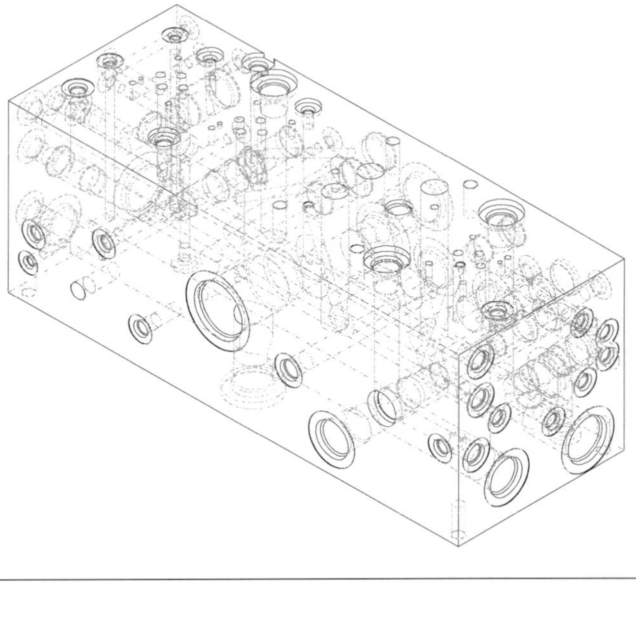

5.4 Exercices

Exercice niveau #1

N/A

Exercices niveau #2

1	Un des avantages des valves montées en sandwich est de réduire le nombre de raccords hydrauliques	**V F**
2	Un des avantages des valves montées en sandwich est de rendre plus accessibles les réglages à l'opérateur	**V F**
3	Les valves ISO-05 permettent généralement de faire passer un débit d'huile plus important pour une même perte de charge qu'une valve ISO-03	**V F**
4	Une valve de dimension ISO 03 est reconnaissable par sa base ayant 5 trous, soit P, A, B et deux trous T	**V F**
5	Les valves cartouches respectent des cavités normalisées	**V F**
6	Les sandwichs SUN en format ISO-03 peuvent généralement être installés sous différentes orientations afin de changer les caractéristiques du circuit.	**V F**
7	Un bloc sandwich SUN ayant un numéro de type ABC où C est un nombre laisse sous-entendre qu'une composante spéciale est incluse à même le bloc.	**V F**
8	L'utilisation de bloc custom avec cartouches permet de réduire les coûts et de limiter les fuites au minimum.	**V F**
9	L'utilisation de bloc custom avec cartouches est la méthode permettant la plus grande flexibilité lorsqu'il s'agit de modifier un circuit en chantier.	**V F**
10	Le montage en ligne utilise souvent des composantes particulièrement performantes.	**V F**
11	Le montage en ligne est la méthode de montage la plus propice pour les systèmes ayant beaucoup de mouvements.	**V F**

Exercice niveau #3

N/A

Réponse exercice niveau #1

N/A

Réponses exercices niveau #2

1	Un des avantages des valves montées en sandwich est de réduire le nombre de raccords hydrauliques	V
2	Un des avantages des valves montées en sandwich est de rendre plus accessibles les réglages à l'opérateur	F
3	Les valves ISO-05 permettent généralement de faire passer un débit d'huile plus important pour une même perte de charge qu'une valve ISO-03	V
4	Une valve de dimension ISO 03 est reconnaissable par sa base ayant 5 trous, soit P, A, B et deux trous T	F
5	Les valves cartouches respectent des cavités normalisées	F
6	Les sandwichs SUN en format ISO-03 peuvent généralement être installés sous différentes orientations afin de changer les caractéristiques du circuit.	V
7	Un bloc sandwich SUN ayant un numéro de type ABC où C est un nombre laisse sous-entendre qu'une composante spéciale est incluse à même le bloc.	V
8	L'utilisation de bloc custom avec cartouches permet de réduire les coûts et de limiter les fuites au minimum.	V
9	L'utilisation de bloc custom avec cartouches est la méthode permettant la plus grande flexibilité lorsqu'il s'agit de modifier un circuit en chantier.	F
10	Le montage en ligne utilise souvent des composantes particulièrement performantes.	V
11	Le montage en ligne est la méthode de montage la plus propice pour les systèmes ayant beaucoup de mouvements.	F

Réponse exercice niveau #3

N/A

6 | Valves de distribution

La valve de distribution est l'élément de base qui gère les mouvements des équipements. C'est elle qui permet d'isoler ou de mettre en communication les différentes lignes hydrauliques. Du coup, elle permet de gérer les arrêts des équipements, mais aussi le sens de déplacement.

On retrouve généralement des valves à 4 voies, mais parfois on peut en trouver à 2 ou 3 voies.

Les systèmes hydrauliques utilisent une ligne principale sous pression dénommée P.

Les systèmes hydrauliques retournent toujours l'huile au réservoir suivant la conduite T.

Les composantes ont des ports de commandes dénommés A et B

Il existe des valves de distribution qui sont à plus de 4 voies, ce que l'on retrouve essentiellement sur des équipements mobiles. On ne traitera pas de ces valves dans ce chapitre, mais plutôt dans le chapitre dédié à l'équipement mobile.

Figure 6.1 **Code de valve**

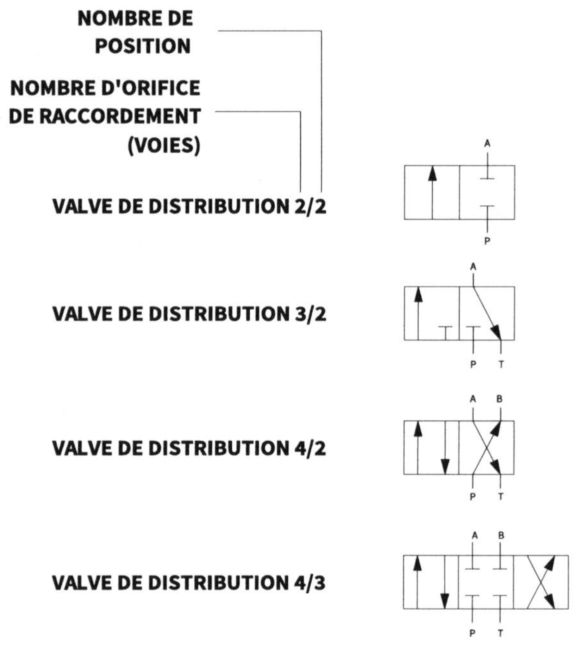

6.1 Type de commande

On retrouve différents types de commandes, et pour ne citer que les options les plus communes :

- Commande par levier. La valve est engagée en position à l'aide d'une intervention manuelle d'un opérateur. C'est donc une façon simple et efficace de fonctionner avec des équipements qui ne sont pas automatisés;

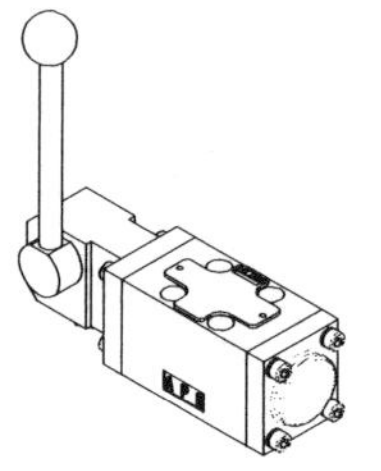

- Commande par un signal électrique à l'aide d'électro-aimant sur la valve. Dans ces cas, les électro-aimants sont soit pour des voltages de commande CC ou encore AC. Cette approche est la plus commune pour les équipements automatisés, ou encore avec activation manuelle à l'aide d'interrupteur électrique. Les bobines AC ne tolèrent pas que le tiroir ne se déplace pas causant rapidement la destruction de la bobine, ce qui peut arriver pour les valves avec deux bobines lors des tests sur des équipements neufs si le voltage est appliqué simultanément aux deux bobines. Plusieurs options au niveau des voltages, les plus courants en Amérique sont :
  - AC : 110 Volts. Le courant AC impose un mouvement rapide du tiroir. Cette configuration est la plus économique.
  - DC : 12 et 24 Volts. Le courant DC impose d'avoir un convertisseur. Les bobines DC sont tolérantes à un déplacement lent du tiroir, et le voltage étant plus faible, il n'y a pas de risque d'électrocution. Toutefois, le voltage étant plus faible le courant électrique est du coup plus élevé. Il faut donc s'assurer que l'automate est apte à composer avec ce courant ou d'installer des relais.
  - Plusieurs types de connexions électriques existent, les plus courantes sont :
    - → Boîte de raccord : Plus commun il y a plusieurs décennies, demande d'avoir un électricien pour brancher les connexions (syndicats).
    - → DIN : Très pratique, avec l'option de lumière ou non lorsque la bobine est énergisée. C'est le plus courant sur les nouveaux équipements. Toutefois, mécaniquement plus fragile, il faut protéger les connexions contre les objets ou les personnes.

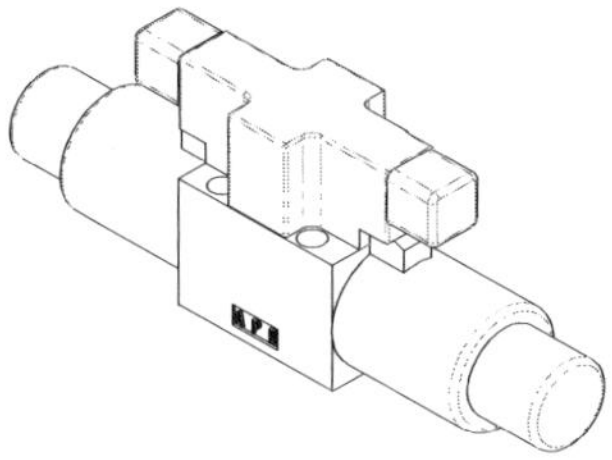
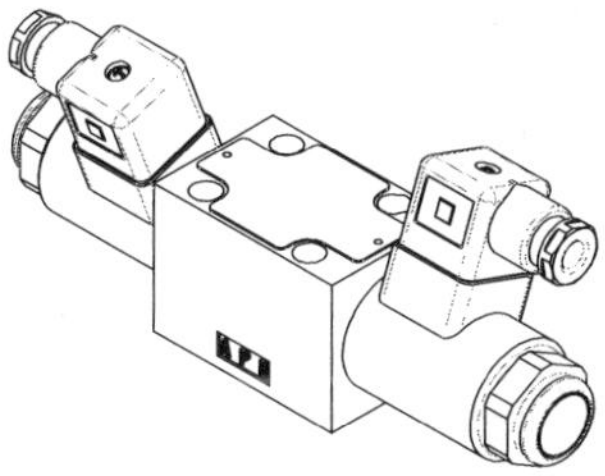

- Commande par pilotage. Avec cette configuration, la valve est commandée via un signal hydraulique qui peut avoir été généré par une valve de séquence, ou entre autres par une autre valve de distribution.

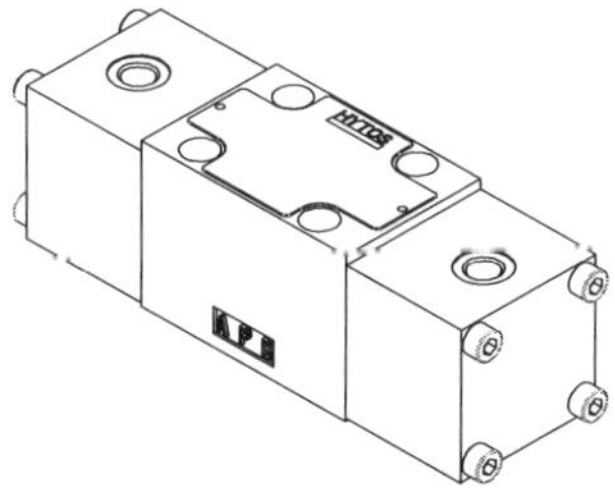

- Commande par came. Très rare de nos jours sur les équipements récents.

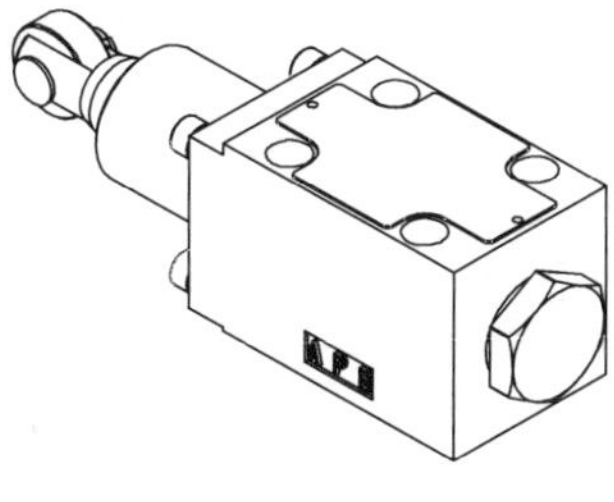

Les valves avec bobines sont généralement fournies avec la possibilité de pousser manuellement le tiroir via un accès à l'extrémité de la valve. Il est même possible parfois d'avoir une option qui permet de pousser le tiroir puis de le forcer en position.

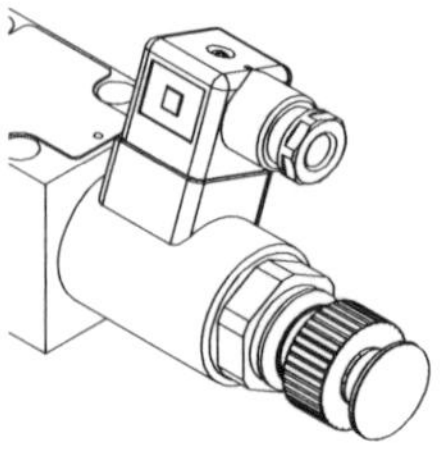

Figure 6.2 Exemple de type de commande de valve

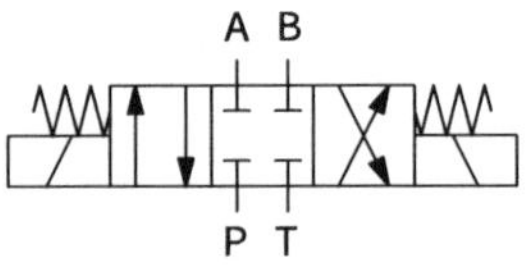

Commande par solénoïde électrique (4/3 autocentré tel que représenté)

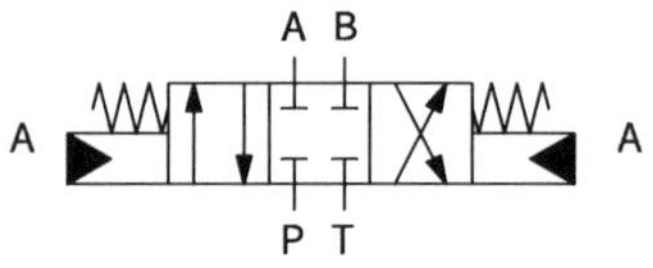

Commande par pilotage hydraulique (4/3 autocentré tel que représenté)

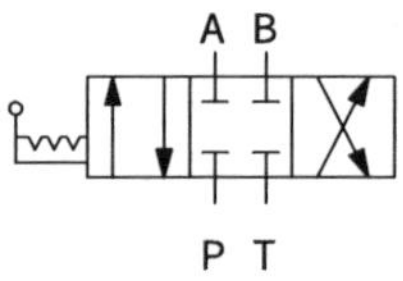

Commande manuelle par levier (4/3 à détente tel que représenté)

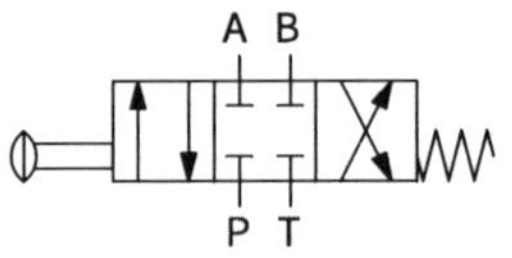

Commande manuelle par poussoir (4/3 autocentré tel que représenté)

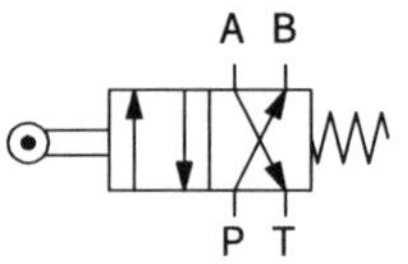

Commande mécanique à came (4/2 tel que représenté)

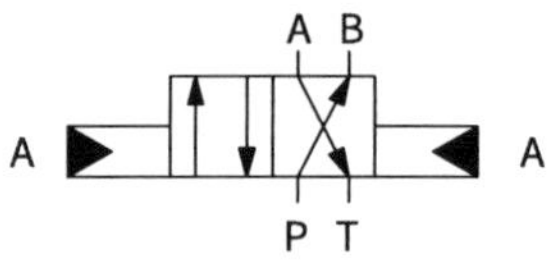

Commande par solénoïde électrique (4/2 à deux positions tel que représenté)

6.2 Configuration de tiroir

Une même série de valves est disponible avec une série d'options pour les tiroirs. Dans les faits, les corps de valve ne changent pas, mais il est possible d'interchanger les tiroirs pour obtenir la configuration que l'on désire.

Il arrive que l'on reçoive une valve dont le numéro est modifié manuellement sur la plaque d'identification, cela indique que la valve n'était probablement pas en inventaire et que le fournisseur a utilisé une valve en stock en remplaçant le tiroir.

Il est possible d'acheter des valves 4 voies avec une seule bobine ou encore 2 bobines sans position centrale. Il faut faire très attention à ces valves, car l'arrêt d'urgence de l'équipement peut entraîner un mouvement de l'équipement non souhaité. Ces valves étaient souvent utilisées par le passé pour réduire le nombre de « sorties » sur les cartes d'automate.

La qualité de la valve ainsi que son usure font en sorte que son étanchéité est variable. Toutefois, plus les jeux sont réduits et plus l'huile doit être propre. Il arrive au démarrage d'un équipement que des saletés se logent dans certaines valves, il faut alors les démonter pour les nettoyer.

On retrouve parfois des symboles présentant le passage de l'huile dans le tiroir en transition. Dans ce cas, on retrouve la description du tiroir avec des lignes pointillées. Plus important lorsque le tiroir se déplace lentement.

Certains manufacturiers offrent davantage de configuration de tiroirs, et cela en fonction du type de valve. Les valves proportionnelles, que l'on verra plus loin dans le manuel, sont offertes avec peu de choix de tiroir.

Figure 6.3 **Exemple de configurations de tiroirs**

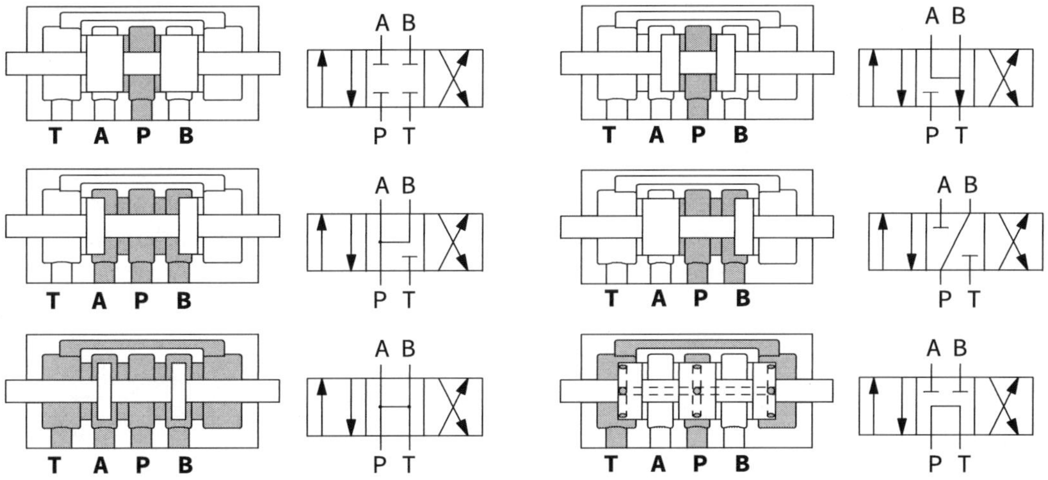

(« close center »; « float center »)

(« _____ »; « _____ »)

(« open center »; « tandem center »)

Figure 6.4 **Exemple de symboles pour différentes configurations de tiroir (toutes représentées ici avec bobines électriques)**

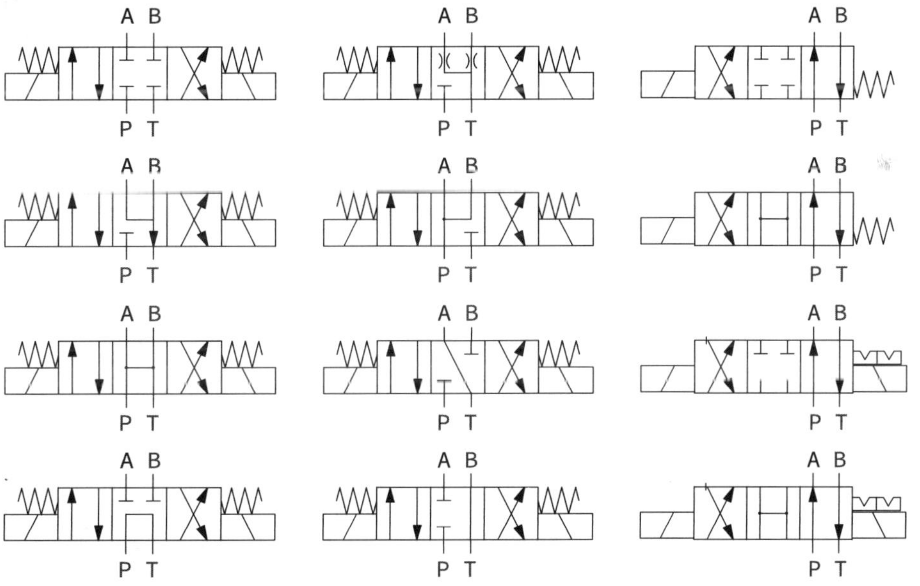

6.2.1 Choix du tiroir versus la sécurité

De nos jours où la sécurité est considérée comme un enjeu important, il faut considérer la sécurité dans le choix d'un tiroir d'une valve.

Bien souvent, il faut prévoir un tiroir qui permet d'arrêter le mouvement d'un équipement. En ce sens, on peut demander d'avoir une valve 3 positions pour un mouvement qui aurait deux positions d'opérations, donc un contrôle d'avance, un contrôle de retour, puis en arrêt lorsqu'il n'y a pas de commande. Ainsi, la machine peut se retrouver à arrêter à mi-course en cas de perte du signal de commande. Sur les équipements plus anciens où on limitait les signaux des automates au minimum, il est fréquent d'avoir des valves 4/2 dont un signal permet d'avancer et le fait de ne pas avoir de signal crée automatiquement le mouvement inverse. De nos jours, certains équipements plus anciens seront modifiés afin d'augmenter la sécurité en installant des valves 4/3 au lieu de 4/2.

On pourrait néanmoins vouloir, pour des raisons de sécurité, que le mouvement s'inverse automatiquement en cas de perte de signal de commande.

Il faut aussi considérer les fuites internes de la valve qui peuvent engendrer de la pression à des endroits où l'on n'en voudrait pas. Dans ce cas, il se peut que l'on sélectionne une valve à centre ouvert A-B-T afin qu'il n'y ait jamais de pression en A et B, à condition de faire le schéma adapté.

6.3 Montage

Il existe différents types de montage, parfois standardisés et parfois moins.

Tableau 6.1 Stratégie de montage

Sur base	Montage le plus commun qui est normalisé. Le fait d'être normalisé est un grand avantage lorsqu'il s'agit de remplacer les pièces défectueuses. Ce type de montage est commun pour de faibles débits jusqu'à des débits relativement importants.	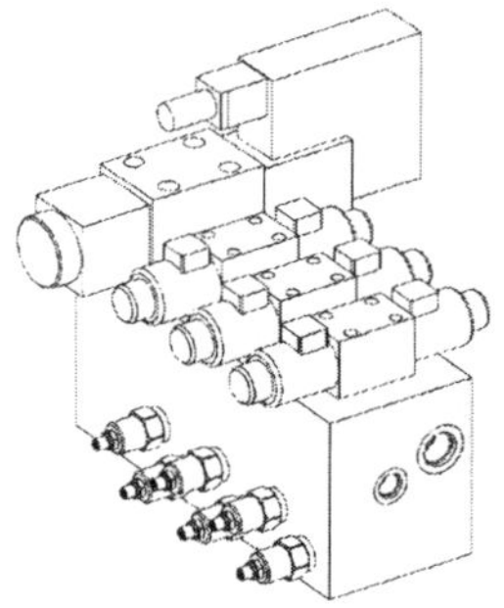
Cartouche	Montage qui n'est pas normalisé. L'avantage de ce type de valve est la possibilité d'avoir un assemblage compact. Rarement pour des débits très importants. Le fait que la cavité ne soit pas normalisée entraine un enjeu de remplacement des composantes.	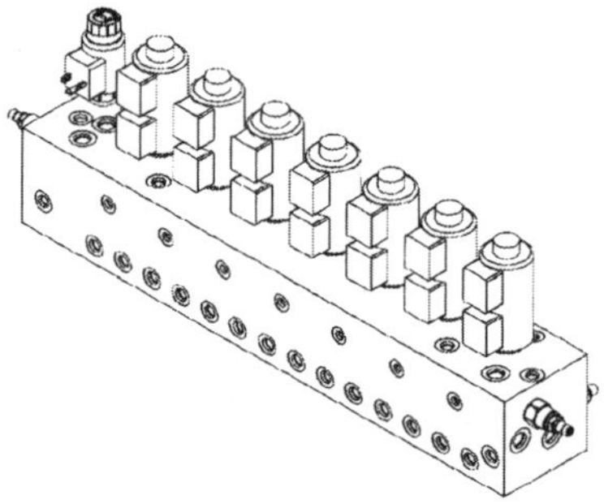
En ligne	Il arrive que l'on utilise des valves de distribution qui s'installent en ligne sans avoir besoin de base de montage. On retrouve généralement des valves 2/2 et 3/2 dans cette configuration. Dans les faits, ce sont des valves de type cartouche qui sont insérées dans un petit bloc individuel.	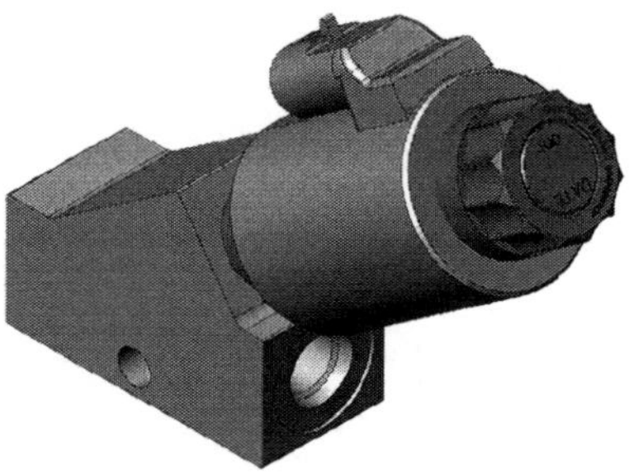

Empilement	Les valves empilables sont un groupe de valves que l'on retrouve essentiellement dans les équipements mobiles. On reviendra sur ces valves dans le chapitre dédié aux équipements mobiles.	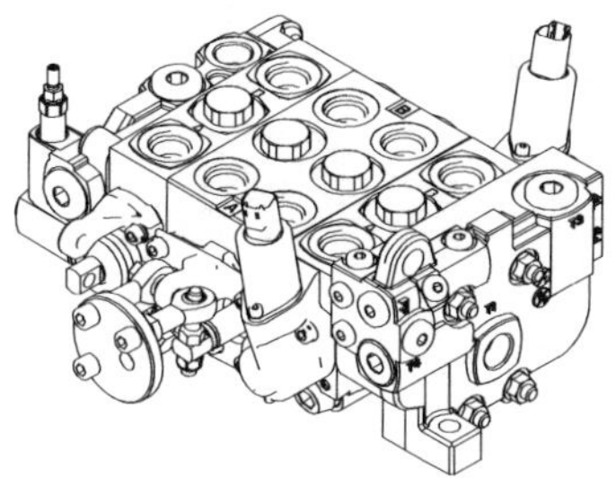
Cartouche Logique	Ce sont des valves avec contrôle par pilotage, essentiellement utilisées pour des débits très importants. Ces valves ne sont pas traitées dans ce manuel. Parfois appelé valve à cartouche (qui peut porter à confusion avec les cartouches standards vissées, ou parfois « slip-in » en anglais.	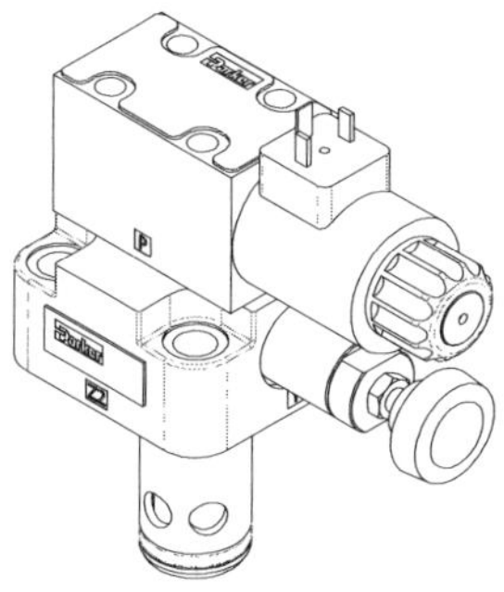

6.3.1 Valve sur base normalisée

C'est l'option de montage la plus commune et qui est régie par une norme. Le fait d'être normalisé est un grand avantage lorsqu'il s'agit de remplacer les pièces défectueuses. Ce type de montage est commun pour de faibles débits jusqu'à des débits relativement importants.

On retrouve des valves de ce type avec des commandes par bobines et par levier.

Le montage normalisé respecte les normes NFPA et ISO. Le patron de montage est le même, mais avec des boulons impériaux sont utilisés dans le cas de la norme NFPA et des boulons métriques pour la norme ISO. En pratique, des plaques de montage standard sont utilisées, ou encore des blocs de montage standard ou finalement des blocs personnalisés.

Il existe plusieurs grosseurs de valves en fonction des débits passant dans la valve et des pertes de charge autorisées. Il faut toujours faire attention aux spécifications de débit possible dans les valves, il est toujours préférable de consulter la charte des pertes de charge en fonction du débit, et ne pas oublier que d'autres composantes seront vraisemblablement installées qui elles pourraient être plus restrictives.

Bases normalisées

Les valves de distribution sont offertes en différents formats qui sont normalisés. Afin de maintenir les coûts le plus bas possible, on tente généralement de choisir un format qui est le plus petit possible sans toutefois tomber dans l'excès. On tente aussi d'avoir des circuits hydrauliques dont le choix des composantes possède une certaine homogénéité.

Plusieurs normes existent dans le monde ainsi qu'une série d'équivalence. La Figure 6.5 identifie les différents formats en fonction des normes, en plus de représenter la position des ports hydrauliques ainsi que la position des boulons. Les différentes normes que l'on trouve sont :

- NFPA : la norme qui s'applique aux États-Unis, National Fluid Power Association;
- ISO : la norme par l'organisation ISO, International Standards Organization;
- CETOP : la norme qui s'applique en Europe, Comité Européen des Transmissions Oléohydrauliques et Pneumatiques;
- NG : la norme allemande DIN qui décrit de la dimension des ports.

Encore une fois, il faut faire attention avec des débits qui sont indiqués.

Figure 6.5 **Formats de valves montées sur base**

Bases de montage standard NFPA & ISO les plus communes

Interface à 4 ports

NFPA D03, ISO 03, CETOP 3, NG6
DÉBIT NOMINAL : 10 GPM

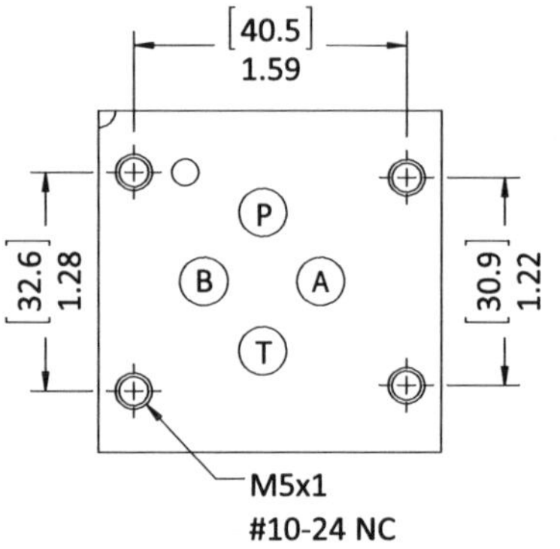

NFPA D05, ISO 05, CETOP 5, NG10
DÉBIT NOMINAL : 20 GPM

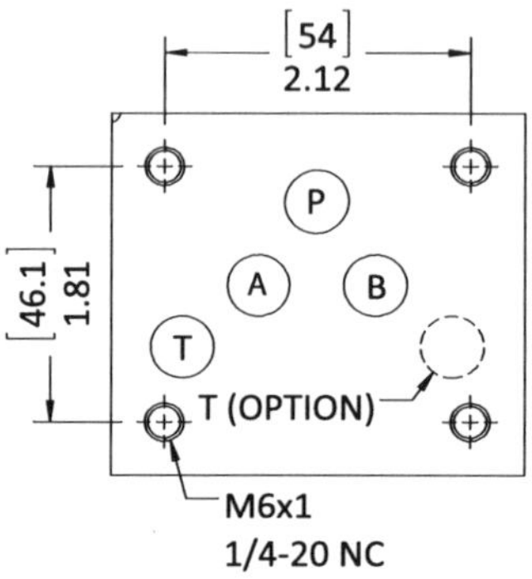

NFPA D05H, ISO 05 AVEC PORT X ET Y (AMÉRIQUE)
DÉBIT NOMINAL : 25 GPM

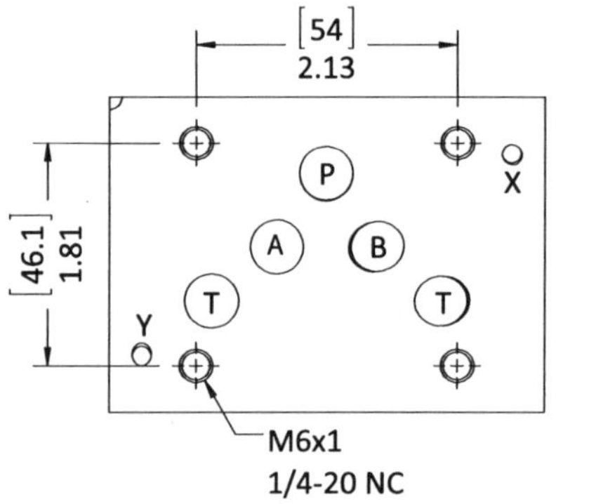

NFPA D05E, ISO 05 AVEC PORT X ET Y CETOP
DÉBIT NOMINAL : 25 GPM

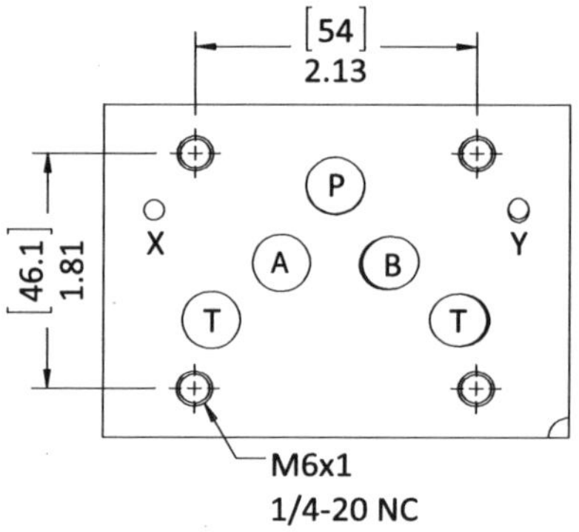

NFPA D07, ISO 07, CETOP 7, NG16
DÉBIT NOMINAL : 30 GPM

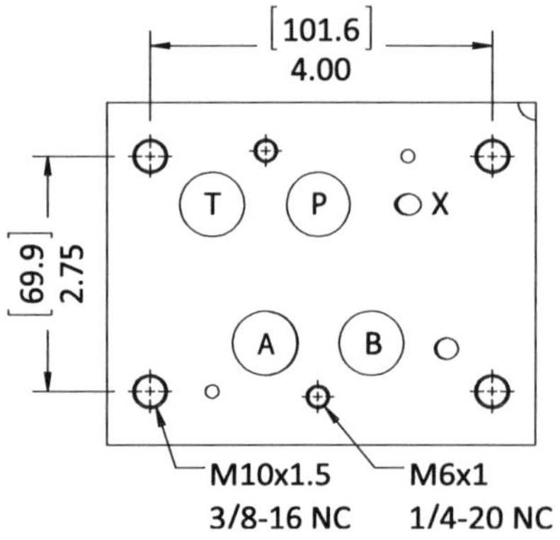

NFPA D08, ISO 08, CETOP 8, NG25
DÉBIT NOMINAL : 60 GPM

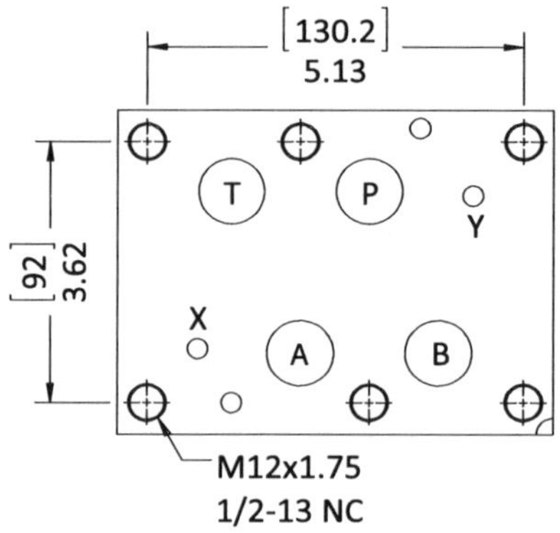

Base de montage individuelle

Les bases de montage individuelles devraient être utilisées le moins possible et se limiter aux applications où le circuit est composé d'une seule valve de distribution. Cela sous réserve bien entendu. On pourrait vouloir séparer une section d'un circuit et localiser la valve le plus près possible de l'actionneur par exemple.

La base de montage traditionnelle est celle dont les ports sont localisés à l'arrière, sans autre fonction que celle de recevoir la valve. Ce type de base était utilisé beaucoup à l'époque où les composantes hydrauliques étaient assemblées sur une grande plaque. Ce mode d'assemblage demandait beaucoup de travail au niveau des connexions hydrauliques. C'est donc une manière de faire que l'on tente de limiter à notre époque.

On retrouve des bases similaires, mais avec les trous sur les côtés.

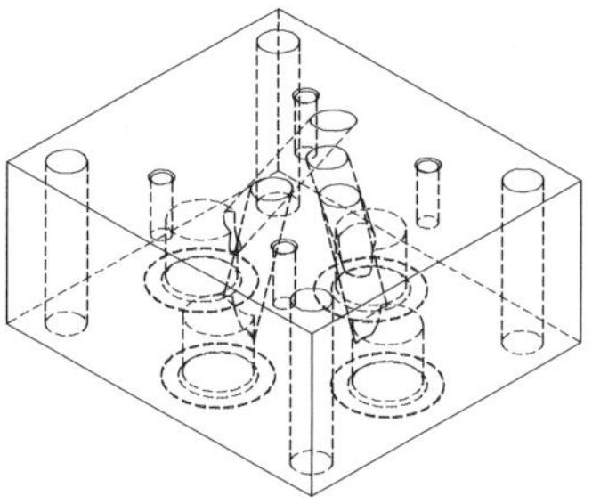

On peut aussi retrouver des bases de montage qui incorporent des fonctions telles des limiteurs de pression. Ces bases sont disponibles avec les ports en dessous ainsi que sur les côtés.

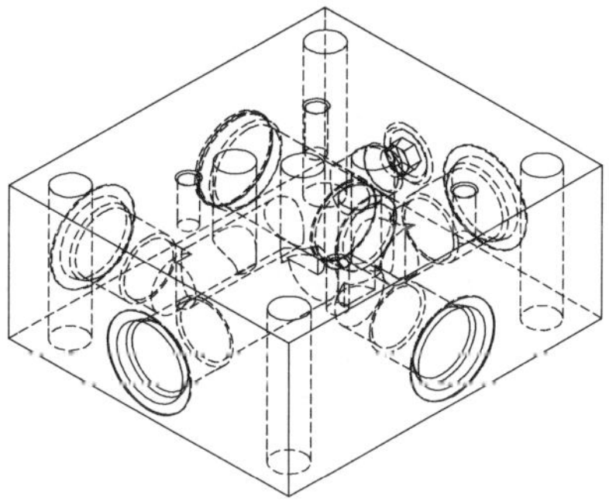

Base de montage groupée

Les bases de montage groupées permettent beaucoup d'économie en termes de raccords et de temps de montage. Les valves sont regroupées sur un bloc commun.

Le montage sur bloc standard est la façon la plus simple d'obtenir rapidement un circuit hydraulique. L'ensemble est compact, et en montage avec sandwich, il est facile de modifier un circuit. Un bloc standard est fait pour recevoir un format de valve.

Ce type de montage est probablement le plus intéressant lorsqu'il s'agit de construire un prototype. Lors d'un prototypage, il peut être judicieux de prendre un bloc ayant au moins une station supplémentaire en réserve.

Les valves sont alimentées en huile via le port P à l'extrémité. Le port P passe normalement à travers le bloc (circuit parallèle), mais il est possible d'avoir un circuit série, on encore l'option d'un bouchon d'isolation. Le port T respecte la même tendance que le port P. Finalement, chaque station de valve possède des ports A et B spécifiques.

Sur l'image suivante, on peut voir que le bloc est fait pour recevoir 3 valves ISO03.

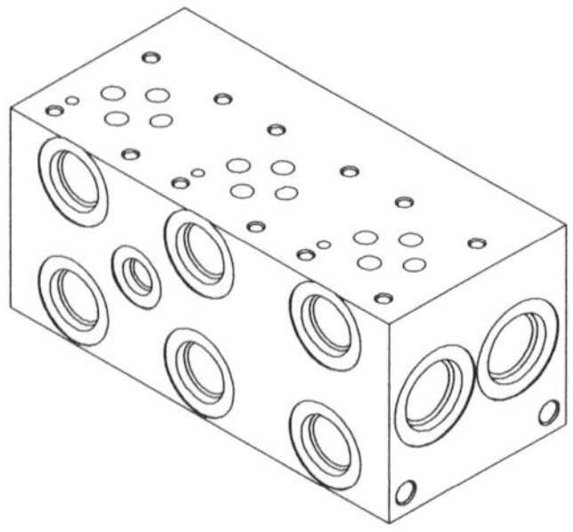

Il est possible de se faire faire un bloc qui permet de regrouper toutes les valves d'un circuit. Pas seulement les valves de distributions, mais aussi les valves de contrôle, qui sont de type cartouche. Il n'y a pas vraiment de limites à ce qui peut être fait.

Cette approche est de loin la plus économique pour une machine devant être produite à quelques unités ou plus. Le nombre de raccords est réduit au maximum. Étant donné qu'il y a moins de joints, les risques de fuite sont réduits au maximum.

Ce type de montage possède toutefois quelques défauts. Un temps de conception est requis à la base. Le circuit hydraulique est difficilement modifiable à l'exception de la possibilité d'ajouter des valves en sandwich. Il peut être déroutant de savoir quel contrôle sur le bloc s'applique à quelle opération.

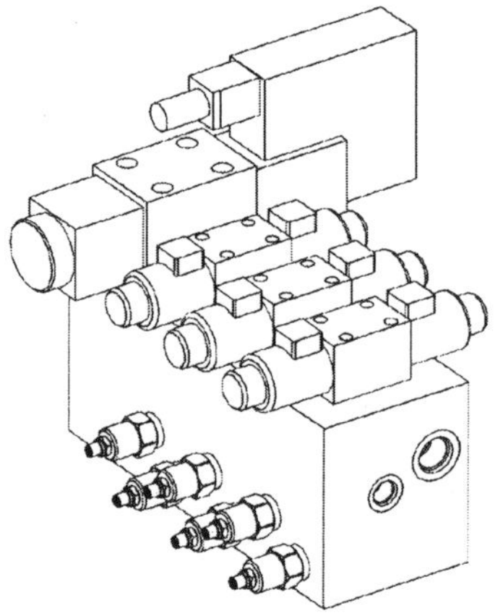

Vis de montage

Les valves sur base sont assemblées à l'aide de boulon. Il faut normalement utiliser des vis avec des têtes cylindriques de type Allen. Il n'y a pas de normes pour la longueur des vis. Ainsi, le remplacement d'une valve par une autre d'une marque ou d'une génération différente peut demander de changer la longueur des vis.

Lorsque des composantes en sandwichs sont utilisées, il devient rapidement impossible d'obtenir des vis de longueur requise. Il existe alors sur le marché des kits de vis à couper en fonction de la longueur désirée. Il y a différentes configurations de ces kits, celui offert par « Sun Hydraulics » se compose d'un manchon (voir la figure de droite) ayant d'un côté une prise Allen et de l'autre un trou fileté, puis d'une tige filetée que l'on coupe au besoin.

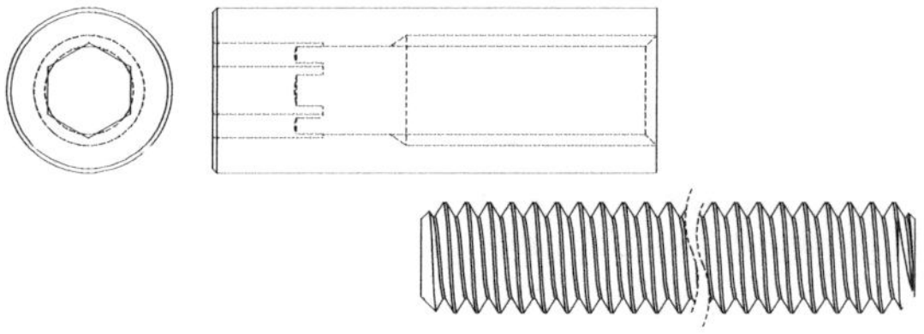

Tableau 6.2 **Charte de sélection de vis de montage, exemple d'un manuel de maintenance**

Table de sélection des vis de montage pour les valves montées en sandwich				
	ISO 03, NFPA D03		ISO 05, NFPA D05	
Valve directionnelle	HYTOS RPE3-06-* YUKEN DSG01-*		VOCKERS KBFDG4V5-* YUKEN DSG03-*	
Longueur de vis	Hauteur des sandwichs + 45mm	Hauteur des sandwichs + 1,75 po.	Hauteur des sandwichs + 40mm	Hauteur des sandwichs + 1 5/8 po.
Filet	M5 × 0,8	#10-24 NC	M6 × 1	¼-20 NC
Longueur des vis de montage versus la hauteur totale des sandwichs				
Valve seule	45	1 3/4	40	1 5/8
32 mm/1 1/4 po.	80	3	75	2 7/8
44,5 mm/1 3/4 po.	90	3 1/2	85	3 3/8
51 mm/2 po.	95	3 3/4	90	3 5/8
Hauteur des sandwichs (Sun Hydraulics)				
32 mm/1 ¼ po.	GBS		DBS	
44,5 mm/1 ¾ po	CBA, EBA, EBP, FBY, GBD, GBO, GBP, GBY, GBZ			
51 mm/2 po.			DBA, DBB, DBY	

Lorsqu'il s'agit de créer la documentation aidant au choix des vis et des longueurs de tige filetée, il peut être utile de créer une charte comme présentée ci-après basée sur les standards internes d'une entreprise :

Valve directionnelle pilotée avec solénoïde

Les valves sur base possèdent plusieurs configurations en fonction des débits à laisser passer par rapport à une certaine perte de charge. Lorsque la commande est avec solénoïde, nous sommes confrontés à deux familles de valves. Les valves de petite taille utilisent des solénoïdes (bobines) pour faire bouger le tiroir. Les pressions internes dans la valve, en fonction des surfaces en jeu, demandent une certaine puissance de la bobine pour obtenir la force requise pour déplacer le tiroir. Lorsqu'une valve est faite pour laisser passer beaucoup de débit, le tiroir devient alors de dimension importante, et au lieu d'utiliser une bobine encore plus puissance, la technologie utilisée est de faire appel à une valve de distribution de petite dimension (typiquement ISO-03) qui commande une valve plus grosse comme une valve ISO-07. Ainsi, la petite valve contrôle la valve plus grosse à l'aide de ligne de pilotage. La grosse valve possède alors des pistons scellés qui peuvent pousser le tiroir à l'aide de la commande pilotée.

Figure 6.6 **Valves à commande directe et électrohydraulique**

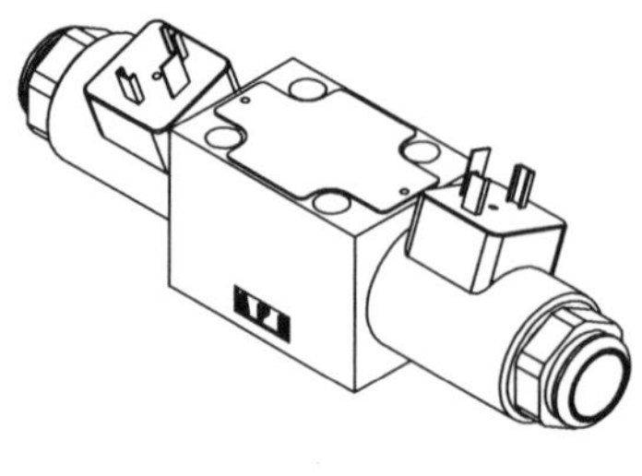

Valve de distribution
à commande directe

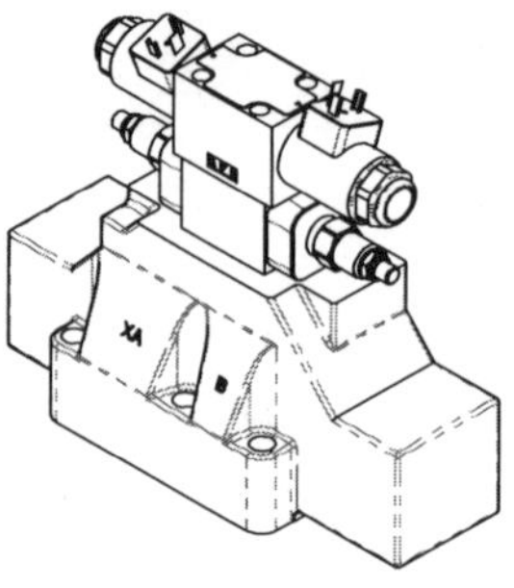

Valve de distribution
pilotée électrohydraulique

Ce type de valve comporte toutefois certaines caractéristiques importantes à connaître :

- Il faut faire particulièrement attention lors de l'installation de ces valves. Il faut parfois s'assurer que certains bouchons soient à leur place ou encore les enlever pour être fonctionnelle (port X et Y);
- On peut retrouver des régulateurs de débit entre la valve de contrôle électrique et la valve pilotée. Le réglage du débit de pilotage permet de créer un démarrage ainsi qu'un arrêt plus ou moins doux;
- Il est parfois possible d'avoir des limiteurs de déplacement du tiroir principal agissant comme limiteur de débit;
- Un port X est présent. On peut donc se retrouver à alimenter le X par l'interne de la valve ou par l'externe. C'est essentiellement un jeu de pression qui dicte le choix de configuration à respecter lors de l'installation;
- Un port Y est présent. Encore ici, c'est un jeu de pression qui dicte le choix de configuration à respecter lors de l'installation.

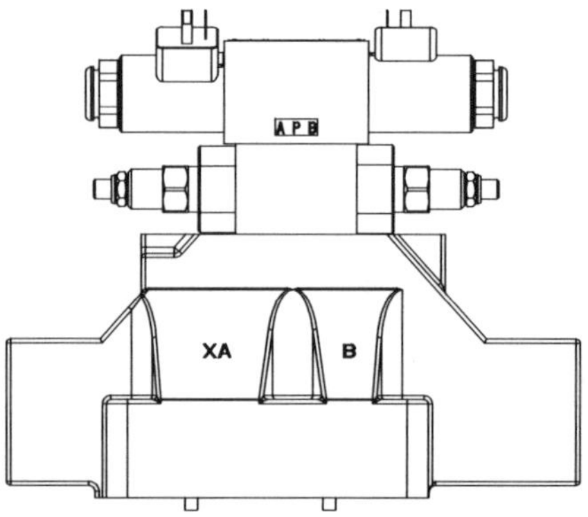

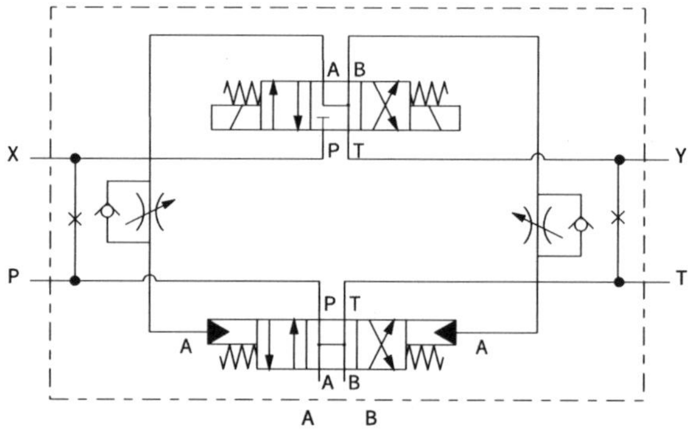

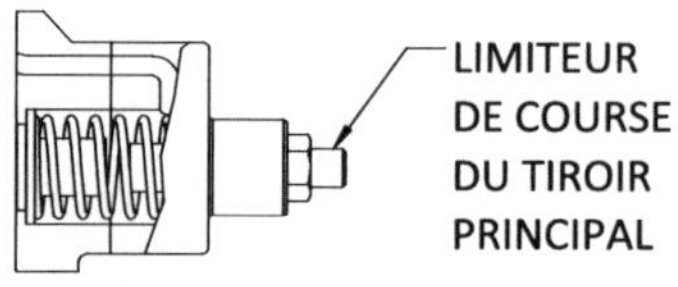

Les prochaines pages traitent du port X et Y, c'est souvent une source de problème lors de démarrage ou lors d'un remplacement d'une valve par une neuve. De plus, il se peut que les schémas hydrauliques ne reflètent pas adéquatement ce qu'il faut faire. Bien que l'on peut commander une valve avec les ports X et Y branchés d'une façon spécifique, il n'est pas dit que ce qui sera livré sera bel et bien ce qui est requis. Il faut donc vérifier avant l'installation. Si le schéma indique un symbole simplifié, il ne sera pas possible d'identifier les ports X et Y. Pour pouvoir changer la configuration des ports X et Y, il faut généralement enlever les bouchons d'accès localisés sur le bâti extérieur de la valve. On va donc voir les règles à respecter basées sur un document du manufacturier Yuken.

On peut remarquer que si l'on branche le port X, nous n'avons pas à nous soucier des pertes de charge après la valve. La perte de charge après la valve, soit sur la ligne Y, influence le fonctionnement. Si la pression sur la ligne Y (communément « back pressure ») est trop élevée en utilisant le pilotage interne, il se peut que la valve ne puisse fonctionner.

Figure 6.7 **Recommandations typiques pour l'utilisation des ports X et Y (réf. Yuken)**

● Lower Pressure Drop
System energy saving increased as pressure drop of each valve has been greatly reduced.

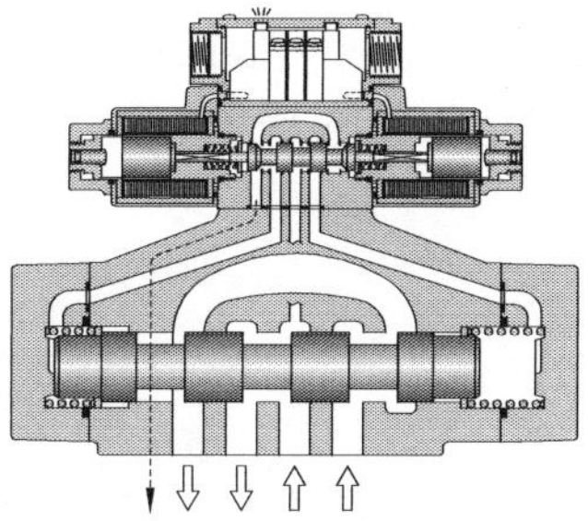

■ Specifications

Valve Type	Model Numbers	Max. Flow ★1 L/min (U.S.GPM)	Max. Operating Pressure MPa (PSI)	Max. Pilot Pressure MPa (PSI)	Min. ★2 Required Pilot Pres. MPa (PSI)	Max. T-Line Back Pressure MPa (PSI)		Max. Change-over Frequecy Cycles/Min {min⁻¹}			Mass kg (1bs.)
						Ext. Drain	Int. Drain	AC	DC	R	
Standard Type	DSHG-01-3C ✱✱14/1480/1490	40 (10.6)	21 (3050)	21 (3050)	1.0 (145)	16 (2320)	16 (2320)	120	120	120	3.2 (7.1)
	DSHG-01-2B ✱✱ 14/1480/1490										2.7 (6.0)
	DSHG-03-3C ✱✱ 14/1490	160 (42.3)	25 (3630)	25 (3630)	0.7 (100)	16 (2320)	16 (2320)	120	120	120	6.9 (15.2)
	DSHG-03-2N ✱✱ 14/1490										6.9 (15.2)
	DSHG-03-2B ✱✱ 14/1490										6.4 (14.1)
	(S-)DSHG-04-3C ✱✱ 52/5290	300 (79.3)	31.5 (4570)	25 (3630)	0.8 (120)	21 (3050)	16 (2320)	120	120	120	8.5 (18.7)
	(S-)DSHG-04-2N ✱✱ 52/5290										8.5 (18.7)
	(S-)DSHG-04-2B ✱✱ 52/5290										8.0 (17.6)
	(S-)DSHG-06-3C✱✱ 53/5390	500 (132)	31.5 (4570)	25 (3630)	★3 0.8 (120)	21 (3050)	16 (2320)	120	120	120	12.4 (27.3)
	(S-)DSHG-06-2N ✱✱ 53/5390										12.4 (27.3)
	(S-)DSHG-06-2B ✱✱ 53/5390										11.9 (26.2)
Shockless Type	(S-)DSHG-06-3H ✱✱ 53/5390			21 (3050)	1.0 (145)			110	110	110	13.2 (29.1)
	(S-)DSHG-10-3C ✱✱ 43/4390	1100 (291)	31.5 (4570)	25 (3630)	★3 1.0 (145)	21 (3050)	16 (2320)	120	120	100	45.0 (99.2)
	(S-)DSHG-10-2N ✱✱ 43/4390							100	100	100	45.0 (99.2)
	(S-)DSHG-10-2B ✱✱ 43/4390			21 (3050)				60	60	50	44.5 (98.1)
	(S-)DSHG-10-3H ✱✱ 43/4390										52.9 (116.6)

★1. Maximum flow indicates a ceiling flow. As the ceiling flow depends on the type of spool and operating condition, refer to the List of Spool Functions for details
★2. Pilot pressure of internal pilot drain models must always exceed tank line back pressure by a minimum required pilot pressure.
★3. Min. pilot pressure of with pilot piston in 1.8 MPa (260 PSI).

Pilot Connection	Drain Connection	Care in Application
Internal Pilot	External Drain	Hold back pressure in the tank line so that the difference between pilot pressure and drain pressure is always more than minimum required pilot pressure.
	Internal Drain (T)	Combination is not applicable
External Pilot (E)	External Drain Internal Drain (T)	No restrictions in the combination on us

Figure 6.8 **Passages internes typiques dans une valve pilotée électrohydraulique**

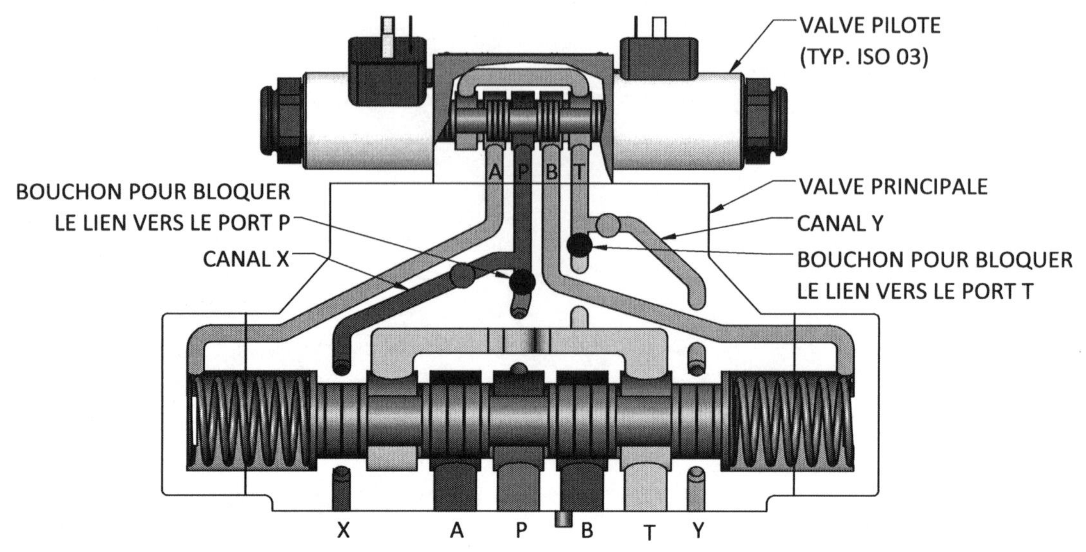

6.3.2 Valve de type cartouche

Les valves de distribution de type cartouche sont très utiles de par leur flexibilité et leur compacité. Bien qu'il est possible d'avoir de ces valves qui fassent partie d'un ensemble en sandwich, il est plus habituel de les retrouver en montage sur une ligne hydraulique, ou encore mieux, assemblé sur un bloc personnalisé. La question qui se pose rapidement est de « pourquoi choisir une valve sur base et non pas toujours une valve cartouche lorsque l'on utilise un bloc personnalisé? ». La question est pertinente. D'abord, la cavité d'une valve cartouche n'est pas normalisée, ce qui force le remplacement d'une valve défectueuse par une neuve identique.

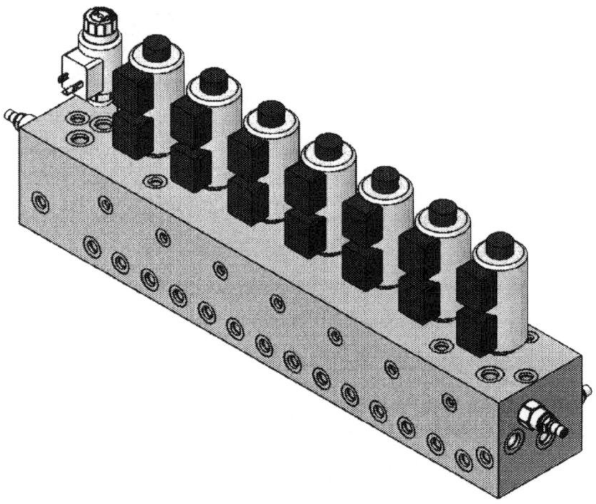

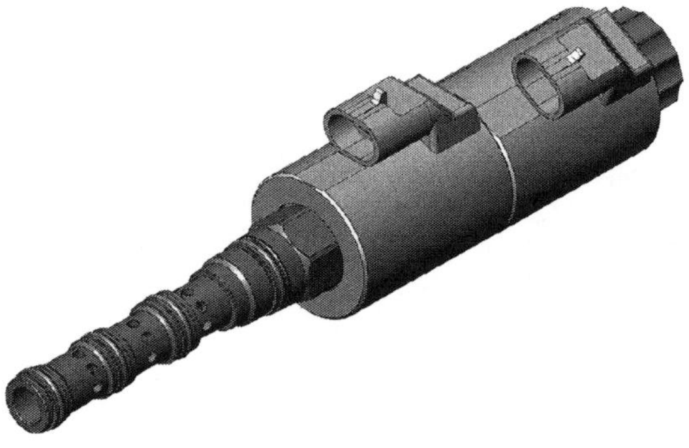

Ce petit détail peut parfois poser problème en fonction de l'origine de la machine produite versus sa destination. Tous les manufacturiers ne sont pas représentés à la même échelle partout dans le monde. Le second argument est que si l'on utilise une valve cartouche avec un bloc personnalisé, il faut être parfaitement certain que le circuit n'aura pas besoin de changement, car à ce point, il n'y a plus aucune flexibilité. Pour le reste, les valves cartouches sont idéales et représentent souvent une alternative extrêmement intéressante.

Figure 6.9 **Cavité typique SAUERDANFOSS**

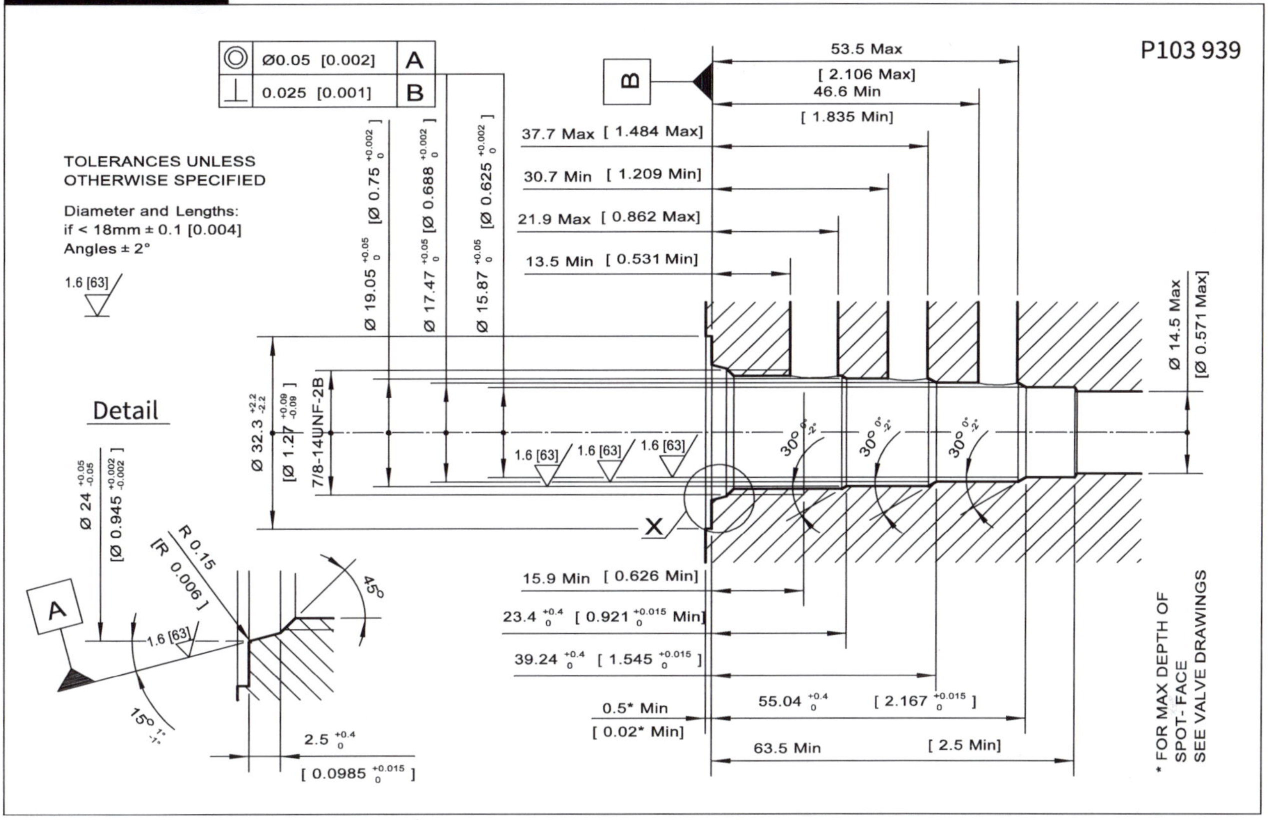

On reparlera des cavités pour les valves cartouches dans le chapitre des valves sandwichs, mais pour le moment disons que l'usinage d'une cavité est particulièrement simple. On retrouve toujours une suite de changement de diamètre à l'intérieur d'une cavité (voir la Figure 6.10). La valve cartouche contient une série de joints toriques qui isolent l'un de l'autre chaque diamètre. Cette forme spécifique est produite avec un outil de forme. On se retrouve avec un foret spécial contenant tous les changements de diamètres, puis toujours un outil d'alésage précis qui assure un bon fini de surface. La fabrication d'une cavité est donc aussi simple que de faire un trou alésé.

Tout comme pour le cas des valves sur base, les manufacturiers offrent une gamme de produits pour des débits variés. On peut retrouver des valves qui sont pour des débits encore plus faibles pour un maximum de compacité.

On retrouve parfois sur les schémas hydrauliques une représentation non traditionnelle comme représentée à la Figure 4.5 (page 62). On remarque que le symbole des valves de distribution représente deux bobines du même côté de la valve, comme on retrouve sur la valve en pratique. Lorsqu'il y a deux bobines, chacune d'elles est physiquement indépendante.

6.3.3 Valves de type logique

Parfois appelées « power logic valve » ou « slip-in », ces valves sont à la façon des valves de type cartouche qui s'insèrent dans des cavités spéciales. Toutefois, elles contrôlent essentiellement le passage du fluide d'un orifice à un autre, ce sont donc des valves de type 2/2. Le contrôle du passage du fluide se fait par pilotage, c'est donc une autre valve qui la contrôle, parfois monté directement sur la valve logique.

Ce type de valve est utilisé pour des débits et/ou pressions très importants, lorsque les valves traditionnelles ne sont pas aptes à passer autant de puissance. On retrouve ce type de valve dans les grosses presses ou les équipements d'extrusion.

Ce manuel ne traite pas de ces valves qui sont une spécialité en soi, mais en quelques lignes, on peut retenir les informations suivantes sur leur fonctionnement :

- Fonctions multiples et contrôles variés;
- Un rapport de surface existe entre les différents ports affectant le mode de commande;
- Atteint un niveau élevé d'étanchéité;
- La conception de circuits avec ce type de valve demande une bonne compréhension de l'hydraulique.

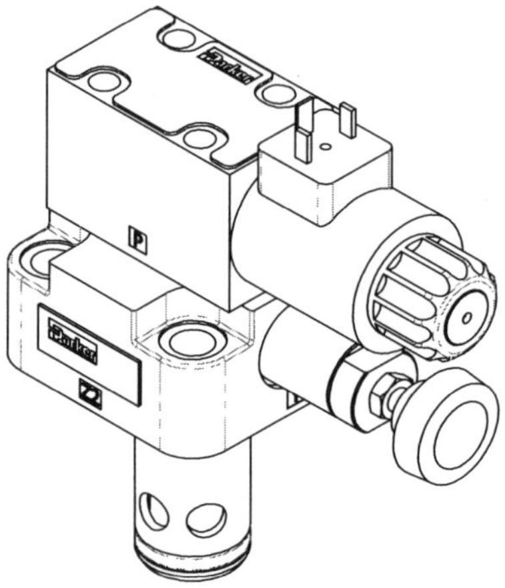

6.4 Capacité de débit d'une valve

On retrouve souvent dans les spécifications des composantes hydrauliques une indication quant au débit possible dans celles-ci. Il faut toutefois prendre cette information avec un certain jugement. Une valve est apte à passer un débit en fonction d'une perte de charge. La première question à se poser est de trouver la perte de charge que nous sommes autorisés.

Nous avons un circuit pressurisé par exemple à 2 000 psis. Le circuit fait bouger un moteur hydraulique qui pour faire son travail demande un différentiel de pression entre l'entrée et la sortie de 1 200 psis. Nous savons que la pression de l'huile sera près de 0 psi au réservoir. Le circuit devra alors obligatoirement perdre une pression de 2 000 − 1 200 = 800 psis. Cette perte de charge autorisée de 800 psis se fera dans toutes les composantes du circuit. Un peu dans les raccords, un peu plus dans les valves de contrôle et possiblement un peu plus dans le régulateur de débit qui assurera la vitesse désirée de l'équipement. Si le débit que nous avons est par exemple 10 gpm, et que la spécification d'une valve est indiquée à 10 gpm pour une perte de charge de 500 psis, il serait probablement mal avisé d'utiliser cette composante, car il reste peu de marge pour les pertes de charge pour les autres composantes.

En hydraulique, la conception d'un circuit demande de gérer ces notions de pertes de charge dans les composantes.

Si l'on regarde la Figure 6.11, on remarque que Yuken recommande la valve DSG-01 (ISO-03) pour un débit allant jusqu'à 40 l/min. Maintenant, si l'on observe la Figure 6.12 pour un tiroir 3C2 (valve 4/3, fermée au centre), on remarque que la perte de charge de 60 psis entre P vers A, puis la même perte entre B et T, pour un total de 120 psis. Il faut alors se poser la question si le circuit est apte à perdre cette pression qui représente une perte d'efficacité, rappelons-le. Si le circuit fonctionne à 1 000 psis, c'est déjà beaucoup (soit 120/1 000), alors que si le circuit fonctionne à 3 000 psis, c'est peu (120/3 000). Mais les pertes de charge ne se limitent pas à la valve. Dans un circuit, dans les faits, les valves laissent passer assez librement le débit. Lorsque l'on pense concevoir un circuit qui utilise des composantes en sandwich, le fait d'aller vers une valve ISO-03 entraînera que les composantes en sandwich seront elles aussi petites et du coup offriront une restriction probablement plus importante que la valve de distribution.

Figure 6.10 **Gamme de produits typique (réf. Yuken)**

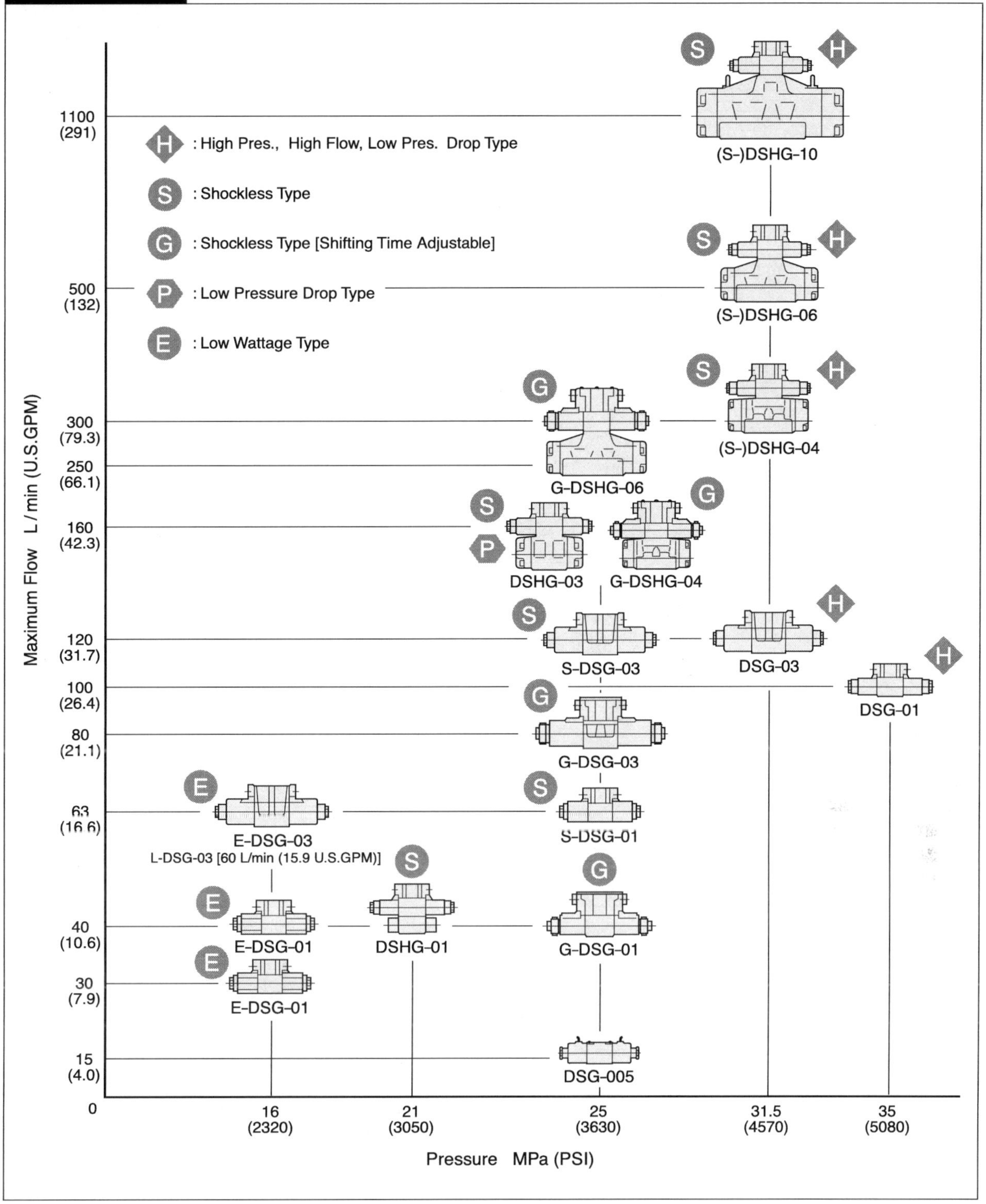

Les courbes de perte de charge que l'on retrouve à la Figure 6.12 suivent pas mal les relations que nous avons vues à la page 34, soit :

$\Delta P_2 = \Delta P_1 \left(\dfrac{Q_2}{Q_1} \right)^2$	$Q_2 = Q_1 \sqrt{\dfrac{\Delta P_2}{\Delta P_1}}$

Si l'on revient à l'exemple de 40 l/min passant dans la valve DSG-01-3C2, et dont la perte de charge est de 60 psis par passage dans la valve, il est possible de prédire quelle serait la perte de charge de façon mathématique pour d'autres débits. Nous allons faire l'estimation de perte de charge pour un débit de 20 l/min ainsi que pour un débit de 80 l/min.

$$\Delta P_2 = \Delta P_1 \left(\frac{Q_2}{Q_1} \right)^2 = 60\,psi \left(\frac{20\,l/min}{40\,l/min} \right)^2 = 15\,psi$$

$$\Delta P_2 = \Delta P_1 \left(\frac{Q_2}{Q_1} \right)^2 = 60\,psi \left(\frac{80\,l/min}{40\,l/min} \right)^2 = 240\,psi$$

On remarque que pour le débit de 20 l/min, le résultat théoriquement prédit bien la perte de charge d'environ 15 psis sur le graphique. De la même façon, on peut prédire la perte de charge pour un débit plus important, toutefois, dans ce cas particulier, la perte de charge calculée de 240 psis est le mieux que l'on peut espérer. Si pour une raison quelconque, le débit devenait turbulent, il se peut que la perte de charge devienne soudainement beaucoup plus importante.

Figure 6.11 **Perte de charge dans une valve Yuken DSG-01**

Pressure Drop

Pressure drop curves based on viscosity of 35 mm /s (164 SSU) and specific gravity of 0.850.

Standard Type: DSG-01

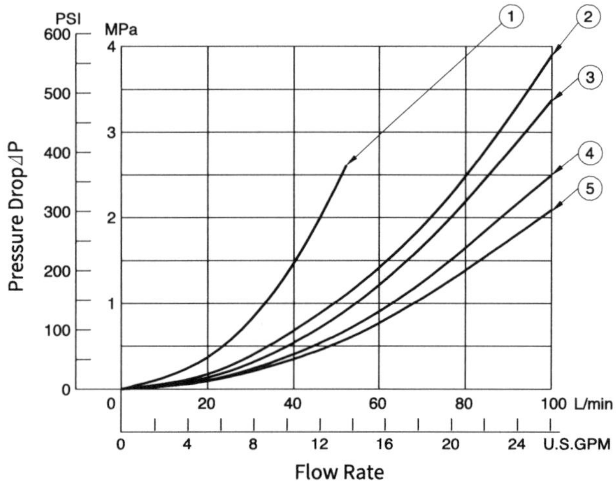

Model Numbers	Pressure Drop Curve Number				
	P→A	B→T	P→B	A→T	P→T
DSG-01-3C2	④	④	④	④	—
DSG-01-3C3	⑤	⑤	⑤	⑤	②
DSG-01-3C4	④	④	④	④	—
DSG-01-3C40	④	④	④	④	—
DSG-01-3C60	①	①	①	①	②
DSG-01-3C9	⑤	③	⑤	③	—
DSG-01-3C10	④	⑤	④	④	—
DSG-01-3C11	④	④	④	④	—
DSG-01-3C12	④	④	④	⑤	—
DSG-01-2D2	⑤	④	⑤	④	—
DSG-01-2B2	⑤	④	⑤	④	—
DSG-01-2B3	⑤	⑤	⑤	⑤	—
DSG-01-2B8	⑤	—	④	—	—

6.5 Exercices

Exercices niveau #1

Exercice #1 : Associez les schémas de coupe de valves directionnelles avec les types de centres donnés.

Valve A

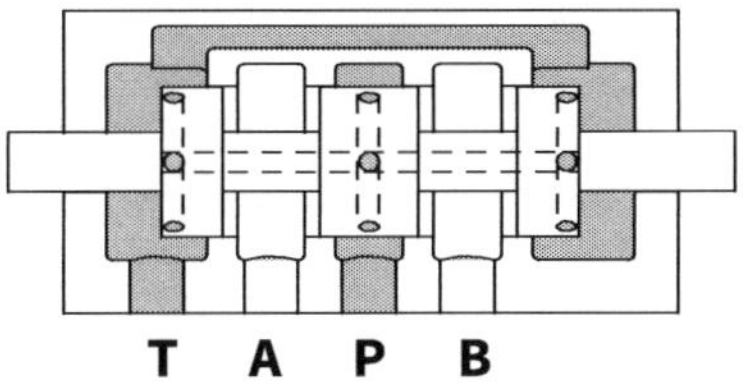

Valve B

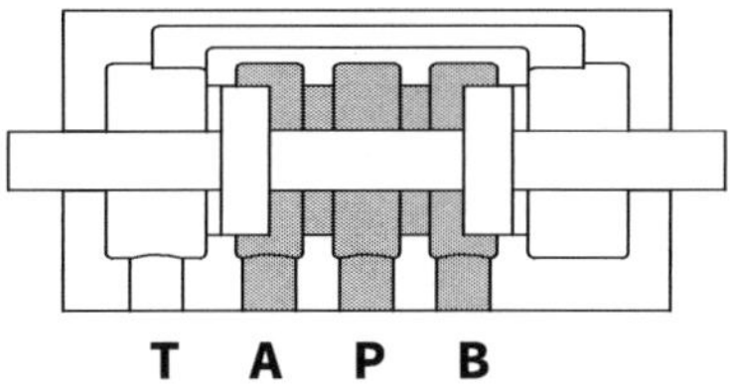

Valve C

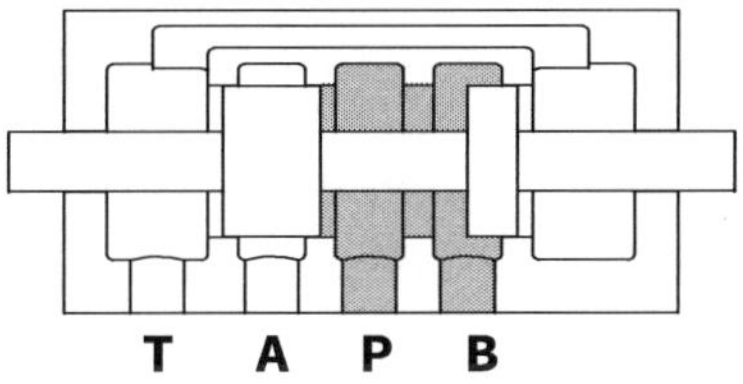

Valve D

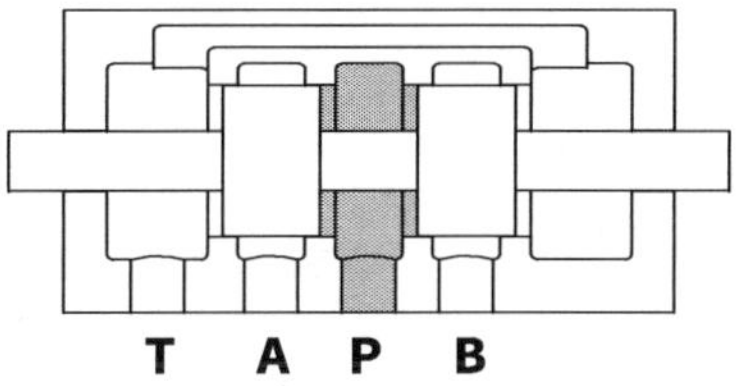

Valve E

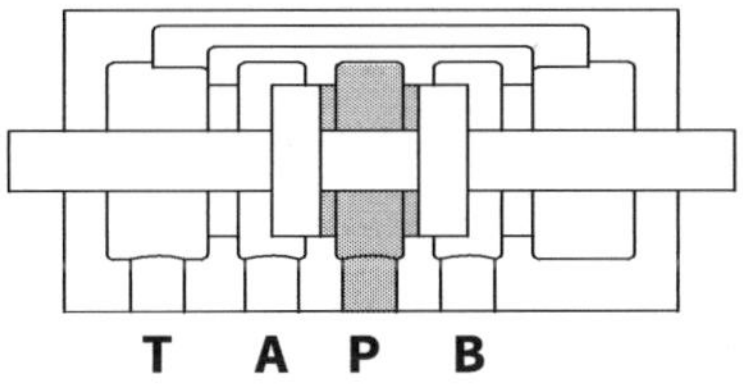

Valve F

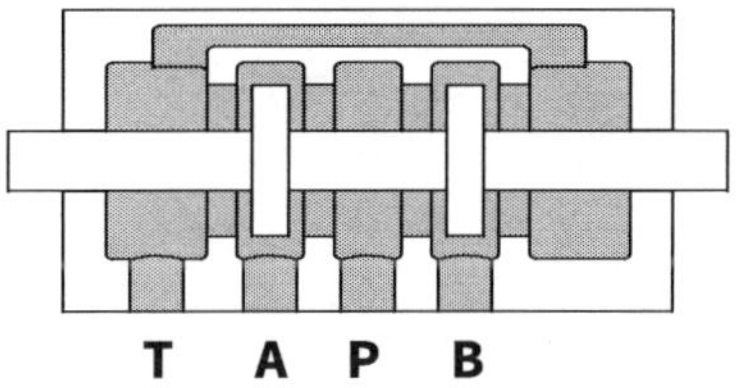

1 Valve A	2 Valve B	3 Valve C
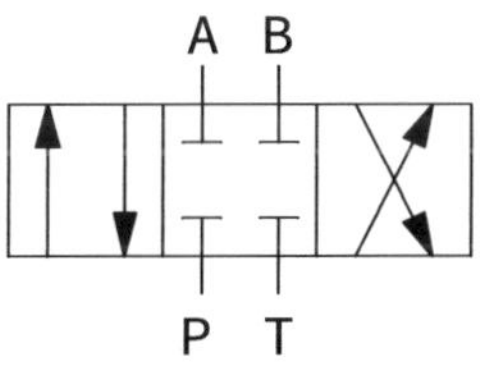	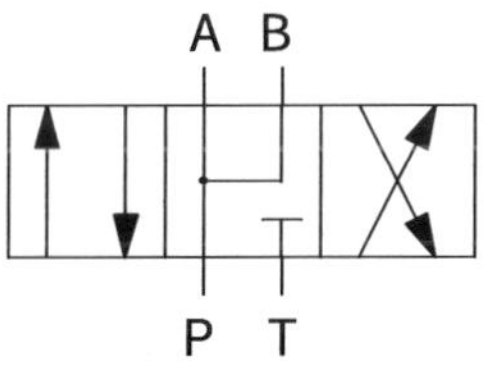	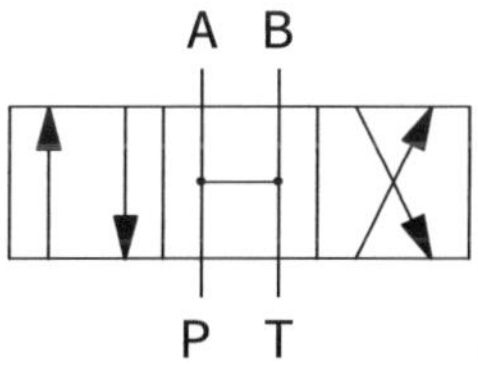
4 Valve D	**5 Valve E**	**6 Valve F**
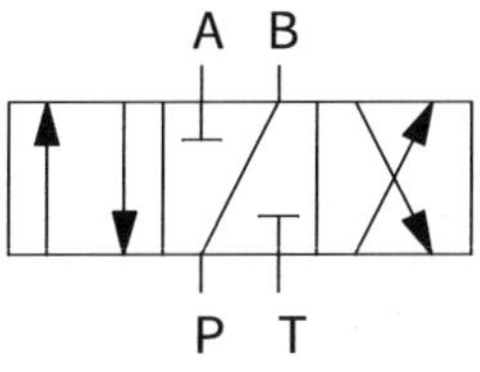	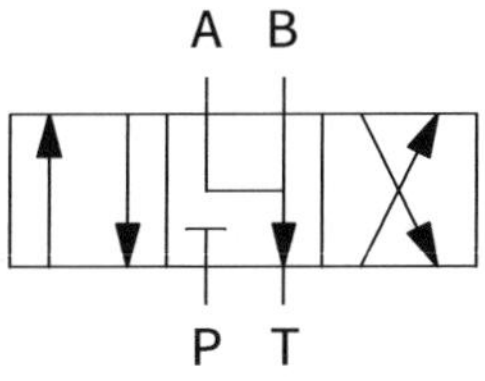	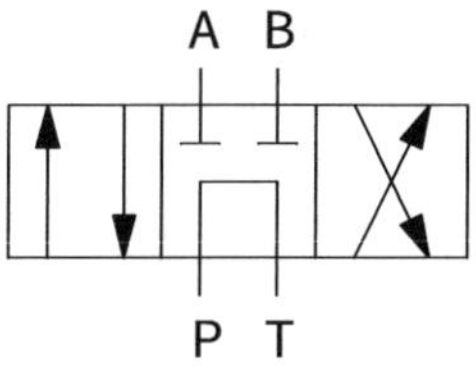

1	L'étanchéité d'une valve directionnelle à tiroir est normalement assurée par des joints toriques (o'ring)	**V F**
2	Une valve opérée par solénoïdes peut être utilisée pour	
	• alimenter directement un vérin ou moteur	**V F**
	• pour diviser un débit	**V F**
	• pour contrôler d'autres composantes	**V F**
	• pour vidanger l'huile du système au réservoir	**V F**
	• pour contrôler la pression du système	**V F**
3	Les valves ISO-05 permettent généralement de faire passer un débit d'huile plus important pour une même perte de charge qu'une valve ISO-03	**V F**
4	Une valve de dimension ISO 03 est reconnaissable par sa base ayant 5 trous, soit P, A, B et deux trous T	**V F**
5	Le port X d'une valve sert d'alimentation pour le contrôle du pilotage dissocié de la ligne P	**V F**
6	Le port Y d'une valve sert d'alimentation pour le contrôle du pilotage dissocié de la ligne P	**V F**
7	Certaines valves de distribution sont composées d'une valve principale commandée par pilotage via une valve secondaire de format ISO-03.	**V F**
8	Certaines valves de distribution sont faites de façon à ce que le tiroir se déplace lentement afin de permettre un démarrage et un arrêt plus doux.	**V F**
9	Lorsqu'une valve à solénoïde dont la vitesse de déplacement du tiroir est contrôlée, le courant appliqué au solénoïde est obligatoirement un voltage alternatif (CA).	**V F**
10	On retrouvera essentiellement des valves à centre ouvert ou à centre tandem pour les applications avec pompe à pression compensée.	**V F**
11	Une valve 4/3 est définie comme étant une valve ayant 3 ports et 4 positions	**V F**
12	Si par inadvertance une valve 4/3 est énergisée en même temps sur les deux bobines, et fonctionnant en courant alternatif (CA), cela fera en sorte de court-circuiter au moins un solénoïde.	**V F**
13	Si par inadvertance une valve 4/3 est énergisée en même temps sur les deux bobines, et fonctionnant en courant continu (CC), cela fera en sorte de court-circuiter au moins un solénoïde.	**V F**

Exercices niveau #2

Exercice #1 : Déterminez le numéro d'une valve de distribution de marque Parker ayant les caractéristiques suivantes :

- Pression d'opération : 2 500 psi;
- ISO-05, 4/3, à centre fermé;
- Alimentation électrique CC 24 volts;
- Avec des connexions électriques de type DIN;
- Joint d'étanchéité de type Buna-N;
- Solénoïdes à faible consommation;
- Solénoïdes avec suppresseur de surtension (« surge suppressor »);
- Conforme CSA Canada.

Exercice #2 : Pour la valve trouvée à l'exercice précédent, trouvez la perte de charge de P vers A pour un débit de 15 gpm.

Exercice #3 : Pour la valve trouvée à l'exercice précédent, trouvez la valeur du courant électrique.

Exercice #4 : Nous utilisons une valve de distribution Vickers ISO-08 numéro DG5V-8-S-2C-3-M-U6L-D1-H. L'application est pour une pression d'opération de 2 000 psis. Le contrôle de vitesse est assuré par un étrangleur installé sur le port T en sandwich. Indiquez les principales caractéristiques de la valve en question. Indiquez si le choix de branchement des ports X et Y est conforme.

Exercice #5 : Nous désirons utiliser une valve 2/2 normalement ouverte (NO) installée en sandwich de format ISO-03. Le débit à contrôler est de .3 gpm et lorsque la valve est fermée, on désire une étanchéité optimale. Le port qui sera contrôlé ainsi est le port A. La valve n'a pas besoin de l'option permettant de pousser le tiroir manuellement en cas de problème. L'alimentation électrique est de 24 VDC, et un connecteur Hirschman est requis. Joints d'étanchéité en Viton requis. Trouvez le numéro de cartouche ainsi que le numéro de bâti de marque Sun Hydraulics.

Exercice niveau #3

N/A

Réponses exercices niveau #1

1	L'étanchéité d'une valve directionnelle à tiroir est normalement assurée par des joints toriques (o'ring)	**F**
2	Une valve opérée par solénoïdes peut être utilisée pour	
	• alimenter directement un vérin ou moteur	**V**
	• pour diviser un débit	**V**
	• pour contrôler d'autres composantes	**V**
	• pour vidanger l'huile du système au réservoir	**V**
	• pour contrôler la pression du système	**V**
3	Les valves ISO-05 permettent généralement de faire passer un débit d'huile plus important pour une même perte de charge qu'une valve ISO-03	**V**
4	Une valve de dimension ISO 03 est reconnaissable par sa base ayant 5 trous, soit P, A, B et deux trous T	**F**
5	Le port X d'une valve sert d'alimentation pour le contrôle du pilotage dissocié de la ligne P	**V**
6	Le port Y d'une valve sert d'alimentation pour le contrôle du pilotage dissocié de la ligne P	**F**
7	Certaines valves de distribution sont composées d'une valve principale commandée par pilotage via une valve secondaire de format ISO-03.	**V**
8	Certaines valves de distribution sont faites de façon à ce que le tiroir se déplace lentement afin de permettre un démarrage et un arrêt plus doux.	**V**
9	Lorsqu'une valve à solénoïde dont la vitesse de déplacement du tiroir est contrôlée, le courant appliqué au solénoïde est obligatoirement un voltage alternatif (CA).	**F**
10	On retrouvera essentiellement des valves à centre ouvert ou à centre tandem pour les applications avec pompe à pression compensée.	**F**
11	Une valve 4/3 est définie comme étant une valve ayant 3 ports et 4 positions	**F**
12	Si par inadvertance une valve 4/3 est énergisée en même temps sur les deux bobines, et fonctionnant en courant alternatif (CA), cela fera en sorte de court-circuiter au moins un solénoïde.	**V**
13	Si par inadvertance une valve 4/3 est énergisée en même temps sur les deux bobines, et fonctionnant en courant continu (CC), cela fera en sorte de court-circuiter au moins un solénoïde.	**F**

Réponses exercices niveau #2

Exercice #1 : Il peut y avoir plusieurs réponses à cette question en fonction des générations de valves ainsi que de certaines familles de produit. La réponse qui suit est basée sur le catalogue HY14-2500/US et tient compte d'une sélection pour une valve à action directe par solénoïde. Ainsi, le numéro de valve est D3W1CNJWFV4.

Exercice #2 : Environ 45 psi

Exercice #3 : 0,75 A, 18 Watts (1,5 A et 36 Watts pour une valve avec solénoïdes standards).

Exercice #4 : La recherche d'une telle valve sur internet se fait en ayant le but de trouver le catalogue général distribué par Vickers. Ainsi, pour la recherche, il faut se limiter à rechercher les premiers codes de la valve seulement, exemple DG5V-8.

Valve ISO-08; avec ajustement de vitesse pour le déplacement du tiroir principal, ainsi que des butées en A et en B pour le contrôle du débit maximal; branchement électrique avec des connexions de type DIN, fournies avec la valve et incluant un indicateur visuel; valve de contrôle standard avec solénoïdes standards 24 Volts, et incluant des diodes suppresseurs de surtension; port X relié directement au port P; port Y externe.

Exercice #5 : Le numéro de cartouche est DTDAXHV224. La cavité est de format T-13A. Bâti numéro GBA. Seul, cet ensemble ne fonctionne pas. Une valve ou un couvercle doit être installé au-dessus de l'ensemble pour être fonctionnel.

Réponse exercice niveau #3

N/A

7 | Valves de contrôle de débit et d'isolement

Composantes à la fois simples et d'une grande nécessité, les valves de contrôle de débit se retrouvent dans la plupart des circuits hydrauliques des équipements fixes. Ce n'est pas forcément le cas pour les équipements mobiles, mais nous verrons pourquoi.

La fonction d'une valve de contrôle de débit est de pouvoir moduler par étranglement le débit passant dans un circuit, ce qui influencera la vitesse de déplacement de l'actuateur (moteur, vérin, etc.). Mais un contrôle de débit peut être encore plus radical en permettant le passage ou non du fluide. On se retrouve dans des zones similaires aux valves de distributions. Comme on le verra dans le chapitre des valves proportionnelles, on retrouve en fait des valves de distribution qui travaillent afin de contrôler le débit.

Il y a différentes méthodes afin de créer un étranglement en vue de limiter le débit, toutefois, certaines solutions sont plus propices à certaines applications que d'autres.

7.1 Valve d'isolation

Une valve d'isolation n'est pas à proprement parler un contrôleur de débit, mais davantage une valve de distribution, bien souvent de type 2/2 ou encore 3/2. On se sert d'une valve d'isolation pour permettre le passage ou non du fluide dans un circuit. Une des constructions typiques que l'on retrouve est la valve à boisseau sphérique (communément appelé « ball valve »). Nous retrouvons souvent ce type de valve au niveau des robinets de cuisine.

Nous utilisons normalement les valves à boisseau sphérique en mode pleinement fermé ou bien pleinement ouvert.

Figure 7.1 Vue d'une valve à boisseau sphérique

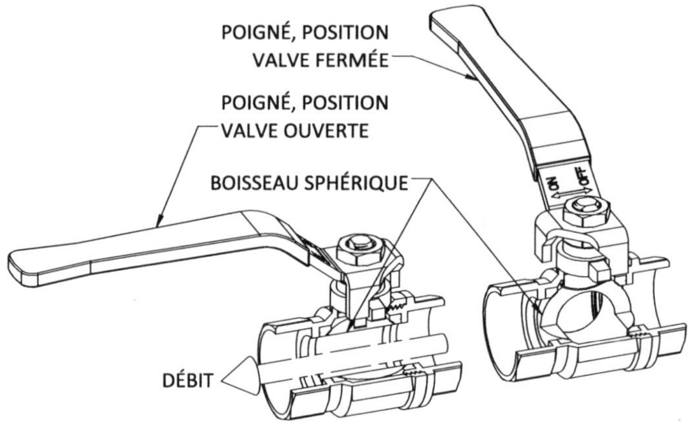

Ce type de valve a l'avantage de demander qu'un quart de tour pour une action rapide. Cet avantage permet aussi facilement d'avoir des options de cadenassage. En mode pleinement ouvert, la perte de charge est minimale dans la mesure où le fluide ne voit pas de changement de section lors de sa course. On retrouve donc souvent ce type de valve en amont ou en aval d'une pompe facilitant sa maintenance.

Figure 7.2 Valves à boisseau sphérique

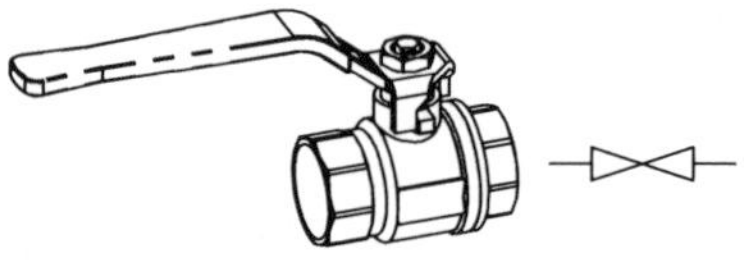

Valve 2/2

Valve 3/2

La raison première qui justifie de ne pas utiliser ce type de valve comme contrôleur de débit est sa piètre progressivité. Il devient difficile de faire des réglages fins.

Mais il arrive que des valves de contrôle de débit comme nous verrons plus loin servent comme valve d'isolation. Il est d'usage parfois d'installer une valve entre la ligne P et T et de la laisser ouverte au premier démarrage afin que le système puisse opérer sans pression. Ensuite, on ferme progressivement la valve en contrôlant du coup la montée de pression, en observant tout au long si des fuites apparaissent. L'installation d'une valve entre P et T est souvent la bienvenue lors des activités de maintenance. Si le schéma est en sandwich, il est très facile d'ajouter une telle valve sur un circuit qui restera fermé presque toute sa vie.

7.2 Valve de contrôle de débit

Tous les circuits hydrauliques n'ont pas obligatoirement des valves de contrôle de débit. Il faut distinguer tout d'abord quelques applications typiques :

- Circuit dont le débit de la pompe est relativement petit, et dont la commande d'une valve de distribution est faite par la main d'un opérateur : ces circuits n'ont généralement pas de régulateur de débit, au mieux, parfois on verra des étrangleurs à orifice fixe. La valve de distribution agit via l'opérateur tel un contrôleur de débit.
- Circuit où tout le débit de la pompe est dédié à un mouvement : encore ici, on peut ne pas retrouver de contrôleur de débit, ou bien de type proportionnel ou manuel.
- Circuit où la capacité de débit est supérieure à chaque mouvement pris indépendamment, dans un circuit où il y a plusieurs mouvements et actuateurs : c'est le type d'application que l'on retrouve beaucoup dans les équipements fixes. Dans ce cas précis, tous les mouvements sont dotés d'au moins un contrôleur de débit.

Le cas où la pompe possède un débit plus important que la demande est très important, car il inclut la majorité des équipements d'importances dans les usines à l'exception des presses et des systèmes similaires indépendants. Ainsi, si nous avons un équipement avec 40 mouvements indépendants, le circuit devrait comporter au moins 40 contrôleurs de débit. Mais bien souvent, il y en aura 80, soit 1 régulateur pour chaque mouvement et chaque direction pour avoir un contrôle total. En pratique, il peut y avoir davantage lorsque l'on compte avoir des mouvements ayant par exemple deux vitesses comme il arrive souvent.

L'installation de valve de contrôle de débit doit devenir un réflexe naturel dans beaucoup d'application. C'est donc une composante très commune qu'il faut apprendre à connaître.

Quelques aspects à savoir :

- Disponible avec orifice fixe ou ajustable, avec ou sans compensation, avec ou sans clapet antiretour, et selon différents montages;
- Permets d'ajuster la vitesse des mouvements en utilisant la perte de charge pour limiter la vitesse;
- Lorsqu'il y a un pépin avec un équipement, la première réaction du personnel responsable des équipements est de modifier au hasard les réglages des valves avant de comprendre la source d'un problème. C'est très rare qu'une valve fasse défaut à moins qu'il advienne un colmatage. Dans ce cas, il faut l'enlever et la nettoyer, nul besoin de modifier le réglage;
- Les contrôleurs de débit se retrouvent dans la grande majorité des circuits hydrauliques. Dans un circuit, il y a normalement toujours des régulateurs de débit à l'exception des circuits d'équipement mobile. Ainsi, à chaque fois que vous activez un mouvement, il faut prévoir des régulateurs de débit.

7.2.1 Différents principes d'étranglement

Il existe plusieurs principes d'étranglement utilisés pour contrôler le débit d'un fluide. Lorsqu'un système hydraulique fonctionne, la température de l'huile fluctue dans le temps, et une variation de la température influence la viscosité du fluide. La viscosité a un effet plus ou moins important sur le réglage d'une valve en fonction de la conception. Un orifice calibré de faible longueur, de par la faible surface de contact avec le fluide, est très peu influencé par la viscosité de l'huile. À l'inverse, un gicleur sera influencé de façon beaucoup plus importante par la viscosité de l'huile. L'orifice tente d'offrir une forme de compensation de la température de façon passive. Il existe toutefois des mécanismes de compensation dynamique plus précis.

Lorsqu'il s'agit d'obtenir un contrôleur de débit ajustable, on ne peut avoir recours à un orifice calibré, il faut donc avoir recours à des étranglements à tiroir ou à cône. Un bon compromis est d'utiliser dans bien des cas un tiroir muni d'une fente de progressivité.

La Figure 7.4 présente quelques représentations pour plusieurs configurations de contrôleur de débit. Les schémas ne donnent pas de détail sur la construction interne des valves. Le symbole à gauche en haut est le cas de l'orifice fixe. On retrouve différentes solutions, il existe même de petits bouchons perforés qui s'insèrent dans des valves de distribution sur base normalisée. Lorsque les régulateurs sont en cartouche, il est possible d'en acquérir avec l'option de pression compensée que l'on verra plus loin.

Figure 7.3 **Différents principes d'étranglement**

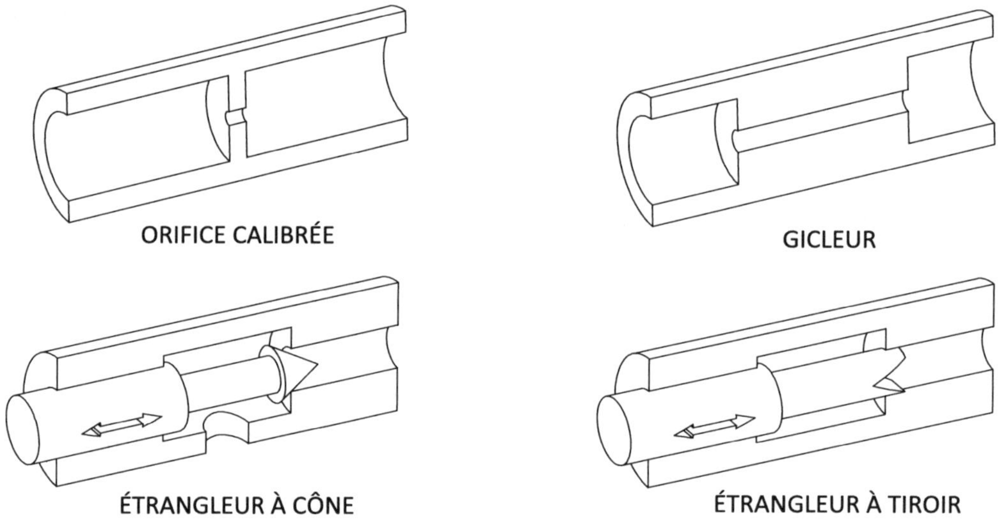

Figure 7.4 **Symbole de différentes valves de contrôle de débit**

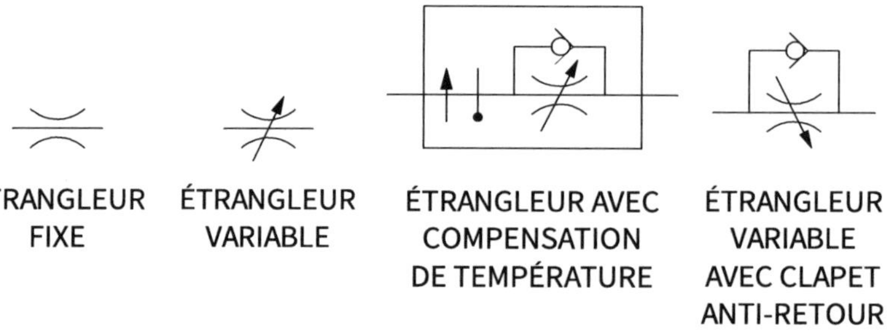

Le symbole de gauche au milieu représente un contrôleur de débit ajustable qui se remarque par la flèche disposée en travers au niveau de l'étranglement. C'est une valve très usuelle bien qu'on lui préfère souvent la version représentée à l'image du bas, soit avec un clapet de contournement. Bien souvent, les contrôleurs de débit s'installent sur les lignes A et B d'un circuit. Ainsi, le débit s'inverse généralement dans les lignes lorsque les mouvements sont bidirectionnels. Le clapet fait partie intégrante de la conception comme on peut le voir à Figure 7.5. On voit que le tiroir est mobile dans la vue de coupe.

Le symbole à droite en haut se démarque par le fait qu'il y a une nouvelle flèche sur la ligne de débit de la valve. Cette indication sous-entend que la valve est à pression compensée, que l'on verra à la section suivante, et qui permet de créer une vitesse plus stable lorsqu'une charge varie.

Le symbole de droite au milieu représente un type de valve qui est de moins en moins commune à notre époque. Un module de compensation est présent dans la valve et qui reconduit le débit en trop vers le réservoir. On verra plus en détail pourquoi ce type de solution est de moins en moins utilisé à notre époque. On reviendra sur le dernier symbole dans le chapitre sur les diviseurs de débit.

Figure 7.5 **Contrôleur de débit avec contournement (Référence : Parker Serie J02B2)**

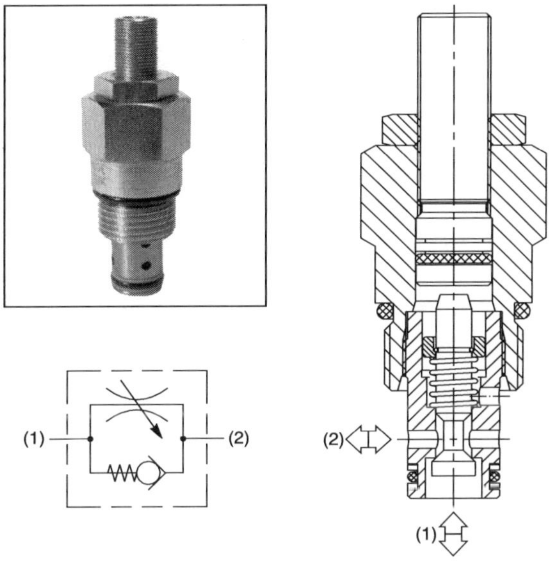

7.2.2 Perte de charge à travers un contrôleur de débit

Lorsque l'on utilise une valve de contrôle de débit sans module de compensation, une des premières étapes est d'en faire le réglage initial lors de la mise en route du circuit. Il est plus sécuritaire d'installer les valves en position pleinement fermée ou très légèrement ouverte.

Bien souvent, les premiers mouvements se feront à vide. Cela fera en sorte d'ajuster la valve créant un maximum de perte de charge. Ensuite, avec la charge qui augmente, la vitesse de l'équipement diminuera.

Prenons un exemple où la pompe est ajustée à 1 300 psis. À vide, supposons que la pression requise pour faire tourner le moteur soit de 100 psis seulement. Dans ce cas, le circuit hydraulique devra générer une perte de charge de 1 300 − 100 = 1 200 psis. Supposons que la vitesse désirée pour le moteur est pour un débit de 6 gpm. Dans les faits, on ne sait pas trop la restriction qui est générée par la valve de contrôle de débit, nous savons seulement la restriction globale. Ça serait facilement réalisable de la mesurer avec des lectures de pression à l'entrée et à la sortie. Mais généralement, le contrôleur de débit devient rapidement l'élément le plus restrictif si le circuit est bien dimensionné.

Si nous savons que la charge d'opération correspond à une variation de pression à travers du moteur de 600 psis, il est certain que le réglage initial sera trop restrictif. Calculons le niveau d'erreur :

La perte de pression dans le circuit avec la charge d'opération sera cette fois de 1 300 – 600 = 700 psis. Tout à l'heure, nous avions 1 200 psis. Pour y arriver, le débit devra diminuer selon la relation suivante :

$$Q_2 = Q_1\sqrt{\frac{\Delta P_2}{\Delta P_1}} = 6\,gpm\sqrt{\frac{700\,psi}{1200\,psi}} = 4{,}58\,gpm$$

Soit de 4,58/6= 76 %, ainsi, la vitesse devra diminuer de 24 %.

Figure 7.6 **Circuit de moteur**

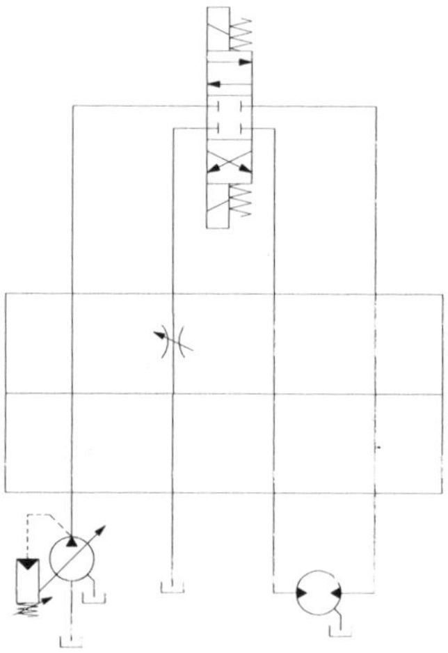

Lorsqu'il s'agit de concevoir un circuit, au départ, il faut considérer la perte de charge du contrôleur de débit dans sa position pleinement ouverte. La Figure 7.7 nous montre un diagramme de la perte de charte versus le débit. Dans le haut de la courbe, nous retrouvons la viscosité de l'huile ainsi que la note signifiant que la valve est pleinement ouverte. Dans ce cas, pour la valve 820, nous trouvons une perte de charge 140 psis pour un débit de 10 gpm.

Figure 7.7 **Valve de contrôle de débit Série N de Parker**

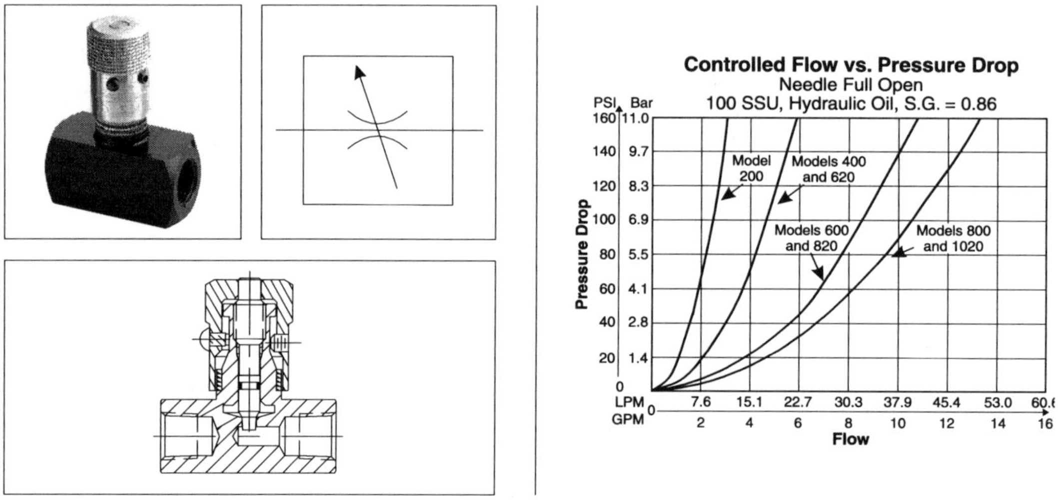

La Figure 7.8 nous montre une autre approche, qui demande toutefois une plus grande compréhension du concepteur. La figure du centre nous montre le débit qui passe à travers la valve pour différents ajustements, et ce pour une perte de charge constante de 100 psis. Ainsi, on remarque que la valve est apte à laisser passer 5,5 gpm lorsqu'elle est pleinement ouverte. Doit-on penser que le débit maximal dans la valve doit être limité à cela? Aucunement. Cela dépend du circuit hydraulique. Si nous avons un circuit fonctionnant à 800 psis pour un débit de 5,5 gpm, le fait de choisir un contrôleur de débit qui crée à lui seul une perte de charge de 100 psis est possiblement un peu trop restrictif. Toutefois, si la pression était de l'ordre de 3 000 psis, on pourrait se permettre de réduire la composante en autorisant une perte de charge plus élevée. Tout ceci est une question de rendement et de proportion. Si l'on désire connaître la perte de charge à travers la valve de tout à l'heure pour un débit de 10 gpm, c'est très simple avec la relation que nous avons vue déjà à quelques reprises, que l'on inverse afin d'obtenir la perte de charge recherchée :

$$\Delta P_2 = \Delta P_1 \left(\frac{Q_2}{Q_1} \right)^2 = 100 \left(\frac{10}{5,5} \right)^2 = 330\, psi$$

Figure 7.8 **Valve de contrôle de débit SUN HYDRAULICS, NCCB-LCN**

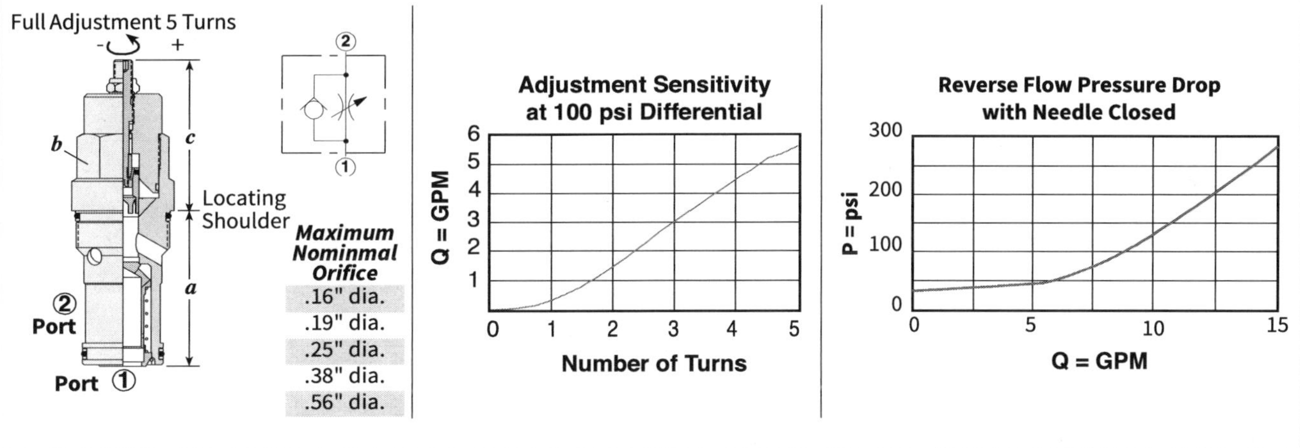

Cette fois, prenons le diagramme de droite de la Figure 7.8. Le diagramme est différent de celui de gauche. On remarque aussi que pour un débit de 0 gpm, nous avons toujours une perte de charge. Dans ce cas, le diagramme est donné pour le sens du débit passant à travers le clapet de contournement. Le clapet demande une pression de 30 psis pour s'ouvrir. Ensuite, à mesure que le débit augmente, la perte de charge augmente elle aussi, mais cette fois, nous ne pouvons pas utiliser la relation que nous avons vue précédemment. Ceci est justifié par le fait que l'étranglement n'est pas fixe et que le clapet aura tendance à s'ouvrir de plus en plus à mesure que le débit augmente. On peut remarquer le fait que le diagramme est établi avec la vis de réglage de débit pleinement fermée. Ce cas représente la pire éventualité. En pratique, la perte de charge sera plus faible si la valve est ouverte, et un faible débit passera sans même faire ouvrir le clapet. Le symbole hydraulique nous montre deux circuits en parallèle, c'est ce que nous avons et qui explique ce comportement.

7.2.3 Valve de contrôle de débit à pression compensée

Avant d'aller plus loin sur le comportement d'une valve à pression compensée, revenons tout d'abord via un exemple sur le fonctionnement d'un contrôleur de débit sans compensation.

Nous avons le schéma suivant dont le réglage du contrôleur de débit est fait de façon à ce que la vitesse du moteur soit de 80 RPM, pour un débit de 6 gpm (Q), et une variation de pression à travers le moteur (dP) de 600 psis. La pression de la pompe est ajustée à 1 300 psis.

Dans cet exemple, on comprend que la perte de charge qui sera générée dans le contrôleur de débit (la grande partie) ainsi que dans les autres composantes sera alors de 1 300 – 600 = 700 psis.

Avec un régulateur de débit sans compensation, nous pouvons nous attendre à ce que la vitesse du moteur varie lorsque la charge change. Supposons maintenant que la charge est plus importante que le moteur demande un dP de 1 000 psis.

Figure 7.9 Circuit de moteur

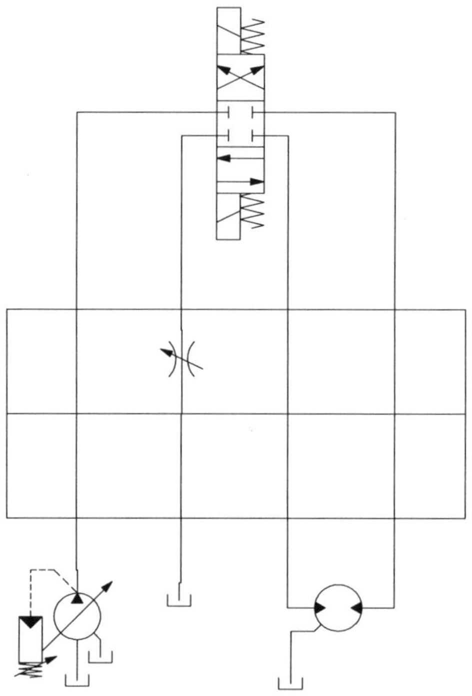

On peut donc croire que la perte de charge générée dans les composantes devra alors chuter à 1 300 – 1 000 = 300 psis. Si la perte de charge autorisée est plus faible, cela nous conduit à penser que le débit diminuera. Cela suit la règle que nous avons vue à la section 3.3, soit :

$$Q_2 = Q_1\sqrt{\frac{\Delta P_2}{\Delta P_1}} = 6\,gpm\sqrt{\frac{300\,psi}{700\,psi}} = 3{,}93\,gpm$$

Ainsi, le moteur passera de la vitesse de 80 RPM à 80 × 3,93/6 = 52 RPM, environ. Tout le schéma se comporte comme une perte de charge à travers un orifice fixe.

On peut convenir qu'il peut devenir ennuyeux d'avoir une si grande variation de vitesse lorsque la charge fluctue. C'est ici qu'entrent en jeu les contrôleurs de débit à pression compensée. Ce type de valve a pour but et fonction de tenter de conserver une vitesse d'un mouvement relativement stable même si la charge varie. Le principe est relativement simple, la valve inclut en fait deux valves, la première qui fonctionne comme une valve normale et que l'on ajuste, puis une deuxième qui observe la perte de charge à travers la première et qui compense afin de la maintenir stable. Évidemment, comme nous savons, nous obtenons une perte de charge spécifique pour un ajustement donné dans un étranglement. Si le débit augmente, la perte de charge augmentera, ainsi, le compensateur créera une restriction plus grande afin de diminuer le débit.

Figure 7.10 **Contrôleur de débit à pression compensée**

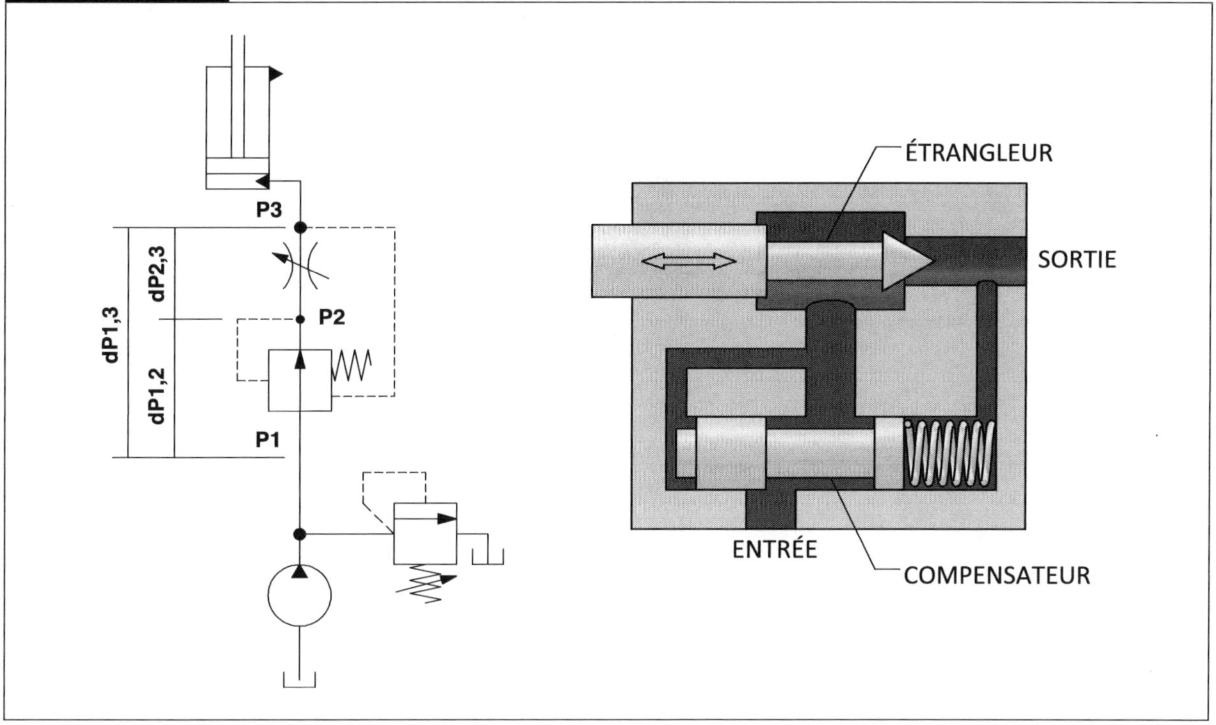

Une valve à compensation de pression crée une perte de charge supplémentaire de l'ordre de 150 à 200 psis. Une valve à pression compensée peut générer un mouvement oscillatoire dans des systèmes flexibles. Dans les faits, toutes composantes avec compensation utilisent des ressorts ou une force pour permettre une constante, et de ce fait, on peut se retrouver avec un mouvement oscillatoire dans des systèmes flexibles, et encore pire lorsque l'on doit freiner la gravité. Ceci est vrai pour les valves de toutes sortes, les pompes, etc. Le compensateur est en fait un hydrostat qui est parfois disponible comme une pièce individuelle.

7.3 Valve de décélération à came

Il existe sur le marché des valves de décélération activées par came. De conception simple, ces valves permettent de créer une courbe de vitesse à l'aide de cames mécaniques. On peut donc se retrouver avec un profil de vitesse qui varie le long d'un trajet fixe. On peut ainsi démarrer lentement pour atteindre une certaine vitesse, puis ralentir avant de retrouver une vitesse plus élevée avant d'atteindre la fin de course qui peut se faire avec douceur. C'est donc un jeu de cames mécaniques qui gère le profil de vitesse.

En théorie, ce type de valve permet une très belle fonctionnalité dans un contexte où l'on désire un profil de vitesse fixe pour un trajet donné. En pratique, cela peut devenir un peu plus complexe, car les jeux mécaniques peuvent interférer avec la vitesse de l'équipement. De plus, les valves de décélération peuvent ne pas se comporter de façon linéaire à cause du manque de subtilité de construction de l'étranglement qui peut être qu'un simple trou rond. Enfin, on peut trouver comme inconvénients un manque de flexibilité, et une élaboration qui demande un développement expérimental. Toutefois, le résultat peut être très performant sans recourir à des technologies de pointe, ce qui peut être très avantageux en fonction du type d'opérateur utilisant l'équipement, et ce pour un coût économique.

Soyons toutefois honnêtes, les valves de décélération sont beaucoup moins utilisées que par le passé.

Dans certains cas, les courses des cames sont très faibles et rendent leur utilisation difficile dans des cas où la précision mécanique des équipements est approximative.

Figure 7.11 **Valve de décélération à came Série D de Parker**

7.4 Contrôle en amont ou en aval

Lorsque l'on installe un contrôleur de débit, il est nécessaire de prévoir l'installation de l'étranglement en amont ou en aval de l'actionneur (moteur, vérin, etc.). Question simple, mais dont la réponse est plus compliquée que cela paraît. Dans le jargon populaire, le contrôle en amont se dit « meter-in », alors que le contrôle en aval se dit « meter-out ». C'est donc les expressions que nous allons utiliser dans ce manuel, bien qu'il s'agisse d'un anglicisme évident.

Il y a des règles à respecter afin de déterminer si l'on installe la valve en meter-in ou en meter-out. Des règles, mais aussi des tendances qui sont courantes, ou encore des cas d'exceptions où il faut tenir compte des autres composantes du circuit.

Lorsque l'on place dans le circuit le contrôleur de débit, il faut considérer que la perte de charge dans l'étranglement peut aller de faible à importante, et à la limite, le régulateur de débit peut être complètement fermé lors du démarrage du circuit. Il faut donc que le système soit sécuritaire dans les cas extrêmes de réglage.

Quelques règles et pratiques courantes :

- Lorsque les charges sont motrices (mouvement vertical par exemple, ou une charge roulante avec une inertie importante lors de l'arrêt), un montage en meter-out est préconisé pour éviter des risques de cavitation. Une cavitation fait en sorte de créer une pression négative dans les boyaux et ainsi une perte de contrôle du mouvement;
- Un montage meter-out est pratique courante pour les moteurs hydrauliques. Toutefois, cela fait en sorte de créer une pression maximale au niveau des joints d'étanchéité et il est souvent nécessaire d'installer une ligne de drain;
- Un montage meter-in est pratique courante pour les vérins. Cela évite de se retrouver avec des surpressions dans le vérin. Toutefois, si le vérin possède des coussins hydrauliques de fin de course, on se retrouve obligatoirement avec un contrôle de type meter-out momentanément;
- Un montage meter-out a souvent plus d'effets néfastes sur les autres composantes de contrôle dans circuit en causant une pression affectant leurs réglages. Nous verrons ces notions dans d'autres chapitres. Le meter-in est souvent plus approprié pour des circuits avec des logiques qui utilisent la restriction pour changer d'état.

On peut voir que la première règle va à l'encontre de la troisième si l'on installe un vérin pour le mouvement de descente d'une charge. Dans ce cas, la règle qui demande de s'assurer qu'il n'y ait pas de cavitation est prioritaire.

Si l'on souhaite installer un moteur sans drain et que l'on souhaite réduire les risques de bris des joints d'étanchéité, un montage de type meter-in peut être préconisé.

Il y a plusieurs raisons de favoriser un montage de type meter-in pour les vérins. Le débit entrant d'un vérin est toujours limité par la capacité de la pompe, alors que le débit sortant peut être plus important. Par exemple, si l'on alimente un vérin du côté de la tige avec un débit de 10 gpm, le débit sortant sera de fait plus important. Si nous prenons un vérin avec un rapport de surface de 2:1, le débit sortant sera alors de 20 gpm. Un contrôle de type meter-out demande des régulateurs de débit plus imposants à cause du débit plus important et de la difficulté plus importante pour le vérin de se battre contre l'étranglement. Enfin, un contrôle de type meter-in réduit les frictions internes dans un vérin au niveau du joint de piston.

Prenons le schéma de droite où le vérin est contrôlé en meter-in. La pression P_1 est la pression de la pompe moins la perte de charge dans la valve directionnelle, qui est nulle si le débit est nul. Si le contrôleur de débit est fermé, on se retrouve avec une pression nulle en P_2 et P_3. Si le contrôleur de débit est pleinement ouvert, la pression P_2 peut être aussi élevée que la pression P_1, tout au plus. On peut donc observer que la pression dans le vérin ne sera jamais plus élevée que la pression de la pompe. On remarque aussi que le débit sortant sera plus faible que le débit entrant à cause du rapport de surface du vérin.

Figure 7.12 **Contrôle en amont**

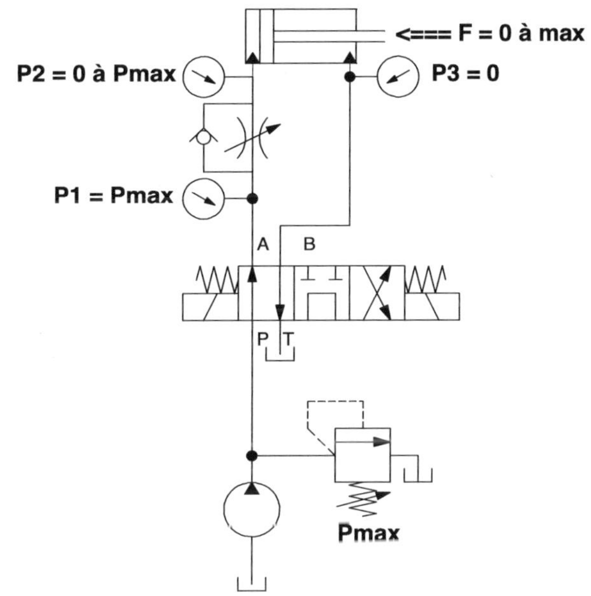

Ce cas est relativement simple à analyser. Si l'on tient compte de la force F qui s'oppose au vérin, on peut trouver la pression P_2 avec la relation suivante (en supposant une friction interne nulle dans le vérin) et où A_c est l'aire de surface du côté piston du vérin :

$$P_2(psi) = \frac{F(lbs)}{A_c(po^2)}$$

$$P_2(bar) = \frac{10\,F(N)}{A_c(mm^2)} = \frac{F(N)}{10\,A_c(cm^2)}$$

Ainsi, la perte de charge dans le contrôleur de débit est de $P_1 - P_2$.

Si la force devient motrice, soit à l'opposé de ce qui est représenté sur l'image, la situation devient alors critique. Il n'y a rien qui freine le vérin, la pression P_2 peut être aussi faible que nulle. Un vide peut se faire dans la ligne alimentant le vérin ainsi qu'à l'intérieur du vérin du côté piston. Un tel vide conduit à une perte de contrôle de vérin. La pression négative (dont le maximum est de 14,5 psi) est trop faible pour retenir le vérin. C'est pour cette raison que l'on évite de faire un contrôle de type meter-in sur un vérin ou un moteur si la charge devient motrice.

Prenons maintenant le schéma de droite où le vérin est contrôlé en meter-out. La pression P_1 est la pression de la pompe moins la perte de charge dans la valve directionnelle, qui est nulle si le débit est nul. Si le contrôleur de débit est fermé, on se retrouve avec une pression P_2qui peut devenir importante. Dans ce cas, si le vérin n'est soumis à aucune force (F=0), la pression P_2 se retrouve à être :

$$P_2 = \frac{P_1 A_c}{A_h}$$

Ainsi, si le vérin possède un rapport de surface de 2:1 (soit $A_c/A_h=2$), la pression dans le vérin pourrait devenir 2 fois la pression de la pompe. C'est le cas extrême, mais cela peut arriver.

Figure 7.13 **Contrôle en aval**

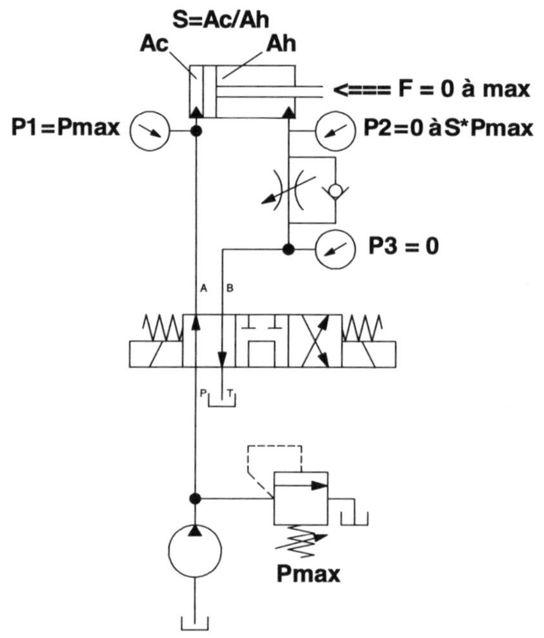

Si nous tenons compte de la force F et que celle-ci est dans le sens indiqué dans le schéma (restrictive), la pression P_2 se retrouve à être :

$$P_2(psi) = \frac{P_1(psi) - \left(F(lbs) / A_c(po^2)\right)}{A_h(po^2) / A_c(po^2)}$$

$$P_2(bar) = \frac{P_1(bar) - \left(10\,F(N) / A_c(mm^2)\right)}{A_h(mm^2) / A_c(mm^2)}$$

La perte de charge dans le contrôleur de débit est alors de $P_2 - P_3$, soit P2 si la pression P_3 est nulle. Notons aussi que la pression P2, qui représente une restriction que le vérin doit vaincre pour bouger, a un effet plus ou moins grand sur le mouvement du vérin. Dans le cas d'un vérin, il y a un déséquilibre des pressions. Prenons l'exemple où la pression de la pompe est de 1 000 psis, où nous avons un rapport de surface de 2 à 1 dans le vérin, et où nous avons besoin de pousser avec une pression de 500 psis (F/A_c) pour vaincre la force F. On se retrouve alors avec une pression P2 qui peut nous surprendre de :

$$P_2 = \frac{(P_1 - (F / A_c))A_c}{A_h} = \frac{(1000-(500))2}{1} = 1000\,psis$$

Ce résultat s'explique par le rapport de surface. Si le vérin se rétracte (en sortie), une restriction qui arrive sur la ligne de sortie du vérin a un effet réduit par le rapport de surface vu par la pompe. On peut parler de pression utile. Nous reviendrons beaucoup sur ces notions dans l'analyse des circuits avec valves directionnelles proportionnelles. Notons toutefois que lorsque le vérin se contracte (en entrant), une restriction qui arrive sur la ligne de sortie du vérin a un effet augmenté par le rapport de surface vu par la pompe.

Regardons maintenant le même schéma avec une charge entrainante. Rappelons-nous qu'en meter-in, une charge motrice conduisait à un schéma non fonctionnel. Avec la charge entrainante, une pression additionnelle se crée dans le vérin du côté de la tige. On se retrouve alors avec une pression P_2 de :

$$\boldsymbol{P_2(psi) = \frac{P_1(psi)A_c(po^2) + F(lbs)}{A_h(po^2)}}$$

$$\boldsymbol{P_2(bar) = \frac{P_1(bar)A_c(mm^2) + 10\,F(N)}{A_h(mm^2)}}$$

L'effet de ces restrictions fait en sorte que l'on observe bien souvent un mouvement de sortie d'un vérin normalement plus rapide en sortie que lorsqu'il se contracte qui s'explique par le fait que la force pour vaincre les restrictions est plus importante et que le débit de sortie est d'autant plus faible. Ceci est vrai lorsque la pompe ne devient pas l'élément qui limite de vitesse du vérin.

Au-delà de la notion meter-in et meter-out, il faut s'interroger sur la position relative des contrôleurs de débit par rapport aux autres composantes.

Dans le schéma de droite, nous avons un moteur dont la vitesse est contrôlée à l'aide de deux contrôleurs de débit, placés ici en meter-out. Nous avons une valve qui gère la vitesse d'avance alors que la deuxième gère la vitesse dans le mouvement inverse. Nous reconnaissons que le circuit utilise des éléments de type sandwich montés sur une base normalisée.

Le circuit est protégé dans des valves de décharges qui limitent la pression sur la ligne A et B. Comme nous le verrons dans le chapitre sur les valves de limitation de pression, ces valves servent essentiellement lorsque la valve directionnelle se referme et que la machine était par exemple à pleine vitesse. Lorsque la valve directionnelle ferme le circuit, le moteur se comporte alors comme une pompe et une pression se forme de type meter-out au niveau des valves de décharge. Dans ce cas, il est très important de localiser des régulateurs de débit de façon à ce que leurs ajustements n'interfèrent pas avec les valves de décharge.

Figure 7.14 **Localisation des contrôleurs de débit**

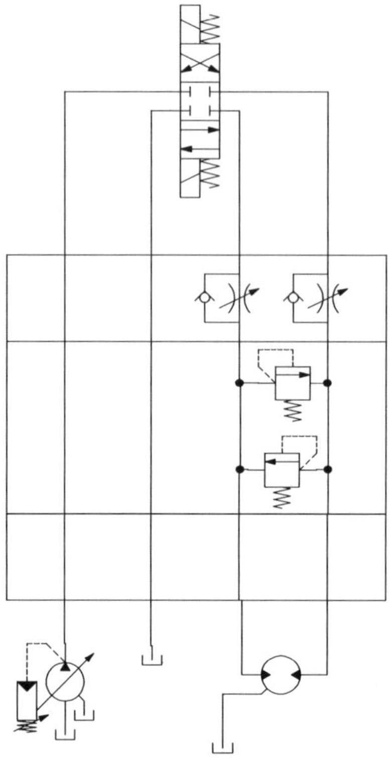

Si les contrôleurs de débit avaient été localisés entre la base de montage et les valves de décharge, le circuit souffrirait d'une conception déficiente. Et si tel avait été le cas, un montage meter-in ou meter-out aurait conduit à des performances différentes.

7.5 Exercices

Exercices niveau #1

1	Il est toujours préférable de contrôler le débit d'un vérin en meter-in.	**V F**
2	Le fait de contrôler un vérin en meter-out peut engendrer un effet de surpression à la sortie du vérin	**V F**
3	Un contrôle en meter-in d'un moteur a l'avantage de réduire le risque de fuite au niveau de l'arbre d'un moteur dans le cas où aucun drain n'est installé	**V F**
4	Les valves cartouches respectent des cavités normalisées	**V F**
5	Les valves de régulation de débit à pression compensée permettent d'obtenir une vitesse stable d'un équipement, peu importe la charge tout en n'affectant d'aucune sorte le rendement énergétique d'un système.	**V F**
6	Si une valve laissant passer un débit de 10 gpm génère une perte de charge de 200 psis, on peut prétendre que le fait de faire passer un débit de 20 gpm entrainera une perte de charge de 400 psis.	**V F**

7	Une valve à boisseau sphérique favorise un ajustement fin du débit	**V**	**F**
8	Le fait qu’une valve ait des arêtes vives où l’huile passe permet de créer une forme de compensation de débit alors que l’huile est plus ou moins visqueuse	**V**	**F**
9	Au lieu de contrôler la vitesse d’un équipement à l’aide d’un régulateur de débit, il est souvent avantageux de le faire en faisant varier la pression	**V**	**F**
10	La perte de charge à travers un régulateur de débit fait chauffer l’huile	**V**	**F**

Exercices niveau #2

Exercice #1 : Nous avons une application où la pression du circuit est d’un maximum de 1 000 psis pour un débit maximal de la pompe de 10 gpm. Un vérin doit pousser une charge qui demande 900 psis pour être déplacée. En négligeant la friction interne du vérin et la perte de pression dans les différentes composantes du circuit, outre la valve de régulation de débit, à quelle position devra-t-on ajuster la valve en meter-in pour obtenir une vitesse équivalente à 3 gpm?

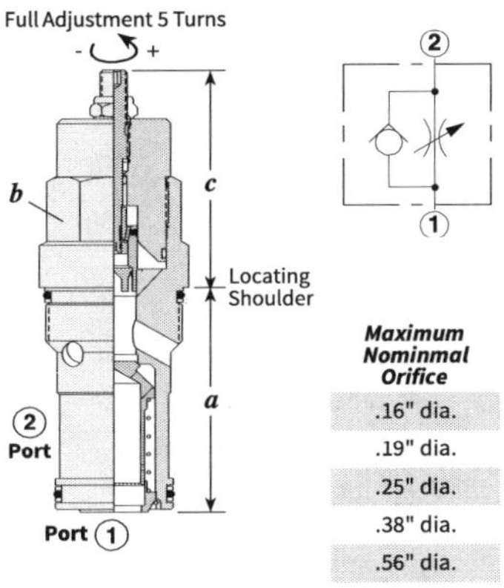

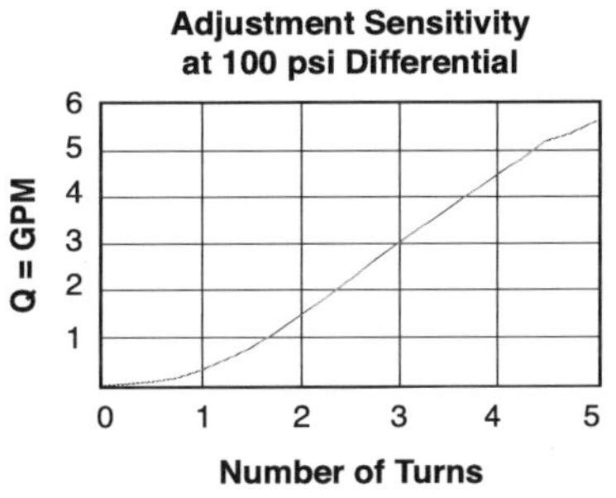

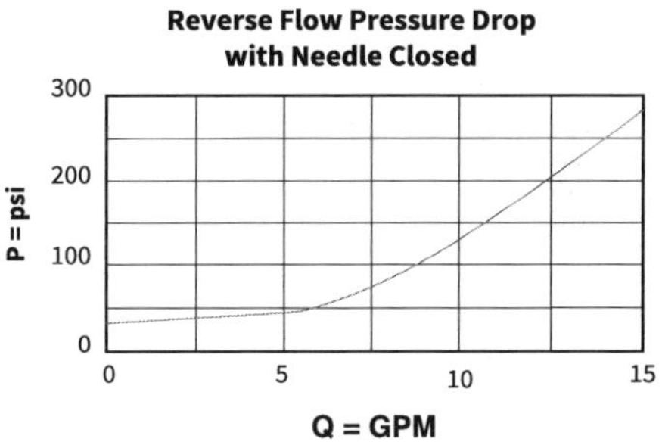

Cette fois, à quelle position devrait-on ajuster la valve si la charge à déplacer demande 800 psis, toujours pour une vitesse de 3 gpm?

Exercice #2 : Nous avons le schéma suivant dont le vérin hydraulique possède un diamètre de 3 ¼ pouces avec une tige de 2 ½. Le débit de la pompe (Q) est de 12 gpm. Les régulateurs sont considérés pleinement ouverts. La valve directionnelle est une DSG-01-3C2. Pour la valve directionnelle énergisée de façon à faire se déployer le vérin, déterminer :

Ac = 8,30; Ah = 3,39; S = 2,45

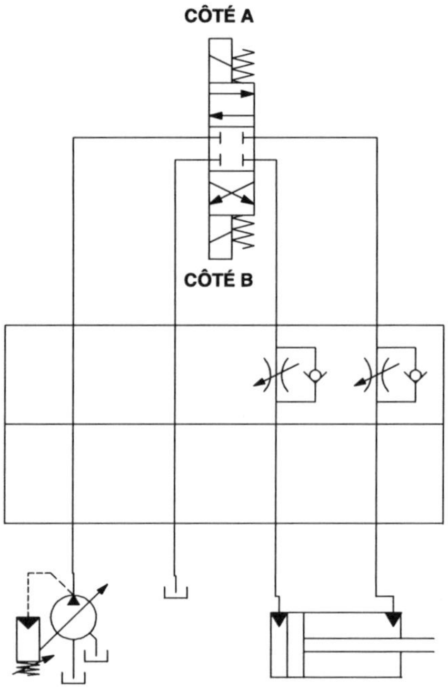

a) La vitesse de sortie du vérin :

b) Le débit de sortie du vérin :

c) La perte de pression dans la valve directionnelle de P à B en tenant compte du suivant :

d) La perte de pression dans la valve directionnelle de A à T en tenant compte du tableau suivant :

e) La perte de charge dans le régulateur de débit placé sur la ligne A en tenant compte du graphique suivant :

f) Cette pression peut être comme Minimale ou Maximale :

g) La perte de charge dans le régulateur de débit placé sur la ligne B en tenant compte du graphique suivant :

Pressure Drop

Pressure drop curves based on viscosity of 35 mm /s (164 SSU) and specific gravity of 0.850.

Standard Type: DSG-01

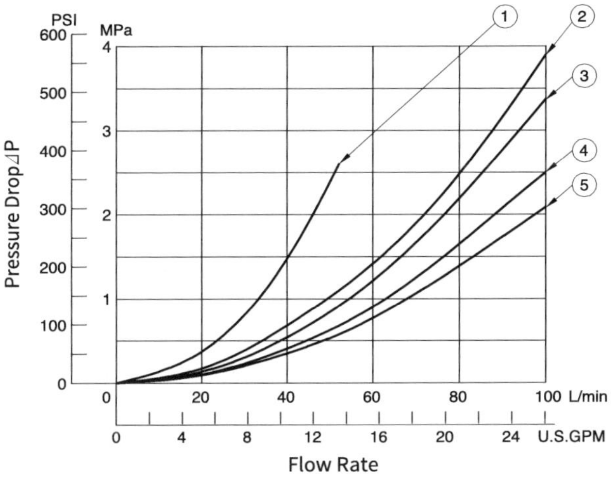

Model Numbers	Pressure Drop Curve Number				
	P→A	B→T	P→B	A→T	P→T
DSG-01-3C2	④	④	④	④	—
DSG-01-3C3	⑤	⑤	⑤	⑤	②
DSG-01-3C4	④	④	④	④	—
DSG-01-3C40	④	④	④	④	—
DSG-01-3C60	①	①	①	①	②
DSG-01-3C9	⑤	③	⑤	③	—
DSG-01-3C10	④	⑤	④	④	—
DSG-01-3C11	④	④	④	④	—
DSG-01-3C12	④	④	④	⑤	—
DSG-01-2D2	⑤	④	⑤	④	—
DSG-01-2B2	⑤	④	⑤	④	—
DSG-01-2B3	⑤	⑤	⑤	⑤	—
DSG-01-2B8	⑤	—	④	—	—

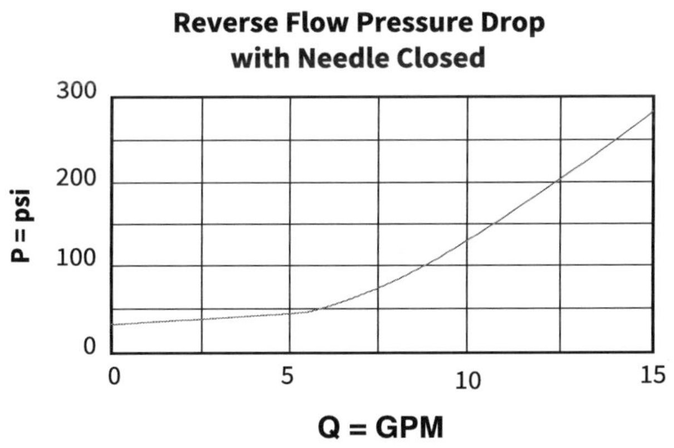

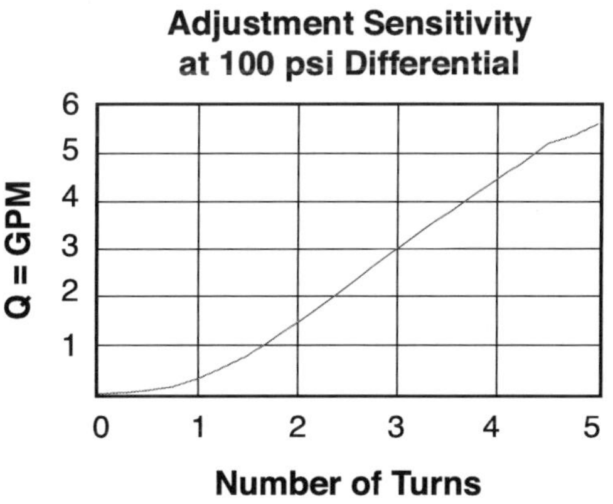

Exercice #3 **:** Nous avons le schéma suivant dont les réglages initiaux sont faits en conséquence que la vitesse du moteur est de 80 rpm, pour un débit de 6 gpm (Q), et une variation de pression à travers le moteur (dP) de 1 000 psis (système à pleine charge). La pression de la pompe est ajustée à 1 200 psis.

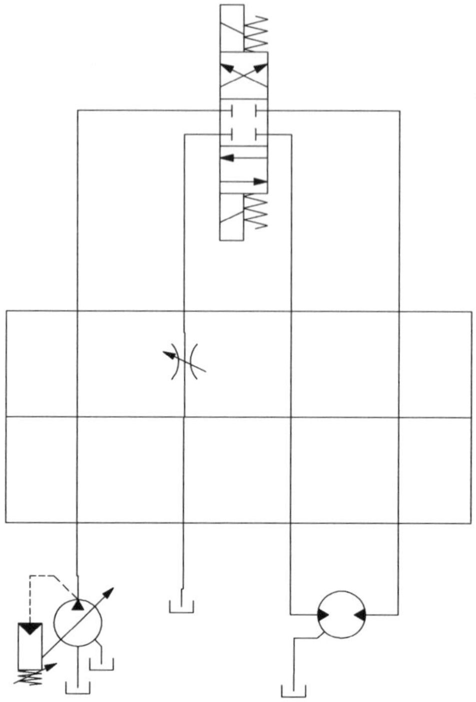

a) Si l'on considère que la charge au moteur varie et que la variation de pression au moteur devient 300 psis, quel devrait être le débit au moteur?

____

____

____

____

b) Et toujours avec les mêmes paramètres, quel devrait être la vitesse du moteur?

____

____

____

____

7.5.3 Exercice niveau #3

N/A

Réponses exercices niveau #1

1	Il est toujours préférable de contrôler le débit d'un vérin en meter-in	**F**
2	Le fait de contrôler un vérin en meter-out peut engendrer un effet de surpression à la sortie du vérin	**V**
3	Un contrôle en meter-in d'un moteur a l'avantage de réduire le risque de fuite au niveau de l'arbre d'un moteur dans le cas où aucun drain n'est installé	**V**
4	Les valves cartouches respectent des cavités normalisées	**F**
5	Les valves de régulation de débit à pression compensée permettent d'obtenir une vitesse stable d'un équipement, peu importe la charge tout en n'affectant d'aucune sorte le rendement énergétique d'un système.	**F**
6	Si une valve laissant passer un débit de 10 gpm génère une perte de charge de 200 psis, on peut prétendre que le fait de faire passer un débit de 20 gpm entrainera une perte de charge de 400 psis.	**F**
7	Une valve à boisseau sphérique favorise un ajustement fin du débit	**F**
8	Le fait qu'une valve ait des arêtes vives où l'huile passe permet de créer une forme de compensation de débit alors que l'huile est plus ou moins visqueuse	**V**
9	Au lieu de contrôler la vitesse d'un équipement à l'aide d'un régulateur de débit, il est souvent avantageux de le faire en faisant varier la pression	**F**
10	La perte de charge à travers un régulateur de débit fait chauffer l'huile	**V**

Réponses exercices niveau #2

Exercice #1 : Nous avons besoin d'une perte de charge dans le régulateur de débit de 1 000 – 900, soit 100 psis. Le diagramme de la cartouche est justement pour cette perte de charge. Ainsi, à 3 gpm, la vis est à 3 tours.

Pour la deuxième partie de la question, qui est un peu complexe, nous avons besoin cette fois d'une perte de charge de 1 000 – 800, soit 200 psis. Le diagramme de la valve est pour 100 psis. Il faut donc prendre la relation $\mathbf{Q_2 = Q_1 \times \sqrt{(dP_2/dP_1)}}$ et trouver le débit correspondant à 100 psis de perte de charge. Nous avons donc $Q_2 = Q_1 \times \sqrt{(dP2/dP_1)} = 3 \times \sqrt{(100/200)} = 2,1$ gpm. La vis est donc ajustée à environ 2,3 tours.

Exercice #2 : Ac = 8,30; Ah = 3,39; S = 2,45

a) $V = 12 \times 231/8,3 = 334$ po/min

b) $Q_{sortant} = 12/S = 4,9$ gpm

c) Q = 12 gpm … 90 psis

d) Q = 4,9 gpm … 20 psis 5 gpm reverse flow via le clapet, donc 35 psis

e) Maximale car en réalité un petit débit passera via le régulateur de débit qui est ouvert

f) 12 gpm dans le régulateur de débit, 100 psis de perte de charge avec 11,2 gpm, $dP_2 = dP_1 \times (Q_2/Q_1)^2 = 100 \times (12/11,2)^2 = 115$ psis

Exercice #3 :

a) Pertes de charge initiales dans le circuit = 1 200 – 1 000 = 200 psis

Pertes de charge actuelles = 1 200 – 300 = 900 psis

$Q_2 = Q_1 \times \sqrt{(dP_2/dP_1)} = 6 \times \sqrt{(900/200)} = 12{,}7$ gpm

b) RPM = 80 × 120,7/6= 170 rpm

Réponse exercice niveau #3

N/A

8 | Clapet antiretour

Cette composante des plus banales est extrêmement utile dans nombre d'applications. Utilisée à la sortie d'une pompe, elle la protège des coups de bélier, et isole la pompe en cas de montées de pression sur la ligne P. Il est possible d'avoir différentes valeurs de pression d'ouverture. Plus la pression est élevée et plus elle génère de la chaleur. Par contre, dans bien des cas, on a besoin de cette pression pour, par exemple, contrôler des valves pilotées (voir schéma des unités hydrauliques dans le cours pompe).

Dirige l'huile aux endroits que l'on désire.

Il y a beaucoup de sandwichs qui incorporent un clapet antiretour tout en ayant une cavité pour recevoir une autre cartouche. On retrouve aussi des clapets pilotés où la pression dans le pilote fait en sorte de laisser passer le débit à contresens du clapet. Plus rarement, on retrouve aussi des clapets pilotés où la pression dans le pilote force la fermeture du clapet. Encore ici, il faut vérifier la courbe de performance en fonction du débit et ne pas se fier uniquement au débit indiqué. Il existe un nombre impressionnant de configurations pour les versions en lignes. Il existe même des versions qui ressemblent étrangement à des raccords hydrauliques normaux. Il faut faire attention au rapport de pression de pilotage, surtout avec les vérins comme nous verrons plus loin.

8.1 Circuit typique

On retrouve certains circuits typiques qui se basent sur l'utilisation de clapet antiretour. Voyons ici-bas quelques exemples :

<table>
<tr><th>Montage Graetz</th><th>Régénératif</th><th>Bloc d'étanchéité</th></tr>
<tr>
<td>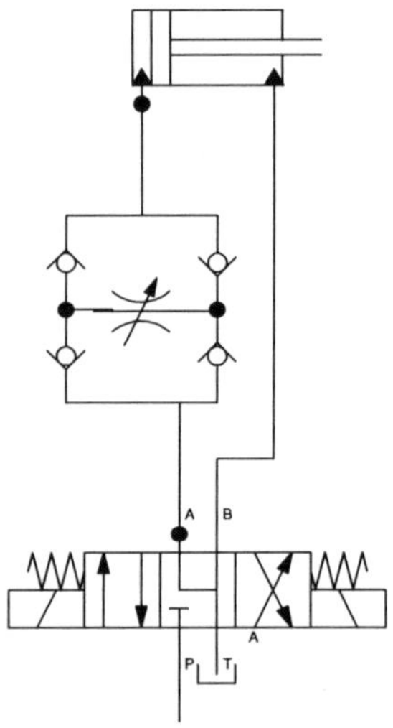
</td>
<td>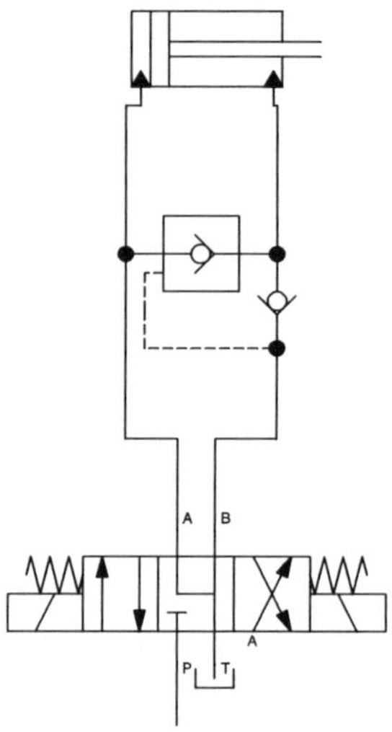
</td>
<td>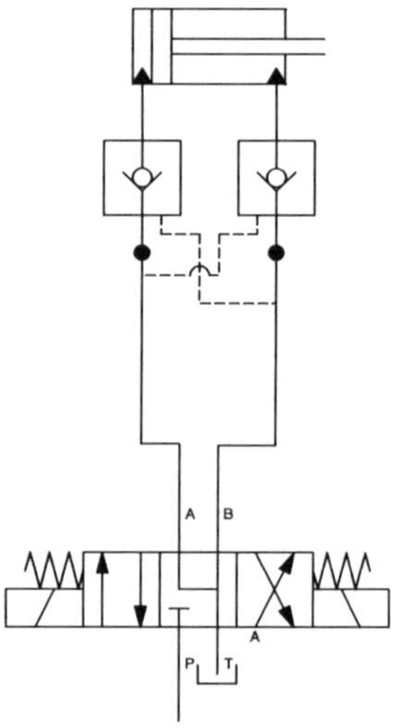
</td>
</tr>
<tr>
<td>Circuit typique où des clapets pilotés bloquent le vérin en position, même si des forces externes sont appliquées sur le vérin.</td>
<td>Application intéressante où l'utilisation seule de clapet permet de créer un circuit régénératif (où la pression appliquée aux deux côtés du vérin le fait sortir). Dans ce cas précis, un bloc de type sandwich est disponible par SUN HYDRAULICS. Il fonctionne sous certaines limites.</td>
<td>Circuit plutôt inusité et inutile, l'utilisation de clapets permet dans ce cas d'utiliser un seul contrôleur de débit. Notons toutefois que les vitesses ne seront pas les mêmes en sortie et en entrée.</td>
</tr>
</table>

8.2 Clapet antiretour standard

Un clapet antiretour standard est une composante qui permet le passage d'un débit dans un seul sens. Le clapet est plus ou moins étanche en fonction de ce qui est recherché et de la qualité de l'étanchéité. Le clapet est normalement maintenu sur son siège par l'utilisation d'un ressort.

Un clapet antiretour ne possède pas de réglage. À l'achat, il faut choisir la configuration désirée et choisir la pression minimale où la valve s'ouvre afin de laisser passer le débit. Comme élément restrictif, le fait de faire passer un débit plus important demande toujours une pression plus élevée, un peu à la manière d'un régulateur de débit. Toutefois, le comportement d'un clapet n'est pas le même qu'un orifice fixe. C'est la pression au niveau du clapet qui permet à celui-ci de se déplacer et de laisser passer le débit. Ainsi, à mesure que le débit augmente et que la restriction augmente du même coup, la force de poussée contre le ressort augmente et fait en sorte d'augmenter la taille de passage du fluide. L'orifice est donc variable.

Figure 8.1 **Différentes configurations de clapet antiretour non piloté**

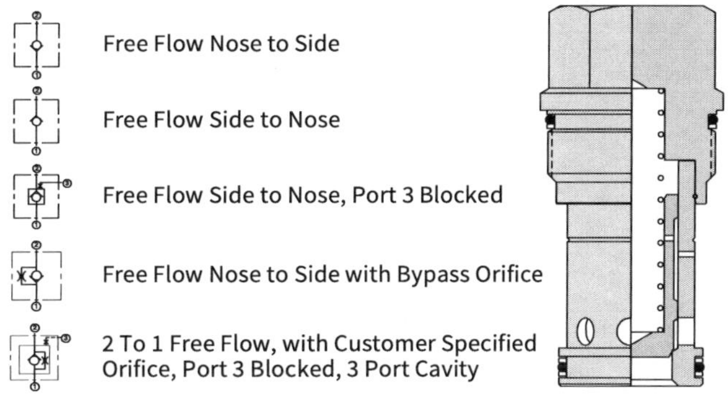

Un clapet est rarement tout à fait étanche, car l'étanchéité est normalement assurée par un contact acier sur acier avec un contact assuré par un ressort de faible force. On trouve alors des informations dans les fiches techniques qui peuvent mentionner le débit de fuite qui peut être de l'ordre d'une goutte à la minute sous une pression par exemple de 3 000 psis.

La Figure 8.2 présente la courbe de performance en termes de perte de charge d'une cartouche CXDA de SUN HYDRAULICS pour différentes options au niveau de la pression d'ouverture du clapet. Le choix de la pression d'ouverture du clapet gagne généralement à être le plus bas possible, mais certains circuits peuvent demander des pressions minimales d'ouverture plus ou moins élevées.

Figure 8.2 **Courbe de performance typique d'un clapet antiretour**

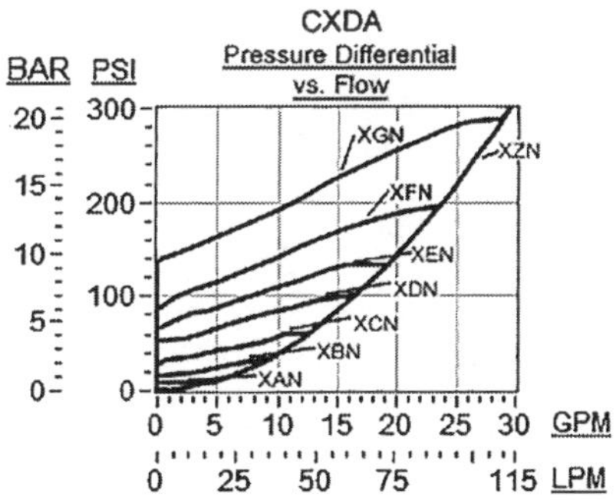

Source : CXDA de Sun Hydraulics

Une application intéressante de clapet antiretour peut être de générer une restriction dans le circuit. Une restriction présente, peu importe le débit. Un bel exemple de ce type d'utilisation est pour l'élaboration d'un circuit tel que représenté à la Figure 8.3 et présentant un circuit anticavitation.

Ce circuit nous présente un cas où l'on désire protéger un vérin contre le risque de surpression. En ce sens, une valve de limitation de pression est installée en sandwich dont l'huile s'échappant va directement au réservoir. Ce type de montage est préconisé pour les vérins à cause du fait que les surfaces de piston ne sont pas les mêmes des deux côtés du vérin.

Prenons l'exemple où une force externe pousse le vérin pour qu'il se rétracte lorsque la valve directionnelle est fermée. De l'huile sur la ligne B s'échappe vers le réservoir. On se retrouve alors avec de la cavitation sur la ligne A. Pour éviter la cavitation, il suffit d'installer un clapet entre la ligne A et la ligne T. Toutefois, la cavitation est toujours présente, car ce dernier clapet a une pression minimale d'ouverture. En installant un autre clapet causant une restriction sur la ligne T, on s'assure qu'il n'y ait pas de cavitation sur la ligne A.

Figure 8.3 **Circuit anticavitation**

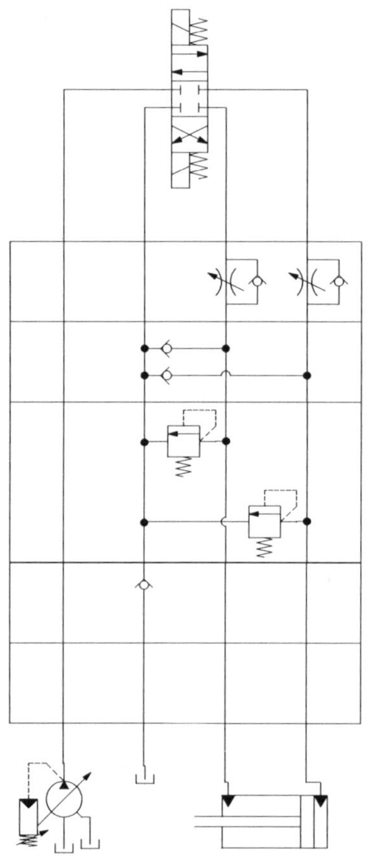

Toutefois, cela fonctionne pleinement seulement lorsque la tige du vérin entre, car le débit sortant est plus élevé que le débit retournant vers la ligne A. Ce principe ne fonctionne pas pour une protection lorsque le vérin reçoit une force externe de traction.

On retrouve donc des sandwichs qui sont déjà prévus pour ce type de circuit comme le montre l'image du bas pour un sandwich RPEC-L * N-FB2.

L'application est suffisamment courante pour qu'une solution standard soit disponible.

Figure 8.4 **Sandwich RPEC-L * N-FB2**

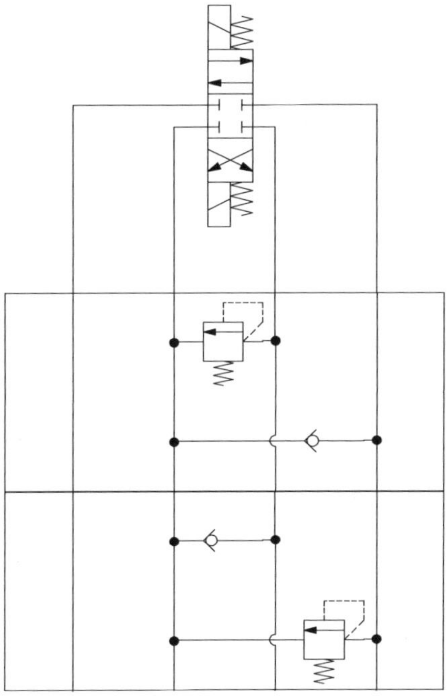

8.3 Clapet antiretour piloté

Un clapet antiretour piloté possède la même fonctionnalité qu'un clapet antiretour normal avec la possibilité de forcer le passage du débit dans le sens normalement non permis. Basé sur la Figure 8.5, le débit est libre de passer du port 2 vers le port 1 de la valve. Normalement, il n'y a pas de débit possible entre le port 1 vers 2. Toutefois, le fait de pressuriser le port 3 fait en sorte d'ouvrir le clapet et de permettre le passage du débit de 1 vers 2. Plusieurs options sont disponibles pour ce type de cartouche. On retrouve parfois l'option de pouvoir ouvrir le clapet via une vis qui pousse directement sur le clapet, pour une ouverture manuelle du circuit, qui doit être fait avec précaution dans tous les cas.

Figure 8.5 **Valve antiretour pilotée de SUN HYDRAULICS**

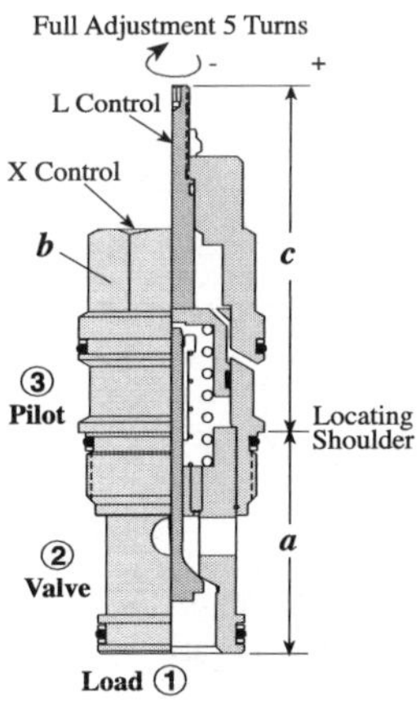

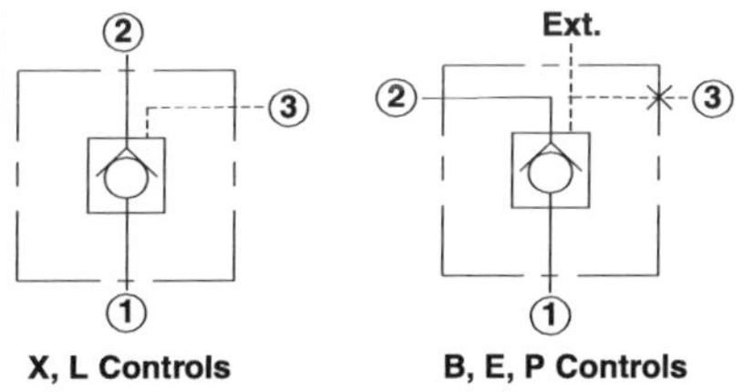

Capacity	*Typical Cartridge Model Code*	*Cavity*
7.5 GPM	**CKBB – XCN**	T - 163A
15 GPM	**CKCB – XCN**	T - 11A
30 GPM	**CKEB – XCN**	T - 2A
60 GPM	**CKGB – XCN**	T - 17A
120 GPM	**CKIB – XCN**	T - 19A

Une des particularités des clapets pilotés est qu'il existe un rapport de pilotage. Ce rapport de pilotage permet l'ouverture du clapet même si nous avons une pression en 1 (voir Figure 8.5). En effet, la pression en 1 s'applique sur une surface. Ce qui crée une force que la pression en 3 doit vaincre. Un clapet avec un rapport de pilotage de 3 fait en sorte que si la pression en 1 est de 2 000 psis, la pression de pilotage pour ouvrir le clapet doit être de 1 000/3 = 333 psis. Il est important de retrouver ce rapport de pilotage dans les spécifications techniques, car pour certains circuits, le rapport de pilotage devient extrêmement critique. Dans le cas du clapet CKCB, le rapport de pilotage est par exemple de 3 à 1. Ce n'est pas une option. Il existe par contre des valves où le rapport de pilotage est une option et où il faut le choisir. Les composantes plus imposantes qui s'installent sur base ou en ligne possèdent généralement plus d'options de rapport de pilotage.

Prenons le circuit de droite où le clapet piloté est utilisé pour retenir la charge et ainsi empêcher le vérin de descendre même si la valve directionnelle fuit (ce qui est toujours le cas). Prenons le cas où le vérin a un diamètre de 6 pouces (Ac = 28,27 po^2) utilisant une tige de 5 pouces (Ah = 8,64 po^2), pour un rapport de surface de 3,27. La pression de la pompe est 2 000 psis. Considérons qu'il n'y a pas de charge sur la tige qui la tire vers en bas (le cas le moins sévère dans ce cas-ci).

Lorsque la valve directionnelle est énergisée de façon à faire descendre le vérin, on se retrouve alors avec une pression à l'entrée du vérin de 2 000 psis (pression au port 3 du clapet) et une pression à la sortie du vérin de 2 000 × 3,27 soit 6 545 psis (pression au port 1 du clapet). Ce sont les pressions que l'on retrouvera si le clapet ne s'ouvre pas. Dans ce cas précis, si le rapport de pilotage est plus faible que 6 545/2 000, soit 3,27, le clapet ne s'ouvrira pas.

Figure 8.6 **Circuit avec clapet piloté**

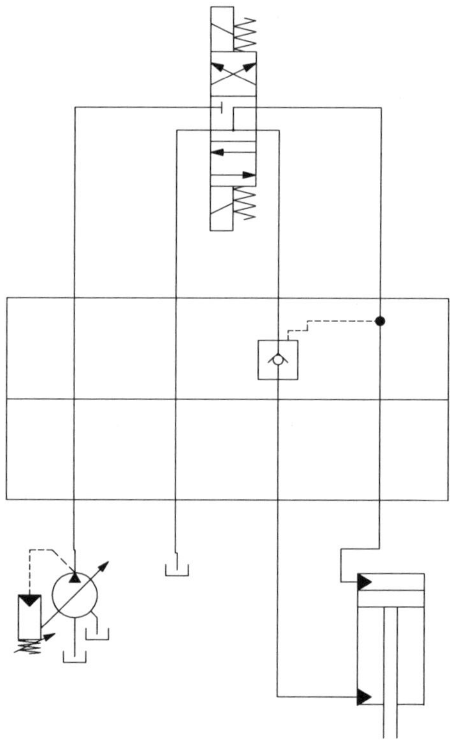

Si le clapet ne s'ouvre pas, on se retrouve réellement avec une pression de 6 545 psis, ce qui est une pression importante où il y a des risques que le vérin ne soit pas prévu pour y résister. Le phénomène est encore pire si une charge tire sur la tige vers le bas. C'est un risque d'autant plus important dans les cas où les vérins ont un diamètre de tige important par rapport au diamètre du vérin.

L'inconvénient d'utiliser un rapport de pilotage trop important est que le clapet risque de s'ouvrir trop rapidement, créant une chute de pression, faisant en sorte que le clapet se referme avant de s'ouvrir de nouveau et ainsi de suite. Un mouvement saccadé peut en résulter.

On remarque que la valve directionnelle du circuit de la Figure 8.6 est à centre ouvert A-B-T, ce qui est nécessaire.

Le rapport de pilotage minimal pour le vérin retenant une charge (W) en traction (comme présenté à la Figure 8.6) est donné par la formule suivante :

$$\textit{Rapport de pilotage}(RP)\,\textit{min., vérin en traction} = \frac{\left(P_p(psi)S + W(lbs)/A_h\left(po^2\right)\right)}{P_p(psi)}$$

$$= \frac{\left(P_p(bar)S + 10\,W(N)/A_h\left(mm^2\right)\right)}{P_p(bar)}$$

Le rapport de pilotage minimal pour le vérin retenant une charge (W) en compression est donné par la formule suivante :

$$\textit{Rapport de pilotage}(RP)\,\textit{min., vérin en compression} = \frac{\left(P_p(psi)/S + W(lbs)/A_c\left(po^2\right)\right)}{P_p(psi)}$$

$$= \frac{\left(P_p(bar)/S + 10W(N)/A_c\left(mm^2\right)\right)}{P_p(bar)}$$

Où : Pp : Pression d'ajustement de la pompe

S : Rapport de surface du vérin

W : Charge retenue par le vérin

Ac : Aire du piston du vérin côté cap

Ah: Aire du piston du vérin côté tête

8.4 Valve de sélection de circuits

appelé « shuttle valve » en anglais, on retrouve ce type de valve dans des applications où le circuit doit choisir automatiquement la direction du débit en fonction du chemin le plus facile.

Un des circuits simples qui décrit une application typique est le contrôle d'ouverture d'un frein sur un moteur. Dans le circuit de droite, nous retrouvons une valve de sélection de circuits. Lorsque la valve directionnelle est énergisée de façon à alimenter la ligne A, la pression augmente à l'entrée des moteurs alors que le frein est encore engagé. Un faible débit se rend à la valve de sélection, pour enfin se rendre au frein pour l'ouvrir et laisser libre le mouvement de l'équipement.

Le fait d'énergiser la valve directionnelle dans le sens opposé entraîne la même réaction au frein. On se retrouve donc à obtenir un contrôle bidirectionnel du frein sans avoir à recourir à des contrôles électriques ou à de la programmation.

On remarque que la valve directionnelle du circuit de la Figure 8.7 est à centre ouvert A-B-T, ce qui est nécessaire.

Figure 8.7 **Contrôle d'un frein**

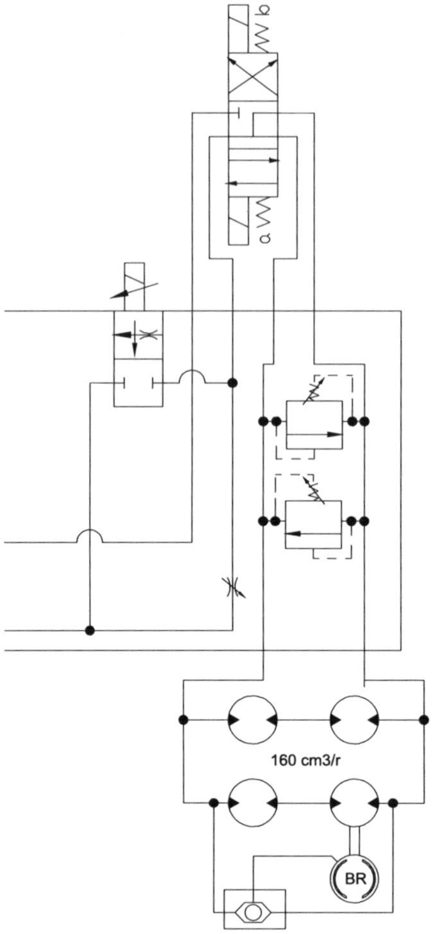

Figure 8.8 **Différentes configurations de valve de sélection de circuits**

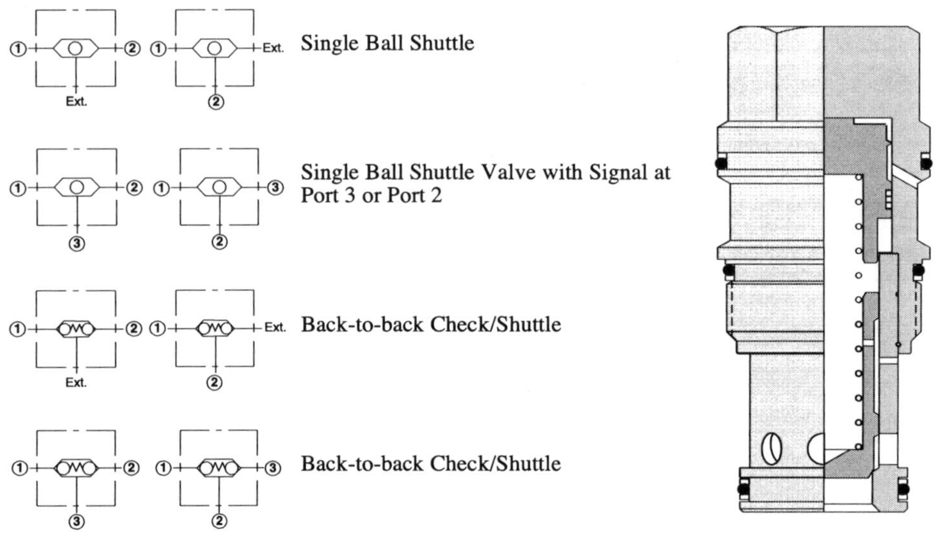

La Figure 8.8 nous présente différentes configurations de valve de sélection de circuits. On remarque qu'il y a deux types distincts, soit le premier où il y a un seul clapet qui se déplace et vient fermer un des deux ports opposés. Le deuxième type utilise deux clapets. La grande différence est le fait que le premier possède une seule entrée et deux sorties, alors que le deuxième présente deux entrées et une sortie.

8.5 Exercices

Exercices niveau #1

1	Un anti-retour (check valve) peut être utilisé :	
	• pour chevaucher (bypass) d'autres composantes	**V F**
	• pour permettre le débit du liquide dans une direction seulement	**V F**

Exercice #1 : Dans le circuit suivant, le vérin à un diamètre de 3 ¼ et une tige de 2 ½. Le but est de déterminer le rapport de pilotage minimal nécessaire pour que le vérin puisse descendre (calculs à l'appui). Les paramètres sont les suivants :

- Pression du système à 1 000 psis.
- Charge suspendue au vérin : 2 000 livres
  a) Surface du vérin côté « cap » : ______
  b) Surface du vérin côté « tête »: ______
  c) Pression côté « tête » causée par la charge suspendue : ______
  d) Pression côté « tête » causée par la pression du système en descente : ______
  e) Pression totale côté « tête » : ______
  f) Rapport de pilotage nécessaire : ______

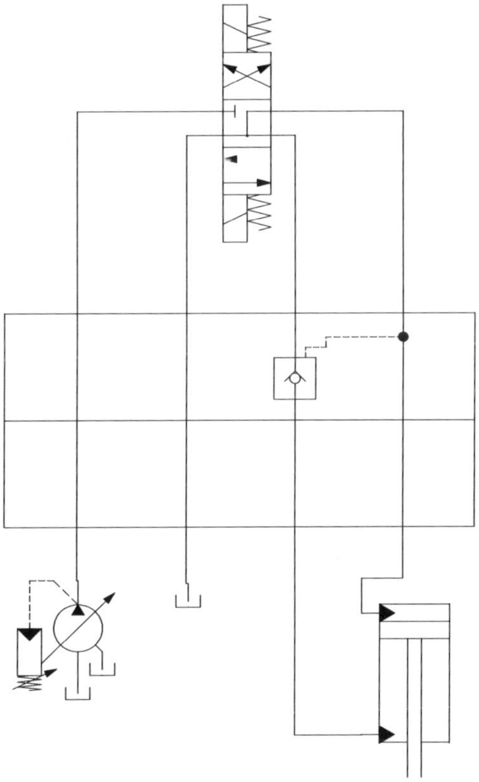

Exercice niveau #2

N/A

Exercice niveau #3

N/A

Réponses exercices niveau #1

1	Un antiretour (check valve) peut être utilisé :	
	• pour chevaucher (bypass) d'autres composantes	**V**
	• pour permettre le débit du liquide dans une direction seulement.	**V**

Exercice #1 : a) 8,30 po^2; b) 3,39 po^2; c) 2 000/3,39 = 590 psis; d) S = 2.45, P = 1 000 × 2,45 = 2 450 psis; e) 2 450 + 590 = 3 040 psis; f) RP = 3 039/1 000 = 3,04 min, donc 3,5 min

Réponse exercice niveau #2

N/A

Réponse exercice niveau #3

N/A

9 | Valves de contrôle de pression

Les valves de contrôle de pression sont une grande famille et sont utilisées pour de multiples tâches de sécurités et de contrôles. Les deux types les plus communs sont les valves de limitation de pression ainsi que les valves de réduction de pression.

Il y a plusieurs autres types de valves qui contrôlent la pression, comme les valves conjoncteur qui sont utilisées dans des circuits logiques, mais cette matière n'est pas traitée dans ce manuel. On retrouve aussi les valves de contrebalance, mais ce type de valve sera traité indépendamment dans un chapitre dédié, soit le chapitre 11.

Il y a deux grandes tendances au niveau de l'élaboration des circuits hydrauliques, qui sont déterminés par le type de pompe qui est utilisé. Les circuits utilisant une pompe à débit fixe auront bien souvent plusieurs valves de limitation de pression qui deviennent alors une partie importante du circuit. On retrouve encore beaucoup de ce type de circuit pour les équipements mobiles. Les circuits peuvent être dotés de valves de séquence qui sont essentiellement des valves de limitation de pression et dont on utilise l'huile qui s'en échappe pour alimenter d'autres mouvements. La valve principale de limitation de pression aura la tâche difficile de maintenir la pression et de laisser passer souvent un débit important à travers elle. Les valves de limitation secondaires ont la tâche de maintenir une pression plus basse dans des sections de circuits. Le débit de la pompe étant plus important que ce qui est parfois requis dans un mouvement, on gagne à avoir une pression la plus faible possible dans le circuit afin de limiter la génération de chaleur et la consommation d'énergie.

L'autre tendance au niveau des circuits est celle qui utilise une ou des pompes à pression compensée. Ce type de circuit est totalement différent et représente l'essentiel des applications fixes en industrie. Ce type de circuit demande de ne pas gaspiller de débit inutilement, et ici, tout est fait pour maintenir une pression constante dans la ligne de distribution principale. Dans ce type de circuit, le nombre de valves de limitation de pression se limite essentiellement à la valve principale qui se doit de réagir rapidement, mais où le débit qui y passe sera marginal. On retrouve plusieurs valves de limitation de pression, mais essentiellement pour des tâches de contrôle avec saignage que l'on verra au chapitre10. Généralement absentes des circuits avec pompe à débit fixe, nous retrouvons ici bien souvent des valves de réduction de pression qui sont un élément important, mais qui deviennent toujours une source de chaleur. Toutefois, la génération de chaleur pose moins de problèmes sur un équipement fixe où il est facile d'installer des systèmes de refroidissement de l'huile.

Comme nous le verrons dans ce chapitre, il y a aussi des valves qui combinent différents types de valves.

9.1 Valves de limitation de pression

Dans les circuits hydrauliques industriels pour les équipements fixes, l'utilisation des valves de limitation de pression (parfois appelées valves de sécurité, valves de décharge ou encore « relief valve ») n'est pas généralisée, mais constitue une composante avec des tâches spécifiques :

- Protection de la pression maximale d'un système hydraulique;
- Protection de limite de pression dans des sous-parties en cas de surcharge externe, donc généralement entre les lignes A et B. Protection de moteur et vérin;
- Gestion de pression dans des circuits utilisant du saignage.

Le circuit de base présenté à la Figure 9.1 nous montre la valve de limitation de pression. On retrouve du côté de la pompe les lignes pressurisées alors que du côté du ressort nous avons le fluide à la pression atmosphérique. La valve de limitation bloque le passage du débit en exerçant une force sur un clapet à l'aide d'un ressort. On retrouve bien souvent une vis permettant l'ajustement du tarage du ressort. Tant et aussi longtemps que la pression est insuffisante pour pousser le clapet, la pression dans le circuit sera celle qui sera créée en fonction de la restriction qui s'oppose à la pompe. Ainsi, lorsque le vérin est en position basse, alors que nous supposons par exemple que la charge G demande une pression de 500 psis pour être soulevée, la pompe fera en sorte de bâtir la pression en fonction de la résistance. En pratique, on observera une perte de charge dans les canalisations hydrauliques. Si nous supposons une perte de charge de 50 psis entre la pompe et le vérin lorsque le débit est maximal, pendant la montée du vérin, nous aurons à la pompe une pression de 550 psis. Pendant la montée du vérin, la pompe fournit un débit uniquement au vérin. Lorsque le vérin arrive en fin de course, ce dernier offrira une résistance importante et la pression montera sur la ligne jusqu'à ce que la valve de limitation de pression entre en jeu. Si l'ajustement de la valve de limitation de pression est de 800 psis, la pression sera alors de 800 psis dans le circuit lorsque le vérin est en fin de course.

Figure 9.1 **Circuit protégé à l'aide d'une valve de limitation de pression**

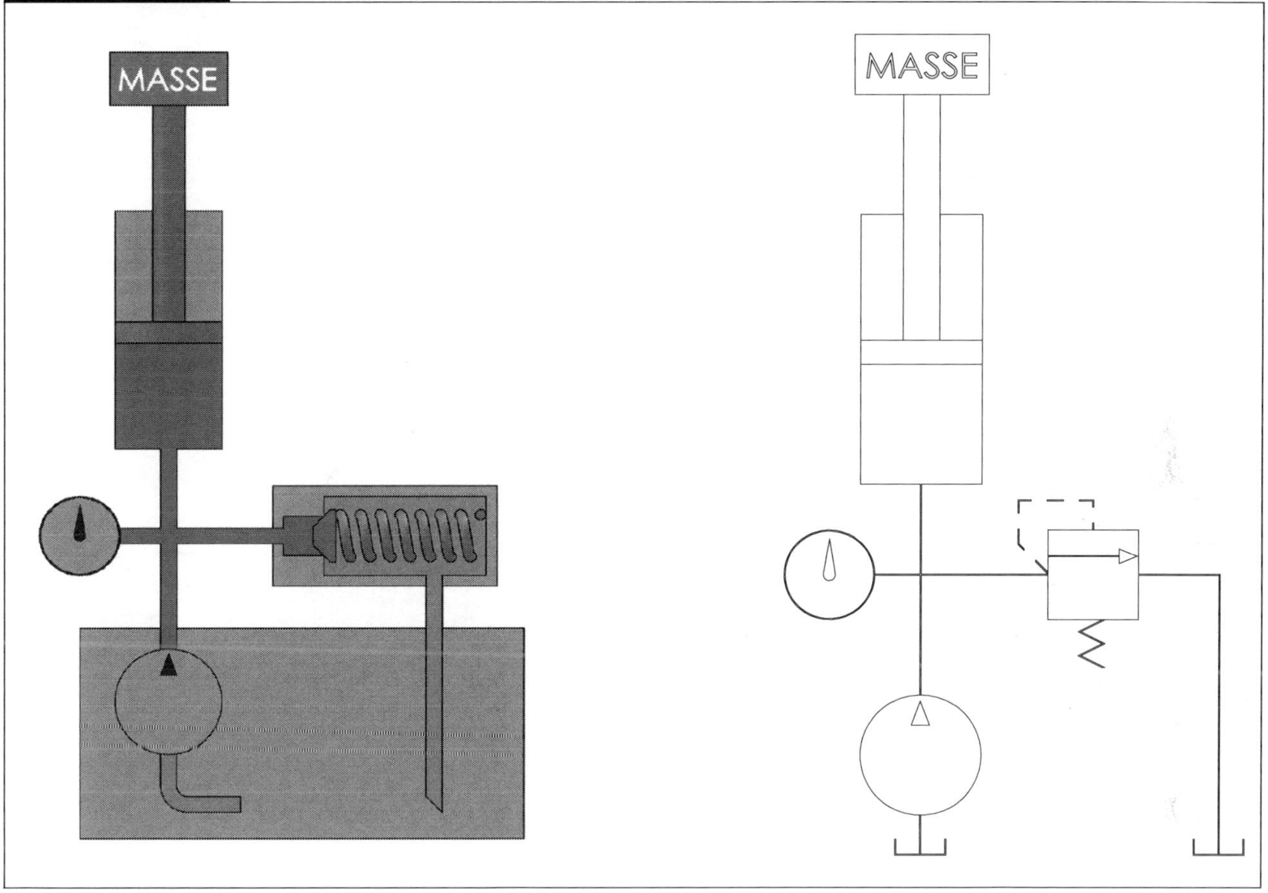

Si pour une raison ou une autre, la charge G augmente et fait en sorte que la pression dans le circuit devrait être plus élevée que celle de l'ajustement de la valve de limitation de pression, le vérin agira comme une pompe et son débit ira au réservoir. Dans ce cas précis, le débit passant dans la valve sera le débit de la pompe plus celui du vérin.

Que serait-il arrivé si l'ajustement de la valve avait été de 525 psis lors de la montée du vérin? Il y aurait eu un équilibre de créé. Afin de limiter la perte de charge à 25 psis dans les canalisations, le débit diminuerait selon la règle $Q_2=Q_1 \times \sqrt{}(dP_2/dP_1)$. La vitesse du vérin s'en trouverait réduite et le débit en trop passerait par la valve de limitation de pression.

Notons que la puissance perdue dans la valve de limitation de pression est importante et correspond à Q × P/1 714. L'huile qui sort d'une valve de décharge est toujours plus chaude qu'à son entrée.

La Figure 9.2 nous montre un grand choix de valves de limitation de pression, ce qui donne une idée de l'importance et des subtilités possibles de cette composante.

Figure 9.2 **Différentes configurations de valve de limitation de pression**

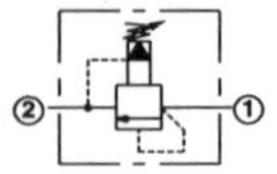	Pilot Operated, Balanced Piston	6
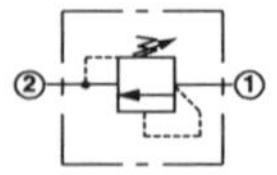	Direct Acting	7
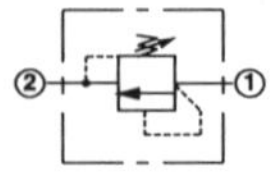	Direct Acting, Pilot Stage	8
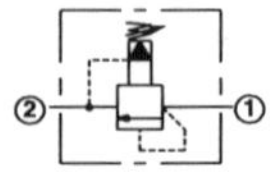	Pilot Operated, Balanced Poppet	9
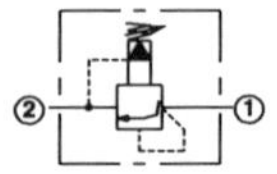	Pilot Operated, Balanced Poppet, Soft Start	10
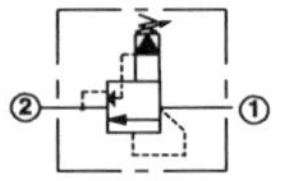	Pilot Operated, Kick-down	11
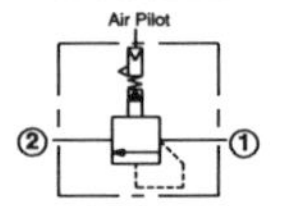	Pilot Operated, Balanced Piston, Air Controlled	12
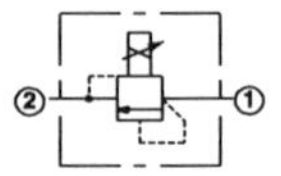	Electro-proportional Pilot	13
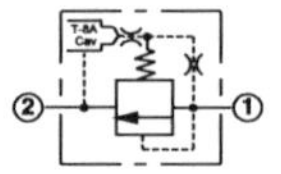	Balanced Piston, Modulating Element with Integral Pilot Control Cavity	14
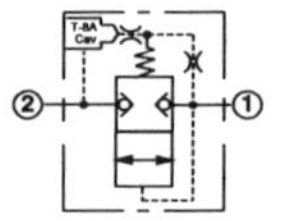	Balanced Poppet, Modulating Element with Integral Pilot Control Cavity	15
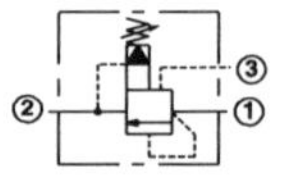	Ventable, Pilot Operated, Balanced Piston	16
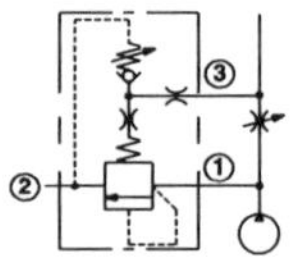	Modulating Element with Relief Function	17
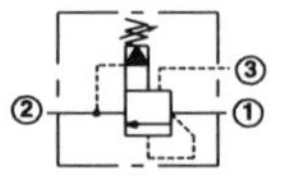	Ventable, Pilot Operated, Balanced Poppet	18
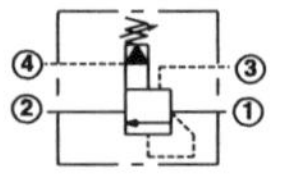	Ventable, Pilot Operated, Balanced Piston with External Drain	19
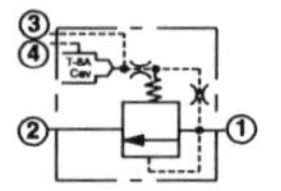	Ventable, Balanced Piston, Modulating Element with External Drain and Integral Pilot Control Element	20

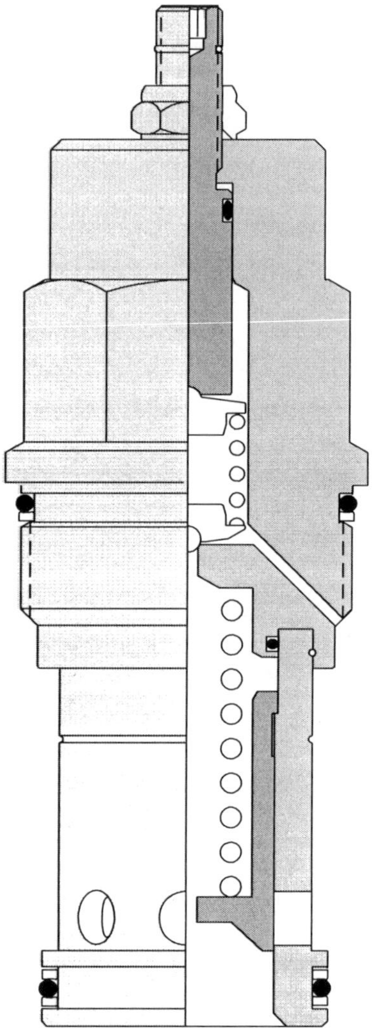

Source : SUN

9.1.1 Valve de limitation de pression à action directe

La pression P (représentée en rouge sur l'image droite) exerce une force sur le clapet en fonction de la surface A. Le ressort doit vaincre cette force pour assurer l'étanchéité du clapet sur son siège. Lorsque la pression devient plus importante que la force du ressort, le clapet se déplace pour laisser passer le débit. Ce déplacement s'accompagne d'une force qui augmente au niveau du ressort. On peut aussi déjà constater que si une pression avait été présente à la sortie de la valve, cette pression se serait additionnée à la force du ressort.

La représentation schématique d'une valve de limitation à action directe est donnée à droite. Le symbole est très clair en indiquant que le passage de l'huile n'est pas direct, qu'un ressort pousse le clapet, et enfin que la pression à l'entrée de la valve s'oppose à la force du ressort.

Figure 9.3 **Symbole**

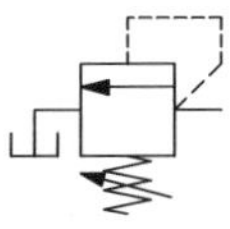

Nous retrouvons deux types de constructions pour les valves à action directe. La première est celle que nous avons déjà vue et qui consiste en un clapet qui s'appuie sur un siège. La conception par clapet permet un temps de réaction rapide et une étanchéité optimale. Toutefois, lorsque le débit augmente, il manque de précision. On retrouve souvent ce type de construction pour les systèmes de contrôle avec saignage, pour de très faibles débits et où l'étanchéité est de première importance.

La construction à tiroir améliore le réglage et permet une meilleure régulation de pression. Le tiroir peut avoir des rainures de progressivité. La construction à tiroir est celle que l'on retrouve dans les circuits où l'on souhaite une action rapide la valve, mais où l'on autorise une certaine marge de montée de pression en fonction du débit passant dans la valve. C'est donc une valve tout à fait indiquée pour la protection d'un circuit utilisant une pompe à pression compensée.

Figure 9.4 **Valve de limitation de pression à action directe**

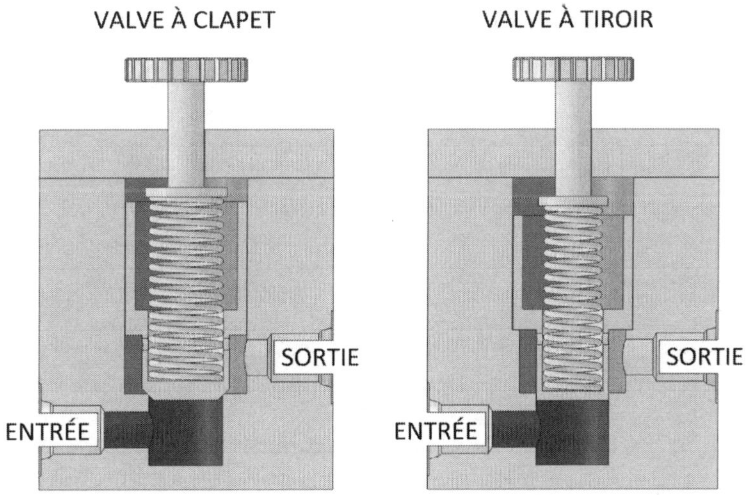

Les images suivantes sont tirées de SUN HYDRAULICS et nous montrent quelques caractéristiques de valves réelles.

La Figure 9.5 présente une valve à action directe dont la construction est à clapet, comme on peut voir dans la vue de coupe de la valve. SUN indique que la valve est « pilot stage ». Cela signifie que la valve est faite pour un faible débit que l'on retrouve dans les circuits typiques de pilotage et de saignage. La façon d'interpréter le diagramme de perte de charge est de voir à gauche le réglage initial de la pression d'ouverture de la valve et de voir ensuite l'évolution de la pression à mesure que le débit augmente. Dans ce cas précis, si la valve RBCA est ajustée à 2 000 psis au départ, on remarque alors qu'un débit de 50 po³/min fera en sorte que la pression à l'entrée de la valve sera de 2 500 psis. On peut donc tirer comme conclusion que la perte de charge pour ce débit à travers la valve est de 2 500 – 2 000 soit 500 psis. Cela représente une perte de charge relativement importante pour un faible débit. Toutefois, l'étanchéité était très bonne avec une fuite maximale de cinq gouttes à la minute. On remarque que le symbole est légèrement différent de celui de la Figure 9.3, alors que l'on peut voir vers où va le drainage de la valve, soit vers la sortie en 2.

Figure 9.5 **Valve à action directe de construction de type clapet**

DIRECT ACTING, PILOT STAGE

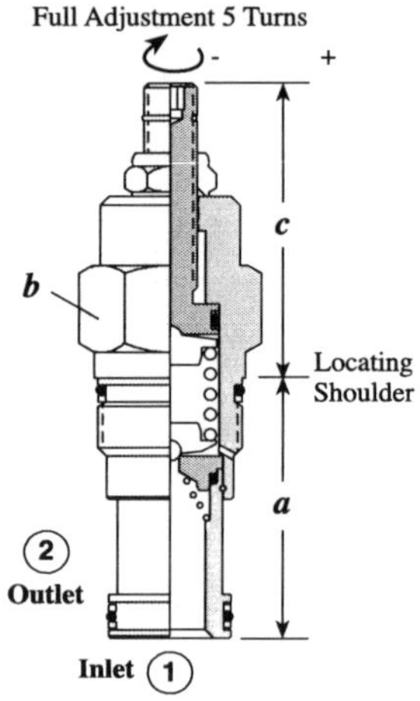

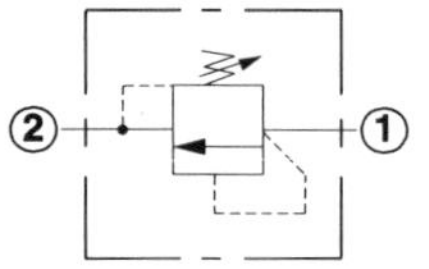

Capacity	*Typical Cartridge Model Code*	*Cavity*	*a*	*b*	*c* L	*c* C	*c* K	*Installation Torque (lb. ft.)*
					Cartridge Dimensions			
60 in.³/min.	**RBAC – LAN**	T - 10A	1.56	7/8"	2.00	2.06	2.25	30/35
120 in.³/min.	**RBAA – LAN**	T - 3A	1.88	1 1/8"	2.12	2.18	2.38	45/50

Performance Curves

RBAC **RBAA**

Typical Pressure Rise

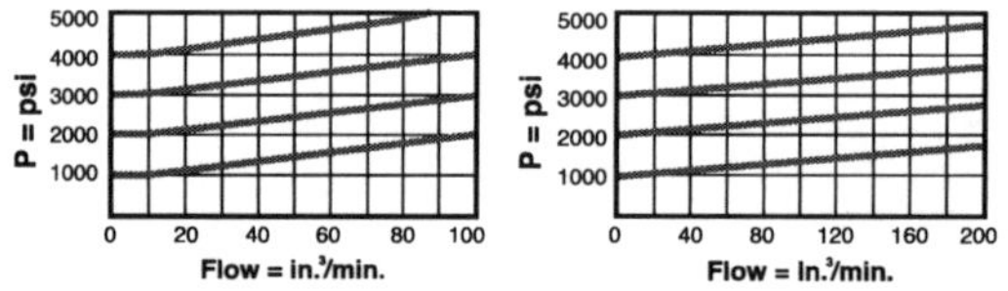

La Figure 9.6 présente une valve à action directe dont la construction est à tiroir, comme on peut voir dans la vue de coupe de la valve. La vue de coupe peut être trompeuse, on peut voir une forme de clapet qui pousse sur un tiroir. Ce qui semble être le clapet n'en est pas un, mais représente une base d'appui qui pousse contre le tiroir, qui lui représente le clapet. La base d'appui ressemble beaucoup au clapet de la Figure 9.5. On peut voir les trous qui nous permettent de mieux comprendre le fonctionnement. Si l'on compare la valve RBAC et la valve RDDA, on remarque qu'elles ont la même cavité, soit une T-10A. Pourtant, les caractéristiques de débit sont très différentes. Dans ce cas, avec un débit de 10 gpm, nous avons une perte de charge de l'ordre de 200 psis. Si l'on désire une perte de charge plus faible, il faut alors se tourner vers les valves de limitation de pression pilotées.

Figure 9.6 **Valve à action directe de construction de type tiroir**

DIRECT ACTING

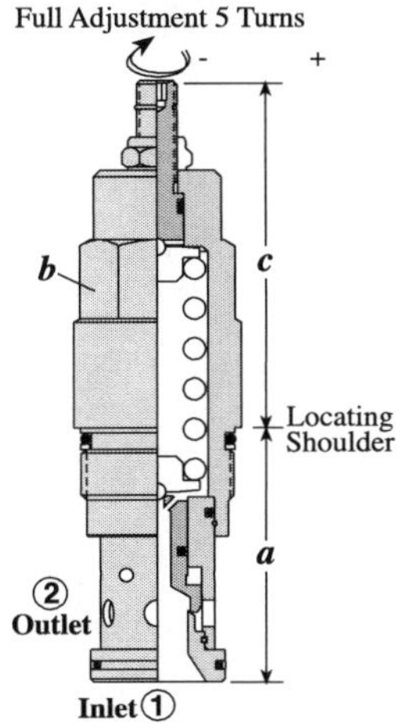

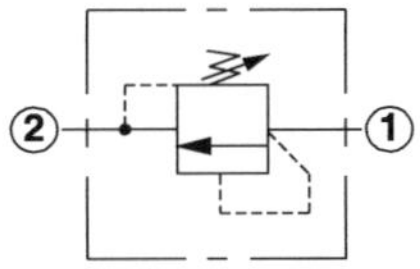

Capacity	Typical Cartridge Model Code	Cavity	Cartridge Dimensions a	b	c L	C	Installation Torque (lb. ft.)
12 GPM	**RDBA – LAN**	T - 162A	1.22	3/4"	2.11	2.17	25/30
25 GPM	**RDDA – LAN**	T - 10A	1.56	7/8"	2.38	2.44	30/35
50 GPM	**RDFA – LAN**	T - 3A	1.88	1 1/8"	2.50	2.56	45/50
100 GPM	**RDHA – LAN**	T - 16A	2.44	1 1/4"	3.25	3.31	150/160
200 GPM	**RDJA – LAN**	T - 18A	3.13	1 5/8"	3.94	4.07	350/375

Performance Curves

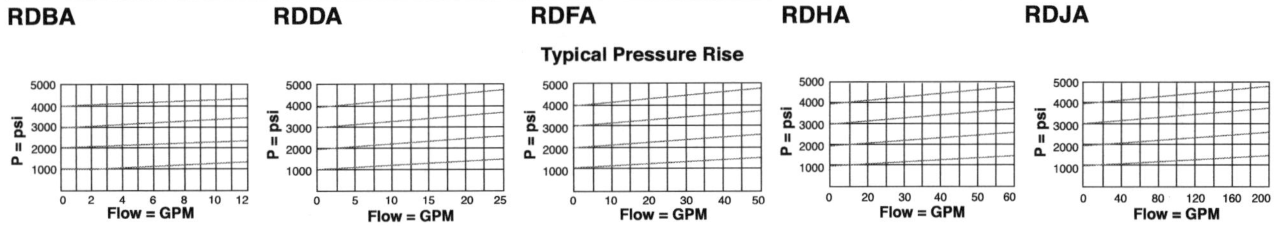

9.1.2 Valves de limitation de pression pilotées

Les valves de limitation de pression pilotées (voir Figure 9.7) permettent de maintenir une pression plus stable en modifiant son ouverture de façon optimale sans être condamné à forcer comme un ressort dont la constante de rigidité est importante. Ce type de construction est intéressant et utilise un piston balancé hydrauliquement qui bloque le passage de l'huile avec un ressort très mou. Ces valves sont composées de deux étapes distinctes : l'étage principal où passe le débit dont la pression est contrôlée, et l'étage de contrôle où l'on retrouve une valve de limitation de pression directe de type à clapet.

Le fonctionnement est relativement simple, mais toutefois subtil. Le tiroir possède un orifice très petit et calibré. Lorsque la pression est plus faible que l'ajustement de la valve de contrôle, il n'y a pas de débit dans l'orifice du tiroir. Aucun débit ne sous-entend qu'il y a équilibre des forces sur le tiroir et que ce dernier se retrouve en fin de course. Si la pression devient plus importante que l'étage de contrôle, on se retrouve alors avec un débit dans le clapet de saignage (c'est la façon de le dire). Ce faible débit engendre alors une différence de pression entre le dessus et le dessous du tiroir. Rappelons encore une fois que l'orifice est de très petit diamètre. Ce déséquilibre crée une force qui pousse le tiroir contre le ressort principal qui est très mou, on se retrouve alors avec le tiroir qui laisse passer un débit. Le tiroir reste à cette position tant et aussi longtemps que l'équilibre est conservé. Si le débit à laisser passer devient plus important, on se retrouve avec une légère hausse de la pression qui est atteinte avec un équilibre de force avec le tiroir en position légèrement plus haut dans la chambre.

Figure 9.7 **Valve de limitation de pression pilotée**

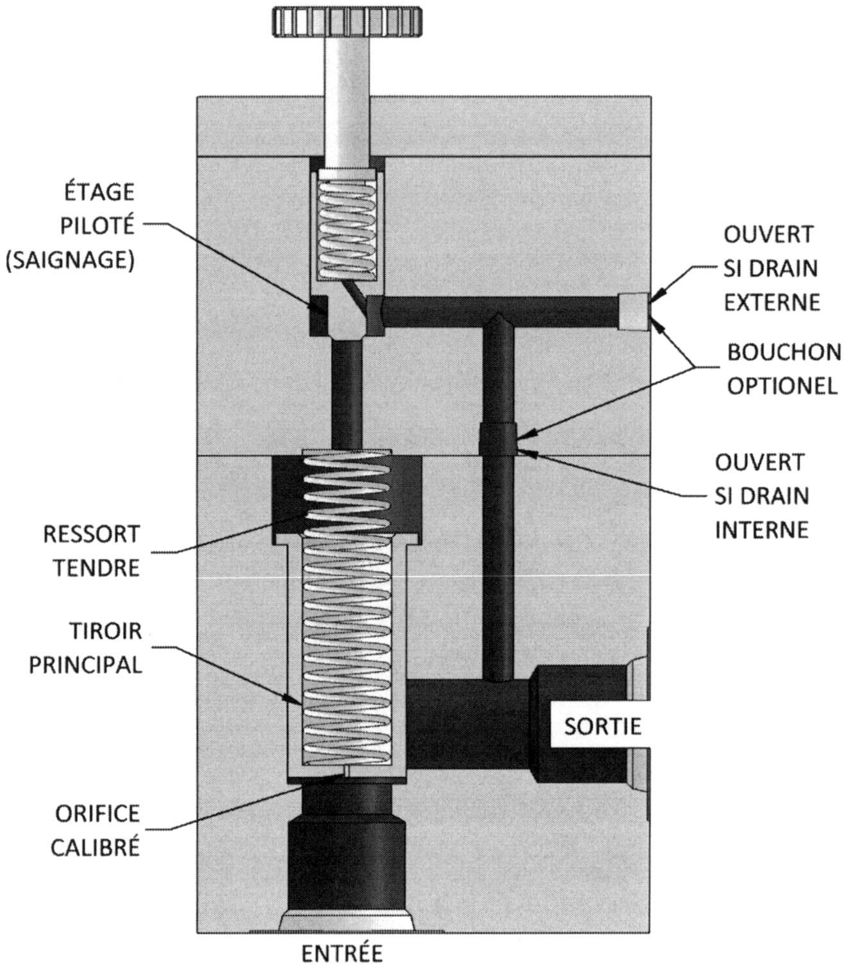

On retrouve ce type de valve lorsque l'on souhaite une constante de pression sur la ligne contrôlée, mais le temps de réaction de ce type de valve est plus lent que pour les valves à action directe.

On remarque encore une fois que la pression à la sortie de la valve influence le réglage de la valve.

La Figure 9.8 présente une valve cartouche SUN pour une valve de limitation de pression pilotée. On remarque encore cette fois le type de construction avec tiroir et clapet de saignage situé dans le haut de la valve. Si l'on compare cette fois les performances de la valve RDDA et la valve RPEC, toutes deux ayant une cavité T-10A, on remarque que la valve pilotée obtient une pression plus constante en fonction du débit passant à travers l'étage principal.

On remarque que le symbole est légèrement différent, avec un indicatif de saignage. Le triangle est représenté dans le sens où l'huile sort de la valve (saignage) alors que si le triangle avait été dans l'autre sens, nous aurions supposé que l'huile entre, ce qui est par définition du pilotage. Ainsi, on remarque que le jargon n'est pas toujours rigoureux, mais en pratique, cela ne pose pas de problème.

Figure 9.8 **Valve à action indirecte de construction de type tiroir**

PILOT OPERATED BALANCED PISTON,

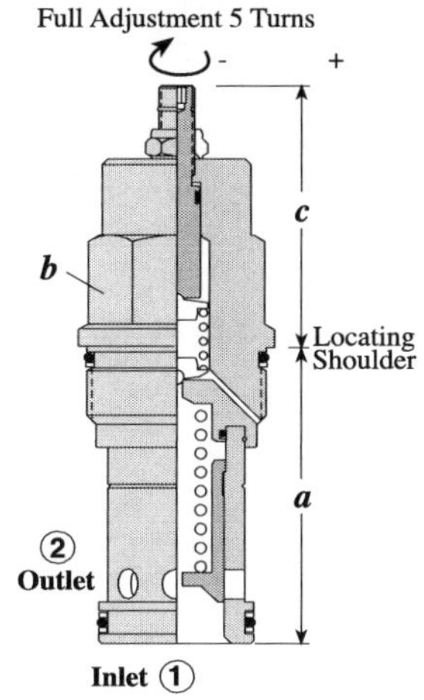

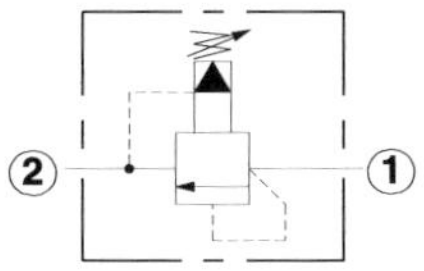

Capacity	Typical Cartridge Model Code	Cavity	*Cartridge Dimensions* a	b	c L	C	K	Installation Torque (lb. ft.)
12 GPM	RPCC – LAN	T - 162A	1.22	3/4"	2.11	2.17	2.31	25/30
25 GPM	RPEC – LAN	T - 10A	1.56	7/8"	2.00	2.06	2.25	30/35
50 GPM	RPGC – LAN	T - 3A	1.88	1 1/8"	2.12	2.18	2.38	45/50
100 GPM	RPIC – LAN	T - 16A	2.44	1 1/4"	2.44	2.47	2.69	150/160
200 GPM	RPKC – LAN	T - 18A	3.13	1 5/8"	2.81	2.94	3.06	350/375

Performance Curves

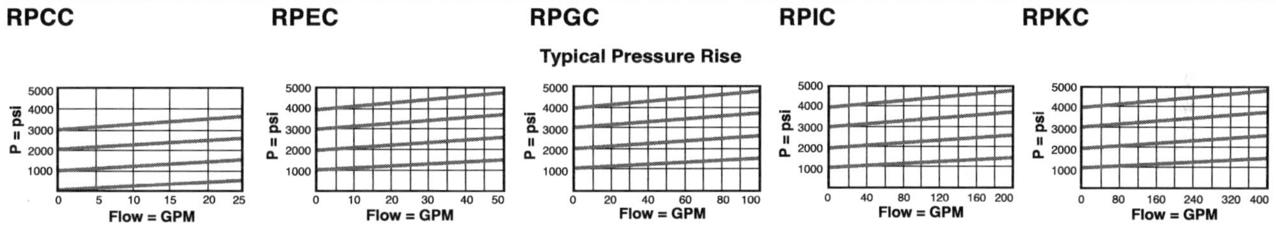

9.1.3 Comparaison entre une valve de limitation de pression directe et une pilotée

Ce qui est pareil :

- Soupape de type normalement fermée;
- Possède un ressort de rappel ajustable;
- Est piloté intérieurement;
- Peut travailler comme soupape de sûreté principale ou comme soupape secondaire (afin de limiter la pression dans une partie du système seulement);
- Se calibre toujours à 200 psis (15 bars) au-dessus de la pression d'utilisation du système (à moins d'avis contraires) pour une application avec une pompe à pression compensée;
- Généralement drainée intérieurement, mais parfois possible d'avoir un drainage extérieur.

Il y a trois types principaux :

- Direct à clapet : réponse rapide, mais débit moins progressif, possibilité de rebondissement (peut y avoir un amortisseur), étanche;
- Direct à tiroirs : réponse rapide, ajustement plus fin, progressif, grande stabilité;
- Pilotée à tiroir balancé : Ajustement fin, très stable et progressif. À deux étages avec le pilote qui contrôle le circuit principal.

9.1.4 Effet de la restriction en aval sur le réglage

L'information contenue dans cette section affecte tous les types de valves qui ont des réglages de pression, et s'applique à toutes les valves traitées dans ce chapitre.

Si l'on revient aux valves de limitation de pression présentées à la Figure 9.4, on peut observer que si nous avons une pression résiduelle à la sortie de la valve, la force créée par cette pression va s'additionner à la force du ressort. Ainsi, si la valve est ajustée pour s'ouvrir à 1 000 psis lorsque la pression à la sortie est de 0 psi, la valve s'ouvrira bel et bien lorsque la pression atteindra 1 000 psis à l'entrée. Toutefois, si une pression de 300 psis est présente à la sortie de la valve, cette pression s'additionnera au réglage initial, et du coup, la valve s'ouvrira maintenant à la pression de 1 000 + 300, soit 1 300 psis.

Normalement, la pression à la sortie s'additionne selon un rapport d'un pour un (1:1) à la pression de réglage. Cette information se trouve dans les spécifications de la valve.

Figure 9.9 **Valve de limitation de pression avec drain interne**

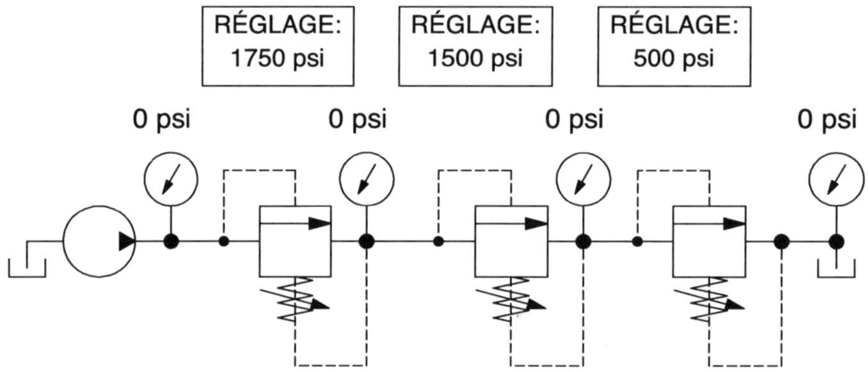

La Figure 9.9 présente l'effet en cascade de la conséquence de restriction à la sortie de valve de limitation de pression avec drain interne. On remarque que le réglage des valves s'additionne pour aboutir en une pression élevée à l'entrée.

Si nous prenons le diagramme de droite (qui ne présente pas un cas que l'on voit dans la vie réelle) où la pompe à débit fixe délivre un débit de 20 gpm. La valve de limitation de pression est ajustée à 1 000 psis lorsque la pression à sa sortie est nulle. Le contrôleur de débit est quant à lui pleinement ouvert. La question qui se présente ici est de prédire la pression qui sera présente à la pompe lorsqu'il n'y a pas de consommation en huile en aval. Pour répondre à cette question, il faut remonter les pertes de charge à partir de la fin. Au réservoir nous avons une pression nulle, soit 0 psi. Le contrôleur de débit crée une restriction au passage de l'huile de :

$$\Delta P_2 = \Delta P_1 \left(\frac{Q_2}{Q_1} \right)^2 = 100\, psi \left(\frac{20\, gpm}{14\, gpm} \right)^2 \approx 200\, psi$$

Cette perte de charge correspond à la pression à la sortie de la valve de limitation de pression. On se retrouve donc à prédire qu'à plein débit la pression à l'entrée de la valve devrait être d'au moins 1 000 + 200 soit 1 200 psis. Toutefois, la valve de limitation de débit offre elle aussi une restriction. Pour une valve ajustée à 1 000 psis, nous observons que la pression nécessaire pour passer un débit de 20 gpm conduit à une pression d'environ 1 250 psis, pour une perte de charge de l'ordre de 250 psis. Cette perte de charge s'additionne à notre pression de 1 200 psis trouvée précédemment. On obtient alors une pression à la sortie de la pompe de 1 450 psis.

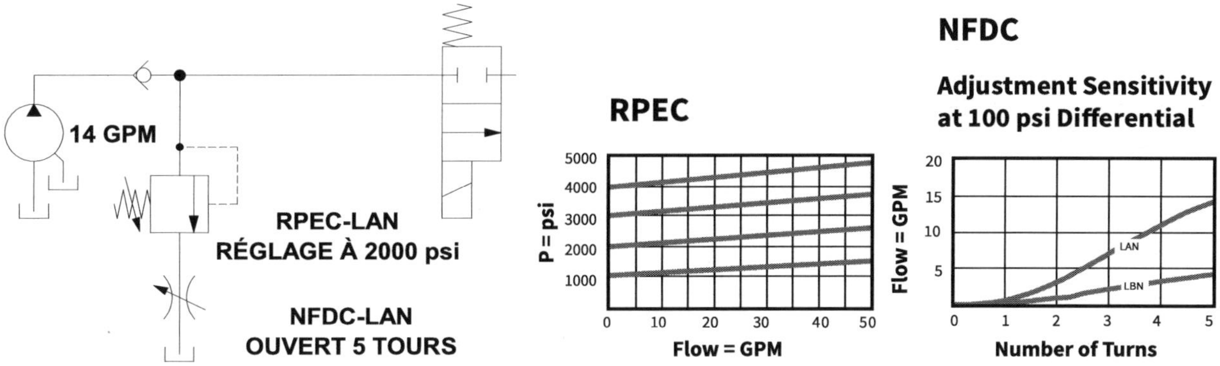

Il est toutefois possible de trouver des valves dont le drainage est externe ce qui demande que la valve ait 3 ports. De cette façon, il devient plus aisé de s'assurer que si une pression résiduelle existe à la sortie de la valve, elle n'aura pas d'effet sur les réglages de la valve.

La Figure 9.10 présente cette fois l'effet de l'utilisation de valves de limitation de pression avec des drains externes. On remarque que la pression à l'entrée est de 2 000 psis. Cette pression correspond à l'ajustement de la valve ayant le réglage le plus élevé. Si la valve ajustée à 2 000 psis avait été placée en dernier, tous les indicateurs de pression auraient indiqué 2 000 psis, alors que les valves ajustées à 500 et 1 500 psis se seraient retrouvées ouvertes.

Bien que moins fréquent sur les valves de limitation de pression, on retrouve souvent l'option des drains sur les valves de réduction de pression et bien d'autres valves.

Figure 9.10 **Valve de limitation de pression avec drain externe**

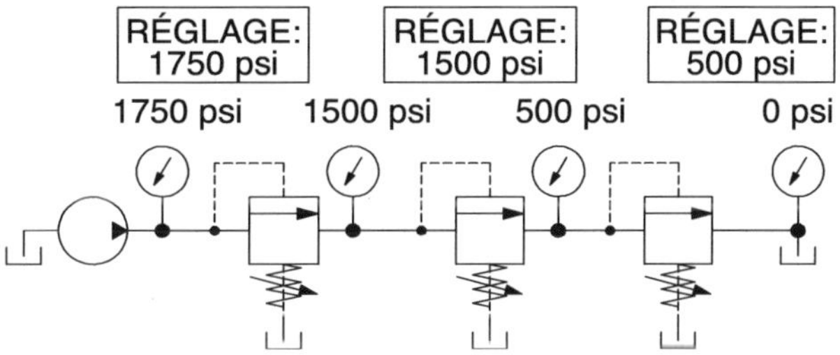

9.1.5 Fuite interne

Les valves ont toujours des fuites internes. Dans le cas des valves de limitations de pression, ces fuites ne posent généralement pas de problème sus pour certaines applications de contrôle comme il sera question dans le chapitre 10. Les fuites internes doivent être assez faibles pour ne pas être perçu par l'étage contrôlé comme étant un débit lié à l'ouverture de la valve. C'est pour cette raison que certaines valves de limitations de pression sont faites précisément pour de petits débits de contrôle avec une étanchéité plus importante en position fermée.

9.1.6 Application dans des schémas

Nous avons une valve de protection qui protège le circuit. La pompe est à débit fixe. Dans ce cas, le meilleur choix serait de prendre une valve de limitation de pression pilotée qui est apte à laisser passer tout le débit(le symbole ne montre pas que la valve pilote est pilotée).

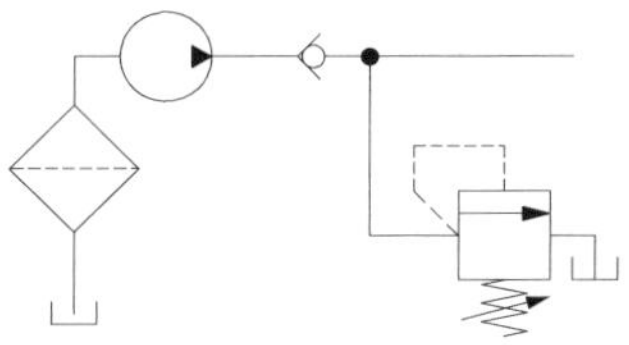

Nous avons une valve de protection qui protège le circuit. La pompe est à pression compensée. Dans ce cas, le meilleur choix serait de prendre une valve de limitation de pression pilotée. La valve a comme fonction dans ce cas de s'assurer qu'il n'y ait pas de pointe de pression causée par le temps de réponse de la pompe. Il est très rare qu'un compensateur de pompe brise et de ce fait, la valve de sécurité n'a pas forcément besoin de laisser passer tout le débit de la pompe. Il est préférable de prendre une valve à action directe, et si l'on souhaite avoir une protection pour un débit important, il est toujours possible d'envisager d'installer deux valves; une directe et une pilotée.

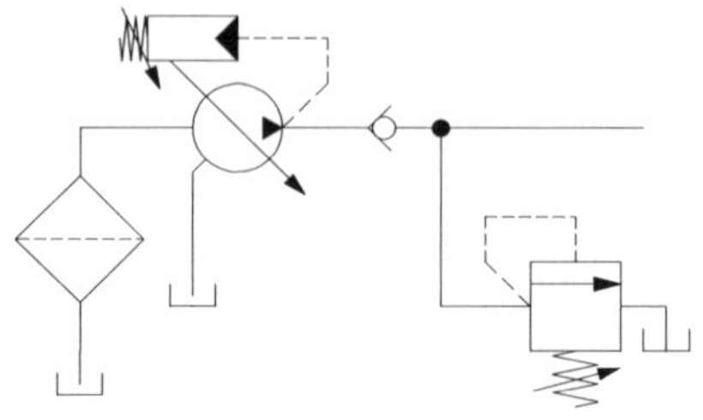

Nous avons un circuit avec un moteur où la charge peut devenir motrice lorsque l'on ferme la valve directionnelle. Afin de protéger le moteur, dont la charge motrice peut tout simplement causer un bris, il devient avantageux d'installer des valves de sécurité entre les ports A et B. Dans ce cas, on ira vers des valves de type pilotées, car le temps de réponse n'est pas primordial.

L'ajustement des valves de limitation de pression se fait sur banc de calibration à une pression supérieure à la pression de fonctionnement, au moins 200 psis au-dessus. Il est important de placer les valves de sécurité le plus près possible du moteur. Dans le circuit de droite, elles sont placées entre les contrôleurs de débit et le moteur ce qui est conforme. Si les sandwichs étaient inversés, la protection des moteurs ne serait pas assurée.

Généralement, il n'est pas nécessaire d'installer un circuit anticavitation dans la mesure où les pertes d'huile vers le drain sont faibles. Il est important d'indiquer sur le schéma hydraulique les pressions de réglages des valves.

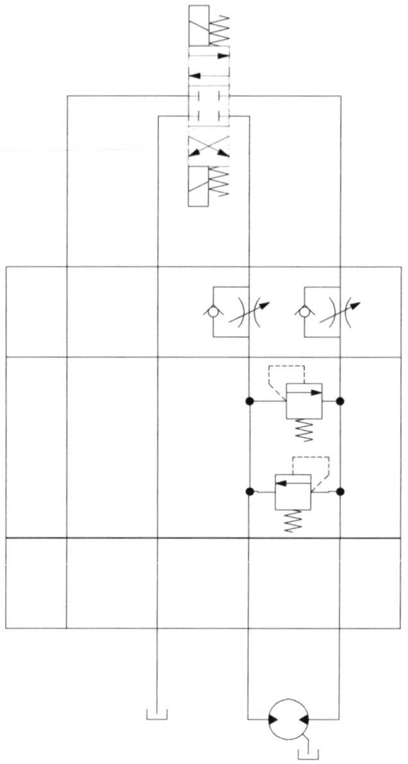

Nous avons un circuit avec un vérin où la charge peut devenir motrice lorsque l'on ferme la valve directionnelle. Afin de protéger le vérin, dont la charge motrice peut tout simplement causer un bris du vérin, il devient avantageux d'installer des valves de sécurité sur les lignes A et B. Dans ce cas, on ira vers des valves de type pilotées, car le temps de réponse n'est pas primordial.

L'ajustement des valves de limitation de pression se fait sur banc de calibration à une pression supérieure à la pression présente sur les lignes. Ceci en estimant la surpression du côté de la ligne si les contrôleurs de débit sont en meter-out. Il est important de placer les valves de sécurité le plus près possible du vérin.

Dans ce cas, on gagne parfois à prévoir une protection anticavitation, mais cela dépend du contrôle qui est souhaité. Dans le cas du diagramme de droite, le circuit anticavitation ne sera pas pleinement effectif si une force tire sur le vérin. On gagne à sélectionner des clapets sur les lignes A et B ayant une ayant une pression d'ouverture plus basse que celle sur la ligne T.

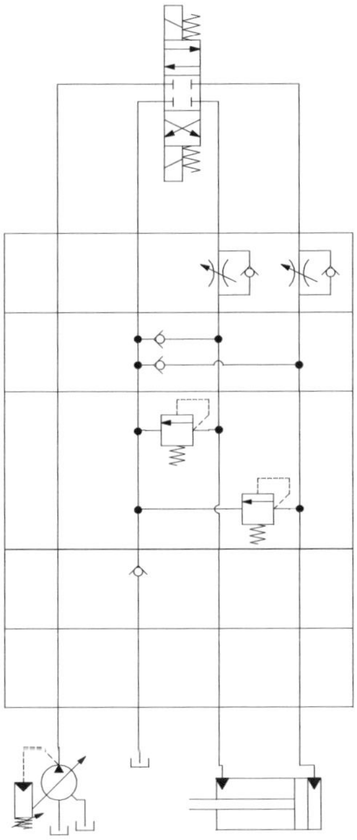

9.2 Valve de réduction de pression

Composantes que l'on retrouve rarement dans les circuits avec pompes à débit fixe, les valves de réductions de pression sont d'usage courant dans les circuits utilisant des pompes à pression compensée.

La raison qui justifie cet état de fait est que ces valves permettent de réduire la pression d'un secteur d'un circuit sans causer de perte de débit.

Quelques motifs qui justifient l'utilisation d'une valve de réduction de pression :

- On désire avoir un niveau ajustable de pression sur une section de la machine;
- On désire avoir plusieurs pressions d'opération sur une section de circuit (nous y reviendrons plus loin dans le chapitre sur le saignage);
- Les composantes disponibles étant trop puissantes, on a besoin de réduire les forces pour cette composante;
- On désire par exemple réduire le couple d'un moteur dans un sens de rotation seulement.

Une valve de réduction de pression est en fait une forme de valve de limitation de pression, mais qui contrôle la pression à la sortie au lieu de l'entrée, en étant normalement ouverte. Ainsi, si la pression devient trop importante à la sortie, le tiroir se refermera afin de générer une perte de pression adéquate. On ajuste normalement la pression avec le circuit en marche, il faut donc prévoir une jauge de pression sur le circuit.

Évidemment, l'utilisation d'une valve de réduction de pression affecte la vitesse de déploiement d'un mouvement, mais ce n'est pas un contrôle de débit.

L'emploi d'une valve de réduction est une source de chaleur. La perte de charge à travers la valve crée une perte d'efficacité du système.

Les valves de réduction de pression sont normalement construites sans clapet de contournement. Si le schéma indique un clapet de contournement, avec un arrangement en sandwich, cela suppose que le clapet est intégré au bâti du sandwich et non pas dans la cartouche de la valve de réduction de pression.

9.2.1 Valves de réduction de pression à action directe

Dans les faits, les valves de réduction de pression sont rarement à action directe, mais il est utile de voir leur fonctionnement d'un point de vue académique.

Comme le montre l'image de droite, nous retrouvons une forme de valve de limitation de pression montée à l'envers qui est normalement ouverte. Si la pression à la sortie augmente au-delà de la pression de réglage via le tarage du ressort, le tiroir remonte dans la chambre et vient créer une restriction assurant une perte de charge. Pour y arriver, la chambre du haut doit être drainée au réservoir.

Les valves de réduction de pression sont toujours dotées d'un drain externe contrairement aux valves de limitation de pression. Si une pression est présente au niveau du drain, le réglage de la valve sera affecté. L'effet de la pression au drain affecte généralement la pression de réglage selon un rapport d'un pour un (1:1).

Figure 9.11 **Valve de réduction de pression à action directe**

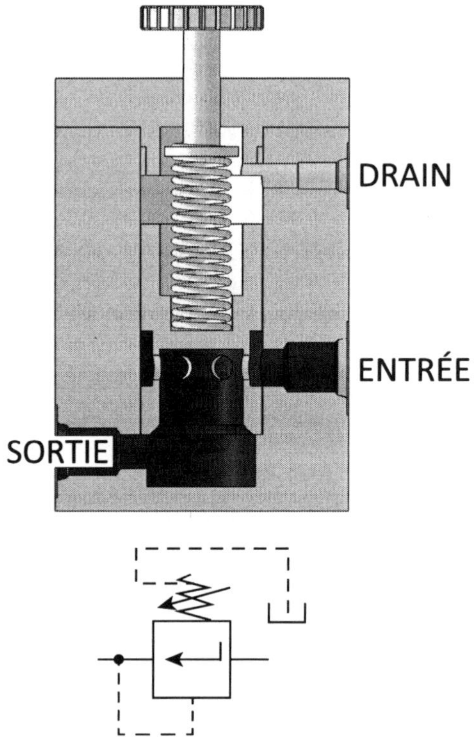

9.2.2 Valves de réduction de pression pilotée

tout comme une valve de limitation de pression dite pilotée, une valve de réduction de pression est composée d'une valve de limitation de pression sur son étage de contrôle, qui fonctionne en saignage. Ce type de conception est typique de ce que nous trouvons sur le marché.

Comme le montre l'image de droite, nous retrouvons une forme de valve de limitation de pression montée à l'envers qui est normalement ouverte. Si la pression à la sortie augmente au-delà de la pression de réglage de l'étage de contrôle, un débit d'huile fuit hors de la valve ce qui crée un débit à l'intérieur du tiroir, créant du coup un déséquilibre forçant le tiroir à remonter dans la chambre afin de rétablir un équilibre de force avec le ressort mou qui maintient le tiroir en position. On retrouve donc le même fonctionnement que pour la valve de limitation de pression pilotée.

Figure 9.12 **Valve de réduction de pression pilotée**

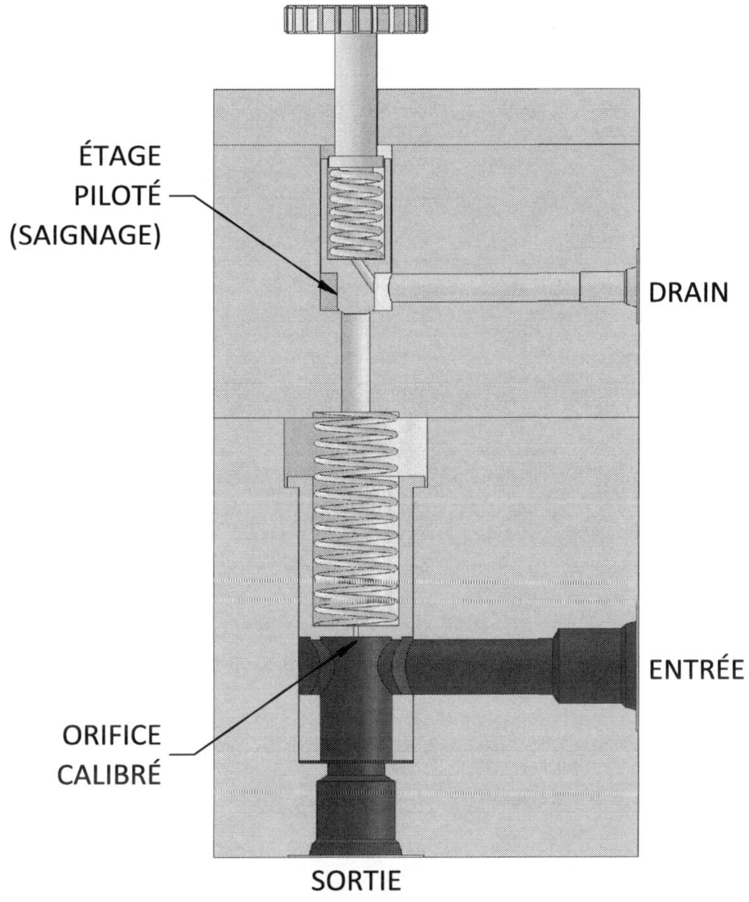

Les valves de réduction de pression pilotées sont toujours dotées d'un drain externe contrairement aux valves de limitation de pression. Si une pression est présente au niveau du drain, le réglage de la valve sera affecté. L'effet de la pression au drain affecte généralement la pression de réglage selon un rapport d'un pour un (1:1).

La Figure 9.13 présente une valve de réduction de pression pilotée en format cartouche. On remarque dans le diagramme que la pression de contrôle diminue à mesure que le débit augmente.

Figure 9.13 Valve de réduction de pression de SUN HYDRAULICS

PILOT OPERATED REDUCING

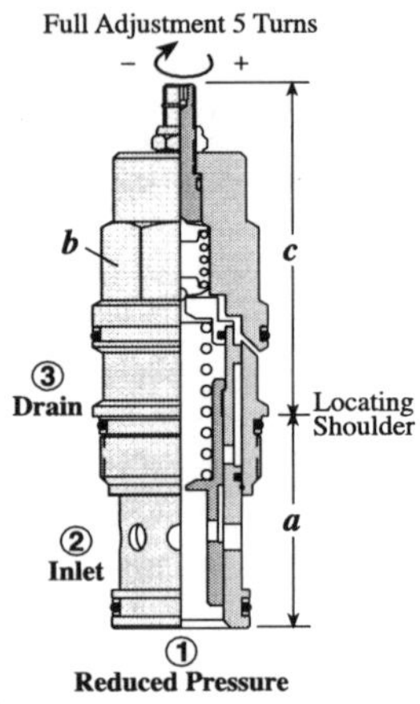

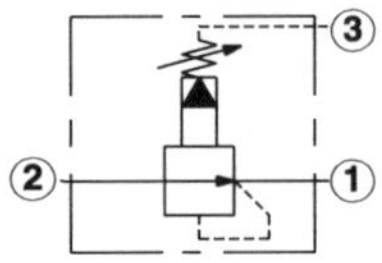

Capacity	Typical Cartridge Model Code	Cavity	Cartridge Dimensions a	Cartridge Dimensions b	Cartridge Dimensions c L	c C	c K	Installation Torque (lb. ft.)
5 GPM	**PBBB – LAN**	T - 163A	1.22	3/4"	2.55	2.63	2.77	25/30
10 GPM	**PBDB – LAN**	T - 11A	1.38	7/8"	2.50	2.56	2.75	30/35
20 GPM	**PBFB – LAN**	T - 2A	1.38	1 1/8"	2.81	2.88	3.06	45/50
40 GPM	**PBHB – LAN**	T - 17A	1.81	1 1/4"	3.28	3.31	3.53	150/160
80 GPM	**PBJB – LAN**	T - 19A	2.50	1 5/8"	3.94	4.09	4.19	350/375

Performance Curves

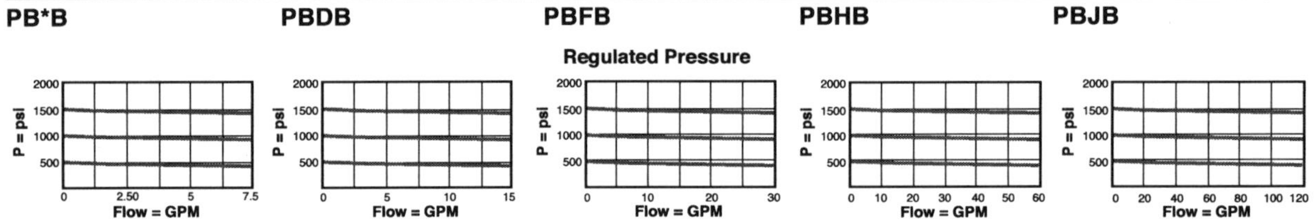

9.2.3 Application dans des schémas

Le schéma de droite présente un circuit assemblé avec des composantes en sandwich. Les contrôleurs de débit sont installés en meter-out. Nous retrouvons une valve de réduction de pression sur la ligne A qui réduit la pression au vérin dans le mode rétraction. Lorsque la valve directionnelle est activée pour faire sortir le vérin, le débit contourne la valve de réduction via le clapet de contournement. En poussée, le vérin fonctionne à pleine pression.

Une valve de réduction de pression ne contient normalement pas un clapet de contournement dans sa construction. Dans le cas de ce sandwich, la cartouche du clapet est intégrée au bâti.

On remarque que le drain de la valve de réduction de pression se rend directement au port T où la pression est négligeable.

On remarque aussi que le symbole de la valve de réduction de pression n'est pas exact alors que la cartouche est probablement de type piloté. Ce genre de manque de rigueur arrive souvent, mais cela ne compromet pas la bonne compréhension du circuit.

Idéalement, le circuit devrait contenir une jauge de pression afin de faciliter le réglage de la valve. Il est possible d'acheter des sandwichs permettant d'avoir accès aux lignes P, A, B et T.

Figure 9.14 **Circuit avec valve de réduction de pression**

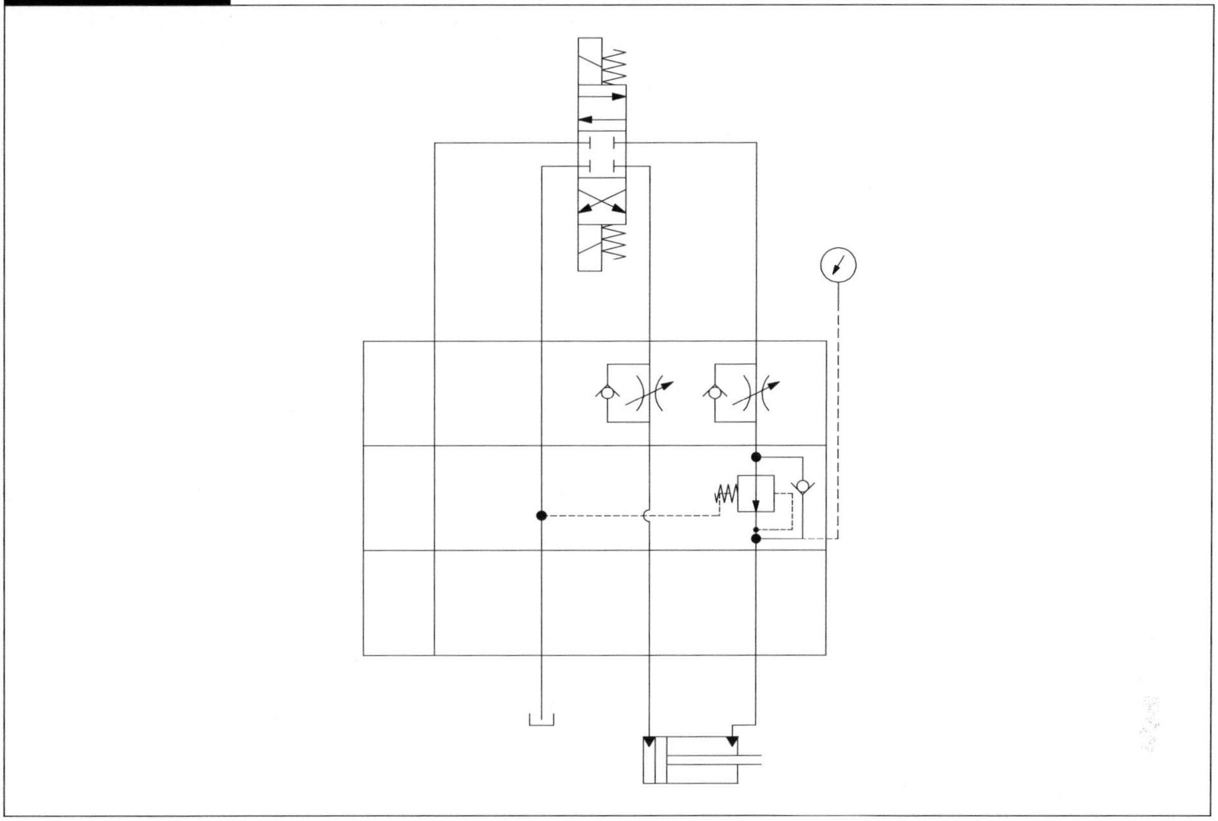

Figure 9.15 **Circuit avec valve de réduction de pression**

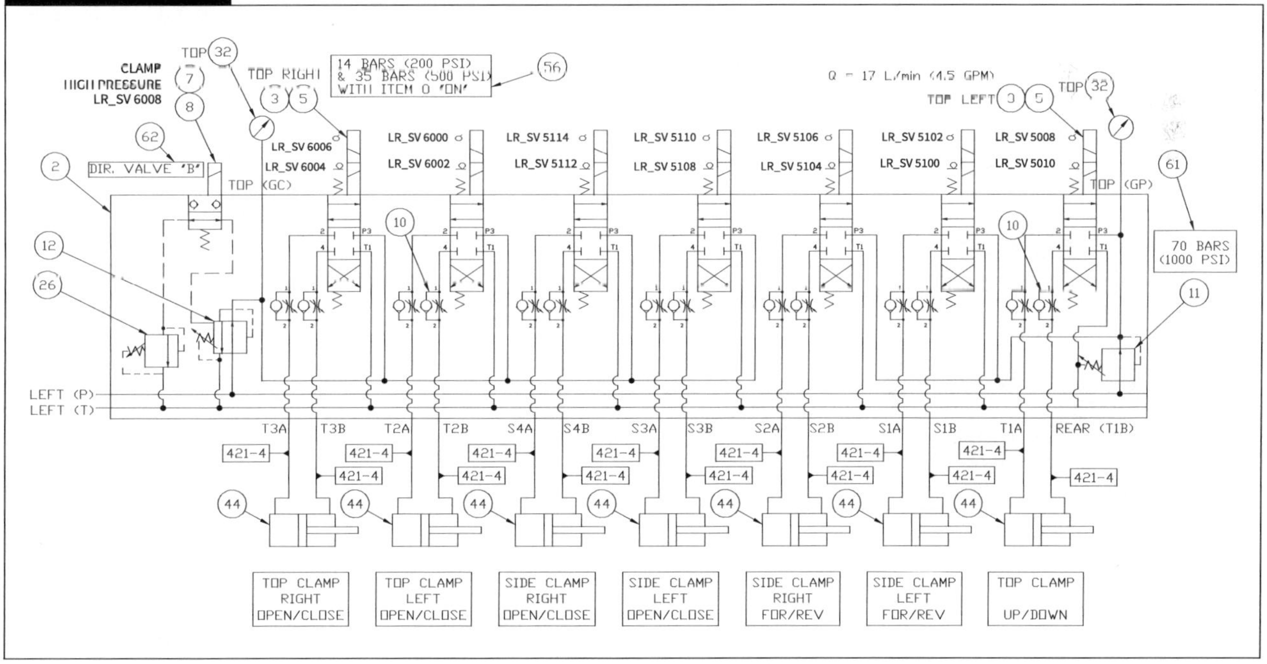

La Figure 9.15 présente un ensemble de cartouches assemblées dans un bloc personnalisé. L'item 11 (à l'extrême droite) est une valve de réduction qui contrôle la pression déduite pour les trois valves à l'extrémité droite. Le symbole de la valve n'est pas rigoureusement exact alors que l'on ne voit pas qu'elle est de type piloté. Une jauge de pression est présente afin de permettre le réglage. Le schéma indique la valeur de réglage à respecter. On peut déjà noter qu'une valve de réduction de pression combinant la fonction de limitation de pression est présente à l'extrémité gauche (item 12), nous verrons ce type de valve dans la section 9.3.

9.3 Valve de réduction et de limitation de pression combinée

On retrouve comme composante standard des valves qui combinent la fonction de réduction de pression ainsi que de limitation de pression.

Un des avantages des mouvements hydrauliques par rapport aux systèmes électriques est de pouvoir facilement maintenir une pression sur un objet alors qu'il n'y a pas de mouvement. Toutefois, il arrive fréquemment le fait que lorsque l'on désire maintenir une pression il y ait une rétroaction mécanique qui demande alors que l'huile s'échappe du circuit pour maintenir une pression la plus constante possible. C'est donc la tâche de ces valves qui combinent deux fonctions. La valve à la Figure 9.16 présente une valve à action directe.

Figure 9.16 **Valve de réduction et de limitation de pression**

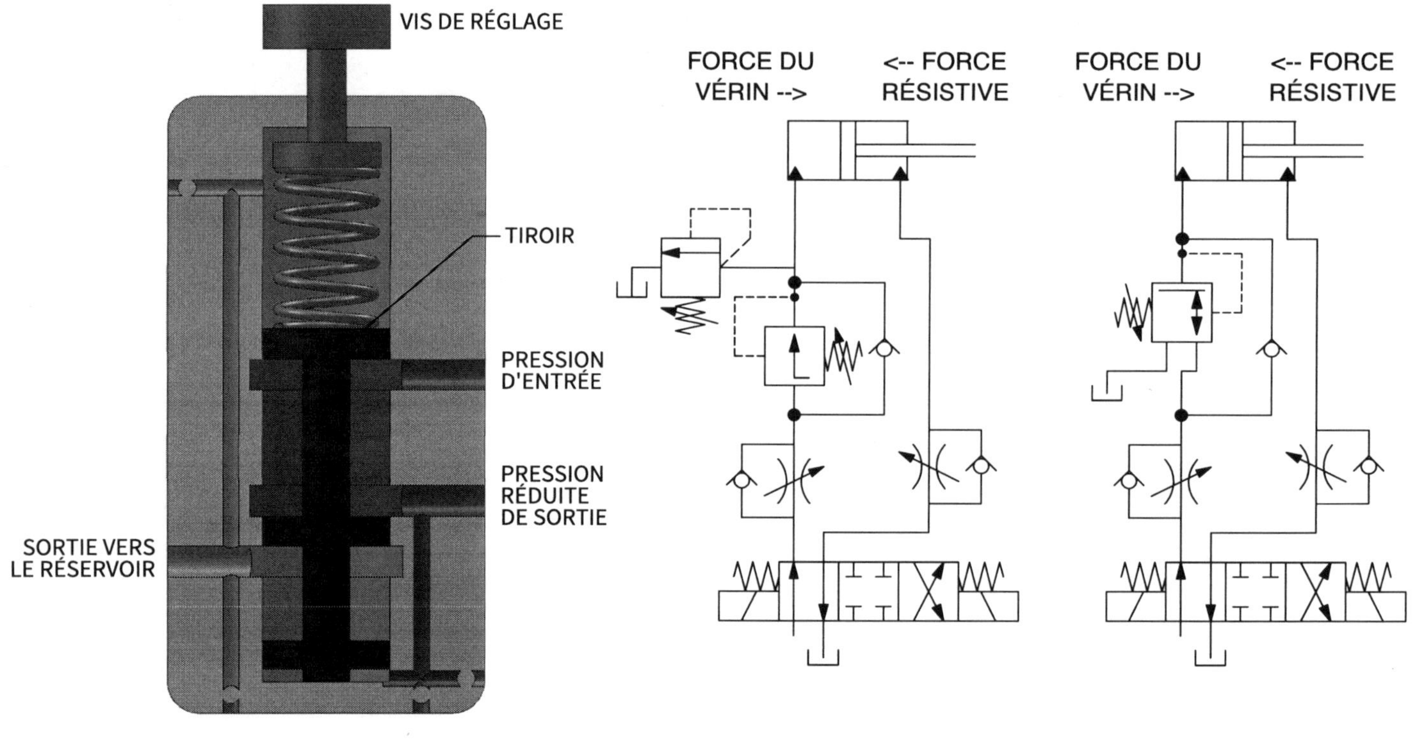

Figure 9.17 Valve de réduction/limitation de pression à action directe de SUN HYDRAULICS

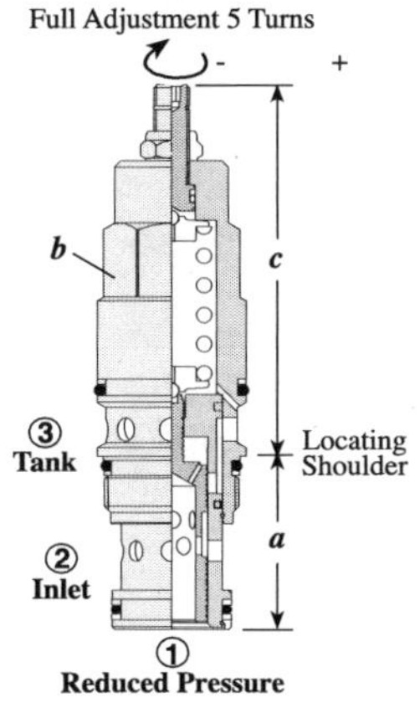

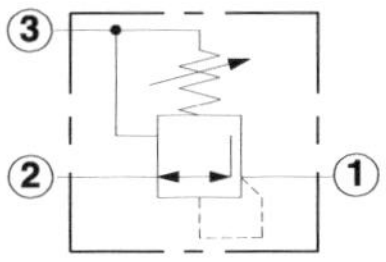

Capacity	Typical Cartridge Model Code	Cavity	Cartridge Dimensions a	b	c L	C	K	Installation Torque (lb. ft.)
10 GPM	PRDB – LAN	T - 11A	1.38	7/8"	3.09	3.16	3.34	30/35
20 GPM	PRFB – LAN	T - 2A	1.38	1 1/8"	3.47	3.53	3.75	45/50
40 GPM	PRHB – LAN	T - 17A	1.81	1 1/4"	3.94	4.00	4.19	150/160
80 GPM	PRJB – LAN	T - 19A	2.50	1 5/8"	4.88	5.03	5.12	350/375

Performance Curves

PRDB **PRFB** **PRHB** **PRJB**

Regulated Pressure

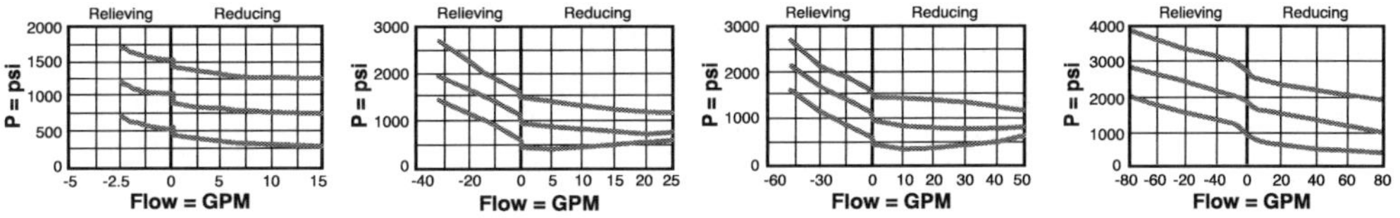

Figure 9.18 Valve de réduction/limitation de pression pilotée de SUN HYDRAULICS

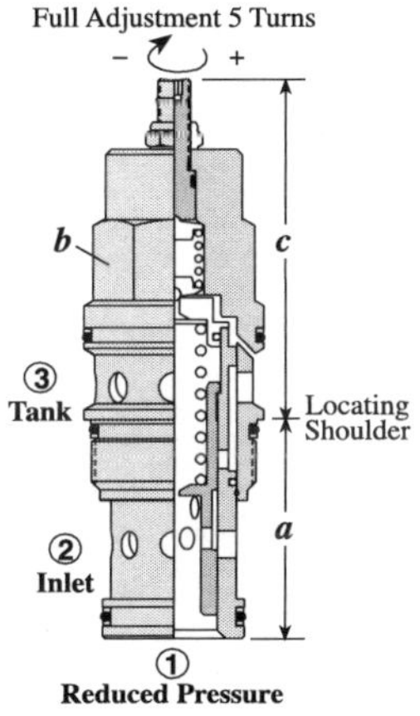

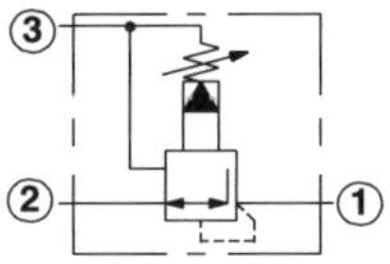

Capacity	Typical Cartridge Model Code	Cavity	Cartridge Dimensions a	b	c L	C	K	Installation Torque (lb. ft.)
10 GPM	PPDB – LAN	T - 11A	1.38	7/8"	2.50	2.56	2.75	30/35
20 GPM	PPFB – LAN	T - 2A	1.38	1 1/8"	2.81	2.88	3.06	45/50
40 GPM	PPHB – LAN	T - 17A	1.81	1 1/4"	3.28	3.31	3.53	150/160
80 GPM	PPJB – LAN	T - 19A	2.50	1 5/8"	3.94	4.09	4.19	350/375

Performance Curves

PPDB **PPFB** **PPHB** **PPJB**

Regulated Pressure

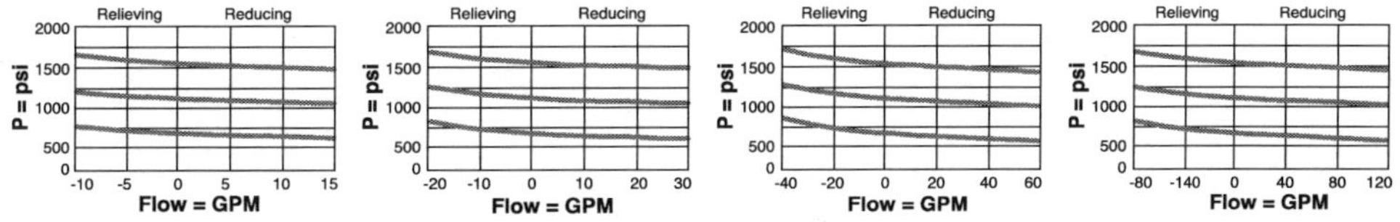

Il est toutefois possible de retrouver des valves de type piloté qui offre une plus grande précision de pression. Pour plus d'information sur les différences entre les valves à action directe et celles pilotées, voir les sections 9.1 et 9.2. Lorsque l'on installe une valve de réduction-limitation de pression, il est souhaitable d'avoir une jauge de pression qui permet de faciliter le réglage en opération. La valeur d'ajustement souhaitée par le concepteur devrait se retrouver sur le schéma hydraulique.

La Figure 9.17 ainsi que la Figure 9.18 nous présente deux constructions de valves de réduction/limitation de pression. La première à action directe alors que la deuxième est pilotée. On remarque dans les graphiques de performance que la version pilotée offre une pression beaucoup plus stable avec la variation de débit.

Il existe bien d'autres configurations telles que des versions à quatre ports dont le drainage est externe. Il est parfois difficile de savoir les motifs qui justifient tel ou tel choix de l'offre chez les manufacturiers, toutefois, ils répondent à une demande que l'on croise parfois lors de la conception de circuit. C'est pour cela que, lorsque nous rencontrons un problème, nous pouvons toujours présumer que nous ne sommes pas le premier à avoir ce problème et qu'une solution standard existe probablement.

Encore une fois, il faut tenir compte de la pression sur la ligne de drainage qui affecte le réglage de la valve.

9.3.1 Application dans un schéma

Le circuit de la Figure 9.19 est intéressant, car il contient quelques subtilités de fonctionnement. On remarque le montage est fait par l'utilisation de composantes en sandwich. Nous avons des régulateurs de débit installés en meter-in. La valve de réduction/limitation de pression est sur la ligne A alors qu'une valve de contournement est utilisée pour contourner la valve de contrôle de pression.

En mode d'opération normale sans force de rétroaction externe, le vérin se déploie avec une force réduite selon la pression de réglage de la valve de réduction de pression. En mode rétraction, le débit passe dans le clapet de contournement et aucun débit ne passe via la valve de limitation de pression. Ceci est vrai dans la mesure où le circuit est en meter-in. Si le contrôle était en meter-out, il pourrait en être autrement et générer une vitesse incertaine. Dans ce circuit, la valve de limitation de pression est prévue fonctionner lorsque la valve directionnelle est activée pour pousser le vérin contre une charge, la valve ouverte. De plus, le circuit est prévu pour une vitesse de rétroaction relativement lente. Il est possible de tirer ces conclusions, car il n'y a aucun circuit d'anticavitation.

Figure 9.19 **Schéma avec valve de réduction/limitation de pression**

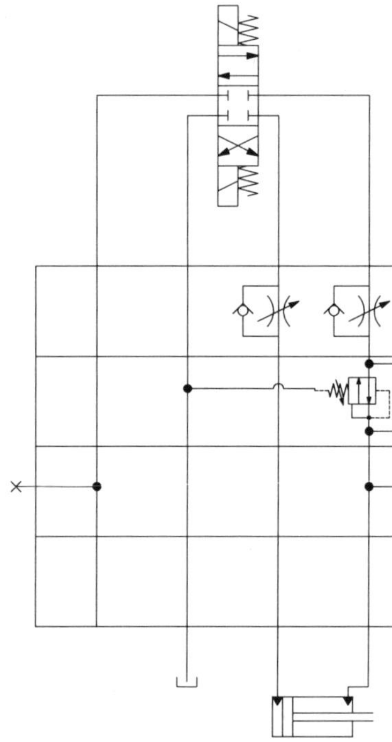

Lorsque l'on force le vérin à se rétracter, avec la valve directionnelle en mode poussé, l'huile en A passe à travers la valve de limitation de pression vers T.

Le vide créé sur la ligne B va puiser son huile dans la ligne T alors que la valve offre une restriction au passage de l'huile. En pratique, il est n'est pas si grave de retrouver un peu de cavitation dans un vérin bien que cela ne soit jamais souhaitable.

Si le circuit avait été prévu pour fonctionner avec la valve directionnelle en mode fermé, il aurait été plus habituel de voir une valve de limitation installée entre la ligne A et T ainsi qu'un circuit anticavitation.

On observe dans ce cas-ci un sandwich dont la fonction est de pouvoir avoir accès aux lignes A et P, qui dans ce cas-ci, reçoit une jauge de pression sur la ligne A afin de faciliter le réglage de la valve.

9.4 Exercices

Exercices niveau #1

1	L'avantage d'une soupape de sureté avec drain interne est qu'elle n'est pas influencée par les pertes de charge en aval.	**V F**
2	Une pompe à cylindrée variable et pression compensée demande l'utilisation d'une valve de décharge pour contrôler la pression d'opération du système	**V F**

Exercices niveau #2

Exercice #1 : Pour le circuit suivant, estimer la pression à la sortie de la pompe en considérant la restriction dans la valve de décharge ainsi que la perte de pression à travers le régulateur de débit (pleinement ouvert) :

Hypothèse :

- Il n'y a pas de résistance à l'écoulement dans les boyaux;
- Tout le débit passe dans la valve de décharge.

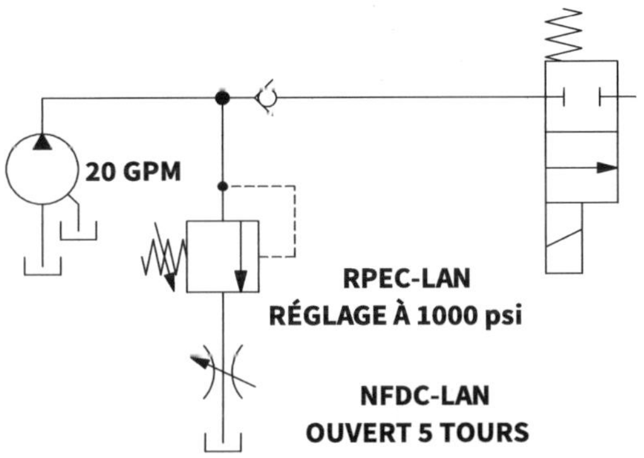

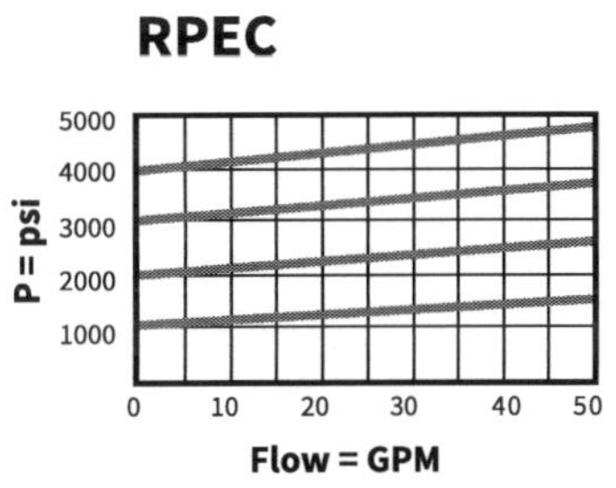

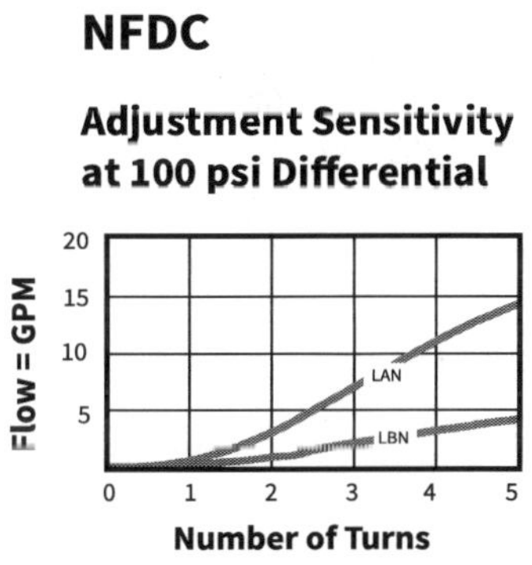

Questions :

Perte de charge dans la valve NFDC-LAN :

Perte de charge dans la valve RPEC-LAN :

Pression de sortie à la pompe :

Exercice niveau #3

N/A

Réponses exercices niveau #1

1	L'avantage d'une soupape de sureté avec drain interne est qu'elle n'est pas influencée par les pertes de charge en aval.	**F**
2	Une pompe à cylindrée variable et pression compensée demande l'utilisation d'une valve de décharge pour contrôler la pression d'opération du système	**F**

Réponse exercice niveau #2

Exercice #1 : Perte de charge dans la valve NFDC-LAN : Résultat direct de la charte, soit 100 psis; Perte de charge dans la valve RPEC-LAN : Du graphique, pour un réglage à 2 000 psis, on trouve la valeur de 2 200 psis, soit une perte de charge de 200 psis; Pression de sortie à la pompe : __2 000+200+100=2 300 psis.

Réponse exercice niveau #3

N/A

10 | Contrôle par saignage (venting)

Pour être rigoureux, lorsque l'on indique l'expression pilotage, cela sous-entend que de l'huile est acheminée vers une composante de façon dynamique, soit à l'aide d'une valve directionnelle ou autre. Bien souvent, un pilotage se fera avec de l'huile à la pression normale du système ou sous une pression modulée à l'aide d'une valve de réduction de pression.

La différence entre le pilotage et le saignage (« venting » en anglais) est subtile et se situe presque au niveau de la rhétorique. Encore dans un esprit de rigueur, le terme saignage est en fait l'utilisation de l'huile sortant d'une composante avec laquelle on exerce un contrôle. Le contrôle en mode saignage se fait toujours avec l'utilisation de valve de limitation de pression. Il y a bien entendu la possibilité d'installer des valves directionnelles. Les débits dans les lignes de saignage sont toujours très faibles et le concepteur doit en tenir compte dans la sélection des composantes. Il faut éviter d'utiliser des composantes ayant des fuites internes trop importantes, car ce débit peut entraîner des conséquences sur les ajustements et la performance du circuit. Le débit de contrôle par saignage peut être de l'ordre de 7 à 20 po^3/min.

Le saignage est utilisé pour le contrôle des valves de limitation de pression, des valves de réduction de pression ainsi que pour les valves de réduction/limitation de pression.

Le cas le plus simple où nous avons une application courante de saignage est l'application aux valves de limitation de pression pilotée que nous avons vue à la section 9.1.2. Revenons sur ce cas à l'aide de la Figure 10.1. L'huile qui s'échappe de la valve principale se rend à la valve pilote. La valve pilote, qui est en fait une valve de limitation de pression qui contrôle un très faible débit (voir la section 9.1.5), contrôle la pression maximale dans la chambre du haut. Ce contrôle est en fait du saignage. Toutefois, étant donné que tout se passe à l'intérieur de la valve, nous n'en faisons jamais référence.

Figure 10.1 **Valve de limitation de pression pilotée**

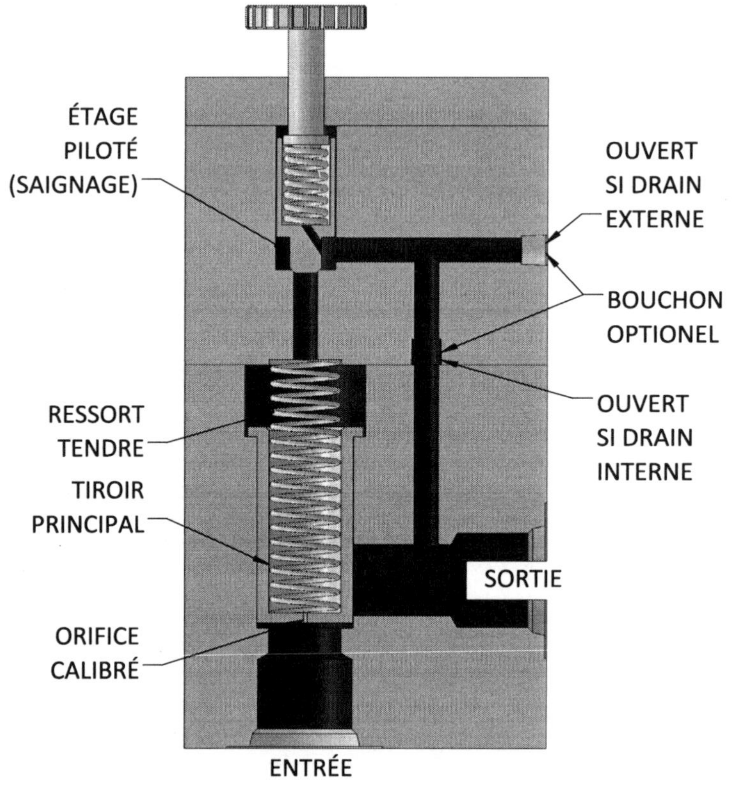

On réserve le terme saignage lorsque le contrôle de la pression se fait de façon externe ou encore dans les cas où nous ajoutons un « ou » à la valve de la Figure 10.1. Un « ou » signifierait dans ce cas que nous venons faire un trou de contournement dans la chambre du tiroir juste avant la valve pilote. Le fait de faire ce trou de passage nous permet d'acheminer l'huile vers une autre valve pilote et encore vers une valve directionnelle, et ainsi pouvoir faire varier le comportement de la valve principale.

La Figure 10.2 reprend la conception de la valve de la Figure 10.1 mais où l'on retrouve l'ajout d'un trou de déviation en vue de pouvoir contrôler la pression d'ouverture du tiroir principal. Ainsi, l'huile de contrôle (qui est toujours un très faible débit) a le choix de passer par l'étage piloté ou encore de sortir via la sortie de déviation. Le débit de contrôle prend toujours le chemin le plus facile. La valve de pilotage qui est à même la valve est toujours ajustée à la pression maximale que le tiroir doit ouvrir. La sortie de déviation permet de créer des pressions d'ouvertures inférieures, et on retrouve parfois une valve de limitation de pression à commande proportionnelle.

Figure 10.2 **Valve de limitation de pression avec port de saignage**

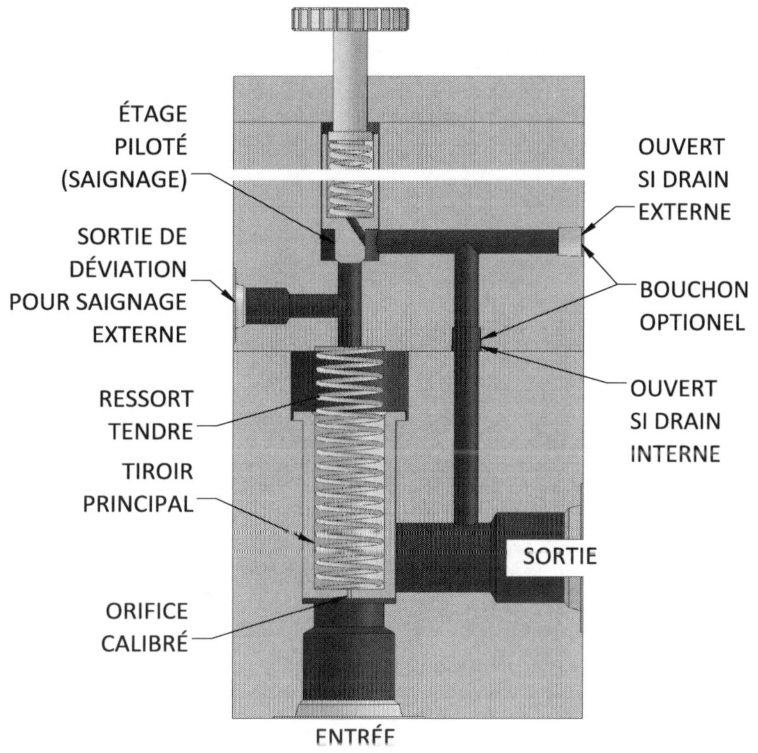

La Figure 10.3 présente une valve de limitation de pression avec un port de saignage. Dans ce cas, la figure nous montre une valve directionnelle de contrôle de débit de saignage. Tel que représenté, lorsque la valve 1 est énergisée, l'huile passe librement ce qui revient à avoir une valve pilote ajustée à une pression nulle. Dans ce cas, nous nous retrouvons alors avec une valve de limitation de pression qui permet le passage du débit de la pompe à une pression aussi faible que la force du ressort appuyant sur le tiroir, soit d'environ 20 psis. Toutefois, si l'on ferme la valve directionnelle, la pression de réglage deviendra automatiquement celle de la valve pilote, qui représente la pression maximale de protection du circuit. Le circuit de la valve 2 nous permet d'obtenir une pression réduite de protection. Étant donné que le débit passant dans le trou du tiroir est très faible, on se doit d'utiliser une valve directionnelle très étanche sinon les fuites auront un effet sur le comportement de la valve de limitation de pression. Nous aurions pu utiliser cette valve de limitation de pression sans utiliser le port de saignage en installant un bouchon.

Figure 10.3 **Valve de limitation de pression avec circuit de saignage**

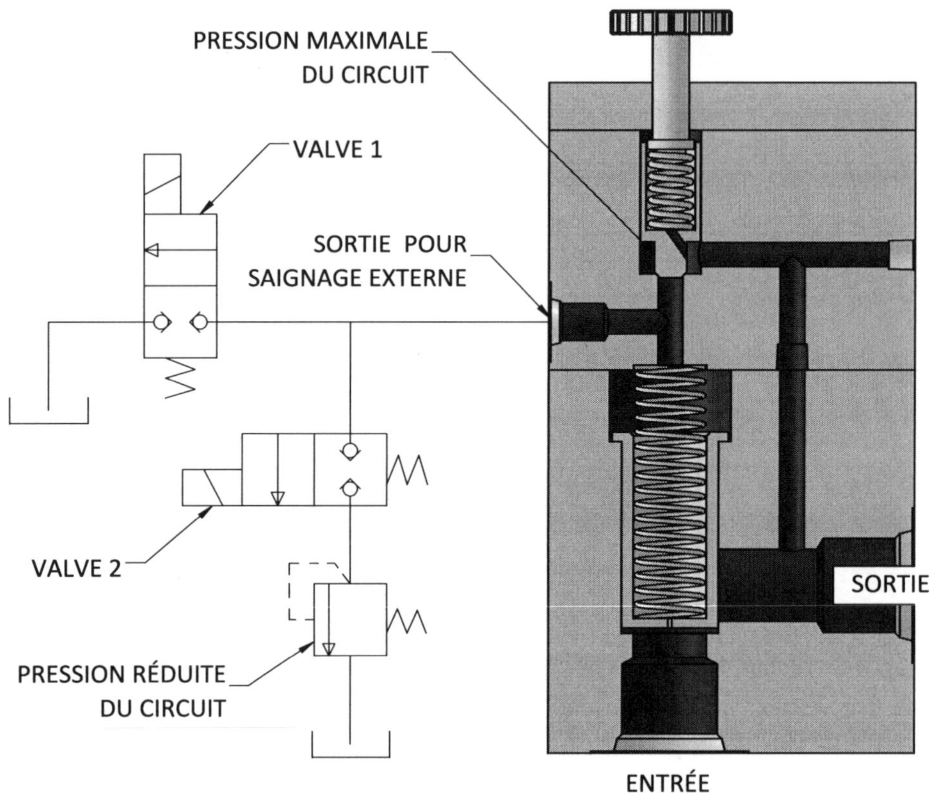

Il existe des valves sur le marché qui utilisent le saignage pour avoir plusieurs pressions à l'intérieur d'une même composante. La Figure 10.4 présente un groupe de valves où l'on retrouve la valve de limitation de pression principale contrôlée via trois valves de limitation de pression à action directe prévues pour contrôler de faibles débits de saignage. La valve directionnelle permet de sélectionner la valve pilote afin d'obtenir la pression de contrôle désirée dans la valve principale.

L'utilité de contrôler des composantes par saignage est importante et trouve son utilité dans de multiples applications, et pour ne citer que quelques cas :

- Permettre de décharger la ou les pompe(s) au réservoir, dans un circuit parallèle avec des centres de valves directionnelles fermées;
- Permettre de décharger au réservoir une des deux pompes du système selon le besoin;
- Permettre d'établir un système avec un contrôle de pressions multiples;
- Permettre de contrôler l'ajustement de la soupape de sûreté principale par le biais d'une soupape secondaire;
- Permettre de créer un système d'arrêt d'urgence hydraulique.

Figure 10.4 **Valve de limitation de pression avec 3 pressions**

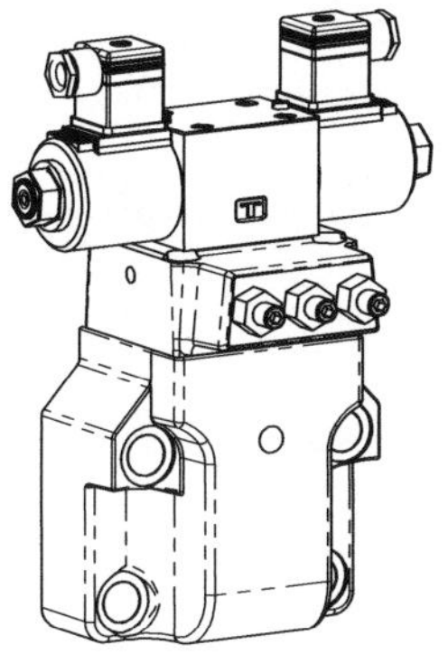

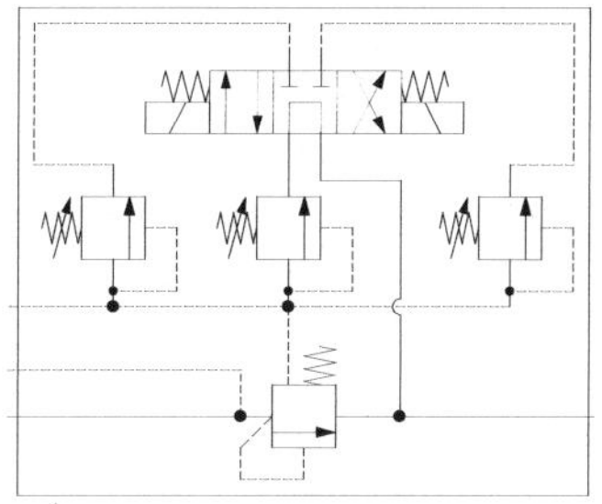

Valve directionnelle non énergisée,
valve de limitation de pression du centre active

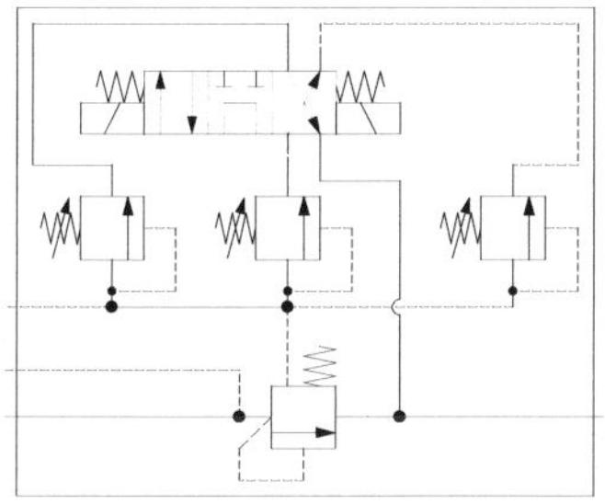

Valve directionnelle énergisée,
valve de limitation de pression de gauche active

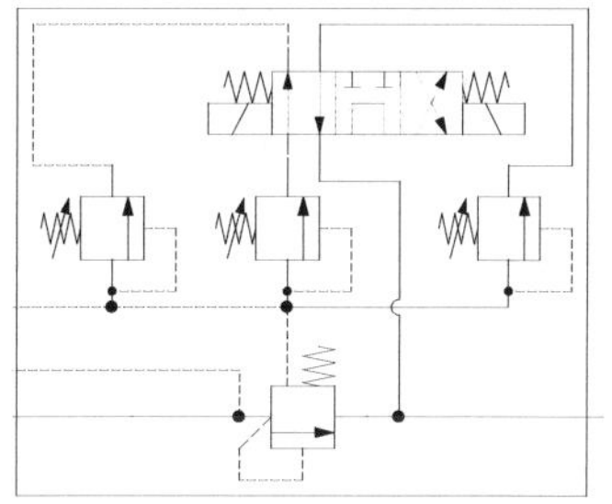

Valve directionnelle énergisée,
valve de limitation de pression de droite active

10.1 Application dans des schémas

Le schéma de droite permet de faire fonctionner le vérin sous différentes pressions. Prenons le cas où R(1) est ajusté à 1 000 psis et R(2) est ajusté à 600 psis. La valve R(1) est une valve pilotée ayant un port de saignage contrôlé par R(2). La valve directionnelle telle que représentée permet au vérin de monter.

La pression du côté du cap du vérin est obligatoirement de 0 psi (pression de la ligne T).

Figure 10.5 **Circuit avec saignage**

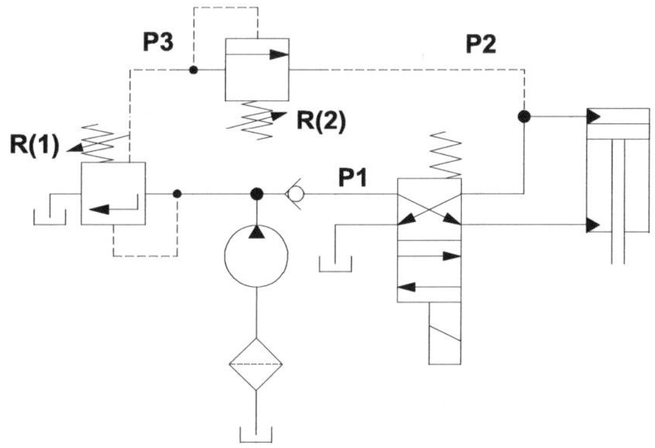

Cela fait en sorte que la pression à la sortie de R(2) est de 0 psi. On se retrouve alors avec une pression maximale du circuit équivalente à celle de la valve ayant une pression de réglage la plus élevée de R(1) et de R(2), soit ici 600 psis.

Lorsque la valve directionnelle fait en sorte de faire descendre le vérin, la pression à la sortie de R(2) sera celle de la pompe. Si le vérin ne voit pas de résistance, la pression de la pompe sera à peu près nulle. Toutefois, si le vérin voit une résistance extérieure, la pression augmentera. Supposons un instant que la résistance fasse en sorte que nous avons une pression au niveau du cap du vérin de 500 psis. Cette pression s'additionnera au réglage de R(2).

Ainsi, R(2) aura donc la tendance à limiter la pression de R(1) à 500 + 600, soit 1 100 psis. Étant donné que cette pression est plus élevée que l'ajustement de R(1) donné à 1 000 psis, la protection du circuit sera alors la pression de réglage de R(1). Notons que la pression dans la ligne de saignage allant à R(2) sera la pression dans la chambre du tiroir de R(1).

Figure 10.6 **Circuit avec saignage**

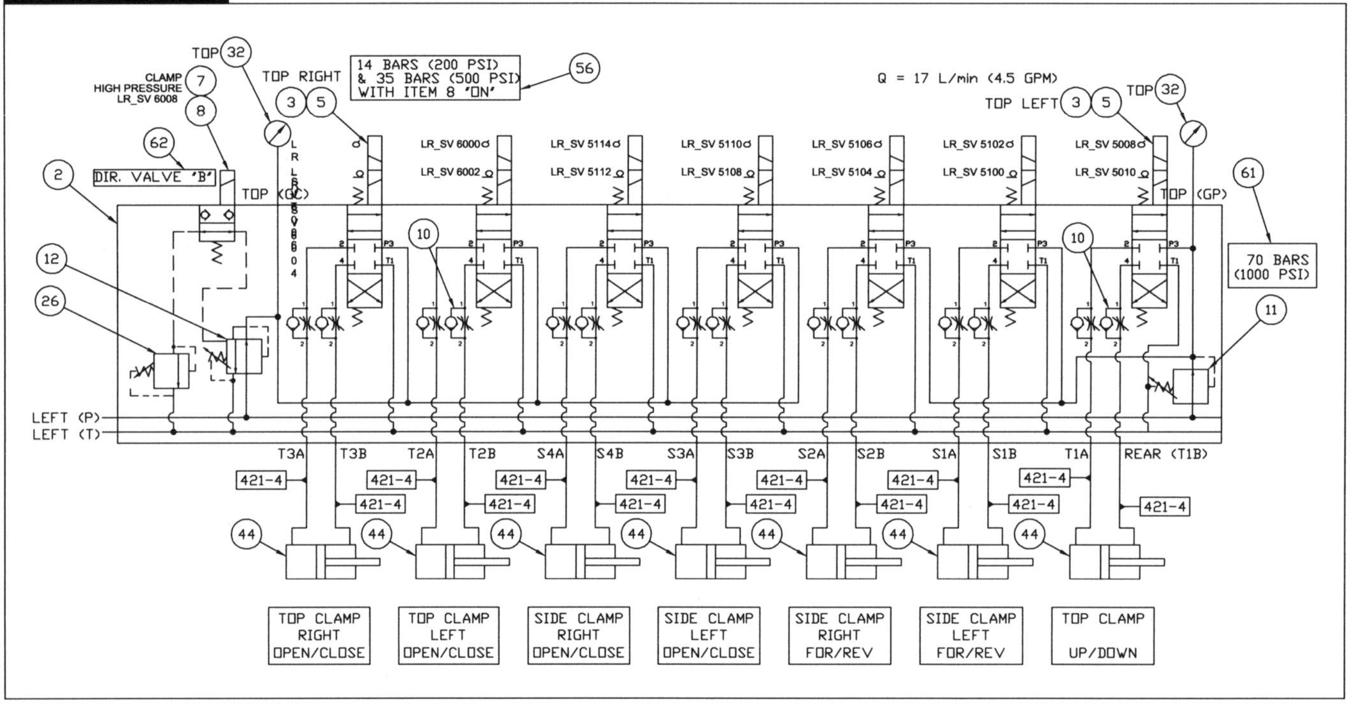

Le circuit de la Figure 10.6 présente une valve de réduction/limitation de pression (item 12) contrôlée par saignage qui maintient la pression dans les quatre premiers circuits de vérins. La valve elle-même possède sa propre valve pilote. La ligne de saignage est contrôlée par une valve directionnelle 2/2 (item 7) en cartouche particulièrement étanche et une valve de limitation de pression (item 26) prévue pour un débit de saignage.

Nous sommes donc en présence d'un circuit ayant deux pressions d'opération qui peut s'avérer utile dans certaines applications. L'ajustement de la valve principale (item 12) doit toujours être plus élevé que l'ajustement de la valve secondaire (item 26).

La Figure 10.7 présente un schéma traditionnel où l'on utilise un circuit de saignage pour l'ajustement de la pression d'opération d'une pompe à distance.

Figure 10.7 **Contrôle de l'ajustement d'une pompe à pression compensée par saignage**

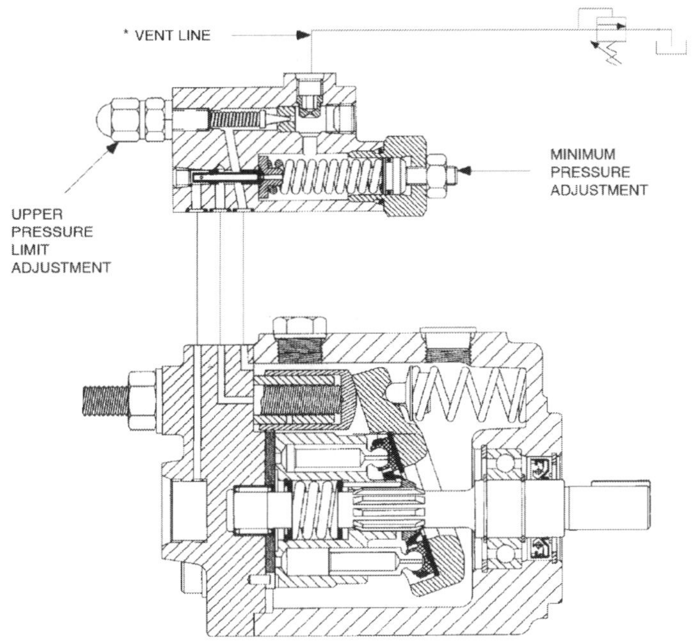

Source : Continental Hydraulics, pompe HPV

10.2 Exercices

Exercice niveau #1

N/A

Exercices niveau #2

Exercice #1 : Pour le circuit suivant, déterminer les pressions P1, P2 et P3 (P2 et P3 à l'intérieur des lignes de pilotage/drainage) lorsque le vérin est en montée et en descente :

Hypothèse :

- Il n'y a pas de résistance à l'écoulement;
- Toute la pression est utilisée par le vérin;
- R(1) est ajusté à 1 300 psis;
- R(2) est ajusté à 500 psis.

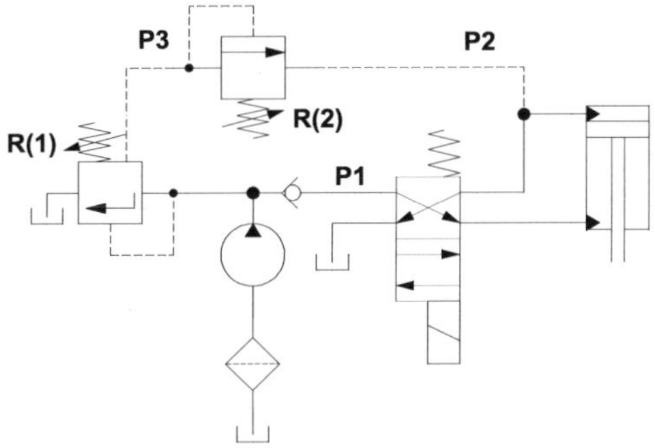

Réponse :

Vérin en montée (Valve non énergisée)	Vérin en descente (Valve énergisée)
P1 :	P1 :
P2	P2 :
P3 :	P3 :

Exercice #2 : Pour le circuit suivant, déterminez la pression à la sortie de la pompe en fonction des réglages proposés :

Hypothèse :

- Il n'y a pas de résistance à l'écoulement;
- R1 est ajusté à 1 600 psi;
- R2 est ajusté à 200 psi;
- R3 est ajusté à 900 psi;
- R4 est ajusté à 300 psi.

Réponse : ____________________

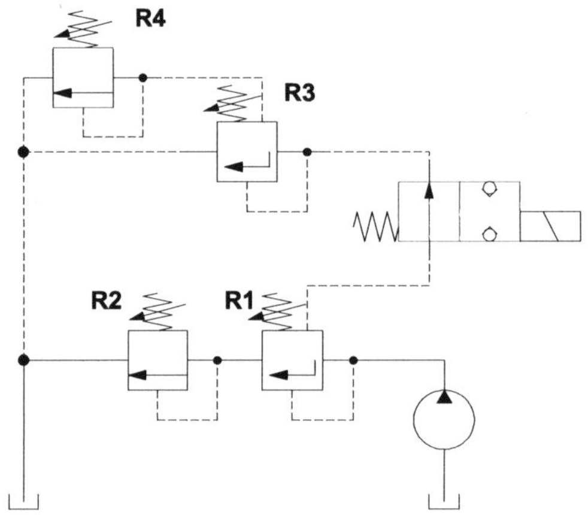

Exercice niveau #3

N/A

Réponse exercice niveau #1

N/A

Réponses exercice niveau #2

N/A

Exercice #1 :

Vérin en montée (Valve non énergisée)	Vérin en descente (Valve énergisée)
P1 : 500 psis max	P1 : 1 300 psis max
P2 : 0 psi	P2 : 1 300 psis max
P3 : 500 psis max	P3 : 1 300 psis max

Montée : P à la sortie du vérin est obligatoirement 0, donc P2 est égale à zéro. Ainsi, la pression la plus élevée qu'il peut y avoir à la pompe est la pression de R(2), soit 500 psis

Descente : Sera encore ici fonction de la charge que le vérin aura à déployer, mais la pression maximale se détermine en suivant le raisonnement qui suit : La pression la plus basse du système est donnée par R(2), soit 500 psis. Si la pression de la pompe est de 500 psis, la pression de la pompe deviendra alors de 500 + 500 à cause de R(2), mais si la pression devient de 1 000, alors R(2) causera une pression de 1 000 + 500 psis. Ainsi, cet effet d'avalanche fait en sorte que la pression de la pompe sera limitée par R(1), soit 1 300 psis.

Exercice #2 : Pression R(1) minimale = le plus faible de R(1), R(3) et R(4), soit 300 psis. La pression de la pompe sera la pression de R(1) plus la résistance à son drain, soit de R(2), pour un total de 300+200=500 psis.

Réponse exercice niveau #3

N/A

11 Valves de contrebalance

Dans ce chapitre nous traiterons essentiellement des mouvements verticaux. Le mouvement de montée est relativement simple en soi, il faut beaucoup de puissance et il est assez facile de concevoir un circuit. L'enjeu arrive lorsque l'on désire une charge.

Il va de soi que si nous avons utilisé une puissance de 5 hp par exemple pour soulever une charge, nous avons exécuté un travail, et la section soulevée a du coup accumulé de l'énergie potentielle. Il arrive un moment où il faut descendre cette charge et le circuit doit faire en sorte d'absorber cette puissance. La seule façon d'absorber cette énergie est de l'accumuler en chaleur.

Ce chapitre ne traitera pas uniquement des mouvements verticaux, et ne traitera pas seulement des cas où nous devons freiner une charge. Toutefois, une des utilisations principales des valves de contrebalance se trouve être ces mouvements.

La fonction d'une contrebalance est un peu la même qu'un clapet piloté bloquant la position d'un actionneur. Toutefois, la contrebalance offre une protection supplémentaire en limitant la pression possible dans le circuit.

11.1 Contrebalance à pilotage interne

Une contrebalance à pilotage interne est une sorte de valve de limitation de pression. La valve est normalement fermée et il faut une pression à l'entrée de la valve afin qu'elle s'ouvre. Les grandes différences par rapport à une valve de limitation de pression normale est que la contrebalance est conçue pour être davantage étanche en position fermée, et qu'elle intègre généralement un clapet antiretour.

De plus, bien souvent, la vis d'ajustement permet en fin de course d'ouvrir manuellement la valve pour pouvoir forcer le mouvement de descente par exemple. Mais il est possible d'utiliser dans certains cas une valve de limitation de pression adaptée pour être étanche avec un clapet la contournant.

L'application traditionnelle d'une soupape de type contrebalance à pilotage interne est de faire perdre de la pression à un écoulement pour un mouvement de descente où l'on se bat contre la gravité. Du coup, le mouvement n'a pas toute la force disponible pour faire son mouvement de descente, et si l'équipement demande la pleine puissance hydraulique, il faut opter pour une contrebalance à pilotage externe. C'est une valve particulièrement adaptée à un usage où la charge est constante.

L'ajustement d'une valve de contrebalance est établi au-dessus de la pression qu'elle doit retenir, normalement selon un rapport de 30 %. Ainsi, si la pression à retenir est de 2 000 psis, la valve de contrebalance devrait être ajustée pour laisser passer de l'huile à 2 600 psis. Les valves sont ajustables en pression, et la vis permet de relâcher le clapet interne pour faire redescendre la masse. Il faut donc faire attention. Une contrebalance devrait être ajustée sur un banc de test et installée ensuite sur le circuit.

En général, le fait de tourner dans le sens horaire la vis d'ajustement fait en sorte de réduire la pression d'ajustement, à l'inverse de ce que l'on voit sur les valves de limitation de pression. Une contrebalance à pilotage interne a pour fonction de générer une grande perte de charge, en ce sens, elle peut être sélectionnée de dimension relativement réduite.

L'utilisation d'une contrebalance à pilotage interne est obligatoirement un élément produisant beaucoup de chaleur et représente un élément réduisant l'efficacité énergétique d'un circuit. Mais parfois, c'est justement ce qui est recherché.

La valve montrée à la Figure 11.1 est une valve initialement prévue pour un contrôle externe, mais dont le port de contrôle est bloqué. Dans ce cas précis, l'aire de poussée du côté de la charge est très faible et se situe au-dessus du clapet.

Figure 11.1 **Contrebalance à pilotage interne de SUN HYDRAULICS**

WITHOUT PILOT ASSIST, 3 PORT CAVITY

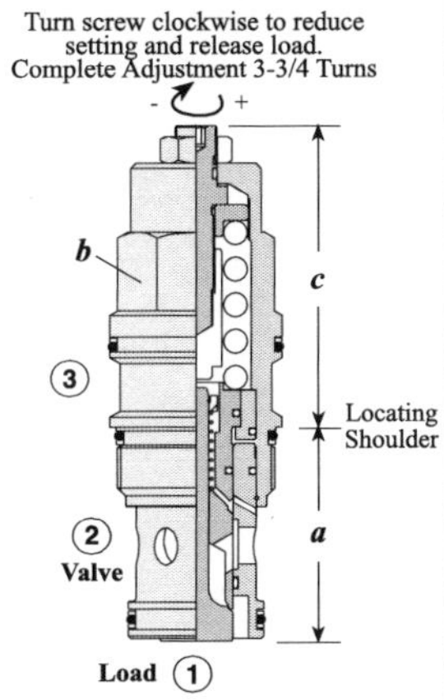

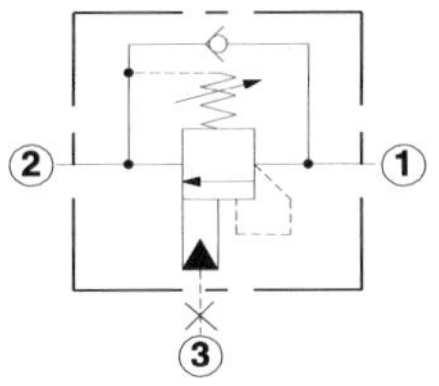

Capacity	*Typical Cartridge Model Code*	*Cavity*	*Cartridge Dimensions* a	b	c L	C	*Installation Torque (lb. ft.)*
15 GPM	**CCCA – LAN**	T - 11A	1.38	7/8"	1.97	2.19	30/35
30 GPM	**CCEA – LAN**	T - 2A	1.38	1 1/8"	2.38	2.50	45/50
60 GPM	**CCGA – LAN**	T - 17A	1.81	1 1/4"	2.74	3.31	150/160
120 GPM	**CCIA – LAN**	T - 19A	2.50	1 5/8"	3.52	4.09	350/375

Performance Curves

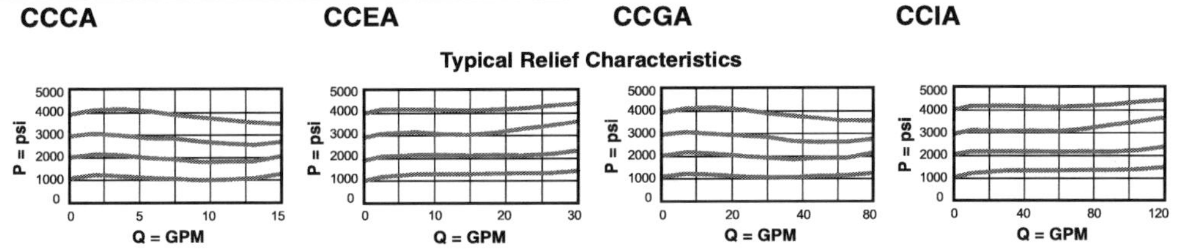

11.2 Contrebalance à pilotage externe

Comme nous l'avons vu dans la section précédente, une valve de contrebalance directe (pilotage interne) impose une perte de charge. Il existe bien des applications où la contrebalance doit maintenir la charge tout en limitant la pression dans le circuit, mais dont on souhaite forcer l'ouverture complète et sans perte de charge associée à une contrebalance directe. Dans ces cas, il faut se tourner vers une contrebalance à pilotage externe. Ce type de valve procure aussi une protection pour limiter les risques de surpression à la sortie d'un actionneur tout en procurant une bonne étanchéité qui est nécessaire pour assurer que le vérin demeure en place à l'arrêt. L'utilisation d'une contrebalance à pilotage externe est principalement propice dans les cas suivants :

- Lorsqu'on désire que l'actionneur ait sa pleine capacité de force en descente, comme le cas d'une presse par exemple;
- Lorsque la charge varie beaucoup et où avec la charge la plus faible, le système n'est pas apte à descendre. Ce qui arrive souvent lorsque la charge à retenir devient trop faible par rapport à la charge maximale. Ce cas de figure est particulièrement présent lorsque le vérin possède un rapport de surface élevé et que le vérin retient la charge en compression.

Le choix d'une contrebalance à pilotage externe vient aussi avec un inconvénient non négligeable, son fonctionnement est essentiellement en mode ouvert ou fermé. Elle ne génère pas de perte de charge à proprement dit lorsque le système est doté d'une pompe de grande capacité et ne constitue pas une valve de contrôle du mouvement. Il faut donc que le circuit possède d'autres mécanismes d'ajustement lorsque l'on désire contrôler la vitesse du mouvement.

L'ajustement d'une valve de contrebalance est établi au-dessus de la pression qu'elle doit retenir, normalement selon un rapport de 30 %. La valve de distribution doit être choisie de façon à s'assurer qu'il n'y ait pas de pression sur la ligne de pilotage.

Figure 11.2 **Contrebalance à pilotage externe**

STANDARD, 5000 PSI MAXIMUM SETTING

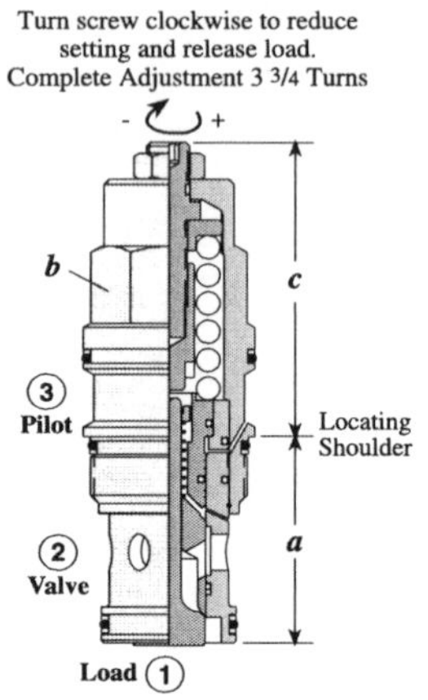

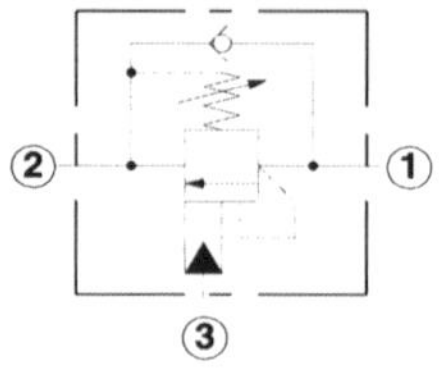

Capacity	Typical Cartridge Model Code	Cavity	Cartridge Dimensions a	Cartridge Dimensions b	Cartridge Dimensions c L	Cartridge Dimensions c C	Installation Torque (lb. ft.)
15 GPM	CBCG – LJN	T - 11A	1.38	7/8"	1.97	2.19	30/35
30 GPM	CBEG – LJN	T - 2A	1.38	1 1/8"	2.38	2.50	45/50
60 GPM	CBGG – LJN	T - 17A	1.81	1 1/4"	2.75	3.31	150/160
120 GPM	CBIG – LJN	T - 19A	2.50	1 5/8"	3.50	4.09	350/375

Performance Curves

CBC* **CBE*** **CBG*** **CBI***

Free Flow and Pilot Open Pressure Drop

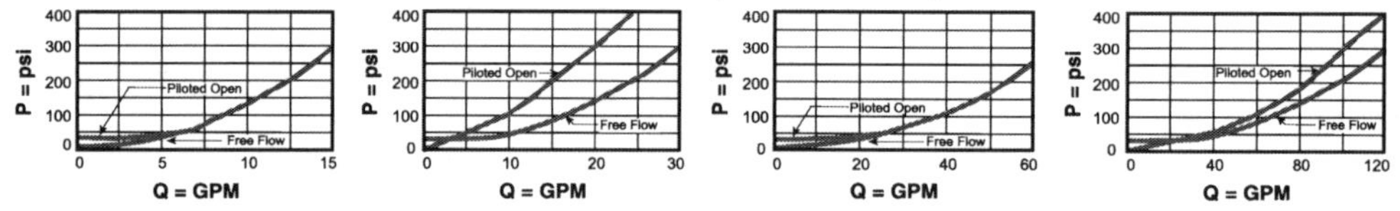

OPTION ORDERING INFORMATION

Model Codes printed in Red are Preferred Versions and most readily available

CB ✶✶ – ✶✶✶

Nominal Capacity	*Version*	*Control***	*Cracking Pressure*	*Seal*
C 15 GPM	**G** 4.5:1 Pilot Ratio	**L** Standard Screw	*25 psi Check Spring*	**N** Buna-N
E 30 GPM	**H** 10:1 Pilot Ratio	**C** Tamper Resistant	**J** 2000 - 5000 psi	**V** Viton
G 60 GPM	**L** 2.3:1 Pilot Ratio (with sealed pilot)		**K** 1000 - 2500 psi	
I 120 GPM			*4 psi Check Spring*	
			C 2000 - 5000 psi	
			D 1000 - 2500 psi	

Source : SUN HYDRAULICS

Une contrebalance à pilotage externe utilise deux sources de pression pour s'ouvrir. Tout comme la contrebalance à pilotage interne, elle utilise la pression à l'entrée de la valve, et cette pression à elle seule permet l'ouverture de la valve à la pression de réglage. La deuxième source de pression provient de la ligne de pilotage externe. Cette pression agit toutefois avec un rapport de pilotage qui est une option lors de la commande de la composante. Cette deuxième pression associée à son rapport de pilotage s'additionne à la pression du pilotage interne pour ouvrir la contrebalance. Ainsi, si nous avons une contrebalance ajustée à 2 000 psis, et que l'on utilise une contrebalance ayant un rapport de pilotage de 10:1, la pression requise du pilotage sera de 100 psis si la charge résistive crée une pression de 1 000 psis à l'entrée de la valve. À ce point, la valve est complètement ouverte et ne crée aucune perte de pression.

Évidemment, cette estimation ne tient pas compte de la restriction après la valve de contrebalance. Afin d'avoir un réglage qui n'est pas affecté par la restriction en aval, il est généralement possible d'avoir recours à une contrebalance avec un port indépendant pour le drainage.

Le choix du rapport de pilotage dépend de plusieurs facteurs, dont le type de circuit que nous avons. Si la pompe a un débit plus important que requis pour le mouvement ayant la contrebalance et que la pression sera maintenue, il faut sélectionner une contrebalance ayant le plus bas rapport de pilotage possible, mais s'assurer que la valve sera bien ouverte. Si le circuit est alimenté par une pompe de petite capacité et que l'on peut prédire que la pression chutera en fonction du besoin du circuit avec la contrebalance, les règles suivantes s'appliquent :

- En général, un rapport de pilotage le plus bas possible procure un mouvement mieux contrôlé et stable, particulièrement pour les systèmes élastiques et pour les grandes charges d'inertie;
- Un rapport de pilotage élevé est souvent la norme pour les circuits avec moteur hydraulique (qui demande un frein mécanique pour retenir la charge);
- Un rapport de pilotage élevé permet de réduire la pression d'alimentation à l'actionneur ce qui améliore l'efficacité énergétique et réduit la chaleur induite dans le circuit, mais au prix d'un contrôle moins stable du mouvement;z
- Pour un contrôle plus doux, un accumulateur hydraulique peut être ajouté sur la ligne de pilotage;
- Un contrôle meter-out entre l'actuateur et la contrebalance améliore la stabilité du mouvement, tout en réduisant les risques de chocs limitant le risque de bris de la valve.

11.3 Mouvements verticaux, charge soumise à la gravité sur un vérin

Dans les mouvements verticaux, le mouvement où l'on doit soulever ou retenir une charge soumise à la gravité présente son lot de défis. Le défi est encore plus important lorsqu'il s'agit de le faire redescendre.

Mais avant de penser à le faire descendre, il faut bien souvent retenir la charge. Comme nous le savons, une valve directionnelle n'est pas d'une étanchéité exemplaire alors que la construction normale d'une valve de distribution à 4 ports utilise un tiroir où il y a un jeu laissant passer un faible débit.

11.3.1 Retenu d'une charge avec valve antiretour pilotée

il est bien entendu possible de retenir une charge avec une valve antiretour pilotée pour permettre le mouvement inverse (tel que présenté à Figure 11.3). Le clapet permet une étanchéité exemplaire et permet au vérin de demeurer en place même si une charge importante pousse sur le vérin.

Imaginons que la valve de distribution mette en branle le mouvement de montée. Le débit passe de P à B et la pression se forme dans la canalisation. Si la pompe a un débit relativement faible, la pression à la pompe sera assurément près de la valeur de la pression générée par la charge (supposons 600 psi).

Si toutefois, nous avons une pompe avec un débit très important, il se peut que la pression atteigne la pression de 1 000 psis. Dans ce cas, le débit fera en sorte qu'il y aura équilibre lorsque les pertes de charge vues par la pompe totaliseront 400 psis.

Figure 11.3 **Charge retenue par une valve antiretour pilotée (circuit non fonctionnel)**

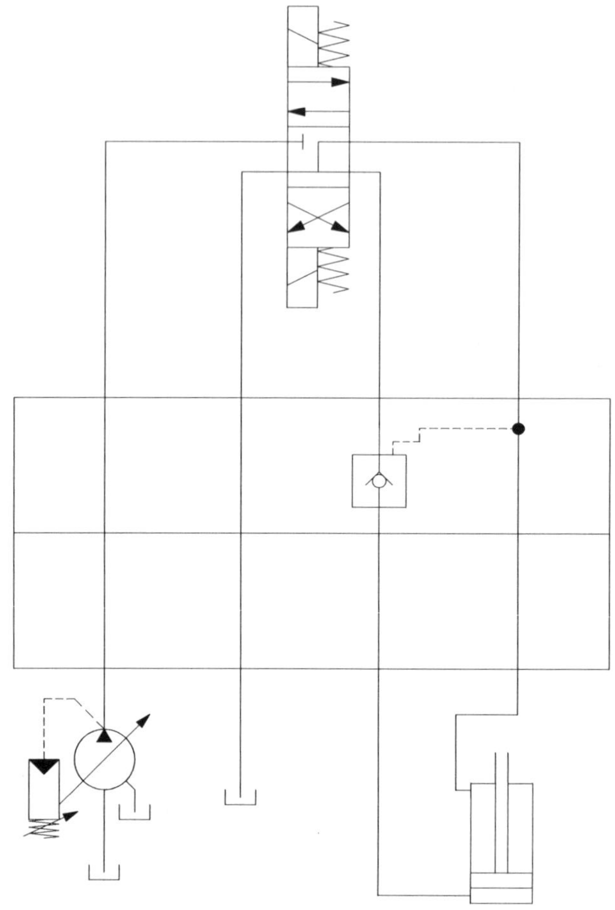

Regardons cette fois ce qui se passe lorsque la valve de distribution ordonne au vérin de descendre. À ce stade, et toujours avec les hypothèses de tout à l'heure, nous avons une pression au clapet de 600 psis. Si la pompe possède un faible débit, on se retrouvera avec une montée de pression dans la ligne A. Si nous prenons pour acquis que le vérin possède un rapport de surface de 2 et la valve antiretour pilotée avec un rapport de pilotage de 3, au moment où la pression atteindra 240 psis dans la ligne A, nous aurons de fait une pression de 600+240/2 soit 720 psis en amont du clapet. À ce moment précis, la pression en A, ainsi que dans la ligne de pilotage, sera suffisante pour faire ouvrir le clapet (720psi/3=240psi). Une fois le clapet ouvert, le vérin aura tendance à tomber sous la charge ce qui conduira à une perte de pression dans la ligne A conduisant du coup à la fermeture du clapet. De nouveau, la pression se rétablira dans la ligne A pour faire ouvrir de nouveau le clapet. Nous avons donc un mouvement qui peut devenir saccadé. Si la pompe possède un débit infini, il se peut qu'un équilibre se forme, mais nous comprenons que nous avons affaire à un mouvement qui a du mal à être contrôlé.

Nous pouvons aussi observer que le mouvement de descente demande de perdre de la charge. Nous devons au minimum générer une restriction en vue de perdre au moins la pression de 600 psis présente à l'arrêt dans le bas du vérin, puis la pression qui provient de la pompe et qui fait en sorte d'augmenter la perte de charge que le système doit générer. Dans un monde idéal où nous avons un seul vérin relié à une seule pompe, on peut imaginer avoir une pression de montée puis une pression plus basse en descente. Toutefois, dans la majeure partie des systèmes hydrauliques d'équipement fixes, la pression sera maintenue sur la ligne de pression.

La Figure 11.4 présente une alternative au problème précédent où un contrôleur de débit est ajouté pour générer une perte de charge en descente. Toujours avec les hypothèses précédentes, au cours du mouvement descendant, et si l'étranglement causé par le contrôleur de débit est apte à générer une perte de charge équivalente à la charge (600 psi) plus l'effet de la pompe (1 000 psis/2 = 500 psis au niveau du cap), soit un total de 1 100 psis, on retrouvera une pression nulle en amont du clapet. Dans ce mode de fonctionnement, on sera assuré que le clapet est pleinement ouvert alors que la pression de pilotage serait maximale à 1 000 psis. Au départ, il se peut que le mouvement ait de très faibles secousses, mais le système devrait atteindre un équilibre fonctionnel.

La raison qui laisse penser qu'au début de la mise en branle du mouvement il pourrait y avoir des secousses est le fait que la perte de charge à travers l'étranglement est fonction du débit. Toutefois, lorsque la valve de distribution demande au mouvement de descendre, le débit est nul. C'est donc une solution qui manque de souplesse, mais qui peut fonctionner si l'on accepte des petites secousses.

Figure 11.4 **Charge retenue par une valve antiretour**

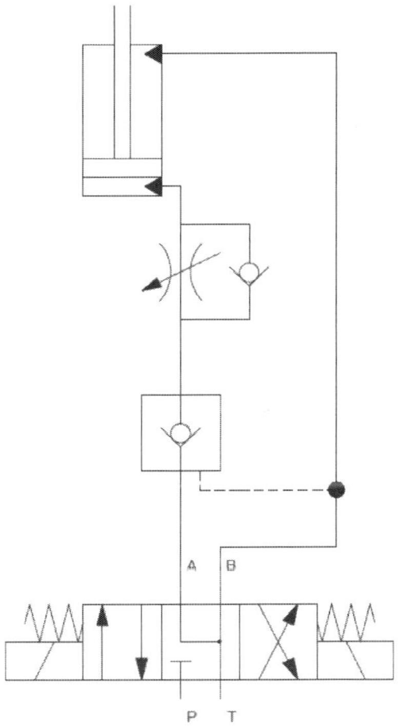

Un autre inconvénient au fait d'utiliser un clapet antiretour pour maintenir la charge est le manque de sécurité si la charge augmente trop sur le cylindre faisant en sorte de faire augmenter la pression à un seuil trop élevé. Il serait toujours possible d'installer une valve de limitation de pression directement entre la ligne du bas du vérin et la ligne T, mais ce n'est pas une solution des plus élégantes.

11.3.2 Valve de contrebalance à pilotage interne

L'application traditionnelle d'une soupape de type contrebalance à pilotage interne est de faire perdre de la pression à un écoulement pour un mouvement de descente où l'on se bat contre la gravité.

La figure de droite nous présente un schéma avec un vérin (ayant un rapport de surface de 2) dont la position est maintenue en place par l'utilisation d'une valve de contrebalance. On remarque que le drainage de la valve se fait via le port de sortie. Cela sous-entend que la restriction à la sortie de la valve peut affecter le réglage.

Les contrôleurs de débit sont en meter-in ce qui limite la pression à la sortie du vérin. Le fait d'utiliser des contrebalances directes fait en sorte qu'il y a toujours une restriction importante à la sortie permettant un contrôle de type meter-in. Le rapport de surface affecte beaucoup le comportement du circuit. La pression entrant dans le vérin s'additionne à la pression de retenue selon le rapport de surface.

Figure 11.5 **Charge retenue par une contrebalance, compression, meter-in**

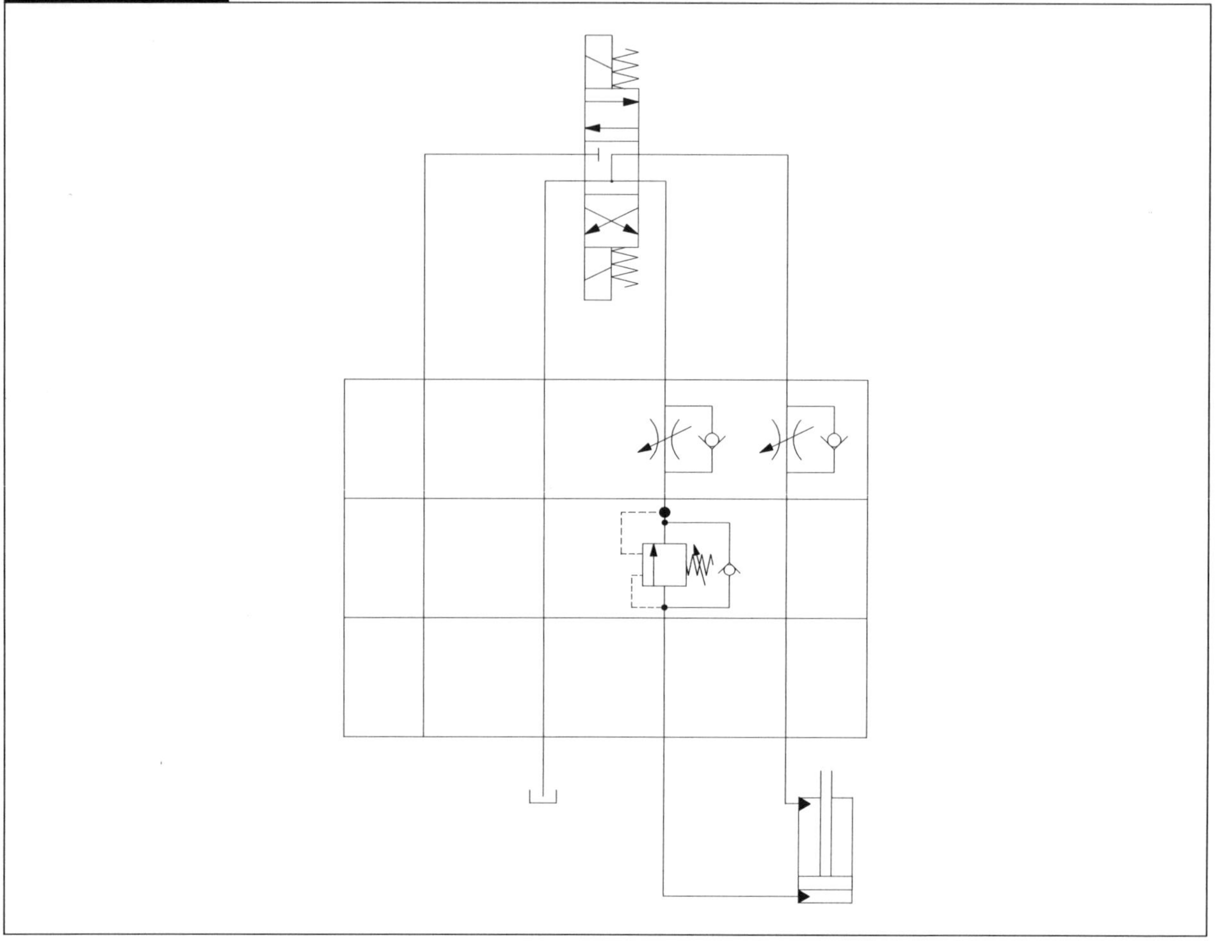

L'inconvénient important avec une contrebalance directe est que la force en descente s'en trouve réduite. À la limite, il se peut que le vérin ne puisse tout simplement pas descendre si la charge retenue devient trop faible.

Si pour une raison, le vérin doit avoir sa pleine capacité en descente, l'utilisation de contrebalance directe est proscrite. La pression minimale à l'entrée du vérin à l'arrêt pour le faire redescendre lorsqu'il est placé la tige vers le haut (Figure 11.5) est donnée par la formule suivante :

$$P_{e(\min)} \textit{vérin en compression} = S\left(P_c - P_{r(min)} \right)$$

Où : P_e : Pression minimale à l'entrée du vérin pour permettre au vérin de redescendre, psi

P_r : Pression de retenue, psi

P_c : Pression d'ajustement de la contrebalance, normalement 1,3 × Pr maximale, psi

S : Rapport de surface du vérin Ac/Ah

La pression maximale à la sortie du vérin est dans ce cas :

$$P\ max.à\ la\ sortie\ du\ vérin\ en\ compression,\ meter-in = P_C + restriction\ après\ la\ contrebalance$$

Si nous prenons un exemple où la charge de retenue varie entre 100 et 800 psis, avec un vérin ayant un rapport de surface de 1.61, où la pompe fournit une pression de 1 000 psis, nous avons alors les cas limites suivants :

Cas	Pc	Pr	S	Pe minimale
Pleine charge	1 040	800	1.61	386
Vide	1 040	100	1.61	1 513
Cas limite	1 040	420	1.61	1 000

Ce que nous montre cet exemple est que lorsque la pression de retenue devient trop faible, la pression de la pompe est insuffisante pour permettre le mouvement de descente. Avec le cas idéal où la pompe fournit 1 000 psis et que nous négligeons les pertes de charge dans les composantes, nous trouvons que la pression minimale de retenue doit être de 420 psis afin que le mouvement de descente puisse se faire. La pression maximale à la sortie du vérin est 1 040 psis minimum.

Figure 11.6 **Charge retenue par une contrebalance, compression meter-out**

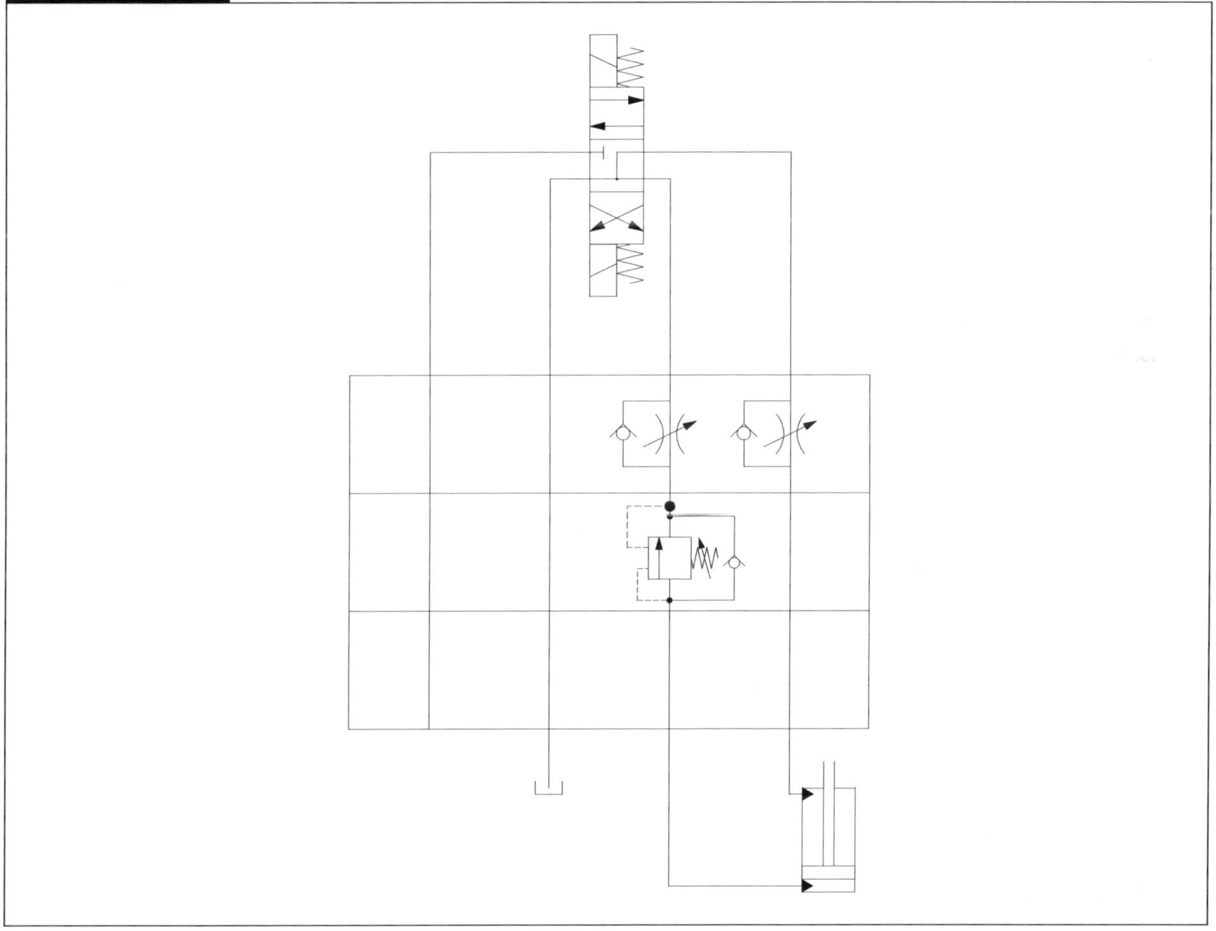

Figure 11.7 **Charge retenue par une contrebalance, tension, meter-in**

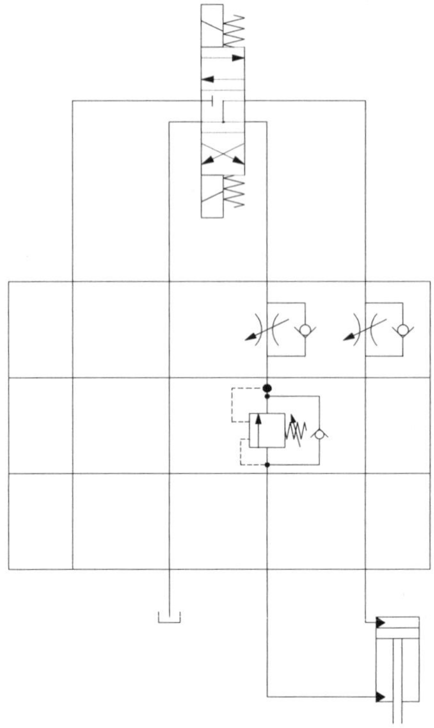

Figure 11.8 **Charge retenue par une contrebalance, tension, meter-out**

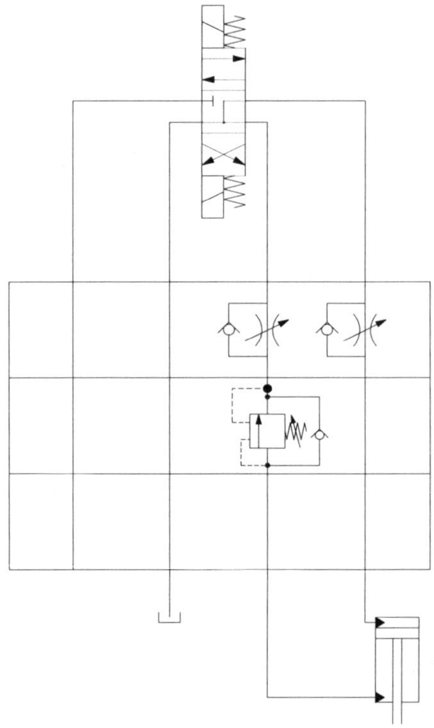

Le schéma de la Figure 11.6 présente un schéma similaire au cas précédent avec toutefois les contrôleurs de débit placés en meter-out. La formule pour trouver la pression minimale à l'entrée du vérin est la même que précédemment, toutefois, la pression à la sortie du vérin sera plus grande et suivra la formule suivante si l'on néglige les pertes de charge (ce qui est conforme lorsque le mouvement est à l'arrêt).

La pression maximale à la sortie du vérin est dans ce cas :

$$P\ max.\grave{a}\ la\ sortie\ du\ v\acute{e}rin\ en\ compression,\ meter-out = P_p\ /\ S + P_{r(max)}$$

Ce qui nous donne avec les paramètres de l'exemple précédent une pression de 1 421 psis.

Le Figure 11.7 présente un circuit similaire aux précédents, mais avec un montage en meter-in alors que le vérin soutient la charge en tension. Ce cas réduit la pression minimale pour descendre la charge par rapport au cas où le vérin retient la charge en compression. La pression minimale à l'entrée du vérin à l'arrêt, afin de le faire redescendre lorsqu'il est placé la tige vers le bas (Figure 11.7), est donnée par la formule suivante :

$$P_{e(\min)} v\acute{e}rin\ en\ compression = \frac{P_c - P_{r(min)}}{S}$$

On voit que la pression minimale à l'entrée du vérin devient beaucoup plus basse que lorsque le vérin est en compression. Le rapport de surface devient favorable. Généralement, le mouvement de descente devrait se faire même si la charge à retenir devient très faible. Tout comme le cas en meter-in précédent, la pression maximale à la sortie du vérin est donnée par la formule suivante :

$$P\ max.\grave{a}\ la\ sortie\ du\ v\acute{e}rin\ en\ compression,\ meter-in = P_C + restriction\ apr\grave{e}s\ la\ contrebalance$$

Le schéma de la Figure 11.8 présente un schéma similaire au cas précédent avec toutefois les contrôleurs de débit placés en meter-out. La formule pour trouver la pression minimale à l'entrée du vérin est la même que précédemment, toutefois, la pression à la sortie du vérin sera plus grande et suivra la formule suivante si l'on néglige les pertes de charge (ce qui est conforme lorsque le mouvement est à l'arrêt). La pression maximale à la sortie du vérin est dans ce cas :

$$P\ max.\grave{a}\ la\ sortie\ du\ v\acute{e}rin\ en\ compression,\ meter-out = P_p\ S + P_{r(max)}$$

Cette formule nous montre clairement que la pression à la sortie du vérin peut devenir très importante. Le vérin devrait donc être sélectionné afin de résister à cette pression éventuelle. Un cas simple peut être une application où la pression de retenue est de 1 800 psis, alors que la pression de la pompe est à 2 000 psis, et où nous avons un vérin ayant un rapport de surface de 1,61. On se retrouve alors avec une pression à la sortie du vérin devenant aussi élevée que 5 000 psis. Il ne faut donc pas choisir un vérin selon la pression de la pompe!

11.3.3 Valve de contrebalance à pilotage externe

Comme nous l'avons vu dans la section précédente, une valve de contrebalance directe pose certains problèmes lorsqu'il s'agit de vaincre la résistance de la valve dans les mouvements de descente. La force n'est pas optimale en descente, voir même insuffisante pour permettre le mouvement si la charge retenue est trop faible. Dans ces cas, il faut se tourner vers une contrebalance à pilotage externe.

Le circuit de la Figure 11.9 présente un cas typique où nous utilisons une contrebalance à pilotage externe. L'hypothèse de ce circuit est que la capacité de débit de la pompe est plus grande que la consommation désirée du vérin à pleine vitesse, qui fera en sorte que la pression sera maintenue. Une charge est retenue par le vérin en compression. On retrouve un contrôleur de débit en meter-out ce qui est obligatoire dans ce cas étant donné que la charge peut devenir motrice.

Comme pour le cas d'une contrebalance interne, le réglage doit se faire à environ 30 % de plus que la pression de retenue maximale.

Figure 11.9 Circuit avec une contrebalance à pilotage externe

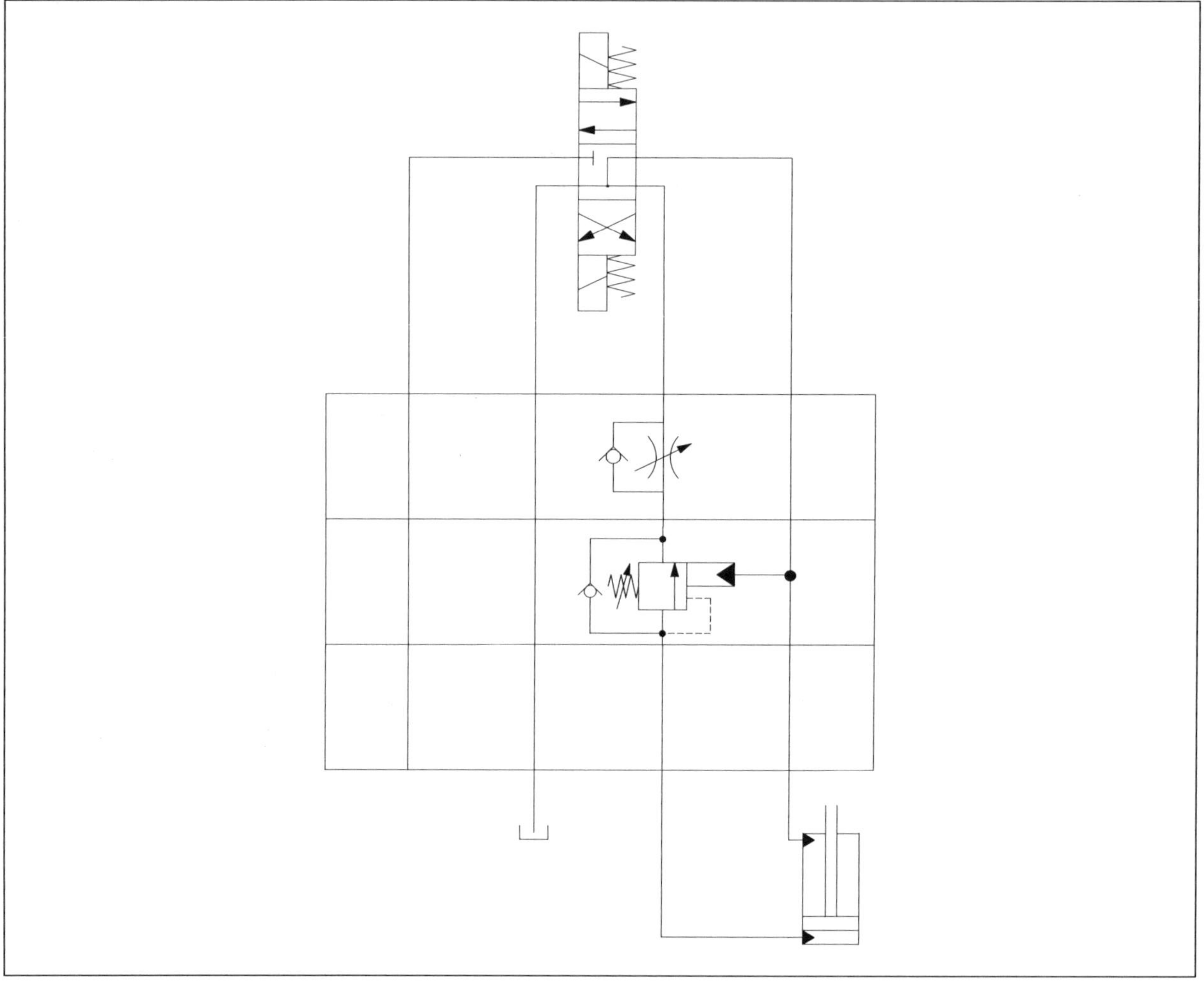

Comme le montre le symbole hydraulique de la contrebalance, une ligne de pilotage part en amont de la valve et pousse contre le tiroir normalement fermé pour l'ouvrir. Si la valve est ajustée par exemple à 1 800 psis, et si l'on considère qu'il n'y a pas de pression de pilotage, une pression de 1 800 psis à la sortie du vérin fera en sorte de permettre à la valve de laisser passer un débit. Comme le montre toujours le symbole, la pression de pilotage fait la même tâche. Nous retrouvons normalement un rapport de pilotage qui aide à l'ouverture de la contrebalance. On retrouve des rapports de pilotage variant entre 2 et 10, et un rapport de 3 est commun. Avec un rapport de 3, si la valve est encore une fois ajustée à 1 800 psis alors qu'aucune pression à la base du vérin n'est présente, la contrebalance laissera passer un débit si la pression de pilotage devient 1 800/3, soit 600 psis. L'effet se combine lorsque nous avons des pressions à la fois sur la ligne de pilotage ainsi que dans le bas du vérin.

Dans le circuit de l'exemple, nous pouvons généralement être assurés que la contrebalance ouvrira. Il y a toutefois un risque potentiel que la valve ne s'ouvre pas si la pression de pilotage chute, ce qui peut être le cas si la pompe n'est pas apte à maintenir une pression minimale. Cette pression de pilotage minimale se calcule aisément avec les équations ici-bas. Il est à noter que nous retrouvons différentes formules pour le calcul de la pression minimale de pilotage en fonction des ouvrages. Bien que les équations varient, le résultat des différentes équations procure des valeurs similaires. La référence qui procure une équation tenant compte de tous les paramètres est fournie entre autres par « SUN HYDRAULICS ». Les cas de figure suivants sont tirés d'un document de SUN alors que le schéma présenté en référence indique le principe de base du circuit et pouvant demander d'ajouter des contrôleurs de débit.

$$P_{e(min)} = \frac{P_c - P_r}{RP + 1/S}$$

$$P\ max.à\ la\ sortie\ du\ vérin = P_C\ ou\ P_{r(max)} + P_p / S$$

Figure 11.10 **Contrebalance à pilotage externe, vérin en compression**

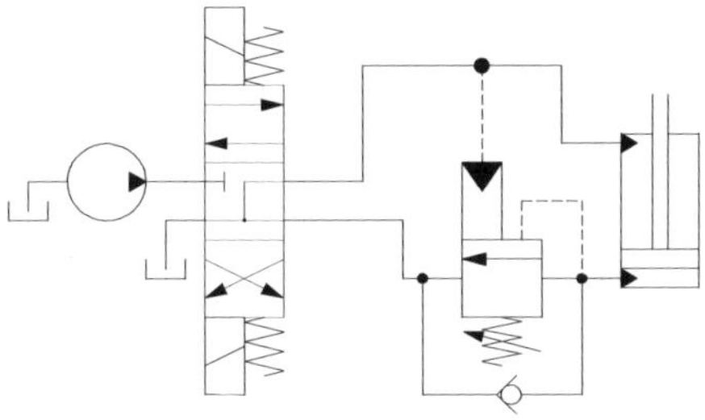

$$P_{e(min)} = \frac{P_c - P_r}{RP + S}$$

$$P\ max.à\ la\ sortie\ du\ vérin = P_C\ ou\ P_{r(max)} + P_p S$$

Figure 11.11 **Contrebalance à pilotage externe, vérin en tension**

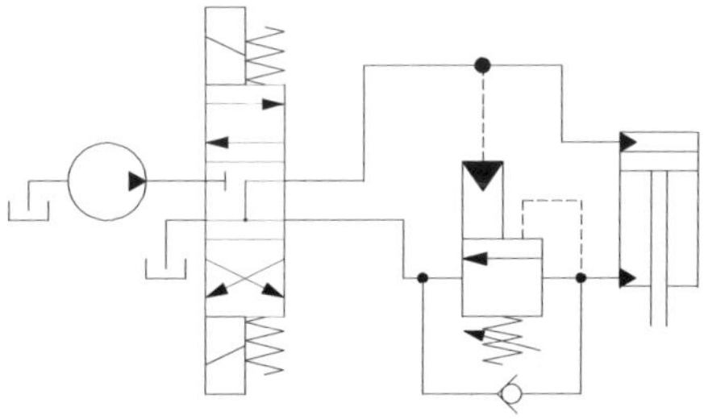

Où : P_e : Pression minimale à l'entrée du vérin pour permettre au vérin de redescendre (psi)

P_p : Pression de fonctionnement de la pompe (psi)

P_r : Pression de retenue (psi)

P_c : Pression d'ajustement de la contrebalance, normalement 1,3 × Pr maximale (psi)

S : Rapport de surface du vérin Ac/Ah

11.4 Mouvements verticaux, charge soumise à la gravité sur un moteur

L'application d'une valve de contrebalance sur un moteur est bien différente du cas d'un vérin. En effet, le fait qu'un moteur ait toujours une fuite fait en sorte que l'utilisation d'une contrebalance sur un moteur hydraulique est proscrite pour retenir la charge. On verra plutôt des freins mécaniques dans les applications qui ont la tâche de soutenir la charge.

Toutefois, il arrive des applications où l'on demande d'avoir une sécurité supplémentaire au frein ou encore que l'on se permette de maintenir la charge avec un faible déplacement.

La théorie est très similaire aux cas des vérins avec toutefois la nuance qu'un moteur possède un rapport de surface de 1.

11.4.1 Valve de contrebalance à pilotage interne

Tout comme ce qui a été mentionné au paragraphe 11.3.2, la valve de contrebalance à pilotage interne est indiquée lorsque l'on souhaite limiter la pression à la sortie d'un moteur et aussi générer une perte de charge importante afin de contrôler par exemple un mouvement de descente. La valve de contrebalance se doit d'être ajustée à 30 % au-dessus de la pression de maintien de la charge. Lorsqu'un contrôle de vitesse s'impose, nous avons le choix de faire un contrôle de type meter-in ou encore meter-out. Dans le cas du meter-out, nous avons le choix de placer le contrôleur de débit en amont ou en aval de la contrebalance.

Figure 11.12 **Contrebalance directe meter-out en aval**

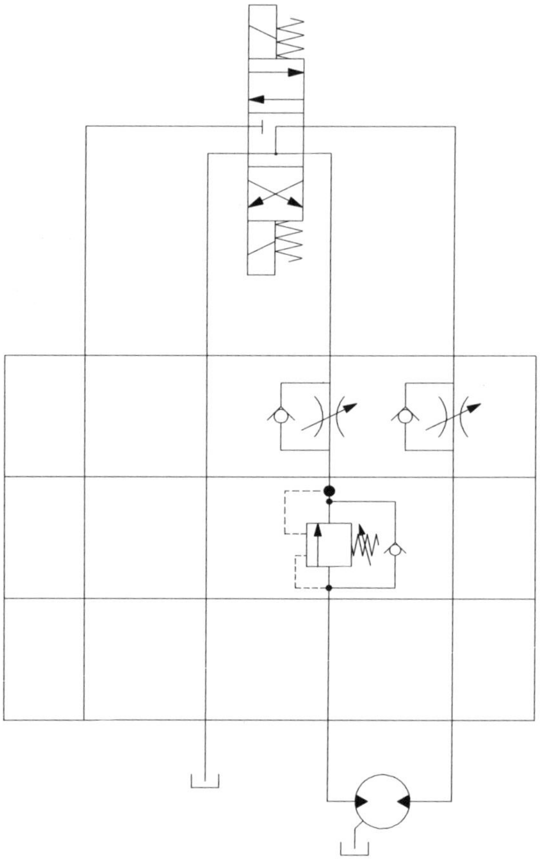

Figure 11.13 **Contrebalance directe meter-out en amont**

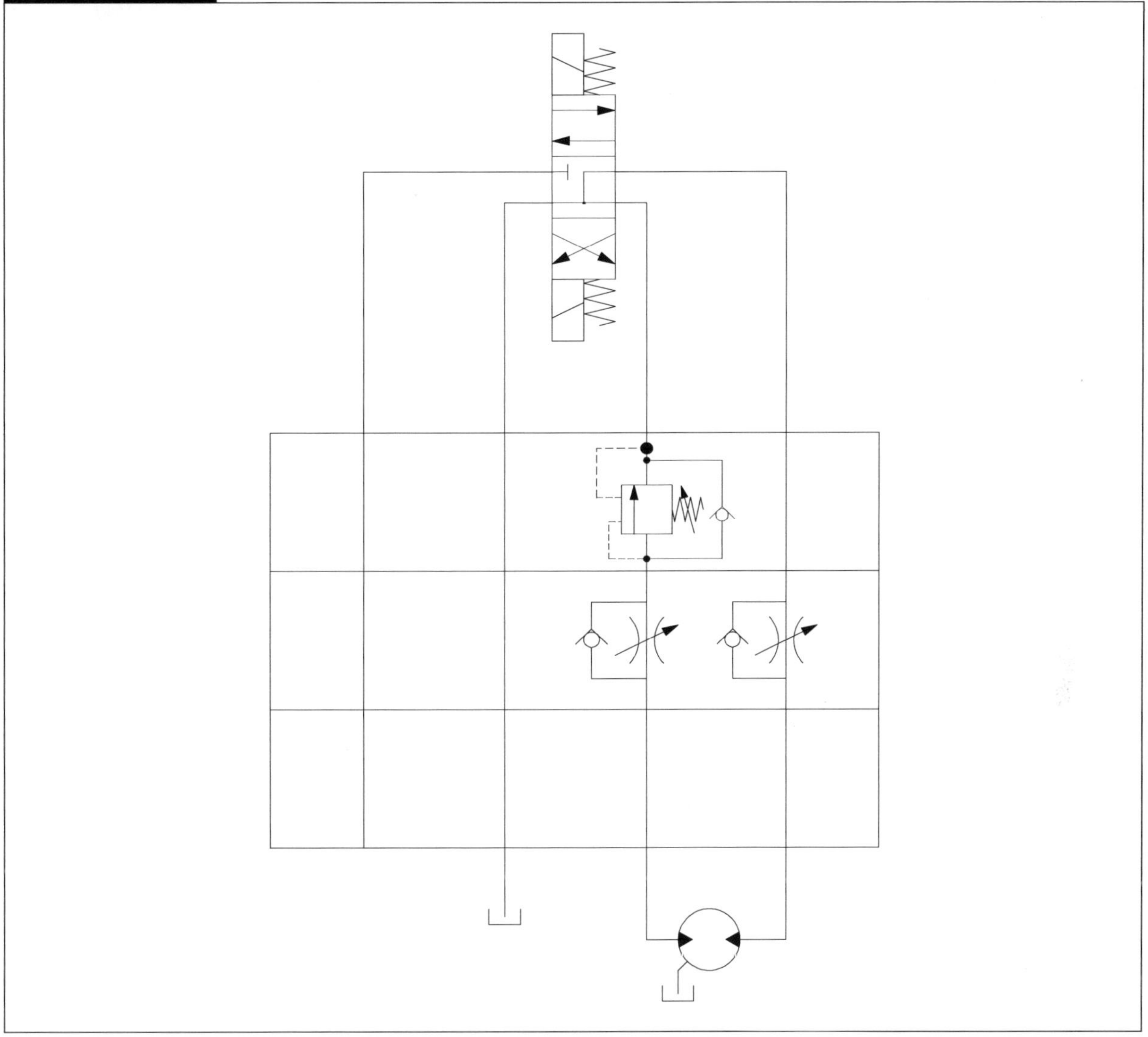

Il n'y a pas de grandes différences de fonctionnement entre les contrôleurs de débit positionnés en amont versus en aval. Si le circuit utilise des composantes en ligne, il est sage de localiser la contrebalance le plus près possible du moteur. Une conception meter-out fait en sorte d'avoir une pression élevée à la sortie du moteur mais présente un maximum de sécurité. Dans les deux cas, la pression à la sortie du moteur est maximale et se calcule avec la même formule que pour une application de vérin mais où le rapport de surface est de 1:1. La pression maximale à la sortie du moteur est dans ce cas :

$$P\ max.\ à\ la\ sortie\ du\ moteur,\ meter-out = P_p + P_{r(max)}$$

Si le choix de circuit va vers une solution de type meter-in, il faut absolument s'assurer que la charge ne peut devenir motrice au-delà de la pression d'ajustement de la contrebalance. Toutefois, l'avantage de l'option meter-in est de limiter la pression au niveau de la sortie du moteur. Ce n'est pas la façon de faire qui est la plus sécuritaire en absolu. Si un opérateur ajuste la contrebalance et active la dérivation en vissant trop à fond la vis, le système peut se mettre à descendre avec un mouvement incontrôlé. Toutefois, l'avantage de limiter la pression demeure, surtout si le circuit fonctionne à une pression élevée. Si la vitesse du mouvement est limitée par la capacité en débit de la pompe, il n'y a pas de réels avantages d'aller en meter-in car la pression ne se créera pas dans les lignes.

La pression maximale à la sortie du moteur :

$$P\ max.\ \text{à la sortie du moteur, meter-- in} = P_c + \text{restiction après la contrebalance}$$

Figure 11.14 **Contrebalance directe meter-in**

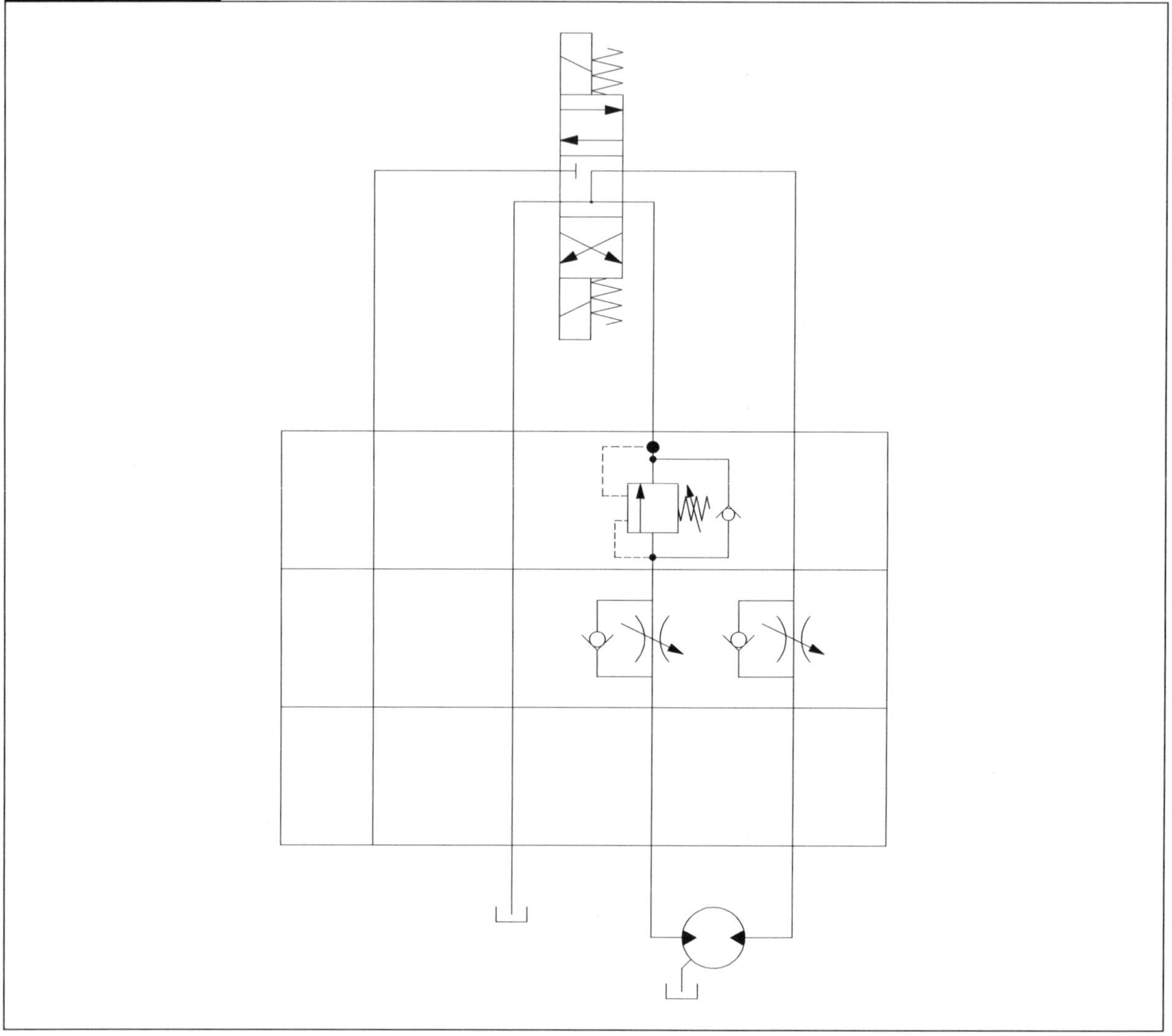

11.4.2 Valve de contrebalance à pilotage externe

Tout comme ce qui a été mentionné au paragraphe 11.3.3, la valve de contrebalance à pilotage interne est indiquée lorsque l'on souhaite limiter la pression à la sortie d'un moteur mais avoir une pleine puissance lorsqu'engage le mouvement. La valve de contrebalance se doit d'être ajustée à 30 % au-dessus de la pression de maintien de la charge. Il devient dans ce cas impératif d'opter pour un contrôleur de vitesse localisé en meter-out. Il serait bien entendu possible de faire une combinaison et ainsi opter pour un contrôleur de débit en meter-in et aussi pour un deuxième en meter-out, mais étant donné que l'ajustement deviendrait trop sensible et précaire, il est plus avisé d'aller avec un seul en meter-out. Encore ici, il est important d'utiliser une valve qui assure qu'il n'y a pas de pression sur la ligne A et B lorsque la valve commande l'arrêt de l'équipement.

Tout comme pour le cas d'un vérin, il faut s'assurer que la pression de pilotage est toujours suffisante pour obliger la contrebalance à ouvrir lorsque désiré.

Figure 11.15 **Contrebalance à pilotage externe**

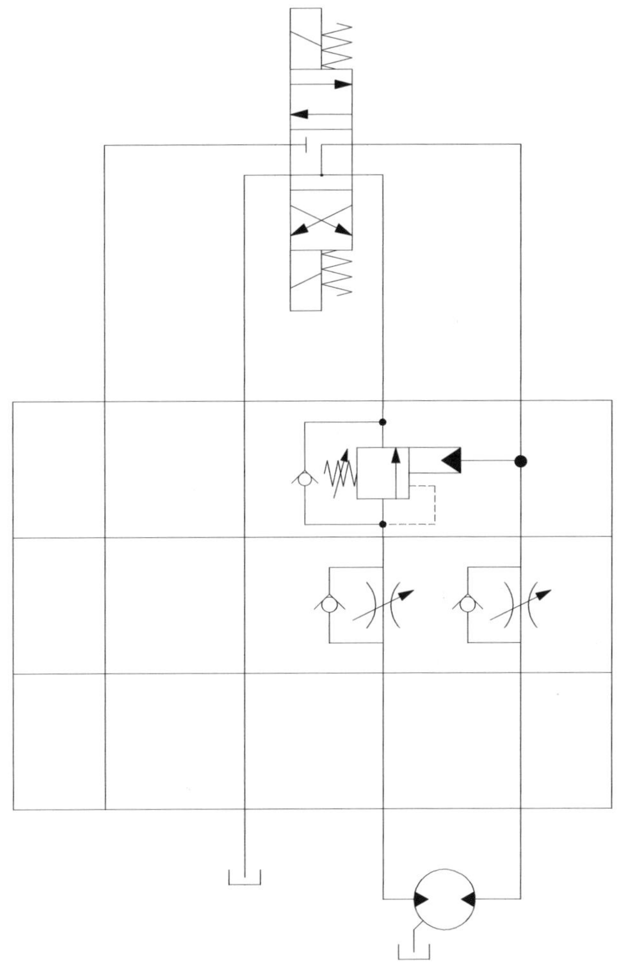

On reprend donc les mêmes équations que pour les vérins pour un rapport de surface de 1 :

$$P_{e(min)} = \frac{P_c - P_r}{RP + 1}$$

La pression maximale à la sortie du moteur est dans ce cas :

$$P\ max.\ à\ la\ sortie\ du\ moteur = P_C\ ou\ P_{r(max)} + P_p$$

11.5 Mouvements horizontaux

La grande différence pour les mouvements non verticaux est que le mouvement est généralement plus facile à contrôler, et que le circuit demande souvent une contrebalance par côté, soit sur la ligne A et B. La plupart du temps, l'utilisation d'une contrebalance à pilotage externe sera de mise pour avoir un maximum de puissance.

On retrouve parfois des circuits avec moteur dont un seule contrebalance est utilisée pour les sens du mouvement à l'aide d'un jeu de valve antiretour.

11.6 Exercices

Exercices niveau #1

1	Une valve de contrebalance avec pilotage externe permet de s'assurer que la machine puisse descendre même si la charge varie.	**V F**
2	Une valve de contrebalance ayant un rapport de pilotage élevé permet un contrôle plus doux qu'un rapport plus faible	**V F**

Exercices niveau #2

Exercice #1 : Nous avons le circuit de droite où le vérin est monté la tige vers le haut soutenant une charge de 13 000 livres. Le vérin possède une tige de 2 pouces et un piston de 3 ¼. Le régulateur de débit est ajusté afin que la vitesse du vérin corresponde à 1 gpm en descente, alors que la pompe est apte à délivrer 50 gpm avec un ajustement de pression à 2 000 psis. La contrebalance est ajustée à 30 % au-dessus de la pression de maintien de la charge.

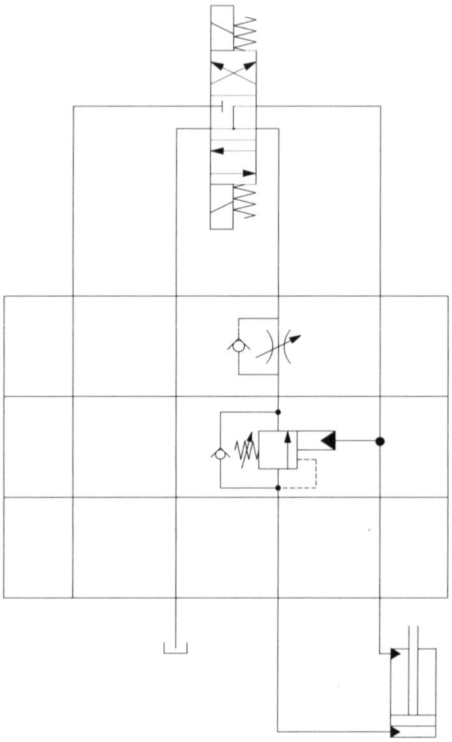

Quelle est la pression maximale au niveau du port de sortie du vérin en descente dans le pire des cas?

Exercice niveau #3

N/A

Réponses exercices niveau #1

1	Une valve de contrebalance avec pilotage externe permet de s'assurer que la machine puisse descendre même si la charge varie.	**V**
2	Une valve de contrebalance ayant un rapport de pilotage élevé permet un contrôle plus doux qu'un rapport plus faible	**F**

Réponse exercice niveau #2

Exercice1 : Ac = 8,30 po^2, P de retenue=13 000/8,30 = 1 567 psis; Ah = 5,15 po^2, S = 1,61; P contrebalance = 1 567 × (1 + 30 %) = 2 037 psis; Pression causée par le mouvement avec la valve de contrebalance ouverte par le pilote : Pression à la sortie du vérin causée par la pression à la tête : 2 000/1,61 = 1 242 psis. On se retrouve alors avec 1 567 + 1 242 = 2 809 psis. Ainsi, la pression maximale est en descente pour une valeur de 2 809 psis.

Réponse exercice niveau #3

N/A

12 | Moteurs

Les moteurs sont un élément courant que l'on retrouve pour la transmission de puissance. Par nature, les moteurs hydrauliques permettent de transmettre beaucoup de puissance à faible vitesse dans un gabarit très compact. Cela en fait un élément d'excellence. Il y a plusieurs types de constructions qui permettent de couvrir une très large gamme de performance et de prix. Notons les caractéristiques principales suivantes :

- Les moteurs possèdent un arbre de sortie transmettant un couple;
- La face de montage est normalisée;
- On retrouve des moteurs unidirectionnels et bidirectionnels;
- Le couple est équivalant dans les deux sens de rotation;
- Le débit est le même dans les deux directions;
- Le moteur possède une cylindrée, soit un volume fixe par révolution;
- Les moteurs sont souvent à cylindrée fixe mais peuvent être à cylindrée variable;
- Le moteur peut tourner infiniment;
- Une viscosité minimale de l'huile est requise pour la bonne lubrification;
- Le rendement va de moyen à très bon, variant aussi avec la vitesse de rotation.

Le comportement d'un moteur est très différent d'un vérin (chapitre 13), on retrouve généralement une perte d'efficacité à très basse vitesse ainsi qu'à haute vitesse. Un moteur, par nature, a toujours des fuites internes ce qui fait en sorte qu'une charge ne peut généralement pas être maintenue avec un contrôle normal.

12.1 Représentation symbolique d'un moteur

Il y a plusieurs façons de représenter un moteur hydraulique en fonction de ce qui est recherché. La Tableau 12.1 montre quelques variations mais il en existe d'autres qui sont en fait des combinaisons. Il n'est normalement pas requis de représenter le moteur avec un arbre bien que cela peut être particulièrement pertinent pour certains graphiques. Si un drain doit être branché, l'information devrait se retrouver sur le schéma, car la décision ou non d'installer un drain est la responsabilité de l'ingénierie. En cas de doute, il est toujours bienvenu de soulever la question. En général, les moteurs sont bidirectionnels et le symbole doit en faire mention. Il existe aussi des moteurs unidirectionnels que l'on indique bien entendu.

Tableau 12.1 Quelques représentations symboliques d'un moteur

	De base	Avec drain	Avec arbre représenté	Avec 2 arbres représentés
Unidirectionnel cylindrée fixe			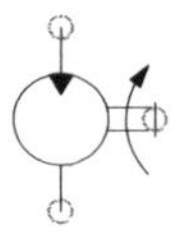	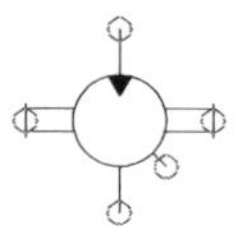
Bi-directionnel cylindrée fixe	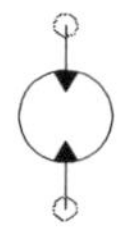	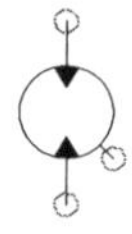	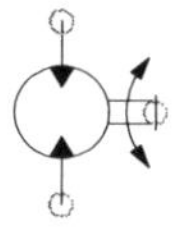	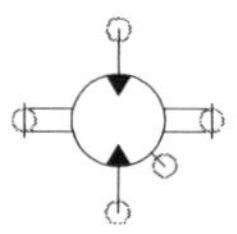
Bi-directionnel cylindrée variable	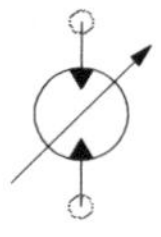	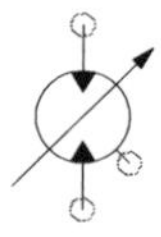	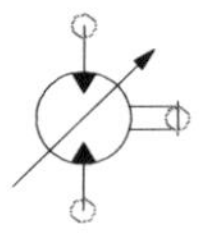	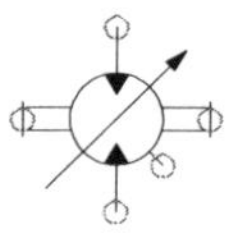

12.2 Construction d'un moteur hydraulique

Les moteurs hydrauliques sont disponibles avec différents types de construction afin de répondre à des besoins en termes de performance, de coûts et d'encombrement.

12.2.1 Moteurs geroller/gerotor

Le type de moteur que l'on retrouve très souvent sur les équipements hydrauliques est le type geroller (voir Figure 12.1). Presque tous les manufacturiers majeurs offrent ce type de moteur qui procure des performances intéressantes dans un encombrement très compact et pour un coût raisonnable. L'efficacité va de très moyenne à bonne et le moteur fuit. Le couple à très basse vitesse est nettement plus faible que le couple optimal. Ce type de moteur procure une bonne fiabilité alors que le rendement diminue graduellement avec l'âge. Arrivé à une certaine usure, le couple du moteur n'est plus suffisant et il devient alors temps de le faire reconditionner ou de le changer par un neuf. On retrouve plusieurs configurations de montage. Celle représentée à la Figure 12.1 présente un arbre de sortie principal supporté par des roulements coniques. Un second arbre transfert le couple de la vanne à l'arbre de sortie. Cet arbre bouge sans cesse alors que la vanne se déplace dans le stator. Un troisième arbre fait tourner le disque de distribution hydraulique. Dans le cas du moteur de la figure, on retrouve les ports hydrauliques à l'extrémité arrière mais on retrouve aussi ce genre de moteur avec les ports près de la face de montage.

Les moteurs geroller possèdent toujours une cylindrée fixe. Un manufacturier produit par exemple une série de moteurs (par exemple S-2000) avec différentes cylindrées. Lorsque la cylindrée change, c'est seulement la partie de la vanne qui change de longueur et qui du coup fait varier la longueur hors tout du moteur.

Figure 12.1 **Moteur à vanne et rouleau S-2000 de CHAR-LYNN**

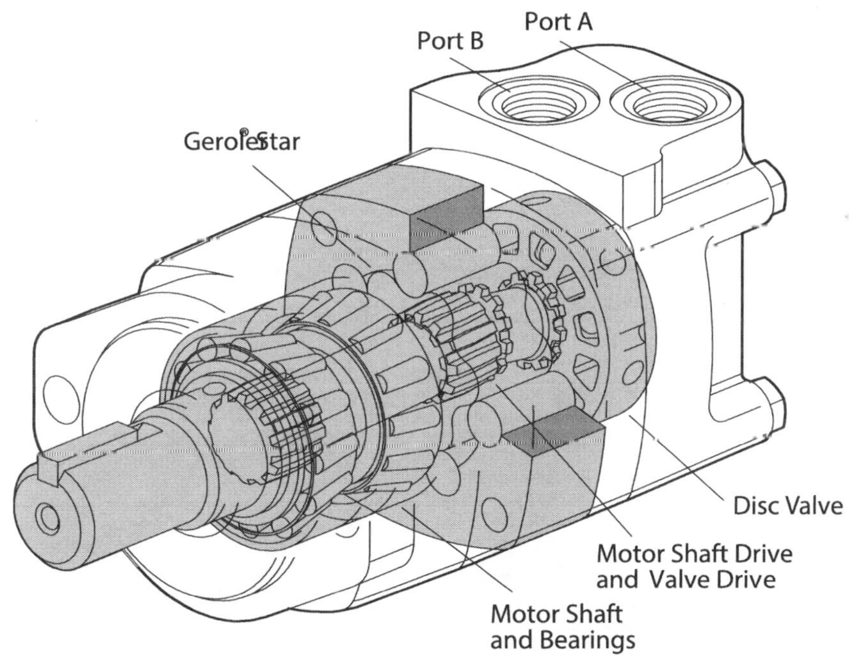

L'arbre de sortie peut être supporté par des roulements ou encore des paliers hydrodynamiques. Normalement, les roulements offrent une capacité de charge plus élevée mais on peut s'attendre à de la fatigue au niveau de roulements. Les paliers qui offrent une capacité de charge plus faible peuvent en théorie durer infiniment si la charge maximale sur l'arbre n'est pas dépassée, et ce type de palier est plus adapté lorsque le moteur tourne rapidement.

Figure 12.2 **Moteur à vanne et rouleaux sur paliers Série T de CHAR-LYNN**

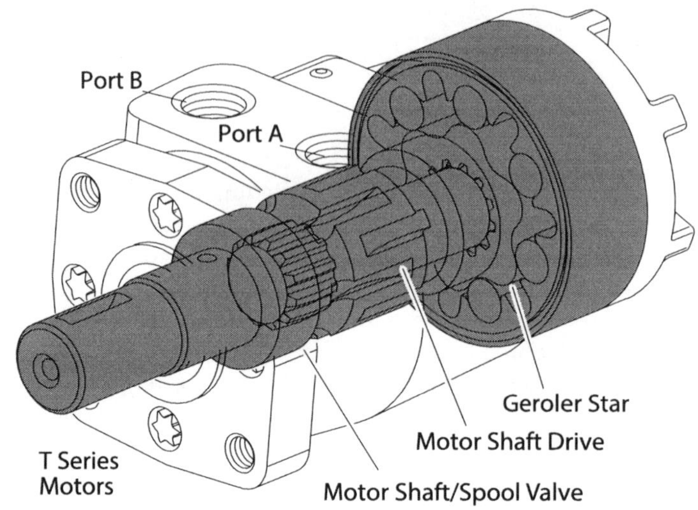

Normalement, ces moteurs sont assemblés de façon à ce que l'alimentation au port A par exemple entraîne une rotation dans un sens particulier. Il est toutefois possible d'inverser le sens de rotation en déphasant la section d'alimentation, mais il faut en faire la demande, ou le faire soi-même. Si un moteur tourne à l'envers de ce qui était prévu, cela peut signifier une erreur d'assemblage chez le fabricant.

L'orientation des ports d'alimentation par rapport à la bride de montage peut parfois être reconfigurée. Il est possible de l'indiquer lors de l'achat ou de le faire soi-même facilement.

12.2.2 Moteurs à pistons

Les moteurs à pistons couvrent une très grande gamme de produits dont les constructions varient énormément. On retrouve des architectures axiales ou encore radiales, à cylindrée fixe ou variable. C'est dans ce type de construction que l'on retrouve les meilleures efficacités volumétriques ainsi que globales. Le couple de démarrages est très bon et nettement supérieur aux moteurs à vannes et rouleaux.

On peut s'attendre à un prix en fonction des performances. Bien que le prix soit plus élevé, son efficacité supérieure ainsi que les performances au démarrage peuvent rendre économique l'utilisation d'un tel moteur.

Bien que le choix d'un moteur pour retenir une charge ne soit pas normalement indiqué, les moteurs à pistons sont le meilleur choix lorsqu'il s'agit de faire de l'asservissement avec une vitesse passant par zéro.

Figure 12.3 **Moteurs typiques à pistons**

Sources : À gauche, Parker F12. À droite, Staffa Motor.

12.2.3 Moteurs à vannes

les moteurs à vannes sont de construction simple. Ce type de moteur est utile pour les applications à vitesse relativement élevée. L'efficacité est bonne mais le couple de démarrages n'est pas bon. La construction ressemble à celle d'une pompe à vannes. Mais si le moteur est prévu pour fonctionner dans les deux sens de rotation, les vannes deviennent droites et non plus avec un angle d'attaque. Les fuites internes sont faibles. Les pressions de fonctionnement sont limitées.

Techniquement, il est possible d'avoir une cylindrée variable.

Figure 12.4 **Moteur à vannes**

Source : Rexroth MV

12.2.4 Moteurs à engrenages

Les moteurs à engrenages sont les moteurs dont la construction est la plus simple. Ce type de moteur est utile pour les applications à vitesse relativement élevée que l'on retrouve dans des gammes de produits avec des cylindrées relativement faibles. L'efficacité est bonne mais le couple de démarrages n'est pas bon. Un moteur peut s'utiliser comme pompe et vice versa si la construction est prévue pour le faire, c'est-à-dire si la pression est limitée au niveau des joints d'étanchéité. Les pressions de fonctionnement peuvent être élevées. La construction simple en fait un moteur très tolérant aux impuretés dans l'huile ainsi qu'à la cavitation. L'efficacité diminue avec l'augmentation de la pression. La cylindrée est obligatoirement fixe.

Figure 12.5 **Moteur à engrenages**

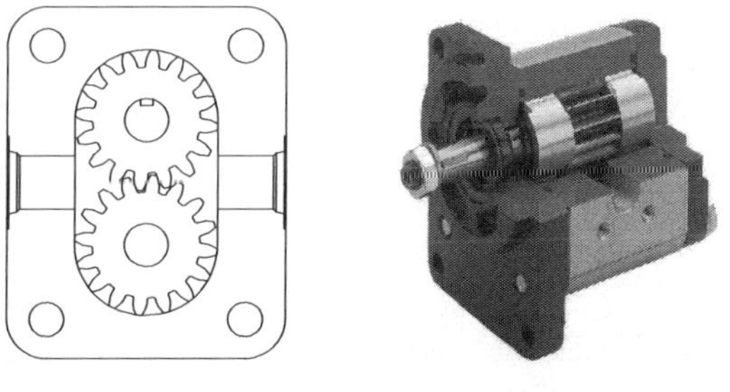

Source : Image de droit, Rexroth AZ.

12.2.5 Tableau sommaire des avantages et des désavantages

Chaque type de moteur possède des avantages et des désavantages qui leur sont propres. Le tableau suivant procure un portrait approximatif de ces caractéristiques en fonction de différents paramètres d'évaluation. Le tableau est inspiré des informations contenues dans le manuel « Industrial fluid power, volume 3, third edition ».

Tableau 12.2 Caractéristiques générales des différents types de construction de moteurs

	Geroller	Piston	Vanne	Engrenage
Pression de fonctionnement typique maximale, psi et (bar)	2000- 3000 (140–210)	3000 – 5000 (210–350)	2500 (175)	3000 (210)
Couple de démarrages par rapport au couple théorique (%)	70 %	80 %	70 %	70 %
Couple de fonctionnements par rapport au couple théorique (%)	85 %	93 %	90 %	90 %
Fuite interne en fonctionnement typique (%)	10 %	2,5 %-3,5 %	2,5 %	8 %
Vitesse de rotation typique (RPM)	5 – 750	0 – 600 500 – 3000	500 – 4000	500 – 3000
Rapport poids/puissance, livre/hp et (kg/hp)	0,2 (0,1)	0,7 – 5 (0,3 – 2,3)	0,3 (0,14)	0,2 (0,1)
Coût d'achat	Économique	Moyen à dispendieux	Moyen	Très économique
Cylindrée variable possible	Non	Oui	Oui mais pas typique	Non

12.3 Montage d'un moteur hydraulique

Les moteurs se montent normalement à l'aide d'une bride standardisée qui se trouve du côté de l'arbre. Ainsi, on retrouvera souvent des brides répondant à la norme SAE-A 2 boulons, ou SAE-B 4 boulons et plusieurs autres.

Figure 12.6 Bride de montage normalisée Impériale

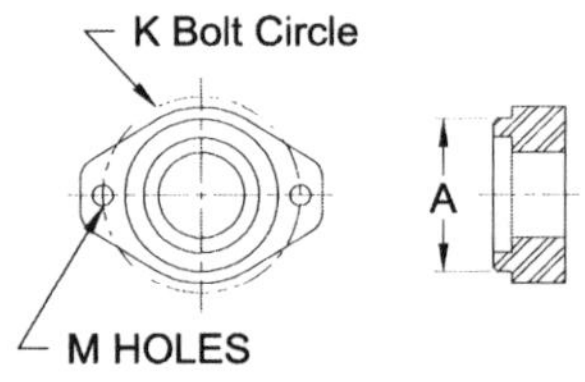

SAE - 2 Bolt Mount Dimensions ***Chart 2***

Pump Mounting Type	ANSI Flange Code	A Pilot Diameter in	K Bolt Circle in	M Bolt Holes in
SAE AA	50-2	2.000	3.250	0.406
SAE A	82-2	3.250	4.187	0.438
SAE B	101-2	4.000	5.750	0.562
SAE C	127-2	5.000	7.125	0.688
SAE D	152-2	6.000	9.000	0.812
SAE E	165-2	6.500	12.500	1.062
SAE F	177-2	7.000	13.781	1.062

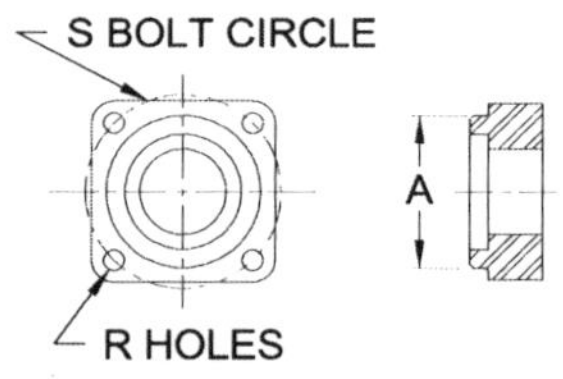

SAE - 4 Bolt Mount Square Dimensions ***Chart 3***

Pump Mounting Type	ANSI Flange Code	A Pilot Diameter in	S Bolt Circle in	R Bolt Holes in
USA4F17	—	1.781	2.838	0.375
SAE A	—	3.250	4.125	0.438
SAE B	101-4	4.000	5.000	0.562
SAE C	127-4	5.000	6.375	0.562
SAE D	152-4	6.000	9.000	0.812
SAE E	165-4	6.500	12.500	0.812
SAE F	177-4	7.000	13.781	1.062

Source : Lovejoy

Figure 12.7 Bride de montage normalisée Métrique

Metric - 2 Bolt Mount Dimensions ***Chart 4***

Pump Mounting Type	S Pilot Diameter mm	K Bolt Circle mm	D Bolt Holes mm	N mm	M mm
32 A2	32	56	6.6	8	16
40 A2	40	63	6.6	8	16
50 A2	50	80	9.0	8	20
63 A2	63	100	9.0	8	20
80 A2	80	109	11.0	8	20
100 A2	100	140	14.0	10	25
112 A2	112	160	14.0	10	25
125 A2	125	180	18.0	10	32
140 A2	140	200	18.0	10	32
160 A2	160	224	22.0	10	40
180 A2	180	250	22.0	10	40
200 A2	200	280	26.0	10	50

Metric - 4 Bolt Square Mount Dimensions ***Chart 5***

Pump Mounting Type	S Pilot Diameter mm	K Bolt Circle mm	D Bolt Holes mm	N mm	M mm
63 B4	63	85	9	8	20
63 S4	63	80	9	8	20
80 B4	80	103	9	8	20
80 S4	80	100	9	8	20
100 B4	100	125	11	10	25
112 B4	112	140	11	10	25
125 B4	125	160	14	10	32
140 B4	140	180	14	10	32
160 B4	160	200	18	10	40
180 B4	180	224	18	10	40
200 B4	200	250	22	10	50
224 B4	224	280	22	10	50
250 B4	250	315	26	10	50

Source : Lovejoy

On retrouve aussi parfois l'option de montage « sans roulement » ou en anglais « bearingless ». Dans les faits, cette option demande que le moteur soit installé dans une composante qui reçoit le moteur qui est livré sans bride de montage à proprement dit. Le moteur est alors livré sans arbre de sortie et sans roulement. On retrouve ce type d'application par exemple lorsque le moteur s'installe directement dans un frein et que ce dernier servira de bride de montage. Ainsi, l'option « sans roulement » permet de gagner en compacité et de réduire les coûts.

Figure 12.8 Montage de type « sans roulement » (« bearingless ») S-2000

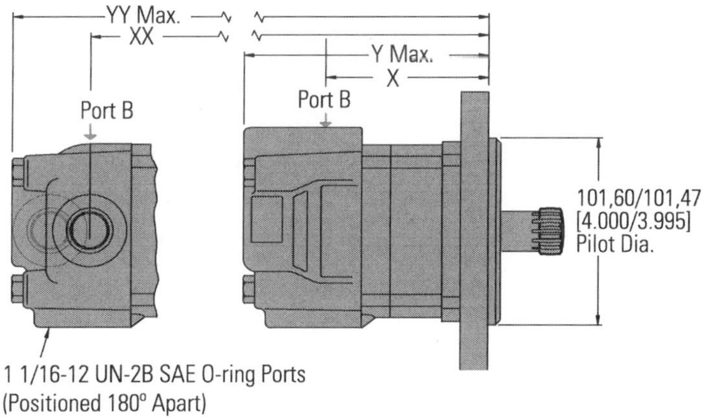

Source : CHAR LYNN

On retrouve aussi des brides de montage spécifiques où l'arbre est prévu pour recevoir une roue. Dans ce cas, la bride de montage est plus reculée vers l'arrière et le centre de la roue se retrouve idéalement à mi-chemin entre les deux roulements de l'arbre de sortie.

Figure 12.9 **Bride de montage de type roue**

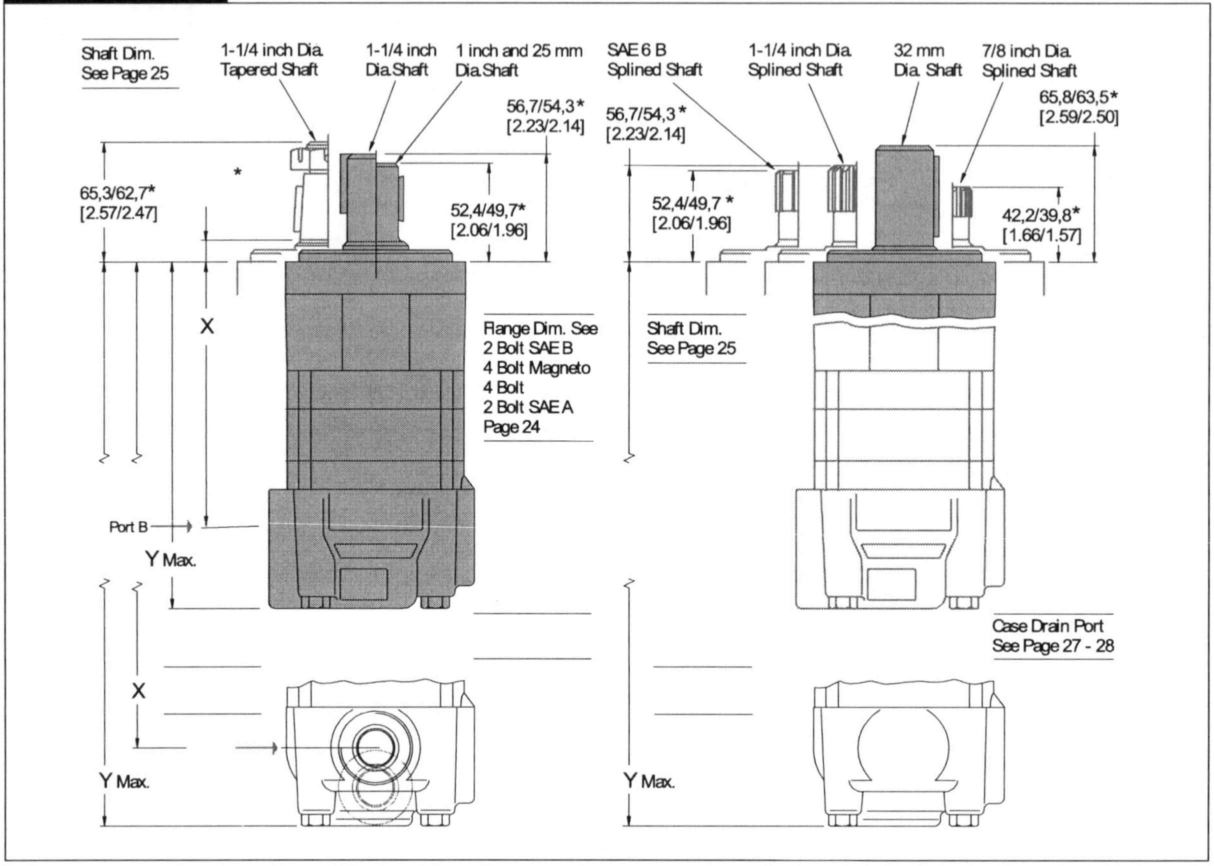

Source : Char-Lynn S2000

Il y a aussi un choix d'arbre de sortie que l'on doit choisir en fonction de l'application et du type de composante que le moteur doit entraîner. On retrouve bien entendu les arbres avec clavette, notons que dans ce cas, les arbres de 1 ¼ pouce possèdent généralement une clavette de dimension 5/16 alors que le standard pour ce diamètre est de ¼. On retrouve aussi des arbres coniques qui sont généralement utilisés pour le montage de moyeux de roues. Et enfin, il y a les arbres avec embout avec cannelure de type « involute » (forme de dents similaire aux engrenages) ou encore à dents carrées, ce type d'embout offre un maximum de capacité de couple et limite les jeux en rotation.

12.4 Options typiques d'un moteur hydraulique

Comme nous l'avons vu jusqu'à maintenant, il y a de multiples choix à faire lorsqu'il s'agit de sélectionner un moteur. Dans l'ordre, les choix à faire sont approximativement les suivants :

- Le type de construction du moteur (Geroller, piston, etc.) (voir 12.2);
- La cylindrée du moteur (voir 12.5);
- Moteur avec ou sans frein (voir 12.4.1);
- Moteur avec ou sans embrayage (voir 12.4.2);
- Type et dimension de l'arbre de sortie;

- Type de bride de montage (voir 12.3);
- Positionnement des ports hydrauliques (voir 12.4.3);
- Type de ports hydrauliques (voir 12.4.3);
- Sens des ports hydrauliques en fonction du sens de rotation (normalement standard) (voir 12.4.3);
- Fini du moteur, sans ou avec peinture;
- Encodeur pour connaître la vitesse du moteur;
- Type de joint d'étanchéité, en fonction du type d'huile utilisé.

12.4.1 Frein

Lorsqu'il s'agit de retenir une charge, l'utilisation d'un frein s'impose dans bien des cas. Dans ce cas, le concepteur doit faire le choix entre un moteur ayant un frein intégré ou encore d'installer un moteur sur un frein séparé. Sur le marché, il existe dans les faits très peu de moteurs ayant un frein intégré. Dans un système hydraulique, les freins ne sont normalement pas prévus pour fonctionner de façon dynamique, mais plutôt pour retenir une charge statique. Le freinage dynamique est normalement assuré par le circuit hydraulique.

Parker offre en autre un moteur avec une bride de montage de type roue dont le frein est commandé avec un levier et dont la fonction est d'être utilisé comme frein de stationnement. Le frein est donc normalement ouvert, et il faut engager le levier pour engager le frein.

Ce type de moteur est pour une application dédiée et est assez rare.

Figure 12.10 **Moteur frein avec levier**

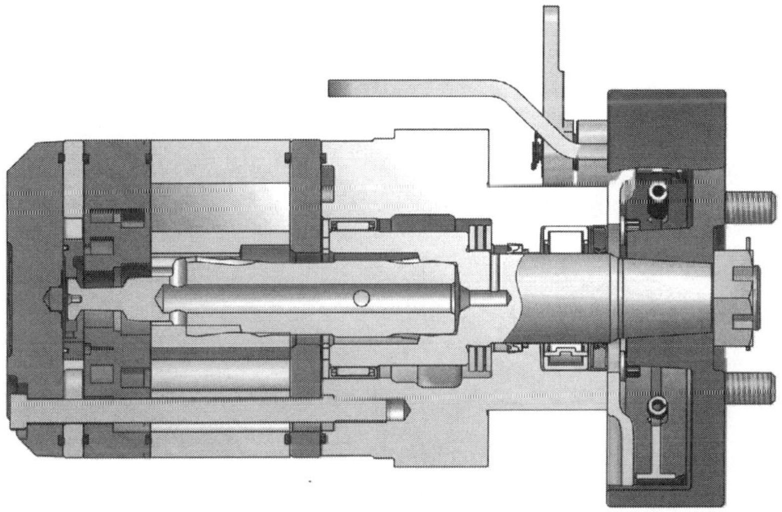

Source : Parker DF serie

Le type de frein que l'on retrouve davantage est un frein qui est normalement fermé et dont une pression est requise pour le désengager. Il faut normalement une pression minimale de l'ordre de 150-200 psis pour ouvrir le frein. On verra plus loin le type de branchement hydraulique qui est requis pour la commande du frein. Pour les freins intégrés au moteur, et encore ici il faut se rappeler que c'est une option assez rare, on retrouve un frein qui peut être localisé à la sortie du moteur ou encore à l'extrémité opposée à l'arbre de sortie. D'un point de vue sécurité, il est toujours préférable d'avoir le frein directement sur l'arbre de sortie. De plus, cet arrangement limite les jeux.

Figure 12.11 **Moteur avec frein**

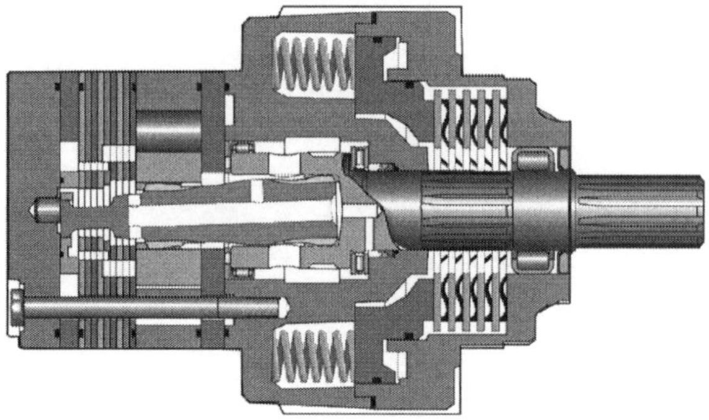

Source : Parker BG serie

Figure 12.12 **Moteur avec frein**

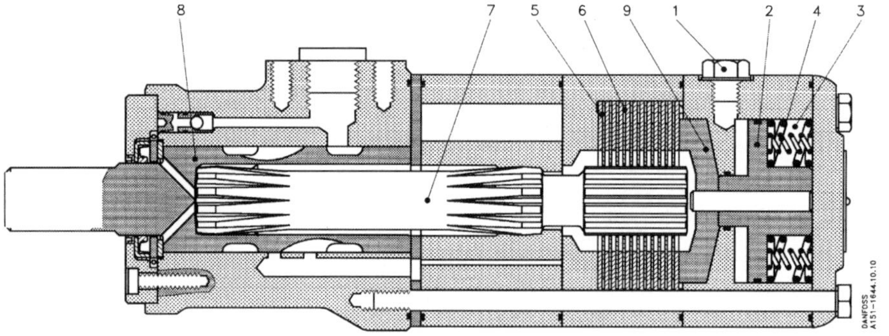

Source : Sauer Danfoss OMR F

Il est possible d'opter pour un frein séparé du moteur ce qui laisse une plus grande latitude dans le choix du moteur. Lorsqu'il s'agit de choisir un frein, on se retrouve face à une multitude d'options qui permettent de combler le besoin. Ainsi, on peut retrouver des freins normalement fermés ou normalement ouverts, fonctionnant dans un sens seulement ou encore les deux sens. Il y a une multitude de choix de montage. Le moteur s'installe sur le frein avec sa bride de montage standard ou « sans roulement ».

Figure 12.13 **Frein séparé du moteur**

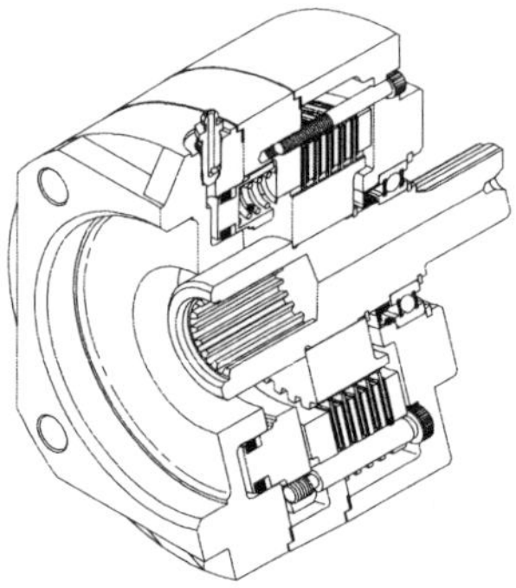

Source : Mico

12.4.2 Embrayage

Il existe des moteurs dotés d'embrayage. Dans ce cas, l'arbre du moteur et l'arbre de sortie utilisent un lien pour transmettre la puissance. Cette option est très rare mais la Figure 12.14 en montre un exemple. Dans ce cas, l'embrayage est normalement ouvert, et lorsque le moteur reçoit une pression suffisante (dans ce cas, un minimum de 200 psis), l'embrayage se referme et joint du coup l'arbre de sortie avec l'arbre interne du moteur.

Figure 12.14 **Moteur avec embrayage**

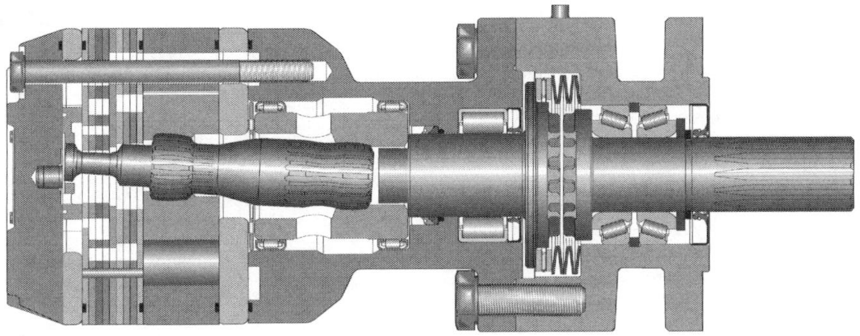

Source : Parker TF serie

12.4.3 Ports hydrauliques

En Amérique, les moteurs utilisent souvent des ports hydrauliques NPT et SAE O'RING BOSS comme pour le cas des vérins (voir 14.7). Pour les gros, on retrouve parfois des ports avec bride de montage à quatre vis, ce qui est plus rare pour les vérins, mais très fréquent pour les pompes hydrauliques.

12.5 Efficacité volumétrique et globale

On distingue deux mesures d'efficacité sur un moteur soit l'efficacité volumétrique et l'efficacité globale. Dans un premier temps, on retrouve l'efficacité volumétrique qui nous indique si le moteur fuit à l'interne. Un vérin, dont les segments sont étanches, possède une efficacité de 100 %. Pour cette raison, on ne parle jamais de cette notion dans cette application. Un moteur, toutefois, n'est pas parfaitement étanche et certaines conceptions sont plus efficaces que d'autres. On peut définir l'efficacité volumétrique par l'équation suivante :

$$\boldsymbol{Eff\ vol(\%)=\frac{D(po^3/t)\times N(rpm)}{2{,}31\times Q_{réel}(gpm)}}$$

$$\boldsymbol{Eff\ vol(\%)=\frac{D(cm^3/t)\times N(rpm)}{10\times Q_{réel}(lpm)}}$$

La Figure 12.15 présente une charte typique de performance d'un moteur Char-Lynn S2000 d'Eaton, dont la cylindrée est de 11,9 po³/tour. Si nous cherchons l'efficacité volumétrique du moteur lorsqu'il fonctionne à 64 RPM pour une pression de 2 000 psis, on trouve alors que le moteur devrait consommer 4 gpm. L'efficacité volumétrique se trouve donc à être de :

$$Eff\ vol(\%)=\frac{D(po^3/t)\times N(rpm)}{2{,}31\times Q_{réel}}=\frac{11{,}9\times 64}{2{,}31\times 4}=82\%$$

Toujours pour le même moteur, si l'on observe son efficacité lorsqu'il consomme 4 gpm mais pour une pression d'opération de 1 000 psis, on remarque alors que la vitesse de rotation est plus élevée soit de 72 RPM, ce qui laisse croire que le moteur fuit moins et devient alors plus efficace. On se retrouve donc avec une efficacité volumétrique de :

$$Eff\,(\%) = \frac{D\left(po^3/t\right) \times N\left(rpm\right)}{2{,}31 \times Q_{réel}} = \frac{11{,}9 \times 72}{2{,}31 \times 4} = 93\%$$

L'efficacité volumétrique diminue normalement à mesure que la pression à l'entrée du moteur augmente. La Figure 12.16 présente une forme différente pour présenter la charte de performance d'un moteur. On peut remarquer les lignes verticales incurvées pour un débit. On peut interpréter encore une fois et assez nettement que le rendement volumétrique diminue avec l'augmentation de pression. Le rendement se calcule comme dans le cas précédent.

Figure 12.15 **Charte de performance d'un moteur S2000 de CHAR LYNN**

	[250] 15	[500] 35	[750] 50	[1000] 70	[1250] 85	[1500] 105	[1750] 120	[2000] 140	[2250] 155	[2500] 170	[2750] 190	[3000] 205	[3250] 225	[3500] 240	[3750] 260
[.25] ,95	[240] 25 4	[590] 65 2													
[.5] 1,9	[290] 35 8	[640] 70 6	[990] 110 5	[1340] 150 2											
[1] 3,8	[380] 45 17	[730] 80 16	[1100] 125 15	[1430] 160 14	[1790] 200 13	[2120] 200 11	[2450] 275 9	[2720] 305 7	[2990] 340 5	[3260] 370 4	[3540] 400 3	[3810] 430 2	[4080] 460 2	[4350] 490 1	[4620] 520 1
[2] 7,5	[390] 45 37	[755] 85 35	[1135] 130 34	[1470] 165 33	[1860] 210 32	[2195] 250 31	[2535] 285 28	[2880] 325 26	[3120] 355 24	[3680] 415 21	[4090] 460 20	[4500] 510 19	[4800] 540 17	[5100] 575 14	[5400] 610 14
[4] 15	[405] 45 76	[795] 90 74	[1185] 135 73	[1540] 175 72	[1970] 225 71	[2310] 260 70	[2675] 300 66	[3040] 345 64	[3420] 385 62	[3790] 430 61	[4160] 470 59	[4520] 510 57	[4890] 550 55	[5260] 595 51	[5630] 635 45
[6] 23	[405] 45 115	[815] 90 113	[1220] 140 111	[1590] 180 110	[2035] 230 109	[2395] 270 108	[2780] 315 104	[3170] 360 102	[3560] 400 100	[3940] 445 99	[4320] 490 96	[4700] 530 94	[5070] 570 91	[5450] 615 87	[5830] 660 81
[8] 30	[400] 45 154	[820] 90 151	[1230] 140 149	[1625] 185 148	[2065] 235 147	[2450] 275 146	[2850] 320 143	[3260] 370 140	[3670] 415 137	[4040] 455 135	[4410] 500 132	[4780] 540 130	[5150] 580 127	[5520] 625 123	[5890] 665 117
[10] 38	[380] 45 193	[810] 95 190	[1230] 140 188	[1645] 185 187	[2095] 235 186	[2480] 280 184	[2895] 325 181	[3310] 375 177	[3730] 420 175	[4100] 465 173	[4470] 505 170	[4840] 545 168	[5210] 590 164	[5590] 630 160	
[12] 45	[355] 40 231	[790] 90 229	[1215] 135 227	[1650] 185 226	[2100] 235 224	[2485] 280 221	[2915] 330 219	[3340] 375 218	[3760] 425 215	[4120] 465 211	[4480] 505 208	[4850] 550 204			
[14] 53	[320] 35 269	[765] 85 267	[1190] 135 267	[1645] 185 264	[2090] 235 261	[2475] 280 260	[2915] 330 257	[3350] 380 254	[3770] 425 250	[4130] 465 248	[4480] 505 245	[4860] 550 241			
[16] 61	[290] 30 308	[730] 80 306	[1160] 130 305	[1625] 185 303	[2070] 235 299	[2455] 275 296	[2900] 330 294	[3340] 375 290	[3760] 425 286	[4130] 465 283	[4490] 505 279	[4860] 550 276			
[18] 68	[290] 30 346	[690] 80 345	[1120] 125 345	[1590] 180 342	[2035] 230 337	[2420] 270 334	[2870] 325 333	[3310] 375 327	[3730] 420 321	[4100] 465 315	[4480] 505 308				
[20] 76	[210] 25 385	[650] 75 384	[1080] 120 383	[1550] 175 380	[1995] 225 375	[2380] 270 372	[2830] 320 371	[3270] 370 367	[3690] 415 363	[4070] 460 359	[4450] 500 355				
[22] 83	[170] 20 424	[610] 70 423	[1040] 120 422	[1500] 170 418	[1955] 220 414	[2340] 265 410	[2785] 315 408	[3220] 365 404	[3640] 410 399	4050] 460 395					
[24] 91	[135] 15 462	[570] 65 461	[1000] 115 460	[1440] 165 457	[1910] 215 453	[2300] 260 449	[3170] 360 441	[3590] 405 436	[3980] 450 432	[3980] 450 432					
[25] 95	[120] 15 484	[550] 60 482	[980] 110 479	[1410] 160 476	[1890] 215 473	[2280] 260 469	[3150] 355 459	[3570] 405 454	[3960] 445 449	[3960] 445 449					
[30] 114		[420] 45 577	[860] 95 575	[1290] 145 571	[1700] 190 567	[2120] 240 562	[2530] 285 556	[2940] 330 550	[3400] 385 542						

Continuous

Intermittent

Figure 12.16 **Charte de performance d'un moteur OMP200 (D = 11,91 po³/t) Sauer Danfoss**

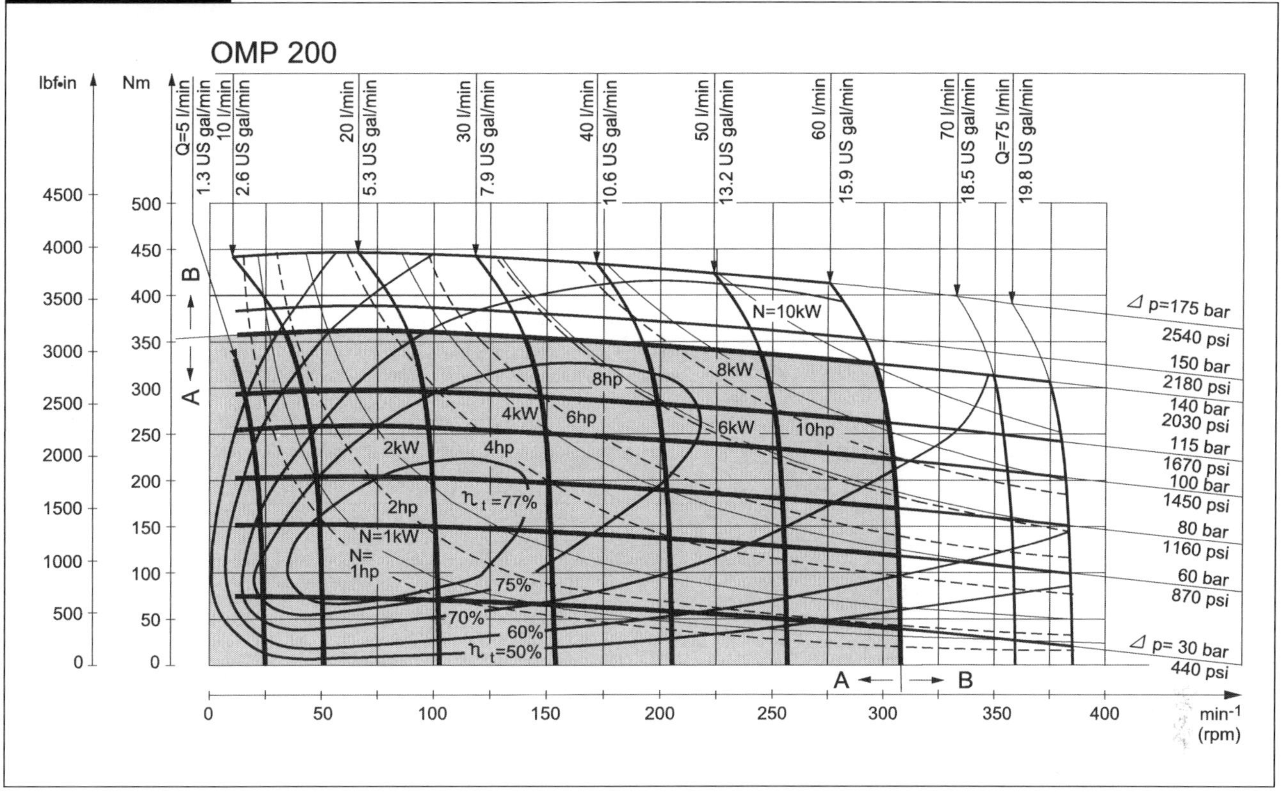

Les chartes de performance sont établies avec une pression relativement faible à la sortie du moteur de l'ordre de 100 psis. La valeur de pression établie dans la charte est en fait une variation de pression entre l'entrée et la sortie d'un moteur lors des tests. Si nous avons un moteur fonctionnant à 3 000 psis et avec une pression de 2 000 psis à sa sortie, on ne peut considérer la performance du moteur basé sur un delta P de 3 000 – 2 000, soit 1 000 psis, car cela ferait en sorte de sous-estimer les fuites internes.

L'efficacité globale nous renseigne sur le rendement en terme énergétique. On distingue dans le cas la puissance mécanique que le moteur produit à son arbre de sortie versus la puissance hydraulique qui lui est fourni. L'efficacité globale est obligatoirement plus faible que l'efficacité volumétrique, et tient compte des pertes de charge dans le moteur et de la friction mécanique. Un moteur possède toujours une zone optimale d'efficacité. Elle diminue lorsque le moteur va très lentement, ou très rapidement, et bien entendu lorsque la pression augmente. C'est un point important lorsqu'il s'agit d'augmenter la pression d'un circuit hydraulique. En effet, un des buts d'augmenter la pression d'opération d'un système peut être d'augmenter l'efficacité globale d'un circuit, mais ce n'est pas obligatoirement le cas. La Figure 12.16 présente clairement le diagramme d'efficacité globale du moteur. Basé sur cela, on remarque que pour atteindre une efficacité optimale, nous aurions avantage à utiliser ce moteur pour une vitesse de 75 RPM et une pression à l'entrée de 800 psis. On ne peut tirer de conclusion si hâtive avec la charte présentée à la Figure 12.15 où il est nécessaire de faire un calcul si l'on désire connaître l'efficacité globale, soit en utilisant la relation suivante :

$$\boldsymbol{Eff\,globale(\%)} = \frac{2{,}72 \times \boldsymbol{T(lbs \cdot po)} \times \boldsymbol{N(rpm)}}{\boldsymbol{Q(gpm)\;P(psi)}}$$

$$\boldsymbol{Eff\,globale(\%)} = \frac{6{,}28 \times \boldsymbol{T(N \cdot m)} \times \boldsymbol{N(rpm)}}{\boldsymbol{Q(lpm)\;P(bar)}}$$

Si nous reprenons l'exemple du moteur Char-Lynn S2000 de la Figure 12.15, à 2 000 psis et 64 RPM, nous nous retrouvons avec une efficacité globale de :

$$\boldsymbol{Eff\,globale}(\%) = \frac{2,72\times \boldsymbol{T}(\boldsymbol{lbs\bullet po})\times \boldsymbol{N}(\boldsymbol{rpm})}{\boldsymbol{Q}(\boldsymbol{gpm})\ \boldsymbol{P}(\boldsymbol{psi})} = \frac{2\bullet 72\times 3040\times 64}{4\times 2000} = 66,2\%$$

Et si nous reprenons l'exemple du moteur Char-Lynn S2000 de la Figure 12.15, à 1 000 psis et 72 RPM, nous nous retrouvons avec une efficacité globale de :

$$\boldsymbol{Eff\,globale}(\%) = \frac{2,72\times \boldsymbol{T}(\boldsymbol{lbs\bullet po})\times \boldsymbol{N}(\boldsymbol{rpm})}{\boldsymbol{Q}(\boldsymbol{gpm})\ \boldsymbol{P}(\boldsymbol{psi})} = \frac{2,72\times 1540\times 72}{4\times 1000} = 75,4\%$$

On trouve dans ce cas-ci que le fait de diminuer la pression d'un facteur de 2 ne diminue pas la couple selon ce même rapport, mais plutôt dans ce cas d'un rapport de 3 040/1 540, soit 1,97. Le moteur démontre avoir légèrement moins de friction interne avec la pression plus faible.

Comme vous pouvez constater, l'efficacité peut devenir très faible, et c'est pour cette raison que dans certaines applications, il peut être plus économique de prendre un moteur plus dispendieux si son efficacité est supérieure, car une efficacité plus faible demande alors une pompe ayant un débit plus important, ce qui a un coût, et encore davantage lorsque plusieurs moteurs fonctionnent simultanément.

12.6 Couple d'un moteur hydraulique

Le couple théorique d'un moteur est fonction de sa cylindrée et suit la relation suivante :

$$\boldsymbol{T}(\boldsymbol{lbs\bullet po}) = \frac{\boldsymbol{D}(\boldsymbol{po}^3/\boldsymbol{t})\times \boldsymbol{P}(\boldsymbol{psi})}{2\pi}$$

$$\boldsymbol{T}(\boldsymbol{N\bullet m}) = \frac{\boldsymbol{D}(\boldsymbol{cm}^3/\boldsymbol{t})\times \boldsymbol{P}(\boldsymbol{bar})}{20\pi}$$

Lorsqu'il s'agit de choisir un moteur, la relation théorique du couple n'est pas vraiment utile et il faut se rabattre sur les chartes de performances. Il faut bien souvent faire des interpolations. Le couple de démarrages est toujours plus faible que le couple nominal.

Parfois, il faut choisir le moteur en fonction du couple que le moteur peut fournir à très basse révolution, mais parfois nous n'avons qu'à tenir compte du couple à la vitesse d'opération.

12.6.1 Calculs par interpolation, pression et RPM connus

Bien souvent, afin de faire une évaluation du couple fourni par un moteur et du débit nécessaire, il faut faire une interpolation des valeurs que l'on retrouve dans les chartes de performances.

Prenons un cas où nous connaissons, via la charte, quatre points où le couple et le débit sont identifiés en fonction de la pression au moteur :

Tableau 12.3 Table d'interpolation générale

		A	B	C
		Pression P1	**PZ au moteur estimé**	**Pression P2**
Débit Q1	Couple 1	A	K	C
	Vitesse 1	B	L	D
Débit QR recherché	Couple recherché	–	Y	–
	Vitesse désirée	–	Z	–
Débit Q2	Couple 2	E	M	G
	Vitesse 2	F	N	H

Lorsque nous connaissons les caractéristiques de 4 points (voir cases ambrées du tableau précédent), nous sommes en mesure d'estimer les données dans les cases en jaunes par l'interpolation des données en fonction des paramètres connus PZ et Z. Pour y arriver, il est aisé de faire des interpolations préliminaires en trouvant les données dans les cases B1, B2, B5 et B6. On trouve les inconnues avec les relations suivantes :

$$K = A + \frac{(C - A)(PZ - P1)}{(P2 - P1)}$$

$$L = B + \frac{(D - B)(PZ - P1)}{(P2 \quad P1)}$$

$$M = E + \frac{(G - E)(PZ - P1)}{(P2 - P1)}$$

$$N = F + \frac{(H - F)(PZ - P1)}{(P2 - P1)}$$

Une fois que l'on connaît les interpolations préliminaires, on peut trouver le couple du moteur ainsi que le débit pour la pression PZ et la vitesse de rotation Z :

$$QR = Q1 + \frac{(Q2 - Q1)(Z - L)}{(N - L)}$$

$$Y = K + \frac{(M - K)(Z - L)}{(N - L)}$$

Exemple : Basé sur la Figure 12.15, pour une application où nous désirons connaître le débit d'un moteur ainsi que son couple réel pour une pression de 1 100 psis et 125 RPM, nous obtenons alors le tableau suivant :

Tableau 12.4 **Table d'interpolation, exemple**

		Pression P1 1 000 psi	PZ 1 100 psi	Pression P2 1 250 psi
Débit Q1 6 gpm	Couple 1	A = 1 590 lbs.po	K = 1 768 lbs.po	C = 2 035 lbs.po
	Vitesse 1	B = 110 RPM	L = 109,6 RPM	D = 109 RPM
Débit QR 6,8 gpm	Couple recherché	–	Y = 1 781 lbs.po	–
	Vitesse désirée	–	Z = 125 RPM	–
Débit Q2 8 gpm	Couple 2	E = 1 625 lbs.po	M = 1 801 lbs.po	G= 2 065 lbs.po
	Vitesse 2	F= 148 RPM	N= 147,6 RPM	H= 147 RPM

12.6.2 Calculs par interpolation, couple et rpm connus

Bien souvent, nous avons les caractéristiques visées en termes de couple et de vitesse (rpm), et nous désirons trouver la pression de fonctionnement requis ainsi que le débit. Il faut alors faire une série d'interpolation afin de les trouver en fonction des chartes de performance. Prenons un cas où nous connaissons, via la charte, quatre points où le couple et le débit sont identifiés en fonction de la pression au moteur :

Tableau 12.5 **Table d'interpolation générale**

		A	B'	B	B''	C
Débit Q1	Pression	P1	PR		-	P2
	Couple 1	A	Y		-	C
	Vitesse 1	B	L		-	D
Débit QR recherché	Pression	-	-	PZ recherché	-	-
	Couple désiré	-	-	Y	-	-
	Vitesse désirée	-	-	Z	-	-
Débit Q2	Pression	P1	-	PS		P2
	Couple 2	E	-	Y		G
	Vitesse 2	F	-	N		H

Lorsque nous connaissons les caractéristiques de 4 points (voir cases ambrées du tableau précédent), nous sommes en mesure d'estimer les données dans les cases en jaunes par l'interpolation des données en fonction des paramètres connus PZ et Z. Pour y arriver, il est aisé de faire des interpolations préliminaires en trouvant les données dans les cases B1, B2, B5 et B6. On trouve les inconnues avec les relations suivantes :

$$PR = P1 + \frac{(Y-A)(P2-P1)}{(C-A)}$$

$$L = B + \frac{(Y-A)(D-B)}{(C-A)}$$

$$PS = P1 + \frac{(Y-E)(P2-P1)}{(G-E)}$$

$$N = F + \frac{(Y-E)(H-F)}{(G-E)}$$

$$PZ = PR + \frac{(Z-L)(PS-PR)}{(N-L)}$$

$$QR = Q1 + \frac{(Q2-Q1)(Z-L)}{(N-L)}$$

Exemple : Basé sur la Figure 12.15, pour une application où nous désirons connaître le débit d'un moteur ainsi que la pression nécessaire pour transmettre un couple de 1 800 lbs.po à une vitesse de 120 RPM, nous obtenons alors le tableau suivant :

Tableau 12.6 **Table d'interpolation, exemple**

		A	B'	B	B''	C
Débit Q1 6 GPM	Pression	P1, 1 000 psi	PR = 1 118 psi		-	P2, 1 250 psi
	Couple 1	A = 1 590 lbs.po	Y = 1 800 lbs.po		-	C = 2 035
	Vitesse 1	B = 110 RPM	L = 109,5 RPM		-	D = 109 RPM
Débit QR = 6,55 GPM	Pression	-	-	PZ = 1 113 psi	-	-
	Couple désiré	-	-	Y = 1 800 lbs. po	-	-
	Vitesse désirée	-	-	Z = 120 RPM	-	-
Débit Q2 8 GPM	Pression	P1, 1 000 psi	-	PS = 1 099 psi		P2, 1 250 psi
	Couple 2	E = 1 625 lbs.po	-	Y = 1 800 lbs.po		G = 2 065 lbs.po
	Vitesse 2	F = 148 RPM	-	N = 147,6 RPM		H = 147 RPM

12.7 Contrôle de vitesse d'un moteur hydraulique

comme nous l'avons vu à la section 7.4, la pratique courante est de contrôler un moteur en meter-out. Cela ne veut pas dire qu'il n'y a pas davantage à faire autrement, mais cette méthode est celle qui permet de réduire les risques de cavitation. Contrairement à l'application avec un vérin, il n'y a pas beaucoup d'inconvénients à contrôler en meter-out étant donné qu'il n'y a pas de phénomène de surpression, même si un contrôle meter-out oblige souvent d'installer un drain sur le moteur. Le phénomène de cavitation sur un moteur est à éviter, car cela endommage le moteur en compromettant la lubrification. De plus, les applications avec des moteurs sont souvent pour des systèmes roulants ayant des masses importantes et peu de friction, ce qui fait en sorte d'augmenter le risque de cavitation à cause de l'inertie importante de l'équipement non freinée naturellement.

Le principal avantage de contrôler un moteur en meter-in est de réduire la pression à la sortie du moteur, permettant d'éviter d'installer une ligne de drainage. L'utilisation d'un drain n'est pas obligatoire. On verra parfois que la pression maximale est par exemple de 2 000 psis sur la ligne de drainage. Pour une application où nous savons que la pression sur la ligne de sortie du moteur est de moins de 2 000 psis, cela signifie qu'un drain n'est pas obligatoire. Toutefois, il demeure préférable d'installer un drain afin d'éviter qu'un joint d'étanchéité défectueux entraîne des fuites importantes.

12.8 Vérification de la capacité de charge sur l'arbre

Il existe une multitude d'applications où l'arbre du moteur doit supporter une charge radiale. Cette charge est obligatoirement en porte-à-faux sur l'arbre et cause, dans la plupart des cas, une charge en porte-à-faux que les roulements doivent soutenir. On se retrouve donc à devoir faire deux vérifications, soit la vérification de la capacité de retenir une charge par l'arbre et aussi la vérification de la capacité des roulements ou des paliers. Toutefois, il est rare que les catalogues procurent l'information sur la capacité de l'arbre (qui est rarement un enjeu important dans ce type d'application), les roulements étant le critère le plus critique.

Lorsque le moteur utilise des roulements sur lesquels repose l'arbre de sortie, la vérification de la capacité de la charge tient compte de la vie des roulements et de la vitesse de rotation. La capacité de charge tient compte d'où la charge est placée sur l'arbre basé sur la face de montage.

Figure 12.17 **Charte de vérification de la charge sur les roulements**

These curves indicate the radial load capacity on the motor shaft(s) at various locations.

The curve is based on B 10 Bearing life (2000 hours or 12,000,000 shaft revolutions at 100 RPM) at rated output torque. To determine radial load at speeds other than 100 RPM, multiply the load values given on the bearing curve by the factors in the chart below.

RPM	Multiplication Factor
50	1.23
100	1.00
200	.81
300	.72
400	.66
500	.62
600	.58
700	.56
800	.54

For 3,000,000 Shaft revolutions or 500 hours — Increase these shaft loads 52%.

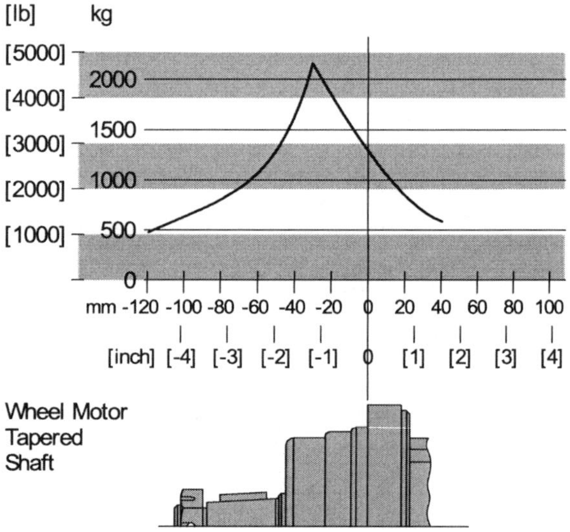

Source : S2000 CHAR LYN

La Figure 12.17 renseigne sur la capacité d'un moteur S2000 Char-Lynn avec une bride de montage de type roue. La référence de la position de la charge se fait par rapport à la surface de montage. Si la charge est localisée à -2 pouces, la charte nous indique que le moteur est apte à prendre une charge d'environ 2 500 livres.

Cette capacité est basée sur une vie de 2 000 heures selon un risque de bris de 10 % (selon le facteur B**10**) et basée sur une vitesse de rotation de 100 RPM. Évidemment, si l'arbre du moteur tourne plus rapidement, il faut alors réduire la charge sur l'arbre pour respecter cette vie.

Ainsi, si l'arbre tourne à 200 RPM, on doit alors considérer que la charge maximale sur l'arbre est de 2 500 × 0,81, soit 2 025 livres. Le critère de fiabilité avec 10 % de risque de bris est le critère normalement utilisé.

Toutefois, si l'on désire calculer la vie avec une fiabilité plus élevée, il faut se référer au tableau 12.7. Ainsi, toujours pour le même exemple, si nous désirons réduire le risque de bris à 5 % (B**05**), on doit prendre le facteur a_1 de 62 % ce qui procure une capacité de charge maximale de 2 025 × 0,62, soit 1 255 livres.

Tableau 12.7 **Facteur de fiabilité d'un roulement**

Facteur de fiabilité a_1						
Fiabilité	90 %	95 %	96 %	97 %	98 %	99 %
Probabilité de défaillance	10 %	5 %	4 %	3 %	2 %	1 %
Facteur a_1	1	0,62	0,53	0,44	0,33	0,21

Si nous désirons une vie différente de celle mentionnée dans la charte, nous pouvons utiliser l'équation suivante pour connaître la charge corrigée :

$$\textbf{\textit{Charge corrigée}} = \textbf{\textit{charge de référence}} \times \left(\frac{\textbf{\textit{Vie de référence}}}{\textbf{\textit{Vie désirée}}} \right)^{0,3}$$

Dans l'exemple précédent, nous pouvons estimer la capacité de charge si l'on désire une vie de 500 heures au lieu de 2 000 :

$$Charge\,corrigée = 1255 \times \left(\frac{2000}{500} \right)^{0,3} = 1902\,lbs$$

Soit une augmentation de 52 % de capacité de charge. On se retrouve donc à dire que nous avons une capacité de charge 1 902 lb avec un risque de bris de 5 % pour une durée de vie de 500 hrs.

Lorsque le moteur utilise des paliers au lieu de roulements, l'approche est légèrement différente. Dans ce cas, on doit estimer la capacité de charge en fonction de sa position sur l'arbre, mais compte tenu des paliers, nous n'avons pas de critère de durée de vie. Avec des paliers, la vie est infinie si la charge maximale n'est pas dépassée.

Figure 12.18 **Charte de vérification de la charge sur les paliers**

$$\text{Sideload P [lb]} = \frac{900}{N}\left(\frac{1460}{L+[3.79]}\right) \quad \text{for 200-900 RPM}$$

Where N = Shaft Speed (RPM)
L = Distance from Mounting Surface

RPM	Allowable Shaft Side Load —Kg [lb]		
	A	B	C
900	154 [339]	136 [300]	118 [261]
625	205 [452]	181 [400]	158 [348]
500	256 [565]	227 [500]	197 [435]
400	307 [678]	272 [600]	237 [522]
300	410 [904]	363 [800]	316 [696]
200	718 [1582]	635 [1400]	552 [1216]

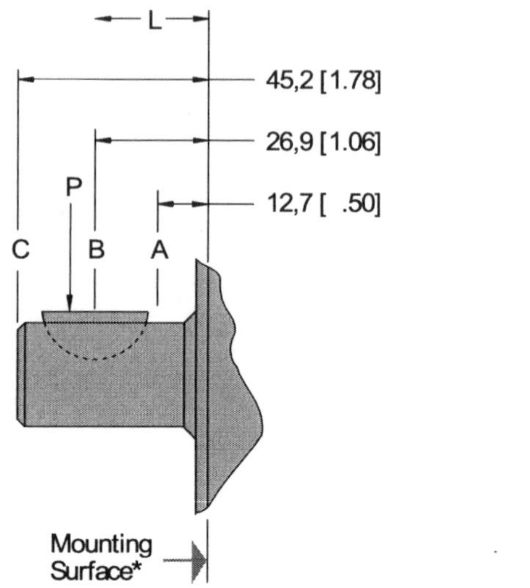

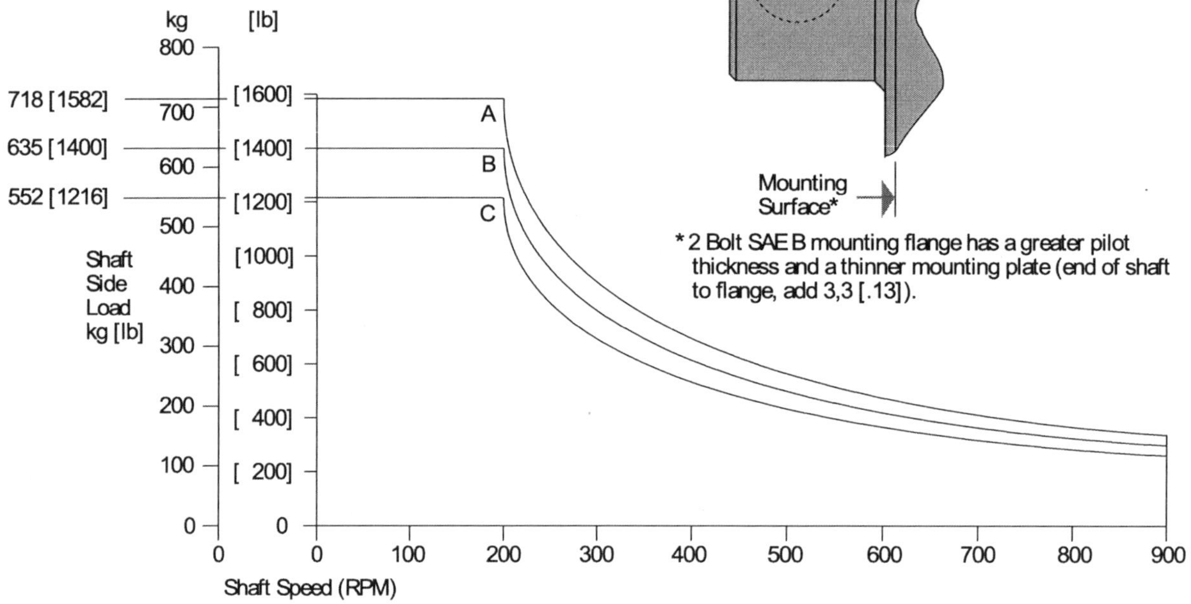

Source : H-S-T CHAR LYNN

La Figure 12.19 procure un exemple de charte de vérification de la capacité de charge radiale pour un moteur Char-Lynn séries H, S et T. Ces moteurs sont avec paliers. Ainsi, basé sur cette charte, le moteur peut avoir une charge de 600 livres si l'arbre tourne à 400 RPM et que la charge est placée au milieu de la clavette.

12.9 Schémas hydrauliques typiques

Le schéma de contrôle du moteur de droite est typique avec contrôle en meter-out et protection sur A et B. Il est particulièrement adapté aux cas où la marche peut devenir motrice à cause de son inertie. Les équipements roulants sont souvent dans cette catégorie, avec une faible résistance au roulement ainsi qu'une masse et une vitesse importante. Dans ce cas, il devient essentiel de protéger mécaniquement le moteur contre les surpressions à l'aide des soupapes de décharge en A et en B. On remarque que la protection est placée entre les régulateurs de débit et le moteur. Le moteur est représenté avec un drain branché au réservoir ce qui est généralement recommandé avec les régulateurs de débit en meter-out.

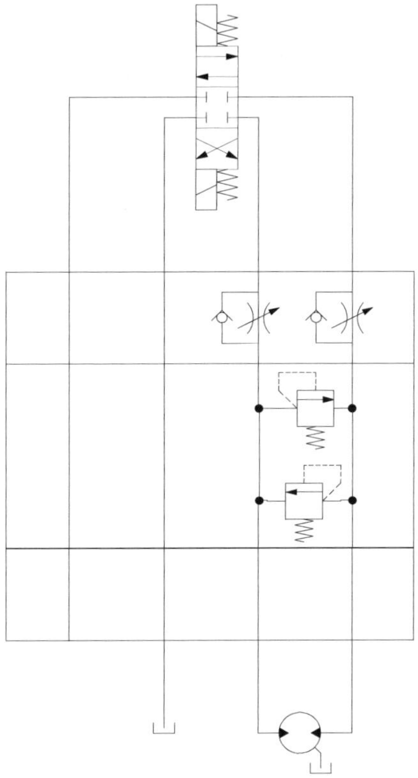

Le schéma suivant est atypique avec le moteur ayant la pression aux deux ports d'entrée lorsqu'il est à l'arrêt. L'intérêt de cette conception est d'obtenir un moteur qui est stationnaire, peu importe les fuites potentielles de la valve de distribution. Les cas où cette solution est pertinente sont les applications où à l'arrêt il n'y a aucune résistance sur le moteur. Le schéma aurait un résultat similaire en utilisant une valve ouverte en A-B-T, mais cette configuration de tiroir n'est pas toujours proposée par les manufacturiers avec les valves 4/2. Il faut toutefois s'assurer que la pression au niveau de la valve sur la ligne T ne dépasse pas la capacité de pression de la valve qui est normalement plus faible que la capacité de pression sur la ligne P. Cette vérification se fait en supposant que le régulateur de débit est fermé.

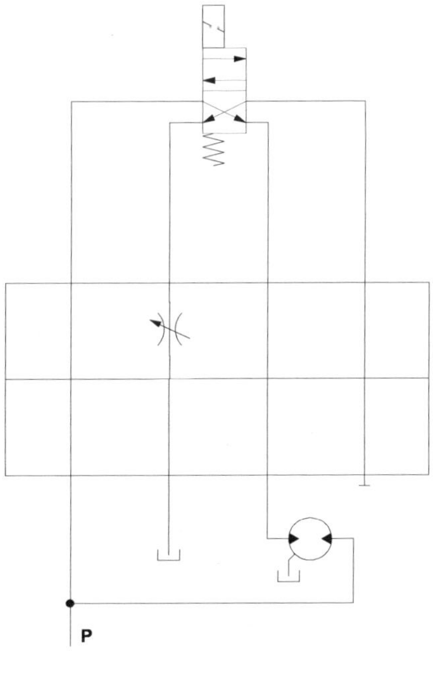

Le schéma suivant propose une solution où une contrebalance est utilisée sur la ligne B pour freiner une charge qui serait motrice dans un sens de rotation. Un moteur ne maintient généralement pas une charge à l'arrêt sauf pour de courts laps de temps si le contrôle le permet. Pour retenir une charge, l'emploi d'un frein est nécessaire dans la majorité des applications. Le contrebalance limite toutefois la pression à la sortie du moteur.

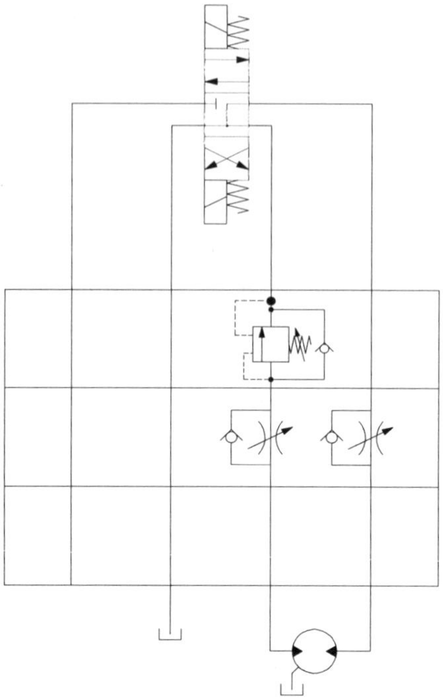

Schéma avec contrebalance pilotée qui limite la pression sur la ligne B du moteur pour une charge pouvant être motrice. Encore ici, il faut rappeler qu'un moteur n'est pas prévu retenir une charge à l'arrêt et que l'utilisation d'un frein est nécessaire dans la majorité des applications. Le fait d'avoir la contrebalance pilotée permet d'utiliser le plein couple du moteur, peu importe le sens de rotation. Les régulateurs de débit doivent être placés de façon à ne pas influencer l'ouverture de la contrebalance au niveau du pilotage.

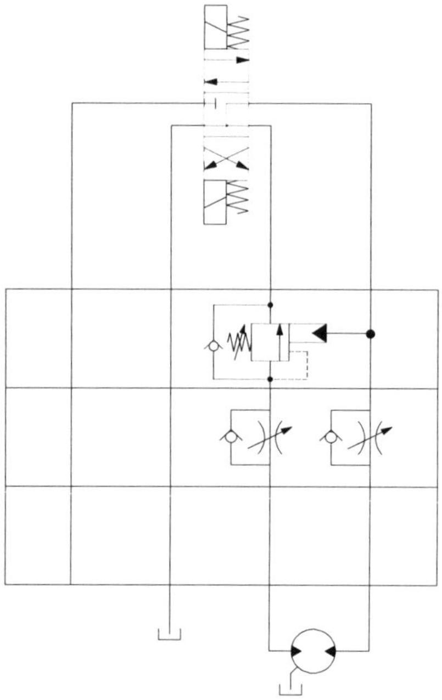

Le schéma suivant présente un contrôle typique d'un moteur avec un frein qui est normalement activé lorsque le moteur est à l'arrêt.

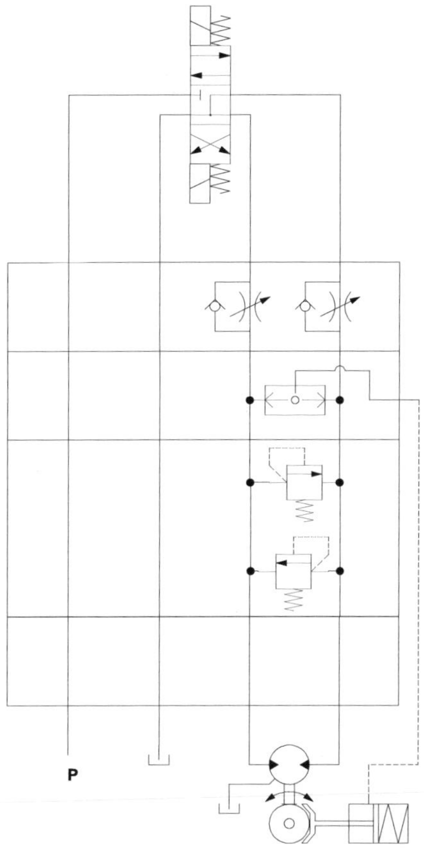

Le schéma suivant présente un contrôle typique d'un moteur dont le contrôle est de configuration meter-in. On remarque que le moteur n'a pas de drain ce qui ne pose aucun problème dans cette configuration.

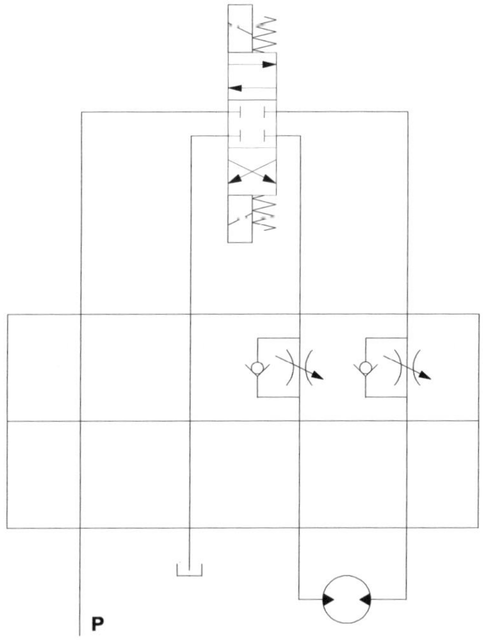

12.10 Exercices

Exercices niveau #1

Exercice #1 : Pour une application où le moteur possède une cylindrée de 18 po^3/rev, l'efficacité globale est de 82 % et l'efficacité volumétrique est de 91 %, et que sa vitesse de rotation est de 100 rpm, trouvez pour un delta P de 1 000 psi :

- Le débit théorique du moteur :
- Le débit réel du moteur :
- Le couple théorique du moteur :
- Le couple réel du moteur :

Exercice #2 : Pour une application où le moteur possède une cylindrée de 200 cm^3/rev, l'efficacité globale est de 82 % et l'efficacité volumétrique est de 91 %, et que sa vitesse de rotation est de 80 rpm, trouvez pour un delta P de 1 000 psi :

- Cylindrée = :
- Le débit théorique du moteur :
- Le débit réel du moteur :
- Le couple théorique du moteur :
- Le couple réel du moteur :

Exercice #3 : Déterminez la cylindrée du moteur ainsi que son débit pour respecter les requis suivants :

- Couple requis de : 1 550 #.po
- RPM de : 133
- Un dP de 1 500 psis dans le moteur
- Cylindrée minimale :
- Débit :
- Déterminez la pression minimale nécessaire pour avoir le couple requis :

- Calculez l'efficacité volumétrique du moteur d'après les données du manufacturier :
- Calculez l'efficacité globale du moteur d'après les données du manufacturier :

Figure 12.19 **Charte de performance d'un moteur S4000 de CHAR LYNN**

4000 Series

Performance Data

Motors run with high efficiency in all areas designated with a number for torque and speed. For best motor life select a motor to run with a torque and speed range shown in the light shaded area.

Performance data is typical at 120 SUS. Actual data may vary slightly from unit to unit in production.

Continuous | Peak | Intermittent | No Operation

110cm³/r [6.7 in³/r]
ΔPressure Bar [PSI]

Flow LPM [GPM]	[250] 155	[500] 35	[1000] 70	[1500] 105	[2000] 140	[2500] 170	[3000] 205	[3500] 240	[4000] 275	[4500] 310
[.5] 1,9	[150] 15 14	[390] 45 10	[850] 95 5	[1290] 145 2						
[1] 3,8	[170] 20 34	[440] 50 33	[900] 100 31	[1380] 155 28	[1860] 210 25	[2270] 255 22	[2680] 305 18	[3110] 350 11		
[2] 7,5	[180] 20 68	[450] 50 67	[910] 105 62	[1390] 155 56	[1860] 210 50	[2280] 260 44	[2700] 305 36	[3120] 355 28	[3450] 390 18	
[4] 15	[190] 20 138	[460] 50 136	[940] 105 123	[1400] 160 110	[1870] 210 97	[2310] 260 84	[2730] 310 70	[3140] 355 56	[3560] 400 42	[3880] 440 28
[6] 23	[200] 25 207	[470] 55 204	[960] 110 200	[1420] 160 193	[1880] 210 184	[2320] 260 174	[2760] 310 163	[3200] 360 150	[3640] 410 136	[3950] 455 121
[8] 30	[190] 20 277	[460] 50 274	[950] 105 270	[1420] 160 262	[1880] 210 253	[2340] 265 241	[2790] 315 228	[3230] 365 213	[3670] 415 196	[4010] 455 179
[10] 38	[180] 20 347	[460] 50 344	[950] 105 340	[1420] 160 331	[1890] 215 322	[2350] 265 308	[2820] 320 292	[3260] 370 274	[3700] 420 255	[4070] 460 236
[12] 45	[160] 20 417	[450] 50 414	[940] 105 410	[1420] 160 400	[1880] 210 390	[2350] 265 374	[2820] 320 355	[3260] 370 335	[3710] 420 313	[4080] 460 292
[14] 53	[140] 15 487	[440] 50 484	[930] 105 480	[1420] 160 469	[1880] 210 458	[2350] 265 440	[2830] 320 419	[3280] 370 446	[3730] 420 471	[4110] 465 348
[16] 61	[130] 15 556	[440] 50 553	[920] 105 549	[1410] 160 537	[1870] 210 525	[2350] 265 505	[2840] 320 482	[3300] 375 455	[3750] 425 428	[4120] 465 404
[18] 68	[100] 10 626	[440] 50 622	[910] 105 618	[1400] 160 606	[1870] 210 593	[2350] 265 570	[2840] 320 545	[3300] 375 516	[3770] 425 485	[4140] 465 460
[20] 76	[80] 10 697	[430] 50 694	[900] 100 690	[1370] 155 677	[1860] 210 664	[2350] 265 638	[2850] 320 611	[3320] 375 579	[3790] 430 545	[4160] 470 518
[25] 95										

[430] Torque [lb-in]
50 Nm
694 Speed RPM

130cm³/r [7.9 in³/r]
ΔPressure Bar [PSI]

Flow LPM [GPM]	[250] 155	[500] 35	[1000] 70	[1500] 105	[2000] 140	[2500] 170	[3000] 205	[3500] 240	[4000] 275	[4500] 310
[.5] 1,9	[310] 35 12	[510] 60 9	[1060] 120 5	[1590] 180 2						
[1] 3,8	[290] 35 30	[530] 60 28	[1080] 120 25	[1600] 180 19	[2110] 240 14	[2640] 300 13	[3060] 345 12	[3450] 390 4		
[2] 7,5	[280] 30 57	[530] 60 56	[1100] 125 53	[1620] 185 47	[2140] 240 42	[2660] 300 40	[3180] 360 38	[3600] 405 29	[4020] 455 20	[4080] 460 12
[4] 15	[260] 30 116	[520] 60 114	[1100] 125 111	[1650] 185 105	[2200] 250 100	[2700] 305 95	[3210] 365 90	[3660] 415 70	[4100] 465 50	[4560] 515 37
[6] 23	[240] 25 173	[510] 60 170	[1100] 125 167	[1650] 185 161	[2200] 250 156	[2720] 305 149	[3240] 365 142	[3710] 420 123	[4180] 470 104	[4660] 525 91
[8] 30	[230] 25 228	[510] 60 225	[1080] 120 222	[1640] 185 216	[2210] 250 210	[2740] 310 202	[3270] 370 194	[3770] 425 176	[4270] 480 158	[4750] 535 145
[10] 38	[210] 25 283	[510] 60 225	[1080] 120 278	[1640] 185 272	[2210] 250 266	[2750] 310 256	[3300] 375 246	[3820] 430 229	[4360] 490 212	[4810] 545 189
[12] 45	[200] 25 341	[500] 55 338	[1070] 120 335	[1640] 185 329	[2220] 250 323	[2750] 310 312	[3300] 375 300	[3840] 435 282	[4370] 495 263	[4870] 550 237
[14] 53	[180] 20 400	[490] 55 396	[1060] 120 392	[1640] 185 386	[2220] 250 380	[2750] 310 368	[3310] 375 355	[3860] 435 335	[4390] 495 366	[4890] 550 286
[16] 61	[160] 20 457	[490] 55 453	[1050] 120 449	[1630] 185 443	[2220] 250 437	[2760] 310 424	[3310] 375 410	[3860] 435 388	[4400] 495 366	[4920] 555 335
[18] 68	[130] 15 516	[480] 55 511	[1050] 120 506	[1630] 185 500	[2220] 250 494	[2760] 310 480	[3320] 375 465	[3870] 435 442	[4420] 500 418	[4940] 560 384
[20] 76	[110] 10 574	[470] 55 569	[1040] 120 564	[1620] 185 559	[2210] 250 551	[2760] 310 536	[3330] 375 520	[3890] 440 495	[4440] 500 470	
[22] 83	[70] 10 633	[450] 50 628	[1020] 115 624	[1610] 180 615	[2190] 245 606	[2750] 310 590	[3320] 375 573	[3880] 440 547	[4440] 500 520	
[25] 95	[50] 5 722	[430] 50 718	[1000] 115 714	[1580] 180 702	[2160] 245 690	[2720] 305 672	[3300] 375 653	[3860] 435 625	[4430] 500 595	
[30] 114		[400] 45 862	[940] 105 855	[1500] 170 842	[2080] 235 827	[2670] 300 806	[3200] 360 783	[3740] 425 749		

1	Il est possible d'avoir un moteur hydraulique dont l'efficacité globale est de 85 % et dont l'efficacité volumétrique est 80 %.	V	F
2	L'utilisation d'une ligne de drainage dans un moteur permet de réduire le risque de fuite du moteur au niveau du joint d'étanchéité de l'arbre de sortie.	V	F
3	Des moteurs branchés en série auront la même vitesse et le même couple si leurs cylindrées sont les mêmes et si l'on néglige les fuites internes.	V	F
4	Il est souvent nécessaire de prévoir une ligne de drain sur un moteur lorsque celui-ci est contrôlé en meter-out.	V	F
5	L'efficacité globale d'un moteur est toujours plus faible que l'efficacité volumétrique.	V	F

Exercice niveau #2

N/A

Exercice niveau #3

N/A

Réponses exercices niveau #1

Exercice #1 : Le débit théorique du moteur : Q=18 × 100/231=7,8 gpm; Le débit réel du moteur : Q=7,8/0,91=8,6 gpm; Le couple théorique du moteur : T = 18 × 1 000/(24 pi) = 238,7 lbs.ft; Le couple réel du moteur : eff. Mécanique = 0,82/0,91 = 0,901. Couple réel = 238,7 × 0,901 = 215,1 lbs.ft

Exercice #2 : Cylindrée = 200 (cm^3/rev)/(2,54 po/cm)^3=12,2 po^3/rev; Le débit théorique du moteur : Q=12,2 × 80/231=4,2 gpm; Le débit réel du moteur : Q=4,2/0,91=4,6 gpm; Le couple théorique du moteur : T=12,2 × 1 000/(24 pi)=161,9 lbs.ft; Le couple réel du moteur : eff. Mécanique = 0,82/0,91=0,901. Couple réel = 161,9 × 0,901 = 145,9 lbs.ft

Exercice #3 : Cylindrée minimale : 7,9 po^3/rev; Débit : 5 gpm; Déterminez la pression minimale nécessaire pour avoir le couple requis : 1 550/1 650 × 1 500 psis = 1 409 psis; Calculer l'efficacité volumétrique du moteur d'après les données du manufacturier : Qtheo = 7,9 × 133/231 = 4,55 gpm, Eff. Vol = 4,55/5 = 91 %; Calculer l'efficacité globale du moteur d'après les données du manufacturier : HP hyd. Entrant : 5 × 1 500/1 714 = 4,38 hp, HP mec. Sortant : 1 650 × 133/63 030 = 3,48 hp, Eff. Globale = 3,48/4,38 = 76,6 %

1	Il est possible d'avoir un moteur hydraulique dont l'efficacité globale est de 85 % et dont l'efficacité volumétrique est 80 %.	F
2	L'utilisation d'une ligne de drainage dans un moteur permet de réduire le risque de fuite du moteur au niveau du joint d'étanchéité de l'arbre de sortie.	V
3	Des moteurs branchés en série auront la même vitesse et le même couple si leurs cylindrées sont les mêmes et si l'on néglige les fuites internes.	V
4	Il est souvent nécessaire de prévoir une ligne de drain sur un moteur lorsque celui-ci est contrôlé en meter-out.	V
5	L'efficacité globale d'un moteur est toujours plus faible que l'efficacité volumétrique.	V

Réponse exercice niveau #2

N/A

Réponse exercice niveau #3

N/A

13 Vérins

Un vérin est une composante à la fois très simple et puissante pour transmettre du mouvement. Son mouvement est linéaire et son intégration à l'intérieur d'un système mécanique est relativement simple. Un vérin utilise une construction robuste.

Les caractéristiques principales d'un vérin sont :

- Le vérin possède une tige transmettant la force;
- Généralement, la tige sort d'un seul côté du vérin, bien qu'il existe des vérins ayant une tige qui sort à chaque extrémité;
- La force n'est pas la même des deux côtés du vérin lorsque la tige sort d'un seul côté;
- Le débit n'est pas le même des deux côtés du vérin lorsque la tige sort d'un seul côté;
- La force est générée par la pression de l'huile sur une surface d'un piston;
- Le vérin est séparé en deux sections séparées par le piston doté de joint(s) d'étanchéité(s);
- La course d'un vérin est limitée par ses dimensions;
- Il est parfois possible d'installer un tube de butée à l'intérieur du vérin, pour réduire la course et pour augmenter l'appui interne;
- En hydraulique, on retrouve généralement des vérins à double action, mais il arrive qu'ils soient à simple action, et ce, généralement dans des systèmes où la gravité permet le retour du vérin;
- Un vérin ne doit normalement pas recevoir d'effort de côté sur la tige, bien qu'il y ait des exceptions pour des vérins qui sont utilisés comme élément de guidage;
- Les vérins sont offerts selon une gamme de produits pouvant fonctionner à des pressions allant de faibles à élevées.

Figure 13.1 Éléments d'un vérin

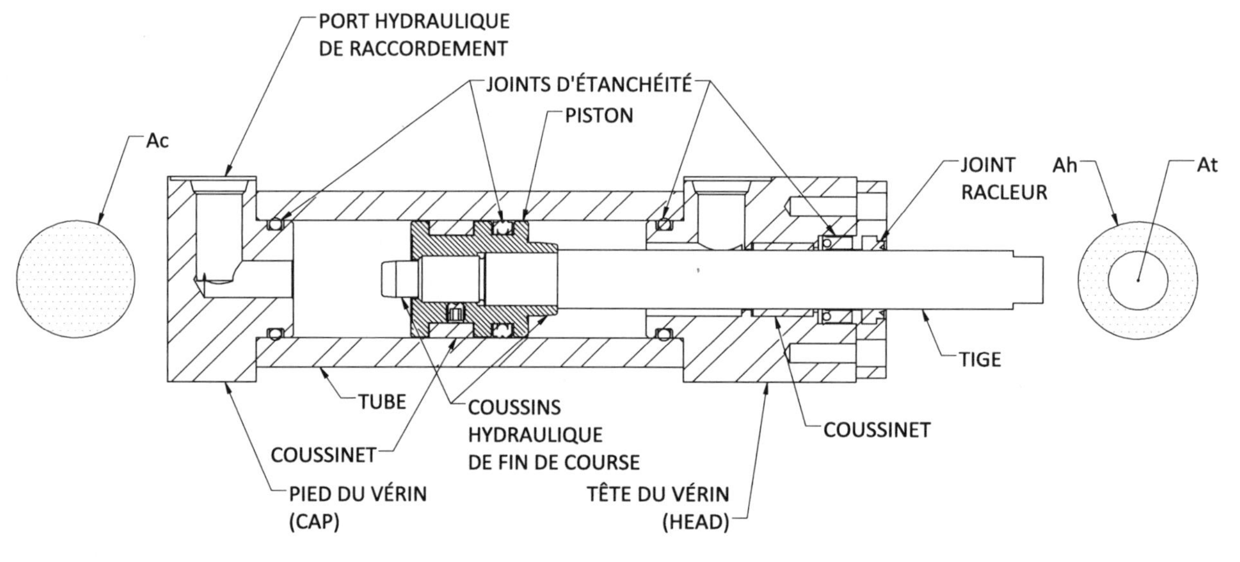

L'achat d'un vérin demande de choisir à travers une longue liste d'options. Il arrive fréquemment qu'un vérin ait certaines caractéristiques qui ne sont pas comprises au niveau des standards. Pour cette raison, un vérin hydraulique possède généralement une plaque signalétique sur laquelle sont inscrits le numéro de pièce, le numéro de série et aussi la pression d'opération maximale du vérin.

Les vérins sont généralement des éléments fiables. Les principaux problèmes que l'on rencontre sont :

- Surface de la tige endommagée;
- Bris ou déformation de la tige;
- Suintement au niveau de la tige;
- Joints de piston défectueux;
- Bris des joints toriques au niveau du tube;
- Bris causés par la surpression.

Un circuit hydraulique, mal conçu ou mal protégé, peut générer un état de surpression dans le tube pouvant endommager le vérin. Lorsque la valve est en position fermée, des forces externes peuvent faire en sorte de créer des surpressions dans le vérin.

13.1 Représentations symboliques d'un vérin

Il y a une multitude de configurations de vérins, pour lesquelles sont associés des symboles spécifiques.

Tableau 13.1 Type et représentation de vérin

Symbole	Description
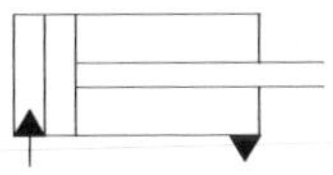	Vérin à simple action qui se caractérise par le fait que la tige forme le piston. Le repli est effectué par une force extérieure, qui bien souvent est assurée par la gravité. Le contrôle de vitesse est un peu plus hasardeux que pour les vérins à double action.
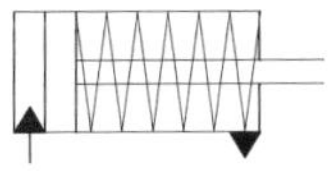	Vérin à simple action, avec piston. Le repli est assuré par un ressort intégré. Le côté de la tige est à la pression atmosphérique. Ce type de construction est très rare pour les vérins hydrauliques mais courants pour les vérins pneumatiques.
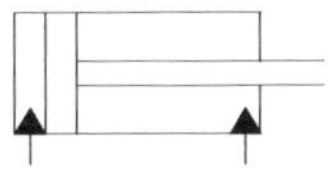	Vérin à double action dont les aires de surface au niveau du piston sont différentes selon le côté. Ce type de vérin est le plus courant en hydraulique en étant apte à pousser et à tirer une charge.
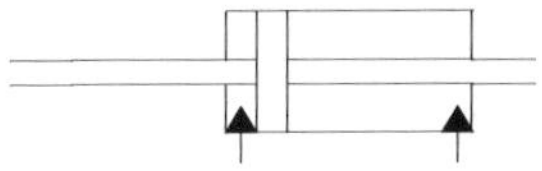	Vérin à double action dont les aires de surface au niveau du piston sont identiques de chaque côté. Ce type de vérin est relativement rare et utilisé lorsque l'on souhaite un rapport de surface de 1 pour un contrôle de vitesse optimal.
	Vérin télescopique permettant d'effectuer une grande course pour un encombrement réduit. Normalement à simple action, tel que représenté par le symbole. La force d'un vérin télescopique correspond à la surface de la plus petite tige lorsque le vérin est à pleine course.

13.2 Construction d'un vérin

Il existe différents types de construction :

- Soudée;
- Démontable;
- Hybride (très rare).

Certains vérins sont prévus pour prendre plus de force de côté sur la tige que d'autres. Les vérins démontables et hybrides peuvent être reconstruits. Les tiges sont généralement en acier ayant un recouvrement de chrome dur. Il est possible d'acheter des tiges de vérin que l'on doit usiner par la suite. Ces tiges arrivent dans des tubes de carton pour les protéger. Les tubes pour les vérins haute pression sont en acier dont l'intérieur est rectifié. Il est possible d'acheter des tubes de vérin brut en longueur. Il arrive que des vérins aient des tubes en aluminium dont la surface intérieure est durcie, mais rarement pour des applications hydrauliques où les pressions sont trop élevées.

Le guidage de la tige est parfois assuré par un contact métal sur métal (chrome sur bronze par exemple) dans l'huile, ou parfois avec des gaines de type phénolique.

Figure 13.2 **Construction typique d'un vérin démontable PARKER**

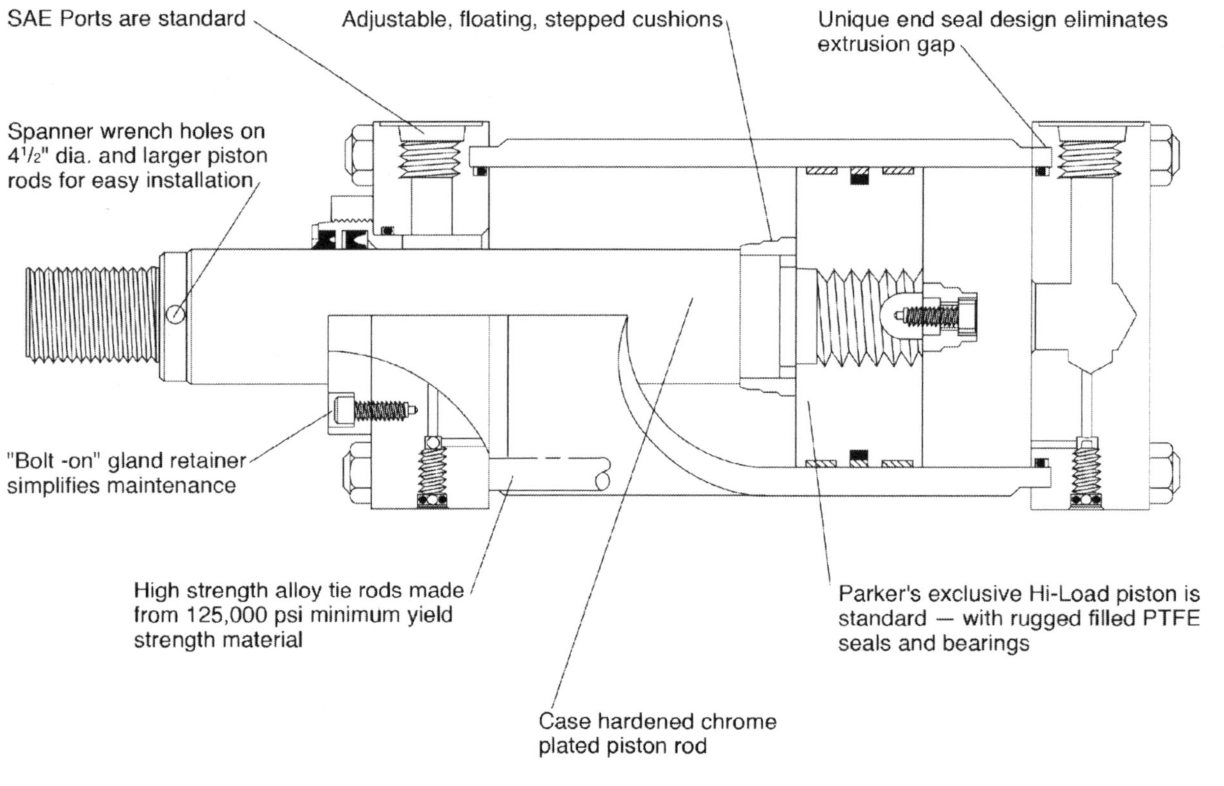

Il est possible de retrouver (en option) sur le piston d'un vérin des amortisseurs de fin de course. Ces amortisseurs créent un étranglement progressif de l'huile à la sortie alors que les jeux sont très faibles. Ces coussins hydrauliques créent un étranglement de type meter-out pour un débit devenant presque nul.

L'étanchéité (voir Figure 13.2) d'un vérin est assurée par un joint d'étanchéité au niveau de la tige, ainsi qu'un joint d'étanchéité au niveau du piston qui sépare le vérin en deux sections distinctes. Dans les constructions démontables, des joints toriques sont utilisés au niveau du tube. Le monde des joints d'étanchéité est vaste avec de multiples solutions pour toutes les bourses et toute la gamme de performance recherchée. Certains joints sont très résistants à l'usure et aux contaminants au prix d'une étanchéité légèrement moins absolue. D'autres joints sont très étanches au prix d'une plus grande friction. Pour plus de détail, il est préférable de consulter les catalogues de joints d'étanchéité ainsi que le chapitre 24.1.5.

Les différents types d'assemblage sont présentés à la Figure 13.3. Les plus courants sont la liaison par soudure pour les vérins non démontables, et la liaison par tirant pour les vérins démontables. Un vérin, dont l'assemblage du tube est par soudure, aura un peu plus de contraintes au niveau du tube alors que l'on parle d'un tube fermé. Un montage par tirant élimine la contrainte axiale dans le tube alors que l'on parle d'un tube ouvert. Bien que le type de construction n'indique pas directement le niveau de qualité d'un vérin, la gamme de vérins soudés inclut souvent des vérins de qualité moindre au niveau des joints d'étanchéité.

Figure 13.3 **Quelques options de joints d'étanchéité**

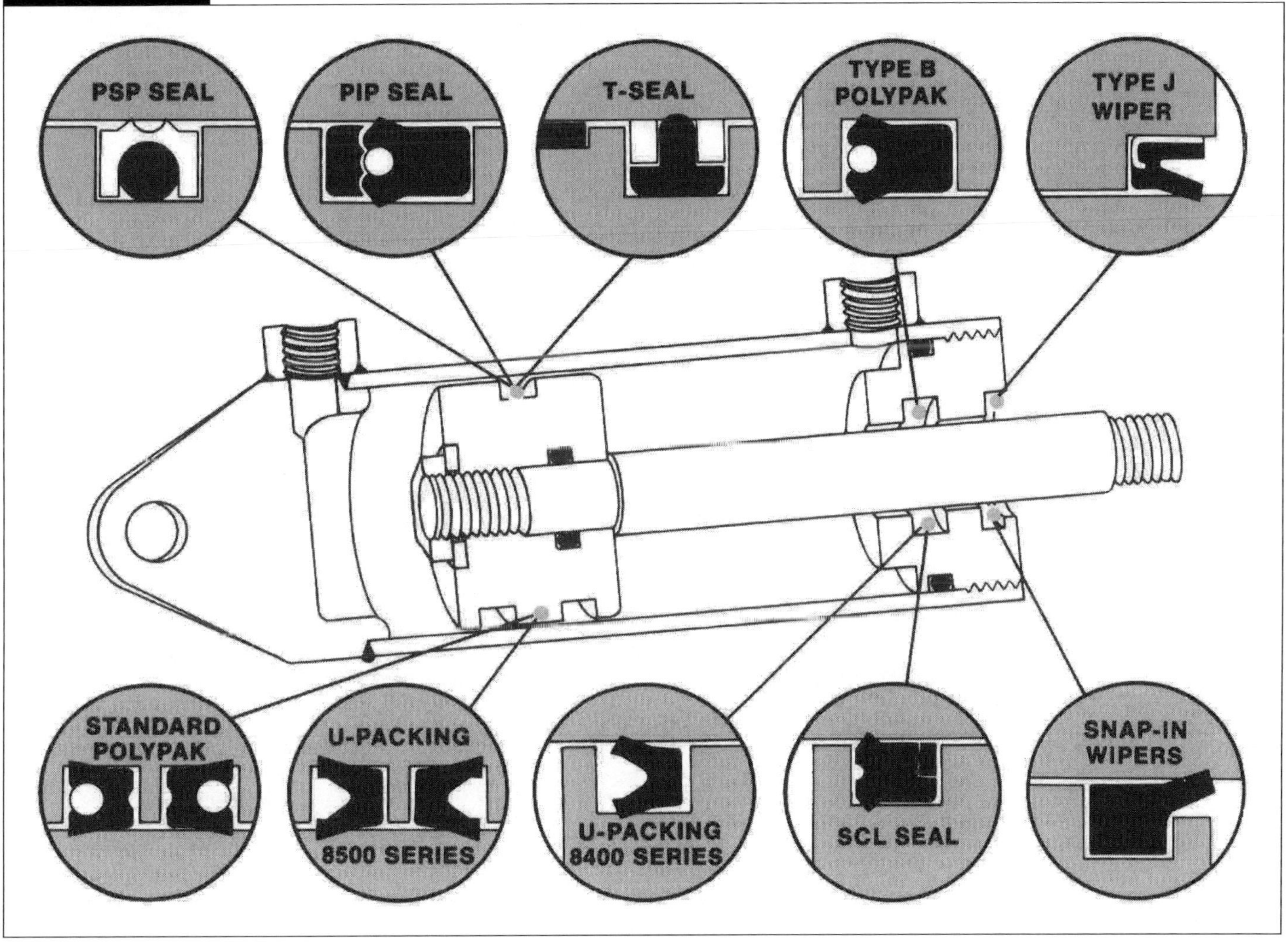

Source : PARKER

Figure 13.4 **Différents types d'assemblages**

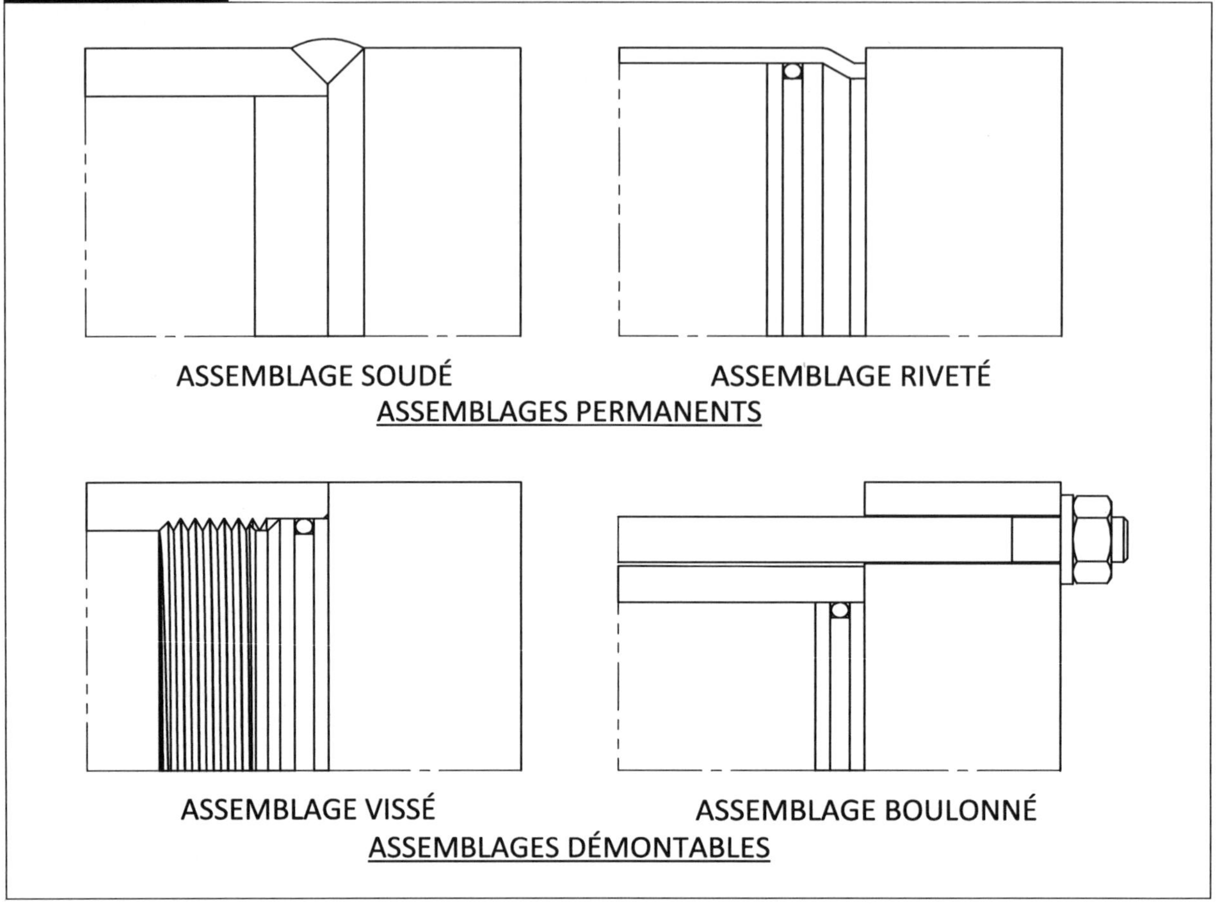

13.3 Montage et dimensions d'un vérin

il y a une multitude d'options de montage. Ces options font partie des choix à faire lorsque l'on conçoit la machine qui doit recevoir le vérin.

En général, les vérins offerts sur le marché possèdent des dimensions qui sont conformes à des normes telles que la norme NFPA (National Fluid Power Association) ou encore ANSI (American National Standards Institute).

Le choix doit se faire en tentant de minimiser les forces de côté sur la tige. Plus la tige est longue et plus le risque de flambage devient important. Rappelons que le flambage est un état de contrainte où un profil devient instable et peut rompre bien en deçà de sa capacité à supporter la contrainte.

Il existe certains vérins sur le marché qui ne sont pas conformes aux dimensions NFPA ce qui oblige leur remplacement par un vérin d'origine.

Lorsque l'on désire installer un vérin avec des coussinets sphériques aux extrémités, NFPA prévoit l'utilisation d'une composante s'installant sur une tige de vérin ayant un trou femelle. Mais il est toujours possible d'utiliser des coussinets sphériques standards industriels.

La pratique est souvent d'utiliser des axes de chape pour les axes d'extrémités, bien que populaire, ce type de montage peut générer une usure au niveau du bâti où les vérins sont retenus.

Figure 13.5 **Quelques configurations d'installation**

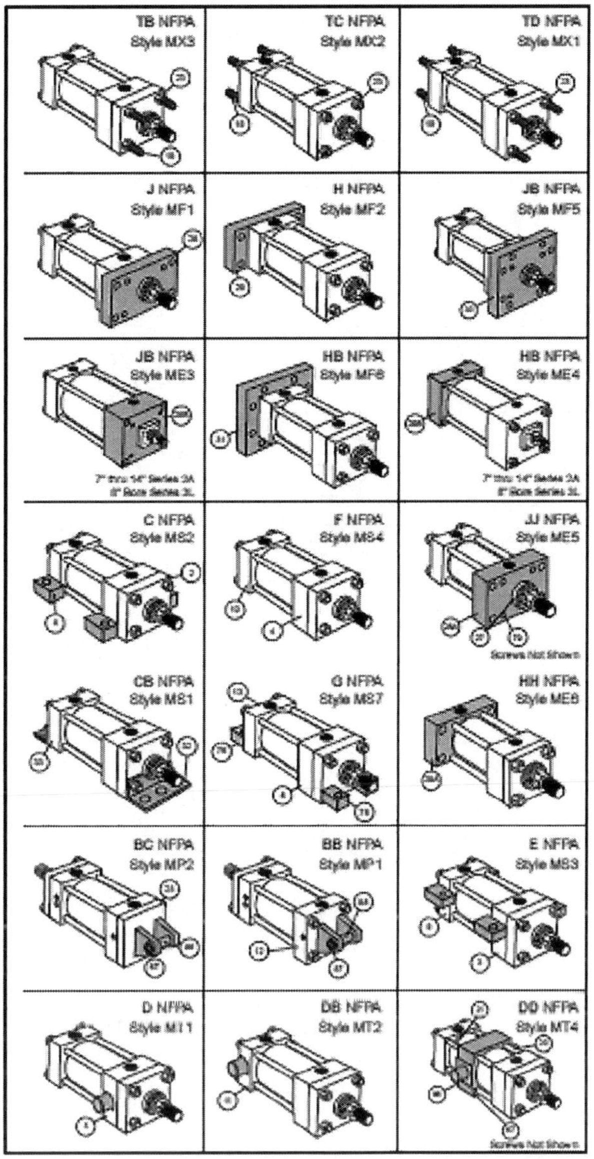

Source : PARKER

13.4 Force d'un vérin

La force d'un vérin est en fonction de la pression qui s'applique sur la surface du piston. La surface du côté du piston est définie comme étant Ac (aire du côté du cap du vérin), alors que la surface du côté de la tige est définie comme étant Ah (aire du côté de la tête (« head ») du vérin). On se retrouve alors avec une force du vérin qui est :

$$F\ extension(lbs) = P(psi)A_c(po^2) \quad et \quad F\ rétraction(lbs) = P(psi)\,A_h(po^2)$$

$$F\ extension(N) = P(bar)A_c(mm^2)/10 \quad et \quad F\ rétraction(lbs) = P(bar)\,A_h(mm^2)/10$$

Ceci est vrai s'il n'y a pas de restriction à la sortie du vérin, et si la force ne tient pas compte de la friction interne dans le vérin. Le type de joint et la pression à la sortie du vérin influencent la friction. On peut s'attendre à une force réelle de 5 à 10 % plus basse que la valeur théorique.

Dans le tableau 13.2, la note NA* indique que l'aire effective s'applique pour le côté du cap du vérin, du côté sans tige.

Tableau 13.2 Charte impériale de la force d'un vérin en fonction de la pression, efficacité de 100 %

Diamètre de piston, pouce	Diamètre de tige, pouce	Surface effective, pouce^2	Rapport de surface	Pression à l'entrée du vérin (pression nulle à la sortie) (psi)											
				500	750	1000	1250	1500	2000	2500	3000	3500	4000	4500	5000
1 1/2	NA*	1.77	1	884	1 325	1 767	2 209	2 651	3 534	4 418	5 301	6 185	7 069	7 952	8 836
	5/8	1.46	1.21	730	1 095	1 460	1 825	2 191	2 921	3 651	4 381	5 111	5 841	6 572	7 302
	1	0.98	1.80	491	736	982	1 227	1 473	1 963	2 454	2 945	3 436	3 927	4 418	4 909
2	NA*	3.14	1	1 571	2 356	3 142	3 927	4 712	6 283	7 854	9 425	10 996	12 566	14 137	15 708
	1	2.36	1.33	1 178	1 767	2 356	2 945	3 534	4 712	5 890	7 069	8 247	9 425	10 603	11 781
	1 3/8	1.66	1.90	828	1 243	1 657	2 071	2 485	3 313	4 142	4 970	5 798	6 627	7 455	8 283
2 1/2	NA*	4.91	1	2 454	3 682	4 909	6 136	7 363	9 817	12 272	14 726	17 181	19 635	22 089	24 544
	1	4.12	1.19	2 062	3 093	4 123	5 154	6 185	8 247	10 308	12 370	14 432	16 493	18 555	20 617
	1 3/8	3.42	1.43	1 712	2 568	3 424	4 280	5 136	6 848	8 560	10 272	11 983	13 695	15 407	17 119
	1 3/4	2.50	1.96	1 252	1 878	2 503	3 129	3 755	5 007	6 259	7 510	8 762	10 014	11 266	12 517
3	NA*	7.07	1	3 534	5 301	7 069	8 836	10 603	14 137	17 671	21 206	24 740	28 274	31 809	35 343
	1	6.28	1.13	3 142	4 712	6 283	7 854	9 425	12 566	15 708	18 850	21 991	25 133	28 274	31 416
	1 3/8	5.58	1.27	2 792	4 188	5 584	6 980	8 376	11 167	13 959	16 751	19 543	22 335	25 127	27 918
	1 3/4	4.66	1.52	2 332	3 497	4 663	5 829	6 995	9 327	11 658	13 990	16 322	18 653	20 985	23 317
3 1/4	NA*	8.30	1	4 148	6 222	8 296	10 370	12 444	16 592	20 739	24 887	29 035	33 183	37 331	41 479
	1 3/8	6.81	1.22	3 405	5 108	6 811	8 514	10 216	13 622	17 027	20 433	23 838	27 243	30 649	34 054
	1 3/4	5.89	1.41	2 945	4 418	5 890	7 363	8 836	11 781	14 726	17 671	20 617	23 562	26 507	29 452
	2	5.15	1.61	2 577	3 866	5 154	6 443	7 731	10 308	12 885	15 463	18 040	20 617	23 194	25 771
4	NA*	12.6	1	6 283	9 425	12 566	15 708	18 850	25 133	31 416	37 699	43 982	50 265	56 549	62 832
	1 3/4	10.2	1.24	5 081	7 621	10 161	12 701	15 242	20 322	25 403	30 483	35 564	40 644	45 725	50 805
	2	9.42	1.33	4 712	7 069	9 425	11 781	14 137	18 850	23 562	28 274	32 987	37 699	42 412	47 124
	2 1/2	7.66	1.64	3 829	5 743	7 658	9 572	11 486	15 315	19 144	22 973	26 802	30 631	34 459	38 288
5	NA*	19.6	1	9 817	14 726	19 635	24 544	29 452	39 270	49 087	58 905	68 722	78 540	88 357	98 175
	2	16.5	1.19	8 247	12 370	16 493	20 617	24 740	32 987	41 233	49 480	57 727	65 973	74 220	82 467
	2 1/2	14.7	1.33	7 363	11 045	14 726	18 408	22 089	29 452	36 816	44 179	51 542	58 905	66 268	73 631
	3	12.6	1.56	6 283	9 425	12 566	15 708	18 850	25 133	31 416	37 699	43 982	50 265	56 549	62 832
	3 1/2	10.0	1.96	5 007	7 510	10 014	12 517	15 021	20 028	25 035	30 041	35 048	40 055	45 062	50 069
6	NA*	28.3	1	14 137	21 206	28 274	35 343	42 412	56 549	70 686	84 823	98 960	113 097	127 235	141 372
	2 1/2	23.4	1.21	11 683	17 524	23 366	29 207	35 048	46 731	58 414	70 097	81 780	93 462	105 145	116 828
	3	21.2	1.33	10 603	15 904	21 206	26 507	31 809	42 412	53 014	63 617	74 220	84 823	95 426	106 029
	3 1/2	18.7	1.52	9 327	13 990	18 653	23 317	27 980	37 306	46 633	55 960	65 286	74 613	83 939	93 266
	4	15.7	1.80	7 854	11 781	15 708	19 635	23 562	31 416	39 270	47 124	54 978	62 832	70 686	78 540
7	NA*	38.5	1	19 242	28 863	38 485	48 106	57 727	76 969	96 211	115 454	134 696	153 938	173 180	192 423
	3	31.4	1.23	15 708	23 562	31 416	39 270	47 124	62 832	78 540	94 248	109 956	125 664	141 372	157 080
	3 1/2	28.9	1.33	14 432	21 648	28 863	36 079	43 295	57 727	72 158	86 590	101 022	115 454	129 885	144 317
	4	25.9	1.48	12 959	19 439	25 918	32 398	38 877	51 836	64 795	77 754	90 713	103 673	116 632	129 591
	4 1/2	22.6	1.70	11 290	16 935	22 580	28 225	33 870	45 160	56 450	67 741	79 031	90 321	101 611	112 901
	5	18.8	2.04	9 425	14 137	18 850	23 562	28 274	37 699	47 124	56 549	65 973	75 398	84 823	94 248
8	NA*	50.3	1	25 133	37 699	50 265	62 832	75 398	100 531	125 664	150 796	175 929	201 062	226 195	251 327
	3 1/2	40.6	1.24	20 322	30 483	40 644	50 805	60 967	81 289	101 611	121 933	142 255	162 577	182 900	203 222
	4	37.7	1.33	18 850	28 274	37 699	47 124	56 549	75 398	94 248	113 097	131 947	150 796	169 646	188 496
	4 1/2	34.4	1.46	17 181	25 771	34 361	42 951	51 542	68 722	85 903	103 084	120 264	137 445	154 625	171 806
	5	30.6	1.64	15 315	22 973	30 631	38 288	45 946	61 261	76 576	91 892	107 207	122 522	137 837	153 153
	5 1/2	26.5	1.90	13 254	19 880	26 507	33 134	39 761	53 014	66 268	79 522	92 775	106 029	119 282	132 536

Tableau 13.3 Charte métrique de la force d'un vérin en fonction de la pression, efficacité de 100 %

Diamètre de piston, pouce	Diamètre de tige, pouce	Surface effective, mm²	Rapport de surface	Pression à l'entrée du vérin (pression nulle à la sortie) (BAR)											
				35	70	105	140	175	210	245	280	315	350	385	420
1 1/2	NA*	1140	1	3.99	7.98	12.0	16.0	20.0	23.9	27.9	31.9	35.9	39.9	43.9	47.9
	5/8	942	1.21	3.30	6.60	9.89	13.2	16.5	19.8	23.1	26.4	29.7	33.0	36.3	39.6
	1	633	1.80	2.22	4.43	6.65	8.87	11.1	13.3	15.5	17.7	20.0	22.2	24.4	26.6
2	NA*	2027	1	7.09	14.2	21.3	28.4	35.5	42.6	49.7	56.8	63.8	70.9	78.0	85.1
	1	1520	1.33	5.32	10.6	16.0	21.3	26.6	31.9	37.2	42.6	47.9	53.2	58.5	63.8
	1 3/8	1069	1.90	3.74	7.48	11.2	15.0	18.7	22.4	26.2	29.9	33.7	37.4	41.2	44.9
2 1/2	NA*	3167	1	11.1	22.2	33.3	44.3	55.4	66.5	77.6	88.7	99.8	111	122	133
	1	2660	1.19	9.31	18.6	27.9	37.2	46.6	55.9	65.2	74.5	83.8	93.1	102	112
	1 3/8	2209	1.43	7.73	15.5	23.2	30.9	38.7	46.4	54.1	61.8	69.6	77.3	85.0	92.8
	1 3/4	1615	1.96	5.65	11.3	17.0	22.6	28.3	33.9	39.6	45.2	50.9	56.5	62.2	67.8
3	NA*	4560	1	16.0	31.9	47.9	63.8	79.8	95.8	112	128	144	160	176	192
	1	4054	1.13	14.2	28.4	42.6	56.8	70.9	85.1	99.3	114	128	142	156	170
	1 3/8	3602	1.27	12.6	25.2	37.8	50.4	63.0	75.6	88.3	101	113	126	139	151
	1 3/4	3009	1.52	10.5	21.1	31.6	42.1	52.7	63.2	73.7	84.2	94.8	105	116	126
3 1/4	NA*	5352	1	18.7	37.5	56.2	74.9	93.7	112	131	150	169	187	206	225
	1 3/8	4394	1.22	15.4	30.8	46.1	61.5	76.9	92.3	108	123	138	154	169	185
	1 3/4	3800	1.41	13.3	26.6	39.9	53.2	66.5	79.8	93.1	106	120	133	146	160
	2	3325	1.61	11.6	23.3	34.9	46.6	58.2	69.8	81.5	93.1	105	116	128	140
4	NA*	8107	1	28.4	56.8	85.1	114	142	170	199	227	255	284	312	341
	1 3/4	6556	1.24	22.9	45.9	68.8	91.8	115	138	161	184	206	229	252	275
	2	6080	1.33	21.3	42.6	63.8	85.1	106	128	149	170	192	213	234	255
	2 1/2	4940	1.64	17.3	34.6	51.9	69.2	86.5	104	121	138	156	173	190	207
5	NA*	12668	1	44.3	88.7	133	177	222	266	310	355	399	443	488	532
	2	10641	1.19	37.2	74.5	112	149	186	223	261	298	335	372	410	447
	2 1/2	9501	1.33	33.3	66.5	99.8	133	166	200	233	266	299	333	366	399
	3	8107	1.56	28.4	56.8	85.1	114	142	170	199	227	255	284	312	341
	3 1/2	6461	1.96	22.6	45.2	67.8	90.4	113	136	158	181	204	226	249	271
6	NA*	18241	1	63.8	128	192	255	319	383	447	511	575	638	702	766
	2 1/2	15075	1.21	52.8	106	158	211	264	317	369	422	475	528	580	633
	3	13681	1.33	47.9	95.8	144	192	239	287	335	383	431	479	527	575
	3 1/2	12034	1.52	42.1	84.2	126	168	211	253	295	337	379	421	463	505
	4	10134	1.80	35.5	70.9	106	142	177	213	248	284	319	355	390	426
7	NA*	24829	1	86.9	174	261	348	435	521	608	695	782	869	956	1 043
	3	20268	1.23	70.9	142	213	284	355	426	497	568	638	709	780	851
	3 1/2	18621	1.33	65.2	130	196	261	326	391	456	521	587	652	717	782
	4	16721	1.48	58.5	117	176	234	293	351	410	468	527	585	644	702
	4 1/2	14568	1.70	51.0	102	153	204	255	306	357	408	459	510	561	612
	5	12161	2.04	42.6	85.1	128	170	213	255	298	341	383	426	468	511
8	NA*	32429	1	114	227	341	454	568	681	795	908	1 022	1 135	1 249	1 362
	3 1/2	26222	1.24	91.8	184	275	367	459	551	642	734	826	918	1 010	1 101
	4	24322	1.33	85.1	170	255	341	426	511	596	681	766	851	936	1 022
	4 1/2	22168	1.46	77.6	155	233	310	388	466	543	621	698	776	853	931
	5	19762	1.64	69.2	138	207	277	346	415	484	553	622	692	761	830
	5 1/2	17101	1.90	59.9	120	180	239	299	359	419	479	539	599	658	718

Si l'on tient compte de la pression à la sortie d'un vérin et d'une friction interne de 10 % dans le vérin, nous pouvons alors considérer que la force d'un vérin en extension est donnée par la formule suivante :

$$F\ extension(lbs) = 90\%(P_e A_c - P_s A_h)(psi\ et\ po^2)$$

$$F\ extension(N) = 90\%\frac{(P_e A_c - P_s A_h)}{10}(bar\ et\ mm^2)$$

Où P_e est la pression à l'entrée du vérin et P_s est la pression à la sortie. En rétraction, la force du vérin est donnée par la formule suivante :

$$F\ rétraction(lbs) = 90\%(P_e A_h - P_s A_c)(psi\ et\ po^2)$$

$$F\ rétraction(N) = 90\% \frac{(P_e A_h - P_s A_c)}{10}(bar\ et\ mm^2)$$

Une friction de l'ordre de 10 % est une valeur maximale pouvant être moindre en fonction du type de joints d'étanchéité installés dans le vérin, et du type de contrôle de vitesse du vérin, soit avec contrôle en amont ou en aval.

13.5 Contrôle de vitesse d'un vérin

Comme nous l'avons vu à la section 7.4, la pratique courante est de contrôler un vérin en meter-in. Cela ne veut pas dire qu'il n'y a pas davantage à faire autrement, mais cette méthode est celle qui permet de réduire les frictions dans un vérin. Ce qui limite les pertes de charge ou encore, permet de réduire la dimension des valves dans certains cas. De plus, un contrôle meter-in fait en sorte de réduire le phénomène de surpression. Une charge motrice demande toutefois un contrôle meter-out pour éviter la cavitation et pour assurer une bonne modulation du mouvement.

Même si l'on installe les régulateurs de débit en meter-out, un phénomène de surpression peut apparaître dans le vérin s'il est doté de coussins hydrauliques. Ceux-ci permettent de freiner le mouvement du vérin aux fins de courses. Ces coussins sont une option courante, que l'on retrouve sur les vérins des Figure 13.1 et Tableau 13.1. Afin de pouvoir se remettre en mouvement lorsque le vérin est sur sa butée de fin de course, nous retrouvons généralement des clapets antiretour qui permettent le passage de l'huile et permettent d'atteindre la pleine surface de poussée. La vitesse d'un vérin se calcule facilement lorsque l'on connaît le débit qui l'entraîne, soit avec la formule suivante :

$$V\left(\frac{pouce}{minute}\right) = \frac{Q(gpm) \times 231}{Aire(pouce^2)}$$

$$V\left(\frac{m}{minute}\right) = \frac{Q(lpm) \times 1000}{Aire(mm^2)}$$

À l'inverse, lorsque l'on connaît la vitesse d'un vérin, le débit se calcule avec la formule suivante :

$$Q(gpm) = \frac{V\left(\frac{pouce}{minute}\right) \times Aire(pouce^2)}{231}$$

$$Q(lpm) = \frac{V\left(\frac{m}{minute}\right) \times Aire(mm^2)}{1000}$$

Le tableau 13.4 procure un outil facile pour déterminer la vitesse d'un vérin en fonction du débit entrant dans le vérin. Le débit sortant est facile à calculer en utilisant le rapport de surface que l'on retrouvait dans le tableau 13.2 (page 222). Ainsi, on trouve le débit sortant facilement ainsi :

$$en\ extension:\ Q(sortant) = \frac{Q(entrant)}{Rapport\ de\ surface}$$

$$en\ rétraction: Q(sortant) = Q(entrant) \times Rapport\ de\ surface$$

Tableau 13.4 **Charte impériale de vitesse d'un vérin en fonction du débit**

Diamètre de piston, pouce	Diamètre de tige, pouce	Vitesse du vérin (pouces/minute) (débit en gpm)													
		1	3	5	8	10	12	15	24	35	40	60	70	85	90
1 1/2	NA*	131	392	654	1 046	1 307	1 569	1 961	3 137	4 575	5 229	7 843	9 150	11 111	11 765
	5/8	158	475	791	1 265	1 582	1 898	2 373	3 796	5 536	6 327	9 491	11 073	13 445	14 236
	1	235	706	1 176	1 882	2 353	2 824	3 529	5 647	8 235	9 412	14 118	16 471	20 000	21 177
2	NA*	74	221	368	588	735	882	1 103	1 765	2 574	2 941	4 412	5 147	6 250	6 618
	1	98	294	490	784	980	1 176	1 471	2 353	3 431	3 922	5 882	6 863	8 333	8 824
	1 3/8	139	418	697	1 115	1 394	1 673	2 092	3 346	4 880	5 577	8 366	9 760	11 852	12 549
2 1/2	NA*	47	141	235	376	471	565	706	1 129	1 647	1 882	2 824	3 294	4 000	4 235
	1	56	168	280	448	560	672	840	1 345	1 961	2 241	3 361	3 922	4 762	5 042
	1 3/8	67	202	337	540	675	810	1 012	1 619	2 361	2 699	4 048	4 723	5 735	6 072
	1 3/4	92	277	461	738	923	1 107	1 384	2 215	3 230	3 691	5 536	6 459	7 843	8 305
3	NA*	33	98	163	261	327	392	490	784	1 144	1 307	1 961	2 288	2 778	2 941
	1	37	110	184	294	368	441	551	882	1 287	1 471	2 206	2 574	3 125	3 309
	1 3/8	41	124	207	331	414	496	621	993	1 448	1 655	2 482	2 896	3 516	3 723
	1 3/4	50	149	248	396	495	594	743	1 189	1 734	1 981	2 972	3 468	4 211	4 458
3 1/4	NA*	28	84	139	223	278	334	418	668	975	1 114	1 671	1 949	2 367	2 506
	1 3/8	34	102	170	271	339	407	509	814	1 187	1 357	2 035	2 374	2 883	3 052
	1 3/4	39	118	196	314	392	471	588	941	1 373	1 569	2 353	2 745	3 333	3 529
	2	45	134	224	359	448	538	672	1 076	1 569	1 793	2 689	3 137	3 810	4 034
4	NA*	18	55	92	147	184	221	276	441	643	735	1 103	1 287	1 563	1 654
	1 3/4	23	68	114	182	227	273	341	546	796	909	1 364	1 591	1 932	2 046
	2	25	74	123	196	245	294	368	588	858	980	1 471	1 716	2 083	2 206
	2 1/2	30	90	151	241	302	362	452	724	1 056	1 207	1 810	2 112	2 564	2 715
5	NA*	12	35	59	94	118	141	176	282	412	471	706	824	1 000	1 059
	2	14	42	70	112	140	168	210	336	490	560	840	980	1 190	1 261
	2 1/2	16	47	78	125	157	188	235	376	549	627	941	1 098	1 333	1 412
	3	18	55	92	147	184	221	276	441	643	735	1 103	1 287	1 563	1 654
	3 1/2	23	69	115	185	231	277	346	554	807	923	1 384	1 615	1 961	2 076
6	NA*	8	25	41	65	82	98	123	196	286	327	490	572	694	735
	2 1/2	10	30	49	79	99	119	148	237	346	395	593	692	840	890
	3	11	33	54	87	109	131	163	261	381	436	654	763	926	980
	3 1/2	12	37	62	99	124	149	186	297	433	495	743	867	1 053	1 115
	4	15	44	74	118	147	176	221	353	515	588	882	1 029	1 250	1 324
7	NA*	6	18	30	48	60	72	90	144	210	240	360	420	510	540
	3	7	22	37	59	74	88	110	176	257	294	441	515	625	662
	3 1/2	8	24	40	64	80	96	120	192	280	320	480	560	680	720
	4	9	27	45	71	89	107	134	214	312	357	535	624	758	802
	4 1/2	10	31	51	82	102	123	153	246	358	409	614	716	870	921
	5	12	37	61	98	123	147	184	294	429	490	735	858	1 042	1 103
8	NA*	5	14	23	37	46	55	69	110	161	184	276	322	391	414
	3 1/2	6	17	28	45	57	68	85	136	199	227	341	398	483	512
	4	6	18	31	49	61	74	92	147	214	245	368	429	521	551
	4 1/2	7	20	34	54	67	81	101	161	235	269	403	471	571	605
	5	8	23	38	60	75	90	113	181	264	302	452	528	641	679
	5 1/2	9	26	44	70	87	105	131	209	305	349	523	610	741	784

Tableau 13.5 **Charte métrique de vitesse d'un vérin en fonction du débit**

Diamètre de piston, pouce	Diamètre de tige, pouce	Vitesse du vérin (mètre/minute) (débit en lpm)													
		1	15	30	35	50	75	100	130	160	190	230	270	310	350
1 1/2	NA*	0.877	13.2	26.3	30.7	43.9	65.8	87.7	114	140	167	202	237	272	307
	5/8	1.06	15.9	31.8	37.1	53.1	79.6	106	138	170	202	244	287	329	371
	1	1.58	23.7	47.4	55.3	78.9	118	158	205	253	300	363	426	489	553
2	NA*	0.493	7.40	14.8	17.3	24.7	37.0	49.3	64.1	78.9	93.7	113	133	153	173
	1	0.658	9.87	19.7	23.0	32.9	49.3	65.8	85.5	105	125	151	178	204	230
	1 3/8	0.936	14.0	28.1	32.7	46.8	70.2	93.6	122	150	178	215	253	290	327
2 1/2	NA*	0.316	4.74	9.47	11.1	15.8	23.7	31.6	41.0	50.5	60.0	72.6	85.3	97.9	111
	1	0.376	5.64	11.3	13.2	18.8	28.2	37.6	48.9	60.1	71.4	86.5	101	117	132
	1 3/8	0.453	6.79	13.6	15.8	22.6	34.0	45.3	58.9	72.4	86.0	104	122	140	158
	1 3/4	0.619	9.29	18.6	21.7	31.0	46.4	61.9	80.5	99.1	118	142	167	192	217
3	NA*	0.219	3.29	6.58	7.67	11.0	16.4	21.9	28.5	35.1	41.7	50.4	59.2	68.0	76.7
	1	0.247	3.70	7.40	8.63	12.3	18.5	24.7	32.1	39.5	46.9	56.7	66.6	76.5	86.3
	1 3/8	0.278	4.16	8.33	9.72	13.9	20.8	27.8	36.1	44.4	52.7	63.8	75.0	86.1	97.2
	1 3/4	0.332	4.99	9.97	11.6	16.6	24.9	33.2	43.2	53.2	63.2	76.4	89.7	103	116
3 1/4	NA*	0.187	2.80	5.61	6.54	9.34	14.0	18.7	24.3	29.9	35.5	43.0	50.4	57.9	65.4
	1 3/8	0.228	3.41	6.83	7.97	11.38	17.1	22.8	29.6	36.4	43.2	52.3	61.4	70.5	79.7
	1 3/4	0.263	3.95	7.89	9.21	13.16	19.7	26.3	34.2	42.1	50.0	60.5	71.0	81.6	92.1
	2	0.301	4.51	9.02	10.5	15.04	22.6	30.1	39.1	48.1	57.1	69.2	81.2	93.2	105
4	NA*	0.123	1.85	3.70	4.32	6.17	9.25	12.3	16.0	19.7	23.4	28.4	33.3	38.2	43.2
	1 3/4	0.153	2.29	4.58	5.34	7.63	11.4	15.3	19.8	24.4	29.0	35.1	41.2	47.3	53.4
	2	0.164	2.47	4.93	5.76	8.22	12.3	16.4	21.4	26.3	31.2	37.8	44.4	51.0	57.6
	2 1/2	0.202	3.04	6.07	7.08	10.1	15.2	20.2	26.3	32.4	38.5	46.6	54.7	62.7	70.8
5	NA*	0.079	1.18	2.37	2.76	3.95	5.92	7.89	10.3	12.6	15.0	18.2	21.3	24.5	27.6
	2	0.094	1.41	2.82	3.29	4.70	7.05	9.40	12.2	15.0	17.9	21.6	25.4	29.1	32.9
	2 1/2	0.105	1.58	3.16	3.68	5.26	7.89	10.5	13.7	16.8	20.0	24.2	28.4	32.6	36.8
	3	0.123	1.85	3.70	4.32	6.17	9.25	12.3	16.0	19.7	23.4	28.4	33.3	38.2	43.2
	3 1/2	0.155	2.32	4.64	5.42	7.74	11.6	15.5	20.1	24.8	29.4	35.6	41.8	48.0	54.2
6	NA*	0.055	0.82	1.64	1.92	2.74	4.11	5.48	7.13	8.77	10.4	12.6	14.8	17.0	19.2
	2 1/2	0.066	1.00	1.99	2.32	3.32	4.98	6.63	8.62	10.6	12.6	15.3	17.9	20.6	23.2
	3	0.073	1.10	2.19	2.56	3.65	5.48	7.31	9.50	11.7	13.9	16.8	19.7	22.7	25.6
	3 1/2	0.083	1.25	2.49	2.91	4.15	6.23	8.31	10.8	13.3	15.8	19.1	22.4	25.8	29.1
	4	0.099	1.48	2.96	3.45	4.93	7.40	9.87	12.8	15.8	18.7	22.7	26.6	30.6	34.5
7	NA*	0.040	0.604	1.21	1.41	2.01	3.02	4.03	5.24	6.44	7.65	9.26	10.9	12.5	14.1
	3	0.049	0.740	1.48	1.73	2.47	3.70	4.93	6.41	7.89	9.37	11.3	13.3	15.3	17.3
	3 1/2	0.054	0.806	1.61	1.88	2.69	4.03	5.37	6.98	8.59	10.2	12.4	14.5	16.6	18.8
	4	0.060	0.897	1.79	2.09	2.99	4.49	5.98	7.77	9.57	11.4	13.8	16.1	18.5	20.9
	4 1/2	0.069	1.03	2.06	2.40	3.43	5.15	6.86	8.92	11.0	13.0	15.8	18.5	21.3	24.0
	5	0.082	1.23	2.47	2.88	4.11	6.17	8.22	10.7	13.2	15.6	18.9	22.2	25.5	28.8
8	NA*	0.031	0.463	0.925	1.08	1.54	2.31	3.08	4.01	4.93	5.86	7.09	8.33	9.56	10.8
	3 1/2	0.038	0.572	1.14	1.33	1.91	2.86	3.81	4.96	6.10	7.25	8.77	10.3	11.8	13.3
	4	0.041	0.617	1.23	1.44	2.06	3.08	4.11	5.34	6.58	7.81	9.46	11.1	12.7	14.4
	4 1/2	0.045	0.677	1.35	1.58	2.26	3.38	4.51	5.86	7.22	8.57	10.4	12.2	14.0	15.8
	5	0.051	0.759	1.52	1.77	2.53	3.80	5.06	6.58	8.10	9.61	11.6	13.7	15.7	17.7
	5 1/2	0.058	0.877	1.75	2.05	2.92	4.39	5.85	7.60	9.36	11.1	13.4	15.8	18.1	20.5

13.5.1 Effet du rapport de surface sur la pression interne d'un vérin

Comme nous le verrons dans cette section, le choix d'un contrôle meter-in versus meter-out influence grandement la pression résultante à l'intérieur d'un vérin. On peut se retrouver aisément avec des pressions internes dans un vérin qui sont nettement supérieures à celles que l'on retrouve à la sortie de la pompe. Ce phénomène est lié au rapport de surface du vérin associé au fait qu'un système fonctionne aussi bien souvent à une pression supérieure à celle qui est nécessaire pour assurer le mouvement. Dans les paragraphes suivants, nous verrons différents cas de figure typiques. Volontairement, il n'y a toutefois pas d'exemple d'application de charge rétroactive (représenté par les cas avec mouvement vertical, bien qu'applicables aux mouvements horizontaux) avec contrôle en meter-in, car ce type de circuit est dangereux et non contrôlé.

Le but des différentes analyses de circuits qui suivent est de comprendre le phénomène de pression dans le vérin ainsi que les pertes de pression que doivent générer les régulateurs de débit. L'analyse des circuits suppose que les pompes sont aptes à maintenir la pression avec un débit suffisamment important pour y arriver. La force qui doit être fournie est fonction de la charge à déplacer et qui demande toujours une pression plus basse que la pression que fournie la pompe. Les régulateurs de débit ont pour fonction de générer une perte de charge. Les analyses sont idéalisées et ne sont pas rigoureusement exactes, alors que toutes les composantes génèrent des pertes de charge en fonction du débit, que l'on a négligé ici.

Mouvement horizontal meter-in

Ce circuit est traditionnel et typique pour beaucoup d'applications où les charges sont résistives et non rétroactives. Ce circuit permet d'éliminer le risque de surpression causé par le rapport de surface à l'intérieur du vérin. Toutefois, lorsque le vérin est doté d'un coussin hydraulique, il devient alors en meter-out en fin de course.

P	Poussée	Arrêt	Retrait
P1	1 000	1 000	1 000
P2	0	0	1 000
P3	0	0	510
P4	283	0	0
P5	1 000	0	0
P6	0	0	0

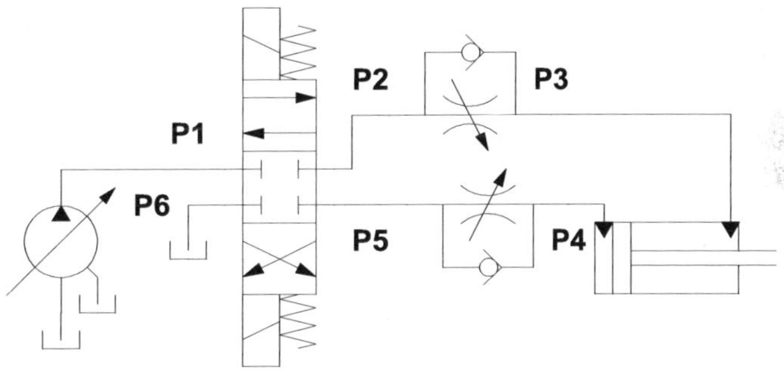

Prenons le schéma hydraulique ci-dessus où le vérin doit déplacer une charge résistive ayant une friction de l'ordre de 500 lb. Le vérin possède un diamètre de 1,5 pouce alors que la tige est de 1,0 pouce. La pression à la pompe est de 1 000 psis. La pompe possède un débit suffisant pour maintenir la pression lorsque le vérin est en mouvement. La vitesse est contrôlée par les régulateurs de pression.

Pour débuter, il est pratique de regarder le système à l'arrêt. Dans cet exemple, avec la valve en position centrale, nous avons P1 qui correspond à la pression à la pompe. La charge résistive n'entraîne pas de pression dans le vérin à l'arrêt, ainsi, toutes les autres mesures de pression sont nulles.

En poussée, le vérin doit fournir un effort. La première question à se poser sera de savoir quelle est la pression nécessaire pour vaincre la charge. Le vérin possède une aire Ac de 1,77 po^2 et Ah de 0,98 po^2. En poussée, la pression nécessaire minimale pour vaincre la friction est de 500 lbs/1,77 po^2, soit de 283 psis. On peut donc conclure que la pression de la pompe est trop élevée et que le système doit générer une perte de pression de 1 000 – 283, soit 717 psis. En négligeant les pertes de charge dans tout le circuit, cette perte de charge doit être assurée par le régulateur de débit, qui génère une perte de charge entre les points P5 et P4.

Lors du retrait du vérin, le phénomène est similaire au cas précédent alors que la pression nécessaire pour vaincre la charge est de 500 lbs/1,46 po^2, soit 510 psis. Cette fois, la pression de la pompe est trop élevée et le système doit générer une perte de pression de 1 000 – 510, soit 490 psis. En négligeant les pertes de charge dans tout le circuit, cette perte de charge doit être assurée par le régulateur de débit, qui génère une perte de charge entre les points P2 et P3.

Mouvement horizontal meter-out

Contrairement au circuit précédent, les régulateurs sont placés en meter-out. Dans cet exemple, il n'y a pas de réel avantage à contrôler en meter-out et nous verrons que cela affecte beaucoup les pressions internes dans le vérin. L'analyse est plus complexe que pour le circuit de type meter-in.

P	Poussée	Arrêt	Retrait
P1	1 000	1 000	1 000
P2	0	0	1 000
P3	1 290	0	1 000
P4	1 000	0	272
P5	1 000	0	0
P6	0	0	0

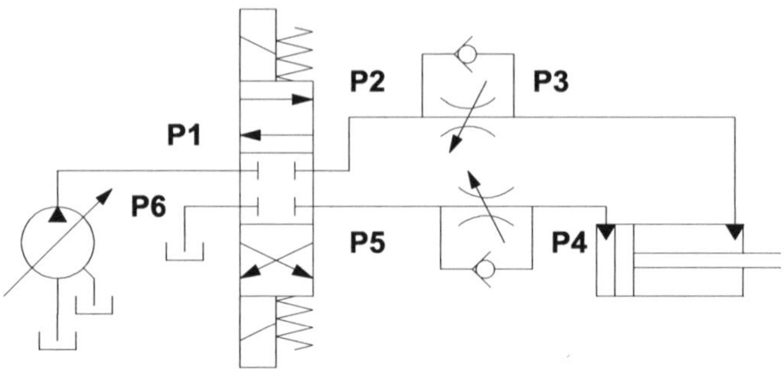

Nous avons le schéma hydraulique ici haut où le vérin doit déplacer une charge résistive ayant une friction de l'ordre de 500 lb. Le vérin a un diamètre de 1,5 pouce avec une tige de 1,0 pouce. La pression à la pompe est de 1 000 psis. La pompe possède un débit suffisant pour maintenir la pression lorsque le vérin est en mouvement. La vitesse est contrôlée par les régulateurs de pression.

Pour débuter, il est pratique de regarder le système à l'arrêt. Dans cet exemple, avec la valve en position centrale, nous avons P1 qui correspond à la pression à la pompe. La charge résistive n'entraîne pas de pression dans le vérin à l'arrêt, ainsi, toutes les autres mesures de pression sont nulles.

En poussée, le vérin doit fournir un effort. La première question à se poser sera de savoir quelle est la pression nécessaire pour vaincre la charge. Le vérin possède une aire Ac de 1,77 po^2 et Ah de 0,98 po^2. Ainsi, en poussée, la pression nécessaire minimale pour vaincre la friction est de 500 lbs/1,77 po^2, soit de 282 psis. On peut donc conclure que la pression de la pompe est trop élevée et que le système doit générer une perte de pression de 1 000 – 283, soit 717 psi.

Toutefois, en mode meter-out, la restriction est générée par le régulateur de pression localisé à la sortie du vérin, et le rapport de surface du vérin doit être considéré. En négligeant les pertes de charge dans tout le circuit, cette perte de charge doit être assurée par le régulateur de débit entre les points P3 et P2. Le fait que Ah soit plus petit que Ac fait que pour freiner la pression en trop de 717 psis, la pression en P3 doit être plus élevée et cette pression doit donc être de 717 psi × Ac/Ah, ou encore de 717 × rapport de surface. Dans notre exemple, le rapport de surface du vérin est de 1,8, ce qui entraîne que la pression P3 doit être de 1 291 psis. Dans cet exemple, on se retrouve donc avec une pression à la sortie plus élevée que la pression de la pompe. À vide, la pression aurait été encore plus élevée (cas que l'on retrouve parfois au démarrage des équipements lors des essais préliminaires).

Lors du retrait du vérin, le phénomène est similaire mais inversé par rapport au cas précédent alors que la pression nécessaire pour vaincre la charge est de 500 lbs/0,98 po^2, soit 510 psis. La pression de la pompe est trop élevée et le système doit générer une perte de pression de 1 000 – 510, soit 490 psis. En négligeant les pertes de charge dans tout le circuit, cette perte de charge doit être assurée par le régulateur de débit, qui génère une perte de charge entre les points P4 et P5. Le fait que Ah soit plus petit que Ac implique que pour freiner la pression en trop de 490 psis, la pression en P4 doit être plus faible et cette pression doit donc être de 510 psis × Ah/Ac, ou encore de 490/rapport de surface. Dans notre exemple, le rapport de surface du vérin est de 1,8, ce qui entraîne que la pression P4 doit être de 272 psis.

Mouvement vertical meter-out, tige vers le haut

Ce circuit est traditionnel et typique pour beaucoup d'applications où les charges sont rétroactives. Nous avons le schéma hydraulique suivant où une masse de 5 000 lb est soulevée par un vérin ayant un diamètre de 2,5 pouces et ayant une tige de 1,5 pouce. La pression à la pompe est de 1 500 psis. Les aires de surface du vérin sont donc de Ac= 4,91 po^2, Ah = 3,14 po^2 et, enfin, le vérin possède un rapport de surface de Ac/Ah, soit 1,56.

Pour débuter, il est pratique de regarder le système à l'arrêt. Dans cet exemple, avec la valve en position centrale, nous avons P1 qui correspond à la pression à la pompe. La charge résistive rétroactive entraîne une pression P4 dans le vérin à l'arrêt de 5 000/Ac soit 1 018 psis. P4 et P5 sont équivalentes car il n'y a pas de débit à l'arrêt.

P	Montée	Arrêt	Descente
P1	1 500	1 500	1 500
P2	0	0	1 500
P3	753	0	1 500
P4	1 500	1 018	1 978
P5	1 500	1 018	0
P6	0	0	0

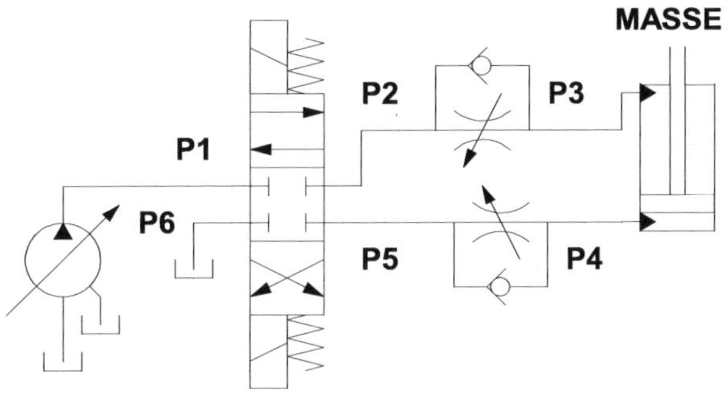

En montée, le vérin doit fournir un effort. Comme nous avons vu précédemment, la pression nécessaire pour vaincre la charge est de 1 018 psis. On peut donc conclure que la pression de la pompe est trop élevée et que le système doit générer une perte de pression de 1 500 – 1 018, soit 482 psis.

Toutefois, en mode meter-out, la restriction est générée par le régulateur de pression localisé à la sortie du vérin, et le rapport de surface du vérin doit être considéré. En négligeant les pertes de charge dans tout le circuit, cette perte de charge doit être assurée par le régulateur de débit, qui génère une perte de charge entre les points P3 et P2. Le fait que Ah soit plus petit que Ac implique que pour freiner la pression de 482 psis en trop, la pression en P3 doit être plus élevée de 482 psi × Ac/Ah, ou encore de 482 × rapport de surface. Dans notre exemple, le rapport de surface du vérin étant de 1,56, la pression P3 doit être alors de 753psi. À vide, la pression aurait été encore plus élevée. C'est un cas que l'on retrouve parfois au démarrage des équipements lors des essais préliminaires.

Lors du mouvement de descente du vérin, le phénomène s'aggrave, car la pression en P4 doit freiner la charge ainsi que la force générée par la pression en P3. Dans ce cas-ci, aucune pression n'est requise en P3 pour assurer le mouvement de descente. Nous nous retrouvons donc avec beaucoup de pression en trop. Si nous omettons la charge quelques instants, nous pouvons dire que la pression en trop de la pompe en P3 est de 1 500 psis.

Cette pression doit être freinée par la pression en P4 via le régulateur de débit. La pression P4 (sans la charge) doit donc être de P3/rapport de surface, soit de 1 500/1,56, soit de 960 psis. À cette pression, il faut ajouter la pression causée par la charge, on se retrouve donc avec une pression P4 de 960 + 1 018, soit 1 978 psis. Cette pression est encore une fois supérieure à la pression de la pompe. Dans une application idéale, et afin de minimiser les pertes de charge et de réduire la chaleur, il aurait été sage de réduire la pression de la pompe en descente, ce qui est réalisable pour des circuits ne comprenant pas de mouvement simultané.

Mouvement vertical meter-out, tige vers le bas

Ce dernier cas est traditionnel et typique pour beaucoup d'applications où les charges sont rétroactives. Ce circuit avec le vérin inversé représente le pire cas causant une surpression importante dans le corps du vérin. Supposons une masse de 6 500 lb soulevée par un vérin ayant un diamètre de 3,25 pouces et ayant une tige de 1,75 pouce. La pression à la pompe est de 1 500 psis. Les aires de surface du vérin sont donc de Ac = 8,30 po^2, Ah = 5,89 po^2, et enfin le vérin possède un rapport de surface de Ac/Ah, soit 1,41.

P	Montée	Arrêt	Descente
P1	1 500	1 500	1 500
P2	0	0	1 500
P3	281	0	1 500
P4	1 500	1 104	3 216
P5	1 500	1 104	0
P6	0	0	0

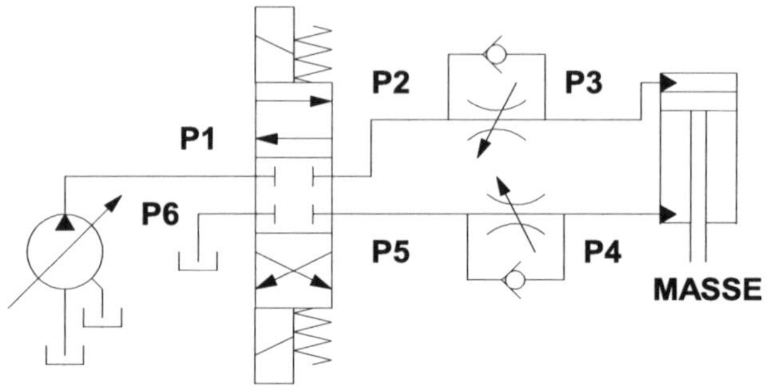

Pour débuter, il est pratique de regarder le système à l'arrêt. Dans cet exemple, avec la valve en position centrale, nous avons P1 qui correspond à la pression à la pompe. La charge résistive rétroactive entraîne une pression P4 dans le vérin à l'arrêt de 6 500/Ah soit 1 104 psis. P4 et P5 sont équivalentes car il n'y a pas de débit à l'arrêt.

En montée, le vérin doit fournir un effort. Comme nous avons vu précédemment, la pression nécessaire pour vaincre la charge est de 1 104 psis. On peut donc conclure que la pression de la pompe est trop élevée et que le système doit générer une perte de pression de 1 500 − 1 104, soit 396 psis.

Toutefois, en mode meter-out, la restriction est générée par le régulateur de pression localisé à la sortie du vérin, et le rapport de surface du vérin doit être tenu en compte. En négligeant les pertes de charge dans tout le circuit, cette perte de charge doit être assurée par le régulateur de débit, qui génère une perte de charge entre les points P3 et P2. Le fait que Ah soit plus petit que Ac implique que pour freiner la pression en trop de 396 psi, la pression en P3 doit être plus faible et cette pression doit donc être de 396 psis Ah/Ac, ou encore de 482/rapport de surface. Dans notre exemple, le rapport de surface du vérin étant de 1,41, la pression P3 est alors de 281 psi.

Lors du mouvement de descente du vérin, le phénomène s'aggrave, car la pression en P4 doit freiner la charge ainsi que la force générée par la pression en P3. Dans ce cas-ci, aucune pression n'est requise en P3 pour assurer le mouvement de descente. Nous nous retrouvons donc avec beaucoup de pression en trop. Si nous omettons la charge quelques instants, nous pouvons dire que la pression en trop de la pompe en P3 est de 1 500 psis.

Cette pression doit être freinée par la pression en P4 via le régulateur de débit. La pression P4 (sans la charge) doit donc être de P3 × rapport de surface, soit de 1 500 × 1,41, soit de 2 112 psis. À cette pression, il faut ajouter la pression causée par la charge, on se retrouve donc avec une pression P4 de 2 112 + 1 104, soit 3 216 psis. Cette pression est de loin supérieure à la pression de la pompe et il est encore plus évident que le choix d'un vérin doit se faire non pas en fonction de la pression de la pompe, mais en tenant compte de l'application réelle. Dans une application idéale, et afin de minimiser les pertes de charge et de réduire la chaleur, il aurait été sage de réduire la pression de la pompe en descente, ce qui est réalisable pour des circuits ne comprenant pas de mouvement simultané.

13.6 Sélection de la tige

La tige est assujettie à des charges importantes. Il peut arriver que la tige brise sous flambage. Le flambage est un phénomène qui fait en sorte qu'une composante sous contrainte de compression brise soudainement alors que les contraintes sont plus faibles que la capacité normale du matériel. Plus un élément en compression est long et plus le risque de flambage est élevé.

Lorsque le vérin est monté horizontalement, son poids peut augmenter le risque de bris de la tige, cela dépend de la construction interne du vérin. Certains vérins sont expressément conçus pour améliorer le guidage. Il est aussi parfois possible d'ajouter un tube d'arrêt dans un vérin afin d'améliorer le guidage interne. Le mode de montage affecte grandement la capacité de la tige comme le montrent les chartes suivantes qui sont tirées des catalogues PARKER. La première figure indique la recommandation pour la longueur d'un tube d'arrêt dans le vérin en fonction de la longueur L et du type de montage. Ensuite, les autres tables indiquent la longueur maximale à respecter. Ces tables (partielles) sont à titre indicatif et il est toujours préférable de se fier à la documentation du manufacturier.

Tableau 13.6 **Charte pour la sélection d'un tube d'arrêt en fonction du type de montage**

Stop Tube Length vs Basic Length (L)

Pivot Mounts (BB, D, DB, DD, DE and SB)		Fixed Mounts (C, F, H, HB, HH, J, JB, JJ, TB, TC, TD)					
Pivoted and Rigidly Guided Rod End		Fixed & Rigidly Guided Rod End		Pivoted & Rigidly Guided Rod End		Unguided Rod End	
Basic Length (L)	Stop Tube Length	Basic Length (L)	Stop Tube Length	Basic Length (L)	Stop Tube Length	Basic Length (L)	Stop Tube Length
0 - 40	0	0 - 80	0	0 - 57	0	0 - 20	0
41 - 50	1	81 - 100	1	58 - 71	1	21 - 25	1
51 - 60	2	101 - 120	2	72 - 86	2	26 - 30	2
61 - 70	3	121 - 140	3	87 - 100	3	31 - 35	3
71 - 80	4	141 - 160	4	101 - 114	4	36 - 40	4
81 - 90	5	161 - 180	5	115 - 129	5	41 - 45	5
91 - 100	6	181 - 200	6	130 - 143	6	46 - 50	6
101 - 110	7	201 - 220	7	144 - 157	7	51 - 55	7
111 - 120	8	221 - 240	8	158 - 171	8	56 - 60	8
121 - 130	9	241 - 260	9	172 - 186	9	61 - 65	9
131 - 140	10	261 - 280	10	187 - 200	10	66 - 70	10
141 - 150	11	281 - 300	11	201 - 214	11	71 - 75	11
151 - 160	12	Consult Factory		215 - 229	12	76 - 80	12
161 - 170	13			230 - 243	13	81 - 85	13
171 - 180	14			244 - 257	14	86 - 90	14
181 - 190	15			258 - 271	15	91 - 95	15
191 - 200	16			272 - 286	16	96 - 100	16
201 - 210	17			287 - 300	17	101 - 105	17
211 - 220	18			Consult Factory		106 - 110	18
221 - 230	19					111 - 115	19
231 - 240	20					116 - 120	20
241 - 250	21					121 - 125	21
251 - 260	22					126 - 130	22
261 - 270	23					131 - 135	23
271 - 280	24					136 - 140	24
281 - 290	25					141 - 145	25
291 - 300	26					146 - 150	26
Consult Factory						Consult Factory	

Cylinder Mounting and Rod Guiding Groups

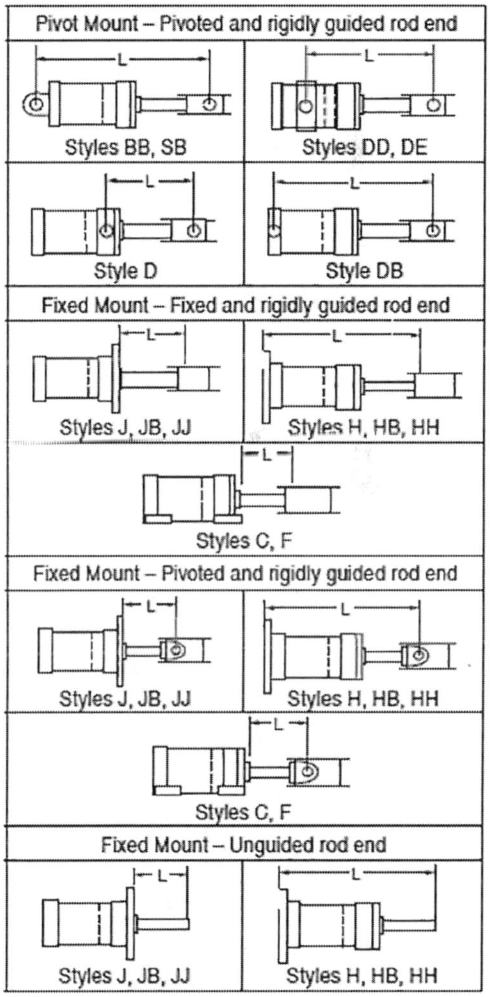

Source : PARKER, catalogue HY08-1114

Tablaue 13.7 Charte de sélection de grosseurs de tige de vérin

Maximum Basic Lengths (L_A) (all dimensions in inches)

Bore Ø	Rod Ø	Rear Pivot Mounts (BB, SB[1], DB)						Front and Intermediate Pivot Mounts (D, DD, DE)					
		Pivoted & Rigidly Guided Rod End Max. Allowable Basic Length (L_A) at psi:						Pivoted & Rigidly Guided Rod End Max. Allowable Basic Length (L_A) at psi:					
		500	1000	1500	2000	2500	3000	500	1000	1500	2000	2500	3000
1.50	0.625	35	25	20	18	16	14	25	18	14	13	11	10
	1.000	85	60	49	42	38	35	64	45	37	32	29	26
2.00	1.000	66	47	38	33	29	27	48	34	28	24	22	20
	1.375	116	82	67	58	52	47	91	64	53	45	41	37
2.50	1.000	54	38	31	27	24	22	38	27	22	19	17	16
	1.375	99	70	57	49	44	40	73	51	42	36	33	30
	1.750	151	106	87	75	67	61	118	83	68	59	53	48
3.25	1.375	78	55	45	39	35	32	56	40	32	28	25	23
	1.750	123	87	71	62	55	50	91	64	52	45	41	37
	2.000	157	111	90	78	70	64	118	84	68	59	53	48
4.00	1.750	102	72	59	51	45	41	74	52	43	37	33	30
	2.000	131	92	75	65	58	53	96	68	56	48	43	39
	2.500	194	137	112	97	87	79	150	106	87	75	67	61
5.00	2.000	107	76	62	53	48	44	77	54	44	38	34	31
	2.500	163	115	94	82	73	67	120	85	69	60	54	49
	3.000	226	160	130	113	101	92	173	122	100	87	77	71
	3.500	289	204	167	145	129	118	236	167	136	118	105	96
6.00	2.500	139	98	80	70	62	57	100	71	58	50	45	41
	3.000	197	139	114	98	88	80	144	102	83	72	65	59
	3.500	260	184	150	130	116	106	196	139	113	98	88	80
	4.000	300	231	188	163	146	133	257	181	148	128	115	105
7.00	3.000	171	121	99	85	76	70	124	87	71	62	55	50
	3.500	228	161	132	114	102	93	168	119	97	84	75	69
	4.000	289	204	167	145	129	118	220	155	127	110	98	90
	4.500	300	249	203	176	157	144	278	197	161	139	124	114
	5.000	300	293	239	207	185	169	300	243	198	172	154	140

Source : Parker

Tableau 13.8 Charte de sélection de grosseurs de tige de vérin

Maximum Basic Lengths (L_A) (all dimensions in inches)

Bore Ø	Rod Ø	Rear Fixed Mounts (H[1], HB[1], HH, TC)																	
		Fixed and Rigidly Guided Rod End Max. Allowable Basic Length (L_A) at psi:						Pivoted and Rigidly Guided Rod End Max. Allowable Basic Length (L_A) at psi:						Unguided Rod End Max. Allowable Basic Length (L_A) at psi:					
		500	1000	1500	2000	2500	3000	500	1000	1500	2000	2500	3000	500	1000	1500	2000	2500	3000
1.50	0.625	70	50	40	35	31	29	50	35	29	25	22	20	18	12	10	9	8	7
	1.000	170	120	98	85	76	69	121	86	70	61	54	50	42	30	25	21	19	17
2.00	1.000	132	93	76	66	59	54	94	67	54	47	42	38	33	23	19	16	15	13
	1.375	232	164	134	116	104	95	166	117	96	83	74	68	58	41	33	29	26	24
2.50	1.000	107	76	62	54	48	44	77	54	44	38	34	31	27	19	16	13	12	11
	1.375	197	140	114	99	88	81	141	100	81	70	63	58	49	35	28	25	22	20
	1.750	300	213	174	151	135	123	215	152	124	108	96	88	75	53	43	38	34	31
3.25	1.375	156	110	90	78	70	64	111	79	64	56	50	45	39	28	22	19	17	16
	1.750	246	174	142	123	110	100	176	124	102	88	79	72	62	44	36	31	28	25
	2.000	300	221	181	157	140	128	224	158	129	112	100	91	78	55	45	39	35	32
4.00	1.750	203	144	117	102	91	83	145	103	84	73	65	59	51	36	29	25	23	21
	2.000	261	185	151	131	117	107	187	132	108	93	83	76	65	46	38	33	29	27
	2.500	300	274	224	194	173	158	277	196	160	138	124	113	97	69	56	48	43	40
5.00	2.000	214	151	123	107	96	87	153	108	88	76	68	62	53	38	31	27	24	22
	2.500	300	231	188	163	146	133	233	165	135	117	104	95	82	58	47	41	36	33
	3.000	300	300	261	226	202	184	300	228	186	161	144	132	113	80	65	56	50	46
	3.500	300	300	300	289	259	236	300	292	239	207	185	169	145	102	83	72	65	59
6.00	2.500	278	197	161	139	124	114	199	141	115	99	89	81	70	49	40	35	31	28
	3.000	300	278	227	197	176	161	281	199	162	140	126	115	98	70	57	49	44	40
	3.500	300	300	300	260	233	212	300	263	215	186	166	152	130	92	75	65	58	53
	4.000	300	300	300	300	292	266	300	300	269	233	208	190	163	115	94	82	73	67
7.00	3.000	300	241	197	171	153	139	244	172	141	122	109	100	85	60	49	43	38	35
	3.500	300	300	263	228	204	186	300	230	188	163	146	133	114	81	66	57	51	46
	4.000	300	300	300	289	259	236	300	292	239	207	185	169	145	102	83	72	65	59
	4.500	300	300	300	300	300	288	300	300	290	252	225	205	176	124	102	88	79	72
	5.000	300	300	300	300	300	300	300	300	300	296	264	241	207	146	119	103	93	84

Source : Parker

Tableau 13.9 **Charte de sélection de grosseurs de tige de vérin**

Maximum Basic Lengths (L_A) (all dimensions in inches)

Bore Ø	Rod Ø	Rear Pivot Mounts (BB, SB[1], DB)						Front and Intermediate Pivot Mounts (D, DD, DE)					
		Pivoted & Rigidly Guided Rod End Max. Allowable Basic Length (L_A) at psi:						Pivoted & Rigidly Guided Rod End Max. Allowable Basic Length (L_A) at psi:					
		500	1000	1500	2000	2500	3000	500	1000	1500	2000	2500	3000
1.50	0.625	35	25	20	18	16	14	25	18	14	13	11	10
	1.000	85	60	49	42	38	35	64	45	37	32	29	26
2.00	1.000	66	47	38	33	29	27	48	34	28	24	22	20
	1.375	116	82	67	58	52	47	91	64	53	45	41	37
2.50	1.000	54	38	31	27	24	22	38	27	22	19	17	16
	1.375	99	70	57	49	44	40	73	51	42	36	33	30
	1.750	151	106	87	75	67	61	118	83	68	59	53	48
3.25	1.375	78	55	45	39	35	32	56	40	32	28	25	23
	1.750	123	87	71	62	55	50	91	64	52	45	41	37
	2.000	157	111	90	78	70	64	118	84	68	59	53	48
4.00	1.750	102	72	59	51	45	41	74	52	43	37	33	30
	2.000	131	92	75	65	58	53	96	68	56	48	43	39
	2.500	194	137	112	97	87	79	150	106	87	75	67	61
5.00	2.000	107	76	62	53	48	44	77	54	44	38	34	31
	2.500	163	115	94	82	73	67	120	85	69	60	54	49
	3.000	226	160	130	113	101	92	173	122	100	87	77	71
	3.500	289	204	167	145	129	118	236	167	136	118	105	96
6.00	2.500	139	98	80	70	62	57	100	71	58	50	45	41
	3.000	197	139	114	98	88	80	144	102	83	72	65	59
	3.500	260	184	150	130	116	106	196	139	113	98	88	80
	4.000	300	231	188	163	146	133	257	181	148	128	115	105
7.00	3.000	171	121	99	85	76	70	124	87	71	62	55	50
	3.500	228	161	132	114	102	93	168	119	97	84	75	69
	4.000	289	204	167	145	129	118	220	155	127	110	98	90
	4.500	300	249	203	176	157	144	278	197	161	139	124	114
	5.000	300	293	239	207	185	169	300	243	198	172	154	140

Source : Parker

13.7 Branchement hydraulique

Les deux types de branchement les plus populaires pour les vérins l'utilisation de port de type NPT et SAE O'RING BOSS. Ce dernier type étant le choix favori. On trouve aussi l'équivalent métrique du SAE ORB ainsi que le filet BSPP (Parallel Thread ISO).

Il existe toutefois des cas spéciaux où des valves directionnelles de type proportionnel ou servo s'installent directement sur la tête ou le cap du vérin alors qu'un tube se rend jusqu'à l'autre extrémité. Ce type de montage améliore le contrôle du vérin pour des raisons que l'on verra dans la matière traitant des composantes proportionnelles.

13.8 Effet d'une fuite dans un vérin

Il arrive que les joints d'étanchéité sur le piston s'abiment ce qui fait en sorte que l'étanchéité soit compromise. Toutefois, il pourrait être faux de conclure dans certain cas que le fait qu'un vérin bouge dans le temps sous une charge soit le fruit d'une fuite dans le vérin :

Si un vérin maintient une charge avec la pression du côté du cap (Figure 13.6), on se retrouve avec une pression P1 dans le vérin tel que l'image de gauche. On remarque que la pression n'est pas la même des deux côtés du vérin. À la limite, on peut se retrouver avec de la cavitation dans la section sans pression causée entre autres par l'élasticité de l'huile, car sous charge, le vérin aura une légère tendance à descendre. L'image de droite présente cette fois un vérin qui n'est pas étanche. De ce fait, on se retrouve avec une pression constante P2 dans le vérin. La charge est prise cette fois par la surface de la tige. On se retrouve donc avec une pression P2 plus élevée que P1. La pression P2 étant plus élevée, on peut s'attendre à ce que le vérin ait un léger mouvement de descente le temps que la pression P2 s'établisse. Mais on peut conclure que dans cette position le vérin ne peut continuer à bouger même s'il n'est clairement pas étanche. On peut donc conclure que si un vérin descend sous une charge, ce n'est pas à cause de l'étanchéité du vérin, mais plutôt à cause d'une autre composante du circuit. La pression P2 peut toutefois créer une surpression dans le vérin pouvant conduire à un bris plus important.

$$\boldsymbol{P}1(\boldsymbol{psi}) = \frac{4\,\boldsymbol{F}(\boldsymbol{lbs})}{\boldsymbol{\eth}\,\boldsymbol{D}(\boldsymbol{po})^2} < P2(\boldsymbol{psi}) = \frac{4\,\boldsymbol{F}(\boldsymbol{lbs})}{\boldsymbol{\eth}\,\boldsymbol{d}(\boldsymbol{po})^2}$$

$$\boldsymbol{P}1(\boldsymbol{bar}) = \frac{40\,\boldsymbol{F}(\boldsymbol{N})}{\boldsymbol{\eth}\,\boldsymbol{D}(\boldsymbol{mm})^2} < P2(\boldsymbol{bar}) = \frac{40\,\boldsymbol{F}(\boldsymbol{N})}{\boldsymbol{\eth}\,\boldsymbol{d}(\boldsymbol{mm})^2}$$

Figure 13.6 **Pression dans un vérin sous charge, en compression, normal ou non étanche**

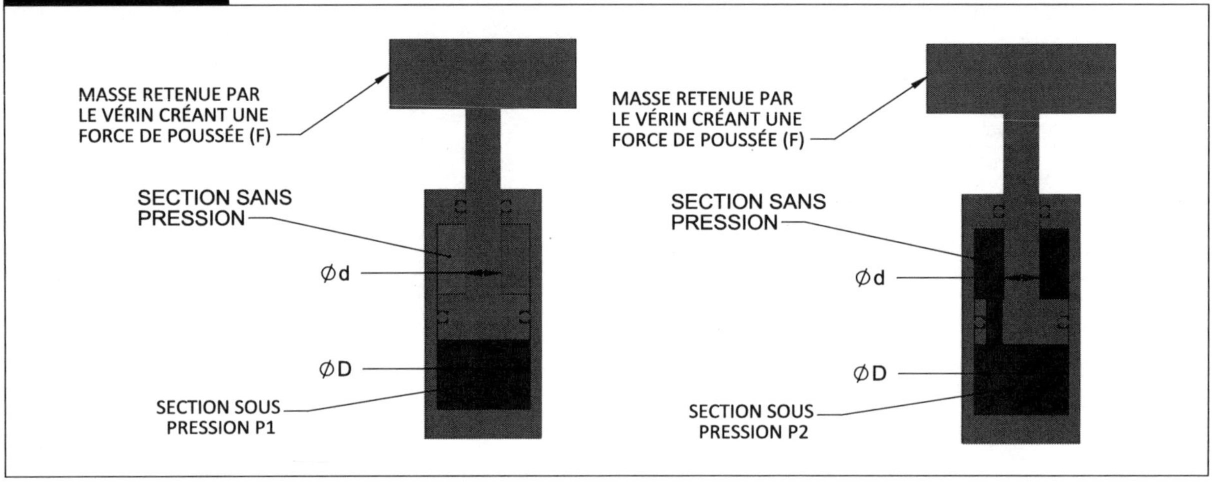

Source : PARKER HY08-1114-4-2H-3H-Heavy-Duty-Cyl

Figure 13.7 **Pression dans un vérin sous charge, en tension, normale ou non étanche**

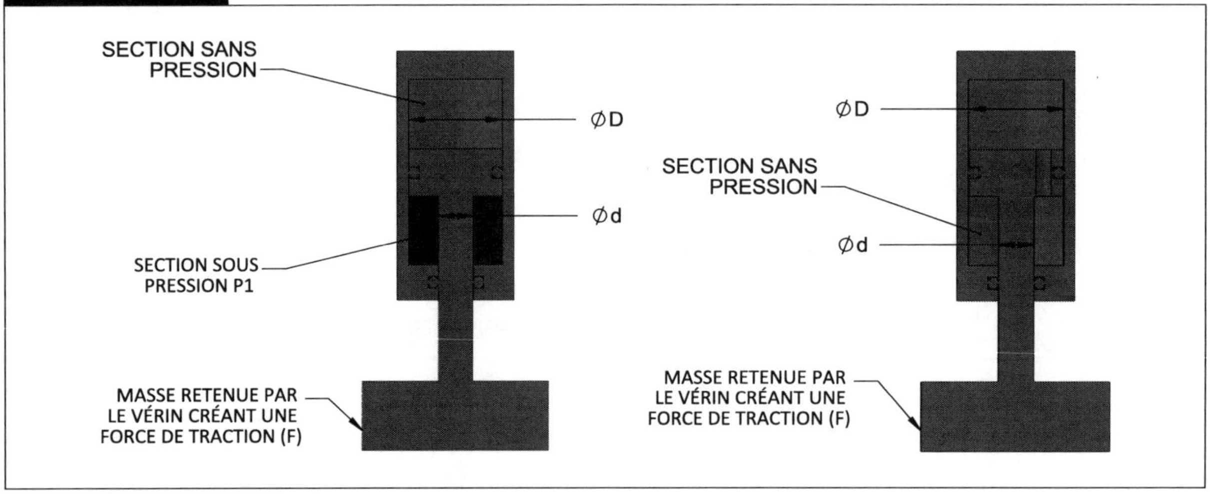

Source : PARKER HY08-1114-4-2H-3H-Heavy-Duty-Cyl

Dans le cas où une charge tire sur le vérin, l'analyse que l'on peut en faire est cette fois très différente. Dans le cas où le vérin est étanche au niveau du piston, la charge créera une pression telle que prévu dans la chambre sous pression. Toutefois, si le vérin n'est pas étanche, le fluide dans le vérin devient alors sans pression ce qui s'accompagne par un phénomène de cavitation, et le vérin descend à mesure que le fluide passe de la chambre du bas vers le haut. Il n'y a pas d'équilibre possible.

Une méthode pour vérifier si un vérin fuit est de le placer en position de fin de course, et de l'alimenter en huile et observer si un débit s'ensuit. Une légère fuite ne compromet normalement pas la force d'un vérin lorsqu'il travaille.

13.9 Circuit régénératif

Un circuit régénératif est un cas particulier que l'on retrouve dans certaines applications avec des vérins hydrauliques. Un circuit régénératif est tout simplement un branchement qui fait en sorte de mettre la pression des deux côtés d'un vérin pour tomber en mode extension. En pressurisant les deux côtés d'un vérin à une tige, il se crée un déséquilibre de force causée par la différence de surface du piston. Le côté du cap possède une plus grande surface et de ce fait, le vérin devient en extension. L'avantage de cette solution est de réduire le débit d'huile en mode extension. Le débit nécessaire pour faire sortir la tige du vérin correspond au volume de la tige. Il y a deux cas distincts où un concepteur de circuit peut être tenté d'aller dans cette voie :

- Le vérin travaille essentiellement en tension, et la force de poussée du vérin peut être réduite dans ce mode;
- Le vérin possède obligatoirement une tige de diamètre important pour résister aux forces en jeux, mais à elle seule, la surface de la tige offre assez de force pour exécuter le travail.

Il y a quelques inconvénients à l'élaboration d'un circuit régénératif :

- Se limite aux circuits où les vérins n'ont pas besoin de leur pleine force en compression, car la surface de poussée devient le diamètre de la tige;
- Il faut tenir compte des débits dans chaque passage lorsque l'on fait le choix des composantes. Ce point est important et il ne faut jamais sous-estimer les débits en jeux entre les deux côtés du vérin;
- Augmentation de la friction interne sur le vérin, les deux côtés du vérin étant à pleine pression;
- Une valve de commande fermée au centre, en fuyant, peut générer le déplacement d'un vérin selon le mode régénératif.

Il y a plusieurs façons de concevoir un circuit régénératif.

Le circuit de droite utilise un jeu de clapet pour créer un circuit régénératif qui fonctionne en permanence. Ce type de circuit est disponible en sandwich entre autres chez « SUN HYDRAULICS ».

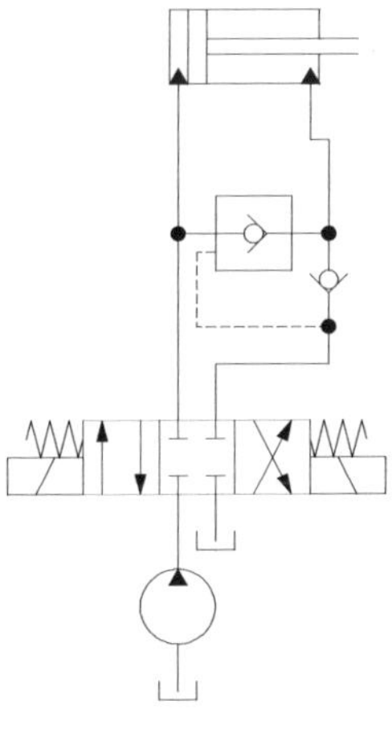

Le circuit de droite utilise un clapet piloté et une valve directionnelle pour créer un circuit régénératif qui s'adapte en fonction de la charge. Cette configuration de circuit permet une avance rapide du vérin et une économie d'huile lorsque le vérin de voit pas de charge sur la tige. Toutefois, lorsqu'une force résistive apparaît lorsque le vérin est en extension, le mode régénératif tombe inactif et le circuit redevient traditionnel pour une force maximale en poussée. Ce circuit est disponible en sandwich en autre chez « SUN HYDRAULICS ».

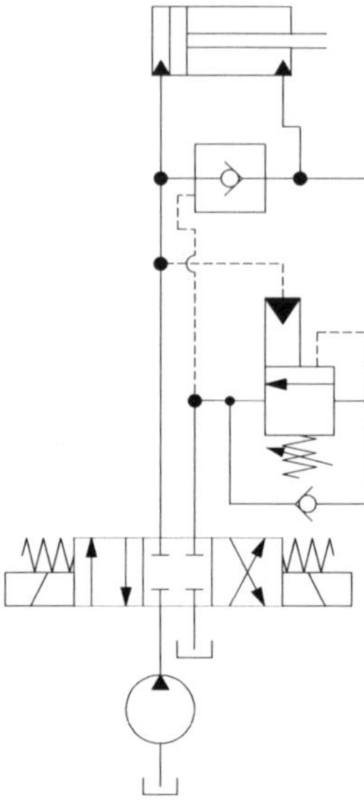

Le circuit suivant est un autre exemple d'un circuit régénératif. Nous allons nous en servir comme exemple pour calculer les débits dans les différentes canalisations hydrauliques.

Le circuit de droite contient deux valves directionnelles. Avec un vérin de 4 pouces ayant une tige de 2 pouces, nous avons alors Ac = 12,57 po^2 et Ah = 9,42 po^2. La surface de la tige (At) est quant à elle de 3,14 po^2. La valve 4/3 bloque le passage de l'huile en position centrale, le vérin est du coup à l'arrêt.

Lorsque l'on engage la valve 4/3 en position P-A/B-T alors que la valve 4/2 est elle aussi en position P-A/B-T, le circuit se comporte normalement et le vérin est en mode rétraction. Le débit dans la ligne LA est de 20 gpm ainsi que dans LD. Le débit est nul dans LC.

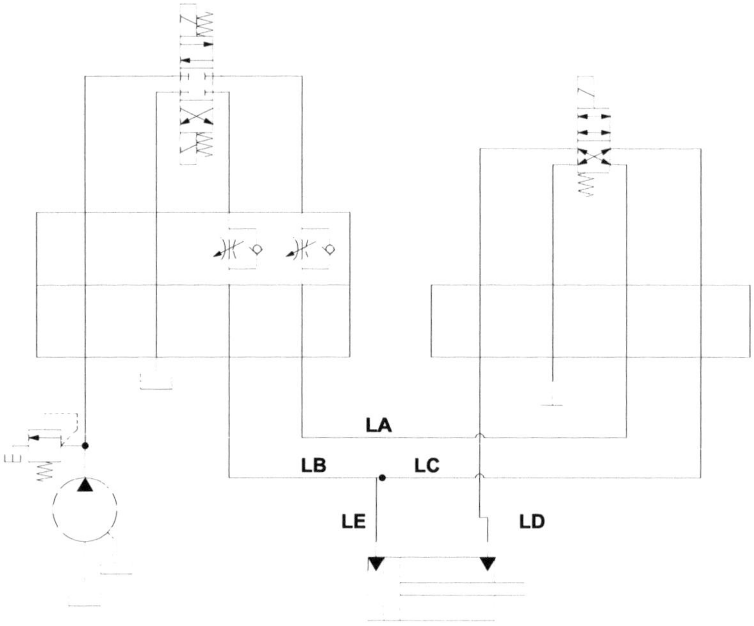

Le débit dans LB est tout simplement 20 gpm × 12,57/9,42, soit de 26,7 gpm. La vitesse du vérin est de 20 × 231/9,42, soit de 490 pouces/minute.

Lorsque l'on engage cette fois-ci la valve 4/2 en position P-B/A-T, l'huile pressurisée se retrouve à frapper un bouchon. Les ports du vérin sont tous branchés ensemble et rejoignent la ligne T. Le vérin devient flottant et ne bouge pas sauf si des forces externes sont appliquées sur la tige du vérin. À priori, il n'y a aucun débit sur les lignes hydrauliques.

Lorsque l'on engage la valve 4/3 en position P-B/A-T alors que la valve 4/2 est elle aussi en position P-A/B-T, le circuit se comporte normalement et le vérin est en mode extension. Le débit dans LB est de 20 gpm alors que le débit est nul dans LC. Le débit dans LA et LD est tout simplement 20 gpm × 9,42/12,57, soit de 15 gpm. La vitesse du vérin est de 20 × 231/12,56, soit de 367 pouces/minute.

Lorsque l'on engage la valve 4/3 en position P-B/A-T alors que la valve 4/2 est elle aussi en position P-B/A-T, le circuit devient alors un circuit régénératif et le vérin est en mode extension. Le déplacement du vérin est donné par le débit de la pompe est l'aire de la tige du vérin. On se retrouve alors avec une vitesse de vérin qui est de 20 × 231/3,14, soit de 1 470 pouces/minute.

C'est important de débuter le calcul par la vitesse, cette approche simplifie les calculs. Comme nous connaissons la vitesse du vérin, nous pouvons calculer le débit dans LB comme suit : 1 460 × 12,56/231, soit 80 gpm. Le débit en LB est celui de la pompe, soit 20 gpm. Le débit dans LC et LD est obligatoirement de 60 gpm (80 – 20), mais on retrouverait le même débit en faisant le calcul, soit 1 460 × 9,43/231. Le débit dans LA est nul.

Pour que le circuit fonctionne en vrai, il est nécessaire que la valve 4/2 soit en mesure de laisser passer un débit de 60 gpm ce qui est très important, surtout que le vérin possède une surface de poussée réduite pour pousser contre les restrictions.

13.10 Achat d'un vérin

L'achat d'un vérin hydraulique demande de faire une série de choix afin d'en arriver à une sélection définitive. Il y a beaucoup moins d'options lorsqu'il s'agit d'acheter un vérin pneumatique.

Il faut d'abord choisir la série de vérins en fonction de la pression qui devrait se trouver dans le vérin en fonctionnement, qui peut être plus élevée que la pression de la pompe. On doit donc tenir compte de la surpression potentielle liée à une opération normale. On doit aussi choisir le type de qualité du vérin au niveau de sa construction interne, en termes de guidage et en termes de qualité de joint d'étanchéité.

Enfin, on doit choisir entre une construction soudée ou une construction démontage (avec tirant ou un montage vissé). Une fois que nous sommes fixés sur ces points, nous arrivons à une liste d'options qui peut ressembler à la Figure 13.8. Il y a possibilité de créer des options spéciales qui ne sont pas présentées.

Figure 13.8 **Charte de création d'un numéro de vérin 3L de PARKER**

Series 3L
Medium Duty Hydraulic Cylinders

Model Numbers

Series 3L Model Numbers – How to Develop Them – How to "Decode" Them

Parker Series 3L cylinders can be completely and accurately described by a model number consisting of coded symbols. To develop a model number, select only those symbols that represent the cylinder required, and place them in the sequence indicated below.

Note: Page numbers with a letter prefix, ie: C77, are located in section C of this catalog.

6" C K F P TB –3L L T V S 1 4 2 A C 12"

Feature	Description	Page No.	Symbol
Bore*	Specify in inches	—	—
Cushion-Head	Used **only** if cushion required	6	C
Double-Rod	Used **only** if double-rod cylinder is required	32	K
Mounting* Style	Head Tie Rods Extended	8 & 22	TB
	Cap Tie Rods Extended	8 & 22	TC
	Both End Tie Rods Extended	8 & 22	TD
	Head Rectangular Flange	8	J
	Cap Rectangular Flange	8	H
	Head Square Flange	10 & 22	JB
	Cap Square Flange	10 & 22	HB
	Side Lugs	12 & 24	C†
	Centerline Lugs	12 & 24	E
	Side Tapped	14 & 24	F†
	Side End Lugs	14 & 26	G†
	Head Trunnion	16 & 28	D
	Cap Trunnion	16 & 28	DB
	Intermediate Fixed Trunnion‡	16 & 28	DD
	Cap Fixed Clevis	18 & 26	BB
	Cap Detachable Clevis	18	BC
	Spherical Bearing	30 & 31	SB
	Head Rectangular	20	JJ
Mounting Modifications	Used **only** for Thrust Key (Styles C, F & G)	C93	P
	Used **only** for Manifold Port O-Ring Seal (Style C)	C91	M
Combination Mounting Style	Any Practical Mounting Style Listed Above	–	As listed above
Series*	Used in **all** 3L Model Numbers	–	–3L
Piston	Ring packed piston is standard.	–	C
	Use **only** for Lipseal® Piston.	6 & 7	L
Ports*	SAE Straight Thread O-Ring Port	C89	T
	Used **only** for NPTF (Dry Seal Pipe Thread)	C89	U
	Used **only** for BSP (Parallel Thread ISO 228)	C89	R
	Used **only** for BSPT (Taper Thread)	C89	B
	Used **only** for Metric Thread	C89	G
	Used **only** for Metric Thread per ISO 6149	C89	Y
Common Modifications	High Water Content Fluid	C83	J
	Nut Retained Piston	7	F
	Fluorocarbon Seals	C83	V
	Water Service	C83	W
	EPR Seals	C83	X
Special Modifications	Used **only** if special Modifications are required:		S
	Oversize Ports	C91	
	Port Position Change	C89	
	Rod End Bellows	C104	
	Special Seals	C83	
	Stop Tube*	C95	
	Stroke Adjuster	C93	
	Tie Rod Supports	C93	
Piston Rod* Number	For Single Rod Cylinders, select one only. Refer to Rod number listing, Table 2, Catalog Pages 8 through 27. See chart in Section C, page 83 for minimum piston rod diameter	–	1
		–	2
		–	3
		–	4
		–	5
		–	6
		–	7
		–	8
		–	9
		–	0
Piston* Rod End	Select:		
	Style 4 Small Male	C92	4
	Style 7 Female Thread for Spherical Rod Eye	B30, 31	7
	Style 8 Intermediate Male	C92	8
	Style 9 Short Female	C92	9
	Style 55 Rod End for Flange Coupling	C19	55
	Style 3 Special (Specify)	C92	3
Piston Rod Alternate Thread	Used **only** for stud two times longer than standard.	C92	2
Piston Rod* Threads	UNF Standard	C92	A
	BSF (British Fine)	C92	W
	Metric	C92	M
Cushion-Cap	Used **only** if cushion required	6	C
Stroke*	Specify in inches	C96	–

Use Symbol S to designate any special modification except piston rod end.

Styles 4, 8, and 9 are catalog standards
Specify Style 3 for any special piston rod end.

Double Rod Cylinders
For double rod cylinders, specify rod number and rod end symbols for both piston rods. A typical double rod model number would be:
6" KJ-3LU14A/14AX12"

Cylinder serial numbers are factory production record numbers and are assigned to each cylinder, in addition to the model number.

*Required for Basic Cylinder Model Number
*In case of Stop Tube, call out Gross Stroke Length

†Cylinders with these mounting styles should have a minimum stroke length equal to or greater than their bore size.

Dark Arrows Indicate Basic Minimum Model Number
‡Specify XI dimension

Source : CYLINDER Series 3L

13.11 Schémas hydrauliques typiques

le schéma de contrôle de vitesse d'un vérin en meter-in est typique pour les charges résistives et ne crée pas de phénomène de surpression dans le vérin. C'est le circuit à favoriser si l'application est apte à opérer de cette façon. Il est déconseillé de prendre un tel circuit lorsque la charge est rétroactive.

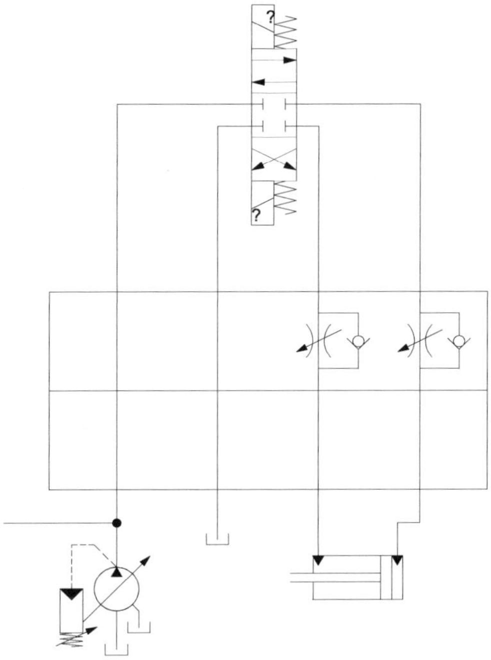

Le schéma de contrôle de vitesse d'un vérin en meter-out est typique pour les charges rétroactives mais crée un phénomène de surpression dans le vérin. Il faut donc s'assurer que le vérin est apte à résister à la pression en supposant le pire, soit lorsque les régulateurs de débits sont fermés. Ces circuits fonctionnent bien pour les charges horizontales et verticales, mais l'étanchéité de la valve directionnelle n'est pas apte à garantir que le vérin ne se déplacera pas à l'arrêt en position mi-course. Ce circuit de base ne contient aucune protection ce qui peut être nécessaire dans certaines applications.

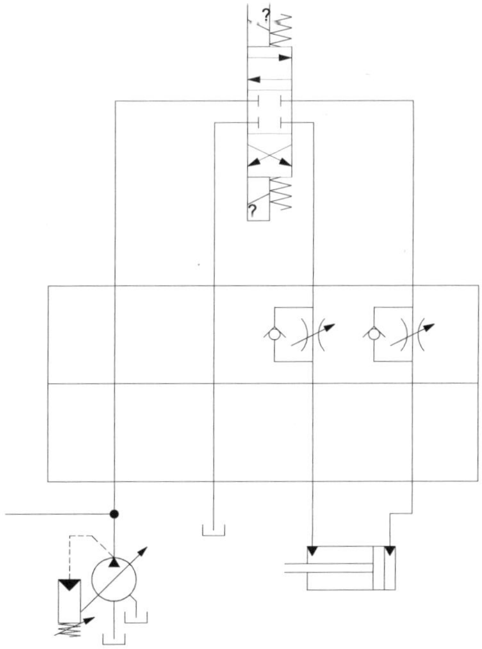

Lorsqu'il s'agit de s'assurer que la pression ne dépasse pas un seuil du côté où la charge est retenue, il devient opportun d'utiliser une valve de type contrebalance. Pour plus de détail, voir le chapitre 11.

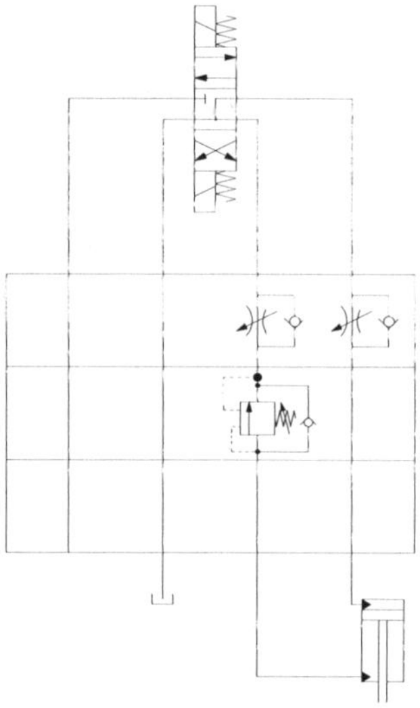

Le schéma de contrôle du vérin de droite est typique avec contrôle en meter-out et protection sur A et B. Ce schéma est particulièrement adapté aux cas où la charge peut devenir motrice à cause de son inertie, ou à cause d'une charge retenue à l'arrêt. Les équipements roulants sont souvent dans cette catégorie caractérisés par une faible résistance au roulement, ainsi qu'une masse et une vitesse importantes. Dans ce cas, il devient essentiel de protéger mécaniquement le vérin contre les surpressions à l'aide des soupapes de décharges en A et en B. On remarque que la protection est placée entre les régulateurs de débit et le moteur. Contrairement à l'application avec un moteur, le rapport de surface du vérin entraîne un déficit de volume d'huile lorsque le vérin se fait tirer par une force extérieure. Dans ce cas, l'huile est puisée dans la ligne de retour si une pression suffisante y est présente. Toutefois, si la pression est plus basse que la pression d'ouverture du clapet, il y aura cavitation dans le vérin ce qui ne pose pas un enjeu crucial outre un mouvement pouvant devenir erratique. Lorsque le vérin se fait entraîner par une force extérieure, le trop-plein d'huile retourne vers la tête du vérin ainsi que le réservoir.

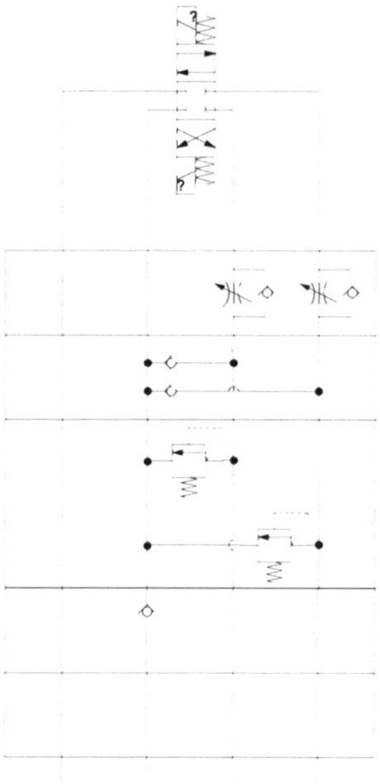

13.12 Exercices

Exercices niveau #1

Exercice #1 : Un vérin ayant pour dimensions : 2,5 po d'alésage, 1,75 po de tige et 12 po de course supporte, en milieu de course, une masse m = 5 000 lbs. Dans l'arrangement suivant, quelle pression aura-t-on?

- du côté piston :
- du côté tige :

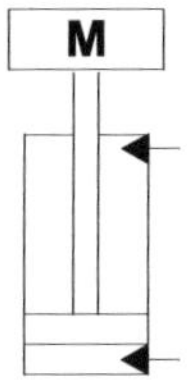

Même question que précédente mais pour l'arrangement suivant?

- du côté piston :
- du côté tige :

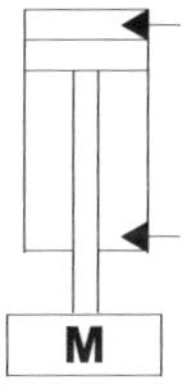

Exercice #2 : Quelle est la pression affichée aux manomètres A et B en tenant compte des hypothèses suivantes :

- Le piston est au milieu de sa cour
- La pompe fonctionne
- Les deux valves (C et D) sont ouvertes
- La charge monte lentement
- On néglige la friction
- Vérin 3,5 avec tige 2,5
- Charge de 20 000 lbs

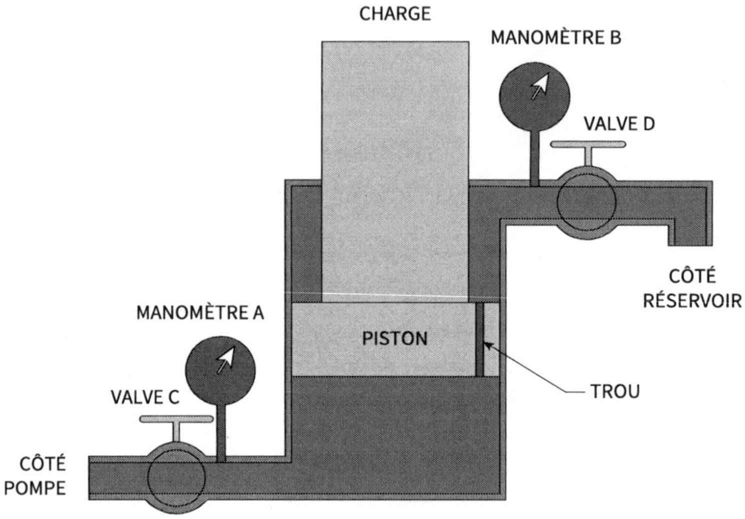

On arrête la pompe et au même moment, on ferme les valves C et D. Au moment de fermer les valves, pour une raison quelconque, il y a un peu d'air qui s'est installé dans la partie supérieure du cylindre (1/16 approx.). Si à cet instant, le piston est au milieu de sa course :

- Quelle sera la position du piston lorsque le système sera stabilisé?
- Quelle sera la pression indiquée sur les manomètres A et B?

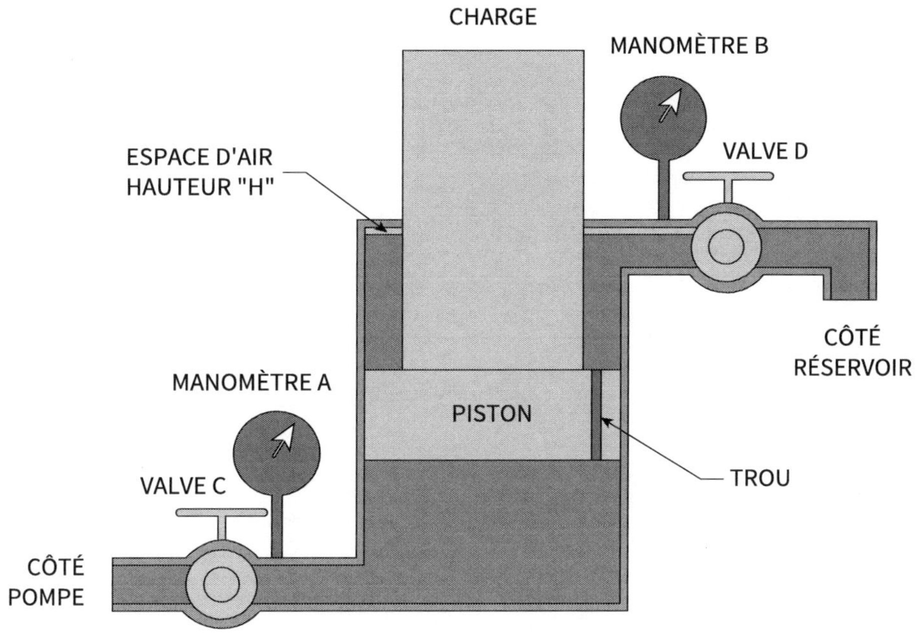

Exercice #3 : Nous avons un vérin dont le diamètre est de 4 pouces et dont la tige est de 2 ½ pouces. Le vérin doit atteindre une vitesse maximale de 6 po/sec. Quel est le débit de pointe (en gpm) qu'il consomme lorsqu'il est :

- en extension :
- en rétraction :

Exercice #4 : Nous avons le schéma hydraulique suivant où une masse de 5 000 lbs est soulevée par un vérin ayant un diamètre de 2,5 pouces et ayant une tige de 1,5 pouce. La pression à la pompe est de 1 500 psis. Calculez les différentes pressions en montée ainsi qu'en descente :

P	Montée	Arrêt	Descente
P1			
P2			
P3			
P4			
P5			
P6			

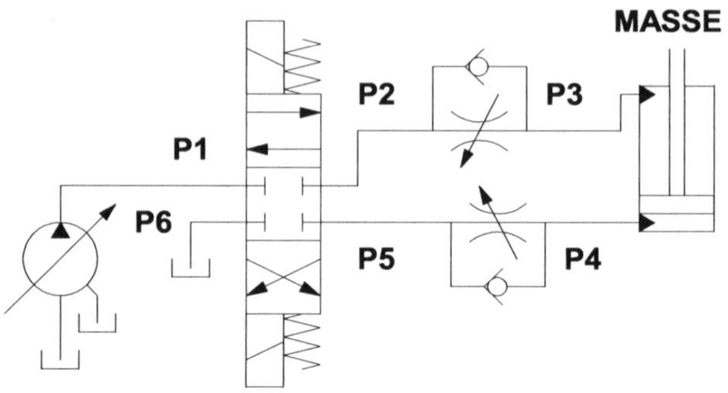

Exercice #5 : Nous avons le schéma hydraulique suivant où une masse de 5 000 lbs est soulevée par un vérin ayant un diamètre de 3 pouces et ayant une tige de 1,625 pouces. La pression à la pompe est de 1 500 psis. Calculez les différentes pressions en montée ainsi qu'en descente :

P	Montée	Arrêt	Descente
P1			
P2			
P3			
P4			
P5			
P6			

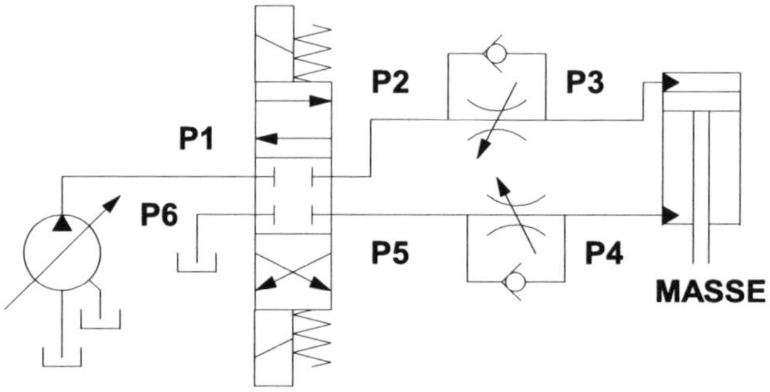

Exercice #6 : Nous avons le schéma hydraulique suivant où le vérin doit déplacer une charge résistive ayant une friction de l'ordre de 500 lbs. Le vérin a un diamètre de 1,5 pouce avec une tige de 0,75 pouce. La pression à la pompe est de 1 000 psis. Calculez les différentes pressions en déplacement :

P	Montée	Arrêt	Descente
P1			
P2			
P3			
P4			
P5			
P6			

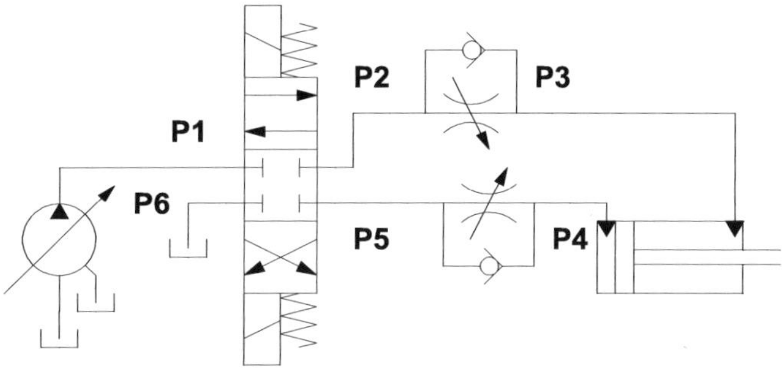

Exercice #7 : Nous avons le schéma hydraulique suivant où le vérin doit déplacer une charge résistive ayant une friction de l'ordre de 500 lbs. Le vérin a un diamètre de 1,5 pouce avec une tige de 0,75 pouce. La pression à la pompe est de 1 000 psis. Calculez les différentes pressions en déplacement :

P	Montée	Arrêt	Descente
P1			
P2			
P3			
P4			
P5			
P6			

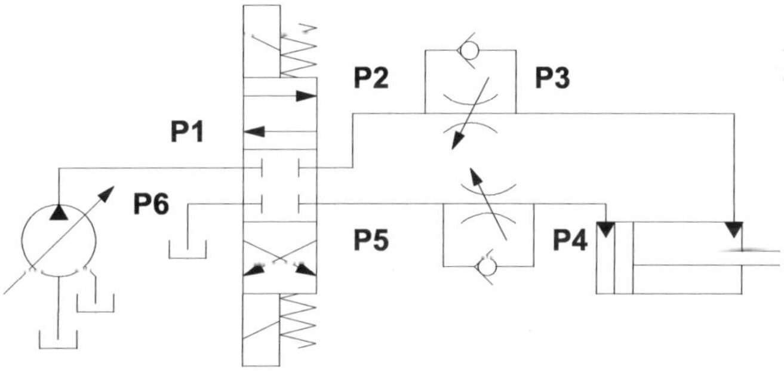

1	Pour les vérins hydrauliques, les segments de piston sont normalement des joints toriques.	**V F**
2	Sur les composantes tels que les vérins, on préfère que les ports de connexion hydraulique soient de type JIC que NPT.	**V F**
3	Il est toujours préférable de contrôler le débit d'un vérin en meter-in	**V F**
4	Les coussins hydrauliques à l'intérieur d'un vérin sont normalement faits avec un caoutchouc qui agit comme buté.	**V F**
5	Si un vérin soutenant une charge en compression bouge même après un temps d'attente relativement long alors que la valve est en position fermée, cela indique obligatoirement que la valve fuit au niveau du tiroir si l'on ne voit aucune fuite d'huile externe.	**V F**
6	Si on alimente un vérin avec une pression de 1 000 psis par exemple, il fort possible que la pression interne peut être plus élevée dans le tube à certain moment si le vérin est contrôlé en meter-out.	**V F**
7	Des vérins branchés en série auront la même vitesse et la même force s'ils sont de mêmes dimensions.	**V F**
8	Les joints en Buna-N ont l'avantage de fonctionner avec tous les types d'huile hydrauliques.	**V F**
9	Il est possible de fabriquer un vérin apte à prendre des charges latérales.	**V F**
10	Les vérins sont toujours fabriqués avec des dimensions correspondant à la norme NFPA.	**V F**
11	L'avantage d'un vérin soudé est qu'il est plus facile de le reconditionner.	**V F**
12	Les tiges de vérin sont recouvertes d'un plaquage de chrome communément appelé « chrome dur » qui est très différent du placage au chrome que l'on retrouve sur les objets usuels.	**V F**
13	Lorsqu'un schéma hydraulique est fait pour un équipement à être livré en Europe (CE), il n'est pas nécessaire de représenter schématiquement les coussins des vérins contrairement à la norme nord-américaine.	**V F**

Exercices niveau #2

Exercice #1 : Pour le circuit suivant, et considérant que la valve principale est énergisée en croisée, et que la valve secondaire est énergisée, déterminer les débits dans les boyaux LA à LE :

Hypothèse :

- Il n'y a pas de résistance à l'écoulement;
- La valve principale est énergisée en croisée;
- La valve secondaire est énergisée;
- La pompe possède un débit de 10 gpm;
- Le vérin possède un diamètre de 3 pouces et une tige de 1,5 pouce.

Réponse :

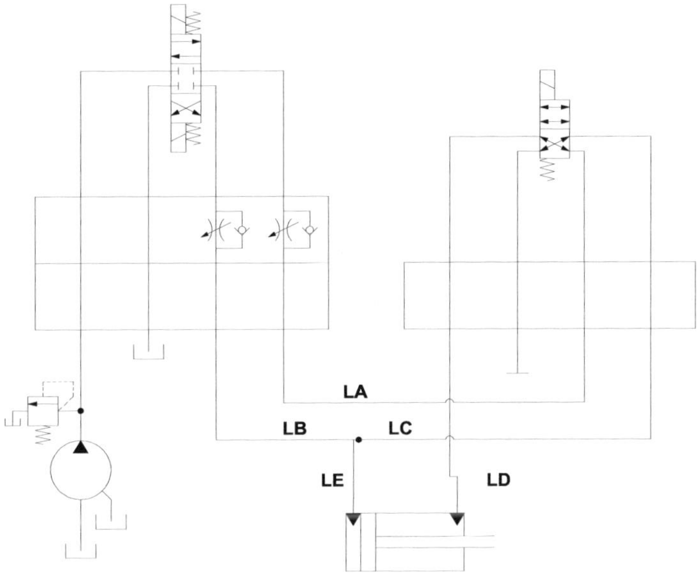

Exercice niveau #3

N/A

Réponses exercices niveau #1

Exercice #1 : Ac = 2,5 × 2,5 × pi/4 = 4,91 po²; Ah = Ac − 1,75 × 1,75 × pi/4 = 2,50 po²; Vérin tige vers le haut : du côté piston : P = 5 000/4,91 = 1 018 psis, du côté tige : P = 0; Vérin tige vers le bas : du côté piston : P = 0, du côté tige : P = 5 000/2,50 = 2 000 psis

Exercice #2 : Ac = 3,5 × 3,5 × pi/4 = 9,62 po²; At = 2,5 × 2,5 × pi/4 = 4,91 po²; Ah = Ac − At = 4,71 po²; P = 20 000/9,62 = 2 079 psis; De façon simplifiée on peut répondre que le vérin restera essentiellement à la même place alors que la charge sera retenue par la surface de la tige. La pression sera alors de 20 000 lbs/4,91 po², soit 4 074 psis.

Si l'on tient compte du faible volume d'air dans le vérin en admettant qu'il soit à la pression atmosphérique au départ, uniquement attribuable à la surface du vérin, nous avons donc un volume de 4,71 × 0,0625 = 0,295 po³. C'est-à-dire que le volume d'air devra diminuer avec l'accroissement de pression selon la fonction PV=PV. Ainsi, on se retrouve alors avec 0,295 × 14,7 psis = Volume comprimé × (4 074 + 14,7) psis, soit près de zéro. Ainsi, le vérin devra descendre d'une distance associée au volume à combler, soit de 0,295 po³/4,91 po² = 0,060 pouce. C'est un hasard que la distance est semblable à l'espace d'air (At = Ah).

Si on voulait aller plus loin, il faudrait tenir compte de la compressibilité de l'huile, car en fonctionnement, la pression était de 2 079 alors qu'à l'arrêt la pression grimpe à 4 074, ce qui oblige le vérin à descendre d'une certaine distance. De plus, le volume au-dessus du côté de la tige passe d'une pression nulle à une pression de 4 074 ce qui encore une fois demanderait au piston de descendre.

Exercice #3 : Ac = 4 × 4 × pi/4 = 12,57 po²; Ah = Ac − 2,5 × 2,5 × pi/4 = 7,66 po²; en extension : Q = Ac × V × 60/231 = 12,57 × 6 × 60/231 = 19,6 gpm; en rétraction : Q = Ah × V × 60/231 = 7,66 × 6 × 60/231 = 11,9 gpm

Exercice #4 : Ac = 2,5 × 2,5 × pi/4 = 4,91; Ah = Ac − 1,5 × 1,5 × pi/4 = 3,14; S = Ac/Ah = 1,5625

P	Montée	Arrêt	Descente
P1	1 500	1 500	1 500
P2	0	0	1 500
P3	752	0	1 500
P4	1 500	1 019	1 979
P5	1 500	1 019	0
P6	0	0	0

À l'arrêt : P4 = P5 = 5 000/4,91 =1 018

En montée : La pression P4 est de 1 500, alors que la charge n'a besoin que de 1 019 pour se déplacer. Nous avons une pression en trop de 1 500 − 1 019, soit de 481 que doit freiner la pression P3. La pression P4 étant du côté piston alors que la pression P3 doit freiner avec une surface réduite, la pression P3 devient alors 482 × S, soit 752 psis.

En descente : La charge pourrait descendre par elle-même si la pression de la pompe était nulle. C'est donc dire que la pression de la pompe de 1 500 est en trop dès le départ. Pour freiner cette pression en trop via P4, il faut considérer le rapport de surface, ainsi, la pression en P4 pour freiner la pompe sera de 1 500/S, soit 960 psis. Mais la pression P4 doit aussi freiner la charge de 5 000 lbs, générant une pression de 1 019. Nous avons donc une pression P4 de 960 + 1 019, soit 1 979 psis.

Exercice #5 : Ac = 3 × 3 × pi/4 = 7,07; Ah = Ac − 1,625 × 1,625 × pi/4 = 4,99; S = Ac/Ah = 1,415

P	Montée	Arrêt	Descente
P1	1 500	1 500	1 500
P2	0	0	1 500
P3	353	0	1 500
P4	1 500	1 001	3 124
P5	1 500	1 001	0
P6	0	0	0

À l'arrêt : P4 = P5 = 5 000/4,99 = 1 001

En montée : La pression P4 est de 1 500, alors que la charge n'a besoin que de 1 001 pour se déplacer. Nous avons une pression en trop de 1 500 – 1 001, soit de 499 que doit freiner la pression P3. La pression P4 étant du côté tige alors que la pression P3 doit freiner avec une surface supérieure, la pression P3 devient alors 499/S, soit 353 psis.

En descente : La charge pourrait descendre par elle-même si la pression de la pompe était nulle. C'est donc dire que la pression de la pompe de 1 500 est en trop dès le départ. Pour freiner cette pression en trop via P4, il faut considérer le rapport de surface, ainsi, la pression en P4 pour freiner la pompe sera de 1 500 × S, soit 2 123 psis. Mais la pression P4 doit aussi freiner la charge de 5 000 lbs générant une pression de 1 001. Nous avons donc une pression P4 de 2 123 + 1 001, soit 3 124 psis.

Exercice #6 : Ac = 1,5 × 1,5 × pi/4 = 1,77; Ah = Ac – 0,75 × 0,75 × pi/4 = 1,33; S = Ac/Ah = 1,333

P	Poussée	Arrêt	Retrait
P1	1 000	1 000	1 000
P2	0	0	1 000
P3	956	0	1 000
P4	1 000	0	467
P5	1 000	0	0
P6	0	0	0

En poussée : La pression P4 est de 1 000, alors que la charge n'a besoin que de 500/Ac, soit 283 psis pour se déplacer. Nous avons une pression en trop de 1 000 – 283, soit de 717 que doit freiner la pression P3. La pression P4 étant du côté piston alors que la pression P3 doit freiner avec une surface réduite, la pression P3 devient alors 717 × S, soit 956 psis.

En retrait : La pression P3 est de 1 000, alors que la charge n'a besoin que de 500/Ah, soit 377 psis pour se déplacer. Nous avons une pression en trop de 1 000 – 377, soit de 623 que doit freiner la pression P3. La pression P3 étant du côté tige alors que la pression P4 doit freiner avec une surface plus grande, la pression P4 devient alors 613/S, soit 467 psis.

Exercice #7 : Ac = 1,5 × 1,5 × pi/4 = 1,77; Ah = Ac − 0,75 × 0,75 × pi/4 = 1,33; S = Ac/Ah = 1,333

P	Poussée	Arrêt	Retrait
P1	1 000	1 000	1 000
P2	0	0	1 000
P3	0	0	377
P4	283	0	0
P5	1 000	0	0
P6	0	0	0

En meter-in, les calculs sont extrêmement simples alors que l'on n'a pas à tenir compte du rapport de surface du vérin.

En poussée : La pression P4 est fonction de la charge, 500/Ac, soit 283 psis pour se déplacer.

En retrait : La pression P3 est fonction de la charge, 500/Ah, soit 377 psis pour se déplacer.

1	Pour les vérins hydrauliques, les segments de piston sont normalement des joints toriques.	F
2	Sur les composantes tels que les vérins, on préfère que les ports de connexion hydraulique soient de type JIC que NPT.	F
3	Il est toujours préférable de contrôler le débit d'un vérin en meter-in	F
4	Les coussins hydrauliques à l'intérieur d'un vérin sont normalement faits avec un caoutchouc qui agit comme buté	F
5	Si un vérin soutenant une charge en compression bouge même après un temps d'attente relativement long alors que la valve est en position fermée, cela indique obligatoirement que la valve fuit au niveau du tiroir si l'on ne voit aucune fuite d'huile externe.	V
6	Si on alimente un vérin avec une pression de 1 000 psis par exemple, il fort possible que la pression interne peut être plus élevée dans le tube à certain moment si le vérin est contrôlé en meter-out.	V
7	Des vérins branchés en série auront la même vitesse et la même force s'ils sont de mêmes dimensions.	F
8	Les joints en Buna-N ont l'avantage de fonctionner avec tous les types d'huile hydrauliques.	F
9	Il est possible de fabriquer un vérin apte à prendre des charges latérales.	V
10	Les vérins sont toujours fabriqués avec des dimensions correspondant à la norme NFPA.	F

11	L'avantage d'un vérin soudé est qu'il est plus facile de le reconditionner.	**F**
12	Les tiges de vérin sont recouvertes d'un plaquage de chrome communément appelé « chrome dur » qui est très différent du placage au chrome que l'on retrouve sur les objets usuels.	**V**
13	Lorsqu'un schéma hydraulique est fait pour un équipement à être livré en Europe (CE), il n'est pas nécessaire de représenter schématiquement les coussins des vérins contrairement à la norme nord-américaine.	**F**

Réponse Exercice Niveau #2

Exercice #1 : Ac = 7,07, Ah = 5,30, At = 1,77, S = 1,333; Vitesse du vérin est fonction du débit pour la tige, V = 231 × 10/1,77 = 1 307 po/min; Débit entrant dans le vérin = 1 307 × 7,07/231 = 40 gpm; Débit sortant du vérin = 40/1,333 = 40 − 10 = 30 gpm; LA : 0 gpm; LB : 10 gpm; LC : 30 gpm; LD : 30 gpm; LE : 40 gpm

Réponse exercice niveau #3

N/A

14 | Pompes

Une pompe hydraulique représente le cœur d'un système hydraulique et permet de transformer une énergie motrice en énergie hydraulique. Une pompe peut être entraînée par un moteur électrique, un moteur à combustion interne ou autre selon les cas. Pour les équipements fixes, la source de puissance est généralement avec des moteurs électriques. Pour les équipements mobiles, on verra généralement des moteurs à combustion, bien souvent Diesel.

Le moteur entraînant la pompe la fait tourner à une certaine vitesse. La pompe possède une cylindrée par tour, ce qui entraîne un débit lorsqu'elle tourne. Ce débit d'huile rencontre des obstacles et là apparaît une montée de pression. À la limite, si l'on bloque complètement le débit d'huile, et que la pompe tente d'en générer un, la pression augmentera jusqu'à une valeur causant le bris d'une composante ou de la pompe elle-même.

La cylindrée d'une pompe C se donne un po^3/t ou encore en cm^3/t. Lorsque la pompe tourne à une vitesse N en tour par minute (RPM), elle tente de générer un débit Q selon les équations suivantes :

$$Q(gpm) = \frac{CN}{231}, \text{unité impériale}$$

$$Q(lpm) = \frac{CN}{1000}, \text{unité métrique}$$

Ce débit est théorique, car en pratique, la pompe produira un débit qui est plus faible. La différence est causée par les fuites internes. Ces fuites sont à la fois volontaires et involontaires. En effet, il est très difficile de concevoir une pompe entièrement étanche, mais ce manque d'étanchéité permet aux éléments mécaniques de se lubrifier. Une telle construction permet aux pompes d'avoir une bonne durée de vie. Ces fuites causent bien entendu une perte de rendement et on parle ici du rendement volumétrique de la pompe.

$$\eta_{vol.} = \frac{Q\,mesurée}{Q\,théorique}$$

Le rendement volumétrique tend à diminuer à mesure que la pression augmente.

Le couple nécessaire pour entraîner une pompe est fonction de la cylindrée de celle-ci, la pression produite ainsi que de son rendement mécanique. Le couple est donné par les équations suivantes :

$$T(lbs \bullet po) = \frac{CP}{2\eta_{méc.}}, \text{unité impériale}$$

$$T(N \bullet m) = \frac{CP}{20\eta_{méc.}}, \text{unité métrique}$$

La pression se mesure en psis dans le système impérial alors qu'elle se mesure en bar dans le système métrique.

La puissance hydraulique à la sortie d'une pompe, comme nous l'avons vu au chapitre 2.6, est fonction du débit qui en sort ainsi que la pression. Les équations sont les suivantes :

$$Puissance(hp) = \frac{Q(gpm)P(psi)}{1714} = \frac{Q(lpm)P(bar)}{447,4}$$

$$Puissance(kW) = \frac{Q(lpm)P(bar)}{600}$$

La puissance pour entraîner une pompe est supérieure et tient compte du rendement mécanique et du rendement volumétrique. La combinaison des deux est alors le rendement global de la pompe qui se situe bien souvent entre 80 et 90 %. Ainsi, la puissance pour entraîner une pompe se retrouve à être :

$$\text{Puissance à l'entrée de la pompe} = \frac{P\,\textit{théorique}}{\eta_{globale}}$$

Ou encore :

$$\text{Puissance à l'entrée de la pompe}(hp) = \frac{Q(gpm)P(psi)}{1714\eta_{globale}} = \frac{Q(lpm)P(bar)}{447{,}4\eta_{globale}}$$

$$\text{Puissance à l'entrée de la pompe}(kW) = \frac{Q(lpm)P(bar)}{600\eta_{globale}}$$

L'efficacité globale d'une pompe fluctue en fonction de sa vitesse d'opération ainsi que de la pression du débit. On retrouve généralement une courbe qui peut ressembler au graphique suivant :

Figure 14.1 **Efficacité d'une pompe Sauer-Danfoss L30D**

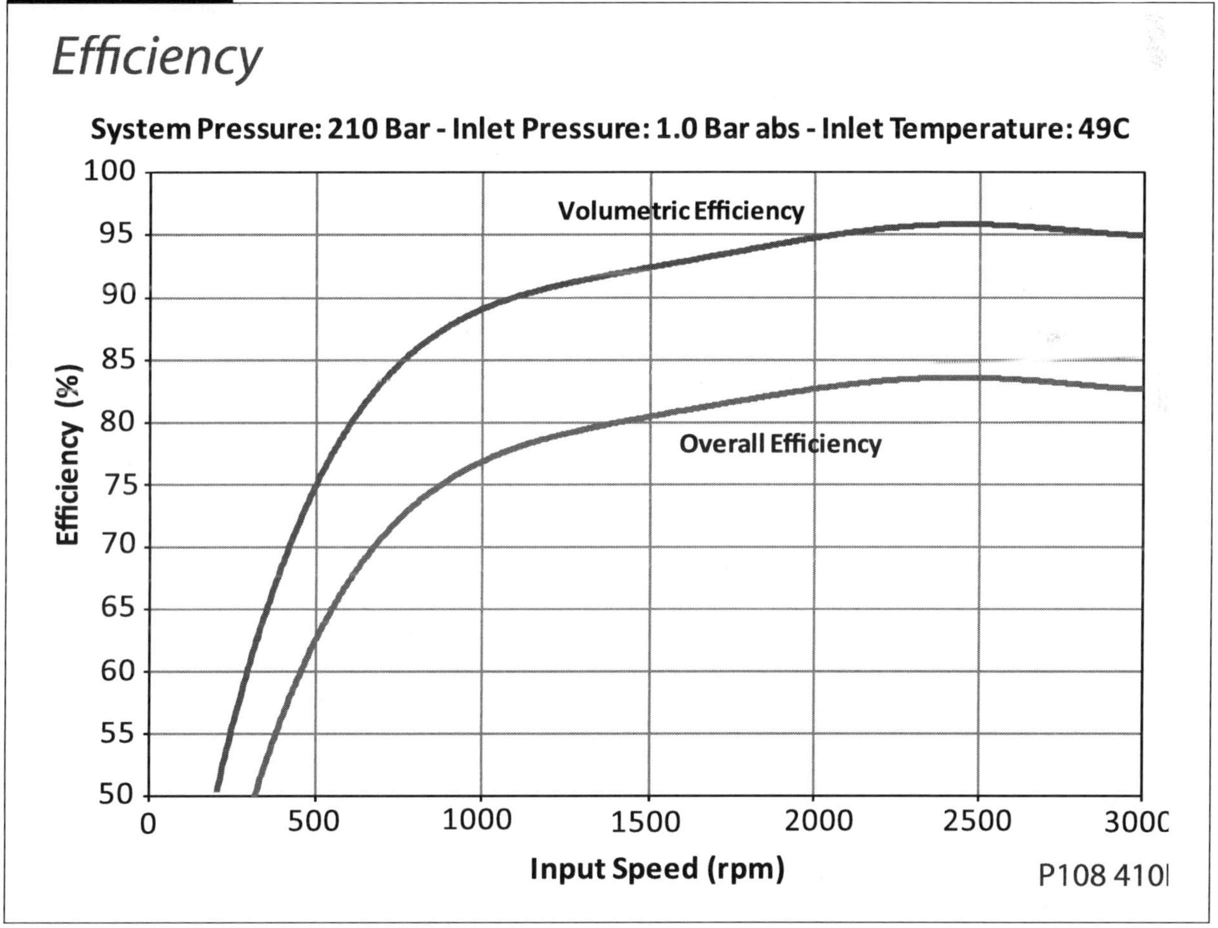

Figure 14.2 **Débit et puissance nécessaire pour une pompe Continental Hydraulic HPV-10 à 1 750 RPM**

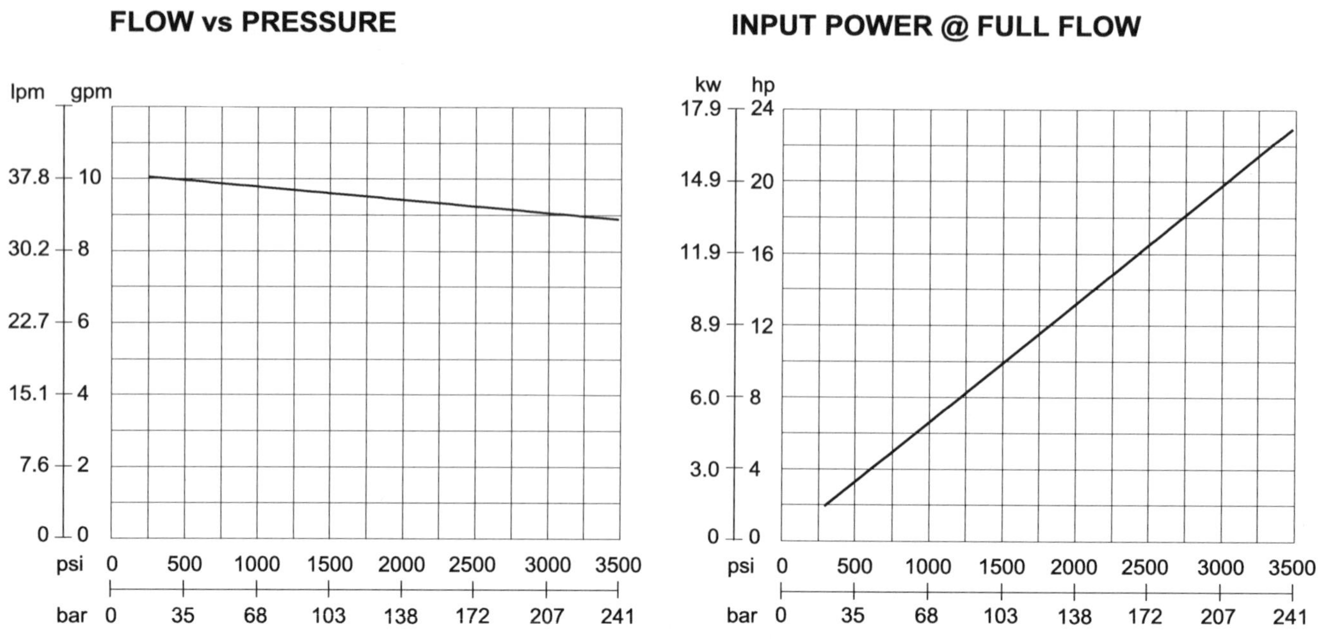

14.1 Fuites internes dans une pompe

Les pompes sont généralement des systèmes mécaniques qui fonctionnent en continu et qui, tels que décrits précédemment, ne sont jamais entièrement étanches. Il y a bien entendu des exceptions, par exemple si la pompe est tout simplement un vérin. Les pertes internes servent à lubrifier la pompe mais constituent un débit à haute pression qui s'écoule vers une pression nulle, et ce, sans faire un travail. Ce débit de fuite devient alors un endroit où l'huile est très chaude. La gestion de ce débit est faite selon deux modes. Le premier, et le plus simple, est de dériver ces fuites vers l'entrée de la pompe où la pression est à peu près nulle. On peut retrouver des petites pompes ainsi faites. La deuxième méthode est de dériver ces fuites vers un drain qui retourne au réservoir. Une pompe en bon état aura un débit faible alors que le débit aura tendance à augmenter à mesure que la pompe vieillit et se détériore. La mesure du débit de sortie de la pompe devient alors un outil de diagnostic de l'état de la pompe. Les spécifications du constructeur de la pompe indiquent normalement le débit de drainage escompté.

Les pompes dotées d'un drain sont faites pour fonctionner avec un certain niveau d'huile à l'intérieur de leur carter. Pour cette raison, le drain se doit d'être orienté vers le haut. Étant donné que l'huile de drainage est particulièrement chaude, on verra certains systèmes dont le débit est refroidi avant de retourner au réservoir.

14.2 Types de constructions des pompes

Beaucoup de manuels traitent en détail des pompes, de même que les catalogues de ces composantes sont généralement très détaillés. On se limitera ici à présenter les différents types de construction des pompes et de voir leurs avantages et désavantages.

La presque totalité des pompes hydrauliques disponibles sur le marché sont du type volumétrique. Dans un premier temps, il est important de départager deux grandes familles, soit les pompes dont la cylindrée est fixe de celles dont la cylindrée est variable.

Les pompes à cylindrée fixe sont par nature plus économiques, mais lorsque la demande en débit est plus faible que ce que la pompe fournit, le surplus doit obligatoirement passer dans des valves de limitation de pression ou encore dans des valves de dérivation. La pompe peut avoir une très bonne efficacité, mais le circuit résultant peut s'avérer comme ayant un très mauvais rendement énergétique, car l'huile passant dans le circuit de limitation de pression est une pure perte. Toutefois, pour les plus petits systèmes, la pression de la pompe sera déterminée par la restriction rencontrée. En ce sens, si le débit de la pompe est plus élevé que la demande, la pression dans le circuit sera celle de la valve de limitation de pression ajustée au plus faible. Si le débit de la pompe est plus faible que la demande, la pression sera simplement celle requise par la charge et les pertes de charge présentes dans les composantes. Dans ce dernier cas, on se retrouve avec un circuit particulièrement efficace énergiquement.

Les pompes à cylindrée variable sont par nature relativement complexes et dispendieuses. Ces pompes sont particulièrement adaptées pour les circuits où plusieurs mouvements se font simultanément, et où l'on désire avoir une pression constante dans le circuit avec un minimum de perte de rendement. Ces pompes n'utilisent pas la valve de limitation de pression dans le circuit pour sa régulation. La pompe fait varier sa capacité de débit afin de maintenir la pression à une valeur préréglée. Outre le coût de la pompe, l'inconvénient de ces pompes est de créer une perte de rendement par une pression qui est toujours trop élevée pour chaque mouvement pris indépendamment. Ces pompes demandent quelques précautions au niveau du circuit afin de ne pas compromettre leur durée de vie.

Parmi les critères de choix dominants, on peut citer :

- Niveau de pression nominale : la pompe possède une capacité mécanique face à la pression mais ce facteur à lui seul ne garantit pas une longue vie de la pompe;
- Cylindrée nécessaire constante ou variable;
- Plage de vitesse de rotation : pour les applications industrielles, la vitesse est normalement fixe et voisine à 1 760 RPM. Pour les applications mobiles avec moteur à combustion, la vitesse de rotation de la pompe varie en fonction de la vitesse du moteur et peut atteindre plus de 3 000 RPM;
- Durée de vie minimale nécessaire : une pompe pour une application industrielle risque d'avoir une durée de vie supérieure à une pompe dédiée au mobile par l'utilisation de composantes plus robustes;
- Niveau sonore admissible : une pompe est un élément bruyant dont il faut tenir en compte;
- Fréquence des pulsations du débit;
- Encombrement disponible;
- Sensibilité aux impuretés : la filtration à l'entrée d'une pompe est toujours minimale par l'utilisation de filtre rudimentaire afin de s'assurer une restriction minimale à l'aspiration;
- Rendements;
- Sensibilité à la dépression (conditions d'aspiration);
- Compatibilité avec les différents fluides hydrauliques;
- Prix;
- Temps de réponse des régulateurs sur les pompes à cylindrées variables : un laps de temps est toujours nécessaire à la pompe pour ajuster son débit, et tout ajustement s'accompagne d'une oscillation, le temps que le compensateur devienne stable.

Tableau 14.1 **Classification des différents types de pompes hydrauliques communes**

	Pompe à cylindrée fixe	Pompe à cylindrée variable
Pompe à engrenages	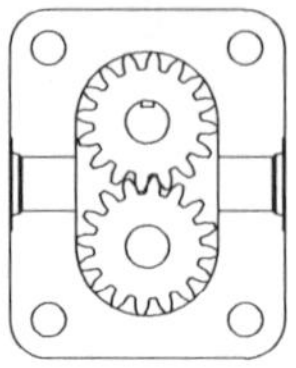	Non disponible
Pompe à palettes	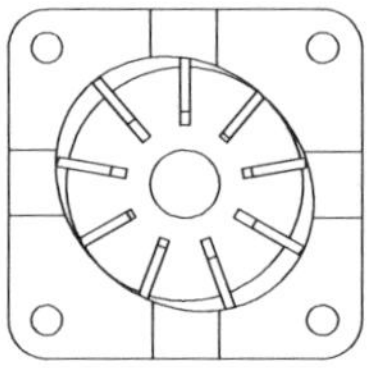	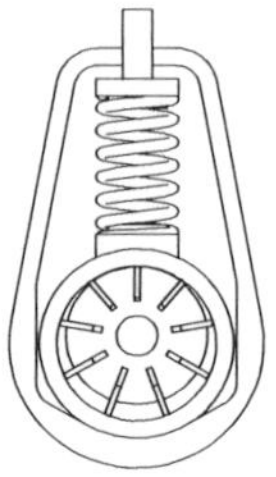
Pompe à pistons	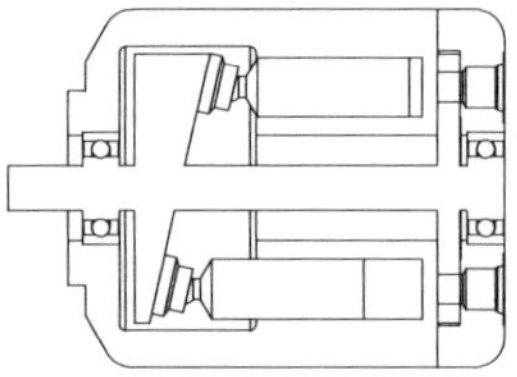	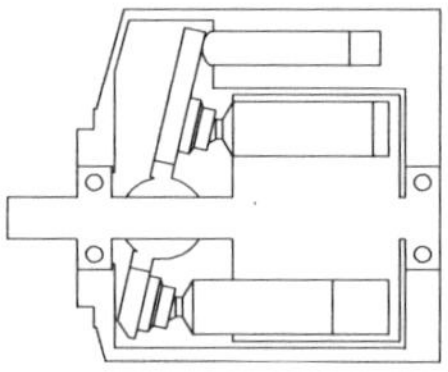

14.2.1 Pompe à engrenage

Les pompes à engrenage sont communes et nous les retrouvons dans beaucoup d'applications. Ces pompes se composent principalement d'un carter avec des orifices d'admission et de sortie, et d'un mécanisme de pompage composé de deux pignons. Un pignon, le menant, est fixé à l'arbre solidaire d'un moteur. L'autre pignon est le pignon mené.

La famille des pompes à engrenage est importante avec différentes constructions. Les deux grandes variations sont à engrenages externes et engrenages internes.

Les caractéristiques principales d'une pompe à engrenage sont :

- Économique;
- Construction simple;
- Déplacement fixe;
- Compacte;
- Débit généralement faible;
- Capacité de pression allant jusqu'à 4 000 psi;
- Efficacité allant de moyenne à élevée, mais diminuant avec le temps;
- Réversible;
- Configuration moteur/pompe possible.

Figure 14.3 **Pompe à engrenages externes**

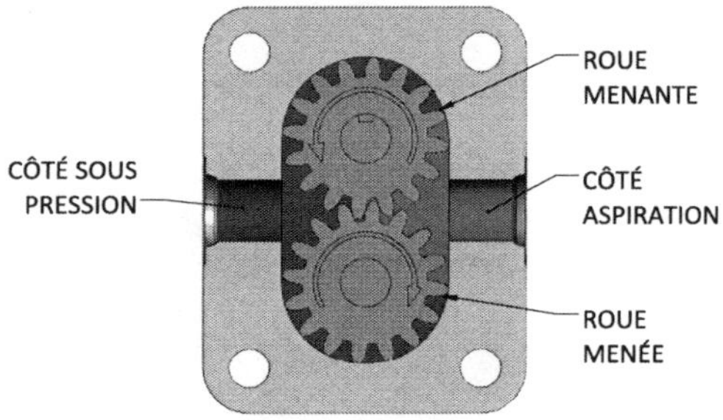

14.2.2 Pompe à palettes

La pompe à palettes, ou encore parfois appelée pompe à vannes présente des caractéristiques intéressantes qui sont les suivantes :

- Économique;
- Construction simple;
- Déplacement fixe ou variable;
- Compacte;
- Débit allant de faible à important;
- Capacité de pression intermédiaire, entre 1 200 et 2 500 psi;
- Bonne efficacité moyenne, entre 80 et 85 %;
- Plus résistante à la contamination;
- Parfois, le cœur de la pompe est une cartouche pour remplacement rapide;
- Type balancé (pression plus élevée, débit fixe) ou non-balancé (généralement pression compensée, pression plus faible).

Il arrive que certaines pompes puissent être conçues de façon à permettre le remplacement du centre de la pompe rapidement avec l'emploi d'une cassette interchangeable.

Figure 14.4 **Pompe à palettes**

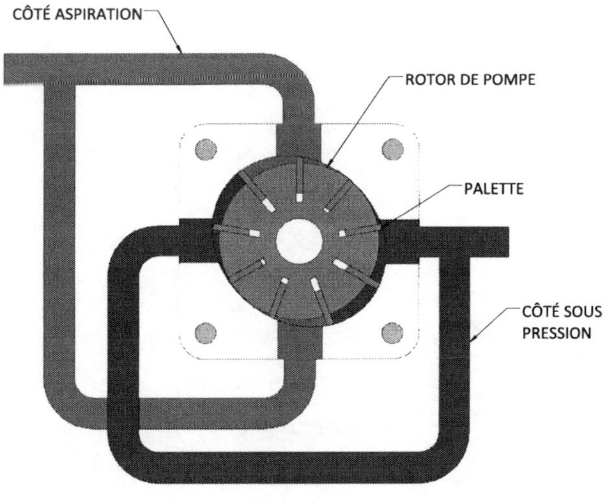

Figure 14.5 **Pompe à palettes à débit variable, non balancé**

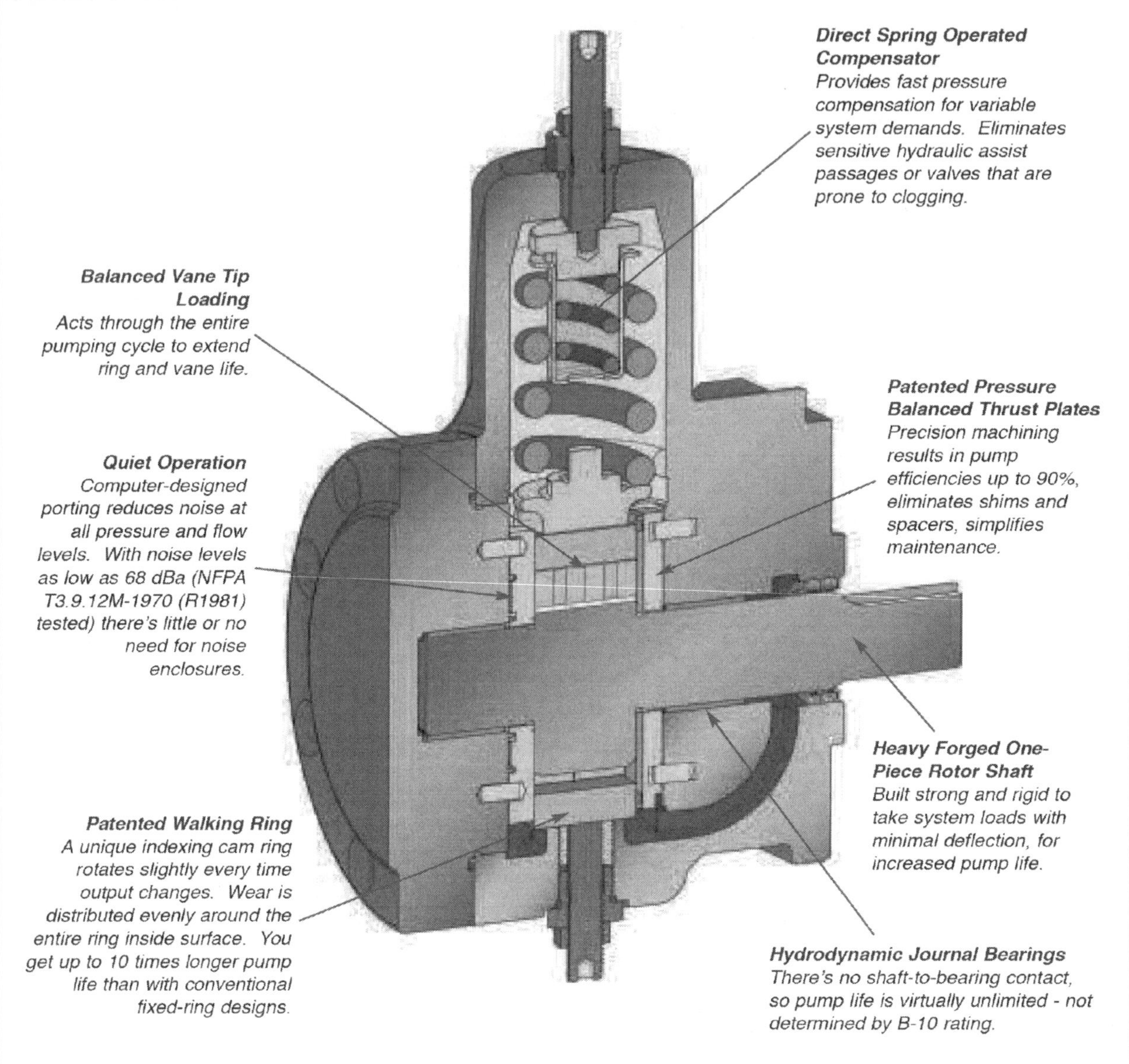

Source : Continental Hydraulics)

14.2.3 Pompe à pistons

C'est dans cette famille de pompe que l'on retrouve les pompes les plus performantes en termes de capacité de pression et d'efficacité. Les principales caractéristiques sont les suivantes :

- Grande famille, axiale, radiale
- Construction complexe
- Déplacement fixe ou variable
- Débit allant de faible à important
- Capacité de pression intermédiaire à élevée, entre 2 500 et 5 000 psi
- Bonne efficacité, environ 80 à 90 %

Figure 14.6 **Pompe à pistons axiaux**

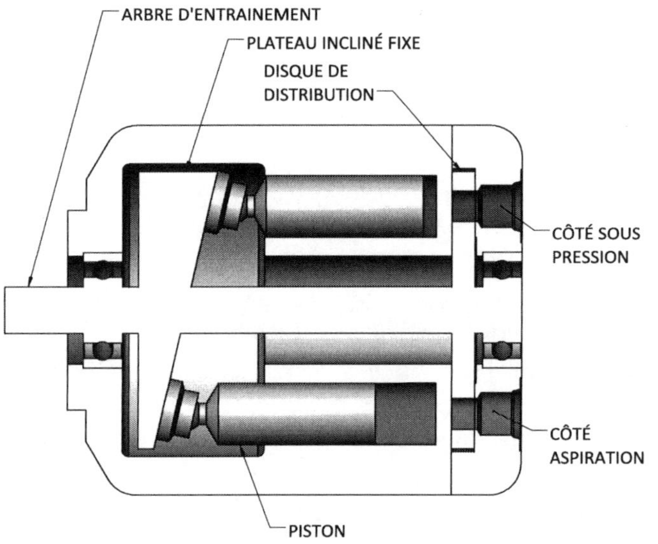

Figure 14.7 **Pompe à pistons axiaux à cylindrée variable**

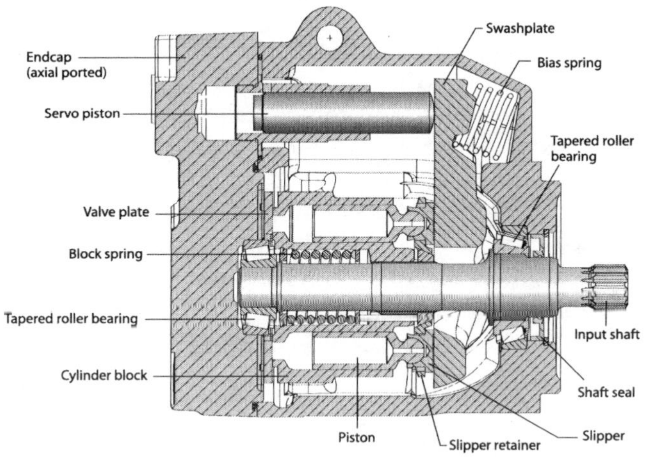

Source : Continental Hydraulics

14.3 Pompes à cylindrée variable à pression compensée

Comme nous l'avons vu au chapitre 14.2, les pompes à cylindrée variable sont par nature relativement complexes et dispendieuses. Les pompes sont à cylindrée variable bien entendu, mais cet ajustement se fait à l'aide d'un compensateur hydraulique qui observe la pression à la sortie de la pompe et ajuste la capacité de débit de la pompe pour maintenir une certaine pression.

Ces pompes sont particulièrement adaptées pour les circuits où plusieurs mouvements se font simultanément, et où l'on désire avoir une pression constante dans le circuit avec un minimum de perte de rendement. Ces pompes n'utilisent pas la valve de limitation de pression dans le circuit pour sa régulation. La pompe fait varier sa capacité de débit afin de maintenir la pression à une valeur préréglée. Outre le coût de la pompe, l'inconvénient de ces pompes est de créer une perte de rendement par une pression qui est toujours trop élevée pour chaque mouvement pris indépendamment. Les principales caractéristiques sont :

- Pompe dont la cylindrée s'ajuste afin de fournir le débit nécessaire afin de maintenir la pression;
- Utilisé pour les gros circuits hydrauliques avec beaucoup de mouvements;
- Il est fréquent de retrouver plusieurs pompes montées en parallèle pour fournir le débit d'huile nécessaire;
- Ces pompes ont toujours un drain d'où sort de l'huile chaude. On jette généralement cette ligne directement sur le dessus du réservoir, et ce sans aucune filtration, ou parfois en passant par un petit radiateur monté sur le moteur. On retourne l'huile sous le niveau d'huile dans le réservoir;
- L'utilisation d'une valve de limitation de pression est recommandée mais pas nécessairement obligatoire. L'absence de cette valve de sécurité peut diminuer la vie de la pompe, car le temps de réponse du régulateur de pression de la pompe est assez lent et peut faire en sorte qu'il y ait des pointes de pression;
- Une commande pour l'ajustement de la pression est installée sur la pompe ou à distance (remote);
- Il est souvent possible d'ajuster le débit maximal de la pompe;
- Un des problèmes principaux avec ce genre de pompe est qu'au premier problème chez un client, les opérateurs se mettent à jouer avec toutes les vis, soit le régulateur de pression ainsi que la vis de cylindrée maximale;
- Il faut prévoir mettre de l'huile dans le bâti de la pompe avant de la démarrer lors du premier démarrage afin d'assurer une lubrification des organes internes.

Dans un système hydraulique, si la pression chute en fonctionnement, c'est que la demande en huile devient trop importante pour le débit maximal de la pompe. C'est-à-dire que la pompe est soit trop petite ou encore que certains mouvements sont trop demandant en termes de débit. Il arrive fréquemment qu'avec l'addition d'équipements sur une ligne de production, la capacité du groupe de pompes devienne trop faible. Il faut alors considérer l'ajout d'une pompe supplémentaire. Il est peut-être aussi le temps de revoir la puissance hydraulique consommée par certains circuits, ce qui se fait aisément en mesurant les pressions d'entrée et de sortie des actuateurs.

Figure 14.8 **Pompe à pression compensée, pistons axiaux, compensateur à même la pompe**

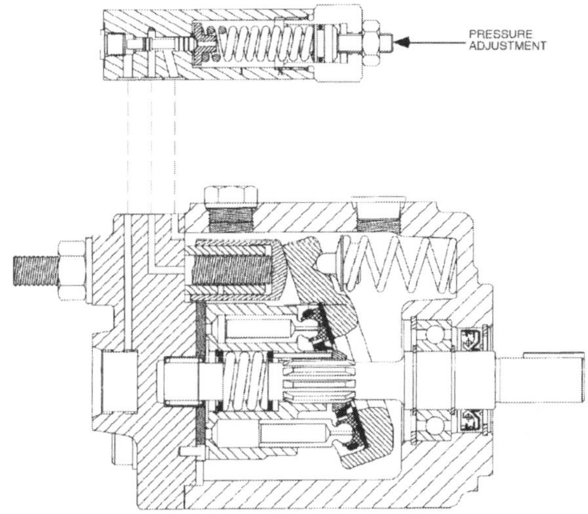

Source : pompe HPV de Continental Hydraulics

Figure 14.9 **Pompe à pression compensée, pistons axiaux, compensateur à distance**

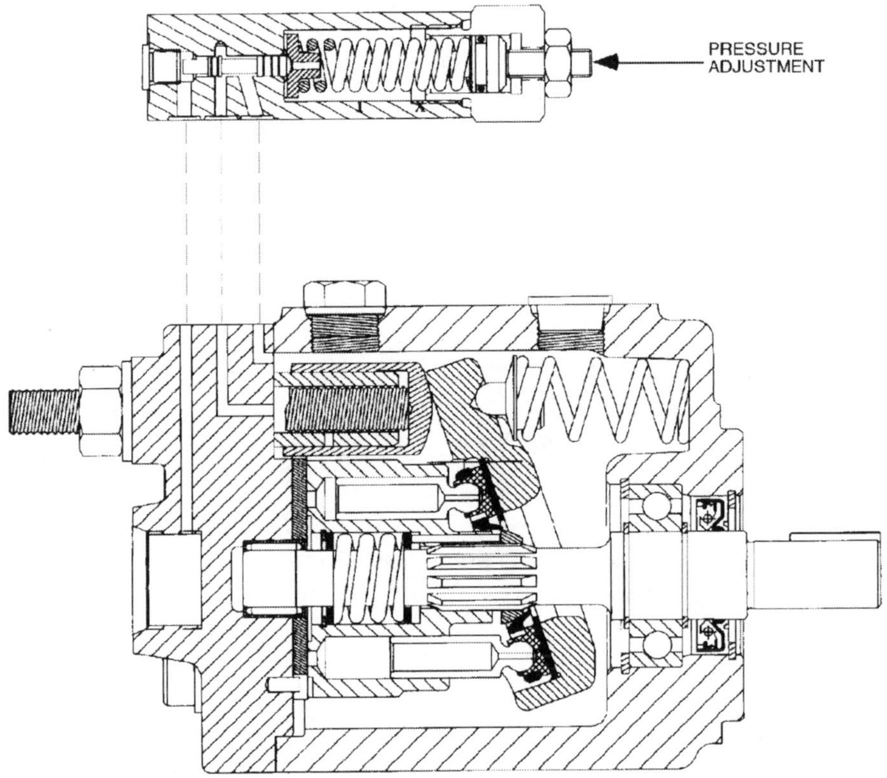

Source : pompe HPV de Continental Hydraulics

Si la pression chute en fonctionnement, c'est que la demande en huile devient trop importante pour le débit maximal de la pompe.

14.3.1 Ajustement de la cylindrée maximale

Bien souvent, les pompes sont prévues pour fonctionner au débit maximal. Si ce n'est pas le cas, le schéma hydraulique devrait indiquer le débit désiré à la pression voulue, et possiblement indiquer le nombre de tours de la vis pour atteindre la cylindrée désirée.

Il y a deux méthodes pour faire le réglage du débit maximal d'une pompe :

Méthode 1 :

- Avec tous les circuits fermés, ajuster le régulateur de pression à celle désirée avec la pompe à la cylindrée maximale;
- tourner la vis de réglage de la cylindrée jusqu'à ce que la pression se mette à diminuer, et revenir légèrement;
- Tourner la vis à contresens le nombre de tours nécessaires afin d'atteindre la cylindrée désirée en suivant les informations du manufacturier.

Méthode 2 (méthode plus précise) :

Avec un équipement de mesure du débit et de la pression, ajuster la vis pour obtenir le débit désiré à la pression voulue.

14.4 Montage d'une pompe

Tout comme pour le cas des moteurs, les pompes possèdent une bride de montage normalisée. Voir le chapitre 13.3.

On retrouve généralement des arbres avec une clavette. On retrouve plus rarement des arbres avec cannelures (involuté ou carré).

Les ports hydrauliques sont généralement avec des brides, mais on retrouve souvent du SAE o'ring boss sur les pompes plus petites.

14.5 Protection d'une pompe

Il est important de protéger une pompe en tenant compte des points suivants :

- Valve antiretour en aval de la pompe peut être installée pour la protéger des coups de bélier :
  - Généralement, la valve antiretour s'installera entre la pompe et la valve de limitation de pression ce qui assure de limiter les coups de bélier dans la pompe, tout en s'assurant de protéger le circuit;
  - La valve antiretour peut être installée après la valve de limitation ce qui est une protection ultime pour protéger la pompe, surtout dans le cas d'utilisation d'une pompe à pression compensée. Par contre, cette disposition ne procure pas une protection pour le circuit en général;
- Valve de limitation de pression :
  - Directe : capacité de débit inférieur à celui de la pompe si cette dernière est à pression compensée;
  - Pilotée : capacité du débit de la pompe si la pompe est à débit fixe.
- Limiter la pression négative à l'entrée de la pompe (voir 14.5.1);
- Filtration d'huile à l'aspiration;
- Huile propre dans le réservoir par l'emploi d'un filtre de retour;
- Retour du drain en dessous du niveau d'huile dans le réservoir;
- Position du drain vers le haut sur la pompe pour maintenir de l'huile dans le carter de la pompe;
- Valve de saignage de l'air du circuit si un problème semble récurant.

14.5.1 Capacité d'aspiration

Il est important de s'assurer que la pression négative (pression manométrique) ne soit pas trop importante afin de préserver la vie de la pompe. Une sous-pression trop importante cause de la cavitation ce qui est extrêmement mauvais pour la pompe. Lorsque le niveau d'huile est au-dessus de la pompe, il devient plus rare d'avoir un phénomène de cavitation. Cette configuration a aussi l'avantage que le niveau charge la pompe au démarrage.

Toutefois, lorsque la pompe est placée au-dessus du niveau d'huile, le risque de cavitation devient plus important. On retrouve parfois des indicateurs de pression à l'entrée de la pompe afin de s'assurer que la restriction n'est pas trop grande. Dans cette configuration, de la cavitation apparaîtra lors du premier démarrage de la pompe, le tube d'aspiration étant vide. Il est avantageux de démarrer la pompe avec une valve de contournement reliant la ligne P et T afin que le démarrage se fasse sans pression avec un maximum de débit. Plus le débit d'une pompe est important et moins une pression négative à l'aspiration sera autorisée. À la limite, si la vitesse de la pompe est très élevée, il faudra possiblement une pression positive à l'entrée de la pompe afin de s'assurer qu'il n'y ait aucune cavitation dans le corps même de la pompe.

Figure 14.10 **Pression à l'entrée d'une pompe Continental Hydraulic HPV-10**

CASE DRAIN AND INLET PORT SPECIFICATIONS

SPEED	MINIMUM INLET PRESSURE						MAXIMUM CASE PRESSURE	
	Pressure Gage				Absolute Pressure			
rpm	psi	bar	in.-Hg	mm-Hg	psi	bar	psi	bar
1800	-3.00	-0.21	-6.12	-155.46	11.70	0.80	10	.69
2100	-3.00	-0.21	-6.12	-155.46	11.70	0.80	7	.48
2500	-3.00	-0.21	-6.12	-155.46	11.70	0.81	5	.34
2550	-2.51	-0.17	-5.12	-129.95	12.19	0.80	5	.34
2700	-1.03	-0.07	-2.10	-53.44	13.67	0.90	5	.34
2800	0.00	0.00	0.00	0.00	14.70	1.00	5	.34
3000	2.18	0.15	4.44	112.71	16.88	1.20	5	.34

On peut observer le phénomène de cavitation par un bruit désagréable provenant de la pompe. Si le bruit arrive à chaque démarrage, cela signifie que le tuyau d'entrée fuit, ou encore que la pompe se vide par la succion de la colonne d'huile du tuyau d'aspiration. Un clapet antiretour après la pompe réduit ce risque et il faut s'assurer que la ligne de drainage de la pompe se rende sous le niveau d'huile dans le réservoir.

Afin de diminuer les risques de cavitation, on retrouve généralement des conduits de fortes dimensions sur la canalisation d'aspiration. Un soin particulier doit être apporté aux transitions et il faut s'assurer que le filtre d'aspiration est suffisamment gros et propre. Le risque de cavitation est plus important lorsque l'huile est froide alors que sa viscosité est importante.

14.6 Options pour améliorer le bilan énergétique

On retrouve quelques options qui permettent d'améliorer le bilan énergétique lorsque l'on utilise une pompe à cylindrée variable. Ce sont des options qui agissent sur le compensateur hydraulique de la pompe et qui ajustent sa cylindrée.

14.6.1 Détection de charge (load sensing)

Comme nous le savons à ce stade-ci, une pompe à pression compensée tente de maintenir la pression en ajustant elle-même son débit. Toutefois, lorsqu'un débit n'est pas réellement demandé, ou bien lorsque la pression nécessaire pour faire le mouvement est plus faible que la pression de préréglage, la pompe tente à tout prix de conserver cette pression qui est inutilement trop élevée. Afin d'améliorer le bilan énergétique, il peut être avantageux d'opter pour un contrôle de la pompe qui tente de s'ajuster en pression et en débit à la demande. Ceci est d'autant plus vrai pour les petits systèmes ou encore les systèmes dont la puissance est assurée par un moteur à combustion.

Figure 14.11 **Circuit de contrôle de pompe avec détection de charge**

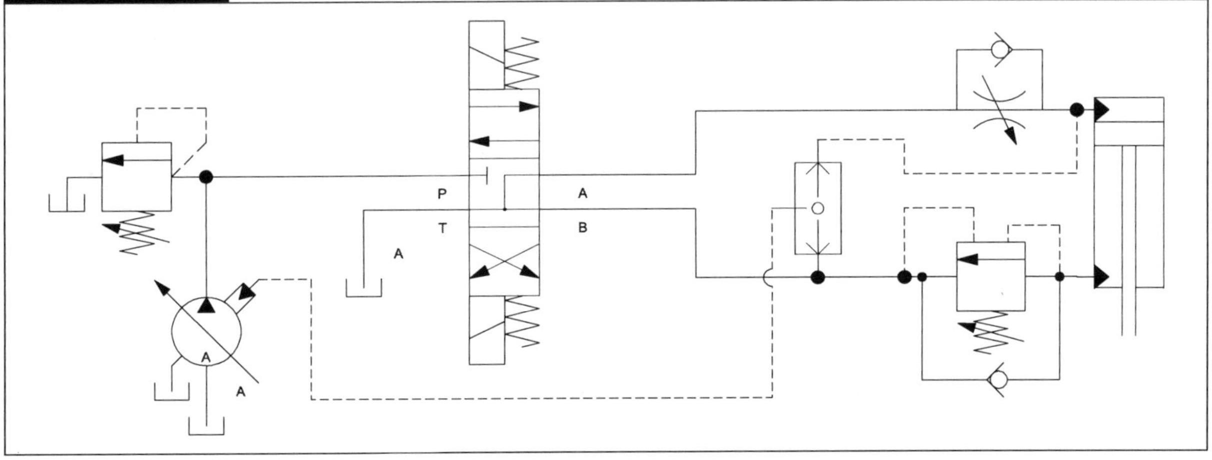

Différentes approches sont possibles et normalement bien documentées dans la documentation de la pompe et ses options. Lorsqu'il n'y a pas de demande en huile, le compensateur de la pompe se vide via une ligne de saignage. Lorsqu'une pression se trouve dans la ligne de saignage, la pompe fonctionne alors en compensant pour une pression nulle, ainsi, la pompe ne travaille pas. Toutefois, en branchant la ligne de saignage sur la ligne où l'on désire que la pression se réfère, la pompe est en mesure de trouver la pression nécessaire pour satisfaire la demande dans un court délai. Lorsqu'il y a plusieurs mouvements, il est toujours possible de créer des circuits plus ou moins complexes sur la ligne de saignage. Il est particulièrement intéressant d'avoir de tels systèmes lorsque nous avons une charge qui demande une pression élevée pour monter et une basse pression pour descendre afin de diminuer la pression à freiner.

Les valves utilisées dans les équipements mobiles ont parfois des solutions tout adaptées pour le contrôle de la ligne de saignage de la pompe.

Dans tous les cas, cette amélioration du bilan énergétique a un coût, pour fonctionner, le contrôleur doit se baser sur une pression de référence qui doit être inférieure à la pression de sortie de la pompe. Ainsi, on peut s'attendre à devoir considérer une perte de pression de l'ordre de 250 psis. Cette valeur de pression n'est pas toujours bien claire dans la documentation technique.

Figure 14.12 **Pompe à pression compensée, pistons axiaux, avec détection de charge**

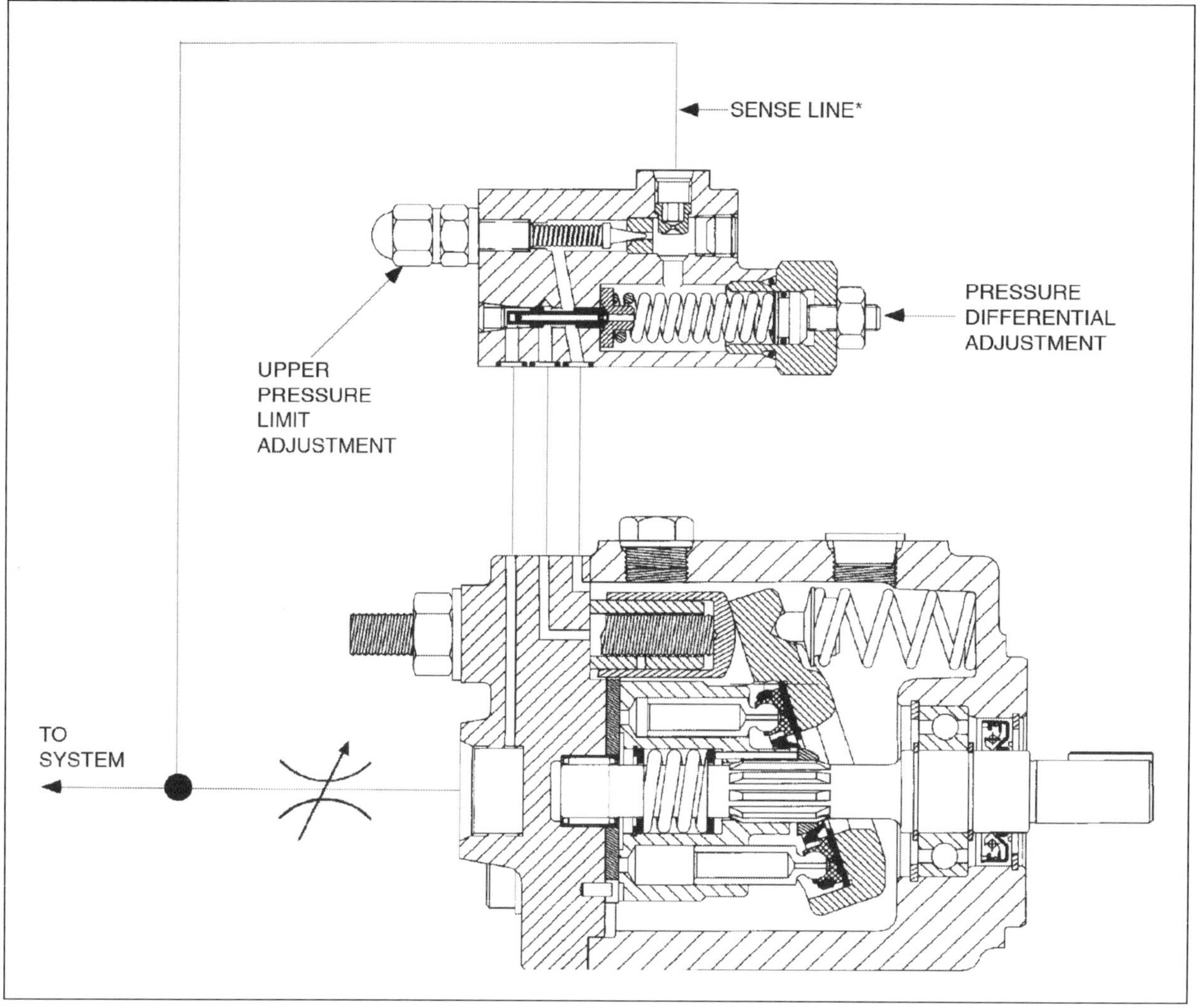

Source : pompe HPV de Continental Hydraulics

14.6.2 Limiteur de puissance

Lorsque l'on souhaite limiter la puissance à une certaine valeur, certaines pompes possèdent l'option de la limiter. Cette option est particulièrement utile lorsque l'on désire une pression élevée à basse vitesse, mais qui limite la pression lorsque le débit devient trop important. Cela ne change pas réellement le rendement, mais permet au moins de limiter la grosseur du moteur. Un peu à la façon d'une voiture électrique dont les moteurs produisent un couple constant jusqu'à une certaine vitesse (et le couple constant permet une accélération constante), puis ensuite le couple décroit à mesure que la vitesse augmente afin d'avoir une puissance constante. Ce type de fonctionnement est bien documenté sur internet pour les voitures Tesla.

Figure 14.13 **Pompe à pression compensée, pistons axiaux, avec limitation de puissance**

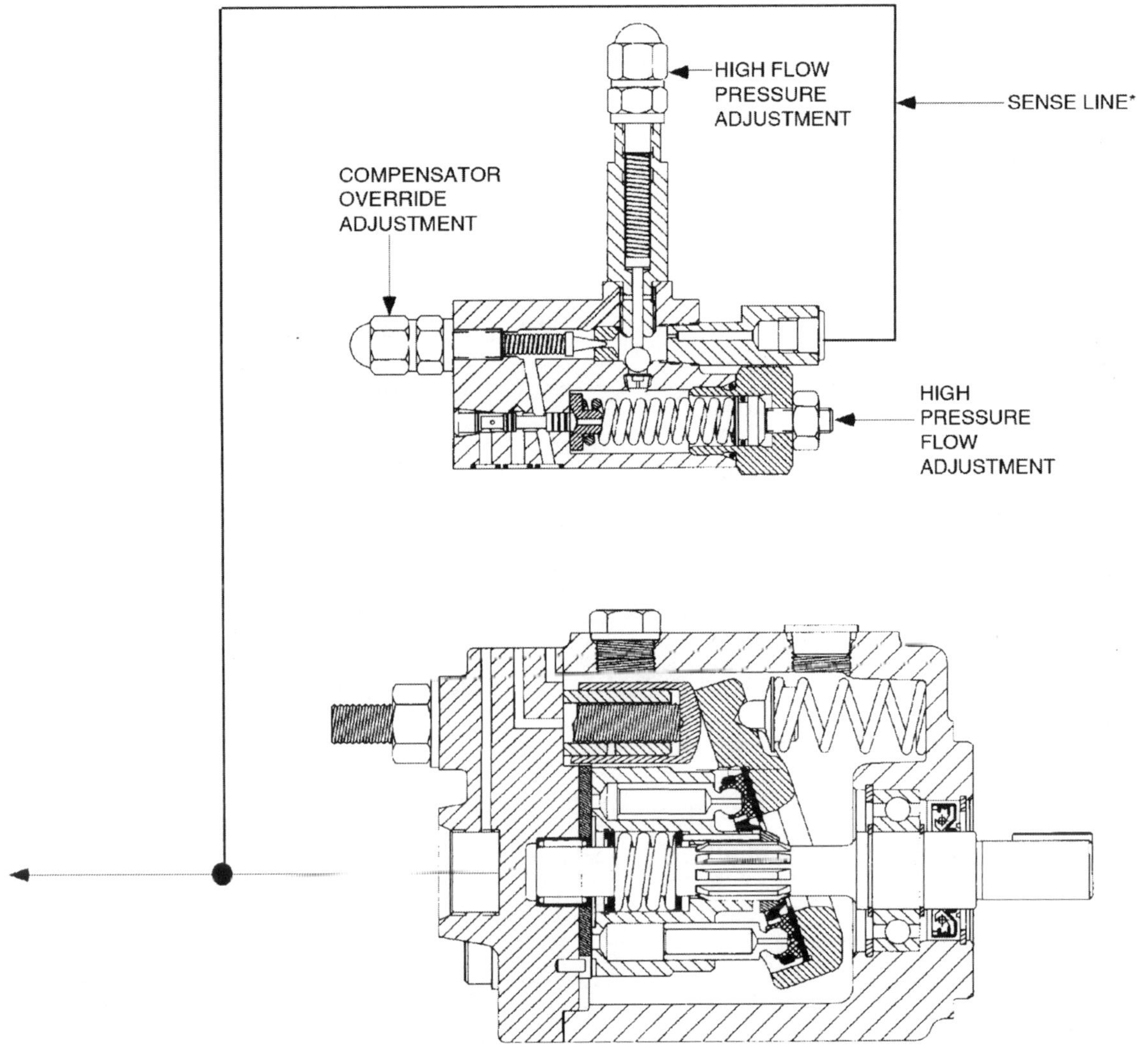

Source : pompe HPV de Continental Hydraulics

Dans tous les cas, cette amélioration du bilan énergétique a un coût, pour fonctionner, le contrôleur doit se baser sur une pression de référence qui doit être inférieure à la pression de sortie de la pompe. Ainsi, on peut s'attendre à devoir considérer une perte de pression, la perte de pression nécessaire n'est pas toujours bien identifiée dans la documentation technique.

14.7 Notion de rendement

Le choix du type de pompe et de son contrôle doit tenir compte entre autres des caractéristiques de l'équipement et de son fonctionnement. Les équipements fixes ayant beaucoup de mouvements distincts utilisent un circuit hydraulique alimenté par plusieurs pompes à pression compensée. Dans ce cas, la pression est constante dans le réseau et tous les mouvements doivent recevoir des contrôles pour limiter le débit. Pour les équipements mobiles dont la puissance est générée par un moteur à combustion, il est plus important que jamais d'améliorer le rendement afin de diminuer la consommation en pétrole, et aussi afin de minimiser le travail du moteur. De par le fait que le schéma d'un équipement mobile est relativement petit, on se retrouve avec une panoplie de solutions.

14.7.1 Pompe à débit fixe

Ces pompes sont bien entendu les plus simples. Le rendement des pompes est généralement très bon ainsi que leur fiabilité. Toutefois, le rendement du circuit en lui-même peut devenir rapidement très mauvais.

On utilisera une pompe à débit fixe lorsque le nombre de mouvements est relativement limité et où le débit maximum est idéalement près du besoin.

Figure 14.14 **Contrôle avec une pompe à débit fixe**

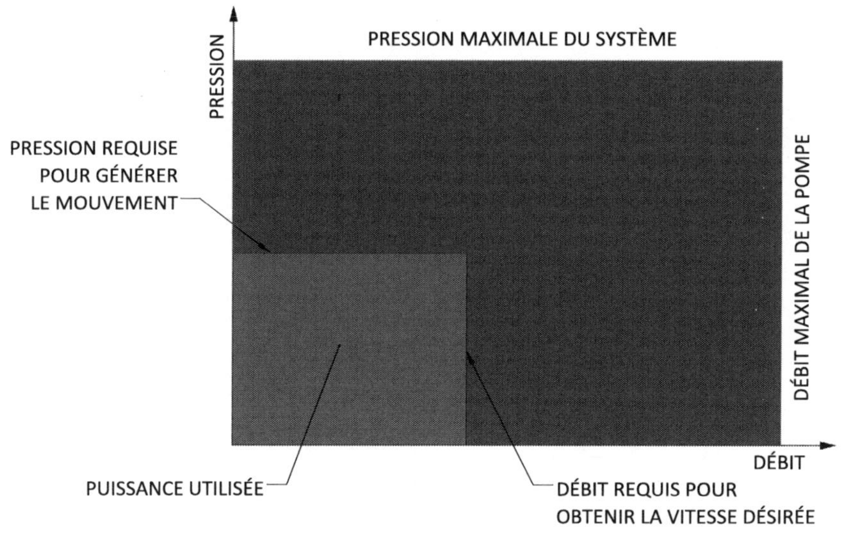

La Figure 14.15 présente une application typique. La pompe possède un débit plus important que requis, et la pression nécessaire pour exécuter le mouvement est inférieure à la pression de la valve de limitation de pression principale (voir 9.1). Imaginons un opérateur contrôlant une valve directionnelle manuelle et qui limite le déplacement du tiroir afin de limiter la vitesse du mouvement. Dans ce cas, le mouvement demande une puissance hydraulique bien plus faible que celle fournie. Le rendement peut rapidement devenir très mauvais. La figure telle que montrée possède un rendement de l'ordre de 20 %, sans compter le rendement propre des composantes utilisées.

Est-ce si grave? Dans les faits, cela dépend du circuit. Le même circuit peut se retrouver à avoir un rendement qui peut devenir très intéressant lorsque l'opérateur enclenche la valve à fond ne créant aucune restriction. La Figure 14.16 nous montre ce cas où le rendement atteint 100 %. En effet, avec la commande de valve pleinement ouverte dans le cas où un seul mouvement est engagé, la pression ne pourra pas se créer au-delà de la charge résistive. Nous avons bien une pression disponible, mais les pertes sont à peu près nulles. On ne peut jamais retrouver ce cas idéal pour un équipement fixe avec beaucoup de mouvement et utilisant une pompe à pression compensée, mais sur un équipement simple, c'est tout à possible.

Figure 14.15 **Contrôle avec une pompe à débit fixe et valve complètement ouverte**

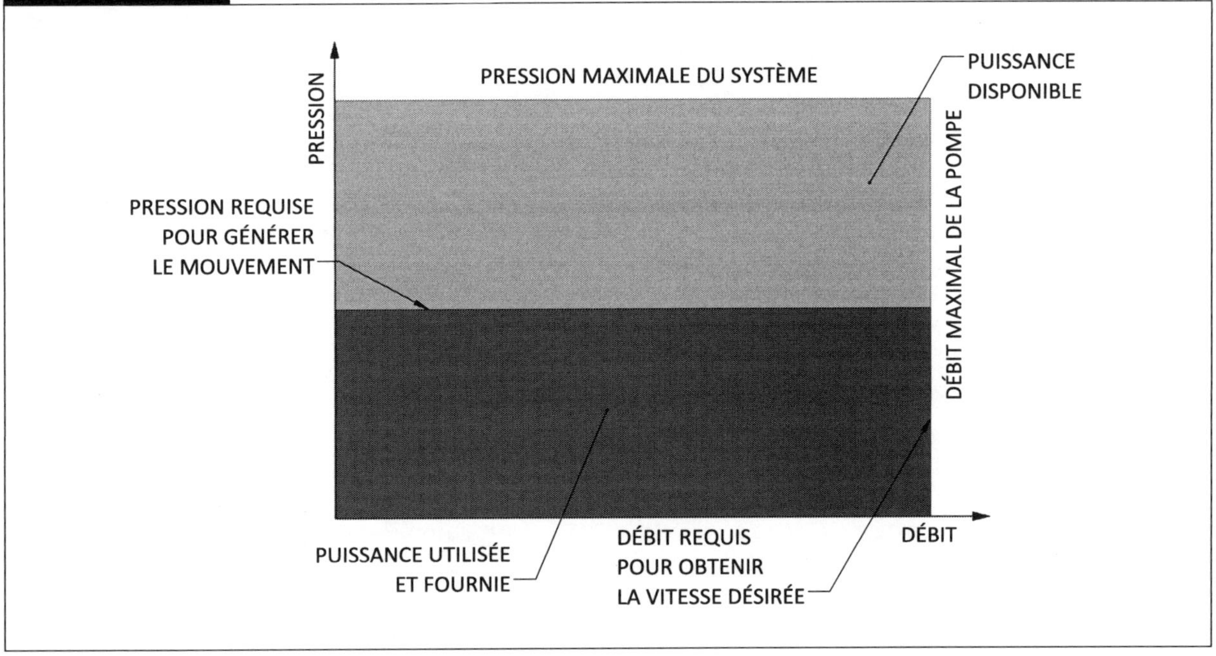

Le rendement se gâte lorsque la machine arrive en fin de course et où le débit devient nul et la pression maximale. À ce moment-là, toute la puissance se transforme alors en chaleur si l'opérateur maintien la commande pleinement ouverte. Dans bien des applications, lorsque des valves directionnelles dédiées aux équipements mobiles sont utilisées (voir chapitre 16), chaque sous-circuit est parfois doté de valves de limitation de pression sur les lignes A et B. On se retrouve à avoir la pression de réglage de la valve de limitation de pression principale, mais lorsqu'un mouvement est engagé, la pression maximale se retrouve alors spécifique à ce sous-circuit.

Figure 14.16 **Contrôle avec une pompe à débit fixe en fin de course**

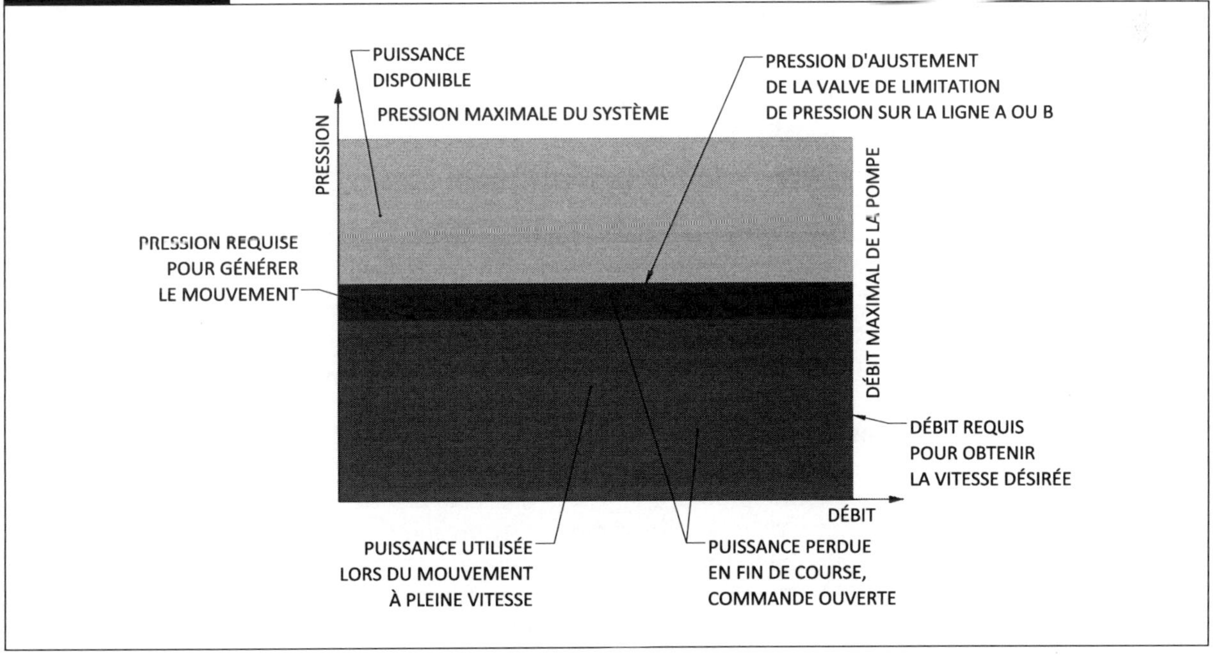

La Figure 14.17 présente ce cas où le mouvement est en fin de course. À ce stade, la perte d'énergie est importante mais moins que si la pression serait celle de la valve de limitation principale. Le gain à avoir des pressions réduites par circuit est aussi de faire travailler moins fort la pompe. On peut parfois voir des machines dont les spécifications techniques indiquent une pression maximale très élevée, mais il arrive bien souvent que lorsque la machine est en marche, la pression réelle n'atteindre à peu près jamais ce maximum.

Rappelons du coup que beaucoup de circuits utilisant des pompes à débit fixe sont conçus de façon à ce qu'il n'y ait aucune pression lorsqu'aucun mouvement n'est engagé. Ceci est réalisé par l'utilisation de valves ayant des centres ouverts où l'huile passe de la ligne P à la ligne de retour T directement. On ne retrouve à peu près jamais ce type de tiroir dans une valve utilisé sur un équipement fixe.

14.7.2 Pompe à pression compensée

Lorsqu'il s'agit d'alimenter un circuit dont le débit nécessaire varie sans cesse et que l'on souhaite maintenir une pression constante, la solution idéale consiste à utiliser une pompe à pression compensée (14.3). Les petits circuits ne gagnent pas toujours à utiliser ce type de pompe, toutefois, dans les industries, les équipements fixes sont généralement alimentés par une ou plusieurs pompes de ce type, toutes montées en parallèle. On se retrouve à avoir des lignes hydrauliques P et T qui parcourent l'usine et sur lesquelles des circuits de machines se rattachent. On peut comparer ce type de circuit à un réseau d'aqueduc municipal sur lequel les maisons se branchent. La ville fournit assez de débit d'eau afin de maintenir la pression à une valeur souhaitée.

À priori, on gagne en rendement en utilisant une pompe à pression compensée par rapport à un circuit utilisant une pompe à débit fixe, et d'autant plus si le débit consommé par sous-circuit devient beaucoup plus faible que la capacité maximale de la pompe.

Figure 14.17 **Contrôle avec une pompe à pression compensée**

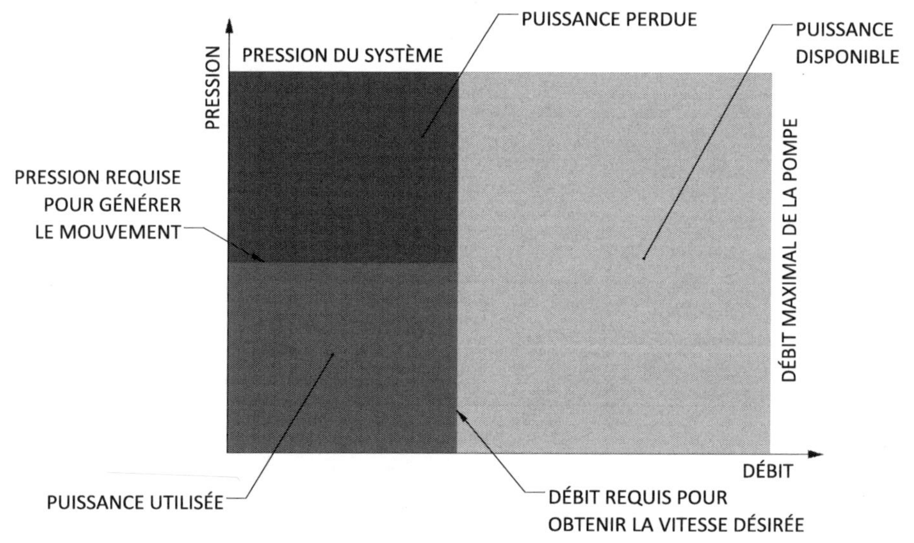

La Figure 14.18 présente un cas typique où nous avons une pompe pouvant fournir un débit plus important que nécessaire. La compensation de la pompe fait en sorte de réduire sa cylindrée en vue de limiter le débit au minimum en vue de maintenir la pression désirée. Cela est possible tant et aussi longtemps que la pompe est apte à fournir plus de débit que requis. L'inconvénient avec ce type de pompe est que la pression du système est maintenue. En pratique, le concepteur fera toujours en sorte de garder une certaine sécurité assurant que le mouvement soit possible. Ainsi, un moteur serait sélectionné avec une cylindrée suffisante pour exécuter le mouvement à tout coup, et possiblement en ayant une réserve supplémentaire de 15 à 25 %. On se retrouve toujours à générer une perte énergétique car on doit freiner le mouvement avec des régulateurs de débit au minimum. De plus, dans bien des cas, on doit avoir recours à des valves de réductions de pression afin de contrer le fait que la pression de système pourrait être trop élevée pour un mouvement en particulier. Un exemple typique est lorsque l'on commande un petit mouvement avec un vérin hydraulique. Il est bien difficile d'avoir un vérin de moins d'un pouce de diamètre, alors qu'un vérin pneumatique aurait été apte à faire le même mouvement.

Ce choix de pompe nous permet d'avoir une grande puissance disponible et de limiter le débit à ce qui est réellement requis. Il y a bien une perte de puissance, d'où il devient important de bien sélectionner les moteurs et vérins.

Un des aspects intéressants lorsqu'un concepteur conçoit un circuit en fonction d'un cahier de charge est le fait que le système devra être fait pour répondre aux critères de conception. Bien souvent, le cahier de charge inclura une certaine sécurité. Imaginons qu'un équipement doit soulever une charge de 1 000 livres une fois par semaine et que le reste du temps, la charge à soulever se limite à 600 livres. Le circuit sera alors conçu pour la charge maximale avec une certaine marge de sécurité. Étant donné que la pression du système sera maintenue à une valeur fixe, tous ces choix de sécurité et de surestimation de la charge créeront automatiquement un rendement très moyen d'un circuit.

Un autre inconvénient est le fait que même si le système fonctionne sans fournir de débit, la pompe consommera une certaine puissance afin de maintenir la pression. Dans les faits, le débit sortant de la pompe se limitera au débit de fuite interne de la pompe qui s'écoule par son drain.

14.7.3 Pompe avec circuit de détection de charge

Pour les circuits avec un nombre limité de mouvements, comme on retrouve souvent sur les machines mobiles, on gagne souvent à ce que la pompe soit à pression compensée, sur laquelle on ajoute un contrôle supplémentaire qui maintien la pression à une valeur variable et la plus faible possible (voir 14.6). Lorsque plusieurs mouvements sont engagés en même temps, la pression qui sera prise en compte sera la plus élevée nécessaire (voir 16.1.6) des mouvements engagés. Ce principe, bien que prometteur, n'est pas vraiment utilisable pour des équipements fixes. Cette variation de pression conduirait à des variations de vitesse des mouvements. Pour un équipement mobile, cela ne pose pas de réels problèmes.

En pratique, la pression de la pompe sera légèrement plus élevée que la pression requise d'environ 250 psis.

Figure 14.18 **Contrôle avec une pompe avec détection de charge**

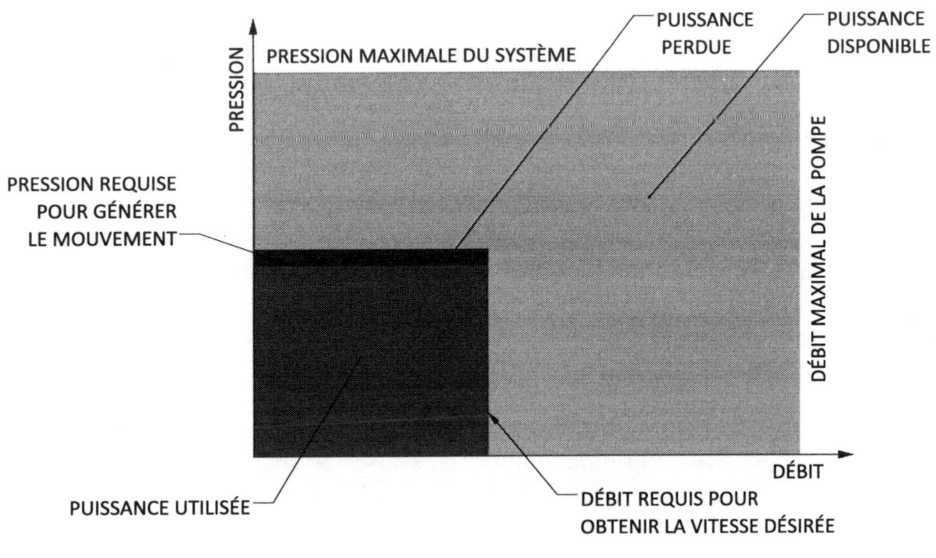

14.7.4 Pompe avec circuit de limitation de puissance

Dans les applications où l'on désire une pression maximale pour un débit qui n'est pas maximal, et que l'on désire un débit maximal pour une pression en dessous de la valeur maximale, il est possible d'obtenir un contrôle qui limite la puissance requise. Le fait de demander une pression maximale en même temps qu'un débit maximal demande un moteur plus puissant. Dans les applications mobiles, on retrouve parfois ce type de contrôle qui permet de réduire la puissance du moteur. La Figure 14.20 présente une application typique avec ce type de pompe. On ne retrouve généralement pas ce type de solution pour les équipements fixes.

Figure 14.19 **Contrôle avec une pompe avec limitation de puissance**

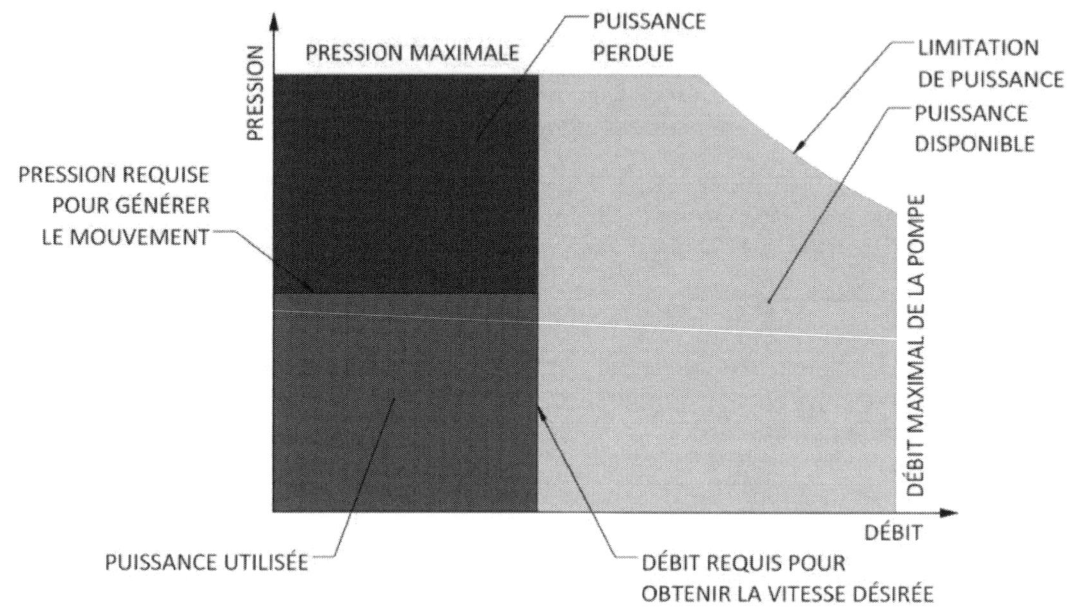

14.7.5 Pompe hydrostatique

Les systèmes hydrostatiques sont couverts dans le chapitre 29. Ces systèmes permettent d'obtenir un bilan énergétique se rapprochant de l'idéal. À vrai dire, on parle davantage d'une transmission hydrostatique que d'un circuit hydraulique. Rappelons que le principe même d'une transmission hydrostatique est de créer un circuit fermé où une pompe alimente un ou des moteurs sans l'utilisation de valve de contrôle. Ces systèmes se retrouvent par exemple sur le système d'entrainement des roues d'un tracteur. L'opérateur, via un contrôleur électronique, commande la vitesse de l'équipement. La pompe ajuste alors son débit afin d'atteindre le débit requis. Il n'y a pas de contrôle de pression outre les sécurités. La pression est générée par la résistance au roulement. Ainsi, si le tracteur en question roule sur une route asphaltée et plate, la pression sera relativement basse pour une puissance consommée minimale (le rendement global d'un système hydraulique demeure relativement faible). Si le tracteur doit monter un obstacle, la pression grimpera en fonction de l'effort, et du coup, le moteur à combustion devra délivrer plus de puissance. Si la pression doit monter trop haut, le contrôleur peut décider le limiter le débit afin de limiter la puissance demandée au moteur à combustion. Si le moteur hydraulique est à cylindrée variable, le contrôleur pourra diminuer la vitesse du tracteur en augmentant la cylindrée des moteurs.

Les transmissions hydrostatiques demeurent une solution dédiée à des applications très spécifiques et ne représentent une solution pour la grande majorité des applications.

14.8 Exercices

Exercices niveau #1

Exercice #1 : Quelle est la puissance ***minimale*** requise pour faire tourner une pompe de cylindrée de 3,2 po³/rev. à 1 750 RPM si la pression d'opération nécessaire est de 2 500 psis. La pompe à une efficacité volumétrique de 97 % et une efficacité mécanique de 92 %? Quel moteur électrique standard utiliseriez-vous?

1	Il est préférable d'installer une pompe sous le niveau de l'huile afin de diminuer les risques de cavitation de cette dernière.	**V F**
2	Une pompe à cylindrée variable et pression compensée demande l'utilisation d'une valve de décharge pour contrôler la pression d'opération du système	**V F**

Exercice niveau #2

N/A

Exercice niveau #3

N/A

Réponses exercices niveau #1

Exercice 1 : Le débit théorique de la pompe : Q = 3,2 × 1 750/231 = 24,2 gpm; Le débit réel sortant de la pompe : Q = 24,2 × 0,97 = 23,5 gpm. La puissance hydraulique sortante est de 23,5 gpm × 2 500/1 714, soit 34.3 hp; eff. globale = 0,97 × 0,92 = 0,892. La puissance que l'on doit fournir à la pompe est alors de : 34,3/0,892, soit 38,4 hp. Cela conduit à considérer un moteur électrique de 40 hp.

1	Il est préférable d'installer une pompe sous le niveau de l'huile afin de diminuer les risques de cavitation de cette dernière.	**V**
2	Une pompe à cylindrée variable et pression compensée demande l'utilisation d'une valve de décharge pour contrôler la pression d'opération du système	**F**

Réponse exercice niveau #2

N/A

Réponse exercice niveau #3

N/A

15 Hydrauliques pour équipements mobiles

Bien entendu, les principes fondamentaux de l'hydraulique appliqués aux équipements mobiles versus industriels fixes ne diffèrent pas. Toutefois, on retrouve plusieurs façons de faire qui sont bien différentes. Pour le mobile :

- La vie des composantes peut être plus courte que pour les équipements fixes;
- Le contrôle se fait souvent par un humain. Ainsi, il arrive que les valves possèdent des jeux plus grands ce qui permet aussi une plus grande tolérance aux contaminants;
- On tente d'avoir des ensembles plus compacts et légers;
- Les réservoirs d'huile sont plus petits, pour un encombrement réduit, un poids minimal et aussi pour diminuer les risques environnementaux;
- Les équipements sont petits et l'hydraulique se limite à un nombre limité de mouvements;
- Les pompes sont bien souvent à débit fixe, mais il arrive de trouver des pompes à pression compensée. Si la pompe est à pression compensée, on pourra retrouver un système faisant varier la pression en fonction du besoin (circuit de détection de charge, « load sensing », voir section 15.7.3);
- La pression à la sortie de la pompe varie dans la majorité des applications en fonction de la charge et des multiples soupapes de limitation de pression. La pression maximale de fonctionnement peut être particulièrement élevée d'autant plus qu'elle sera à son maximum de façon intermittente;
- On retrouve des valves à 6 voies où l'huile peut être acheminée d'une valve à l'autre par des circuits en série, parallèle ou tandem;
- On retrouve bien souvent des systèmes d'entrainement hydrostatique pour une plus grande efficacité énergétique;
- On ne retrouve généralement pas de valves de réduction de pression, mais davantage de valves de limitation de pression;
- Les jeux dans les valves sont souvent plus importants, ce qui a l'effet de générer plus de fuites, mais aussi une plus grande tolérance aux contaminants;
- La gamme de produits contient beaucoup de composantes spécifiques comme des accessoires pour le freinage et la direction.

Il est bien entendu possible de faire un système hydraulique pour un équipement mobile à la façon d'un système industriel, surtout si la pompe est à pression compensée, mais dans ce cas, on verra plus souvent des montages avec des blocs personnalisés. Ces blocs contiennent alors des valves directionnelles de type cartouche. Il est aussi possible de faire des circuits avec sandwichs et l'utilisation d'un bloc de distribution standard, mais qui pourra être en série à l'intérieur. Il y a toujours possibilité d'utiliser des valves de distributions 4/3 ouvertes de P à T montées en série afin de maintenir une pression nulle lorsqu'une aucune valve n'est enclenchée.

Dans ce chapitre on se limitera à faire un survol de certaines composantes générales des circuits d'équipements mobiles.

15.1 Valves de distribution standard

Le type et le montage des valves sont très différents de ce qui se fait pour l'équipement industriel fixe. Dans ce document, beaucoup de notes sont tirées des catalogues de Prince. Parker possède une gamme de produits similaires, mais la documentation est moins claire.

Les valves directionnelles dans les applications fixes ont bien souvent 4 voies. Pour le mobile, il n'y a pas de normes et les manufacturiers profitent de ce fait pour créer des valves avec des caractéristiques étonnantes. On verra souvent des valves ayant 6 voies. Lorsque l'on parle de valves à 6 voies, elles se regroupent en empilement côte à côte. On retrouve deux types, soit monobloc ou encore un empilement de valves distinctes. Les valves empilées offrent une grande flexibilité tout en étant compactes. La maintenance est toutefois moins facile que pour les systèmes classiques industriels. On retrouve généralement des valves à 6 voies où l'huile peut être acheminée d'une valve à l'autre par des circuits en série, parallèle ou tandem. Ces valves sont dites « open center ». Il est aussi possible de trouver des valves 4 voies, mais il est possible de modifier les valves 6 voies afin d'avoir un comportement de type « close center ».

Le nombre d'options est étonnant et il devient difficile de s'y retrouver. La commande des valves peut être manuelle, électrique et électrique proportionnelle.

Les valves monoblocs sont plus économiques mais offrent moins de flexibilité. On ne verra pas ces valves dans le présent document, c'est un cas particulier des valves empilées où il y a moins d'options et où le nombre de valves se limite de 1 à 3 valves.

Tous les manufacturiers de matériel hydraulique n'offrent pas des valves de distribution de type mobile alors que d'autres y sont dédiés. Voici quelques manufacturiers qui offrent des gammes complètes de produits :

- Eaton
- Rexroth (Bosch)
- Parker (Gresen)
- Prince

Dans l'hydraulique mobile, il existe peu de standards alors que chaque manufacturier offre une gamme de produits avec des interfaces de montage spécifiques. Lorsqu'un circuit est conçu avec un produit d'un manufacturier, il ne sera pas possible de faire de la maintenance avec des composantes de compétiteurs. Ce manque de standards a aussi l'avantage de pouvoir développer des produits qui répondent à des besoins très étroits avec un maximum de performance. En contrepartie, il devient extrêmement difficile de s'y retrouver et bien souvent, ce sont les représentants qui pourront nous guider dans leurs produits en comprenant bien nos besoins. Si une gamme de produits gagne à avoir des valves à 12 ports de connexions hydrauliques, elle le sera et c'est tout.

Figure 15.1 **Valves monoblocs**

Figure 15.2 **Joystick de commande**

Figure 15.3 **Valves côte à côte**

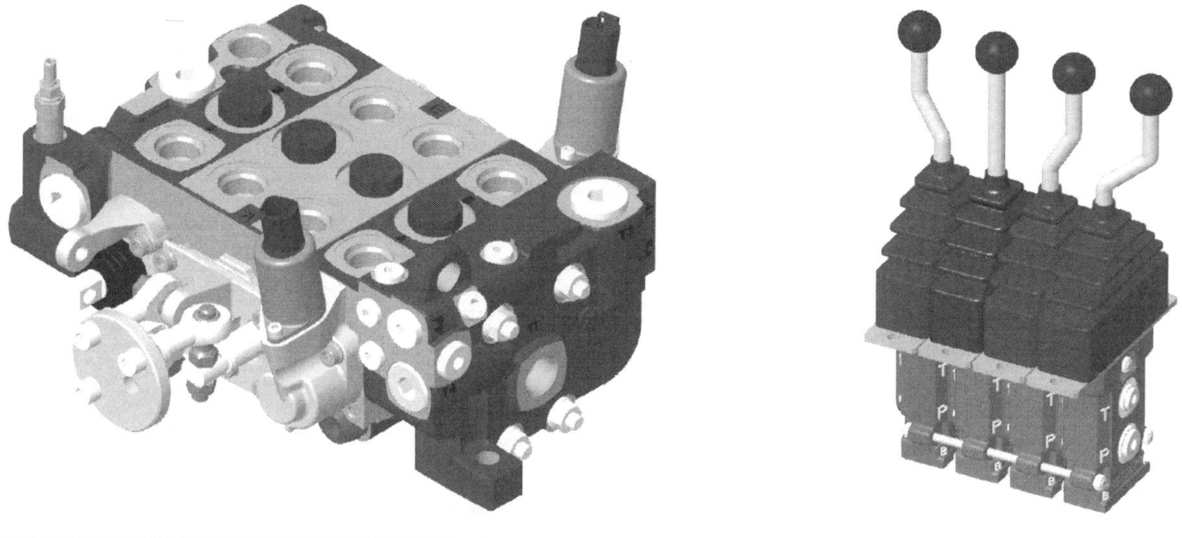

On retrouve souvent des valves proportionnelles (sans LVDT dans la majorité des cas) dont plusieurs valves sont commandées par un Joystick. Le Joystick peut avoir des commandes dans plusieurs axes en plus de pouvoir avoir plusieurs configurations à l'aide d'un petit bouton. La commande peut aussi être une pédale ou un volant.

15.1.1 Type de circuit

Dans ce chapitre, il sera question d'un des types de valves relativement communes, soit les valves à 6 voies. Les valves 6 voies peuvent être configurées de différentes façons. On peut avoir des circuits parallèles, tandem, ou encore série. Un groupe de valves peut être assemblé en regroupant différents modes d'opérations.

Circuits parallèles :

Lorsque l'on actionne une valve, on ferme le circuit du retour au réservoir de l'huile, ainsi, la pression monte et l'huile en excès passe par la soupape de sûreté.

La pression est la même pour toutes les valves activées. Si pour une raison, le débit demandé est trop important et cause une chute de pression dans le système en bas de la pression de réglage de la soupape de limitation de pression, l'huile ira à la valve où le mouvement demande moins de pression.

Figure 15.4 **Circuits parallèles**

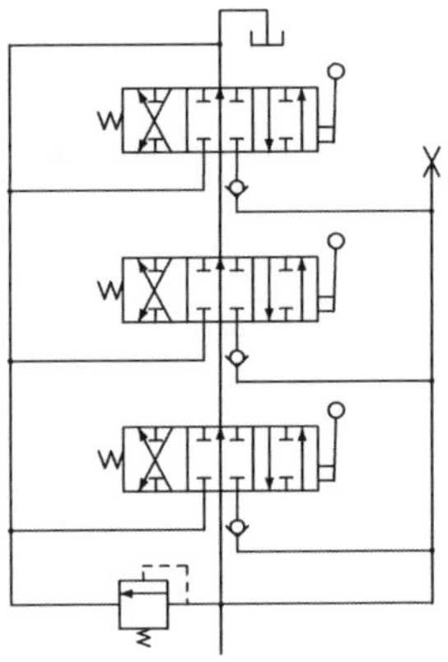

Source : Prince

Circuits tandems :

Lorsque l'on actionne une valve, on coupe l'alimentation en huile aux valves localisées en aval.

Ainsi, la localisation des valves et leurs mouvements affectent le résultat obtenu. Il est donc essentiel de bien placer les valves l'une par rapport à l'autre.

Si tout le débit d'huile n'est pas utilisé, l'excédent ira au réservoir via la soupape de sûreté. On opère donc un seul mouvement à la fois.

Figure 15.5 **Circuits tandems**

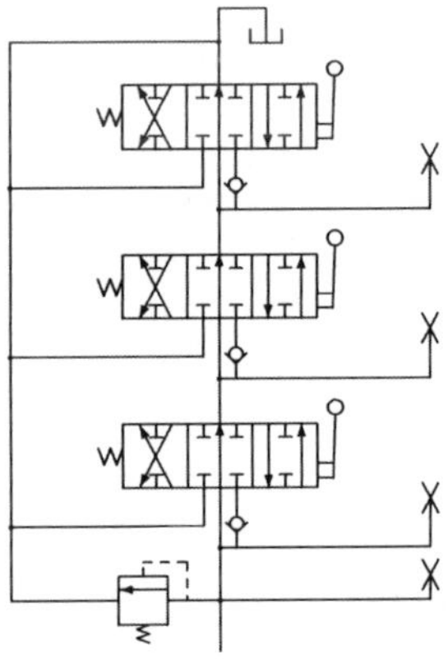

Source : Prince

Circuits séries :

Lorsque l'on actionne une valve, l'huile va à l'actuateur que l'on désire faire bouger, mais l'huile de retour retourne sur le circuit de pression des valves en aval.

On retrouve ce genre de circuit à la Figure 15.6 au niveau de la deuxième valve à partir du bas.

Lorsque plus d'une valve est actionnée, chaque mouvement enclenché devra prendre une partie de la pression disponible.

Le contrôle de vitesse d'une valve enclenchée affecte la vitesse des autres mouvements, car le débit est obligatoirement le même entre chaque mouvement. Le débit d'huile non utilisé ira vers le réservoir via la soupape de sûreté.

Figure 15.6 . Circuits combinés avec un circuit série

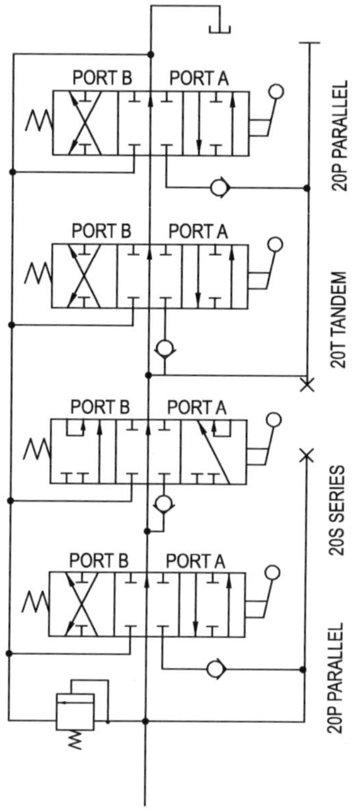

Source : Prince

Pour bien comprendre un circuit, il est impératif de le dessiner le schéma selon la convention des valves comme le présentent les catalogues.

Regroupement des valves :

Il est possible de regrouper les valves avec différentes configurations comme le montre le diagramme de droite.

L'ordre des valves affecte grandement la fonctionnalité du système.

Le numéro de pièce lors de l'achat est particulièrement compliqué alors que le tout est commandé assemblé.

Figure 15.7 **Circuits combinés**

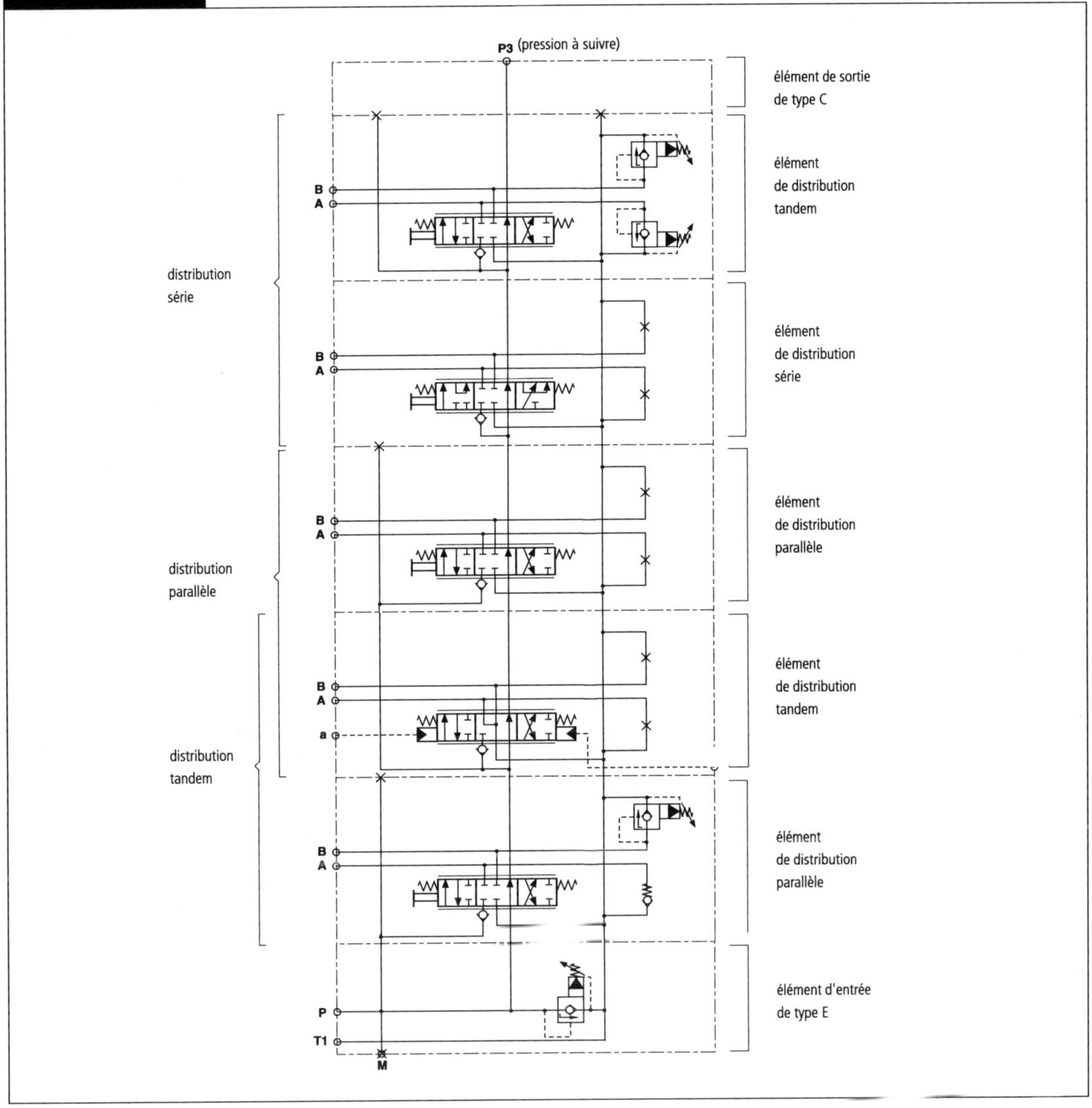

Source : Rexroth

15.1.2 Couvercle d'alimentation

Le circuit d'alimentation des valves est assuré par une plaque d'alimentation où les options sont généralement les suivantes :

- Évidemment, le type et la position des ports;
- Option de valve de sécurité limitant la pression maximale de la pompe, ou absence de valve de sécurité (bouchon);
- Il est parfois possible d'avoir un régulateur de débit à l'entrée du bloc ou encore une restriction avec un orifice fixe;
- Parfois disponible avec un port de retour au réservoir.

Figure 15.8 **Exemple des options d'une plaque d'alimentation**

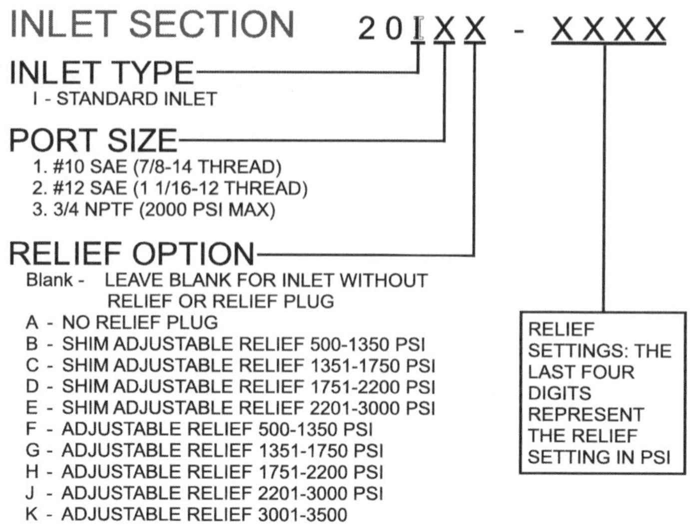

Source : Prince

15.1.3 Couvercle de sortie

le circuit de sortie de l'huile du bloc est assuré par une plaque où les options sont généralement les suivantes :

- Type de port et localisation;
- Retour de l'huile à la plaque d'alimentation (« turnaround cover »);
- Il y a normalement trois options de sorties où le choix se fait avec l'aide d'un bouchon :
  - Bouchon permettant le libre retour de l'huile au réservoir, port P et T. Typique pour une application avec une pompe à débit fixe.
  - Bouchon fermant le port P mais laissant le port T ouvert ce qui force à avoir une pression maintenue lorsqu'aucune valve n'est enclenchée au lieu de retourner l'huile au réservoir. Utilisé normalement avec des pompes à pressions compensées.
  - Puissance à faire suivre (« Power Beyond ») : cette option achemine l'huile de sortie comme alimentation en huile (ligne P) vers un autre bloc de valves par exemple.

Figure 15.9 **Sortie complète vers T**

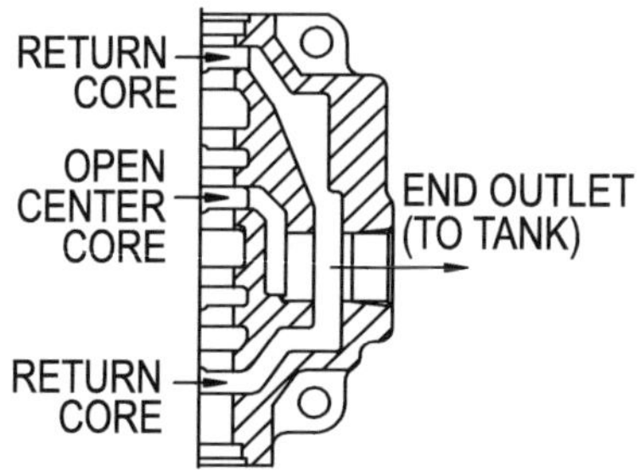

Source : Prince

Figure 15.10 **Sortie P bloquée**

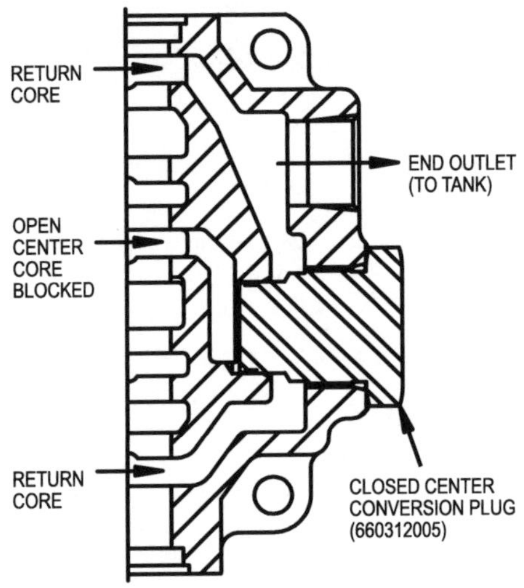

Source : Prince

Figure 15.11 **Puissance au suivant**

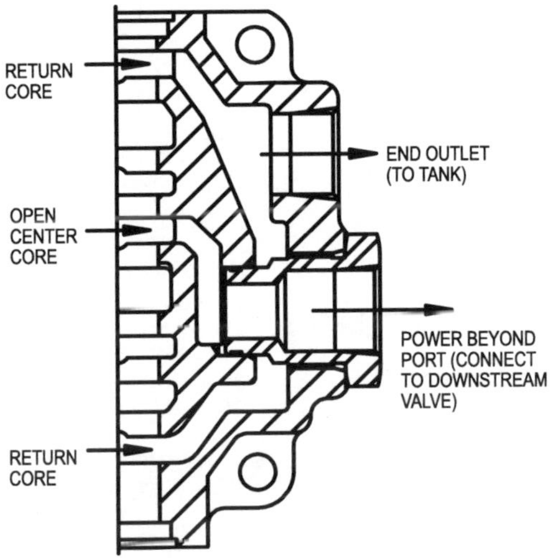

Source : Prince

15.1.4 Vues de coupe de valves de distribution

La vue de section de la valve de distribution présente une valve typique à 6 ports qui s'installe côte à côte, commandée par levier manuel. Les ports A et B se trouvent sur le dessus de la valve. Le tiroir est commandé directement par levier qui peut prendre différentes formes au besoin. En haut du tiroir se trouve une section de valve où se trouvent des cartouches sur les lignes A et B. Ces cartouches sont disponibles en différentes configurations telles que des soupapes de limitation de pression (ajustables ou préréglées) et des clapets anticavitations.

Figure 15.12 **Vue de coupe d'une valve de PRINCE, type circuit parallèle**

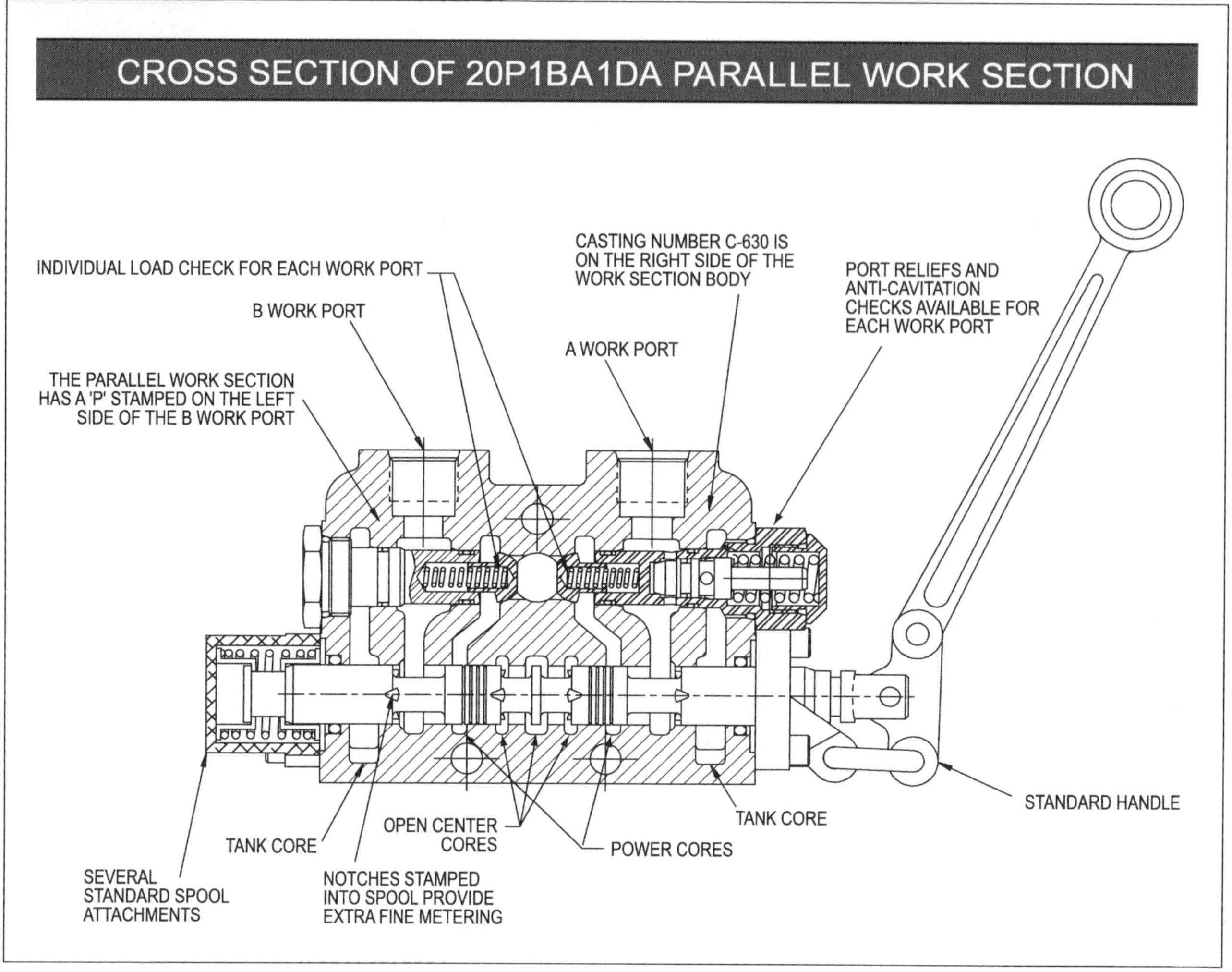

Figure 15.13 **Vue de coupe de valves PRINCE, type tandem et lock**

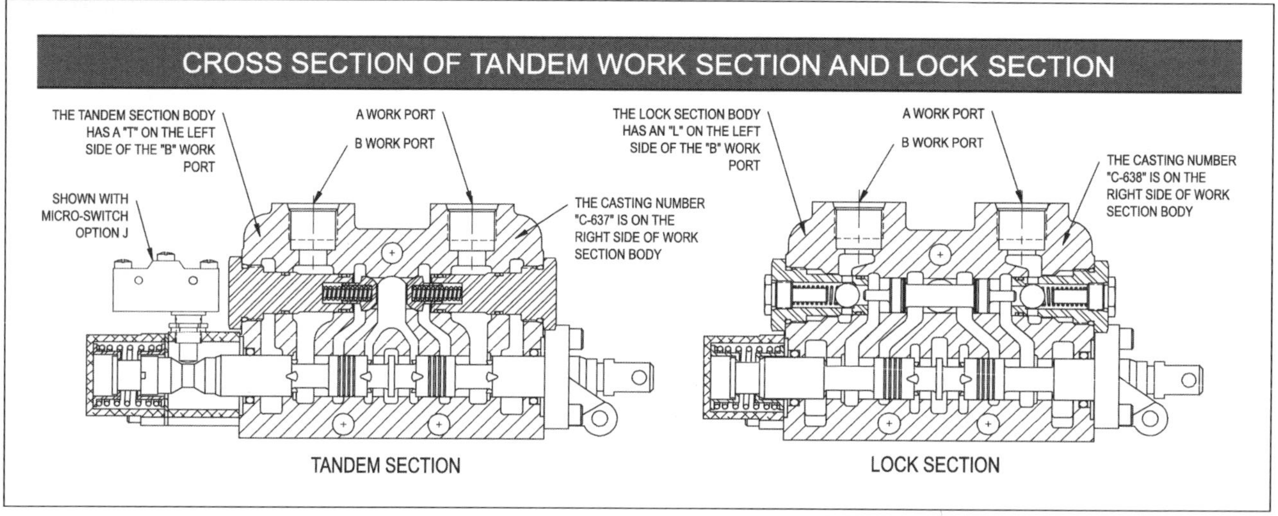

La Figure 15.14 présente cette fois une vue de coupe d'une valve que l'on peut retrouver dans la gamme de produits Rexroth.

Figure 15.14 **Vue de coupe d'une valve de Rexroth**

1 Corps
2 Tiroir
3 Clapet anti-retour
4 Elément de commande
5 Clapet secondaire
6 Bouchon

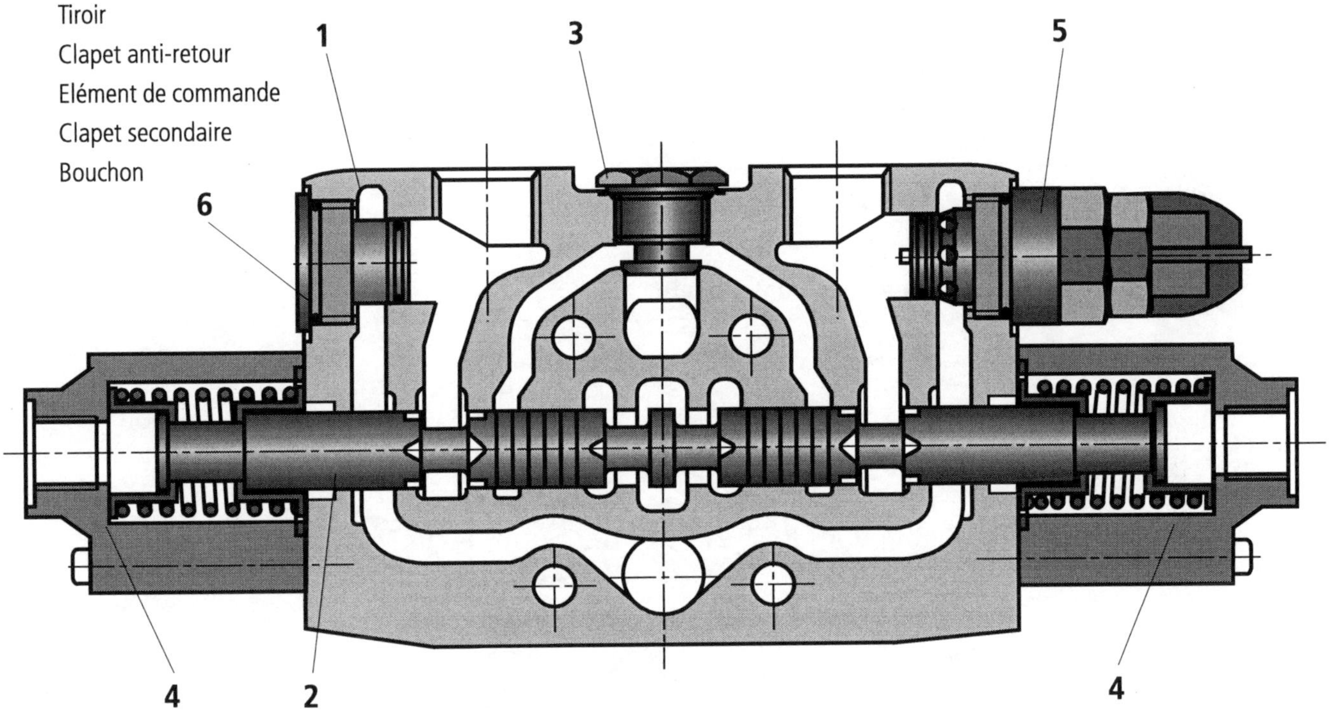

15.1.5 Options de commande

Il existe une multitude d'options pour actionner les valves, et pour n'en citer que quelques-unes :

- Avec bras de commande mécanique, disponible en différentes configurations;
- Il est parfois possible d'avoir un bras de commande qui contrôle deux valves à la fois;
- Avec bobine électrique traditionnelle;
- Commande mixte, soit manuelle et électrique, qui peut commander le même tiroir, sous certaines conditions;
- Valves électros proportionnelles, souvent pour un contrôle avec joystick;
- Il est possible d'avoir des commandes qui demeurent enclenchées (« detent »);
- Il est parfois possible d'avoir des senseurs de positions afin de voir les manettes qui sont engagées.

Figure 15.15 **Commande mécanique**

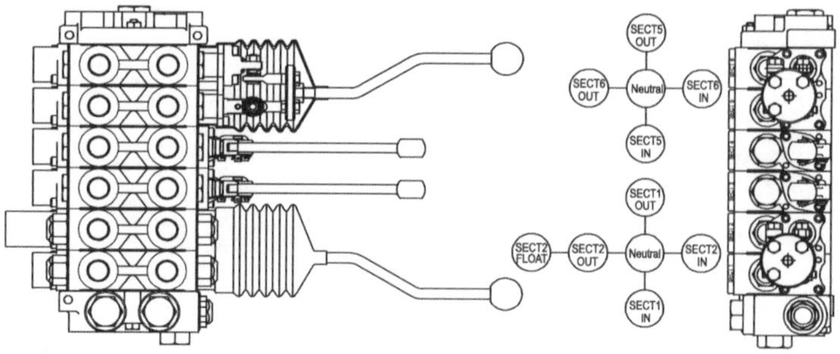

Source : Prince

Figure 15.16 **Commande mécanique et électrique**

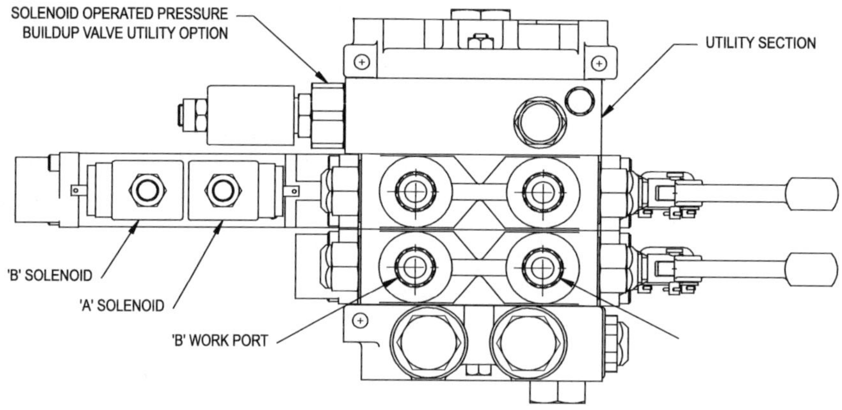

Source : Prince

Figure 15.17 **Exemple d'une option de bras de commande**

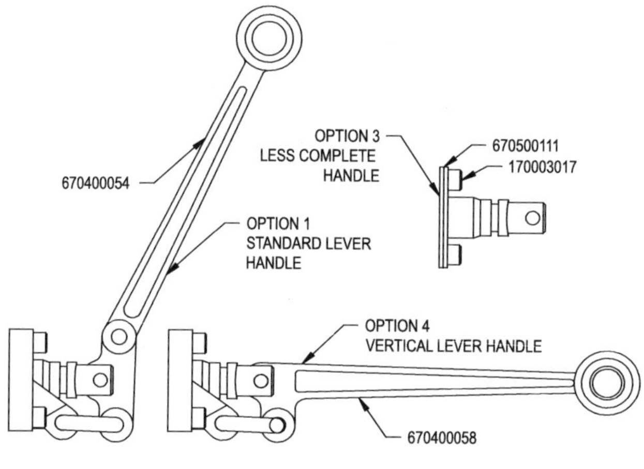

Source : Prince

15.1.6 Régulation de la pression

Pour les équipements mobiles, nous retrouvons plusieurs options qui permettent de réguler la pression réelle d'opération de la pompe du circuit hydraulique alimentant les mouvements autres que le système hydrostatique. On retrouve une valve de limitation de pression principale, qui entre en action si requise.

Pour les circuits fonctionnant avec une pompe à débit fixe, on retrouve les différents types de branchements de valves comme discuté dans la section 0. De cette façon, la pompe peut fonctionner à vide si c'est requis. On peut retrouver des valves de limitations de pression sur les lignes A et B des mouvements, encore une fois pour réduire la pression de fonctionnement.

Pour les circuits fonctionnant avec une pompe à pression compensée, on retrouve encore une fois les différents types de branchement de valves tel que discuté dans la section 0, avec certaines limitations. On ne retrouve normalement pas de valve de limitation de pression sur les lignes A et B. Une option intéressante que l'on retrouve parfois dans les circuits est la détection automatique de la pression nécessaire pour assurer les mouvements. Communément appelé détection de charge (« load sensing »), le bloc de valves contient un circuit de détection de la pression minimale pour permettre les mouvements. Dans ce cas, on se retrouve alors avec une pression de la pompe qui varie en fonction du besoin. Cela a l'avantage de limiter au minimum la consommation énergétique. Il est aussi possible d'utiliser cette solution pour les équipements fixes lorsque le nombre de mouvements est limité et connu.

Figure 15.18 **Groupe de valves avec circuit de détection de charge**

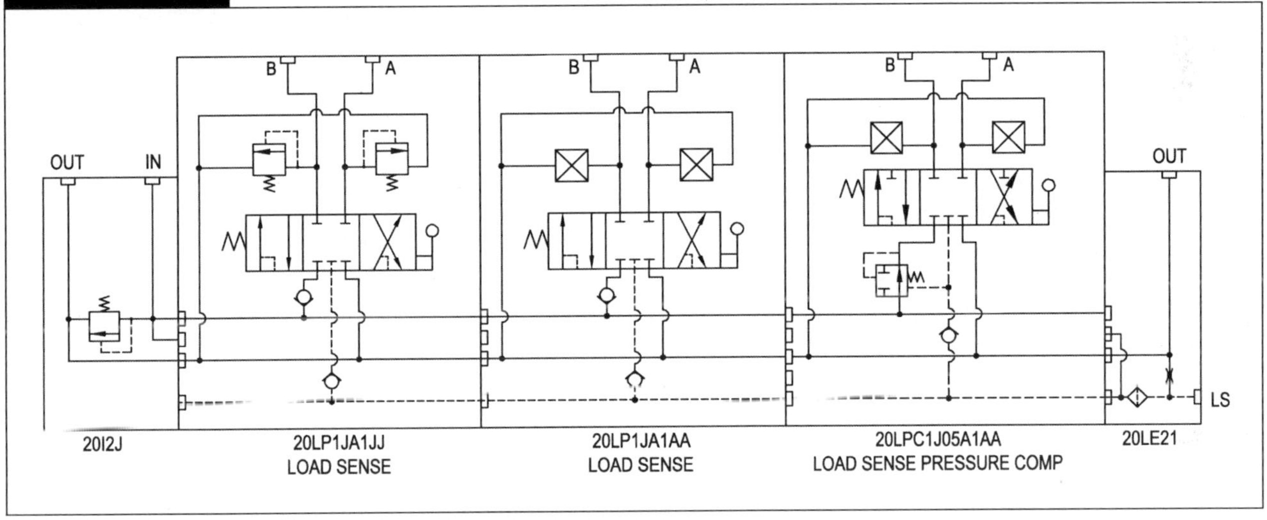

Source : Prince

15.2 Valves de distribution proportionnelles

Le chapitre 27 aborde largement le sujet des valves proportionnelles. On retrouve abondamment des valves proportionnelles dans le domaine du mobile. Il existe toutefois plusieurs nuances. Les jeux dans les valves demeurent plus élevés que pour les équipements fixes. Ainsi, les valves mobiles fuient davantage. Ensuite, les mouvements sont généralement gérés par un humain. Du coup, la proportionnalité des valves est moins critique, et il devient plus étonnant de retrouver des valves fonctionnant en boucle fermée.

Les caractéristiques de perte de charge ne sont pas toujours aussi bien définies. Dans les équipements fixes, le choix d'une valve demande un calcul relativement précis sur le signal d'entrée qui se fait en estimant les pertes de charge. Pour le mobile, il arrive que ces données soient plus difficiles à trouver. Une valve peut avoir une valve « hydrostat » alors que la perte de charge associée n'est pas clairement identifiée. En effet, le fait de contrôler la valve manuellement fait en sorte que lorsque l'on se rend en fin de course, on se retrouve à contourner les phénomènes de gestion de pression.

On peut retrouver une commande manuelle d'un côté de la valve avec la possibilité de contrôler la valve avec un signal électrique.

Encore une fois pour les équipements mobiles, le nombre d'options est important dans les valves, et une fois les besoins bien cernés, il est avantageux de discuter avec un représentant.

Pour les équipements mobiles, on retrouvera généralement des contrôleurs vendus par le distributeur hydraulique, et non pas des automates comme nous retrouvons généralement dans le domaine des équipements fixes.

Figure 15.19 **Valve proportionnelle PVG32 de Danfoss**

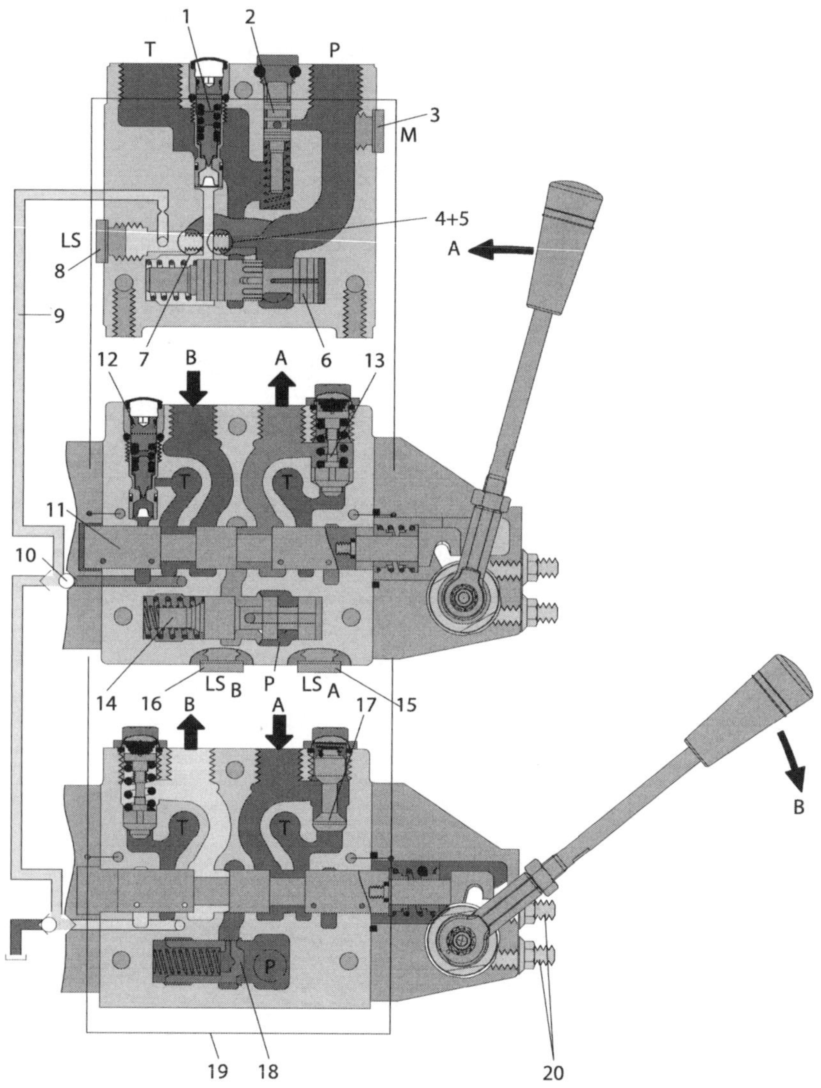

PVG 32 sectional drawing

1 – Pressure relief valve

2 – Pressure reduction valve for pilot oil supply

3 – Pressure gauge connection

4 – Plug, open center

5 – Orifice, closed center

6 – Pressure adjustment spool

7 – Plug, closed center

8 – LS connection

9 – LS signal

10 – Shuttle valve

11 – Main spool

12 – LS pressure limiting valve

13 – Shock and suction valve, PVLP

14 – Pressure compensator

15 – LS connection, port A

16 – LS connection, port B

17 – Suction valve, PVLA

18 – Load drop check valve

19 – Pilot oil supply for PVE

20 – Max. oil flow adjustment screws for A/B ports

Source : DANFOSS

Figure 15.20 **Circuit de détection de pression, valves PVG32 de Danfoss**

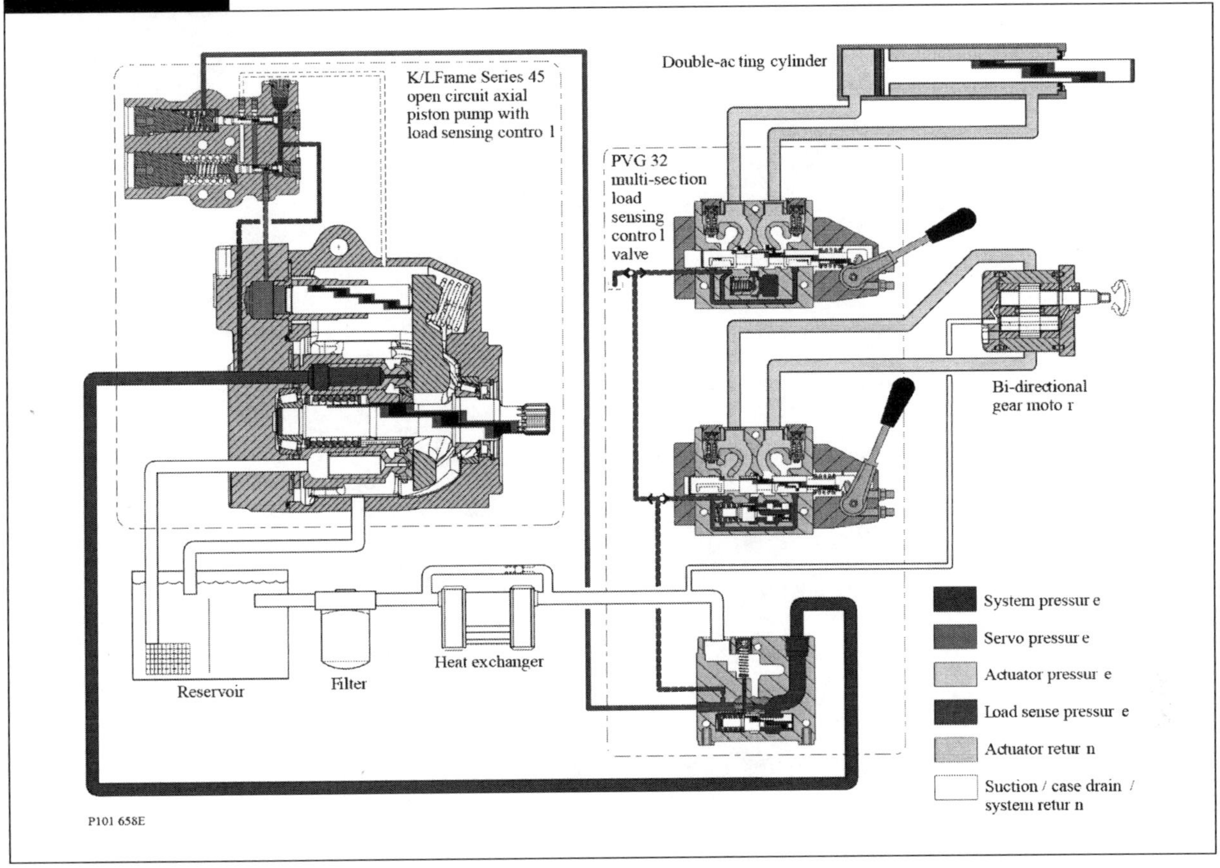

Source : DANFOSS

15.3 Système d'entrainement

On retrouve souvent des systèmes hydrauliques de type hydrostatique pour l'entrainement d'une machine mobile. Cette conception est tout à fait indiquée afin de s'accommoder de la grande plage d'utilisation, tant au niveau de la puissance requise à basse ou à haute vitesse. Et ce, en tentant de minimiser la puissance consommée. Dans un équipement mobile, on retrouvera souvent 3 pompes, dont une pompe hydrostatique pour l'entrainement, une pompe qui charge le circuit hydrostatique, et enfin, une troisième pompe qui commande les autres fonctions de l'équipement.

Voir le chapitre 29 pour plus d'information sur les circuits hydrostatiques.

15.4 Unité hydraulique

Voir la section 19.2.

15.5 Système de direction

Pour les équipements mobiles considérés comme « hors route », le système de direction peut reposer sur un lien, entre les roues directrices et le volant, reposant sur des composantes hydrauliques sans liens mécaniques. Le nombre d'options est grand, la figure suivante montre un exemple d'un module de contrôle qui achemine l'huile aux vérins hydrauliques assurant le mouvement des roues.

Figure 15.21 **Système de direction**

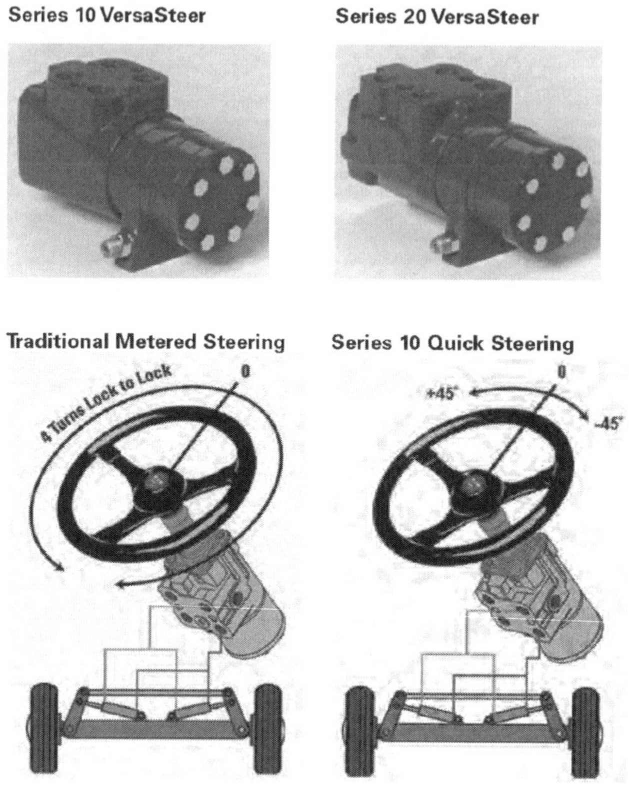

Source : Eaton

15.6 Exercices

Exercice niveau #1

N/A

Exercice niveau #2

N/A

Exercice niveau #3

N/A

Réponse exercice niveau #1

N/A

Réponse exercice niveau #2

N/A

Réponse exercice niveau #3

N/A

16 Fluides hydrauliques

La science de l'huile est une spécialité en soi dont l'auteur de ce manuel ne maîtrise pas. Généralement, le nombre d'options est assez limité. On retrouve essentiellement les huiles hydrauliques normales et aussi des huiles pour le domaine agroalimentaire. Il y a bien d'autres huiles, mais c'est lorsque l'on rencontre de graves problèmes, il faut alors parler à un spécialiste, comme dans tous les cas de toute manière.

Bien souvent, nous dirons de l'huile hydraulique, mais le domaine hydraulique n'est pas limité aux applications où le médium pour transmettre la puissance est de l'huile à base d'hydrocarbure. D'autres fluides peuvent être utilisés et rappelons que l'hydraulique vient d'abord et avant tout de l'eau.

L'eau peut être aussi un médium, mais l'eau possède plusieurs tels qu'une mauvaise capacité de lubrification, une température de congélation très élevée (0°C) et enfin une température d'ébullition très basse (100°C). Malgré cela, l'avantage environnemental de l'eau rend séduisante l'utilisation de ce médium et l'on observe au moment d'écrire ces lignes une croissance de ce marché de niche.

Alors, pourquoi utiliser un fluide tel que l'huile, avec tous ses dérivés? Rappelons d'abord les fonctions de l'huile dans un système hydraulique :

- Transmettre le mouvement;
- Lubrifier les composantes;
- Réduire le frottement et l'usure;
- Maintenir une viscosité adéquate;
- Éviter la rouille et la corrosion;
- Refroidir certaines composantes;
- S'écouler à basse température;
- Résister aux températures élevées (propriété très importante dans la mesure où une température élevée cause de l'oxydation dégradant du coup l'huile);
- Être compatible avec les joints d'étanchéités;
- Certaines huiles se doivent d'être résistantes au feu;
- Certaines huiles doivent être solubles dans l'eau;
- Certaines huiles doivent être environnementales;
- Certaines doivent ne pas être nocives en cas d'ingestion.

Du point de vue de la lubrification, la courbe de Stribeck procure une bonne idée du mode de fonctionnement de l'huile pour différents cas de figure. On peut voir que la courbe se divise en trois zones distinctes.

- La zone 1 représente le cas où il n'y a pas de film d'huile à proprement dit. La vitesse est basse alors que la charge est élevée. On se retrouve dans une zone où la friction est importante et où les aspérités des surfaces peuvent s'accrocher l'une à l'autre.
- La zone 2 représente le cas où un film se forme, mais nous n'avons pas un support hydrodynamique parfait. Un cas de lubrification de type mixte. Le film d'huile tente de faire son travail, mais les additifs antifrictions (Molybdène) et antiusures (zinc) sont les bienvenues.
- La zone 3 représente le cas où il y a un véritable film d'huile comme on retrouve sur les coussinets de moteurs. On peut associer cela à de l'aquaplanage. Pour y arriver, il faut atteindre une certaine vitesse. La friction est basse et l'usure minimale ou inexistante. Toutefois, l'huile subit un effort de cisaillement important avec un accroissement de température. C'est une zone où la viscosité de l'huile est primordiale pour supporter la charge.

Figure 16.1 **Courbe de Stribeck**

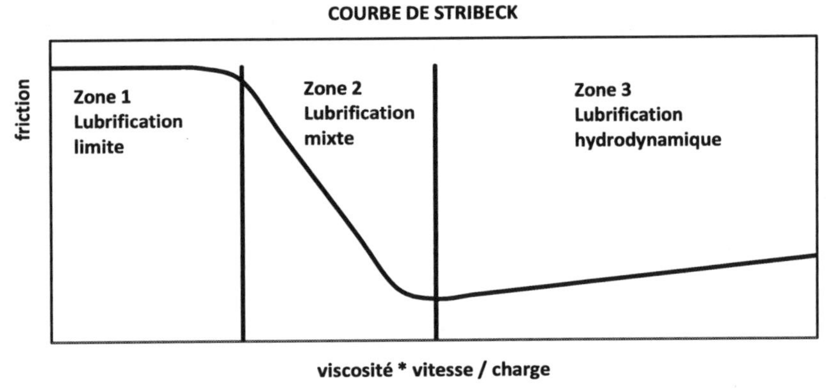

La viscosité d'huile est importante, car c'est elle qui assure un niveau de lubrification aux composantes. Ainsi, les manufacturiers des composantes demandent que l'huile qui passe dans leurs pièces ait une viscosité donnée. Et étant donné que la viscosité est fonction de la température d'opération de l'huile, la température est le critère qui dicte l'indice de viscosité de l'huile à prendre. Afin de maintenir la viscosité dans une marge acceptable, on pourra retrouver dans un système :

- Un élément pour préchauffer l'huile à une température acceptable dans le réservoir;
- Un système de refroidissement d'huile;

16.1 Les huiles pour systèmes hydrauliques

Dans bien des cas, les manufacturiers majeurs de composantes hydrauliques développent leurs propres normes, et les manufacturiers de fluides hydrauliques certifient que leurs produits rencontrent ces normes. Ces informations se trouvent relativement bien dans le fiche signalétique du produit.

16.1.1 Organigramme ISO/ DIN

Tableau 16.1 **Classification des fluides hydrauliques**

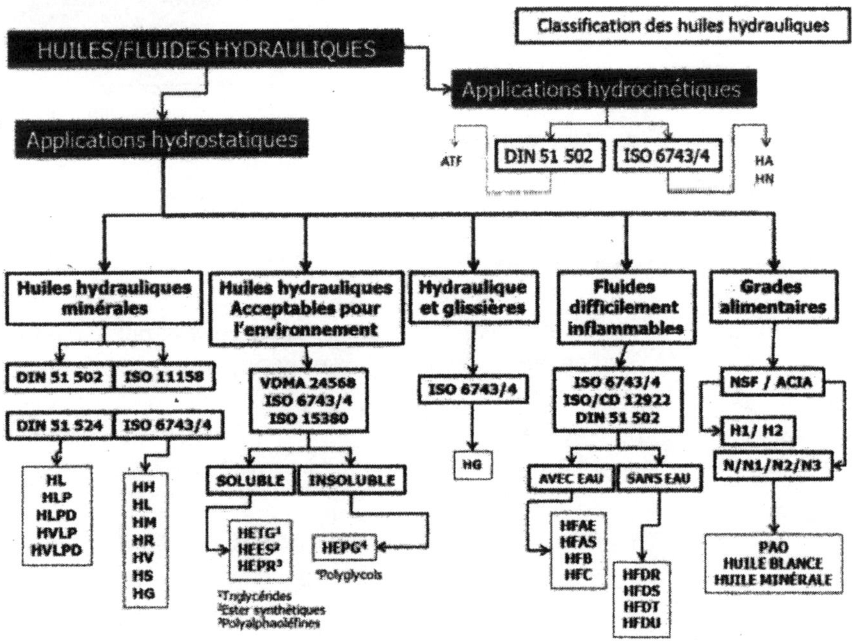

16.1.2 Huiles hydrauliques minérales

Les huiles minérales sont les bases les plus fréquemment utilisées, et qui incluent des additifs appropriés. Actuellement, ce sont les produits les plus employés, puisqu'il allie naturellement un grand nombre des propriétés nécessaires pour réaliser un bon fluide hydraulique.

Tableau 16.2 **Catégorie d'huiles hydrauliques minérales**

ISO 6943-4	DIN 51524	Description
H	H	Huile de base sans ingrédient actif. En pratique, ce type n'est pas utilisé.
HL	HL	Huile de base qui contient uniquement des additifs anticorrosifs et antioxydants.
HM	HLP	Huile similaire à l'huile HL et qui contient des additifs antiusures pour une plus grande protection des composantes. C'est une huile appropriée pour les systèmes hydrauliques où la température d'utilisation est relativement stable.
–	HLPD	Huile HLP qui contient des additifs afin d'améliorer la capacité détergente avec une meilleure capacité de dispersion de l'eau.
HV	HVLP	Huile similaire à l'huile HM et HLP mais qui convient davantage aux applications où la température d'huile varie. L'huile contient des additifs pour améliorer le facteur VI.
HG	–	Huile similaire à HM avec des caractéristiques qui diminuent la friction.

16.1.3 Fluides hydrauliques résistants au feu

Un fluide hydraulique résistant au feu offre une résistance accrue à s'enflammer. On peut distinguer deux familles, soit celles contenant de l'eau et celles qui n'en contiennent pas.

On les réserve à des applications où l'on craint le feu (sidérurgie, fonderies, mines, marine, militaire...). Ils sont employés dans les circuits hydrauliques fonctionnant à proximité de sources de chaleur.

Évidemment, ces fluides sont sécuritaires mais sont relativement de mauvais lubrifiants lorsqu'ils contiennent de l'eau.

Tableau 16.3 **Catégorie de fluides hydrauliques résistante au feu**

Avec eau	Sans eau	Description
HFAE	–	Fluide contenant un maximum de 80 % d'eau mélangé à de l'huile minérale ou encore du polyglycol. Le fluide peut se disperser et des microbes peuvent s'y développer. La plage de température d'utilisation se situe entre 5 et 55 °C.
HFAS	–	Fluide similaire à l'huile HFAE mais utilisant du fluide synthétique au lieu de l'huile minérale. Le risque de dispersion est réduit, mais la protection anticorrosion est moins bonne.
HFB	–	Fluide contenant un maximum de 40 % d'eau mélangé à de l'huile minérale. La résistance au feu est réduite grandement et peut être insuffisante. La plage de température d'utilisation se situe entre 5 et 60 °C.
HFC	–	Fluide contenant plus de 35 % d'eau dans une base de glycol. La plage de température est plus élevée et se situe entre -20 et 60 °C.
–	HFDR	Fluide constituée d'esters phosphoriques. Ce type de fluide peut affecter les joints d'étanchéités usuels. Les fluides de cette catégorie doivent être choisis avec soin compte tenu des risques possibles pour l'environnement et la santé. La plage de température d'utilisation se situe entre -20 et 150 °C.
–	HFDS	Fluides de synthèses sans eau constitués d'hydrocarbures chlorés. Ce type de fluide peut affecter les joints d'étanchéités usuels. Les fluides de cette catégorie doivent être choisis avec soin compte tenu des risques possibles pour l'environnement et la santé. La plage de température d'utilisation se situe entre -20 et 150 °C.
–	HFDT	Fluide qui est un mélange de HFDR et HFDS
–	HFDU	Fluides de synthèses sans eau constitués d'autres compositions.

16.1.4 Fluide biodégradable

L'évolution vers des solutions écologiques tend à l'emploi de ces produits dans certaines applications.

Ces qualités se font au détriment de défauts notables tels qu'une résistance à l'oxydation et thermique moyenne, ainsi que des qualités antiusures possiblement inférieures, mais pouvant être aussi très bon. La sélection doit être faite avec soin.

Tableau 16.4 Catégorie de fluides hydrauliques biodégradable

Code	Description
HETG	Fluide hydraulique environnement triglyceride, dont la base est faite à partir d'huile végétale avec une capacité de rendement limitée..
HEES	Fluide commun dans cette catégorie de produit, dont la base est faite d'ester saturé ou non, avec une capacité de rendement est important.
HEPG	Fluide dont la base est faite à partir de polyglocol, on ne peut généralement pas mélanger ce type de produit avec d'autres. Ce ^produit est insoluble.
HFPR	Catégorie un peu fourretout. On peut y retrouver différents types de base incluant du recyclé, et souvent à base de PAO.

16.1.5 Fluides synthétiques

Ces fluides sont peu utilisées sur le marché, leur prix ne justifie leur emploi que si les conditions de fonctionnement sont sévères et empêchent une utilisation d'huile minérale.

16.2 Intervalle de changement de l'huile

On entend parfois le fait que de changer l'huile peut entraîner des problèmes en brassant les débris dans le réservoir. Il peut être préférable de prévoir le nettoyage du réservoir si l'on change l'huile.

L'huile perd avec le temps de ses propriétés qui peut être évalué par analyse. Dans ce cas, il est utile d'utiliser les services de professionnels et qui sauront vous recommander ce qu'il est préférable de faire.

16.3 Dégradation de l'huile

Plusieurs causes peuvent causer la dégradation de l'huile. Dans des applications critiques, on peut se retrouver à briser la molécule qui compose l'huile, mais en général, dans les systèmes hydrauliques traditionnels, la cause la plus courante est l'oxydation. Les trois principaux facteurs contribuant à accélérer l'oxydation de l'huile sont :

- Les hautes températures. On s'entend pour dire que pour un fluide normal, le taux d'oxydation double presque pour chaque hausse de température de 10°C).
- Les effets catalytiques des métaux et des contaminants tels que la poussière ou l'eau.
- La présence importante de l'air dissoute dans le fluide.

L'oxydation de l'huile crée des produits tels que de la résine et la boue. La résine est soluble et rend le fluide plus foncé. En contact avec une surface chaude, la résine forme un verni dur et foncé ou des couches ressemblant à de la laque. Si l'on ouvre un moteur à combustion ayant fonctionné avec de l'huile ayant oxydé, on observera cette résine dans la culasse. Toutefois, l'utilisation d'une huile synthétique de type ester, par exemple, fera en sorte que la culasse sera exceptionnellement propre, le fluide étant un puissant solvant dans ce cas. On retrouve aussi la boue qui elle est insoluble. La boue forme un résidu solide qui ne peut être toléré en s'insérant dans des zones où les jeux sont insuffisants. La boue est un résidu acide qui peut attaquer les pièces de métal en créant une corrosion et des contraintes associées.

16.4 Type d'huile

Une huile est toujours composée d'une base puis d'une série d'additifs. Une base minérale est produite à partir du pétrole et comme tout produit pétrolier, l'huile est composée d'hydrocarbures. Un hydrocarbure est une chaine de carbone composé d'élément C_nH_m. La longueur des hydrocarbures peut varier et n'est pas uniforme dans l'huile comme la nature l'a bien voulue.

Tableau 16.5 **Groupes d'huile**

Groupe	Base	Détails
1	Hydrocarbure	Base d'huile dont le raffinement est le plus grossier pour des applications peu exigeantes. C'est l'huile la plus commune que l'on retrouve sur le marché, mais qui perd du terrain en raison du trop haut niveau d'impureté. La grosseur des molécules est très variable et afin d'ajuster la viscosité de l'huile, on retrouve des produits comme de la cire ou de la paraffine. Ce sont ces derniers produits qui permettent d'augmenter la viscosité, mais qui causent un mauvais point d'écoulement[2].
2	Hydrocarbure de qualité régulière	L'huile minérale que l'on retrouve de plus en plus sur le marché à mesure que l'huile de groupe 1 perd du terrain. Le raffinement est plus poussé que pour l'huile de groupe 1 pour un produit plus propre. Allant de qualité moyenne à bonne pour ce qui est de la volatilité, plus stable face à l'oxydation et du point d'éclair[1]. Toutefois, les propriétés sont très moyennes pour ce qui est du point d'écoulement, de la viscosité à froid et de la capacité à prendre des pressions extrêmes. Contiens moins de cire et de paraffine que l'huile de groupe 1.
3	Hydrocarbure de synthèse, Synthétique	L'huile la plus commune qui est vendue sous le nom d'huile synthétique et qui est obtenue par craquage de l'huile minérale. La grosseur des molécules est relativement constante en fonction de la qualité du produit souhaitée du producteur. La viscosité est obtenue en ajustant la grosseur des molécules. De ce fait, il n'y a normalement pas d'ajout de produits comme la cire ou de la paraffine, ce qui se traduit par une amélioration importante du point d'écoulement.
4	Synthétique PAO	PAO signifie Polyalphaolefins (on peut trouver aussi le nom olefin oligomers). Cette huile est une véritable huile synthétique obtenue par ingénierie. Elle est stable, avec des molécules constantes et avec plusieurs embranchements (plus ramassée sur elle-même). Plusieurs fabricants produisant ce type d'huile dans le passé se sont tournés vers les huiles de groupe 3 qui offrent un rendement similaire dans des applications normales en étant plus économiques à produire. Elle possède par nature un VI élevé. Elles sont mauvaises pour dissoudre les additifs, en plus d'avoir tendance à faire rapetisser les joints d'étanchéités. C'est pourquoi on retrouvera souvent de l'huile ester qui est soluble dans le PAO pour obtenir une huile équilibrée.

Groupe	Base	Détails
5	Synthétique incluant diester, polyolester	Ce groupe comprend beaucoup de variantes de produits qui sont souvent utilisés comme additifs que l'on ajoute dans les huiles des groupes précédents. Il y a néanmoins des huiles qui utilisent ces produits dans leur base avec des proportions plus ou moins importantes (de l'ordre de 30 %). Étant donné que les molécules sont issues d'une ingénierie de pointe (et possiblement spécifique à chaque entreprise), le produit donne des performances stables et telles que souhaitées. Une caractéristique étonnante des huiles esters est qu'elles sont en général biodégradables. Elles permettent une bonne dissolution des additifs, c'est pourquoi elles sont parfois utilisées comme élément avec d'autres bases d'huiles. Naturellement, elles ont tendance à faire gonfler les joints d'étanchéités.

[1] Le point éclair représente la température minimum à laquelle les vapeurs de l'huile s'enflamment momentanément à l'approche d'une flamme

[2] Le point d'écoulement représente est la température à laquelle une huile cesse de couler sans agitation en refroidissement la température dans des conditions normalisées

La définition d'une huile synthétique n'est pas claire et engendre donc deux grandes familles. En effet, à la base, une huile synthétique est le résultat d'une certaine synthèse. La famille la plus commune est basée sur une huile minérale où la longueur des hydrocarbures utilisés est constante et ayant des propriétés optimales. C'est comme dire une huile minérale haut de gamme. La longueur constante des hydrocarbures est obtenue par manipulation chimique ou par craquage de chaine plus longue. Cela explique pourquoi il est possible d'avoir des huiles synthétiques à prix abordables.

La famille des huiles synthétiques haut de gamme est très différente de l'huile synthétique citée précédemment. Je ne suis pas chimiste du tout, alors, excusez-moi d'avance si mon explication n'est pas claire. Une huile vraiment 100 % synthétique de haut de gamme est possiblement un mélange d'huile groupe 4 (PAO) et d'huile groupe 5. Probablement, mais rien n'empêche de faire un mélange avec de l'huile groupe 3!!! Enfin, comme client, nous ne sommes pas en mesure de savoir les proportions de telle ou telle huile dans la recette, et ce sans parler de la qualité des additifs.

Dans une huile synthétique de groupe 4 et 5, la chaine d'hydrocarbure est remplacée par un composé plus complexe comme une base de type ester. L'ester étant le résultat de la combinaison chimique d'un acide avec un alcool. L'origine des huiles esters remonte aux années 1930 et elles sont utilisées dans les moteurs d'avions à la fin de la Deuxième Guerre mondiale. Les molécules de ces huiles sont plus complexes et plus onéreuses à fabriquer. Toutes les huiles à base d'ester n'utilisent pas forcément les mêmes molécules, l'ester étant une famille de molécules. Comme toute bonne huile de synthèse, la constance des molécules est un gage de qualité.

Les principaux défauts de l'huile minérale sont :

- La présence de cire qui conduit à une mauvaise viscosité à froid;
- Une sensibilité à l'oxydation, ce qui peut conduire à la formation de boue et un taux élevé d'acidité;
- Une viscosité variant beaucoup avec la température qui peut conduire à une perte excessive de sa viscosité à haute température;
- On obtient un bon VI avec l'emploi de polymères;
- Aux alentours de 320 °C, l'huile se décompose et commence à produire de la suie.

Le tableau suivant indique les différents avantages et désavantages de l'huile synthétique. Dans les systèmes hydrauliques là où les conditions sont extrêmes, on retrouvera parfois des huiles qui sont extrêmement performantes, de type phosphate-ester, mais plus onéreuses et demandant des joints d'étanchéités adaptés.

Tableau 16.6 Liste des avantages et désavantages de l'huile synthétique

Avantages	Désavantages
Points d'éclair[1] plus élevé	Coût plus élevé
Point d'écoulement[2] plus bas	Peut affecter les joints d'étanchéité
Indice de viscosité élevé	L'ester se dégrade sous la présence d'eau
Friction plus faible	
Plus stable face à l'oxydation	
Résistance au cisaillement plus élevé	
Molécules de dimension constante	
S'utilise dans une plus grande plage de température	

[1] Le point éclair représente la température minimum à laquelle les vapeurs de l'huile s'enflamment momentanément à l'approche d'une flamme

[2] Le point d'écoulement représente est la température à laquelle une huile cesse de couler sans agitation en refroidissement la température dans des conditions normalisées

16.5. Viscosité de l'huile

La viscosité se définit selon deux approches différentes. La plus commune est la viscosité cinématique (l'unité la plus commune est le centistokes, cSt), mais on retrouve aussi la viscosité dynamique (l'unité la plus commune est le centipoise, cP).

La viscosité est particulièrement importante, et au-delà de la qualité de l'huile, la viscosité procure la capacité portante de l'huile, soit de prendre la charge sans qu'il y ait de contact métal à métal. Plus l'huile est épaisse et plus elle est apte à supporter une charge. Par contre, une huile épaisse limite le débit et risque plus de souffrir des efforts de cisaillement.

On peut se représenter la viscosité comme étant le niveau de difficulté que les molécules éprouvent à glisser une sur l'autre. Plus les molécules sont grosses (imaginons de grosses boules dans un jeu pour enfant) et plus les déplacer l'une par rapport à l'autre est difficile. À l'autre extrême, si l'on prend du sable de plage, c'est facile de les déplacer. Ainsi, la viscosité de l'huile est le résultat de la grosseur des molécules constituant l'huile.

Tableau 16.7 **Différents indices de viscosités en fonction de différentes normes**

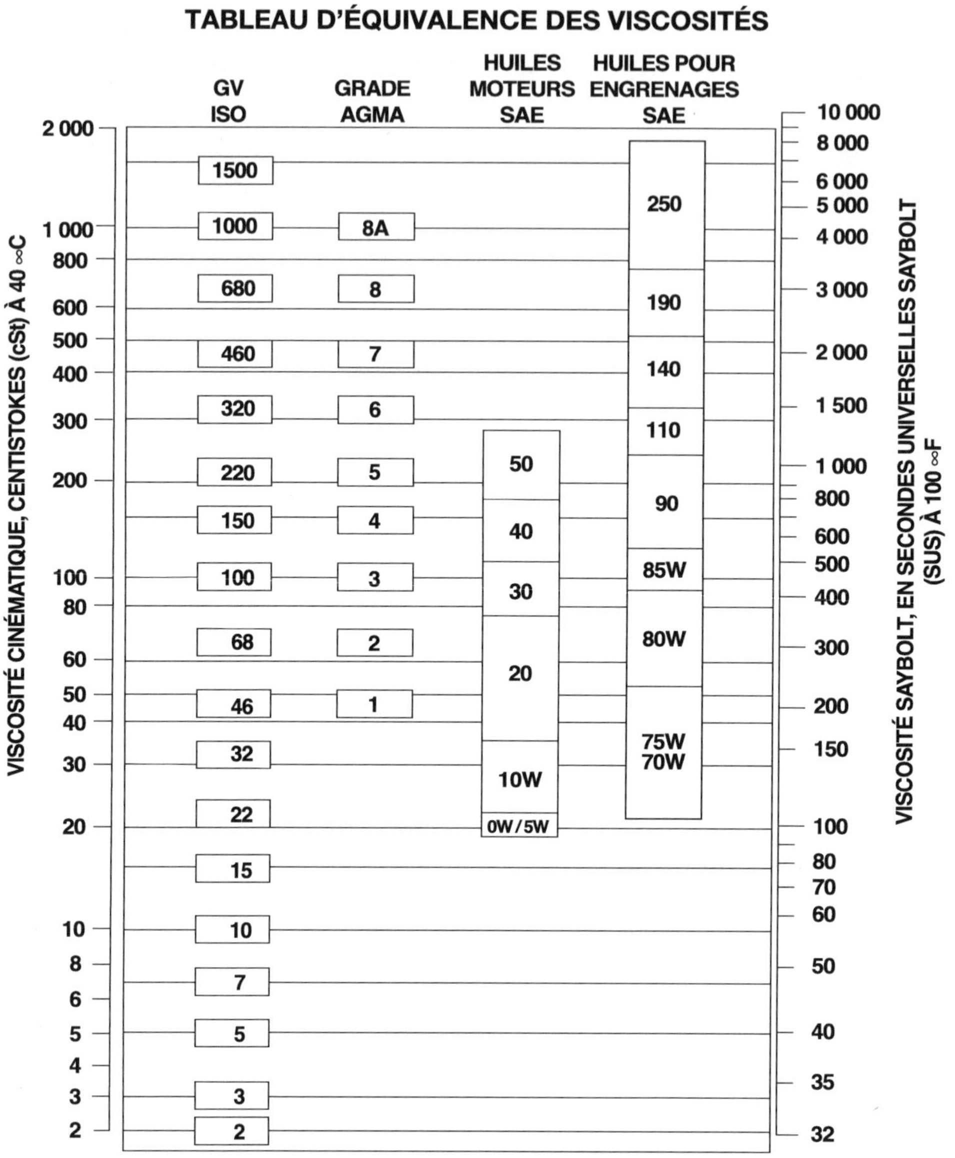

Source : Petro-Canada

16.5.1 Viscosité cinématique

C'est la mesure la plus employée qui est basée sur une norme ASTM. Le résultat est basé sur le temps (en seconde) nécessaire pour que 60 ml d'huile passent à travers d'un orifice de 17,6 mm de diamètre et 12,25 mm de long. La mesure se fait avec un viscosimètre Saybolt. En d'autres termes, c'est le rapport entre la viscosité absolue et la masse spécifique, car la masse de l'huile affecte la pression de passage. Toutefois, pour les huiles normales en automobile, la masse change peu, donc, la viscosité mesurée donne un bon indice sur la fluidité d'une huile par rapport à une autre.

$$Z_k = \left(0.2\ t - \frac{180}{t}\right)$$, viscosité en centistokes (cSt)

Mesurée à l'aide d'un viscosimètre selon la norme ASTM D-445 (ASTM = American Society for Testing and Materials). L'unité de mesure de viscosité cinématique est le centistokes (cSt). Il y a d'autres unités utilisées, mais moins communes dans le domaine automobile :

- SSU : Second Saybolt Universel (Américain),
- SSF : Second Saybolt Furol (Américain) est utilisée pour les huiles de haute viscosité,
- Engler : Mesure de la viscosité à 50 o C, Européen,
- Redwood # 1 et # 2 : Britannique.

16.5.2 Viscosité dynamique

La viscosité dynamique (ou absolue) est la force requise pour déplacer une surface plane de 1 cm^2sur une autre surface plane, celle-ci immobile, au taux de 1 cm/sec., alors que les deux surfaces sont séparées par une couche de liquide de 1 cm d'épaisseur. Elle mesure donc la force tangentielle nécessaire pour faire glisser une lame de fluide par rapport à une autre qui lui est parallèle. En d'autres mots, c'est une notion qui fait intervenir la capacité d'aquaplanage. C'est en d'autres termes la résistance aux cisaillements. Bien qu'utiles, les spécifications des huiles automobiles ne renseignent généralement pas sur cette mesure. Mais il est possible de la calculer basée sur la viscosité en centipoise et de la densité de l'huile de la façon suivante :

$$Z = Z_k \ \rho$$

Où : Z = Viscosité dynamique, cP

Z_k= Viscosité cinématique, cSt

P = densité, de l'ordre de 0,86 pour l'huile, de 1 pour l'eau par définition

Dans le système CGS, l'unité de mesure est le poise. Pour des raisons de commodité, on utilise plutôt le centipoise (cP). On utilisera généralement un viscosimètre rotatif pour cette mesure. Il sera surtout utile pour mesurer la viscosité sous des tensions de cisaillement assez élevées et il traduira la facilité avec laquelle on peut lancer un moteur à combustion interne sous des conditions de basse température.

16.5.3 Choix de la viscosité

La température est un facteur important qui influence grandement les performances de l'huile. Comme nous l'avons vu, la viscosité est grandement influencée par la température. Ensuite, une température élevée fait en sorte de favoriser l'oxydation de l'huile, ce qui réduit sa vie de façon importante, voir même catastrophique dans certains cas.

On retrouvera généralement les recommandations de viscosité dans les catalogues comme pour l'exemple des moteurs Char-lynn :

Tableau 16.8 **Requis de viscosité de l'huile pour un moteur Char-Lynn d'Eaton**

	Viscosity		ISO Cleanliness Requirements
	Minimum	Best Range	
Char-Lynn Disc Valve Motors	70 SUS 13 cSt	100-200 SUS 20-43 cSt	18/13

Tableau 16.9 **Exemple de recommandations en huile d'un manufacturier d'équipement dans son manuel d'opération**

Recommandation de viscosité du fluide hydraulique
Pour une protection optimale, la sélection de la viscosité de l'huile du système doit être faite en fonction de la température d'opération.Une température excessive diminue la viscosité conduisant à une réduction de la capacité de lubrification et d'étanchéité. Une température du fluide cause sa dégradation par oxydation et la formation d'acide. Faire une inspection journalière de la température du fluide dans le réservoir à l'aide du thermomètre à même l'indicateur de niveau d'huile.

Temp. (deg C)	4	10		43		75
Temp. (deg F)	40	50		110		165
				Température optimale		
Huile type A	Dém.	Opération continue				
Huile type B		Dém.	Opération continue			
					Température optimale	
Temp. (deg F)		55	70		125	180
Temp. (deg C)		13	20		52	82

Manufacturier	Fluide régulier		Fluide grade alimentaire	
	Type A	**Type B**	**Type A**	**Type B**
ESSO	NUTO H32	NUTO H-46	Communiquez avec le départ. de service	Communiquez avec le départ. de service
EXXON	NUTO HP-32 ou H-32	NUTO HP-46 ou H-46	Communiquez avec le départ. de service	Communiquez avec le départ. de service
JAX	Communiquez avec le départ. de service	Communiquez avec le départ. de service	Communiquez avec le départ. de service	FGH-AW-46
MOBIL	DTE 24	DTE 25	Communiquez avec le départ. de service	Communiquez avec le départ. de service
SHELL	TELLUS 32	TELLUS 46	Communiquez avec le départ. de service	Communiquez avec le départ. de service

16.6 Les additifs

Les huiles industrielles contiennent certains additifs, c'est une partie importante qui influence les performances de l'huile. La qualité des additifs est variable et de ce fait, si l'on prend deux huiles ayant exactement la même base, on peut se retrouver avec des produits avec des performances différentes à court et long termes, et bien entendu des prix différents. Les additifs sont un incontournable, mais en même temps, des additifs ne sont pas de l'huile, et pour lubrifier, c'est de l'huile que nous avons besoin.

L'ajout d'additifs dans une vieille huile peut se faire avec l'expertise d'expert, et ce, pourvu que l'huile de base ne soit pas abimée. Compte tenu du volume important d'huile dans une unité hydraulique et compte tenu du fait que l'on ne veut pas trop changer d'huile pour éviter des problèmes avec les contaminants dans le réservoir, il est souvent préférable d'utiliser les services de professionnels.

Désémulsifiant

Les additifs de type désémulsifiant permettent de séparer l'eau susceptible de s'être introduite dans le système. L'eau est toujours présente dans l'air ambiant, et l'air étant généralement en contact avec le fluide hydraulique, une quantité d'eau est donc entraînée dans l'huile. Il n'y a pas de problème à ce qu'il y ait une faible présence d'eau, mais en quantité plus importante, on peut se retrouver avec des problèmes de corrosion et d'usure.

Zinc

On peut retrouver le zinc sous la forme ZDDP, soit zinc dithiophosphate. C'est un composé particulièrement efficace pour limiter l'usure lors de contact métal à métal. Cet élément est particulièrement efficace lorsque l'on a tendance à briser les films d'huile. Un peu comme on retrouve dans les pompes, toutefois, les pompes utilisent déjà des composantes en bronze dans ces cas. Le zinc agit aussi naturellement comme inhibiteur de corrosion et antioxydant.

Le zinc s'incruste à la surface du métal par le phénomène de friction en créant une barrière de protection.

Molybdène

Le molybdène agit un peu comme le zinc comme composé antiusure, mais c'est essentiellement un additif antifriction. On obtient alors un niveau de friction un peu plus bas, et moins de friction crée moins de chaleur. Cet additif adhère bien aux surfaces.

Phosphore

Additif antiusure souvent présent sous la forme ZDDP, voir l'additif de zinc.

Souffre

Additif antiusure, qui n'est pas un ami de l'environnement, mais on change peu l'huile des systèmes hydrauliques.

Antioxydant

Les huiles sont sujettes à l'oxydation ce qui peut modifier les molécules de la base d'huile. Plus les températures de fonctionnement sont élevées et plus l'oxydation est présente. C'est encore ici où l'huile synthétique à base de PAO et ester se démarque d'une huile minérale. Les contaminants tels que le fer et l'eau, ainsi que le taux d'acidité, peuvent augmenter le niveau d'oxydation. L'oxydation a tendance à faire augmenter la viscosité.

Anti-acide

On retrouve certains éléments qui sont présents afin de neutraliser les sources d'acidité. L'acidité pour les éléments mécaniques et peuvent créer des contraintes dans les matériaux.

Anti-moussant

Des agents anti-moussants empêchent la formation de bulles d'air dans l'huile. Il faut être conscient qu'il y a toujours une part d'air dans l'huile, on n'en sort jamais complètement. L'additif anti-moussant accélère la dispersion de la mousse et la séparation de l'air infiltré. L'utilisation d'un réservoir plus grand donne plus de temps au fluide de se libérer de l'air et de la mousse.

16.7 Compressibilité de l'huile

On entend souvent que l'huile est incompressible. Disons que l'huile est nettement plus flexible que l'acier et extrêmement plus rigide que l'air. La compressibilité de l'huile change en fonction de la pression dans la mesure où l'huile contient une partie d'air, et que la portion en volume de l'air diminue à mesure que l'huile se voit comprimée. Dans les circuits demandant une réponse rapide comme ce que l'on retrouve parfois dans les systèmes asservis, l'élasticité de l'huile devient un enjeu non négligeable qui peut conduire à des perturbations du mouvement. L'élasticité de l'huile change et devient de moins en moins compressible à mesure que la pression augmente, compte tenu de la présence d'air dans le fluide.

Figure 16.2 **Compressibilité de l'huile**

E	=	bulk modulus of the fluid	bar [psi]
Δp	=	change in pressure	bar [psi]
ΔV	=	change in volume	l [US gal]
V_o	=	volume of oil experiencing the change in pressure	l [US gal]

Units for bulk modulus are the same as the units for pressure.

Bulk modulus vs. Δ pressure for different temperatures

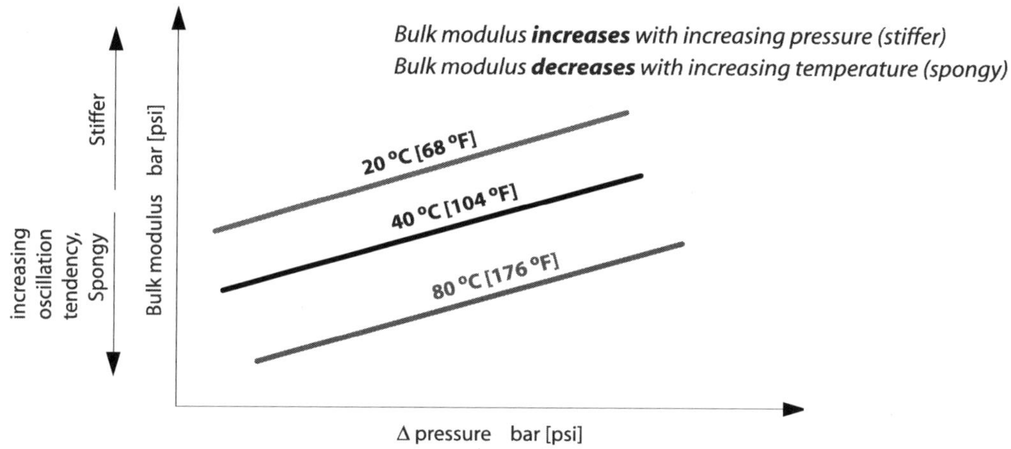

Another term often used is compressibility. It defines how much a fluid can be compressed. Compressibility is the reciprocal of the bulk modulus.

$$\text{Compressibility} = \frac{1}{E} = \frac{\Delta V}{\Delta p \times V_o} = \text{bar}^{-1}\ [\text{psi}^{-1}]$$

Source : Sauer Danfoss

À la façon des matériaux solides, on peut considérer que l'huile se déforme en fonction de la pression selon l'équation de base suivante :

$$\in(\textit{déformation relative}) = \frac{\textit{Pression}}{\textit{Module de rigidité}}$$

Et que la pression est fonction de la même manière à mesure que le liquide se contracte :

$$\textit{Pression} = \in(\textit{déformation relative}) \times \textit{Module de rigidité}$$

Figure 16.3 **Compressibilité de différents fluides**

Examples for bulk modulus and compressibility at 22 °C [71.6 °F] and 140 bar [2031 psi] and 300 bar [4351 psi]

	Bulk modulus bar [psi]		**Compressibility** bar^{-1} [psi^{-1}]	
	140 bar [2031 psi]	300 bar [4351 psi]	140 bar [2031 psi]	300 bar [4351 psi]
Water	11 000	15 000	91×10^{-6}	67×10^{-6}
HFC	15 500	19 000	65×10^{-6}	53×10^{-6}
HFD	16 000	19 500	63×10^{-6}	51×10^{-6}
Mineral (petroleum) based hydraulic fluid	15 000	16 000	67×10^{-6}	63×10^{-6}

Source : Sauer Danfoss

16.8 Température de fonctionnement

Pour les équipements fixes, on essaie de limiter les variations de température de l'huile en s'assurant qu'elle soit entre un minimum et un maximum. On parle généralement d'une température variant entre 40 °C (100 °F) et 60 °C (140 °F). Le fait de maintenir une température d'huile stable permet de limiter la variation de viscosité et de maintenir les ajustements de vitesse d'un équipement le plus stable possible. Pour des lignes de production automatisée, ceci représente un avantage certain. Afin de maintenir cette température dans cette zone d'opération, on emploie parfois des éléments chauffants qui élèvent la température près du minimum désiré, puis des systèmes de refroidisseurs afin de limiter la montée en température au seuil maximum désiré. Le fait d'avoir une température stable permet aussi de sélectionner une huile ayant une viscosité idéale pour assurer une lubrification souhaitée des composantes.

On s'entend pour dire que passer la température de 60 °C (140 °F), l'oxydation de l'huile devient plus important et sa vie se voit réduite d'un facteur de 2 à chaque tranche de 10 °C (18 °F) supplémentaire. Certaines huiles sont plus aptes à conserver leurs propriétés à des températures plus élevées. Le démarrage à froid peut se faire à des températures aussi basses que de 4 °C (40 °F) à 10 °C (50 °F). Pour des applications extrêmes, il faut s'assurer qu'au démarrage l'huile ne soit pas gelée. Ensuite, il faut limiter la vitesse des mouvements tant et aussi longtemps que l'huile n'atteint pas une température suffisamment haute pour protéger les composantes.

À titre de référence, les huiles automobiles fonctionnent dans une très grande bande de température, aussi basse que -25 °C (100 °F) et aussi élevée que 120 °C (250 °F). Bien souvent, l'huile se retrouve à peu près à la même température que le liquide de refroidissement, soit à plus de 85 °C (185 °F). On comprend aussi que les huiles moteurs doivent être constamment remplacées compte tenu du dur travail qu'elles ont à faire.

16.9 Exercices

Exercice niveau #1

N/A

Exercice niveau #2

N/A

16.9.3 Exercices niveau #3

1	Une huile de groupe 2 possède l'avantage d'avoir un point d'autoallumage très élevé par rapport aux huiles de groupe 4.	**V F**
2	Les huiles de groupe 4 et 5 sont faites à partir d'hydrocarbure dont les chaines de molécules sont modifiées pour obtenir des performances spécifiques.	**V F**
3	Les huiles de groupe 3 sont faites à partir d'hydrocarbure dont les chaines de molécules sont modifiées pour obtenir des longueurs relativement uniformes.	**V F**
4	Les additifs d'amélioration de VI (indice de viscosité) favorisent une plus grande viscosité lorsque la température de l'huile augmente	**V F**
5	Les additifs d'amélioration de VI (indice de viscosité) ont l'avantage de pouvoir conserver la viscosité de l'huile sous des charges en cisaillement	**V F**
6	Une huile de type phosphate ester est une huile de groupe 5.	**V F**
7	Une huile de type phosphate ester est tout indiqué pour des composantes ayant des joints d'étanchéité en Buna-N	**V F**
8	Le fait de faire un changement d'huile sur un équipement qui n'a pas eu une maintenance suivie peut entrainer subitement des risques de colmatage.	**V F**
9	On gagne à prendre une huile avec une plus grande viscosité lorsque la température de l'huile est plus élevée.	**V F**
10	L'eau est un élément important qui peut détériorer les huiles à base d'ester	**V F**
11	Les joints en Buna-N ont l'avantage de fonctionner avec tous les types d'huile hydrauliques.	**V F**

Exercice #1 : Nous avons un vérin dont la tige est vers le haut et ayant une course de 24 pouces. Si au départ le vérin est complètement sorti, sans charge, et que l'on ajoute une charge de 10 000 livres, de combien le vérin devrait se déplacer à cause de la compressibilité de l'huile? Assumez que le vérin possède une aire de 4 po^2 côté piston, et de 2 po^2 côté tige. Supposez que le module d'élasticité de l'huile est de 232 000 psis.

Réponse exercice niveau #1

N/A

Réponse exercice niveau #2

N/A

Réponses exercices niveau #3

1	Une huile de groupe 2 possède l'avantage d'avoir un point d'autoallumage très élevé par rapport aux huiles de groupe 4.	**F**
2	Les huiles de groupe 4 et 5 sont faites à partir d'hydrocarbure dont les chaines de molécules sont modifiées pour obtenir des performances spécifiques.	**F**
3	Les huiles de groupe 3 sont faites à partir d'hydrocarbure dont les chaines de molécules sont modifiées pour obtenir des longueurs relativement uniformes.	**V**
4	Les additifs d'amélioration de VI (indice de viscosité) favorisent une plus grande viscosité lorsque la température de l'huile augmente	**V**
5	Les additifs d'amélioration de VI (indice de viscosité) ont l'avantage de pouvoir conserver la viscosité de l'huile sous des charges en cisaillement	**F**
6	Une huile de type phosphate ester est une huile de groupe 5.	**V**
7	Une huile de type phosphate ester est tout indiqué pour des composantes ayant des joints d'étanchéité en Buna-N	**F**
8	Le fait de faire un changement d'huile sur un équipement qui n'a pas eu une maintenance suivie peut entrainer subitement des risques de colmatage.	**V**
9	On gagne à prendre une huile avec une plus grande viscosité lorsque la température de l'huile est plus élevée.	**V**
10	L'eau est un élément important qui peut détériorer les huiles à base d'ester	**V**
11	Les joints en Buna-N ont l'avantage de fonctionner avec tous les types d'huile hydrauliques.	**F**

Exercice #1 : P = 10 000/4 = 2 500 psi; ∈ = 2 500/232 000; déplacement = 24 × ∈ = 24 × 2 500/232 000 = 0,259 pouce.

17 | Filtration

Le fluide dans un système hydraulique déplace la puissance d'un endroit vers un autre avec en plus des contaminants. Les pièces mécaniques s'usent, la saleté extérieure finit par entrée via des petits interstices et voilà, on se retrouve avec une huile qu'il faut filtrer au risque de causer une usure toujours plus accélérée. Une huile contaminée ne peut qu'entraîner cette spirale d'usure alors qu'une huile toujours propre assure une lubrification adéquate.

Il y a plusieurs types de contaminations qui sont en jeux dans un circuit :

- Les internes anormales : ici on retrouve les résidus qui sont issus de la préparation des pièces et présentent dans le circuit avant même son démarrage. On retrouve :
  - La saleté présente essentiellement dans les tubes et boyaux (possibilité de nettoyage);
  - Les contaminants liés au transport et la manipulation; les résidus résultant de l'assemblage des composantes (téflon par exemple);
  - Les résidus d'usinage. Ce sont de gros contaminants. Au démarrage d'un circuit, c'est là que le risque de colmatage est le plus grand. On tente alors de faire circuler l'huile à haute vitesse dans les canalisations en contournant les éléments sensibles et aussi les vérins (où l'huile ne sort jamais). Les pièces plus sensibles risquent d'avoir besoin d'être démontées et nettoyées.
- Les internes normales : ici on retrouve essentiellement des particules très fines qui sont générées par l'usure des composantes. Ces particules sont générées tout le long de la durée de vie utile des composantes, mais encore plus au début où les surfaces sont brutes.
- Les externes : un réservoir respire, beaucoup à cause des vérins. De ce fait, de l'air entre et sort du réservoir. Le réservoir doit donc avoir un filtre pour minimiser les contaminants. Il y a ensuite les contaminants passant à travers les joints d'étanchéité des vérins et des moteurs qui à la longue laissent pénétrer de fines particules. Finalement, l'huile est aussi un contaminant. En effet, de l'huile neuve contient un niveau de saleté plus élevé qu'une huile usagée en bon état.

Beaucoup de composantes hydrauliques standard possèdent des jeux très serrés telles que les valves directionnelles. Il fait donc s'assurer que l'huile n'entraîne pas une usure. Aux pressions d'opération présentent dans les circuits, on se retrouve avec de fines particules qui se voient poussées dans des passages très étroits à l'intérieure des composantes, et à la limite, c'est un peu comme l'image des dessins animés qui poussent un éléphant dans une portière d'auto.

Afin d'assurer un nettoyage de l'huile, nous disposons d'une série de solutions. Il y a normalement deux filtres par où circule toute l'huile d'un système, soit le filtre d'aspiration de la pompe et le filtre principal d'un circuit.

Pour les filtres principaux, on retrouve deux tendances principales : sur la ligne de retour et ils sont installés sur ou près du réservoir; filtre de pression installé près de la sortie de la pompe. Il est possible d'opter pour les deux. Dans ces cas, on peut s'assurer que tout de débit d'huile passe par ces filtres. Toutefois, il est aussi possible d'installer des filtres où passe une partie seulement du débit. Lorsque le filtre assure le nettoyage d'une fraction du débit total, c'est que ces filtres secondaires sont là pour protéger une ou plusieurs composantes particulièrement sensibles. En effet, certaines composantes sont plus sensibles que d'autres à la contamination et dans ces cas on installe ces filtres secondaires sur la ligne de pression alimentant ces endroits vulnérables.

Comme nous allons voir, différentes alternatives de filtration sont disponibles.

Figure 17.1 **Différentes stratégies de filtration**

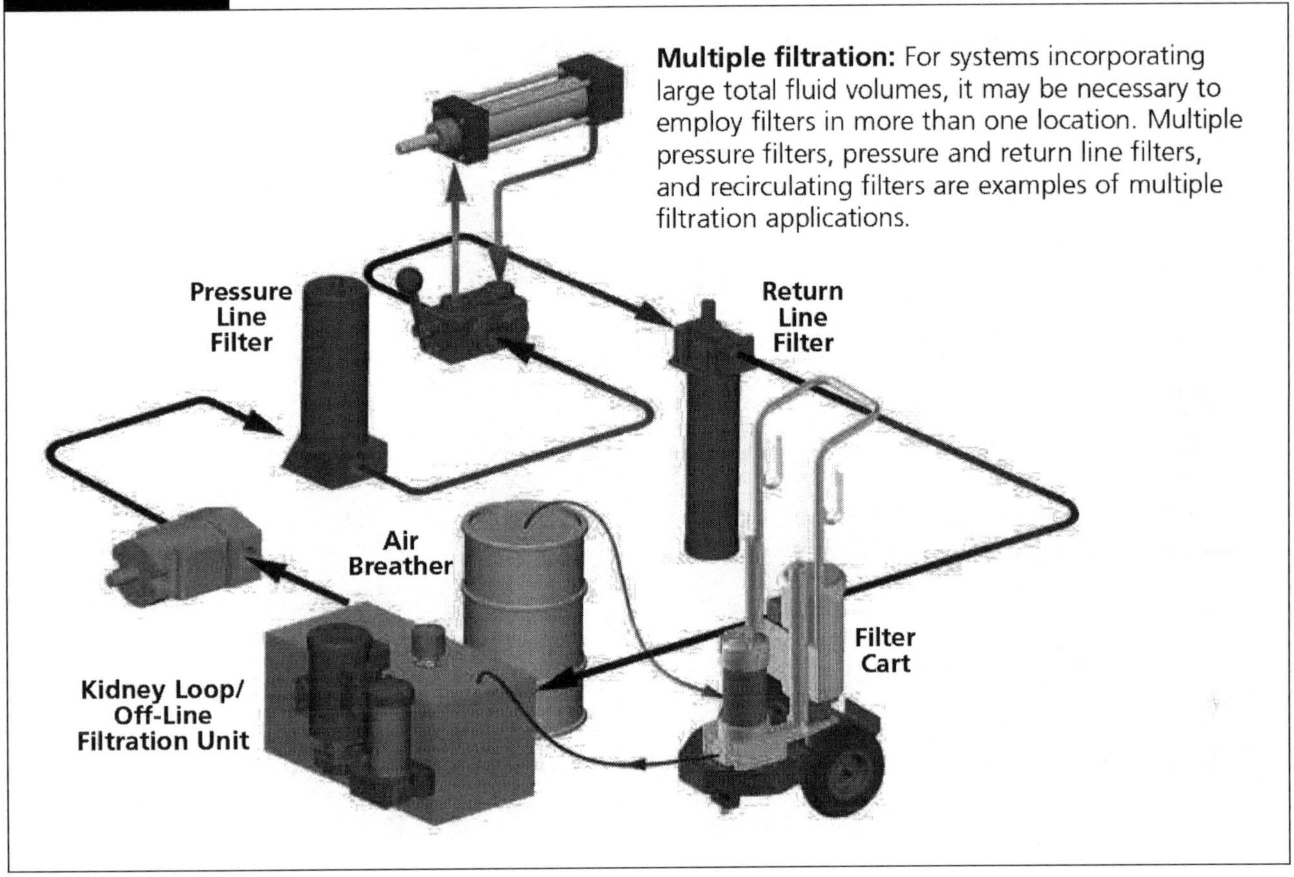

Source : SCHROEDER INDUSTRIES LLC

17.1 Filtre d'aspiration

Ces filtres protègent grossièrement les pompes afin qu'elles n'aspirent pas de gros contaminants. Ces filtres sont installés directement sur les tubes acheminant l'huile à la pompe et sont localisés dans le réservoir. On retrouve systématiquement ce genre de filtre et ce n'est pas une option.

On les rattache généralement sur la canalisation d'aspiration qui est souvent fabriquée avec du tube de plomberie ayant des filets de type NPT. On en retrouve aussi s'installant sur la paroi de côté d'un réservoir avec un filet NPT extérieur, ou encore avec une bride.

On indique souvent le niveau de filtration par un nombre en mesh (60, 90, 100), plus le nombre est élevé et plus l'espace est réduit entre les fils de fer. On retrouve parfois des mesures en microns, mais de l'ordre de 140 à 250 μm.

Plus le niveau de filtration est élevé et plus le filtre risque d'être un élément de restriction ce qui peut devenir très problématique pour la pompe, car cela augmente le risque de cavitation.

Le remplacement de ces filtres demande souvent de vider le réservoir pour avoir accès, ou encore d'enlever plusieurs composantes massives.

Figure 17.2 **Différents filtres d'aspiration**

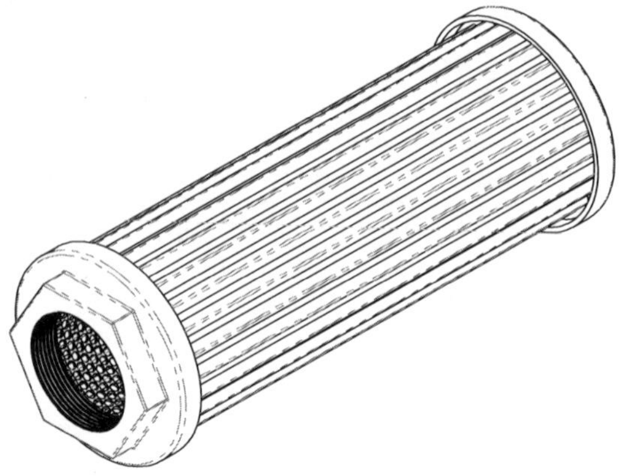

Filtres s'installant sur
un tube ayant un filet NPT extérieur

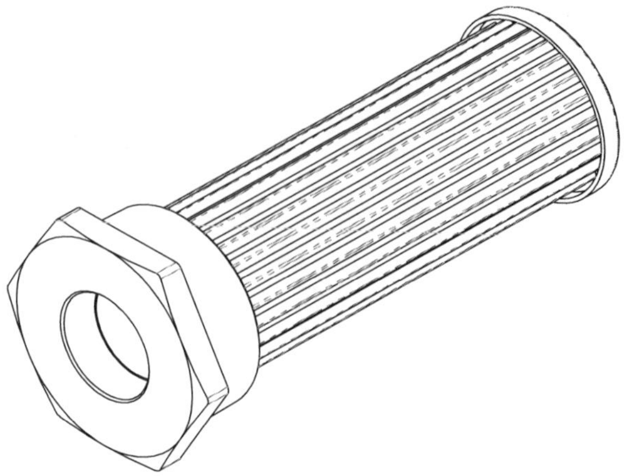

Filtre s'installant sur une paroi
de réservoir, filet NPT extérieur et intérieur

17.2 Filtre de pression

Ce type de filtre ne se retrouve pas systématiquement dans les circuits hydrauliques. Si nous en retrouvons, bien souvent ces filtres de pression ne participeront qu'à filtrer une partie du débit. Le débit filtré protège les composantes les plus susceptibles d'être endommagées par la contamination telles que les valves proportionnelles ainsi que les valves de type servos.

Dans le cheminement de l'huile, elle passe dans un premier temps dans le filtre d'aspiration, puis dans la pompe puis dans un filtre de pression avant de se rendre aux composantes hydrauliques. Les filtres doivent donc résister aux pressions extrêmes du circuit et du coup, les éléments du filtre sont toujours intégrés dans un bâti apte à résister à la pression.

Le nombre de configurations est plus restreint que pour les filtres de retour que nous allons voir plus loin, mais le choix reste immense. On retrouve essentiellement des filtres pour montage en ligne, mais aussi pour montage sur des blocs de distributions, et plus rarement, des versions très petites pour montage en sandwich (mais les filtres deviennent très petits ce qui limite les applications).

Rappelons encore une fois que ces filtres sont généralement utilisés pour protéger une ou des composantes critiques. De ce fait, dans bien des cas, le filtre ne verra qu'une partie du débit de la pompe. Toutefois, dans d'autres cas, la valve à protéger est celle qui consomme le plus d'huile, on peut alors faire circuler tout le débit à travers le filtre.

Un circuit traditionnel ne contient pas ce type de filtre.

Il y a plusieurs options pour indiquer le niveau de colmatage.

On retrouve généralement un clapet de dérivation (by-pass) en cas de colmatage.

Figure 17.3 **Filtres typiques de pression**

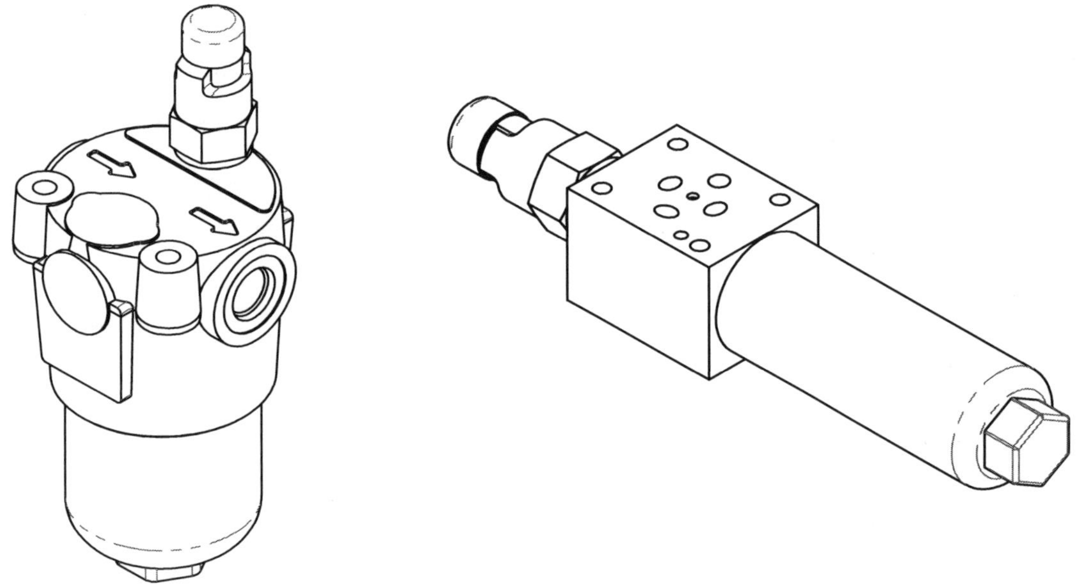

Filtres pour montage en ligne

Filtre pour montage en sandwich

17.3 Filtre de retour

Appelés aussi filtre basse pression, ces filtres se retrouvent dans la presque majorité des circuits. Le nombre de configurations est presque illimité. On retrouve des filtres pour montage en ligne, ou encore s'installant sur le dessus ou même à l'intérieur du réservoir. L'élément filtrant est souvent en cartouche (« spin-on » comme le cas des moteurs d'auto) ou encore en élément que l'on vient retirer du boitier. On peut avoir un montage avec filtre simple ou encore double. Il existe des versions de type tandem composé de deux filtres indépendants permettant le remplacement d'un filtre sans demander l'arrêt de l'unité hydraulique. Il faut aussi distinguer différents niveaux de qualité des éléments de filtration. C'est donc impossible de faire le tour dans un manuel de formation. Lorsqu'il s'agit de concevoir une unité hydraulique, il faut regarder les catalogues et y aller en fonction de nos préférences en fonction du coût visé.

Le filtre de retour est un filtre économique dans la mesure où la pression qu'il doit supporter est assez faible. Il permet d'avoir de l'huile propre dans le réservoir, mais n'assure pas d'avoir une huile exceptionnellement absente de contaminants telle que requise pour les composantes critiques telles que les valves proportionnelles et servos.

Il y a plusieurs options pour indiquer le niveau de colmatage.

On retrouve généralement un clapet de contournement (by-pass) en cas de colmatage.

Idéalement, il y aurait toujours un filtre de retour dans un circuit. Ceci permet de limiter la contamination du fluide dans le réservoir par les contaminants provenant de l'usure des composantes ainsi que les contaminants externes.

Figure 17.4 **Différentes configurations de filtres de retour**

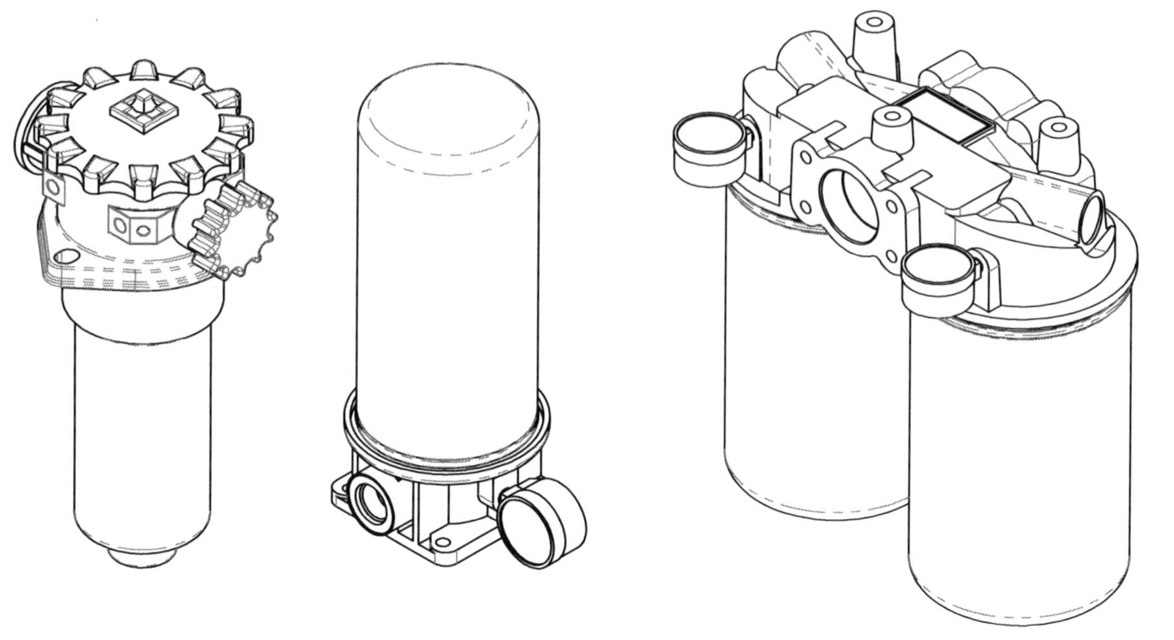

17.4 Filtre de réservoir

Un réservoir respire dans la mesure où son niveau n'est pas stable et qu'il varie dans le temps. On doit donc prévoir une filtration de l'air qui circule de l'air ambiant vers le réservoir. On retrouve deux stratégies que l'on retrouve dans les chapitres 19.4.7 et 19.4.8.

17.5 Filtration de l'huile lors du remplissage

L'huile neuve peut contenir un niveau de contaminant. Dans les faits, l'huile se trouvant dans un réservoir peut être particulièrement propre dans la mesure où la filtration s'est faite en continu sur des mois. L'huile neuve n'a pas eu ce privilège de recevoir autant de possibilités de filtration. Ainsi, il est toujours souhaitable de remplir les réservoirs avec une unité de pompage permettant le remplissage et doté d'un filtre de qualité changé fréquemment.

17.6 Indice de propreté de l'huile

Le niveau de propreté d'huile est d'abord et avant tout une question statistique où les impuretés sont présentes sous différents formats. Il y a quelques méthodes qui classifient le niveau de propreté d'une huile, et probablement que la méthode la plus complète est celle basée sur la norme ISO. La définition du degré de pollution d'une huile est donnée par la taille des particules et la concentration qu'elle véhicule.

La norme ISO 4406: 1999 utilise une nomenclature à 3 chiffres indiquant la concentration de contaminant pour différentes grosseurs, soit la concentration de contaminant $\geq 4\mu$, puis $\geq 6\mu$ et enfin $\geq 14\mu$. La concentration est basée sur un certain nombre d'éléments comptés par millilitre d'huile. La table de droite donne le code d'échelle pour la concentration. Ainsi, un code 20 indique que pour une certaine grosseur de contaminant minimal, le nombre se situe entre 5 000 et 10 000 particules par ml.

Dans le cas des codes de concentration en bas de 8, l'échantillon devrait compte au moins 20 particules, c'est-à-dire que l'échantillon doit être assez grand en ml pour que le compte y soit.

Si l'échantillon est trop petit pour arriver au compte de 20, la mesure de l'échantillon doit l'indiquer par le préfixe « ≥ ».

Prenons l'exemple d'un échantillon dont le résultat donne le code complet 14/12/≥7. Le code indique qu'il y avait entre 80 et 160 particules plus grandes que 4μpar ml dans l'échantillon. Qu'il y avait entre 20 et 40 particules plus grandes que 6μ par ml, et enfin, que le nombre de particules plus grandes que 14μ était entre 0,64 et 1,3. Toutefois dans ce dernier cas, cela laisse croire que l'échantillon était trop petit pour avoir compté les 20 particules. Si l'échantillon était de 10 ml par exemple, on peut imaginer que le décompte était de 6 à 13 particules seulement. Le fait que l'échantillon était trop petit fait planer un doute sur la validité du résultat pour les particules de plus de 14μ.

Tableau 17.1 **Indice ISO pour la concentration de contaminants**

Table 3(b). ISO 4406:1999 Hydraulic Fluid Power – Solid Contamination Code (New)

Number of Particles per 1 mL of Fluid		Scale Number
More Than	Up to and Including	
1,300,000	2,500,000	28
640,000	1,300,000	27
320,000	640,000	26
160,000	320,000	25
80,000	160,000	24
40,000	80,000	23
20,000	40,000	22
10,000	20,000	21
5,000	10,000	20
2,500	5,000	19
1,300	2,500	18
640	1,300	17
320	640	16
160	320	15
80	160	14
40	80	13
20	40	12
10	20	11
5	10	10
2.5	5	9
1.3	2.5	8
0.64	1.3	7
0.32	0.64	6
0.16	0.32	5
0.08	0.16	4
0.04	0.08	3
0.02	0.04	2
0.01	0.02	1
0.00	0.01	0

Source : SCHROEDER INDUSTRIES LLC

Figure 17.5 **Dimensions de différents éléments**

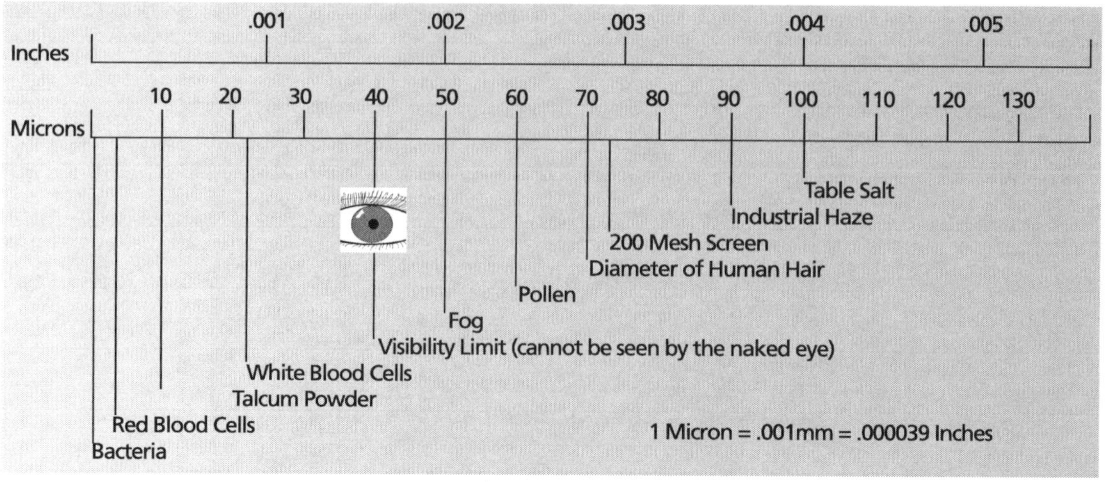

Source : SCHROEDER INDUSTRIES LLC

Différentes normes existent pour qualifier la propreté d'huile, la norme ISO présentée ci-haut n'est qu'une d'entre elles. Le tableau 17.2 donne l'équivalence entre différentes normes, mais chacune d'elles retient l'idée statistique du contenu de contaminant par taille dans un échantillon.

Tableau 17.2 **Charte d'équivalence de l'indice de propreté de l'huile**

ISO Code 4 µ(c)/6 µ(c)/ 14 µ(c)	Mil Std. 1638 (1967)	Mil Std. 1246A (1967)	ACFTD Gravimetric Level–mg/L	SAE AS4059 Standard
21/19/16	10			
20/18/15	9			
19/17/14	8	300		
18/16/13	7		1	
17/15/12	6			
16/14/12		200		
16/14/11	5			12
15/13/10	4		.1	11
14/12/9	3			10
13/11/8	2			9
12/10/8		100		8
12/10/7	1			7
12/10/6			.01	6
11/9/6				5

Source : SCHROEDER INDUSTRIES LLC

La propreté nécessaire de l'huile est fonction des composantes dans laquelle elle passe et de la pression de fonctionnement du système. Plus la pression est élevée et plus l'huile gagne à être propre. Ceci est vrai dans la mesure où la force pour pousser les contaminants dans les endroits critiques devient alors plus élevée.

Le type de composante influe beaucoup sur le niveau de filtration. Par exemple, les valves pour les équipements mobiles sont souvent fabriquées avec des jeux plus élevés que pour les valves industrielles. Les valves servos demandent des huiles très propres, car les jeux dans les valves sont extrêmement serrés tout en fonctionnant généralement à haute pression.

Tableau 17.3 **Indice de propreté de l'huile en fonction de la pression d'opération d'un système**

System Type	Recommended Cleanliness Levels (ISO Code)
Low pressure – manual control	20/18/15 or better
Low to medium pressure – electro-hydraulic controls	19/17/14 or better
High pressure – servo controlled	16/14/11 or better

Source : SCHROEDER INDUSTRIES LLC

Tableau 17.4 **Indice de propreté de l'huile en fonction du type de composante hydraulique**

Components	Cleanliness Levels (ISO Code) 4 μ(c)/6 μ(c)/14 μ(c)
Gear Pump	19/17/14
Piston Pump/Motor	18/16/13
Vane Pump	19/17/14
Directional Control Valve	19/17/14
Proportional Control Valve	18/16/13
Servo Valve	16/14/11

The above is based on data shown in various hydraulic component manufacturers' catalogs. Contact Schroeder Industries LLC for recommendations for your specific system needs.

Source : SCHROEDER INDUSTRIES LLC

17.7 Indicatifs du niveau de filtration des filtres

Il y a deux mesures du niveau de filtration : en microns et en Beta. Mais tout d'abord, la filtration est toujours une question de statistique. Les contaminants ont 3 dimensions, alors que les filtres sont grosso modo une surface où des fils peuvent s'infiltrer par exemple. Avec un peu de pression, il est aussi possible de forcer le passage de contaminant dans un trou petit. Par exemple, une aiguille à coudre possède une dimension importante et si l'on tente de l'insérer dans le filtre perpendiculairement, elle risque de pouvoir passer à travers. Toutefois, si l'aiguille se présente de côté et s'appuie de tout son long sur la paroi du filtre, elle n'a aucune chance de passer. Les indications de filtration parlent parfois de contaminant sous forme de bille, c'est une situation idéale ce qui n'est pas toujours le cas dans la réalité.

Les filtres d'aspiration sont en fait des filtres rudimentaires généralement fait en fils de fer. On parle dans ce cas de « Mesh ».

Microns : L'indication de filtration avec la mesure en microns donne grosso modo le diamètre de passage à l'intérieur du filtre. Plus les trous sont petits et plus la chance est d'avoir une huile sans gros contaminant. Les données précises de la qualité de filtration sont rarement indiquées avec ces filtres.

Bêta : Cette approche fait appel à la statistique en indiquant le risque de voir une quantité de particules d'une certaine grosseur à l'entrée par rapport à la sortie. Si l'on voit β_{50}=10, cela indique que l'on risque de voir 10 fois plus de contaminants de 50 μm à l'entrée qu'à la sortie. Ce qui insinue que l'efficacité avec ces particules est de (10-1)/10=90 %.

Dans ce manuel, nous n'entrerons pas en détail dans les calculs pour choisir un filtre, on se contente d'en voir le principe, mais si vous voulez en savoir plus, les catalogues de Schroeder sont très clairs sur la démarche à adopter. Il demeure que la démarche est assez complexe.

Figure 17.6 **Exemple de pouvoir de rétention de différents filtres**

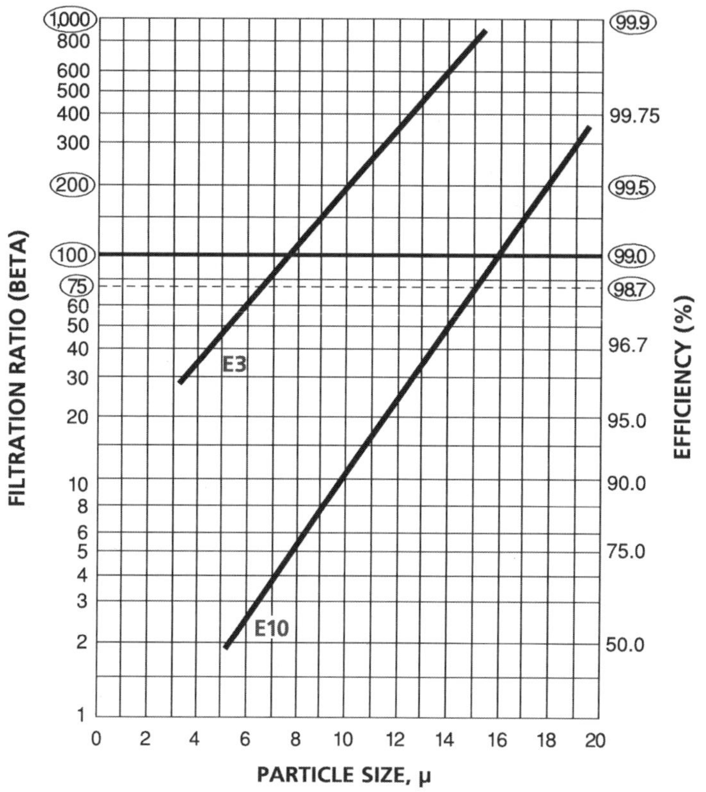

Source : SCHROEDER INDUSTRIES LLC, E media element

Un filtre se doit aussi d'avoir une capacité de contenance de contaminant. Pour les filtres de qualité, ces informations sont disponibles. Pour les filtres d'utilisation générale, ces données ne seront pas indiquées.

17.8 Exercices

Exercice niveau #1

N/A

Exercice niveau #2

N/A

Exercices niveau #3

Exercice #1 : Expliquez ce que signifie une propreté de l'huile exprimée dans le système ISO dont le code serait 20/16/12 :

10,000	20,000	21
5,000	10,000	20
2,500	5,000	19
1,300	2,500	18
640	1,300	17
320	640	16
160	320	15
80	160	14
40	80	13
20	40	12
10	20	11
5	10	10

Exercice #2 : Il y a six (6) systèmes de filtration qui peuvent être utilisés afin de s'assurer que l'huile soit propre dans le réservoir et dans le circuit hydraulique. Indiquer chacune des options avec une brève description :

Opt.	Description
1	
2	
3	
4	
5	
6	

1	Les unités hydrauliques sont généralement pourvues d'un filtre de retour	**V** **F**
2	Le fait de faire un changement d'huile sur un équipement qui n'a pas eu une maintenance suivie peut entrainer subitement des risques de colmatage.	**V** **F**
3	Un filtre de pression est principalement utilisé par assurer que l'huile arrive le plus propre possible au retour du réservoir	**V** **F**
4	Un filtre de pression est normalement plus dispendieux qu'un filtre de retour pour un même débit	**V** **F**
5	Un filtre de pression ne peut avoir d'indicateur de colmatage étant donné qu'il est pressurisé et que la perte de pression par colmatage devient négligeable	**V** **F**
6	Les filtres d'aspiration sont normalement faits avec un élément fait d'un matériau filtrant qui ressemble à du papier	**V** **F**
7	Si l'on voit β_{50}=10, cela indique que l'on risque de voir 10 fois plus de contaminant de 50 μm à l'entrée qu'à la sortie. Ce qui insinue que l'efficacité avec ces particules est de (10-1)/10=90 %	**V** **F**
8	Un indice de propreté d'huile 20/18/15 est plus sévère (plus propre) qu'un indice 16/14/11	**V** **F**

Réponse exercice niveau #1

N/A

Réponse exercice niveau #2

N/A

Réponses exercices niveau #3

Exercice #1 : Qté de particules de 4 um et plus allant de 5 000 à 10 000 par ml; Qté de particules de 6 um et plus allant de 320 à 640 par ml; Qté de particules de 14 um et plus allant de 20 à 40 par ml

Exercice #2 : Filtre pour le remplissage de l'huile sur l'unité de transfert; Filtre d'aspiration avant la pompe; Filtre de pression après la pompe, optionnel; Filtre de retour, basse pression; Filtre sur le capuchon de remplissage, optionnel; Filtre de ventilation du réservoir, optionnel (requis si capuchon de réservoir hermétique)

1	Les unités hydrauliques sont généralement pourvues d'un filtre de retour	**V**
2	Le fait de faire un changement d'huile sur un équipement qui n'a pas eu une maintenance suivie peut entrainer subitement des risques de colmatage.	**V**
3	Un filtre de pression est principalement utilisé par assurer que l'huile arrive le plus propre possible au retour du réservoir	**F**
4	Un filtre de pression est normalement plus dispendieux qu'un filtre de retour pour un même débit	**V**
5	Un filtre de pression ne peut avoir d'indicateur de colmatage étant donné qu'il est pressurisé et que la perte de pression par colmatage devient négligeable	**F**
6	Les filtres d'aspiration sont normalement faits avec un élément fait d'un matériau filtrant qui ressemble à du papier	**F**
7	Si l'on voit β_{50}=10, cela indique que l'on risque de voir 10 fois plus de contaminant de 50 μm à l'entrée qu'à la sortie. Ce qui insinue que l'efficacité avec ces particules est de (10-1)/10=90 %	**V**
8	Un indice de propreté d'huile 20/18/15 est plus sévère (plus propre) qu'un indice 16/14/11	**F**

18 | Unités hydrauliques

La conception d'une unité hydraulique (UH) est généralement faite par des spécialistes à l'intérieur d'un manufacturier d'équipement ou encore d'une firme spécialisée. La conception d'une unité hydraulique est relativement simple bien que certaines précautions soient nécessaires.

On peut distinguer deux grandes familles d'unité hydrauliques, soit celle pour les équipements fixes et aussi celle pour les équipements mobiles.

La norme ANSI/(NFPA) T3.16.2 R1-1997 (R2005) procure les informations sur les standards de l'industrie pour la conception des réservoirs des UH.

18.1 Équipements fixes

Les UH pour les équipements fixes peuvent se présenter sous différentes configurations. Les caractéristiques suivantes sont ce que l'on retrouve en commun :

- Généralement la puissance à la pompe est fournie par un moteur électrique;
- La pompe et le réservoir sont liés ensemble;
- Le réservoir possède une capacité relativement importante d'au moins 2 à 3 fois le débit de la pompe.

Lors de l'achat ou de l'élaboration d'une UH, il faut être conscient des choix qui se présentent avant de faire un choix éclairé.

Évidemment, une UH contient au moins une pompe. À moins d'installation mobile (avec moteur à combustion et gouverneur), l'UH aura un moteur électrique généralement à 3 phases. La pompe est généralement liée au moteur avec une bride, et on utilise un coupleur pour les lier au niveau des arbres.

18.1.1 Aménagement général

Pompe submergée :

- Montage le plus silencieux;
- Compact en espace planché;
- Demande une pompe avec contrôle de pression de type « remote »;
- Peu de risque de cavité;
- Maintenance ardue : remplacement de la pompe ou filtre d'aspiration;
- Risque de contamination importante lors de la maintenance de la pompe.

Figure 18.1 **UH avec pompe submergée**

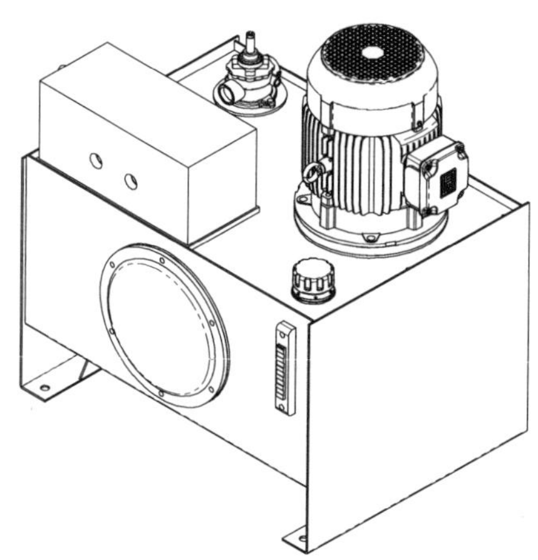

Pompe au-dessus du réservoir;

- Compact en espace planché;
- Mécanique accessible;
- Généralement, l'accès au filtre d'aspiration est pénible, mais il est possible de retrouver sur le marché des unités dont l'accès est aisé;
- Dessus du réservoir encombré, et s'il y a plusieurs pompes, ça devient un inconvénient.

Figure 18.2 **UH avec pompe sur réservoir**

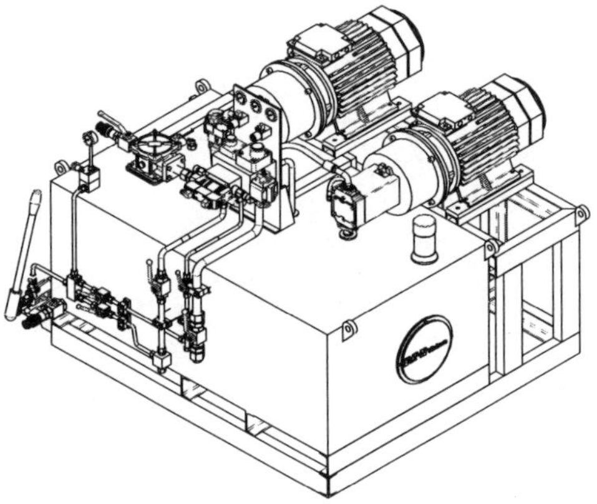

Pompe à côté du réservoir :

- Cet arrangement présente un grand nombre d'avantages outre le fait que cet arrangement n'est pas compact du point de vue espace plancher;
- S'il y a plusieurs pompes, il est facile de faire la maintenance sur une seule avec l'unité en marche;
- Tire profit d'avoir une valve (ball valve) à l'aspiration afin de pouvoir enlever la pompe sans enlever l'huile, sinon ça devient extrêmement embêtant;
- L'accès au filtre d'aspiration peut être pénible en fonction de la conception. S'il faut vider l'huile de l'unité pour y avoir accès, cela devient rapidement embêtant;
- Peu de risque de cavité.

Figure 18.3 **UH avec pompe à côté du réservoir**

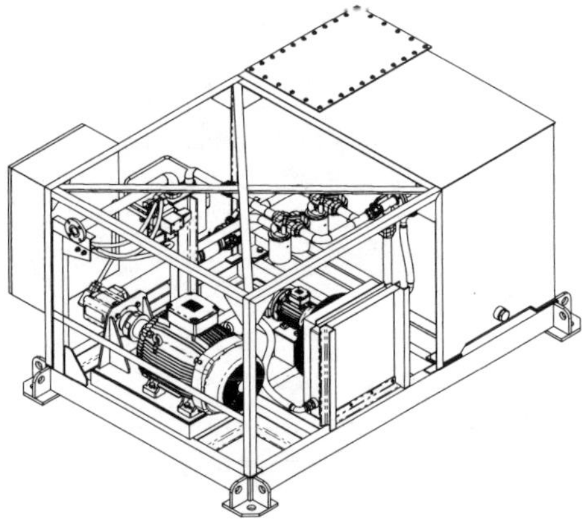

Pompe sous le réservoir :

- Possède les mêmes avantages et contraintes de la pompe à côté du réservoir pour un espace réduit du plancher;
- Le groupe moteur-pompe est plus difficile d'accès.

Figure 18.4 **UH avec pompe sous le réservoir**

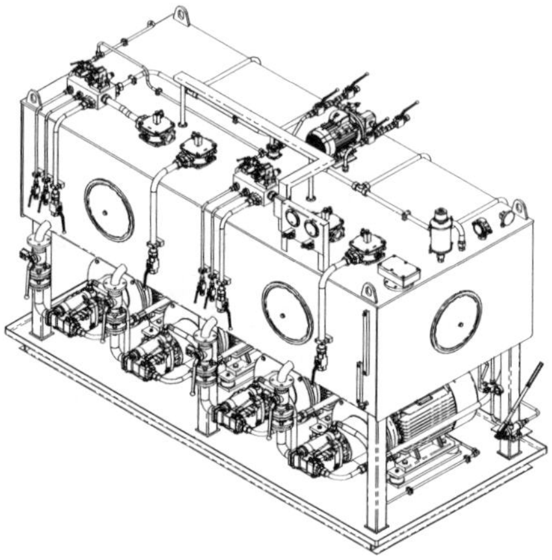

Mini unité :

- Unité compacte avec réservoir intégré.
- Limité aux unités de faible puissance
- Généralement avec pompe à débit fixe

Figure 18.5 **Mini unité**

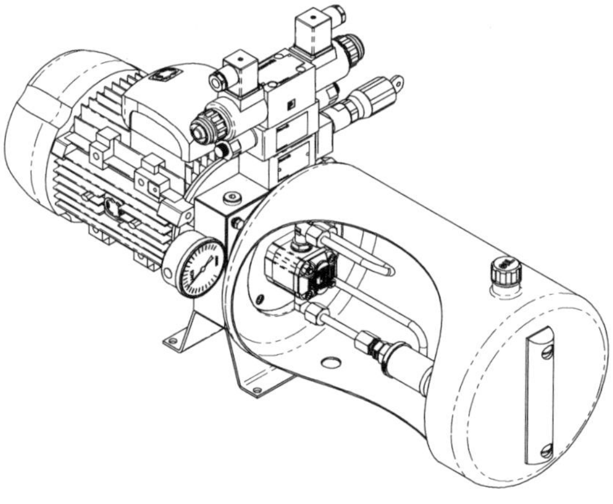

18.1.2 Réservoir

Le premier rôle d'un réservoir est de contenir un volume d'huile. Normalement, le volume d'huile est fonction du débit de la pompe et représente 3 à 5 fois le débit de la pompe. Le réservoir doit prévoir un autre 10 à 15 % de volume pour l'air au-dessus de l'huile, pour la ventilation et au cas où il y a de la mousse, etc. Le réservoir doit pouvoir avoir un volume supplémentaire lorsque le circuit contient beaucoup de vérins avec des rapports de surface importants, ou encore des accumulateurs. Le réservoir peut être plus petit que le critère de 3 fois le débit de la pompe, mais encore faut-il que le réservoir puisse s'accommoder de ses tâches.

La capacité du réservoir doit être indiquée sur le couvercle de l'UH conformément à la norme NFPA/ T3.16.2.

Lors du fonctionnement, il peut y avoir intrusion d'air dans le circuit. Le trajet de l'huile dans le réservoir doit permettre de séparer l'air de l'huile afin que le tube d'aspiration de la pompe ait un niveau d'air acceptable. Pour y arriver, la vitesse de l'huile doit être la plus faible possible dans le réservoir et aussi parcourir une distance la plus longue possible. C'est pourquoi on retrouve des parois de séparation dans un réservoir entre la ligne de retour d'huile et le tube d'aspiration.

On retrouve essentiellement des réservoirs fabriqués en acier à l'aide de construction soudée. Pour les petites unités, on verra parfois des réservoirs moulés en aluminium. Un réservoir de forme rectangulaire permet un plus grand transfert thermique entre le réservoir et l'air ambiant.

Le fond du réservoir risque fort d'être recouvert de très fines particules stagnantes. Le fond du réservoir devrait être en angle permettant que les particules soient évacuées lors d'une vidange. Parfois les réservoirs possèdent une porte d'accès pour permettre le nettoyage, alors que parfois c'est la plaque du dessus qui peut être soulevée pour un accès total.

S'il y a de l'humidité, elle ira au fond du réservoir.

Le réservoir possède une certaine capacité de refroidissement, marginal, mais quand même. Cela est vrai si l'air circule bien autour du réservoir. Dans bien des cas, l'unité aura un circuit de refroidissement de l'huile. On reviendra sur la capacité de refroidissement plus loin dans ce chapitre.

On retrouve généralement des réservoirs qui ne sont pas pressurisés, mais il arrive qu'il en soit autrement. La pression peut être aussi basse que 0,5 à 1 psi si le but est de s'assurer qu'aucun air ambiant n'entre dans le réservoir afin de limiter les risques de contamination. Une pression aussi faible peut être tolérée avec une conception normale rectangulaire d'un réservoir. Il ne faut toutefois pas sous-estimer la force sur les parois que peut générer une pression aussi faible et pouvant paraître marginale. Il y a des applications où l'on souhaite avoir une pression supérieure de l'ordre de 5 à 25 psis afin d'assurer une pression positive à l'entrée de la pompe. Des pressions aussi importantes engendrent des contraintes généralement trop importantes pour un réservoir ayant une construction rectangulaire sans renfort.

18.2 Équipements mobiles

Les unités dans les équipements mobiles sont similaires en principe aux unités des équipements fixes. Une grande différence peut résider dans le fait que généralement le volume d'huile du réservoir est plus faible que pour les unités fixes. En effet, le volume d'huile peut se limiter à une fois le débit de la pompe si le nombre de vérins est restreint. Rappelons que bien souvent le rapport de surface des vérins dans les équipements mobiles sera relativement élevé.

La pompe est généralement installée sur une bride de montage afin de recevoir sa puissance via un moteur à combustion. Ainsi, la pompe n'est pas reliée mécaniquement au réservoir.

18.3 Système de conditionnement de la température d'huile

Voir section 18.6.

18.4 Accessoires standards

Qu'une unité hydraulique soit pour un équipement fixe ou mobile, une grande liste d'accessoires y est regroupée afin de satisfaire les besoins.

18.4.1 Bride entre la pompe et le moteur électrique

L'utilisation d'une bride de montage normalisée permet d'auto-centrer la pompe et le moteur aisément. Ce type de bride est normalement en aluminium et s'installe sur un moteur électrique prévu avec l'option C-Face.

Figure 18.6 **Bride de montage**

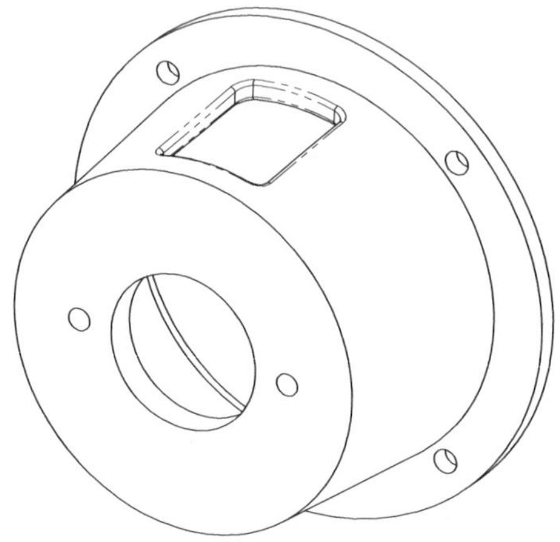

18.4.2 Accouplement entre la pompe et le moteur électrique

Le lien mécanique pour transmettre la puissance entre le moteur électrique et la pompe est généralement fait à l'aide d'un accouplement traditionnel à 3 pattes et utilisant un joint flexible en caoutchouc. Ce type d'accouplement est simple et économique pour une application où l'alignement est assuré par une bride de montage ou encore par un montage très rigide.

Figure 18.7 **Accouplement**

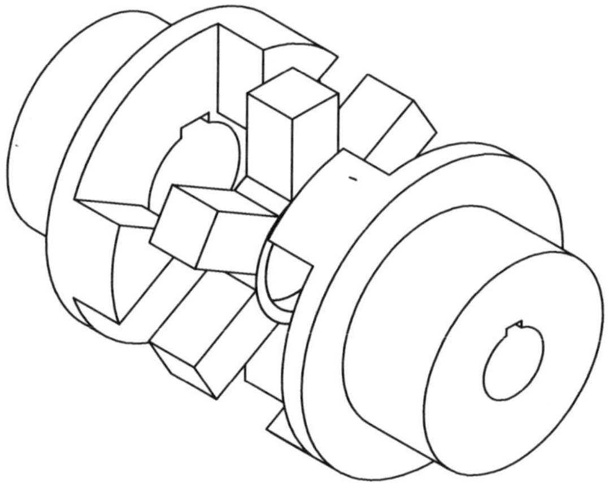

18.4.3 Valve de limitation de pression

Une unité hydraulique contient normalement une valve de limitation de pression. Parfois, la valve peut se retrouver dans le circuit et non pas sur l'unité. On voit parfois des unités hydrauliques avec des pompes à pression compensée n'ayant pas de valve de limitation de pression, ce qui n'empêche pas l'unité de fonctionner. Toutefois, l'installation d'une valve de limitation de pression peut permettre d'augmenter la vie de la pompe en limitant le phénomène de surpression lorsque le circuit demande soudainement moins de débit, limitant la pression dans le circuit le temps que la pompe s'ajuste au besoin. Il faut comprendre que dans ce dernier cas, la cause de la surpression est causée par le temps de réaction de la pompe et de son inertie à réduire sa cylindrée.

18.4.4 Soupape antiretour

On retrouve généralement une soupape antiretour à la sortie de la pompe. La valve isole donc la pompe en cas de coup de bélier ou de surpression sur la ligne de pression.

Avec un jeu de clapet, il est même possible d'obtenir un circuit où deux pompes sont ajustées à des pressions différentes et qu'une seule pompe assure le mouvement si la pression requise devient alors plus importante que la pression la plus basse de réglage (voir Figure 18.8). Évidemment, cet arrangement ne permet pas d'utiliser une valve de limitation de pression réglée à la pression la plus basse.

Figure 18.8 **Unité hydraulique avec deux pompes et deux pressions**

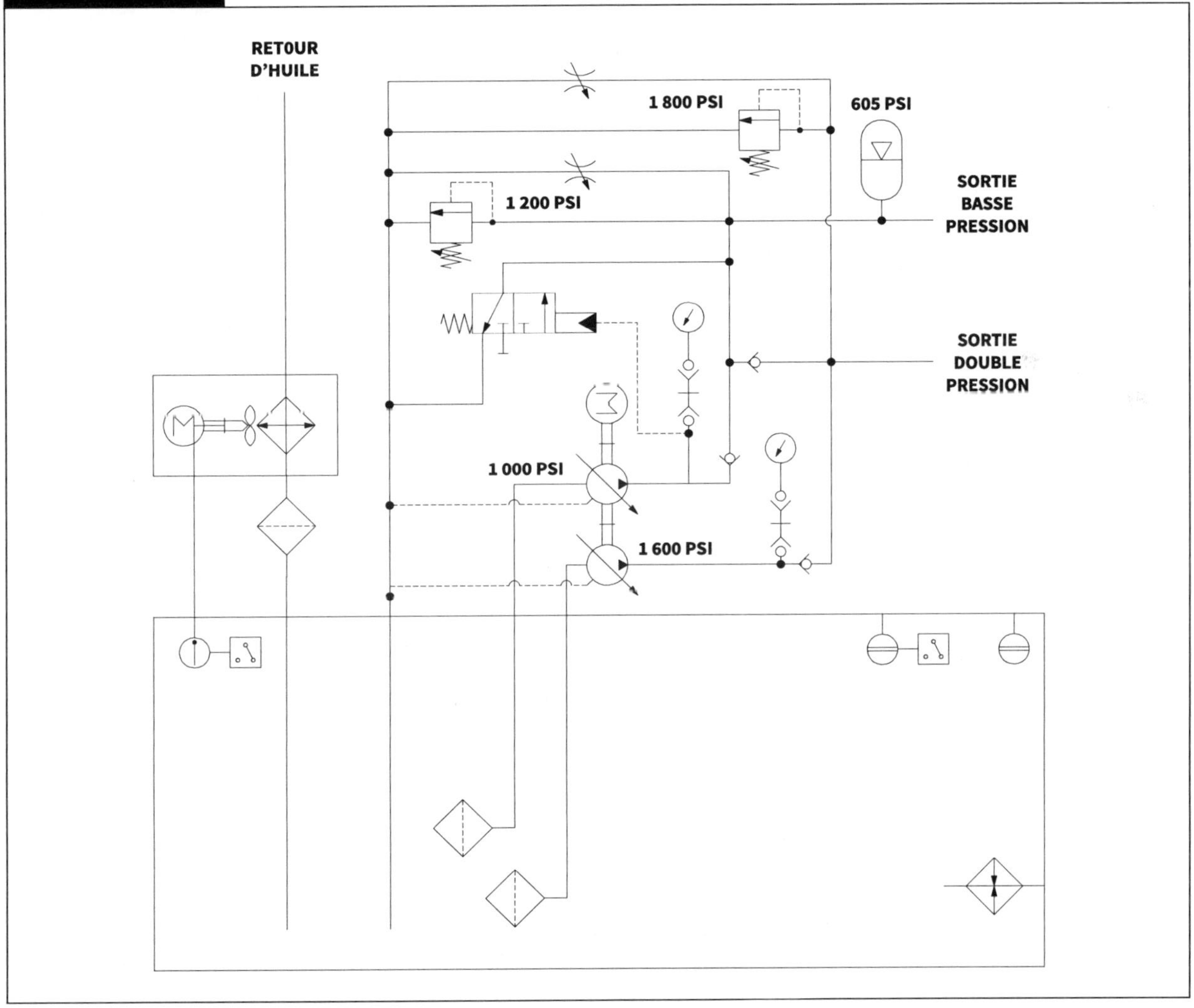

18.4.5 Filtre d'aspiration

Un filtre grossier est installé dans le réservoir qui collecte l'huile allant à la pompe. Ce type de filtre est grossier et est fabriqué à l'aide de filtre de fer. Il est très rare que ces filtres demandent de l'entretien, et si un entretien est fait, seul un nettoyage est requis. Le nettoyage se fait en enlevant le filtre et en utilisant un jet d'air dans le sens inverse de l'écoulement. Une observation visuelle permet de voir si le filtre n'est pas endommagé ou encore si une trop grande quantité de contaminants de forte dimension y est prisonnier.

L'accès à ce filtre est généralement difficile.

Pour plus de détail sur les filtres, voir le chapitre 17.5.

Figure 18.9 **Filtre d'aspiration**

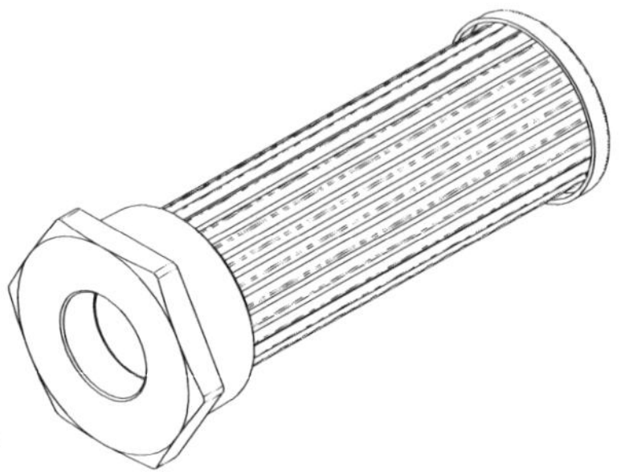

18.4.6 Filtre de retour

On retrouve presque toujours un filtre de retour sur une UH. Le filtre de retour permet de limiter la présence de contaminant dans l'huile dans le réservoir. Le nombre de configurations de filtre de retour est étonnant alors qu'une grande gamme de produits existe et permet d'installer le filtre directement sur ou même dans le réservoir.

Le retour de l'huile dans le réservoir doit se faire en bas du niveau d'huile le plus bas dans le réservoir. Un retour d'huile au-dessus du niveau ferait en sorte d'entraîner de l'air dans le fluide ce qui n'est aucunement souhaitable.

Pour plus de détail sur les filtres, voir le chapitre 17.5.

Figure 18.10 **Filtre de retour**

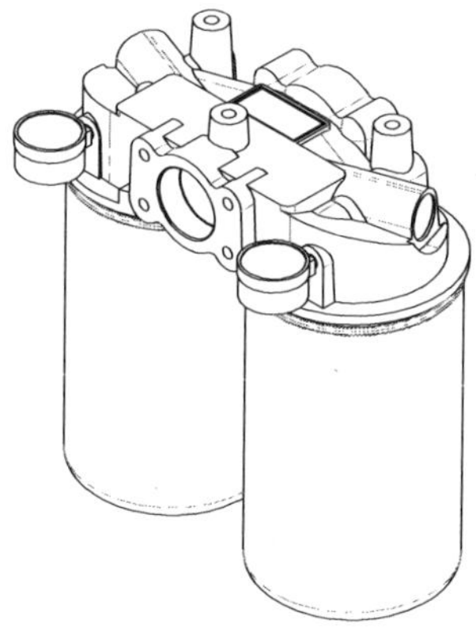

18.4.7 Bouchon de remplissage

Le bouchon de remplissage nous permet d'ajouter le fluide hydraulique dans le réservoir. On retrouve très souvent des bouchons qui possèdent aussi la fonction de laisser circuler de l'air afin que le réservoir soit à la pression atmosphérique. Dans ce cas, le bouchon contient un filtre grossier qui limite l'inclusion de contaminants solides dans l'huile du réservoir. Pour les réservoirs fonctionnant à la pression atmosphérique, il est normal de retrouver une circulation d'air dans le bouchon dans la mesure que le réservoir respire en fonction de son niveau, qui varie en fonction du temps et aussi en fonction de la variation de volume que causent les vérins.

Figure 18.11 **Bouchon de remplissage**

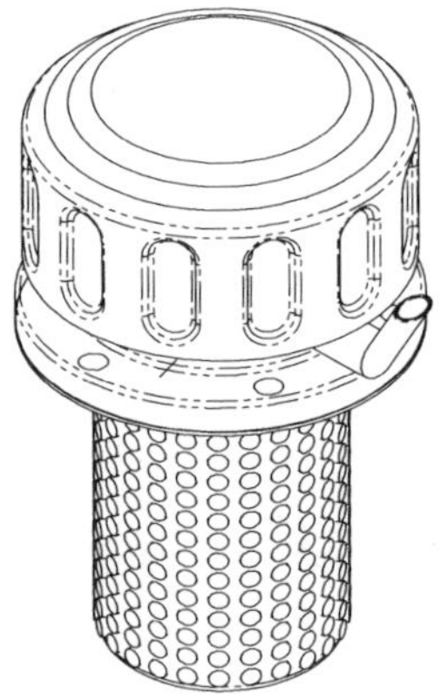

Si le réservoir est en mouvement avec des secousses, un bouchon ouvert (laissant passer l'air) peut laisser échapper de l'huile hors du réservoir. Ceci est particulièrement vrai, car les bouchons sont normalement prévus pour s'installer directement sur la surface du dessus du réservoir.

La sélection d'un bouchon de remplissage tient compte du besoin en filtration, du type de crépis utilisé et du débit d'air causé par la fluctuation du niveau d'huile dans le temps. Le niveau d'huile change en fonction du débit sortant versus le débit sortant, et dans le pire des cas en fonction du débit maximal de la pompe (Q) et du rapport de surface (S) des vérins selon la formule suivante :

Débit d'air (CFM) = 0,134 × Q (gpm) × (S – 1)

On retrouve généralement le bouchon sur le dessus du réservoir bien qu'il existe des ensembles prévus pour s'installer sur une surface de côté. Il est aussi possible de trouver des bouchons qui incorporent des jauges de niveau d'huile sous forme de tige de différentes longueurs.

Il est possible de retrouver sur le marché des bouchons hermétiques. Il arrive que le bouchon soit identique visuellement à un bouchon avec ventilation. Évidemment, l'utilisation d'un bouchon hermétique demande que le réservoir soit ventilé par un autre filtre ou encore pressurisé.

18.4.8 Filtre de ventilation

En général, on ne retrouve pas à proprement dit de filtre de ventilation du réservoir sur les unités hydrauliques. Le bouchon de remplissage offre cette possibilité à faible coût. Toutefois, et avec l'emploi d'un bouchon hermétique, l'installation d'un filtre de ventilation permet d'atteindre une qualité supérieure de filtration que ce que l'on retrouve dans les bouchons et offre parfois la possibilité de limiter l'intrusion d'humidité dans le réservoir. Certains filtres sont prévus pour minimiser le risque de déversement d'huile du réservoir, bien qu'il soit parfois avantageux d'utiliser un filtre placé très haut à l'extrémité d'un tube de plomberie. Ceci est particulièrement avantageux dans les cas où il y a de fortes secousses.

Figure 18.12 **Filtre de ventilation**

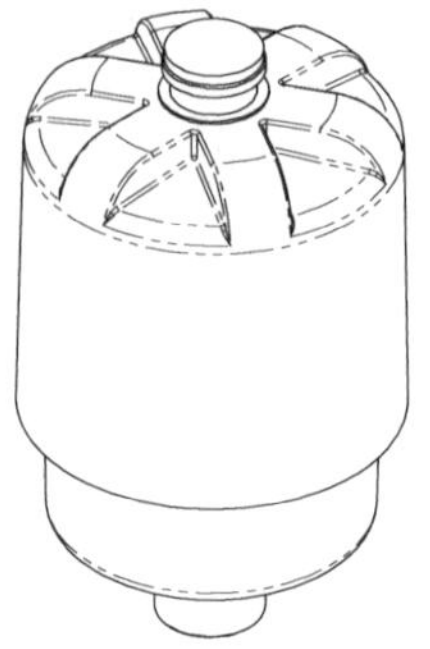

Tout comme pour le cas des bouchons de remplissage, la sélection d'un filtre se fait en fonction des performances désirées de filtration et aussi du débit causé par la variation de niveau d'huile dans le réservoir. Le niveau d'huile change en fonction du débit sortant versus le débit sortant, et dans le pire des cas en fonction du débit maximal de la pompe (Q) et du rapport de surface (S) des vérins selon la formule suivante :

Débit d'air (CFM) = 0,134 × Q (gpm) × (S – 1)

Il existe des filtres de ventilation qui incorporent des soupapes aptes à maintenir et limiter la pression à une certaine valeur, tout en limitant la pression négative possible à un certain seuil.

Afin de minimiser au maximum l'intrusion d'humidité dans le réservoir, on retrouve sur le marché des systèmes de ventilation à air forcé dont l'air est asséché. Une faible pression est alors générée dans le réservoir, le réservoir doit donc être prévu à cet effet.

18.4.9 Jauge de niveau d'huile

Une jauge de niveau d'huile est un requis pour presque toutes les applications. Ce que l'on retrouve généralement consiste en une petite jauge qui est vissée au réservoir avec deux boulons laissant passer l'huile. La vérification du niveau d'huile se fait visuellement. Plusieurs longueurs sont disponibles afin d'identifier le niveau haut ainsi que le niveau bas du réservoir. La vérification du niveau d'huile devrait se faire avec les vérins rétractés à moins d'indication contraire du manufacturier.

Les jauges de niveau d'huile visuelles possèdent généralement un thermomètre qui renseigne sur la température de l'huile dans le réservoir.

Il peut être avantageux d'utiliser au minimum une sonde de bas niveau qui permet de limiter le risque de cavitation de la pompe en cas de niveau trop bas.

Figure 18.13 **Filtre de ventilation**

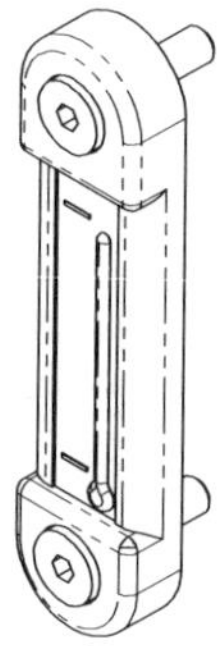

Il est aussi possible d'installer une jauge analogue de niveau d'huile qui permet de savoir le niveau d'huile à partir du panneau d'interface opérateur.

18.4.10 Jauge de température d'huile

On retrouve généralement une jauge de pression d'huile dans la jauge de niveau d'huile (18.4.9). Il est toujours possible d'installer une sonde de température et de savoir en permanence la température à distance, mais cette option est très rare.

18.4.11 Bouchon de vidange

On retrouve généralement un bouchon de vidange dans le bas des réservoirs. Étant donné que le réservoir est souvent près du sol et que le volume d'huile est important, il est préférable d'utiliser une pompe pour enlever l'huile et de ne pas utiliser le bouchon de vidange. Le bouchon de vidange sur les grosses unités hydrauliques sert davantage lors du nettoyage du réservoir.

On peut avoir des bouchons de vidange incorporant un élément magnétique (voir 18.4.12). Toutefois, dans ce cas, l'accès à l'élément magnétique se fait uniquement lors de la vidange du réservoir ce qui est très rare.

18.4.12 Élément magnétique

La fonction d'un élément magnétique dans un réservoir est d'agglomérer ensemble les particules de fer en suspension dans l'huile. Ces particules constituent des contaminants qu'il faut enlever du réservoir un peu comme le changement d'un filtre à l'huile. Ainsi, idéalement, l'élément magnétique serait accessible pour inspection sans nécessiter la vidange du réservoir. Notez que sur les automobiles, l'élément magnétique se retrouve sur le bouchon de vidange, où l'inspection se fait de toute façon lors des changements d'huile, qui sont d'ailleurs plus fréquents que pour les UH.

18.4.13 Jauge de pression d'huile

Une jauge de pression d'huile est un incontournable sur une UH. Il peut être judicieux de localiser la jauge où l'inspection visuelle se fait facilement.

18.4.14 Élément chauffant

Pour un fonctionnement optimal, la viscosité de l'huile doit se trouver dans un intervalle relativement restreint. Ceci est vrai pour assurer une bonne lubrification des composants, et aussi pour assurer qu'un équipement fonctionne avec les bons paramètres de vitesse. Pour cette raison, on retrouve parfois un élément chauffant dans l'huile. Ce dispositif incorpore normalement un thermostat et sert à réchauffer l'huile avant le démarrage de l'unité. La puissance est relativement faible et n'est pas prévue pour un usage lorsque l'unité est en marche.

La puissance doit être supérieure à la capacité de dissipation calorifique du réservoir, avec la température de l'huile à la valeur minimale désirée, et en tenant compte de la température ambiante la plus froide visée.

18.4.15 Valve de contournement

On retrouve parfois des valves de contournement sur les UH ou encore dans un circuit. Une valve de contournement permet de relier ensemble la ligne de pression P à la ligne de retour T. Une valve de contournement passe ainsi la grande majeure partie de sa vie en position fermée. C'est donc un objet que l'on retrouve rarement.

L'intérêt d'une valve de contournement est pour des raisons de maintenance et de sécurité. Il est généralement préférable lors de la maintenance d'un équipement de s'assurer qu'il n'y ait pas de pression dans le système. Lors de maintenance, la personne attitrée ouvre la valve lorsqu'elle travaille sur le circuit avec possibilité de cadenassage. Ensuite, une valve de contournement permet de démarrer la pompe sans que la pression se crée dans la ligne principale. Et graduellement, l'opérateur peut fermer la valve en permettant une montée progressive de la pression, et ainsi s'assurer que les changements faits dans le circuit sont fonctionnels en termes de sécurité.

18.4.16 Porte d'inspection

Les réservoirs sont souvent dotés de porte d'inspection permettant d'observer et de pouvoir nettoyer l'intérieur d'un réservoir.

Certains réservoirs en sont à priori dépourvus, mais dans ces cas, c'est généralement la plaque de dessus du réservoir qui peut être soulevé.

Figure 18.14 **Porte d'inspection typique**

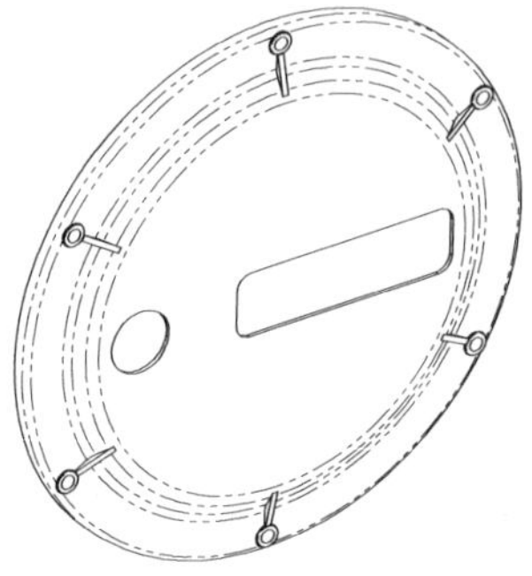

18.5 Moteur électrique

Sur les unités hydrauliques industrielles, on retrouve presque uniquement des moteurs électriques 3 phases (USA : 240/480 V; Canada : 600 V; Europe : 400 V) qui suivent la norme NEMA.

Sur les plus petits systèmes, on peut parfois retrouver des moteurs 1 phase 220 volts. À puissance égale, un moteur une phase est plus dispendieuse qu'un moteur 3 phases.

Figure 18.15 **Moteur électrique 3 phases**

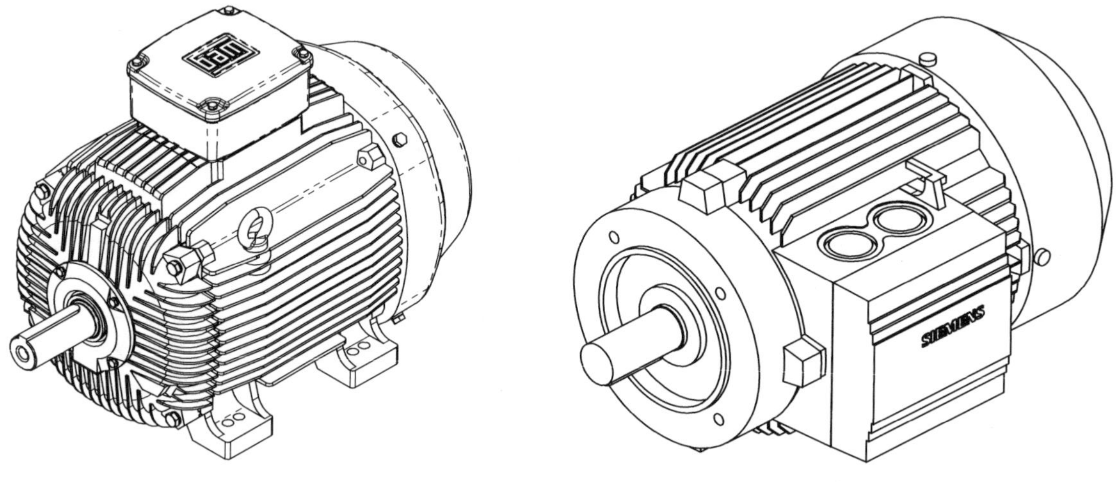

Sans bride de montage

Avec bride de montage de type C

Les moteurs 3 phases sont des moteurs qui tentent de se synchroniser avec le phasage du courant et à pleine charge on peut s'attendre à un glissement de l'ordre de 2,5 %. Les vitesses synchrones théoriques en 60 Hz sont généralement de 1 800 RPM sur les unités hydrauliques (UH), et plus rarement 1 200 RPM. Il existe de véritables moteurs synchrones, mais on ne retrouve pas ce genre de moteur pour les unités hydrauliques.

Généralement, les moteurs pour les UH ont des pattes de montage.

Bien souvent de nos jours, les moteurs pour l'UH ont une bride de montage sur le devant de type « C face » pour pouvoir installer une bride de montage pour lier le moteur à la pompe. Sur les plus anciens systèmes, on retrouvait souvent des moteurs sans bride, le moteur et la pompe demandant une procédure d'alignement des arbres.

Figure 18.16 **Moteur électrique 1 phase, non réversible, avec bride de montage de type C**

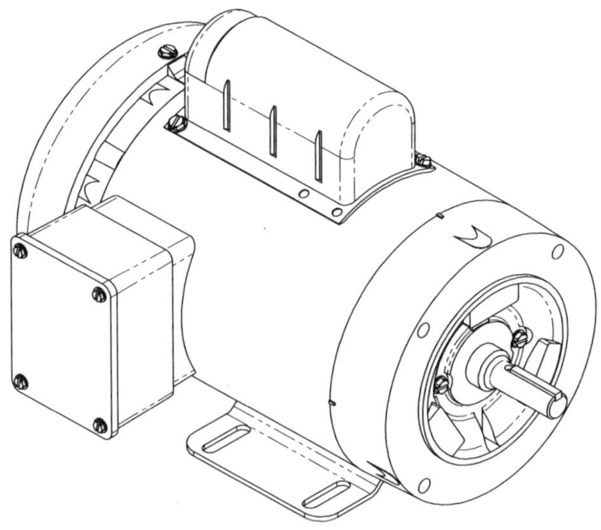

18.5.1 Plaque signalétique d'un moteur 3 phases

Les moteurs utilisés pour les unités hydrauliques respectent normalement la norme NEMA. Cette norme commande des dimensions de montage standards, mais l'arrière du moteur n'est pas soumis à cette règle.

Les moteurs électriques sont pourvus d'une plaque signalétique qui nous permet de savoir ses caractéristiques. Voici en résumé ce que l'on retrouve sur une plaque d'un moteur prévu pour une utilisation sur une unité hydraulique :

- Le nom du manufacturier.
- Le numéro du moteur.
- La puissance : typiquement en HP en Amérique et en kW en Europe.
- Le facteur de puissance : ceci représente le décalage entre le sinus du voltage versus le sinus de l'ampérage. Ce décalage est causé par l'impédance du moteur.
- Les informations sur le courant électrique prévu, soit le voltage, la fréquence et le nombre de phases. Au Canada on retrouve généralement des moteurs 600V/60 Hz/3 Phases. Aux États-Unis, on retrouve des moteurs 240V/60 Hz/3 Phases et 480V/60 Hz/3 Phases. En Europa, on retrouve des moteurs 400V/50 Hz/3 Phases.
- L'ampérage que le moteur consomme à pleine charge.

- La vitesse de rotation à pleine charge : Les moteurs 4 pôles ont une vitesse synchrone de 1 800 rpm à 60 Hz et de 1 500 rpm à 50 Hz. Les moteurs 6 pôles ont une vitesse synchrone de 1 200 rpm à 60 Hz et de 1 000 rpm à 50 Hz. Les moteurs sont typiquement des moteurs asynchrones et leurs vitesses à pleine charge sont toujours inférieures aux valeurs synchrones. Plus le moteur glisse par rapport à sa vitesse synchrone et moins il est efficace.
- La classe d'isolation du bobinage : pour les unités hydrauliques, on peut fonctionner avec la classe bien que la classe F est courante.
- Le design pour la construction du bobinage : le design procure l'information sur le type de courbe de puissance que le moteur possède. On retrouve essentiellement des moteurs de construction B.
- La température maximale de fonctionnement pour le service de fonctionnement prévu : la norme est de 40 °C.
- Le service de fonctionnement pour lequel le moteur est prévu : pour les unités hydrauliques, les moteurs sont typiquement sélectionnés pour un service continu. Ce mode d'utilisation sous-entend un régime d'utilisation avec une charge constante durant une période de temps suggérant un équilibre en termes thermique. On retrouve alors sur la plaque d'identification l'indication S1.
- Le type de construction : on retrouve toujours des moteurs TEFC (totally enclosed, fan cooled), ou en français, auto ventilé, refroidi par ventilateur externe intégral.

18.5.2 Design du bobinage

Le design procure l'information sur le type de courbe de puissance que le moteur possède. On retrouve essentiellement des moteurs de construction B.

Figure 18.17 **Courbe de couple versus la vitesse pour les designs de construction A, B, C, D et E de NEMA**

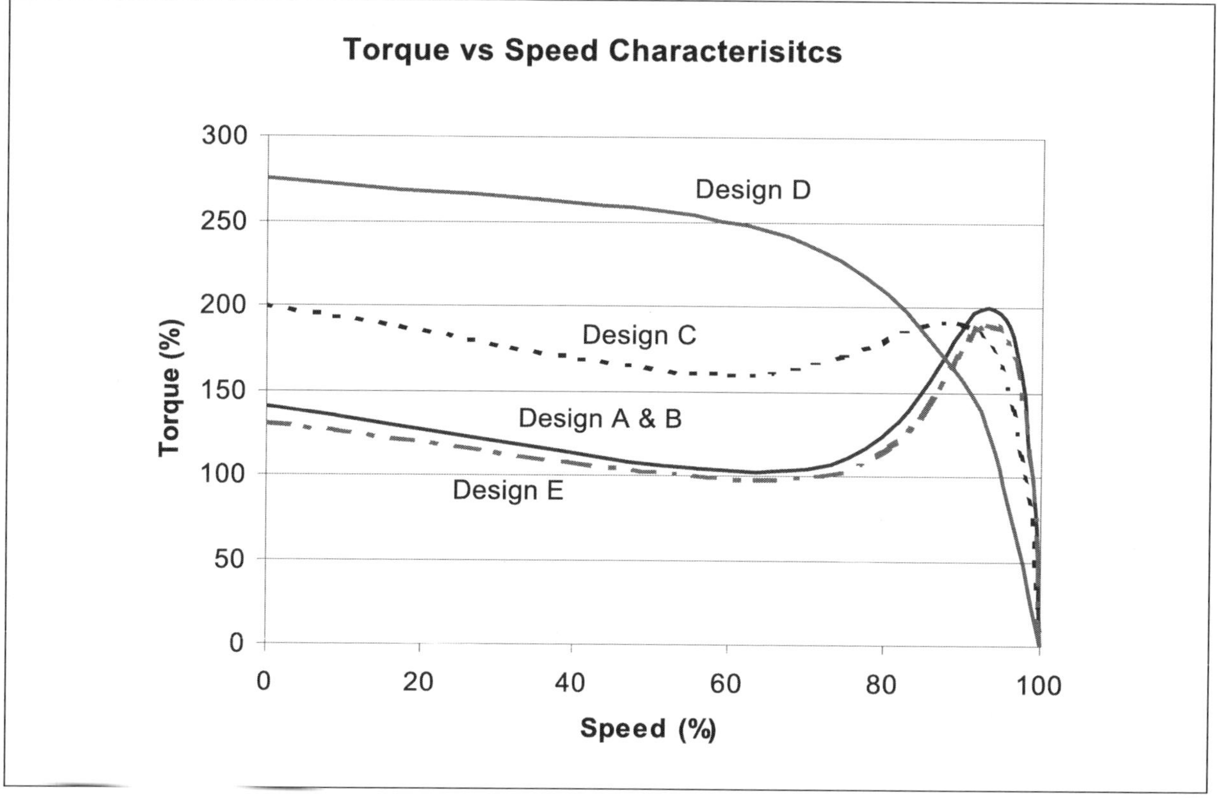

Tableau 18.1 **Table des caractéristiques des moteurs NEMA en fonction de leur design de construction**

Type	Couple de démarrage (en pour cent du couple de charge assigné)	Couple de décrochage (en pour cent du couple de charge assigné)	Courant de démarrage	Glissement	Applications types
Types A et B : Courant de démarrage normal.	100-200 %	200-250 %	Normal	< 5 %	Ventilateurs, soufflantes, pompes et compresseurs centrifuges, etc., pour lesquels le couple de démarrage est relativement peu élevé.
Type C : Couple de démarrage élevé et courant de démarrage normal.	200-250 %	200-250 %	Normal	< 5 %	Convoyeurs, broyeurs, machines à corder, agitateurs, pompes et compresseurs à pistons, etc., pour lesquels le démarrage en charge est requis.
Type D : Couple de démarrage et glissement élevés.	275 %	275 %	Peu élevé	> 5 %	Charges de pointe élevées avec volants d'inertie comme poinçonneuses, cisailles, monte-charge, extracteurs, treuils et palans, pompes de puits de pétrole et étireuses.
Type E : Rotor bobiné	Tout couple inférieur ou égal au couple de décrochage	225-275 %	Selon le couple de démarrage.	Selon la résistance du rotor	Pour lesquelles un couple de démarrage élevé ou une régulation de vitesse limitée (2:1) sont nécessaires et dans lesquelles une charge à inertie élevée doit être accélérée.

Source : Ressource naturelle du Canada

18.5.3 Dimensions des moteurs NEMA

Tableau 18.2 **Table des dimensions des moteurs NEMA**

BALDOR®
A MEMBER OF THE ABB GROUP

Leading Provider of Energy Efficient Industrial Electric Motors and Drives

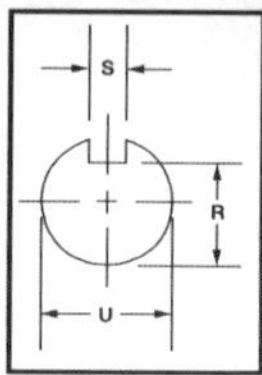

NEMA Shaft	Keyseat Dimensions		NEMA Shaft	Keyseat Dimensions	
(U)	(R)	(S)	(U)	(R)	(S)
3/8	21/64	FLAT	1-7/8	1-19/32	1/2
1/2	29/64	FLAT	2-1/8	1-27/32	1/2
5/8	33/64	3/16	2-3/8	2-1/64	5/8
7/8	49/64	3/16	2-1/2	2-3/16	5/8
1-1/8	63/64	1/4	2-7/8	2-29/64	3/4
1-3/8	1-13/64	5/16	3-3/8	2-7/8	7/8
1-5/8	1-13/32	3/8	3-7/8	3-5/16	1

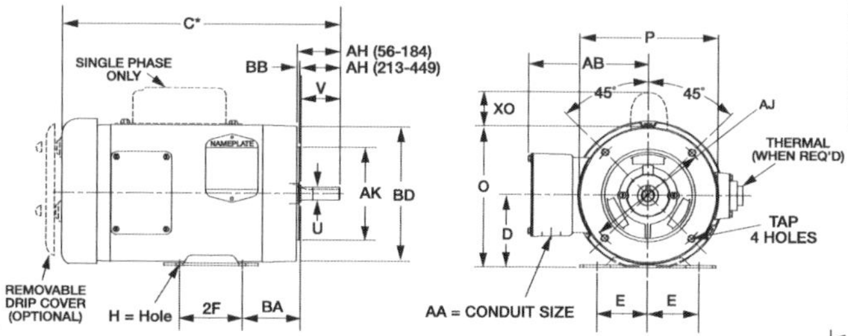

Drawings represent standard TEFC general purpose motors.

*Dimensions are for reference only.

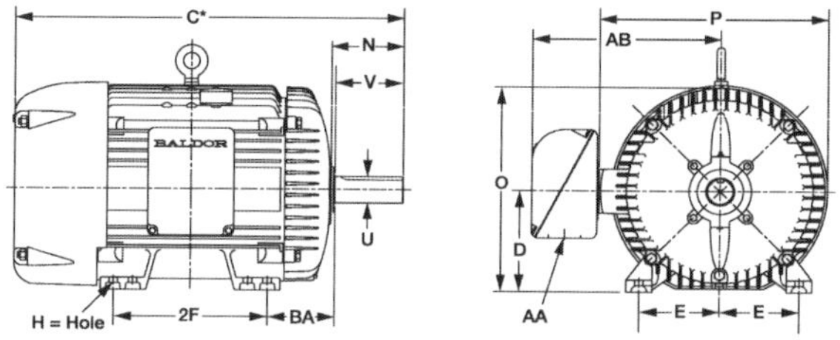

*Contact your local Baldor Sales Office for "C" Dimensions.

Dimensions - N, O, P, AB and XO are specific to Baldor.

NEMA QUICK REFERENCE CHART

NEMA FRAME	D	E	2F	H	N	O	P	U	V	AA	AB	AH	AJ	AK	BA	BB	BD	XO	TAP
42	2-5/8	1-3/4	1-11/16	9/32 SLOT	1-1/2	5	4-11/16	3/8	1-1/8	3/8	4-1/32	1-5/16	3-3/4	3	2-1/16	1/8	4-5/8	1-9/16	1/4-20
48	3	2-1/8	2-3/4	11/32 SLOT	1-7/8	5-7/8	5-11/16	1/2	1-1/2	1/2	4-3/8	1-11/16	3-3/4	3	2-1/2	1/8	5-5/8	2-1/4	1/4-20
56 56H	3-1/2	2-7/16	3 5	11/32 SLOT	2-7/16 2-1/8	6-7/8	6-5/8	5/8	1-7/8	1/2	5	2-1/16	5-7/8	4-1/2	2-3/4	1/8	6-1/2	2-1/4	3/8-16
143T 145T	3-1/2	2-3/4	4 5	11/32	2-1/2	6-7/8	6-5/8	7/8	2-1/4	3/4	5-1/4	2-1/8	5-7/8	4-1/2	2-1/4	1/8	6-1/2	2-1/4	3/8-16
182 184 182T 184T	4-1/2	3-3/4	4-1/2 5-1/2 4-1/2 5-1/2	13/32	2-11/16 2-11/16 3-9/16 3-9/16	8-11/16	7-7/8	7/8 7/8 1-1/8 1-1/8	2-1/4 2-1/4 2-3/4 2-3/4	3/4	5-7/8	2-1/8 2-1/8 2-5/8 2-5/8	5-7/8 5-7/8 7-1/4 7-1/4	4-1/2 4-1/2 8-1/2 8-1/2	2-3/4	1/8 1/8 1/4 1/4	6-1/2 6-1/2 9 9	2-3/8	3/8-16 3/8-16 1/2-13 1/2-13
213 215 213T 215T	5-1/4	4-1/4	5-1/2 7 5-1/2 7	13/32	3-1/2 3-1/2 3-7/8 3-7/8	10-1/4	9-9/16	1-1/8 1-1/8 1-3/8 1-3/8	3 3 3-3/8 3-3/8	1	7-3/8	2-3/4 2-3/4 3-1/8 3-1/8	7-1/4	8-1/2	3-1/2	1/4	9	2-3/4	1/2-13
254U 256U 254T 256T	6-1/4	5	8-1/4 10 8-1/4 10	17/32	4-1/16 4-1/16 4-5/16 4-5/16	12-7/8	12-15/16	1-3/8 1-3/8 1-5/8 1-5/8	3-3/4 3-3/4 4 4	1	9-5/8	3-1/2 3-1/2 3-3/4 3-3/4	7-1/4	8-1/2	4-1/4	1/4	10	–	1/2-13
284U 286U 284T 286T 284TS 286TS	7	5-1/2	9-1/2 11 9-1/2 11 9-1/2 11	17/32	5-1/8 5-1/8 4-7/8 4-7/8 3-3/8 3-3/8	14-5/8	14-5/8	1-5/8 1-5/8 1-7/8 1-7/8 1-5/8 1-5/8	4-7/8 4-7/8 4-5/8 4-5/8 3-1/4 3-1/4	1-1/2	13-1/8	4-5/8 4-5/8 4-3/8 4-3/8 3 3	9	10-1/2	4-3/4	1/4	11-1/4	–	1/2-13
324U 326U 324T 326T 324TS 326TS	8	6-1/4	10-1/2 12 10-1/2 12 10-1/2 12	21/32	5-7/8 5-7/8 5-1/2 5-1/2 3-15/16 3-15/16	16-1/2	16-1/2	1-7/8 1-7/8 2-1/8 2-1/8 1-7/8 1-7/8	5-5/8 5-5/8 5-1/4 5-1/4 3-3/4 3-3/4	2	14-1/8	5-3/8 5-3/8 5 5 3-1/2 3-1/2	11	12-1/2	5-1/4	1/4	13-3/8	–	5/8-11
364U 365U 364T 365T 364TS 365TS	9	7	11-1/4 12-1/4 11-1/4 12-1/4 11-1/4 12-1/4	21/32	6-3/4 6-3/4 6-1/4 6-1/4 4 4	18-1/2	19-1/2	2-1/8 2-1/8 2-3/8 2-3/8 1-7/8 1-7/8	6-3/8 6-3/8 5-7/8 5-7/8 3-3/4 3-3/4	3	18 18 18-1/16 18-1/16 18-1/16 18-1/16	6-1/8 6-1/8 5-5/8 5-5/8 3-1/2 3-1/2	11	12-1/2	5-7/8	1/4	13-3/8	–	5/8-11
404U 405U 404T 405T 404TS 405TS	10	8	12-1/4 13-3/4 12-1/4 13-3/4 12-1/4 13-3/4	13/16	7-3/16 7-3/16 7-5/16 7-5/16 4-1/2 4-1/2	21-5/16	22-1/2	2-3/8 2-3/8 2-7/8 2-7/8 2-1/8 2-1/8	7-1/8 7-1/8 7-1/4 7-1/4 4-1/4 4-1/4	3	19-1/4 19-1/4 19-5/16 19-5/16 19-5/16 19-5/16	6-7/8 6-7/8 7 7 4 4	11	12-1/2	6-5/8	1/4	13-7/8	–	5/8-11
444U 445U 444T 445T 447T 449T 444TS 445TS 447TS 449TS	11	9	14-1/2 16-1/2 14-1/2 16-1/2 20 25 14-1/2 16-1/2 20 25	13/16	8-5/8 8-5/8 8-9/16 8-9/16 8-9/16 8-9/16 4-13/16 4-13/16 4-13/16 4-13/16	24.24 24.24 24.24 24.24 24.24 24.24 24.24 24.24 24.24 24.24	27.57 27.57 27.57 27.57 27.57 27.57 27.57 27.57 27.57 27.57	2-7/8 2-7/8 3-3/8 3-3/8 3-3/8 3-3/8 2-3/8 2-3/8 2-3/8 2-3/8	8-5/8 8-5/8 8-3/8 8-3/8 8-3/8 8-1/2 4-5/8 4-5/8 4-5/8 4-3/4	3 3 4 4 4 4 4 4 4 4	22.68 22.68 22.68 22.68 23.86 23.86 22.68 22.68 23.86 23.86	8-3/8 8-3/8 8-1/4 8-1/4 8-1/4 8-1/4 4-1/2 4-1/2 4-1/2 4-1/2	14	16	7-1/2	1/4	16-3/4	–	5/8-11

18.6 Moteur à explosion

Dans certaines applications mobiles ou lorsque la puissance électrique suffisante n'est pas disponible, on peut se retrouver à utiliser un moteur à explosion pour entraîner la pompe hydraulique, parfois en mode PTO (« power take-off ») ou entièrement dédié.

On a le choix entre différents types de moteurs :

- À essence : usage extérieur et normalement avec un cycle d'opération intermittent. Relativement économique.
- Au diesel : usage extérieur pouvant souvent être en continu. Moteur plus dispendieux, mais consommant moins de combustible.
- Au gaz (propane, gaz naturel) : Généralement souhaitable pour utilisation à l'intérieur.

Les moteurs sont souvent offerts avec des spécifications qui indiquent la puissance maximale (« prime power ») pour les demandes de pointe ainsi que la puissance en continu qui est toujours plus faible.

Pour les applications où le moteur est dédié à entraîner la pompe, un gouverneur s'assure du contrôle du régime constant, peu importe la charge.

On retrouve parfois des moteurs refroidis à l'air, et bien souvent avec un refroidissement liquide demandant un radiateur dédié.

En mode PTO, il est parfois possible d'enlever le lien mécanique.

18.7 Exercices

18.7.1 Exercices niveau #1

1	Les unités hydrauliques sont généralement pourvues d'un filtre de retour	**V**	**F**
2	Il est préférable d'installer une pompe sous le niveau de l'huile afin de diminuer les risques de cavitation de cette dernière.	**V**	**F**
3	Les unités hydrauliques sont généralement pourvues d'un filtre de retour	**V**	**F**
4	Le fait de faire un changement d'huile sur un équipement qui n'a pas eu une maintenance suivie peut entrainer subitement des risques de colmatage.	**V**	**F**

18.7.2 Exercices niveau #2

1	Les moteurs des unités hydrauliques en milieu industriel sont essentiellement des moteurs 1 phase	**V**	**F**
2	Une des méthodes les plus efficaces pour augmenter la capacité de refroidissement d'un système hydraulique est d'augmenter la capacité du réservoir.	**V**	**F**
3	Une pompe à cylindrée variable et pression compensée demande l'utilisation d'une valve de décharge pour contrôler la pression d'opération du système	**V**	**F**
4	Lorsque l'on remplace un moteur NEMA d'un manufacturier par celui NEMA d'un autre manufacturier, la norme NEMA nous assure que les deux moteurs sont entièrement remplaçable sans risque d'interférence	**V**	**F**
5	Un moteur de 3 hp à une phase est plus économique à l'achat qu'un moteur équivalent à 3 phases.	**V**	**F**

6	Un moteur à efficacité élevée possède moins de glissement qu'un moteur à efficacité standard.	V F
7	Le fait de changer un moteur à efficacité standard pour un moteur à efficacité élevée demande des changements mécaniques important.	V F
8	Lorsque l'on indique qu'un moteur est fait pour un courant de 600 volts, dans les faits, le moteur est alors prévu pour un voltage de 550/575/600 volts.	V F

Exercices niveau #3

N/A

Réponses exercices niveau #1

1	Les unités hydrauliques sont généralement pourvues d'un filtre de retour	V
2	Il est préférable d'installer une pompe sous le niveau de l'huile afin de diminuer les risques de cavitation de cette dernière.	V
3	Les unités hydrauliques sont généralement pourvues d'un filtre de retour	V
4	Le fait de faire un changement d'huile sur un équipement qui n'a pas eu une maintenance suivie peut entrainer subitement des risques de colmatage.	V

Réponses exercices niveau #2

1	Les moteurs des unités hydrauliques en milieu industriel sont essentiellement des moteurs 1 phase	F
2	Une des méthodes les plus efficaces pour augmenter la capacité de refroidissement d'un système hydraulique est d'augmenter la capacité du réservoir.	F
3	Une pompe à cylindrée variable et pression compensée demande l'utilisation d'une valve de décharge pour contrôler la pression d'opération du système	F
4	Lorsque l'on remplace un moteur NEMA d'un manufacturier par celui NEMA d'un autre manufacturier, la norme NEMA nous assure que les deux moteurs sont entièrement remplaçable sans risque d'interférence	F
5	Un moteur de 3 hp à une phase est plus économique à l'achat qu'un moteur équivalent à 3 phases.	F
6	Un moteur à efficacité élevée possède moins de glissement qu'un moteur à efficacité standard.	V
7	Le fait de changer un moteur à efficacité standard pour un moteur à efficacité élevée demande des changements mécaniques important.	F
8	Lorsque l'on indique qu'un moteur est fait pour un courant de 600 volts, dans les faits, le moteur est alors prévu pour un voltage de 550/575/600 volts.	V

Réponse exercice niveau #3

N/A

19 Conditionnement de la température d'huile

Le maintien de la température d'opération de l'huile dans à l'intérieur d'une certaine zone relativement restreinte est préférable (idéalement entre 130°F (54°C) et 140°F (60°C)), avec des maximums absolus de l'ordre de 180°F (82°C) à 200F (93°C)). On désire dans un premier temps que la viscosité soit à l'intérieur d'une certaine marge afin de permettre d'obtenir une lubrification efficace (donc huile pas trop chaude) et que la pompe n'est pas trop de difficulté à aspirer l'huile (donc huile pas trop froide). Une température de l'huile constante permet de maintenir des mouvements plus stables et qui répondent aux réglages optimaux. De plus, une température trop élevée de l'huile favorise son oxydation causant sa dégradation plus rapide.

Dans un circuit hydraulique, toutes les pertes de charge et inefficacités se transfèrent en chaleur. Le seul élément dont le rendement n'affecte pas l'huile est le moteur électrique qui commande la pompe. Un système hydraulique est généralement calibré pour les charges maximales, à partir de ce point, si l'on considère que cette charge arrive rarement, il convient de dire que le rendement en marche normale devient encore plus faible causant du coup pour encore plus de chaleur. La chaleur est un enjeu majeur.

Prenons un exemple où l'efficacité de la pompe est de 85 % et consommant une puissance de 40 HP, et où la pompe possède légèrement trop de capacité de débit afin de maintenir une pression stable, imaginons cette surcapacité à 10, laissant croire que le moteur électrique ne fournira jamais plus de 36 HP. Imaginons que le système fonctionne à 2 000 psis. On peut facilement estimer qu'au moins nous aurons une perte de charge de l'ordre de 10 % dans les canalisations et par le passage de l'huile dans les valves, ce qui nous donne une efficacité de 90 %. Imaginons qu'un mouvement utilise un moteur hydraulique dont l'efficacité est de 80 %. Enfin, le moteur a été choisi pour la charge maximale que le système aura à faire bouger, mais en pratique, on sait que la charge ne dépassera jamais 80 % de cette charge. Ici, cette hypothèse est relativement conservatrice, on retrouve souvent des cas où la charge de tous les jours ne dépasse pas le 60 % de la spécification demandée par le client. Lorsque la capacité d'un actuateur est plus élevée que la charge à déplacer, et lorsque la pression du système est maintenue, ce sont les régulateurs de débit qui se chargeront de la tâche de créer la perte de pression afin que le circuit soit balancé. Tenant compte de tous ces facteurs, on peut imaginer que le rendement du circuit est de l'ordre de :

$$total = pompe \times distribution \times actuateur \times charge$$

$$total = 85\ \% \times 90\ \% \times 80\ \% \times 80\ \% = 49\ \%$$

Ces valeurs conservatrices nous indiquent que la puissance en chaleur que le système doit dissiper est donc de l'ordre de 51 % × 36HP, soit environ 18 HP. Rappelons que 18 HP soit plus de 13 400 watts, ou en d'autres termes, c'est comme insérer 13 calorifères électriques d'une puissance de 1 000 watts dans un réservoir d'huile. C'est beaucoup de chaleur. Lorsqu'un système monte et descend des charges, lors du mouvement de descente avec une pression maintenant, la charge thermique à ce moment-là devient alors extrêmement importante et plus que la puissance de l'unité de puissance. En pratique, on peut prétendre que la pompe ne fonctionne pas toujours à plein débit si elle est à pression compensée, ainsi, le rendement pourrait varier entre 49 % et quelque chose dans l'ordre de 75 %.

Les points d'évacuation de chaleur normale :

- Le réservoir : la capacité de refroidissement du réservoir est limitée et s'il est surélevé du sol et placé de façon à ce que l'air puisse circuler autour, peut s'attendre à une capacité de refroidissement de l'ordre de 10 % de la charge thermique. La formule suivante procure une estimation très approximative qui tient compte de la surface du réservoir (A) en contact avec l'air ambiant ainsi que la différence de température entre l'huile dans le réservoir et l'air ambiant.
  - **HP (refroidissement) = 0,001 × DT (°F) × A (pied2)**
  - **HP (refroidissement) = 0,019 × DT (°C) × A (m2)**
- Toutes les composantes sources de pertes de charge deviennent chaudes, c'est impossible d'estimer la capacité de refroidissement, mais on peut s'attendre à environ 20 % de la charge thermique. On peut considérer dans cette catégorie les canalisations de distribution d'huile.

C’est donc très difficile d’évaluer avec précision le besoin en système de refroidissement, et on verra bien souvent des systèmes non pourvus de refroidissement qui fonctionnent correctement avec une bonne température d’huile.

Il y a trois endroits où l’on installe des systèmes de refroidissement :

- Le plus commun est sur la ligne de retour. On peut opter pour que toute l’huile ou une partie du débit passe par un échangeur de chaleur. Dans ce cas, le débit est simplement assuré par la pompe principale.
- Le mieux est encore d’avoir un circuit de refroidissement dédié qui démarre lorsque l’huile devient trop chaude, et qui s’arrête lorsque la température est redevenue normale.
- Parfois dans de petits systèmes, on optera pour un petit échangeur de type air-huile que l’on installe directement à l’arrière du moteur électrique. On se limite à faire passer l’huile du circuit de drainage de la pompe.

Au-delà de leur disposition, il faut distinguer les différents types d’échangeurs.

19.1 Échangeur de chaleur air-huile

Le fonctionnement de l’échangeur de chaleur est simple et fonctionne de la même manière qu’un radiateur automobile dans lequel circule du liquide de refroidissement du moteur. Nous avons donc une série de tubes dans lesquels circule l’huile hydraulique. La vitesse du débit d’huile doit être assez élevée afin d’avoir un écoulement turbulent pour un maximum d’efficacité. Les tubes où passe l’huile sont généralement ronds ce qui leur permet d’être résistants face à une possible pression. Les échangeurs de chaleur sont généralement placés juste avant le filtre à l’huile de retour ou encore avec leur retour directement au réservoir. Les tubes sont incorporés à des fines parois métalliques et un débit d’air forcé passe à travers cette section ainsi construite. L’air est généralement forcé à travers l’échangeur par un ventilateur commandé par un circuit électrique thermostatique. Il faut donc une sonde de température dans le réservoir qui commande une boîte de contrôle. Le ventilateur est alimenté par le même voltage que le moteur de la pompe.

Figure 19.1 **Échangeur avec ventilateur**

Source : Thermal Transfer

Figure 19.2 **Échangeur de chaleur pour installation sur un moteur électrique**

Les raccordements hydrauliques sur l'échangeur de chaleur peuvent souvent les transformer en unité à 1 passe versus à 2 passes. Une passe sous-entend que l'huile parcourt une fois la largeur du radiateur, mais sur toute sa hauteur. L'expression « deux passes » sous-entend que l'huile parcourt la largeur du radiateur sur la demi-hauteur et revient dans la deuxième moitié. Le branchement sous la configuration d'une passe est avantageux si le débit d'huile est assez important, alors que deux passes sont préférables pour des débits plus faibles, mais permet aussi de diminuer encore plus la température près de la température de l'air.

Évidemment, le mieux que l'on peut souhaiter est que l'huile se rapproche de la température de l'huile. En ce sens, il faut placer l'échangeur dans un emplacement bien aéré. On verra souvent des installations où l'échangeur est monté à bord même de l'unité hydraulique. Et on voit souvent les unités hydrauliques confinées dans un endroit clos mal ventilé, ce qui n'est certainement pas la chose à faire. Il est aussi possible de placer l'échangeur à distance de l'unité hydraulique aisément.

Le rendement d'un échangeur de chaleur est fonction de plusieurs paramètres, il faut se référer à la documentation des manufacturiers. Afin de tirer le maximum d'un échangeur, il faut maximiser la différence de température entre l'air et l'huile. La viscosité de l'huile affecte aussi les performances de l'échangeur. La Figure 19.3 présente des étapes pour faire la sélection d'un échangeur de chaleur de Thermal Transfer.

Afin de demeurer efficace, il est important de faire un nettoyage de routine afin de s'assurer que l'air passe librement à travers les ailettes du radiateur.

Pour un moindre coût, il est possible d'installer un échangeur directement à l'arrière d'un moteur électrique. Cette façon de procéder a plusieurs désavantages. Dans un premier temps, le fait d'extraire de la chaleur de l'échangeur fait en sorte d'alimenter en air chaud le refroidissement du moteur électrique. Ensuite, le ventilateur d'un moteur électrique n'est jamais extrêmement puissant. Finalement, l'interface mécanique n'est pas garantie, car il n'y a pas de standard sur les dimensions physiques de l'arrière d'un moteur.

Compte tenu de la performance limitée de ce montage, il faut considérer que c'est une solution pour des cas légers, et où on serait tenté à limiter le débit à celui du drain de la pompe, là où la température est forcément maximale.

Figure 19.3 **Outil de sélection d'un échangeur de chaleur**

Performance Curves

One Pass Oil

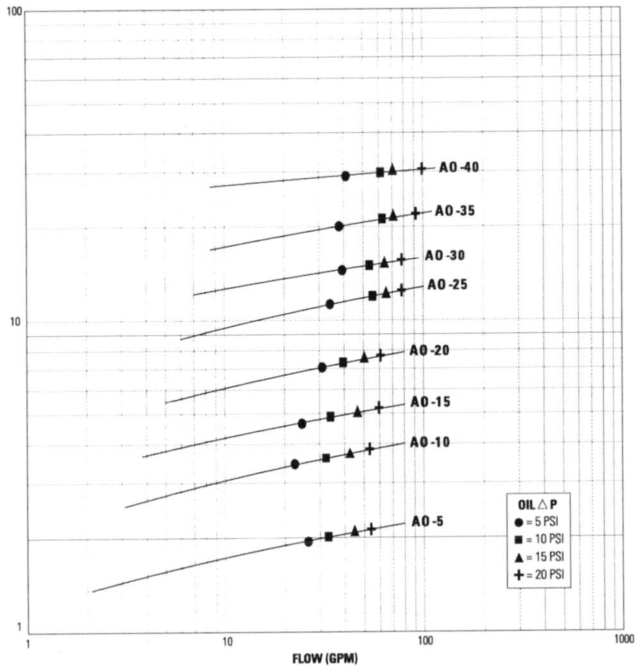

Selection Procedure

Performance Curves are based on 50SSU oil leaving the cooler 40°F high than the ambient air temperature used for cooling.This is also referred to a 40°F approach temperature.

STEP 1 **Determine the Heat Load.**This will vary with different systen but typically coolers are sized to remove 25 to 50% of the input nameplate horsepower.
(Example: 100 HP Power Unit x .33 = 33 HP Heat load.)
If BTU/Hr. is known: $HP = \frac{BTU/Hr}{2545}$

STEP 2 **Determine Approach Temperature.** Desired oil leaving cool °F – Ambient air temp. °F = Actual Approach

STEP 3 **Determine Curve Horsepower Heat Load.** Enter the information from above:

$$\text{Horsepower heat load x } \frac{40 \times Cv}{\text{Actual Approach}} = \text{Curve Horsepow}$$

STEP 4 **Enter curves** at oil flow through cooler and curve horsepower. Any curve above the intersecting point will work.

STEP 5 **Determine Oil Pressure Drop from Curves:**
● = 5 PSI; ■ = 10 PSI; ▲ = 14 PSI; + = 20 PSI. Multiply pressure drop from curve by correction factor found in oil △

Source : Thermal Transfer

Figure 19.4 **Charte de sélection du facteur de correction de la viscosité**

C_V Viscosity Correction

	OIL					
Average Oil Temp °F	**SAE 5** 110 SSU at 100°F 40 SSU at 210°F	**SAE 10** 150 SSU at 100°F 43 SSU at 210°F	**SAE 20** 275 SSU at 100°F 50 SSU at 210°F	**SAE 30** 500 SSU at 100°F 65 SSU at 210°F	**SAE 40** 750 SSU at 100°F 75 SSU at 210°F	**50-50 Ethylene Glycol & Water**
100	1.14	1.22	1.35	1.58	1.77	1.11
150	1.01	1.05	1.11	1.21	1.31	1.02
200	.99	1.00	1.01	1.08	1.10	.96
250	.95	.98	.99	1.00	1.00	.95

Source : Thermal Transfer

Pour une application de maintenance, si l'on sait que l'on a une température d'huile de 40 deg. F trop chauds, on peut trouver la charge à dissiper à partir de la relation suivante :

$$Huile\,\Delta T = \frac{(BTU\,/\,hr)}{210 \times Q}$$

19.2 Échangeur de chaleur eau-huile

Les échangeurs de chaleur de type eau-huile sont de loin les plus compacts. En effet, l'eau étant en contact direct avec les tubes où passe l'huile, le transfert de chaleur est très efficace. Par le passé, nous retrouvions beaucoup de ces échangeurs sur les unités hydrauliques alors que maintenant c'est plus rare. La cause est simple, à une certaine époque l'eau de refroidissement était tout simplement l'eau du système d'aqueduc de la municipalité. L'eau fraiche passait dans l'échangeur puis retournait tout simplement dans les égouts. De nos jours, cette pratique est très mal vue. De nos jours, pour avoir un tel échangeur, il faut prévoir un système de refroidissement de l'eau, soit par une tour d'eau ou encore un échangeur air-eau.

Figure 19.5 **Échangeurs eau-huile**

Référence : Thermal Transfer

19.3 Exercices

Exercice niveau #1

N/A

Exercices niveau #2

1	Une des méthodes les plus efficaces pour augmenter la capacité de refroidissement d'un système hydraulique est d'augmenter la capacité du réservoir.	**V F**
2	Un des buts d'installer un échangeur de chaleur est d'assurer que l'huile ne devienne pas trop visqueuse.	**V F**
3	Un écoulement laminaire est préférable à un écoulement turbulent dans un échangeur de chaleur afin de favoriser l'échange de chaleur.	**V F**

Exercice niveau #3

N/A

Réponse exercice niveau #1

N/A

Réponses exercices niveau #2

1	Une des méthodes les plus efficaces pour augmenter la capacité de refroidissement d'un système hydraulique est d'augmenter la capacité du réservoir.	**F**
2	Un des buts d'installer un échangeur de chaleur est d'assurer que l'huile ne devienne pas trop visqueuse.	**F**
3	Un écoulement laminaire est préférable à un écoulement turbulent dans un échangeur de chaleur afin de favoriser l'échange de chaleur.	**F**

Réponse exercice niveau #3

N/A

20 Accumulateurs

Un accumulateur est une réserve d'huile sous pression que l'on retrouve parfois dans certains systèmes hydrauliques. C'est une unité qui tente de maintenir une pression dans le circuit à l'aide d'une réserve qui est pressurisée avec un gaz tel que l'azote. On utilise un accumulateur pour trois raisons distinctes :

- Afin d'augmenter le débit du système au-delà de la capacité de la pompe pendant une période de temps où la pression diminuera à mesure que l'accumulateur se décharge;
- Afin d'agir comme amortisseur pour limiter les chocs causés entre autres par les changements de débit dans le système;
- Afin de maintenir une pression sur les lignes A et B pour améliorer la sécurité lors d'arrêt d'urgence. Dans ce cas, les accumulateurs seront de petites capacités et servent à combler les possibles réductions de pression liées aux fuites internes dans valves.

Un accumulateur demeure un élément dangereux au niveau de la sécurité et particulièrement lors de la maintenance s'il n'est pas déchargé. Bien souvent, et ceci est obligatoire en Europe, il faut prévoir un circuit de décharge automatique lors de l'arrêt.

L'utilisation d'un accumulateur pour accumuler de l'énergie est possible seulement si l'on accepte pendant le temps de décharge une diminution de pression, et ensuite une période de temps où le débit de l'équipement est plus faible pour laisser le temps à l'accumulateur de se recharger.

Un accumulateur contient toujours un gaz dont il est requis d'utiliser de l'azote (nitrogène).

20.1 Types de construction

On retrouve deux familles distinctes d'accumulateurs.

La première famille est composée des accumulateurs à vessie et à diaphragme. Ces accumulateurs utilisent une vessie en caoutchouc pour séparer l'huile du gaz. Les principales caractéristiques de ces unités sont :

- Parfaitement étanche;
- Brise subitement alors que la paroi en caoutchouc éclate soudainement;
- Réagis rapidement à la variation de pression avec une faible inertie ainsi qu'aucune friction;
- Normalement de dimensions allant de petites à moyennes capacités.

Sur la Figure 20.1, on observe les différents éléments suivants :

1. La coquille qui est en acier. Il existe deux types de coquilles, soit celle qui est une construction soudée ne permettant pas de changer le diaphragme (3) en cas de bris; et celle qui est démontable permettant le remplacement du diaphragme (3). L'image présente une construction.
2. La bague de retenue du diaphragme (3). L'image présente une construction soudée, pour une construction démontable, la bague est différente.
3. Le diaphragme qui procure une étanchéité excellente entre le fluide hydraulique et le gaz comprimé.
4. Le siège du diaphragme maintenant en place le diaphragme lorsque l'accumulateur se vide du fluide hydraulique.
5. Le port de branchement hydraulique.

- La soupape de remplissage du gaz.

Figure 20.1 **Accumulateur à diaphragme**

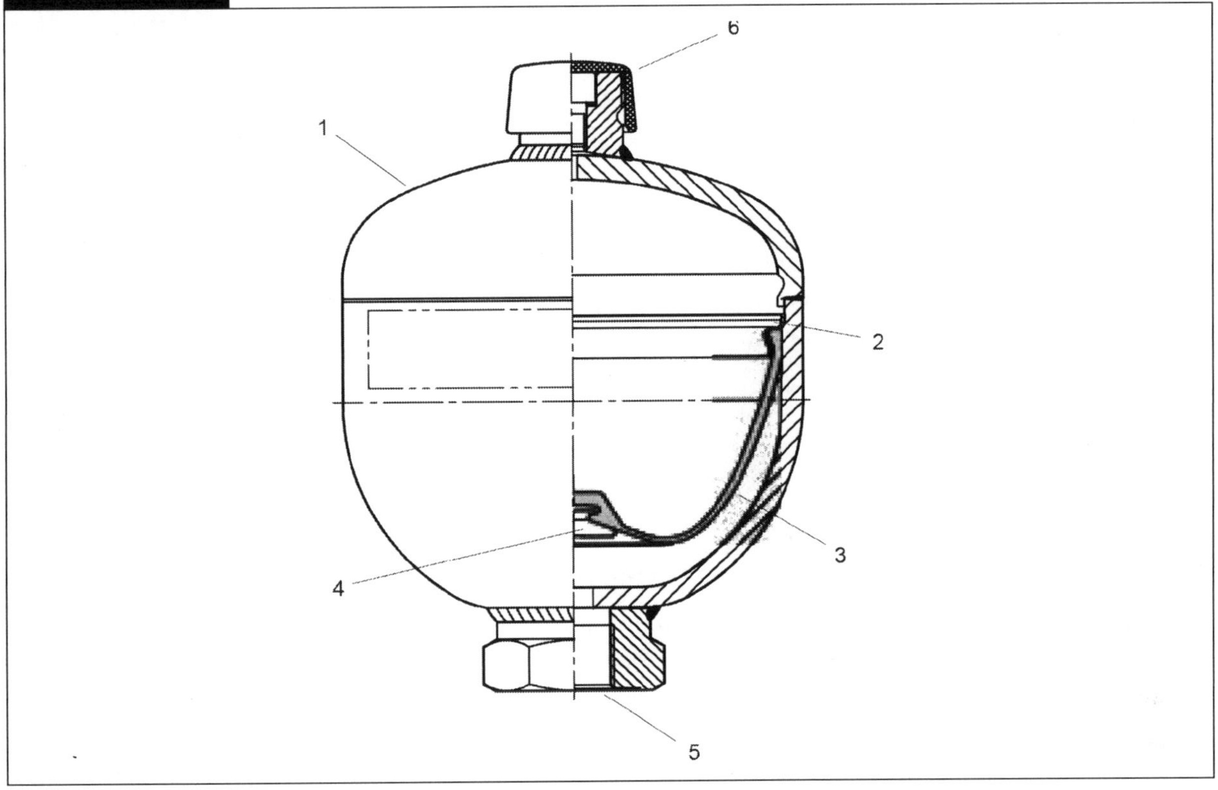

Source : Parker

Figure 20.2 **Accumulateur à vessie**

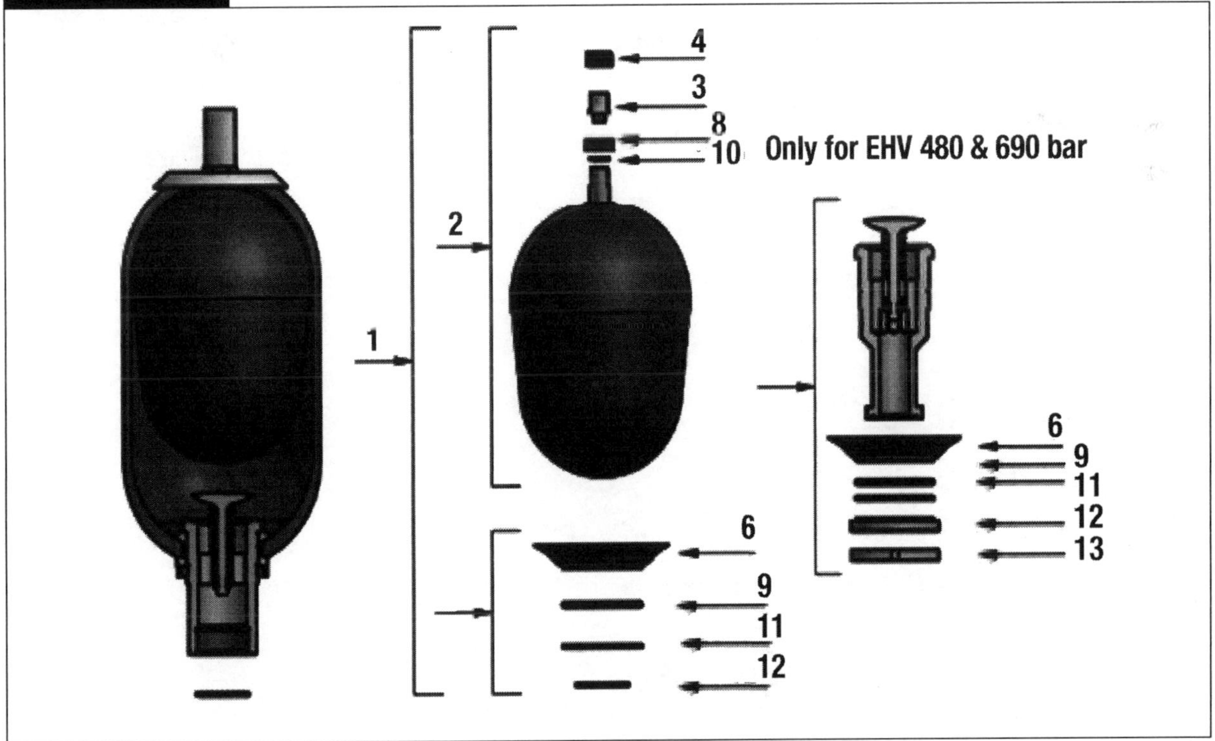

Source : Parker

Sur la Figure 20.2 (page 351), on observe les différents éléments suivants :

1. L'ensemble des pièces disponibles en remplacement;
2. L'assemblage de vessie disponible en kit;
3. La soupape de remplissage du gaz;
4. Un capuchon de protection de la soupape de remplissage;
6. Siège d'étanchéité;
7. L'ensemble de soupape. Dans ce cas, cette soupape n'est requise que pour les applications à haute pression, les applications à basse pression ne nécessitent pas cette soupape. La soupape empêche l'extrusion de la vessie lorsque l'accumulateur se vide du fluide hydraulique;
8. L'écrou de valve de remplissage;
9. Joint d'étanchéité;
10. Rondelle d'étanchéité;
11. Joint d'étanchéité;
12. Entretoise;
13. Écrou de blocage de l'ensemble de soupape.

La deuxième famille d'accumulateurs est celle dont la séparation entre l'huile et le gaz est assurée par un piston utilisant des joints d'étanchéité à la façon d'un piston de vérin hydraulique. Les principales caractéristiques de ces unités sont :

- Les accumulateurs à piston utilisent un piston avec segments comme un vérin pour séparer l'huile du gaz;
- Fiable, mais pouvant perdre de façon constante une quantité de gaz, ce qui demande donc une maintenance plus soutenue;
- Il n'y a pas vraiment de limite en termes de capacité.

Temps de réponse plus lent qu'un accumulateur à vessie et à diaphragme causé par une inertie plus importante et surtout, une friction importante.

Figure 20.3 **Accumulateur à piston**

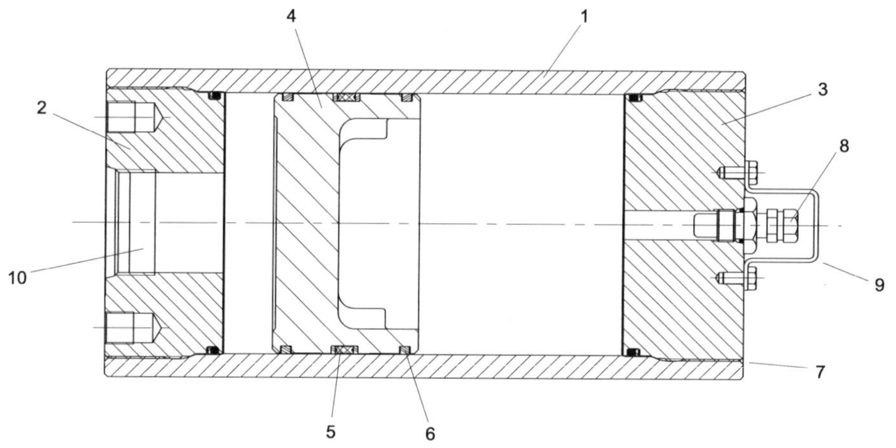

Source : Parker

20.2 Pression de précharge

Idéalement, la pression de pressurisation d'un accumulateur serait indiquée sur le schéma hydraulique où il est utilisé. Il n'y a pas de règle ferme sur la pression d'ajustement de l'accumulateur. La mesure de la pression de précharge se mesure alors que le système est à l'arrêt. À ce moment, l'accumulateur contient un maximum de gaz et un minimum d'huile. Seul le concepteur du circuit est à même de bien savoir les paramètres exacts d'utilisation de l'accumulateur.

On peut toutefois distinguer trois règles générales de la pression de pressurisation en fonction de l'utilisation :

- Pour les applications où l'accumulateur sert à accumuler de l'énergie, la pression de précharge serait de l'ordre de 90 % de la pression minimale du système en opération. Seul le concepteur du circuit sait quelle est cette pression. Par exemple, nous pouvons un circuit dont la pression du système est de 2 000 psis, mais que l'on autorise une pression aussi basse que 1 500 psis pour faire certains mouvements après que l'accumulateur se voit libérer d'une grande partie de son volume d'huile accumulé. Le fait de précharger à 90 % l'accumulateur permet de ne pas toujours le faire fonctionner jusqu'à la fin de course;
- Pour les applications où l'accumulateur est utilisé pour l'absorption de choc, la pression de précharge serait de l'ordre de 60 % à 90 % la pression moyenne de fonctionnement. En faisant varier la pression de précharge, on change la rigidité du circuit. Ainsi, si l'on désire un circuit moins rigide, c'est à ce moment que l'on peut diminuer la pression jusqu'à obtenir le résultat escompté;
- Pour les cas où l'on désire combattre les pulsations dans un système, on se retrouve avec une application similaire à la précédente alors que l'ajustement de précharge serait entre 60 % et 80 % de la pression moyenne de fonctionnement.

Pour un accumulateur à vessie, il faut limiter la pression maximale du système à $P\ max \leq 3 \times P\ minimale$ pour limiter les tensions dans la paroi de la vessie

Une façon détournée de minimiser la variation de pression d'un système est l'emploi d'un accumulateur plus gros ou encore d'utiliser un réservoir de gaz qui se branche sur le port de gaz de l'accumulateur afin d'augmenter le volume compressible.

20.3 Sélection d'un accumulateur comme réserve d'énergie

Dans cette section, on fera un survol de la procédure de dimensionnement d'un accumulateur en négligeant plusieurs points pouvant affecter la performance d'un système de façon non espérée. On assumera par exemple que l'application est pour une température ambiante constante. Un exemple sera présenté fonctionnant bien en bas de 3 000 psis ce qui fera en sorte que l'on négligera certaines corrections à faire.

Enfin, on fera l'exemple pour un mode de remplissage et de décharge rapide conduisant à un comportement polytropique. Il est donc conseillé de sélectionner un accumulateur en suivant les indications fournies par le manufacturier de l'accumulateur. Chaque entreprise semble avoir développé une approche différente pour le dimensionnellement. Ce manuel combinera la méthode présentée dans la documentation de HYDAC et celle que l'on peut parfois retrouvée dans celle de PARKER.

La sélection du format d'un accumulateur demeure une tâche relativement difficile, car il faut bien intégrer ensemble le cycle de la machine et de tenir compte en tout temps de la variation de pression dans le circuit. Il faut bien comprendre que l'utilisation d'un accumulateur dans un circuit a un prix. Le fait d'utiliser un accumulateur oblige à considérer que la pression dans le circuit variera dans le temps. Le fait d'utiliser un accumulateur peut permettre de diminuer la grosseur d'une pompe.

Ainsi, on peut se retrouver avec un circuit dont la consommation moyenne en huile est de 12 gpm, avec des pointes à 25 gpm, le tout fonctionnant avec une pompe de 15 gpm. Lorsque le débit demandé sera de 25 gpm, cela signifie que la pompe délivre son plein débit de 15 gpm, et que l'accumulateur comble le 10 gpm manquant. Mais lorsque l'accumulateur fournit le 10 gpm, il le fait en relâchant sa pression interne progressivement jusqu'à atteindre le niveau minimum.

Ensuite, la pompe devra de nouveau fournir un débit à l'accumulateur pendant un certain temps en fonction du volume d'huile relâché avant que la pression remonte à la pression du système. Si un circuit demande une pleine pression immédiatement après que l'accumulateur se soit vidé, cela est impossible à moins de venir fermer à l'aide d'une valve de distribution le lien de l'accumulateur. Ainsi, avant de présumer la dimension d'un accumulateur, il faut :

- parfaitement connaître le cycle de la machine;
- connaître à quel moment on autorise une diminution de pression et voir si la pression sera encore suffisante pour faire le travail;
- s'assurer que la recharge de l'accumulateur pourra se faire ce qui demande une diminution de la demande en débit;
- connaître le cycle du volume d'huile qui sort et entre dans l'accumulateur afin de connaître de cycle de pression dans le système.

Nous allons faire un exemple simple où l'on suit l'évolution d'un système doté d'un accumulateur. Comme données de base, nous prenons :

- Pression de système : 2 000 psi;
- Débit de la pompe à pression compensée : 10 gpm;
- Vérin monté verticalement levant une charge de 8 500 livres;
- Course du vérin de 20 pouces;
- Prenons l'hypothèse que la perte de pression totale sur la ligne A est de 75 psis (arrière du vérin) et de 60 psis sur la ligne B (tête du vérin);
- Prenons l'hypothèse que le vérin aura un rapport de surface de l'ordre de 1,5;
- Température ambiante constante;
- Régime adiabatique.

Si nous analysons le circuit de façon préliminaire en prenant l'hypothèse que le système n'est pas doté d'un accumulateur, nous trouvons alors les informations suivantes :

- Pression utile du système en montée de : 2 000 − 75 − 60/1,5 = 1 885 psi;
- L'aire minimale du vérin pour lever la charge doit alors être de 8 500#/1 885 psi = 4,51 po^2, ce qui nous conduit à un diamètre de 2,4 pouces, soit un vérin standard de 2,5 pouces. L'aire du vérin en poussée devient alors de 4,91 po^2. Compte tenu du rapport de surface visé, nous nous retrouvons avec un vérin ayant une tige de 1,5 pouce. Le rapport de surface est alors de 1,56, mais aux fins du calcul, nous allons continuer avec un rapport de 1,5;

- La pression minimale pour lever la charge est donc de 8 500#/4,91 po² = 1 732 psis;
- La vitesse de montée du vérin est de 10 gpm × 231/60/4,91 po² = 7,8 po/s.

Nous trouvons que la vitesse de montée est trop lente et désirons atteindre une vitesse de 16 po/s tout en conservant la même pompe. La solution est d'utiliser un accumulateur, mais nous devons choisir entre deux solutions :

- Nous conservons le vérin actuel, mais l'accumulateur doit être en mesure de fournir le volume d'huile avec une perte de charge de 1 885 psi – 1 732 psi, soit de 153 psis. En effet, la pression doit être suffisante pour soulever la charge lorsque le vérin sera vers sa fin de course supérieure. Cette faible perte de charge de l'accumulateur conduire à sélectionner un accumulateur naturellement de dimensions plus importantes.
- Nous autorisons une plus grande perte de charge en employant un vérin plus gros, par exemple un vérin de 3 ¼, pour une pression utile minimale de 1 025 psis. Ce qui conduit à considérer que l'accumulateur devra fournir un volume d'huile avec une perte de charge de 1 885 psi – 1 025 psi, soit de 860 psis.

Débutons notre exemple avec accumulateur avec la première hypothèse alors que le vérin est en bas. Nous assumons que la pression de précharge dans l'accumulateur est de 90 % la pression minimale. La pression maximale sera de 2 000 psis et la pression minimale de 2 000 psis – 153 psis, soit 1 847 psis. La pression de précharge est alors de 0,90 × 1 847 psi, soit 1 662 psis (les nombres ne sont pas arrondis uniquement que pour des raisons de clarté). Le volume du vérin en montée est de 98 po³. La relation employée pour le dimensionnement des accumulateurs utilisée ici est tirée de la documentation de HYDAC pour le mode de chargement et déchargement polytropique :

$$V_o = \frac{\Delta V}{\left(\frac{P_o}{P_{min}}\right)^{1/n} - \left(\frac{P_o}{P_{max}}\right)^{1/n}}$$

Où : ΔV : la variation de volume dans l'accumulateur entre P_{max} et P_{min}

P_o : La pression de précharge dans l'accumulateur

n : facteur du comportement du gaz

Le choix du facteur n n'est pas simple dans la mesure où il change en fonction du temps du taux de compression du gaz en fonction du temps. Un comportement lent à température constante pour un gaz parfait demande un facteur près de 1. Pour un comportement rapide sans aucun échange thermique, le facteur devient alors de 1,4 pour de l'azote.

La Figure 20.4 (page 356) présente des valeurs de n pour différents cas, ces graphiques sont tirés du manuel « Design Engineering Handbook » de PARKER.

Figure 20.4 **Valeur de n pour un comportement polytropique**

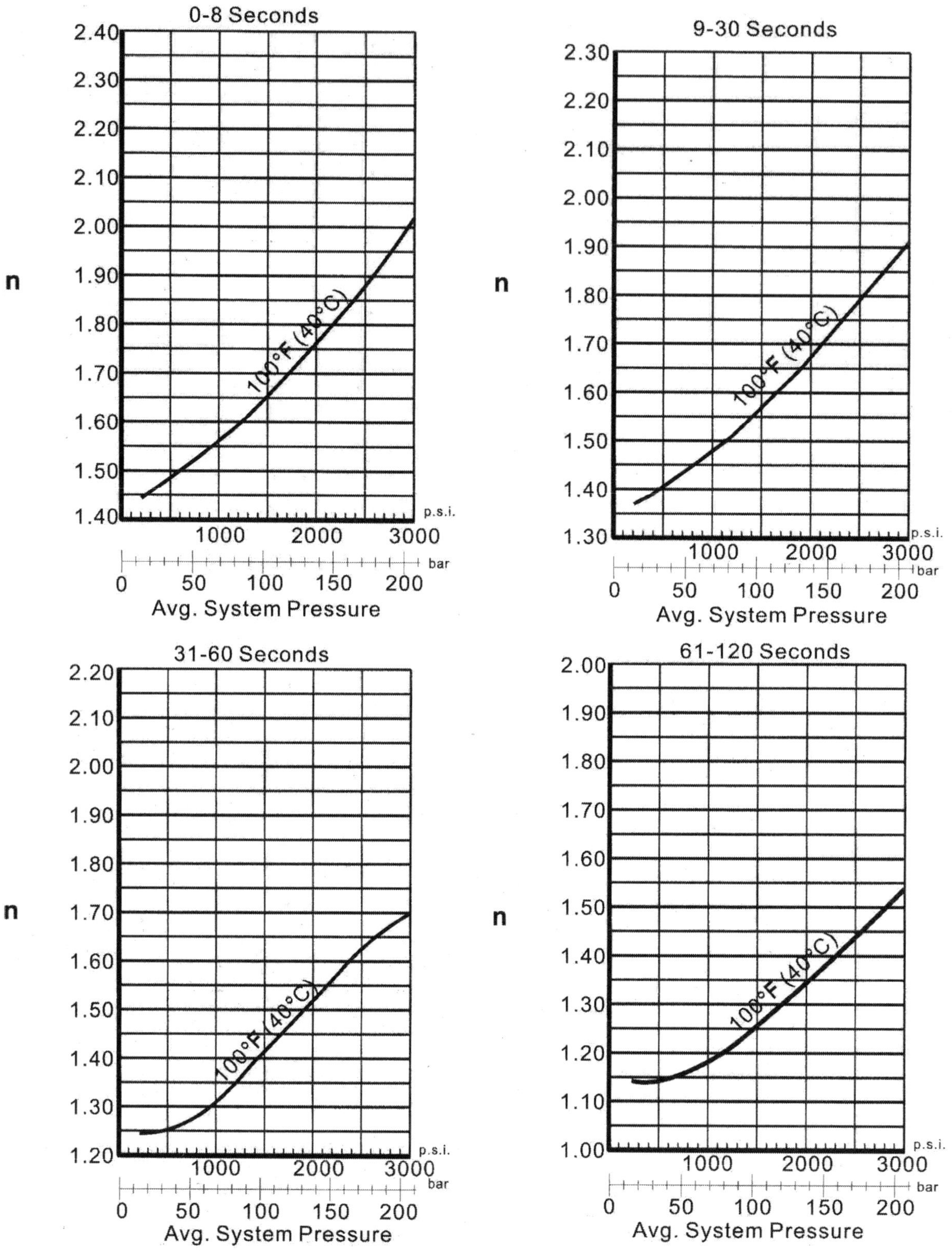

Source : « Design Engineering Handbook » de PARKER

Dans notre exemple, le temps pour vider l'accumulateur sera de 1,25 seconde (20 pouces/16 pouces/s). La pression moyenne dans l'accumulateur est d'environ 1 925 psis ce qui nous conduit à considérer un facteur n de 1,75. Pendant ce temps, la pompe est apte à fournir un volume d'huile de :

$$V = \frac{Q \times temps \times 231}{60} = \frac{10\,gpm \times 1{,}25 \times 231}{60} = 48\,po^3$$

L'accumulateur doit alors fournir la différence de volume nécessaire, soit 98-48=50 po^3. Ce qui nous conduit alors à trouver :

$$V_o = \frac{\Delta V}{\left(\frac{P_o}{P_{min}}\right)^{1/n} - \left(\frac{P_o}{P_{max}}\right)^{1/n}} = \frac{50}{\left(\frac{1662}{1847}\right)^{1/1{,}75} - \left(\frac{1662}{2000}\right)^{1/1{,}75}} = 1193\,po^3 = 5{,}2\,gallons\,US$$

Remarquons que le résultat obtenu commande un accumulateur de plus de 5 gallons US, ce qui est un très gros accumulateur en proportion à un vérin qui demande seulement un volume de 98 po^3.

Dans la documentation des manufacturiers, on utilisera souvent un facteur n de 1,4. L'accumulateur est alors dimensionné de façon préliminaire avec ce facteur. Ensuite, un deuxième facteur est appliqué qui tient compte des variations de pressions afin d'augmenter le volume de l'accumulateur. Dans ce cas-ci, le résultat aurait été un volume préliminaire de 974 po^3 avec le facteur n de 1,4. Ce qui revient à dire qu'un facteur de correction de 1,22 est appliqué indirectement.

Au départ, la machine doit démarrer et un temps est requis pour charger l'accumulateur. Une fois l'accumulateur à son niveau et sa pression minimum après avoir fourni de l'huile au vérin, le débit de la pompe doit maintenant le charger de nouveau. Il est possible de reporter ce temps à plus tard en installation une valve d'isolement à l'entrée de l'accumulateur.

Dans notre exemple, nous avions deux stratégies possibles, voyons maintenant celle qui utilise un plus gros vérin, mais qui accepte une plus grande variation de pression. Les valeurs que nous avions trouvées étaient pour un vérin de 3 ¼, pour une pression utile minimale de 1 025 psis. Le vérin demande ainsi un volume d'huile de 166 po^3. Ce qui conduisait à considérer que l'accumulateur devait fournir un volume d'huile de 166-48, soit 118 po^3 avec une perte de charge de 1 885 psi – 1 025 psi, soit de 860 psis. On peut alors considérer que nous avons :

- P_{max} de 2 000 psi
- P_{min} de 1 140 psi
- P_o de 1 026 psi
- Pression moyenne de (2 000 + 1 140)/2, soit 1 570 psi

Nous nous retrouvons alors avec un facteur n de 1,67, nous obtenons alors :

$$V_o = \frac{\Delta V}{\left(\frac{P_o}{P_{min}}\right)^{1/n} - \left(\frac{P_o}{P_{max}}\right)^{1/n}} = \frac{118}{\left(\frac{1026}{1140}\right)^{1/1{,}67} - \left(\frac{1026}{2000}\right)^{1/1{,}67}} = 439\,po^3 = 1{,}9\,gallons\,US$$

Ce calcul nous montre qu'en autorisant une perte de charge plus grande, malgré l'utilisation d'un vérin plus gros demandant plus de débit, nous en arrivons à nos fins avec un accumulateur beaucoup plus petit. Toutefois, avec une pression résultante de 1 140 psis, le système doit alors être apte à opérer avec une faible pression après le mouvement du vérin. La pompe aura besoin d'un peu plus de temps pour alimenter l'accumulateur et enfin retrouver la pression d'opération prévue. Il arrive que certains mouvements demandent alors que leurs actuateurs soient surdimensionnés. Une analyse complète du circuit doit être faite avec le cycle complet.

20.5 Exercices

Exercice niveau #1

N/A

Exercices niveau #2

1	Un accumulateur à piston demande moins de maintenance qu'un accumulateur à vessie.	**V F**
2	Pour un accumulateur à piston, il faut limiter la pression maximale du système à P max $\leq 3 \times$ P minimale.	**V F**

Exercice niveau #3

N/A

Réponse exercice niveau #1

N/A

Réponses exercices niveau #2

1	Un accumulateur à piston demande moins de maintenance qu'un accumulateur à vessie.	**F**
2	Pour un accumulateur à piston, il faut limiter la pression maximale du système à P max $\leq 3 \times$ P minimale.	**F**

Réponse exercice niveau #3

N/A

21 | Valve de répartition de débit

Dans diverses situations, un équipement peut être pourvu de plusieurs actionneurs dont nous souhaitons avoir un mouvement synchronisé. Plusieurs solutions sont offertes et en voici une brève liste :

- La synchronisation peut être assurée par une solution entièrement mécanique. Cette solution est souvent la plus performante en assurant un lien en fonction de la rigidité de l'élément mécanique permettant la synchronisation. Ce type de solutions oblige peut devenir encombrante, ou encore juste impossible à réaliser;
- La synchronisation peut être assurée à l'aide de composantes hydrauliques que l'on entre dans la catégorie des diviseurs de débit. Dans ce cas, le lien est indirect, aussi rigide que peut le permettre la rigidité de l'huile, mais ce qui est plus ennuyeux, il y a forcément une marge d'erreur. Il faut être capable de fonctionner dans une certaine marge de désynchronisation et le circuit doit permettre de se resynchroniser en fin de course;
- La synchronisation peut être assurée par une solution liant l'hydraulique et l'électronique en mesurant en continu la position de chaque actionneur. Cette solution peut donc utiliser les valves proportionnelles par exemple pour assurer une très bonne synchronisation.

Quelques notions générales par rapport aux valves de répartition de débit, parfois appelé diviseur de débit ou encore « flow divider » en anglais :

- Une valve de répartition permet de faire une répartition du débit à peu près également entre différents éléments;
- Ces systèmes créent toujours une perte de pression;
- Une liaison mécanique est toujours préférable à l'utilisation d'une valve de répartition, surtout si l'équipement travaille rapidement et avec des cycles de fonctionnement agressif;
- Il faut prévoir des soupapes de décharge afin que le système se resynchronise aussi souvent que nécessaire à la précision. S'il n'y a pas de valves de décharge, la resynchronisation sera très lente;
- Il y a des versions qui sont de type répartition/recombination (flow divider/combiner), donc qu'une valve peut combiner les débits aussi bien que les diviser.

Il existe trois types de valves de répartitions :

- À cartouche : le principe est simple et réside à avoir une cartouche qui sépare le débit en deux par exemple, un peu selon des régulateurs de débit compensés :
  - Ces systèmes procurent des rendements médiocres avec une précision d'environ 10 %.
  - Le pourcentage de répartition est une option, on retrouve bien entendu la configuration 50/50, mais possiblement 75/25.
  - Les cartouches sont bien souvent incorporées à des blocs de distributions spécifiques ayant 3 ports pour le branchement.
  - Il est possible de brancher en série différentes valves afin d'obtenir la répartition souhaitée. Par exemple, on peut avoir une valve 50/50 qui divise le débit vers deux autres valves, qui elles aussi sont 50/50, afin d'alimenter quatre vérins.
  - Ce type de valves est économique et très compact.
- À engrenages :
  - Reprend le principe de moteurs hydrauliques à engrenage branchés ensemble.
  - Meilleure précision que la solution à cartouche, avec une précision d'environ 5 %.
  - Relativement économique et compacte.
- À piston
  - Reprend le principe de moteurs hydrauliques à pistons branchés ensemble.
  - Meilleure précision que la solution à engrenage, avec une précision de l'ordre de 2,5 % à 4 %.
  - Cette solution est rarement utilisée, plus coûteuse sans toutefois éliminer la marge d'erreur à zéro.

Figure 21.1 **Valve de répartition à cartouche**

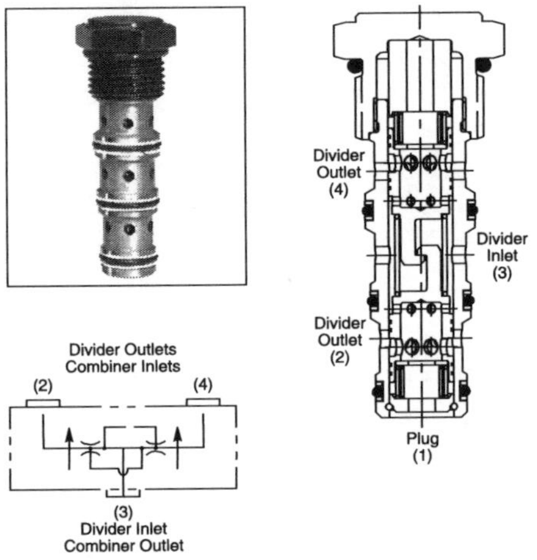

Source : Parker

Figure 21.2 **Valve de répartition à engrenages**

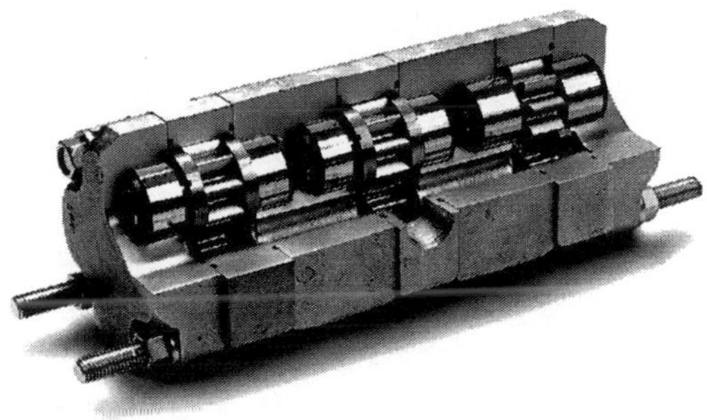

Source : Parker

Figure 21.3 **Valve de répartition à pistons radiaux**

Source : Jahns Hydraulik

Compte tenu de l'erreur dans la répartition du débit, cela conduit à ce que les actionneurs n'arrivent pas au même instant à leurs fins de courses. À cet état, l'actionneur en retard devra puiser l'huile à même les fuites afin de compléter son mouvement. La fin du mouvement complet peut donc prendre beaucoup de temps. Afin d'éviter cette perte de temps, il devient avantageux d'installer des valves de limitations de pressions sur les lignes A et/ou B des actionneurs. Ainsi, le débit pourra être acheminé au retardataire dans la mesure où l'huile peut passer dans la valve de décharge installée sur la ligne d'alimentation de l'élément déjà arrivée à destination.

Il faut s'assurer que tout le débit de la pompe ne se rende ensuite dans les valves de décharges lorsque tous les actionneurs sont arrivés à bon port. La Figure 21.4 montre un exemple de contrôle où l'on peut rendre inactive les valves de décharges.

Figure 21.4 **Circuit avec diviseurs de débit et une valve de décharge**

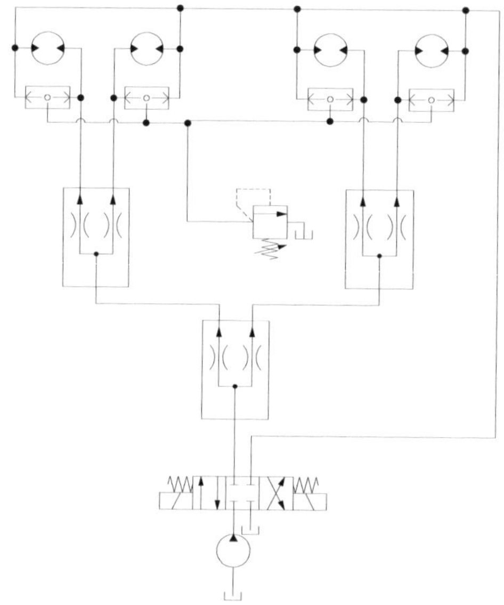

Figure 21.5 **Circuit atypique avec une valve de répartition du débit**

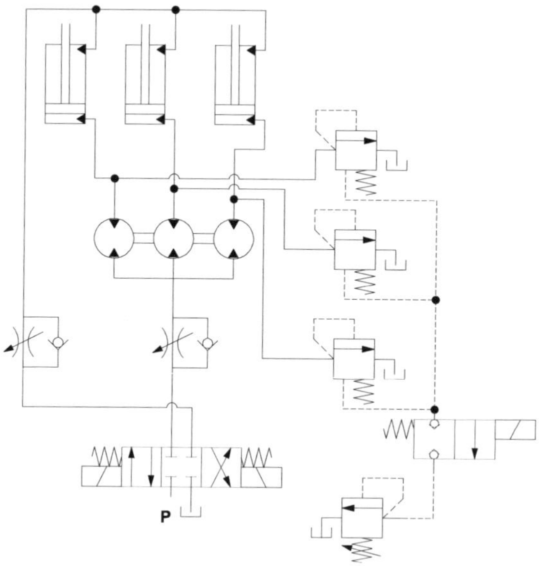

21.1 Valve de répartition de débit employé comme élément de surpression

Bien qu'il n'y ait pas de chapitre dédié aux éléments permettant de créer des pressions supérieures à la pression de la pompe d'alimentation principale, il est possible d'utiliser les valves de répartitions comme élément de surpression.

Comme le montre la figure suivante, le fait de brancher un des ports de sortie du module de répartition du débit fait en sorte de transmettre le couple créé par la pression à l'entrée au port de sortie branché sur le second circuit. Ce type de montage de surpression possède l'avantage de pouvoir fonctionner en continu, mais possède l'inconvénient de n'être pas aussi étanche qu'un élément construit avec un vérin hydraulique. Évidemment, dans ce montage, c'est le même fluide qu'à l'entrée qui se voit augmenté de pression.

Figure 21.6 **Circuit avec surpression**

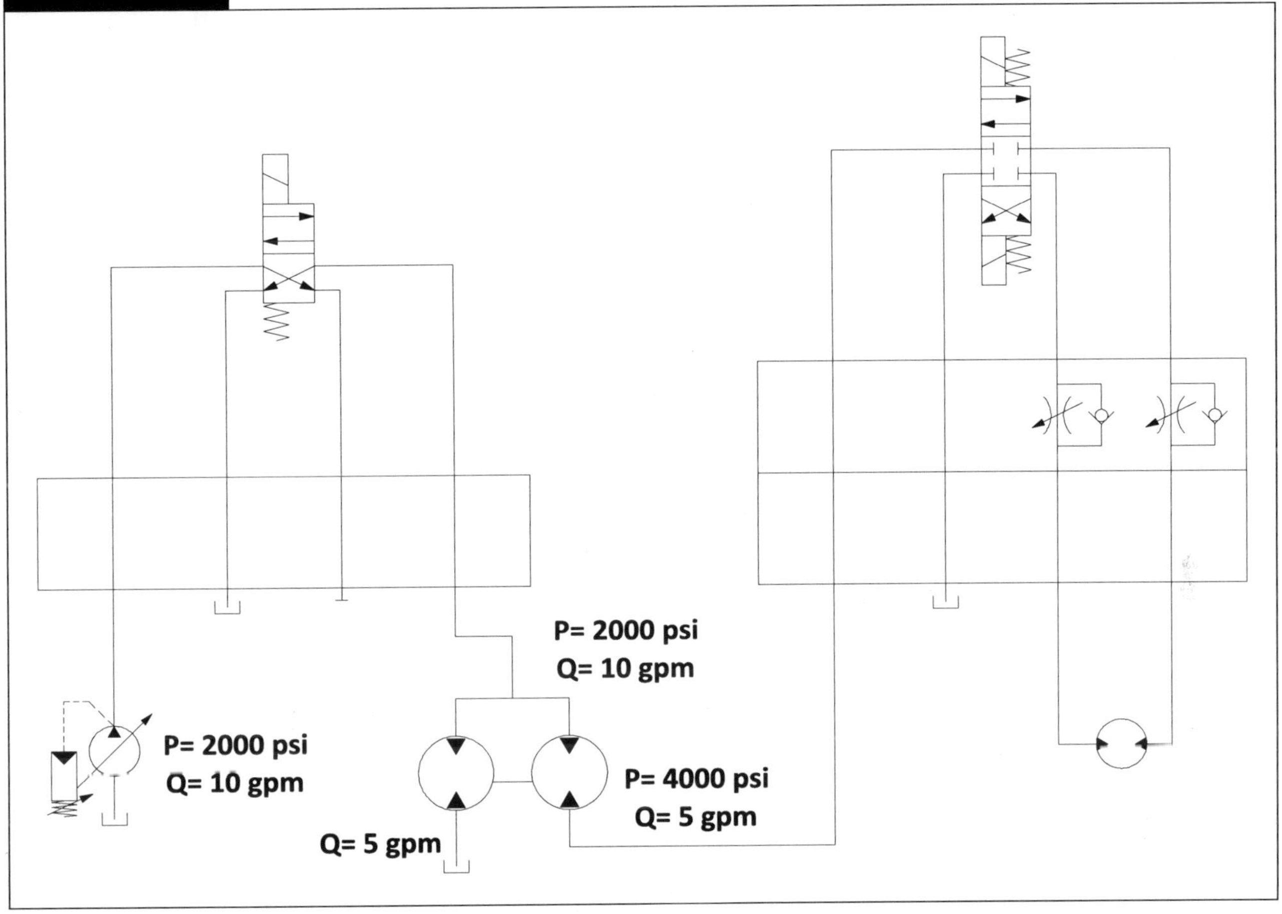

22 Pneumatique

Ce manuel n'étant pas dédié à la compréhension des circuits pneumatiques, ce chapitre fera un bref survol des enjeux de la pneumatique comme moyen de transmission de puissance.

22.1 Avantages et inconvénients

Évidemment, le fait d'utiliser l'air comprimé comme média de transmission de puissance a l'avantage principal d'éliminer les risques de déversement dans l'environnement. Une fuite d'une canalisation d'air comprimé ne pose aucun risque et le seul problème à la fuite est un coût énergique. L'avantage associé est de pouvoir faire des circuits où l'on achemine de l'air comprimé aux différentes composantes sans avoir à créer des lignes de retour. Les valves rejettent l'air de sortie directement dans l'environnement contrairement aux circuits hydrauliques.

Là s'arrêtent les avantages des circuits pneumatiques. Du point de vue rendement, le fait de comprimer de l'air demande beaucoup d'énergie contrairement à l'huile qui est très peu compressible. Le fait que l'air soit compressible demande un travail uniquement pour créer une pression. Dans le même sens, le fait d'alimenter par exemple un vérin demande d'emplir les canalisations ainsi que le vérin en air comprimé, alors que la sortie doit être vidée. Ainsi, la quantité d'air à faire circuler n'est pas seulement le volume de l'actionneur, mais aussi les canalisations, entraînant une consommation plus importante.

Le fait de comprimer l'air fait en sorte de créer son échauffement, et pour cette raison, on retrouve des échangeurs de chaleur sur les compresseurs. Évidemment, on se retrouve avec le résultat inverse à la sortie des valves par exemple, où l'air qui en sort se détend et du coup se refroidit. Cette détente peut faire en sorte de refroidir les outils à main par exemple.

Le contrôle de mouvement est beaucoup plus arbitraire que pour le cas des systèmes hydrauliques.

La gestion de l'humidité dans les circuits pneumatiques demeure un enjeu important alors que l'on se retrouve avec un phénomène de condensation. La capacité de l'air à contenir une quantité d'air à l'état de vapeur diminue à mesure que la pression augmente et que la température diminue. Le fait de se retrouver avec de l'eau dans les composantes et les circuits posent différents problèmes en fonction des processus en jeu.

Du point de vue sécurité, le fait que l'air agit comme un ressort fait en sorte que l'énergie emmagasinée dans le circuit est importante, un peu comme un circuit hydraulique avec un accumulateur. En cas de bris d'une canalisation, il y a toujours danger de projection de débris ou autres. Heureusement, les pressions de fonctionnement demeurent plus faibles que pour l'huile, ce qui limite d'une certaine façon les risques, et qui explique aussi en partie la raison pour laquelle les pressions de fonctionnement demeurent relativement faibles.

22.2 Quelques notions de base

Caractéristiques de l'air :

- Contient : 78 % azote, 21 % d'oxygène et d'autre gaz forment l'autre 1 %
- L'air peut aussi contenir de l'eau (humidité relative)
- Masse volumique de 1,293 kg/m^3
- L'air est compressible, c'est-à-dire que son volume change en fonction de la pression (comme l'azote dans un accumulateur hydraulique)

Unités de mesure du ***volume*** :

- Dans le système S.I., on retrouve le ***Mètre cube*** (ANR) (m^3) : le ANR est défini comme étant« Atmosphère Normale de Référence », soit la pression atmosphérique (1 bar) et une température de 293 Kelvin (20 deg. C)
- Dans le système impérial, on retrouve le « ***Standard Cubic Foot*** » (SCF) : soit un pied cube d'air au niveau de la mer (14,7 psi), à une température de 68 deg. F (293 K ou 20 deg. C) et une humidité relative de 36 %

22.3 Valves de distributions

On retrouve une multitude de configurations de valves pneumatiques un peu comme pour l'hydraulique à la différence que l'on retrouve des valves de type 5/3, soit avec 5 ports et trois positions. Dans ce type de configuration, on se retrouve alors avec un port P, A et B, mais aussi avec deux ports T. À vrai dire, les valves hydrauliques sont aussi faites de cette façon alors que les deux T se rejoignent directement à l'intérieur de la valve. Pour les valves pneumatiques c'est plus simple, les sorties T vont directement à l'extérieure de la valve sans connexions internes. Pour ces valves 5/3, il est parfois possible d'inverser le sens des ports et d'alimenter les ports T avec l'air comprimé et en pouvant alimenter les deux ports avec des pressions d'air différentes afin de limiter la consommation en air. Dans les faits, les ports sont numérotés, par exemple de 1 à 5, mais où l'on peut placer la ligne de pression dans différentes positions.

On retrouve ainsi des montages de valves sur une base commune, des valves pour montage individuel, et enfin, des valves qui s'installent côte à côte à la manière des systèmes que l'on retrouve dans les équipements hydrauliques mobiles.

Figure 22.1 **Différentes configurations de silencieux**

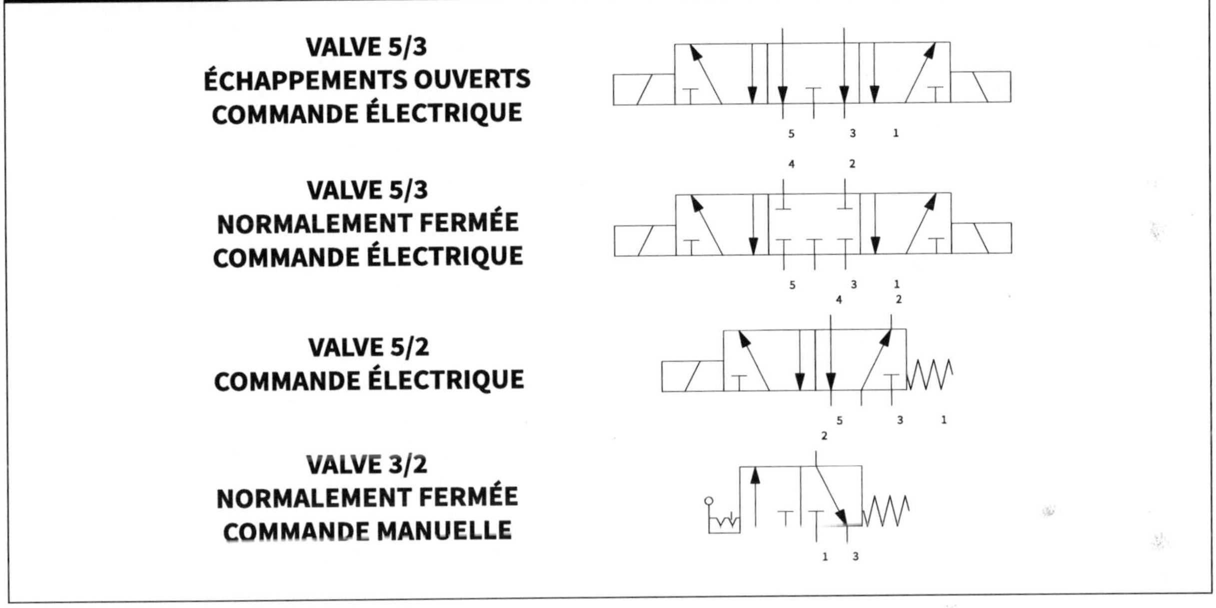

22.3.1 Ports

Les ports sont généralement avec des filets NPT. En pneumatique, l'utilisation des conduits NPT et des filets NPT est la norme, ou encore on utilise les branchements entre les raccords avec des montages de type JIC. Les raccords sont généralement en cuivre.

22.3.2 Électro-aimant et pression de pilotage

On remarquera que la puissance consommée par les électro-aimants est souvent beaucoup plus faible que pour les valves dédiées aux circuits hydrauliques. Les pertes de charge sont obligatoirement beaucoup plus faibles, et avec un tiroir de dimensions comparables, la force à vaincre pour le déplacer est nécessairement plus faible. De plus, on retrouve souvent des valves où la pression à l'entrée sert à amplifier la force de l'électro-aimant, la valve est alors avec assistance avec pilotage. Le pilotage peut être interne ou externe. Lorsqu'il est interne, la valve doit alors fonctionner avec une pression qui doit être au-delà d'une valeur minimale. Lorsque la valve est avec pilotage externe, la pression arrive d'une autre canalisation, et dans ce cas, la valve n'a pas de valeur minimale de pression pour pouvoir fonctionner.

22.3.3 Échappement

Lorsque l'on dirige l'air comprimé avec un actionneur en vue de le faire changer de direction, l'air compris dans la partie où l'air doit s'échapper devra s'évacuer en passant par la valve puis via un échappement pour arriver à l'air ambiant. L'air compris dans la section à vider est normalement sous pression et de ce fait, l'air passera d'un état comprimé à un état détendu à la pression atmosphérique. Le fait d'activer la valve de distribution créera une détente de l'air d'où un bruit de détonation. En vue de diminuer le bruit associé, on installera des échappements à la sortie de la valve. Ultimement, on pourrait installer des canalisations et faire s'échapper l'air dans un endroit distant où la gestion du bruit n'est pas une priorité.

Dans les applications les plus courantes, on retrouve essentiellement 3 configurations d'échappement :

- Échappement normal fait de billes de cuivres frittés ensemble (métallurgie des poutres). Ce type est commun, et offert sous tous les formats.
- Similaire au type précédent, mais avec un régulateur de débit. Bien souvent, on retrouve des régulateurs de débit en meter-out directement assemblés sur les actionneurs, mais parfois ce sont les échappements qui agissent comme régulateurs.
- Échappement de type silencieux. Plus volumineux, ce type d'échappement réduit le bruit associé à la détente de l'air.

Figure 22.2 **Différentes configurations de silencieux**

Échappement normal — Échappement avec régulateur de débit — Échappement avec silencieux

22.4 Dimensionnement en fonction du facteur Cv

La capacité en débit des valves et accessoires pneumatiques est généralement donnée selon un critère qui est basé sur un facteur Cv, soit un coefficient de débit. Le Cv d'une valve décrit sa capacité en termes de débit bien que ce facteur n'est pas d'unité. Le fait que l'air soit compressible demande d'emplir les actuateurs ainsi que les lignes d'air. On retrouve dans les ouvrages différentes façons de calculer le facteur Cv requis, et ce sont souvent des approches simplifiées. Il faut toujours garder que si un actuateur est localisé loin de la valve de distribution, la consommation d'air devra tenir compte la ligne vers ce dernier. Le temps de réaction de l'actuateur sera lui aussi influencé.

Bien souvent, l'approche avec le facteur Cv n'est pas utilisée, et bien souvent on se contente d'utiliser une valve ayant les mêmes ports de connexions que l'actuateur. Cette approche fonctionne dans bien des cas, mais peut entraîner des coûts supplémentaires dans certains cas. Ainsi, un vérin de dimension importante aura probablement de gros ports de branchement, toutefois, c'est la vitesse du vérin qui dicte le débit. À l'origine, le vérin sera doté de ports possiblement trop gros pour notre application.

L'équation générale du facteur Cv est la suivante :

$$C_v = \frac{Q}{16,7}\sqrt{\frac{T_1 \times G}{\Delta P \times (P_2 + P_a)}}$$

Où nous avons :

- Q = Débit en SCFM
- T = Température en Kelvin, soit 273+T (°C)
- G = 1, gravité spécifique de l'air
- ΔP = Différentiel de pression entre la sortie et l'entrée de la valve, le standard est souvent d'utiliser une valeur de 5 psi

- P_1 = Pression à l'entrée (psi), normalement au alentour de 20 % de moins que la pression minimale au réservoir
- P_2 = Pression en sortie => P2 = P1- ΔP
- P_a = 14,7 psis (pression atmosphérique)

Le débit Q en SCFM représente le volume d'air à pressuriser en pieds cubes par minute.

$$Q = \frac{Volume(SCF)}{Temps(minute)}$$

Le facteur Cv se retrouve à être une manière de convertir un débit à la pression atmosphérique à un débit à une pression donnée. On retrouve bien entendu d'autres méthodes d'estimation du facteur Cv comme la suivante documentée dans les manuels de référence de Bimba.

$$Q(SCFM) = \frac{Facteur\ Cv}{Facteur\ de\ compressibilité\ de\ l'air\ (F)}$$

Table de facteur de conversion de Cv à SCFM							
Pression de l'air	40	50	60	70	80	90	100
Facteur F	0,0370	0,0312	0,0270	0,0238	0,0212	0,0192	0,0177

Ainsi, si nous avons un Cv de 0,48 à pression d'opération de 100 psis, on se retrouve avec un facteur F de 0,0177, d'où on se retrouve avec un débit de 27 SCFM.

Il existe des raccourcies qui permettent de faire un lien rapide entre le facteur Cv et l'utilisation d'un vérin d'une certaine dimension fonctionnant à une certaine vitesse. Ces tables ne tiennent pas compte des tubes d'alimentation, il est bon de se le remémorer. Encore tiré de la documentation Bimba, on se retrouve avec les deux méthodes suivantes, soit la première ici-bas :

Tableau 22.1 Table de calcul du facteur Cv

This formula and chart will give the C_V (Valve flow) required for operating a given air cylinder at a specific time period.

$$C_V = \frac{Area \times Stroke \times A \times C_f}{Time \times 29}$$

Area = π x Radius² (see table B)
Stroke = Cylinder Travel (in.)
A = Pressure Drop Constant (see table A)
C_f = Compression Factor (see table A)
Time = In Seconds

Table A

Inlet Pressure (psi)	C_f Compression Factor	"A" Constants for Various Pressure Drops 2 psi ΔP	5 psi ΔP	10 psi ΔP
10	1.6		0.102	
20	2.3	0.129	0.083	0.066
30	3.0	0.113	0.072	0.055
40	3.7	0.097	0.064	0.048
50	4.4	0.091	0.059	0.043
60	5.1	0.084	0.054	0.040
70	5.7	0.079	0.050	0.037
80	6.4	0.075	0.048	0.035
90	7.1	0.071	0.045	0.033
100	7.8	0.068	0.043	0.031
110	8.5	0.065	0.041	0.030
120	9.2	0.062	0.039	0.029

Table B

Bore Size	Cylinder Area (Sq. In.)
1/4"	0.049
1/2"	0.196
3/4"	0.44
1-1/8"	0.99
1-1/2"	1.77
2"	3.14
2-1/4"	3.97
2-1/2"	4.91
3"	7.07
3-1/4"	8.30
4"	12.57
5"	19.64
6"	28.27
8"	50.27
10"	78.54
12"	113.10

NOTE: Use "A" Constant at 5 psi **ΔP** for most applications. For critical applications, use "A" at 2 psi **ΔP**. "A" at 10 psi **ΔP** will save money and mounting space.

Source : BIMBA

Et la deuxième, encore plus rapide :

Tableau 22.2 **Table de calcul du facteur Cv**

Index C_V against Bore Size vs. Inches of stroke per second. Assuming 80 psi and ΔP = 80%

C_V	Cylinder Bore Size									
	0.75	**1.13**	**1.50**	**2.00**	**2.50**	**3.25**	**4.00**	**5.00**	**6.00**	**8.00**
0.1	26.8	11.9	6.7	3.8	2.4	1.4	0.94	0.6	0.42	0.24
0.2	53.7	23.9	13.4	7.5	4.8	2.9	1.9	1.2	0.84	0.47
0.5	134	59.6	33.6	18.9	12.1	7.1	4.7	3	2.1	1.2
1.0	268	119	67.1	37.7	24.2	14.3	9.4	6	4.2	2.4
2.0	537	239	134	75.5	48.3	28.6	18.9	12.1	8.4	4.7
4.0		477	268	151	96.6	57.2	37.7	24.2	16.8	9.4
8.0			536	302	193	114	75.5	48.3	33.6	18.9
16.0				604	387	229	151	96.6	67.1	37.7
32.0					773	457	302	193	134	75.5

Source : BIMBA

22.5 Sélection d'un compresseur

La fonction d'un compresseur est équivalente à la fonction d'une pompe dans un circuit hydraulique. Il y a toutefois des nuances importantes. L'action de comprimer de l'huile se fait avec un minimum de retrait de l'huile, car ce média est peu compressible, et l'on part du principe général que l'huile est incompressible. C'est faux, mais les conséquences au niveau de la pompe sont négligeables. Toutefois, lorsque l'on comprime de l'air, qui est fortement compressible, on se retrouve à prendre un volume important d'air et à le comprimer dans un volume beaucoup plus petit. Cette action se fait en créant beaucoup de chaleur. Les systèmes de compresseur d'air sont toujours aptes à dissiper une bonne quantité de chaleur. Lors de l'utilisation d'un outil pneumatique par exemple, l'air se détend et de ce fait, l'air sortant de l'outil est plus froid que l'air ambiant.

Un compresseur est un système mécanique qui comprime l'air et qui consomme une puissance. Un des enjeux pour les compresseurs est de pouvoir faire ce travail avec un minimum de lubrification, et l'air en elle-même n'est pas un lubrifiant.

Le choix d'un compresseur doit tenir en compte de l'application à laquelle il est dédié. Des exemples de critères sont les suivants :

- Le coût d'achat
- Le coût d'utilisation
- Les intervalles de maintenance
- Consommation constante ou avec des pointes
- Niveau de présence d'huile autorisé dans l'air
- Tolérance à la variation de la pression dans le temps
- Charge constante ou variable

Nous retrouvons en grande majorité des compresseurs à pistons dans la plupart des applications. Ces compresseurs, comme nous le verrons, sont économiques, mais ne sont pas faits pour fonctionner de façon constante. De ce fait, la capacité de débit du compresseur sera plus grande que la consommation moyenne, et un réservoir sera installé et agira comme accumulateur. Ce type de compresseur est économique à l'achat, de conception simple, mais entraîne normalement une présence relativement importante d'huile dans l'air. Certains procédés industriels ne peuvent pas utiliser un tel compresseur, alors que pour d'autres, c'est tout à fait indiqué.

22.5.1 Type de compresseur

Il existe en théorie une multitude de configurations de compresseur. En pratique, on ne retrouve que quelques configurations. Mais tout d'abord, nous devons faire la distinction entre les deux grandes familles, qui sont :

- Cylindrée dynamique : Un compresseur de ce type comprime l'air souvent avec de très bonnes performances, mais le compresseur ne possède pas une cylindrée à proprement dit. On retrouve ce genre de compresseur dans des applications où les puissances sont très importantes, et ce manuel ne traitera pas de ce type de compresseur. Les compresseurs communément appelés « Turbo » entrent dans cette catégorie.
- Cylindrée fixe : Un compresseur de ce type possède une cylindrée propre, c'est-à-dire qu'un tour de rotation fera en sorte de comprimer un volume déterminé d'air (moins les pertes internes). C'est essentiellement ce type de compresseur que l'on retrouve dans les industries.

Tableau 22.3 **Avantages et désavantages des différents types de compresseurs**

Type	Avantages	Désavantages
À piston (s)	• Consommation d'énergie faible • Capacité de pression élevée • Réglage et contrôle simple, de type arrêt/départ • Possibilité de montage compacte • Indiqué pour des puissances de 1 à 30 hp	• Opération oscillatoire • Bruyant • Température élevée de l'air de sortie • Besoin de maintenance • Fonctionnement intermittent de l'ordre de 60 % • Demande l'utilisation d'un réservoir • Contamination de l'air par de l'huile
Vannes	• Silencieux • Construction simple • Compact • Indiqué pour de très faibles puissances	• Limité à des puissances très faibles • Contamination de l'air par de l'huile
Vis à injection d'huile	• Silencieux • Opération continue • Température basse de l'air de sortie • Compact • Plusieurs stratégies de contrôle (sectionnement, réduction de la vitesse de rotation) • Maintenance réduite • Indiqué pour des puissances de 5 à 900 hp	• Contamination de l'air par de l'huile, mais limité grâce à des séparateurs d'huile intégrés • Efficacité allant de bonne à très moyenne en fonction des stratégies de contrôle et de la variation de la demande en air
Vis sans huile	• Même que précédent • Indiqué pour des puissances de 25 à 1 200 hp	• Air avec un minimum de contamination • Prix de revient

Dans la catégorie des compresseurs à cylindré fixe, on retrouve essentiellement les trois types suivants :

- À vannes (vane) pour des petites applications. Encore ici, ce manuel fera abstraction de ce type.
- À vis (screw) utilisant des rotors. Ce type de construction a été développé au cours des années soixante et est devenu plus courant au cours des années 1980. On retrouve des configurations avec ou sans lubrification.
- Alternatif à piston (reciprocating, trunk). Représente le type de compresseur le plus commun que l'on retrouve pour des applications courantes domestiques ou pour des usines de petites à moyennes.

22.5.2 Compresseur à pistons

Ce type de compresseur fonctionne à régime intermittent, idéalement sous un cycle de 60 %. Ainsi, le débit du compresseur se retrouve à être plus important que le débit moyen requis. Le mouvement des pistons est assuré par un vilebrequin qui est généralement entraîné par des courroies dont la puissance est souvent fournie via un moteur électrique, mais parfois par un moteur à combustion. Le tout est normalement installé sur un réservoir.

On retrouve parfois un compresseur à un seul étage, soit un seul piston comprimant l'air à la pression désirée, ou encore à deux étages. Un compresseur à deux étages utilise un piston qui comprime l'air à une certaine pression qui alimente un deuxième piston qui lui comprime l'air à la pression désirée. Le deuxième piston se retrouve à être de diamètre plus petit que le premier causé par la réduction de volume de l'air. L'air s'échauffant durant la compression, on retrouve un échangeur de chaleur dans le passage entre les deux pistons.

Le tableau suivant procure les pressions usuelles que l'on retrouve en fonction du nombre d'étages du compresseur. Entre les étages, on retrouve toujours un échangeur de chaleur afin de redescendre la température de l'air avant de la comprimer de nouveau.

Tableau 22.4 **Pression versus le nombre d'étages du compresseur**

Nombre d'étage (s)	Pressions habituelles	Pressions maximales
1	4 bars, 60 psi	12 bars, 175 psi
2	15 bars, 220 psi	30 bars, 300 psi
3	> 15 bars, 220 psi	220 bars, 3 200 psi

Le rendement théorique d'un compresseur à piston est théoriquement moyen, et ça se remarque par la montée importante de la température de l'air comprimé. Toutefois, le cycle de fonctionnement intermittent permet d'obtenir un bon rendement alors qu'aucune puissance n'est consommée pour maintenir la pression. Par contre, le régime intermittent oblige à comprimer l'air à une pression supérieure à celle minimalement requise.

Un compresseur à piston fonctionne avec de l'huile dans sa base, et il est important de vérifier le niveau selon les indications du manufacturier. En effet, le compresseur consomme une quantité d'huile qui se retrouve dans l'air comprimé.

Figure 22.3 **Compresseur à 2 étages Ingersoll Rand**

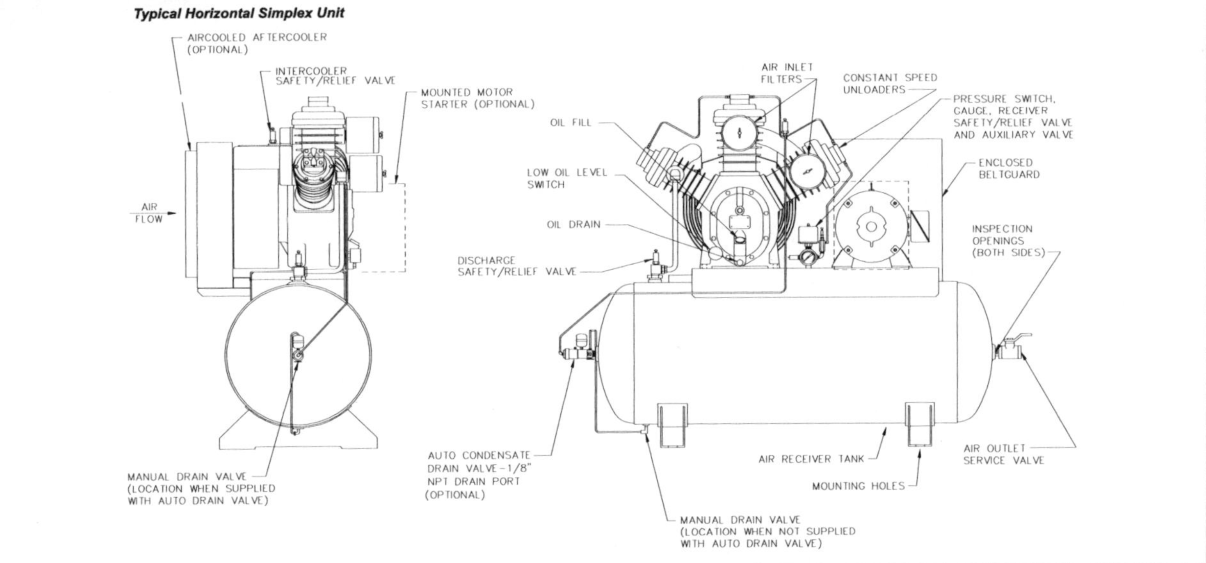

Source : Ingersoll Pistol

Dimensionnement du compresseur et du réservoir

Le débit du compresseur doit être plus élevé que le débit moyen requis de l'ordre de 65 % afin d'obtenir un cycle de fonctionnement de l'ordre de 60 % (à confirmer avec votre spécialiste). Ainsi, si l'application nécessite un débit de 40 CFM d'air comprimé, il faudrait viser un compresseur ayant un débit de plus de 65 CFM.

Le débit se calcule en considérant le volume d'air consommé par les actionneurs à pleine pression, et demandant peut-être de considérer le volume des tuyaux localisés entre les valves et les actionneurs.

La capacité du réservoir se calcule avec la relation suivante :

$$V\,rés\left(pi^3\right) = \frac{K \times Q\left(SCFM\right) \times 14{,}7\,psi}{Pop + 14{,}7\,psi}$$

Où nous avons en unité impériale :

- K=3
- Q = Débit du compresseur en SCFM
- Pop = Pression d'opération en psi
- V = Volume du réservoir en pi^3

Stratégie de contrôle

La stratégie de contrôle des compresseurs à pistons est généralement simple, soit en utilisant un mode arrêt/départ. Le compresseur démarre lorsque la pression minimale est atteinte, et arrête lorsque la pression maximale est atteinte.Normalement, la différence entre les deux pressions n'est pas ajustable, et l'on retrouve des contrôles d'arrêt/départ dans une variation de pression de l'ordre de 30 à 40 psis. Ainsi, si la pression maximale est ajustée à 160 psis et que la sensibilité de la sonde de pression est de 30 psis, le compresseur démarrera lorsque la pression minimale atteindra 130 psis. Afin de minimiser la consommation électrique, il est préférable de contrôler plusieurs compresseurs de débits plus faibles qu'un gros compresseur si la demande en débit d'air varie au cours de la journée.

Figure 22.4 **Optimisation de la consommation d'énergie par l'utilisation de plusieurs compresseurs**

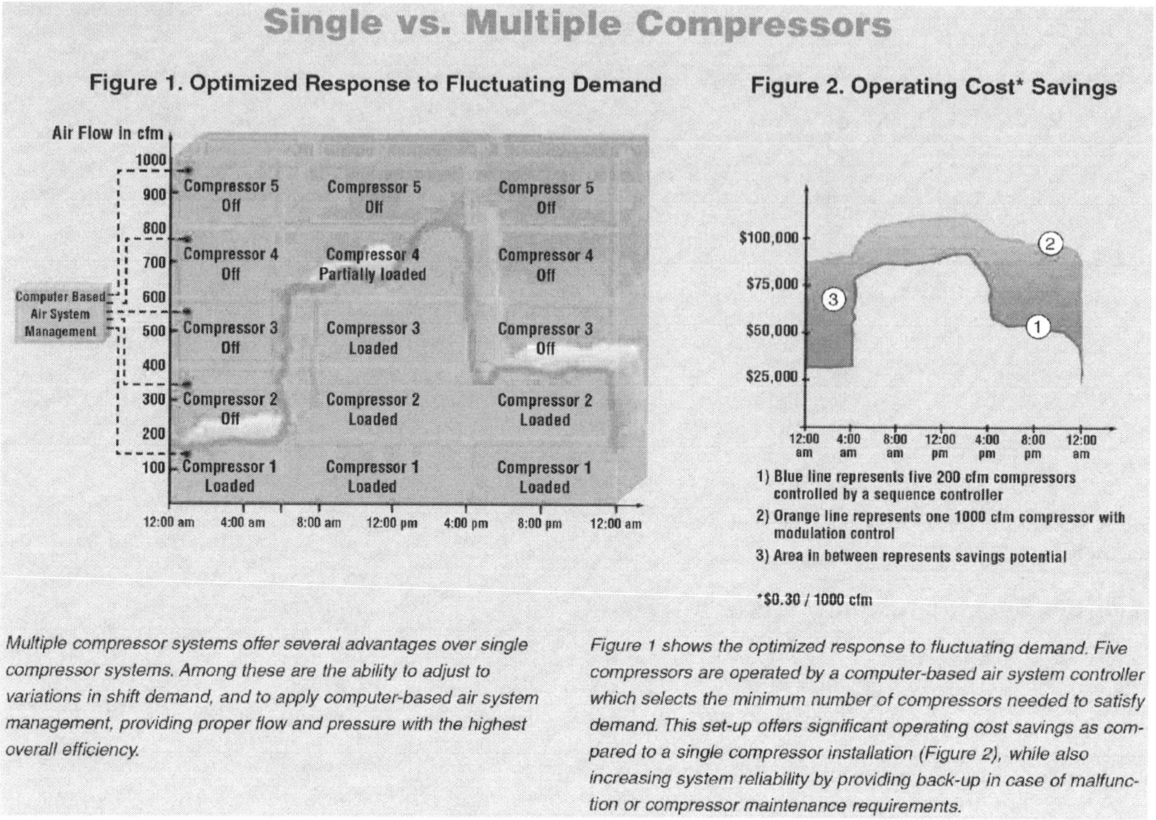

Source : USGUIDE de Kaeser

22.5.3 Compresseur à vis, avec huile injectée

La technologie des compresseurs à vis est relativement récente. Ils sont apparus au cours des années cinquante (1955-1956). Le principe est relativement simple et ressemble dans une certaine mesure à une pompe hydraulique à engrenage. Toutefois, la cylindrée est beaucoup plus importante, et afin d'obtenir un rendement amélioré, les engrenages sont de type hélicoïdal, avec un angle agressif, ainsi qu'un nombre de dents réduit de l'ordre de 3 à 4. Le fait d'avoir deux engrenages qui fonctionnent côte à côte commande une grande précision de construction. Le rendement obtenu par ce type de compresseur est à priori très important bien que l'application en elle-même résulte en un rendement qui peut être inférieur à une application avec compresseur à pistons.

Figure 22.5 **Compresseur à vis, principe**

Source : Ingersoll Rand

Un compresseur à vis est de type volumétrique, c'est-à-dire qu'un tour de rotation entraîne un volume fixe d'air à l'admission et le comprime. Le principe est simple et utilise un nombre très limité de pièces ce qui rend ce type de compresseur très fiable et demandant un entretien minimal. Pour les applications avec une consommation d'air importante, ces compresseurs sont généralement les plus économiques à l'achat et à l'installation.

Un compresseur à vis fonctionne généralement de façon constante en n'utilisant pas de réservoir, mais il y a des cas où un réservoir est utilisé pour faire face à des pointes de demande. Ainsi, il devient très important de choisir le bon compresseur pour l'application, en fonction de la demande en air et de la pression de fonctionnement. Afin d'obtenir un bon rendement, l'ensemble de compresseurs gagne à être doté d'un système de contrôle qui tient compte de la demande. En effet, ces compresseurs sont offerts avec des options de contrôle qui permettent de s'adapter à la pression et à la demande en débit en faisant varier la vitesse de rotation des vis, on obtient alors un compresseur à débit variable. On obtient alors une pression stable qui ne demande pas de passer par des minimums ou maximums, ce qui réduit en quelque sorte les fuites en air dans le circuit de distribution.

Figure 22.6 **Compresseur à vis de type contact**

Source : Ingersoll Rand

Stratégie de contrôle

Les options de contrôle pour les compresseurs à vis sont multiples, et avec beaucoup plus d'options que pour les compresseurs à pistons. On retrouve généralement un contrôleur qui permet de faire plus qu'uniquement faire démarrer l'unité.

Dans bien des applications avec des compresseurs à vis, l'unité fonctionne sans cesse. C'est-à-dire que s'il n'y a pas de demande, une quantité d'énergie est requise pour maintenir la pression. Lorsqu'il n'y a pas de demande, il est préférable, du point de vue énergie, d'avoir un réservoir et de faire tourner à vide le compresseur.

Certaines unités de compresseur possèdent plusieurs étages de compresseurs en parallèle où il est possible de faire tourner les compresseurs à vide, gérées par le contrôleur, apte à s'adapter à la demande. Ce contrôle de type « load/unload » consomme toujours une puissance de l'ordre de 15 à 35 % de la puissance nominale. Si le compresseur est longtemps en vide de veille, un temporisateur peut mettre en veille l'unité.

Il est aussi possible d'avoir des unités qui sont aptes à faire varier le débit du compresseur tout en maintenant une vitesse de rotation de ce dernier. En effet, il s'agit que le compresseur soit doté d'une valve à son entrée qui crée une restriction. Cette dépression à l'entrée du compresseur n'est pas souhaitable pour un compresseur de type à vis sans huile.

Certaines unités fonctionnent avec un contrôleur de vitesse qui permet d'ajuster le débit du compresseur à la demande en faisant varier sa vitesse de rotation. Cette méthode est en fait la méthode la plus efficace énergiquement. Si plusieurs unités de compresseurs sont utilisées, certaines peuvent être à débit fixe pour s'assurer du débit minimal requis, et une unité ou plusieurs unités avec contrôle de vitesse pour accommoder la variation de débit requis. Il est à noter que cette méthode permet de créer une pression constante et ne requiert alors pas de réservoir, ou de faible capacité. Du coup, aucune énergie n'est consommée pour créer une pression inutilement élevée.

22.5.4 Compresseur à vis, sans huile

Ce principe de compresseur est similaire aux compresseurs de type à vis avec huile injectée. La grande différence provient du montage des vis qui ne sont jamais en contact, et dont la synchronisation des deux vis est faite avec un jeu d'engrenage localisé en dehors de la section compresseur.

Figure 22.7 **Section d'un compresseur sans huile**

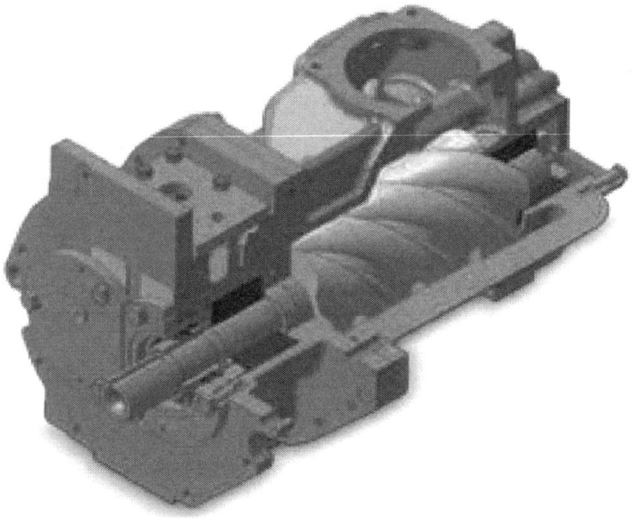

Source : Atlas Copco

Évidemment, l'avantage de ce type de compresseur est de fonctionner sans huile, ce qui permet de limiter au minimum la contamination de l'air. C'est donc le type de compresseur que l'on retrouve dans les usines produisant des biens que l'on consomme comme la nourriture ou encore les médicaments.

Par rapport aux compresseurs à huile injectée, ce type d'unité est plus complexe, est plus onéreux à l'achat, la maintenance de routine est elle aussi plus élevée.

De l'autre côté, sa durée de vie risque d'être plus longue, une économie est obtenue par le fait qu'il y a moins de filtre et de système de conditionnement de l'air. Bien que les vis soient possiblement légèrement moins étanches, il y a moins de composantes après le compresseur pour le conditionnement de l'air ce qui limite les pertes de charge associées.

L'étanchéité est assurée par le jeu très faible entre les vis, alors qu'un compresseur avec huile injectée permet d'être plus étanche en réduisant les jeux par le contact des vis et du lubrifiant. Ainsi, l'efficacité de ce type de compresseur est légèrement plus faible que la version lubrifiée.

22.6 Stratégie de réduction d'énergie

Plusieurs brochures gouvernementales procurent des conseils sur le choix de systèmes de compresseurs comme le document de hydro-one « COMPRESSED AIR, Energy Efficiency Reference Guide », rédigé par le CEATI.

Les frais d'exploitation d'un compresseur à air peuvent devenir très importants et le coût d'acquisition d'une unité peut représenter une facture de l'ordre de 12 % pour sa durée de vie.

Figure 22.8 **Coûts de l'air comprimé pendant la vie d'une unité de compresseur**

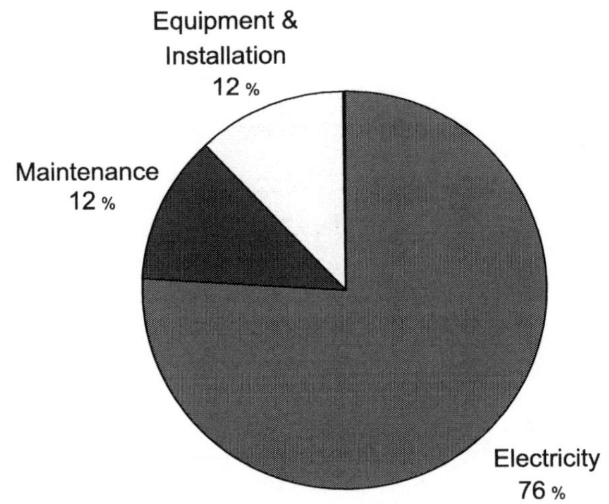

Source : Hydro-one

La figure suivante procure une idée de la puissance requise versus la puissance disponible pour un système pneumatique. Le travail requis pour comprimer l'air est important. Un système hydraulique, bien qu'imparfait, possède un rendement nettement supérieur. Une application où l'on utilise directement des moteurs électriques pour transmettre la puissance est toujours supérieure en termes de rendement.

Figure 22.9 **Puissance consommée versus utile d'un système pneumatique**

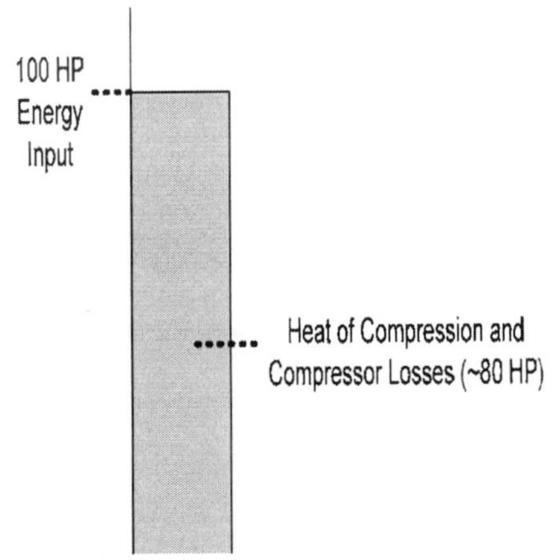

Source : Hydro-one

22.6.1 Ajuster le débit à la demande

Toute unité de compresseur possède une efficacité optimale dans une plage d'utilisation, tant au niveau pression, débit et temps de cycle. Il est donc souhaitable d'avoir un circuit de compresseur qui tire profit des caractéristiques des unités de compresseur ainsi que de la courbe de demande en air.

La figure suivante présente différentes stratégies qui utilisent plusieurs compresseurs afin de s'accommoder à la fluctuation de la demande.

Figure 22.10 **Rencontrer la demande efficacement avec la combinaison de compresseurs**

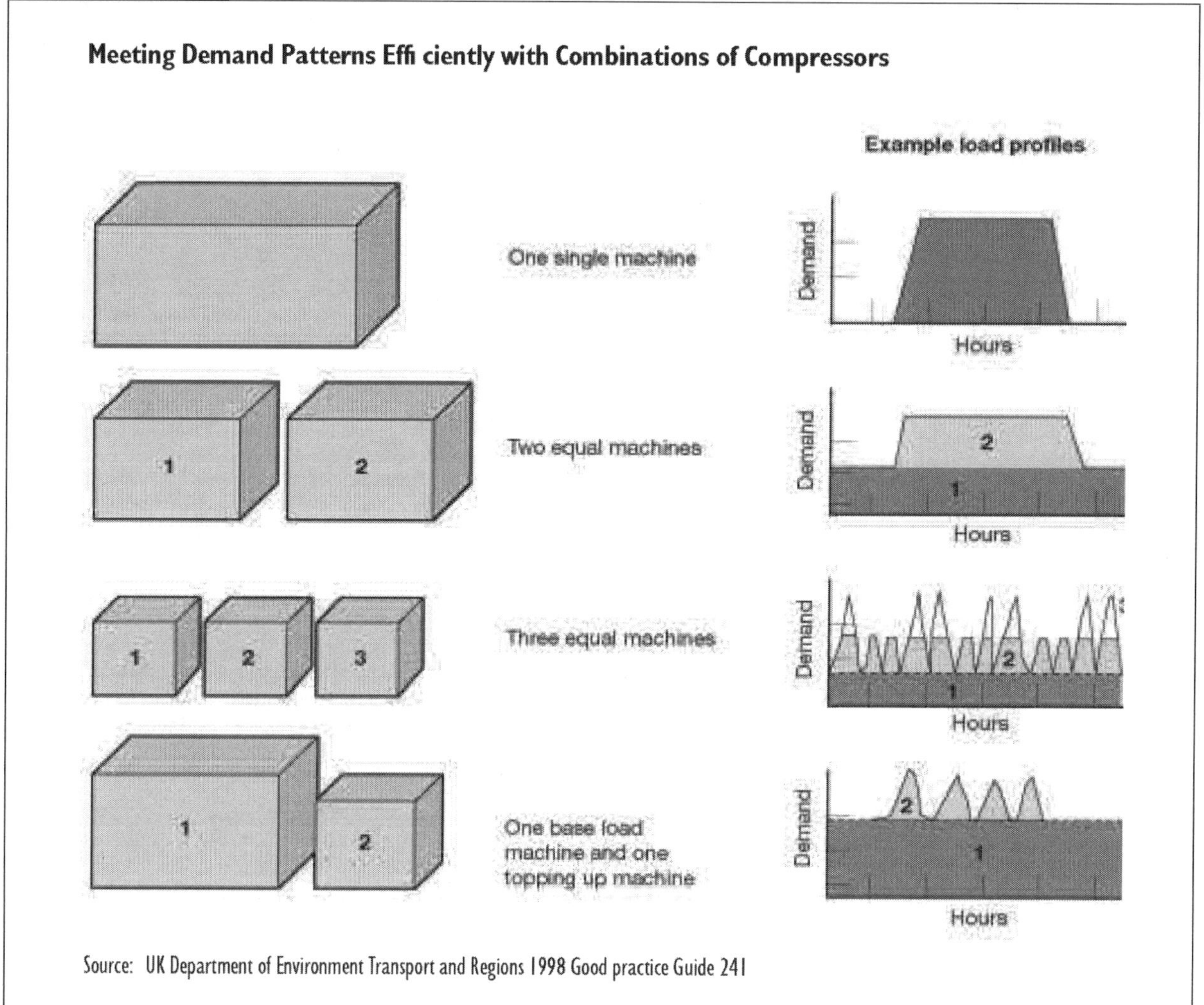

Source : Ame

22.6.2 Pression de fonctionnement

Le fait de comprimer de l'air à une certaine pression demande une quantité importante d'énergie. Le fait d'alimenter inutilement un vérin à pression supérieure à ce qui est requis résulte en une perte d'efficacité, de façon similaire à un circuit hydraulique. Si à l'entrée du vérin nous avons une valve de réduction de pression, la valve créera une perte de charge qui a un coût, bien que l'air se détende ce qui diminue un peu la perte. Comme pour les circuits hydrauliques, il est toujours préférable d'opter pour des composantes bien dimensionnées et non trop surdimensionnées.

Lorsque l'unité fonctionne selon le mode arrêt/départ, cela signifie qu'automatiquement un certain volume d'air a été comprimé à une pression inutilement trop élevée. Nous avons donc automatiquement une perte de rendement. Toutefois, l'avantage de ce type de circuit est de ne pas demander d'énergie pour maintenir la pression même lorsque la demande en débit devient nulle.

Il est toujours avantageux d'avoir une pression qui demeure à un niveau minimal. Outre le fait de comprimer l'air, plus la pression est élevée et plus la perte énergique due aux fuites est elle aussi élevée.

22.6.3 Fuites

Le fait que les fuites potentielles dans un réseau de distribution pneumatique ne soient pas nuisibles entraîne une possible négligence sur la gestion des fuites. Les fuites dans un réseau pneumatique sont fréquentes. Premièrement, le montage des tubes se fait souvent avec la technologie des raccords de type NPT, qui n'est pas la quatrième merveille pour son étanchéité. De plus, l'utilisation de raccord rapide entraîne souvent une usure et éventuellement une fuite dans ceux-ci. Un entretien de routine permet de réduire la perte en énergie en s'assurant que les fuites sont à un niveau minimum. La facture électrique peut être gonflée de l'ordre de 10 à 20 % à cause des fuites.

Figure 22.11 **Effet économique des fuites d'air versus la pression d'opération**

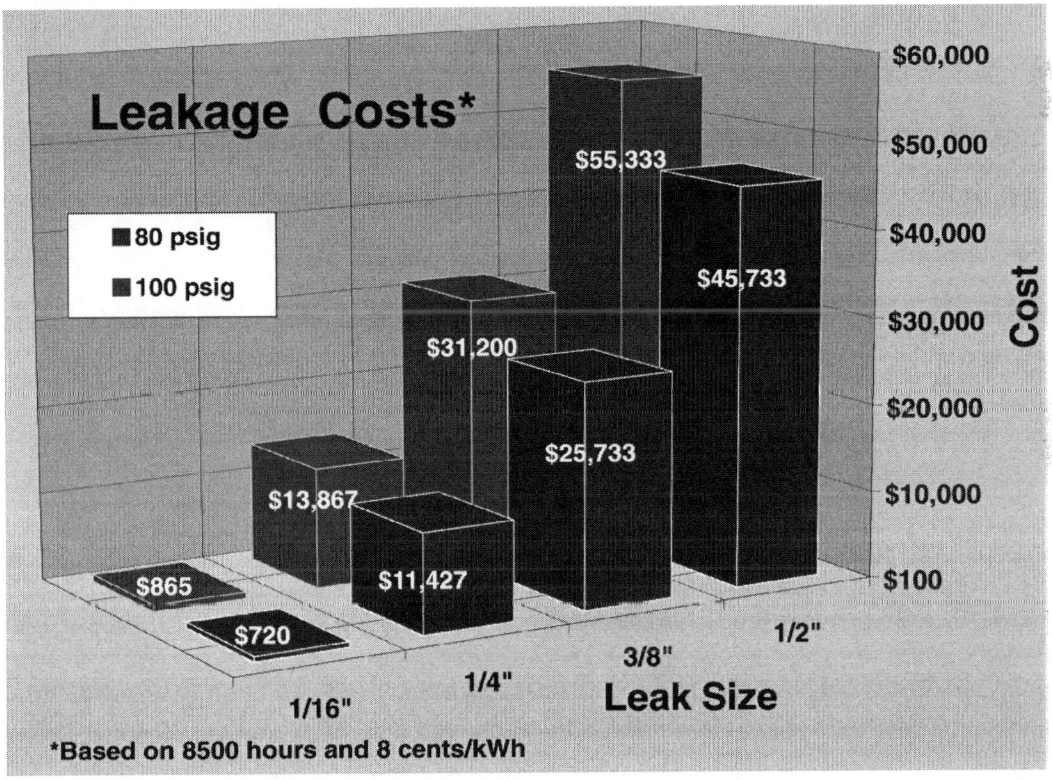

22.6.4 Récupération de l'énergie lors de la compression

Le fait de compresser l'air génère une quantité importante de chaleur. Bien des compresseurs sont dotés d'échangeur de chaleur. Il peut être possible et avantageux dans certains contextes de récupérer cette chaleur pour le chauffage d'espaces ou encore d'eau.

22.7 Conditionnement de l'air

Le conditionnement de l'air fait partie intégrante des éléments à installer dans un circuit pneumatique. On retrouve parfois des éléments de conditionnement de l'air directement sur l'unité de compresseur.

On retrouve presque tout le temps des éléments dits FRL (filtre, régulateur, lubrificateur) aux différents points de sortie dans les usines. On retrouve souvent les trois éléments installés côte à côte, et parfois certains de ces éléments sont regroupés en une pièce multifonctions.

Figure 22.11 **Schéma d'un FRL**

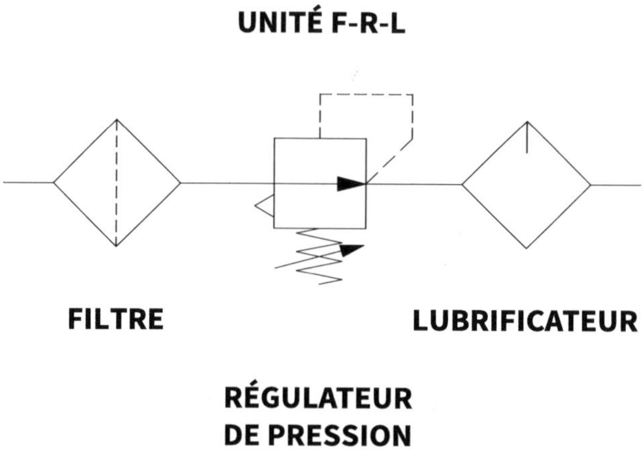

Figure 22.12 **Élément FRL**

Source : Parker

22.7.1 Humidité

Le fait de comprimer de l'air entraîne une possible condensation de l'eau comprise dans l'air. Il est donc avantageux d'avoir des éléments qui réduisent la présence d'eau dans l'air afin de maximiser la vie des composantes. L'eau doit être perçue comme un contaminant.

Lorsqu'un réservoir est utilisé, on retrouvera de l'eau dans celui-ci. Un système de purge doit être installé qui élimine l'eau qui se trouve dans le bas du réservoir. Des systèmes de purge automatique sont typiques sur les plus gros systèmes.

Les éléments FRL incluent un premier stage qui filtre l'air et qui permet aussi de séparer l'eau. Une purge dans le bas du réservoir est accessible et permet d'évacuer le contenu en eau.

Dans certains systèmes, la présence d'eau doit être réduite au maximum. Il existe ainsi des systèmes de conditionnement de l'air qui permettent de l'assécher.

22.7.2 Régulateur de pression

Un régulateur de pression est tout simplement une valve de réduction de pression. On retrouve un régulateur de pression à toutes les sorties joint à l'élément FRL. Il se peut que la pression dans le réservoir varie entre par exemple 100 et 125 psi, alors que l'on désire une pression constante de 80 psi pour une sortie spécifique, alors que pour une autre sortie nous souhaitons une pression différente.

22.7.3 Lubrificateur

Le lubrificateur permet d'ajouter un peu d'huile dans l'air allant vers le système pneumatique. Les systèmes pneumatiques gagnent en général à recevoir un faible apport en huile afin de permettre une certaine lubrification des composantes, comme pour les outils, les valves ainsi que les vérins.

Dans d'autres cas, la présence d'huile est tout à fait proscrite, comme les systèmes d'alimentation en air des systèmes de peinture. Dans ce cas particulier, il faudra avoir une sortie dépourvue de l'élément de lubrification..

23 Tuyauteries et raccords

La matière de ce chapitre est très différente de ce que nous avons vu jusqu'ici. La matière qui suit n'a rien d'abstrait, mais comporte ses propres difficultés. Ce chapitre se limite à présenter quelques standards de l'industrie et vous trouverez bien d'autres types de composantes ou types de raccord que ce qui est présenté ici, il faut donc prendre ce chapitre comme un survol de ce qui se fait de courant.

La difficulté majeure avec la théorie des raccords, boyaux et tubes est qu'il y a beaucoup de standards qui sont issus de plusieurs époques. En pratique, certains types existent, mais sont peu disponibles, d'autres sont plus spécifiques à l'Europe, on mélange les unités de mesure, il y a parfois des choses qui peuvent paraître, avouons-le, un peu bizarre.

Il y a des standards américain et européen. En Amérique, c'est un peu plus simple, car on mélange peu les dimensions. Toutefois, en Europe, on intervient avec des standards métriques, impériaux, et parfois il y a des pays comme l'Allemagne qui pousse à passer tout en métrique ce qui se traduit par des standards qui n'ont pas pris toute leur place. Ici, on a qu'à penser aux raccords de type O'RING BOSS. On retrouve aussi certaines spécificités en Angleterre (normalement assez actif étant donné que leur effort date de loin), en France et au Japon.

Il faut être en mesure de comprendre chaque système afin d'avoir une bonne idée où chercher lorsqu'il s'agit de remplacer des composantes.

Il y a aussi des synonymes qui sont utilisés en fonction des compagnies et dans le langage populaire, comme par exemple SAE 12 versus O'RING BOSS ¾, qui sont la même chose.

Il faut bien comprendre que lorsqu'on indique une dimension, cette dimension fait référence à une série de standards et que les composantes en main n'ont pas forcément ces dimensions. Ce facteur est alors un des éléments les plus perturbants pour un novice.

Pour les composantes dans le système impérial, on retrouve généralement une codification qui est basée sur un multiplicatif de 16, tel que présenté dans la table suivante :

Tableau 23.1 **Table d'équivalence pour la codification des composantes impériales**

-2	1/8"
-3	3/16"
-4	1/4"
-5	5/16"

-6	3/8"
-8	1/2"
-10	5/8"
-12	3/4"

-16	1"
-20	1 1/4"
-24	1 1/2"
-32	2"

23.1 Tubes & boyaux

Les tubes et boyaux servent à acheminer le fluide hydraulique aux composantes du circuit. Les tubes sont des éléments rigides ce qui permet de les fixer semi rigidement à la structure d'un équipement et ainsi contourner efficacement des obstacles. Toutefois, les tubes de par leur nature, deviennent rapidement un obstacle lors du remplacement des composantes s'y rattachant. Bien souvent, les tubes seront utilisés jusqu'à proximité d'une composante qui sera rejointe via un boyau. Les boyaux sont des éléments plus ou moins flexibles et contiennent bien souvent un recouvrement intérieur étanche, ensuite une structure fait de tressage de fibre de différentes natures, puis d'un recouvrement extérieur le protégeant de l'environnement.

23.1.1 Informations sur les dessins

Tel que discuté au chapitre 4, il arrive bien souvent qu'un schéma hydraulique soit fait mais qu'aucun dessin de montage physique des composantes soit fait ou disponible. Ceci n'est pas toujours vrai bien entendu, mais c'est une chose fréquente pour les PME qui fabriquent des produits customs.

L'ingénierie devrait idéalement prévoir au minimum le diamètre des tubes rigides et leurs épaisseurs, ainsi que d'indiquer le type de boyaux requis. La raison en est une de sécurité et l'ingénierie est en mesure d'évaluer ces paramètres en tenant compte en autre des surpressions, des débits et des contraintes physiques.

Normalement, on ne retrouve pas ces informations sur les schémas, mais il reste que ce sont des renseignements qui gagnent à présent sur les schémas dans le cas où il n'y a pas de schéma détaillé de montage.

Ainsi, on peut ajouter les notes suivantes au dessin du type suivant :

Figure 23.1 **Notes typiques sur un schéma hydraulique**

Notes :

1. Lignes hydrauliques et raccords métriques
2. Tubes rencontrant la norme st 37,4 avec les diamètres suivants :
   - 8 mm de -> 1,0 mm de mur
   - 12 mm de -> 1,5 mm de mur
   - 15 mm de -> 1,5 mm de mur
   - 22 mm de -> 1,5 mm de mur
   - 28 mm de -> 2 mm de mur
3. Écrous pour tubes de type eo-2
4. Raccords hydrauliques, parker serie 43, din «l» avec joints toriques
   - 8 mm -> filet m14x1,5
   - 12 mm -> filet m18x1,5
   - 15 mm -> filet m22x1,5
   - 22 mm -> filet m30x2
   - 28 mm -> filet m36x2
5. Indication de boyau basé sur les numéros parker
6. Bloc hydraulique, port sae o'ring, filets métriques pour le montage des valves sauf si indiqué

Et sur les lignes hydrauliques, on peut ajouter les informations de type suivant :

Figure 23.2 **Notes typiques sur un schéma hydraulique**

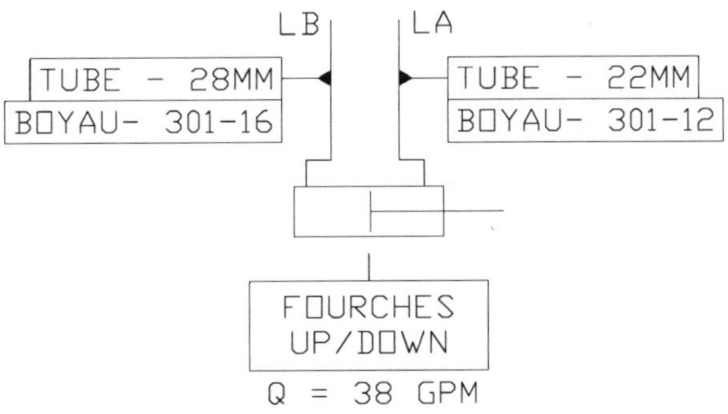

23.1.2 Tube de plomberie

Parfois identifié comme « Hydraulic Pipe », « blackpipe ». Pour les montages vissés, les tubes reçoivent des filets extérieurs de type NPT aux extrémités. Un filet NPT (National Pipe Thread) est un filet avec angle. Cet angle permet une étanchéité naturelle que l'on améliore au montage avec un scellant/lubrifiant.

Ces tubes sont identifiés par un diamètre (qui est une série) et une cédule. La cédule indique sa capacité de prendre de la pression, et dans les faits, on fait varier l'épaisseur de la paroi. Les cédules les plus communes sont 40 (standard), 80 (extra fort) et 160. Il y a d'autres cédules comme le 20 que l'on utilise souvent pour les tubes d'aspiration.

Lorsque l'on mentionne la dimension d'un « pipe », par exemple 1 ½, cette dimension réfère à peu près au diamètre intérieur pour la cédule 80. Le diamètre extérieur est toujours plus grand, constant pour une série, et de 1,900 dans ce cas du 1 ½.

Utilisé pour le transport de l'huile sur une bonne distance, ou encore là où l'on fait des tuyaux avec des raccords soudés. Les tubes sont unis entre eux à l'aide de raccords NPT disponibles eux aussi en fonction des cédules.

Économique et très commun.

On ne plie généralement pas ce type de tube.

Les tubes galvanisés ne sont pas recommandés avec l'huile. Tout à fait indiqué pour l'alimentation pneumatique.

Tableau 23.2 **Table des dimensions de tube de plomberie**

Tube de plomberie, cédule 40 (STD)						
Dimension (po)	Dia. Ext. (po)	Dia. Int. (po)	Épaisseur du mur (po)	Aire interne (po²)	Pression de fonctionnement[1] (psi)	Pression d'éclatement
1/8	0,405	0,269	0,068	0,0568	2 238	13 432
1/4	0,540	0,364	0,088	0,1040	2 173	13 037
3/8	0,675	0,493	0,091	0,1908	1 797	10 785
1/2	0,840	0,622	0,109	0,3037	1 730	10 380
3/4	1,050	0,824	0,113	0,5330	1 435	8 609
1	1,315	1,049	0,133	0,8649	1 348	8 091
1 1/4	1,660	1,380	0,140	1,495	1 124	6 747
1 1/2	1,900	1,610	0,145	2,035	1 017	6 105
2	2,375	2,067	0,154	3,354	864	5 187
2 1/2	2,875	2,469	0,203	4,785	941	5 648
3	3,500	3,068	0,216	7,390	823	4 937

Tube de plomberie, cédule 80						
1/8	0,405	0,215	0,095	0,0363	3 128	18 765
1/4	0,540	0,302	0,119	0,0716	2 938	17 630
3/8	0,675	0,423	0,126	0,1405	2 489	14 933
1/2	0,840	0,546	0,147	0,2340	2 333	14 000
3/4	1,050	0,742	0,154	0,4320	1 955	11 733
1	1,315	0,957	0,179	0,7190	1 815	10 890
1 1/4	1,660	1,278	0,191	1,282	1 534	9 205
1 1/2	1,900	1,500	0,200	1,766	1 403	8 421
2	2,375	1,939	0,218	2,951	1 224	7 343
2 1/2	2,875	2,323	0,276	4,236	1 280	7 680
3	3,500	2,900	0,300	6,600	1 143	6 857
Tube de plomberie, cédule 160						
1/2	0,840	0,464	0,188	0,1690	2 984	17 904
3/4	1,050	0,612	0,219	0,2940	2 781	16 686
1	1,315	0,815	0,250	0,5214	2 535	15 200
1 1/4	1,660	1,160	0,250	1,056	2 008	12 048
1 1/2	1,900	1,338	0,281	1,405	1 972	11 831
2	2,375	1,687	0,344	2,234	1 931	11 587
2 1/2	2,875	2,125	0,375	3,545	1 739	10 435
3	3,500	2,624	0,438	5,405	1 668	10 011

[1] Basé sur un facteur de sécurité de 6 à 1

23.1.3 Tube hydraulique

Ce type de tube est utilisé pour le transport de l'huile et est adapté à l'utilisation des raccords hydrauliques autres que NPT. C'est donc essentiellement les tubes les plus communs dans les circuits hydrauliques.

Fait d'acier de qualité malléable, il est donc possible de les plier (avec de l'outillage) pour faire le parcours désiré.

Comme pour les « pipes », les systèmes de raccords utilisent toujours un diamètre extérieur constant pour les différentes séries. Ainsi, pour s'accommoder des différentes pressions, on fait varier l'épaisseur du mur du tube.

Pour les tubes de dimensions impériales : un peu ennuyants, mais dans un circuit ½, les boyaux ont un diamètre de ½ intérieur, alors que les tubes ont un diamètre de ½ extérieur. Il arrive donc que les tubes représentent une restriction notable.

Lorsque c'est critique, il devient avantageux de monter par exemple des boyaux ½ avec des tubes ¾ en employant des raccords spéciaux (relativement standard dans le JIC)

Pour les tubes de dimensions métriques : ce système est plus récent et donc mieux adapté. Ainsi, lorsque l'on conçoit un circuit dans le ½ ou l'équivalent de 12 mm, les boyaux ont ◊, mais les tubes sont plus gros extérieurement, mais ici, en fonction des pressions d'opérations (3 séries : « Very light : LL » avec quelques variations, « Light : L » et Heavy (S)), on aura le choix de deux diamètres extérieurs, et encore ici, on a le choix des épaisseurs de tube pour rencontrer les besoins de pression.

Plusieurs paramètres sont à tenir en compte lors du choix d'un tube :

- La pression d'opération du tube, une ligne de pression ne fonctionne pas à la même pression que la ligne de retour. Il faut définir une ligne de retour comme une ligne qui se rend directement au réservoir et où il n'y a pas de régulateur de débit ou de pression;
- Le niveau autorisé de restriction (perte de charge);
- Le type de montage utilisé, certains embouts ou raccords demandent des épaisseurs de paroi minimale;
- Le niveau de choc dans le circuit hydraulique;
- La capacité du tube à être autoporteur;
- Protection contre la corrosion.

Pour lutter contre la corrosion, on peut trouver des tubes qui sont protégés par un placage au zinc, ce qui procure visuellement un look professionnel si les tubes sont installés après que la machine soit peinte.

La capacité de résister à la pression est fonction du matériel employé et de l'épaisseur du tube pour un certain diamètre extérieur. On peut la calculer précisément à l'aide d'équations d'ingénierie où trois contraintes principales se calculent, ou encore de façon approximative comme pour le cas de la méthode de Lame (qui peut surestimer les contraintes dans le tube). En fonction de l'application, il faut prendre un facteur de sécurité adéquat.

On retrouve facilement des chartes qui nous procurent les pressions d'opérations maximales pour différentes dimensions de tubes en tenant compte de l'épaisseur de la paroi. La pression d'utilisation (tenant compte des surpressions) correspond à une pression réduite de la pression d'éclatement en tenant compte d'un facteur de sécurité.

À titre indicatif, on retrouve généralement les facteurs de sécurité suivants :

- 4:1 : Pour les applications il y a peu de choc hydraulique et de contraintes mécaniques.
- 6:1 : Pour les applications où l'on retrouve des chocs hydrauliques ainsi que des contraintes mécaniques importantes.
- 8:1 : Pour les applications très sévères.

Tableau 23.3 Critère de résistance d'un tube hydraulique

Material and Type	Allowable Design Stress fo Design Factor of 4 at 72°F	Tube Specification
Steel C-1010	12,500 PSI	SAE J356, J524, J525
Steel C-1021	15,000 PSI	SAE J2435, J2467
Steel, High Strength Low Alloy (HSLA)	18,000 PSI	SAE J2613, J2614
Stainless Steel 304 & 316	18,800 PSI	ASTM A213, A249, A269
Alloy Steel C-4130	18,800 PSI	ASTM A519
Copper, K or Y	6,000 PSI	SAE J528, ASTM B75
Aluminum 6061-T6	10,500 PSI	ASTM B210
Monel, 400	17,500 PSI	ASTM B165

Severity of Service	Description	Design Factor	Derating Factor
A (Normal)	Moderate mechanical and hydraulic shocks.	4.00	1.00
B (Severe)	Severe hydraulic shocks and mechanical strain.	6.00	0.67
C (Hazardous)	Hazardous application with severe service conditions.	8.00	0.50

Source : Parker

Les tubes hydrauliques sont disponibles en plusieurs configurations de diamètre extérieur et d'épaisseur de paroi. Bien souvent, une entreprise utilise un standard de tubes, mais il devient très important de revoir ces standards lorsque la pression d'un système sort en dehors des normes habituelles.

De plus, il faut tenir compte des pressions possibles dans les tubes et non pas de la pression de la pompe, car bien souvent on se retrouve avec des phénomènes de surpression. Pour cette raison, on gagne à indiquer sur les schémas hydrauliques la dimension des tubes à employer.

Tableau 23.4 Liste de tubes métriques

Tube O.D. (mm)	Wall Thick. (mm)	Tube I.D. (mm)	Static Design Pressure (Bar) Steel Low-Carbon St. 37-4	Static Design Pressure (Bar) Stainless Steel 1.4571
4	0.5	3.0	313	
4	0.75	2.5	409	
4	1.0	2.0	522	600
5	1.0	3.0	432	
6	0.75	4.5	333	
6	1.0	4.0	389	426
6	1.5	3.0	549	600
6	2.0	2.0	692	
6	2.25	1.5	757	
8	1.0	6.0	333	368
8	1.5	5.0	431	472
8	2.0	4.0	549	
8	2.5	3.0	658	
10	1.0	8.0	282	294
10	1.5	7.0	373	389
10	2.0	6.0	478	498
10	2.5	5.0	576	
10	3.0	4.0	666	
12	1.0	10.0	235	245
12	1.5	9.0	353	368
12	2.0	8.0	409	426
12	2.5	7.0	495	
12	3.0	6.0	576	
12	3.5	5.0	651	
14	1.5	11.0	302	315
14	2.0	10.0	357	420
14	2.5	9.0	434	452
14	3.0	8.0	507	
14	3.5	7.0	576	
14	4.0	6.0	641	
15	1.0	13.0	188	196
15	1.5	12.0	282	294
15	2.0	11.0	336	392
15	3.0	9.0	478	
16	1.5	13.0	264	276
16	2.0	12.0	353	368
16	2.5	11.0	386	403
16	3.0	10.0	452	472
18	1.0	16.0	157	
18	1.5	15.0	235	245
18	2.0	14.0	313	327
18	2.5	13.0	392	
18	3.0	12.0	409	
20	1.5	17.0	212	
20	2.0	16.0	282	294
20	2.5	15.0	353	368
20	3.0	14.0	373	389
20	3.5	13.0	426	
20	4.0	12.0	478	
22	1.5	19.0	192	200
22	2.0	18.0	256	267
22	2.5	17.0	320	
22	3.0	16.0	343	
25	2.0	21.0	226	
25	2.5	20.0	282	294

Source : Parker

Le remplacement d'un tube devrait être en fait respect de l'équipement original. Pour la même pression d'opération, un tube ayant un diamètre extérieur plus grand aura automatiquement besoin d'une paroi plus épaisse.

Tableau 23.5 **Liste de tubes de mesure impériale**

Inch Tubes*						
			Design Pressure (4:1 Design Factor), PSI			
Tube O.D. (in.)	Wall Thick. (in.)	Tube I.D. (in.)	Steel 1010	Steel 1021	Stainless Steel 304 & 316, 4130, HSLA	Copper
0.125	0.010	0.105	2150	2600	3250	1050
0.125	0.020	0.085	4600	5500	6900	2200
0.125	0.028	0.069	6650	8000	10000	3200
0.125	0.035	0.055	8450	10150	12700	4050
0.188	0.010	0.168	1400	1700	2100	650
0.188	0.020	0.148	2950	3550	4450	1400
0.188	0.028	0.132	4250	5100	6400	2050
0.188	0.035	0.118	5450	6550	8200	2600
0.188	0.049	0.090	7850	9400	11800	3750
0.250	0.020	0.210	2150	2600	3250	1050
0.250	0.028	0.194	3100	3700	4650	1500
0.250	0.035	0.180	3950	4750	5950	1900
0.250	0.049	0.152	5750	6900	8650	2750
0.250	0.058	0.134	6900	8300	10400	3300
0.250	0.065	0.120	7800	9350	11750	3750
0.250	0.083	0.084	9950	11950	15000	4800
0.313	0.020	0.273	1700	2050	2550	800
0.313	0.028	0.257	2450	2950	3650	1150
0.313	0.035	0.243	3100	3700	4650	1500
0.313	0.049	0.215	4500	5400	6750	2150
0.313	0.058	0.197	5400	6500	8150	2600
0.313	0.065	0.183	6150	7400	9250	2950
0.313	0.072	0.169	6850	8200	10350	3300
0.313	0.083	0.147	8000	9600	12050	3850
0.313	0.095	0.123	9150	11000	13800	4400
0.375	0.020	0.335	1400	1700	2100	650
0.375	0.028	0.319	2000	2400	3000	950
0.375	0.035	0.305	2550	3050	3850	1200
0.375	0.049	0.277	3650	4400	5550	1750
0.375	0.058	0.259	4450	5350	6650	2100
0.375	0.065	0.245	5000	6000	7550	2400
0.375	0.072	0.231	5600	6700	8450	2700
0.375	0.083	0.209	6550	7900	9900	3150
0.375	0.095	0.185	7600	9100	11450	3650
0.375	0.109	0.157	8750	10500	13200	4200
0.500	0.028	0.444	1500	1800	2200	700
0.500	0.035	0.430	1850	2200	2800	900
0.500	0.049	0.402	2700	3250	4050	1300
0.500	0.058	0.384	3250	3900	4850	1550
0.500	0.065	0.370	3650	4400	5500	1750
0.500	0.072	0.356	4100	4900	6150	1950
0.500	0.083	0.334	4800	5750	7200	2300
0.500	0.095	0.310	5550	6650	8350	2650
0.500	0.109	0.282	6450	7750	9750	3100
0.500	0.120	0.260	7200	8650	10800	3450
0.500	0.134	0.232	8050	9650	12150	3850
0.500	0.148	0.204	8950	10750	13450	4300
0.500	0.188	0.124	11050	13250	16600	5300

Inch Tubes*						
			Design Pressure (4:1 Design Factor), PSI			
Tube O.D. (in.)	Wall Thick. (in.)	Tube I.D. (in.)	Steel 1010	Steel 1021	Stainless Steel 304 & 316, 4130, HSLA	Copper
0.625	0.028	0.569	1150	1400	1750	550
0.625	0.035	0.555	1500	1800	2200	700
0.625	0.049	0.527	2100	2500	3200	1000
0.625	0.058	0.509	2550	3050	3800	1200
0.625	0.065	0.495	2850	3400	4300	1350
0.625	0.072	0.481	3200	3850	4800	1550
0.625	0.083	0.459	3750	4500	5650	1800
0.625	0.095	0.435	4350	5200	6550	2100
0.625	0.109	0.407	5050	6050	7600	2450
0.625	0.120	0.385	5600	6700	8450	2700
0.625	0.134	0.357	6350	7600	9550	3050
0.750	0.035	0.680	1200	1450	1850	600
0.750	0.049	0.652	1750	2100	2600	850
0.750	0.058	0.634	2100	2500	3150	1000
0.750	0.065	0.620	2350	2800	3550	1150
0.750	0.072	0.606	2650	3200	3950	1250
0.750	0.083	0.584	3050	3650	4600	1450
0.750	0.095	0.560	3550	4250	5350	1700
0.750	0.109	0.532	4150	5000	6200	2000
0.750	0.120	0.510	4600	5500	6900	2200
0.750	0.134	0.482	5200	6250	7800	2500
0.750	0.148	0.454	5800	7000	8700	2800
0.750	0.188	0.374	7500	9000	11300	3600
0.875	0.035	0.805	1050	1250	1550	500
0.875	0.049	0.777	1500	1800	2200	700
0.875	0.058	0.759	1750	2100	2650	850
0.875	0.065	0.745	2000	2400	3000	950
0.875	0.072	0.731	2200	2650	3350	1050
0.875	0.083	0.709	2600	3100	3900	1250
0.875	0.095	0.685	3000	3600	4500	1450
0.875	0.109	0.657	3500	4200	5250	1650
0.875	0.120	0.635	3900	4700	5850	1850
0.875	0.134	0.607	4400	5300	6600	2100
0.875	0.148	0.579	4900	5900	7350	2350
1.000	0.035	0.930	900	1100	1350	450
1.000	0.049	0.902	1300	1550	1950	600
1.000	0.058	0.884	1550	1850	2300	750
1.000	0.065	0.870	1750	2100	2600	850
1.000	0.072	0.856	1950	2350	2900	950
1.000	0.083	0.834	2250	2700	3400	1100
1.000	0.095	0.810	2600	3100	3900	1250
1.000	0.109	0.782	3000	3600	4550	1450
1.000	0.120	0.760	3350	4000	5050	1600
1.000	0.134	0.732	3800	4550	5700	1800
1.000	0.148	0.704	4200	5050	6350	2000
1.000	0.156	0.688	4450	5350	6700	2150
1.000	0.188	0.624	5500	6600	8250	2650
1.000	0.220	0.560	6550	7850	9800	3150

Source : Parker

La préparation d'un tube doit être faite avec soin et comprend les étapes suivantes :

- Coupe : droite, franche et propre (deburring);
- Nettoyage : idéalement avec un projectile en mousse;
- Cintrage si requis : En respect des rayons de courbure admissible;
- Insertion des écrous et férules si requis : selon le type de joint;
- Préparation des bouts si requis : selon le type de joint.

Le cintrage doit se faire en respectant les limites du tube. Ainsi, le rayon de cintrage est fonction du diamètre du tube, et l'emploi d'outils adéquat est obligatoire pour conserver la capacité du tube à supporter la pression du fluide hydraulique.

Figure 23.3 **Rayon de cintrage en fonction du mode de fabrication**

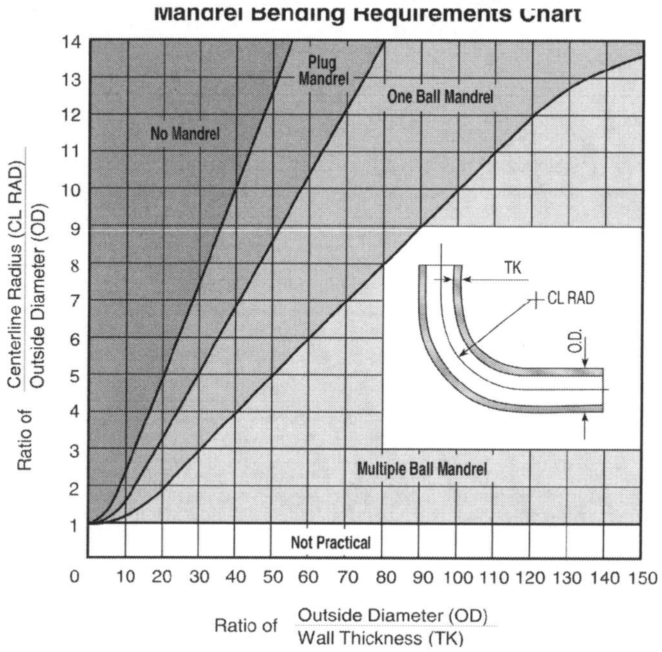

Source : Parker

Figure 23.4 **Liste d'outils Parker pour le cintrage de tube hydraulique, sans mandrin**

Tube O.D. (in.)	Radius to Tube Centerline (in.)	Min. Wall Without Flattening (in.)	Recommended Max. Wall Thickness Copper, Aluminum (in.)	Recommended Max. Wall Thickness Steel, Stainless Steel (in.)	Part No.
1/8	7/16	0.012	Any	0.032.........	**2-2829S**
3/16	9/16	0.020	Any	0.032.........	**3-2829S**
1/4	9/16	0.028	Any	0.083.........	**4-2829S**
5/16	15/16	0.032	Any	0.083.........	**5-2829S**
3/8	15/16	0.032	Any	0.083.........	**6-2829S**
1/2	1 1/2	0.042	Any	0.083.........	**8-2829S**
5/8	3	0.042	Any	0.049.........	**10-2829S**
3/4	3 3/4	0.049	Any	0.065.........	**12-2829S**

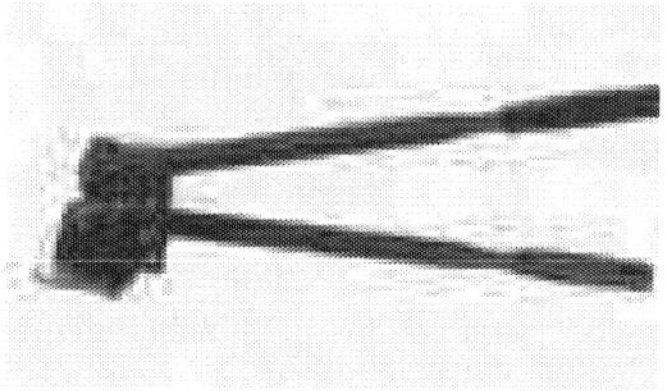

Source : Parker

23.1.4 Boyau hydraulique

Un grand choix de boyaux se présente à vous lorsqu'il s'agit d'en choisir un, c'est plus compliqué que ce qu'il en parait. Normalement, les entreprises fonctionnent avec des standards, et aussi longtemps que les équipements respectent les mêmes critères (pression, type de fluide), le standard devrait faire l'affaire. Tous les boyaux n'utilisent pas les mêmes types de raccords, il faut apporter une attention particulière lors du choix des raccords. Le choix d'un boyau se fait en fonction des paramètres suivants :

- Type de fluide;
- Pression/Vacuum;
- Température;
- Flexibilité;
- Diamètre extérieur/Diamètre intérieur;
- Résistance à l'environnement extérieur (chimique, abrasion);
- Type de raccord utilisé;
- Couleur.

Il arrive fréquemment que dans un même circuit, le type de boyau change en fonction des diamètres. En effet, pour un type de boyau, la pression de fonctionnement admissible change en fonction du diamètre. Ainsi, plus le diamètre est important, et plus la pression permise est basse. Donc, lorsque le boyau est plus gros, il faut souvent aller vers des boyaux d'une gamme supérieure.

Tableau 23.6 **Liste de boyaux Parker et leurs caractéristiques**

	Hose Size	Hose Reinforcement	-4	-5	-6	-8	-10	-12	-16	-20	-24	-32	-40	-48	Standard Temp. Range °F	SAE	ISO	EN
Hydraulic – Industry Standard	JK		10500		10000										-40/+120			
	422		3250	3125	2600	2325	1875	1525	1275	900	725	575			-40/+212	100R1AT	1436-1-1SN	
	482TC/ST	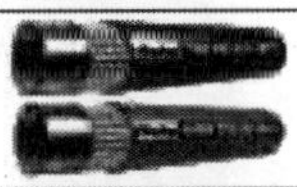	3250	3250	3000	2500	2000	1750	1275						-40/+212	100R1AT	1436-1-1SN	853-1SN
	426		2750		2250	2000	1500	1250	1000	625	500	375			-50/+302	100R1AT		
	302		5800	5000	4750	4000	3600	3100	2400	1800	1300	1150			-40/+212	100R2	1436-1-2SN	
	431		5000	4250	4000	3500	2750	2250	2000						-40/+257			
	436				4000	3500	2750	2250	2000						-55/+302			
	471TC/ST	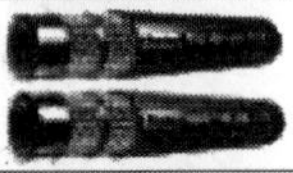	5800		5000	4250	3625	3125	2500						-40/+212		11237-1-2SC	857-2SC
	471TC Twin Tough				5000	4250									-40/+212		11237-1-2SC	857
	472TC									2250	1800	1300			-40/+212			
	AX		3000		3000	2500	1500	1250	1000						-40/+212			

Source : Parker

Lorsque l'on regarde les spécifications d'une série de boyaux en particulier, on retrouve les points suivants :

- L'application typique;
- Le type de matériau employé pour le recouvrement intérieur. Dans ce cas, il faut s'assurer de la compatibilité entre le fluide et le recouvrement;
- Le type de matériau employé pour le recouvrement extérieur;
- La zone de température de fonctionnement;
- Le diamètre intérieur, qui correspond à peu près au code du numéro de pièce à la base 16, soit -8 pour du boyau 1/2;
- Le diamètre extérieur;
- La pression de fonctionnement prévue, qui varie en fonction du diamètre du boyau;
- Le rayon de courbure minimum à respecter. Pour arriver à ce diamètre de courbure, un effort doit déjà être donné au boyau;
- Le type de raccord utilisé, en version montage permanent (assemblage avec une presse) ou encore pour un montage manuel, ce qui peut être utile, mais à la fois très pénible à exécuter.

Tableau 23.7 **Caractéristiques des boyaux Parker série 431**

For applications with tighter routing requirements and needing a reduced bend radius, 431 features a compact construction and 1/2 minimum bend radius.

- Features a smaller O.D. for tighter routing
- Compact construction
- Half the minimum bend radius

431
Hydraulic
SAE J1942 / USCG H

Application: Petroleum base hydraulic fluids and lubricating oils.
Inner Tube: Synthetic rubber.
Reinforcement: Two braids steel wire.
Cover: Synthetic rubber, MSHA accepted.
Temperature Range: -40°F to +257°F (-40°C to +125°C).
Fittings: 43 Series - pg. B-27. 42 Series - pg. B-173.

# Part Number	Hose I.D.		Hose O.D.		Working Pressure		Minimum Bend Radius		Weight		Parkrimp 43 Series	Field Attachable 42 Series
	inch	mm	inch	mm	psi	MPa	inch	mm	lbs/ft	kg/m		
431-4	1/4	6,3	0.53	13	5000	34,5	2	50	0.18	0,27	•	
431-5	5/16	8	0.59	15	4250	29,3	2-1/4	55	0.24	0,36	•	•
431-6	3/8	10	0.68	17	4000	27,5	2-1/2	65	0.28	0,42	•	•
431-8	1/2	12,5	0.81	21	3500	24	3-1/2	90	0.34	0,51	•	•
431-10	5/8	16	0.94	24	2750	19	4	100	0.44	0.66	•	•
431-12	3/4	19	1.09	28	2250	15,5	4-3/4	120	0.54	0,80	•	•
431-16	1	25	1.41	36	2000	13,8	6	150	0.82	1,22	•	•

Source : Parke

En tant d'éléments flexibles avec raccords à chaque extrémité, un boyau doit être assemblé sur un équipement en respectant la règle de l'art. Il faut s'assurer de ne pas créer de sur contrainte au boyau et encore moins au niveau du raccord qui peut forcer le boyau à plier de façon inappropriée au joint. La Figure 23.6 présente quelques cas typiques où il faut faire attention. Une chose importante qui n'est pas présentée est le fait qu'un boyau devrait toujours avoir un embout droit à une extrémité. En effet, il est fortement déconseillé d'avoir par exemple deux embouts à angle. Il devient alors trop difficile d'avoir un angle parfait entre les raccords au niveau de leur orientation dans l'espace et il devient presque impossible de les installer, à moins qu'un des embouts soit libre en rotation. Il faut rappeler d'un boyau, bien que flexible, présente une excellente rigidité en rotation.

Dans les catalogues, on retrouve parfois des tables d'équivalence des boyaux en fonction des manufacturiers majeurs, comme le montre Figure 23.5. Bien qu'équivalent à priori, il existe des différences et l'interchangeabilité entre les raccords n'est pas garantie.

Figure 23.5 **Table d'équivalence de boyaux**

GATES	AEROQUIP	DAYCO	GOODYEAR	IMPERIAL EASTMAN	PARKER HANNIFIN	STRATOFLEX	WEATHERHEAD
G6K C13 (G5K) G4K/G3K C12	FC273 FC254 FC250A/FC136	HT6 NH/CMH N/CN CE/CZ	9130/9133 9120/9123	N4 N5/N6 N4/N8 M6/M7	741/761 761 77C	240/4240/3276 238/4240 3270	H470 H430
G2AT-HMP M2T® C2AT (G2) C2ATH (G2H) C2A J2AT	FC195 FC310/FC410 FC212/2793 FC195/FC510 1509	FX BX B	9292 9025 9020	NJ4 HR2C/HFS2 J4 J9 H1	436 431 301/7812 7712	3212 5224 212/5222	H425 H025
M3K M3K-10,-12,-16 C1T (G1) C1TH (G2H) C1A	FC212/2793/1508 FC211/2663 FC198/FC298	AX BX/QX MX M	9291 9025/9095 9015 9010	HR1C/HFS J4/L1 E7 E9 D7	481 301/7812/341 421/7811 421HT 411/7711	285/5223 5244 285/5223 215/5221	H300 H425 H104 H0108

Source : Gates

Figure 23.6 **Recommandations de montage d'un boyau hydraulique**

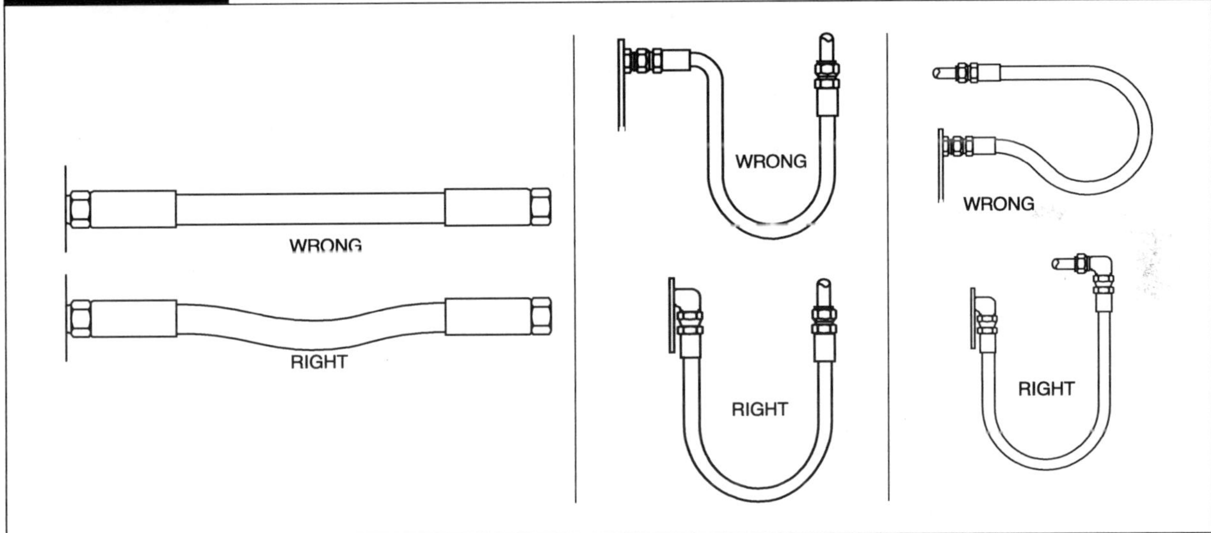

Source : Parke

Les boyaux sont disponibles en respect de certains indices de performance relatif à des normes. La nomenclature des boyaux selon la norme SAE est présentée ici-bas. Dans les applications hydrauliques usuelles, on retrouve bien souvent des boyaux répondant à l'indice 100R2.

Normes des Boyaux

Les boyaux doivent correspondent à des normes qui définissent leurs utilisations ainsi que leurs constructions. On retrouve des normes tels que SAE et ISO. Tous les boyaux ne sont pas définis par une construction rencontrant un standard précis. La norme SAE indique clairement les requis dans le document J517.

Afin de bien voir et comprendre ces spécifications, il est préférable de consulter les catalogues des manufacturiers de boyaux.

Le boyau de Parker 302 est un exemple où il répond à la norme 100R2 qui définit sa construction et son utilisation. Par définition, un boyau 100R2 doit contenir à l'intérieur un caoutchouc synthétique résistant à l'huile, apte à fonctionner pour une température variant de -40 °F (-40 °C) à 200 °F (93 °C). Sa construction inclut deux couches de tressage, alors que son revêtement extérieur doit être aussi en caoutchouc synthétique résistant à l'huile. Sa construction doit permettre de rencontrer des performances de résistance en pression selon le diamètre intérieur. Par comparaison, un boyau de type 100R14 doit avoir une construction intérieure en PTFE (Polytetrafluoroethylene aussi connu sous le nom commercial Téflon).

Figure 23.7 **Caractéristiques des boyaux Parker série 302**

302
Hydraulic Worldwide
ISO 1436-1 TYPE 2SN / SAE 100R2 TYPE AT, J1942 / EN 853 TYPE 2SN / USCG HF / DNV / ABS / BV

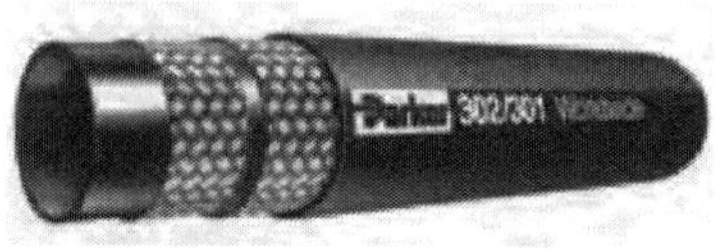

Application: Petroleum base hydraulic fluids and lubricating oils.
Inner Tube: Synthetic rubber.
Reinforcement: Two braids steel wire.
Cover: Synthetic rubber.
Temperature Range: -40°F to +212°F (-40°C to +100°C).
Fittings: 43 Series - pg. B-27. 30 Series - pg. B-167.

# Part Number	Hose ID		Hose O.D.		Working Pressure		Minimum Bend Radius		Weight		Parkrimp 43 Series	Field Attachable 30 Series
	inch	mm	inch	mm	psi	Mpa	inch	mm	lbs/ft	kg/m		
302-4	1/4	6,3	0.59	15,0	5800	40	4	100	0.26	0,39	•	•
302-5	5/16	8	0.65	16,6	5000	35	4-1/2	115	0.28	0,42	•	
302-6	3/8	10	0.75	19,0	4750	33	5	130	0.37	0,55	•	•
302-8	1/2	12,5	0.88	22,3	4000	28	7	180	0.45	0,67	•	•
302-10	5/8	16	1.00	25,5	3600	25	8	200	0.52	0,77	•	•
302-12	3/4	19	1.16	29,4	3100	21,5	9-1/2	240	0.67	1,00	•	•
302-16	1	25	1.50	38,1	2400	16,5	12	300	1.00	1,49	•	•
302-20	1-1/4	31,5	1.86	47,1	1800	12,5	16-1/2	420	1.16	1,73	•	•
302-24	1-1/2	38	2.14	54,5	1300	9	20	500	1.44	2,14	•	•
302-32	2	51	2.64	67,2	1150	8	25	630	1.99	2,96	•	•

23.1.5 Accessoires de mise en place des tubes et boyaux

Les tubes et boyaux ont une certaine capacité à se maintenir en place naturellement. Évidemment, des tubes ont moins besoin de support pour suivre par exemple un parcours qu'un boyau. Mais dans tous les cas, il faut souvent prévoir des fixations à la structure. Idéalement, le mode de fixation doit tenir compte des aspects suivants :

- Possibilité de choc dans le circuit hydraulique;
- Dilatation thermique des composantes;
- Possibilité de remplacement des composantes en cas de bris;
- Dois tenir compte des tolérances de fabrication;
- Possibilité de forces extérieures telle que le soutien d'un travailleur à proximité.

Pour ces raisons, on évite les montages soudés et on favorise bien souvent des montages à l'aide d'accessoires flexibles. Il arrive fréquemment qu'une extrémité d'un tube soit montée rigidement directement, et que de tout son long les supports soient flexibles. Le montage rigide est souvent directement un bloc de valves ou encore un adaptateur de type passe-paroi. Le montage flexible se fait avec des composantes prévues à cet effet alors que différentes configurations existent. Il suffit de consulter les catalogues de différents manufacturiers.

Figure 23.8 **Distance recommandée pour les supports de tube hydraulique**

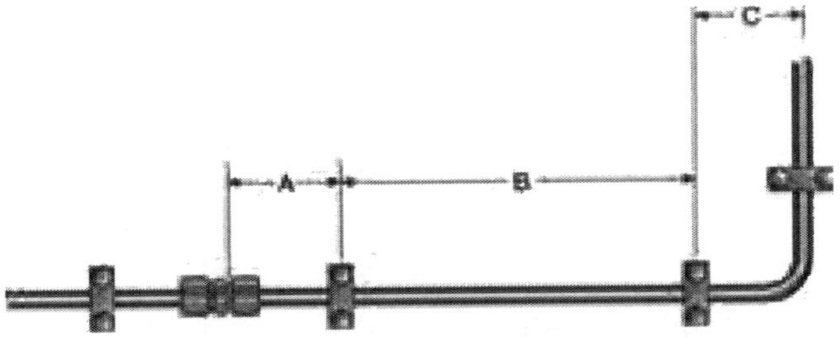

Tube O.D.		A	B	C
(in.)	(mm)	(in.)	(ft.)	(in.)
1/4	6			
5/16	8	2	3	4
3/8	10			
1/2	12			
5/8	14			
3/4	18	4	5	8
7/8	22			
1	25			
1-1/4	30			
1-1/2	38	6	7	12
2	50			

Source : Parker

Une des méthodes très utiles pour tenir en place un tube ou un boyau est d'utiliser un raccord de type passe-paroi. Les passes-parois sont disponibles en différentes configurations ainsi que pour les différents systèmes de montage de tube.

Figure 23.9 **Raccord passe-paroi**

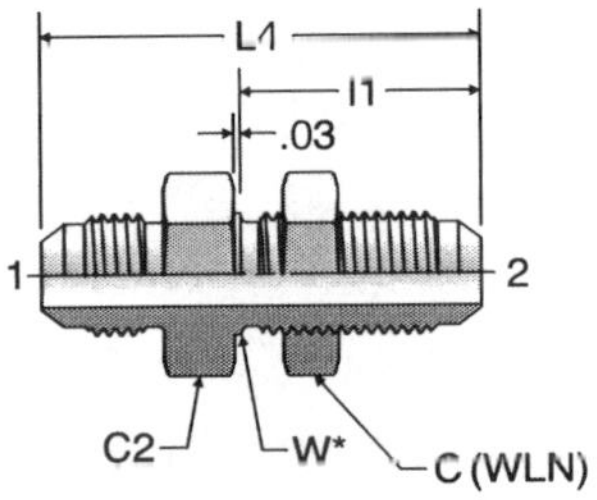

Source : Parker

23.2 Raccords

Le monde des raccords est très vaste alors que plusieurs choix sont disponibles. Chaque type de raccords présente ces avantages et désavantages spécifiques. Toutefois, le type de raccord employé peut influencer grandement le niveau d'étanchéité d'un système hydraulique, et à notre époque, des fuites hydrauliques causent une perception très négative des systèmes hydrauliques et participent au déclin de cette technologie dans le monde industriel.

Plusieurs familles de raccords existent, et il existe aussi une quantité innombrable d'adaptateurs pour joindre différents systèmes.

23.2.1 Montage sur bâti

Un bâti sous-entend ici une base de valve, un moteur, un bloc de distribution ou autres composantes du genre. On retrouve sur ces composantes des trous pour recevoir des raccords de montage. Ces raccords ne permettent généralement pas de lier ensemble des tubes et des boyaux. Les trous en question permettent toutefois le raccordement des tubes et des boyaux. Les trous sont filetés et peuvent contenir une surface de assurant l'étanchéité.

Montage NPT/NPTF

La famille NPT est un incontournable, c'est un vieux système qui trouve encore beaucoup d'applications. C'est un des montages qui fuit le plus en pratique et qui demande le plus d'attention de lors du montage. C'est aussi un des montages qui est le plus facile à usiner sur des composantes avec un minimum d'outillage. Le filet NPT de par son interface rigide procure le moins de latitude pour placer les composantes à un angle voulu.

Bien qu'encore très courant à notre époque, il faut tenter de limiter l'utilisation de ces raccords pour un maximum d'étanchéité. Mais il faut l'avouer, c'est un des montages les plus économiques.

Le filet NPT est un standard américain et il existe une version similaire, soit le filet BSPT qui possède un angle entre les filets de 55 degrés au lieu de 60. Le filet NPT tout comme le filet BSPT permettent aussi le raccordement entre tubes et composantes de plomberie.

Le raccordement de composantes possédant des filets NPT se fait en utilisant un scellant qui agit aussi comme lubrifiant lors du serrage. Le scellant peut être solide en forme de ruban de téflon ou encore de pâte. Ces deux formes peuvent devenir une cause de contamination si le montage n'est pas adéquat.

Le filet NPTF est prévu pour assurer une étanchéité sans scellant de par le contact métal à métal des filets l'un contre l'autre. Toutefois, le montage en pratique se fait presque toujours avec un scellant lorsque les deux composantes à assembler sont en acier.

Figure 23.10 **Filet NPT**

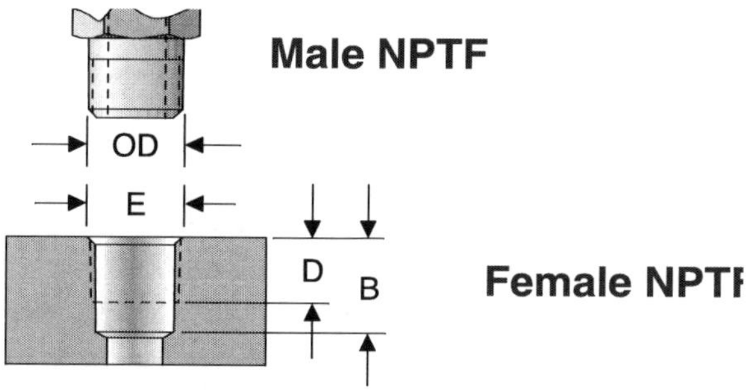

Thread Size NPTF	O.D. Male Thread Large Dia.	D Min. Thread Length	B Min. Tap Drill Depth[1]	E Chmf. Dia.
1/8-27	0.41	0.31	0.38	0.42
1/4-18	0.55	0.44	0.47	0.55
3/8-18	0.68	0.47	0.53	0.69
1/2-14	0.85	0.59	0.69	0.85
3/4-14	1.06	0.63	0.75	1.06
1-11 1/2	1.33	0.75	0.84	1.34
1 1/4-11 1/2	1.67	0.78	0.84	1.68
1 1/2-11 1/2	1.91	0.81	0.88	1.92
2-11 1/2	2.39	0.81	0.91	2.39

Source : Parker 4300

Montage BSPT

Le filet BSPT est un standard britannique et il existe une version similaire, soit le filet NPT qui possède un angle entre les filets de 60 degrés au lieu de 55. Le filet NPT tout comme le filet BSPT permettent aussi le raccordement entre tubes et composantes de plomberie.

Figure 23.11 **Filet BSPT**

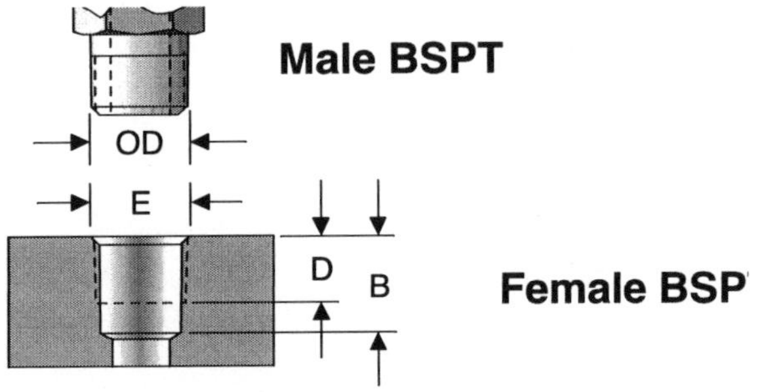

Thread Size BSPT	O.D. Male Thread Large Dia.	D Min. Thread Length	B Min. Tap Drill Depth 1)	E Chmf. Dia.
1/8-28	0.39	0.31	0.38	0.42
1/4-19	0.53	0.44	0.47	0.55
3/8-19	0.67	0.47	0.53	0.69
1/2-14	0.84	0.59	0.69	0.85
3/4-14	1.06	0.63	0.75	1.06
1-11	1.33	0.75	0.84	1.34
1 1/4-11	1.67	0.78	0.84	1.68
1 1/2-11	1.90	0.81	0.88	1.92
2-11	2.37	0.81	0.91	2.39

Source : Parker 4300

Montage avec O'Ring, impérial

La famille SAE ORING est essentiellement une gamme de produits utilisés pour le raccordement au niveau des ports de composantes telles que les vérins et les moteurs ainsi que les blocs de distributions. Les produits de cette gamme ne servent aucunement à raccorder des boyaux ou des tubes. On va parfois entendre l'expression « O'RING BOSS » pour ce type de montage.

Les filets servent à retenir le raccord en place alors que l'excellente étanchéité est assurée par un joint torique placé à la base du raccord. Les filets sont les mêmes que l'on retrouve sur les raccords JIC. Le port est facilement réalisable avec un foret à aléser ayant la bonne forme, ce qui constitue un outil standard. Plus complexe que le filet NPT, mais à peine pour un bien meilleur résultat. La version impériale est disponible sans problème en Europe, bien qu'il existe un équivalent métrique, bien que plus rarement utilisé.

Figure 23.12 **Montage avec O'ring, impérial**

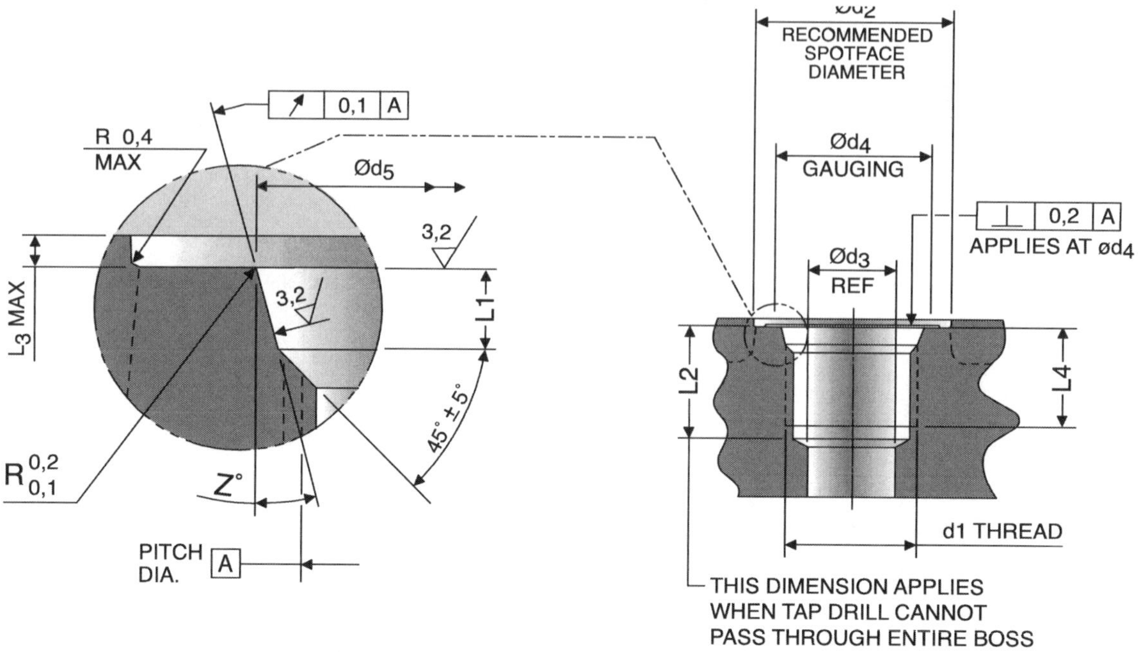

Nominal Tube OD[1]			Thread Size	d2 dia.[3]	d3 dia.	d4 dia.	d5 dia.[4]	L1	L2[5]	L3[3),6)]	L4	Z	
Nom[2] SAE Dash Size	Inch (in)	Metric (mm)	ANSI B1.1 (ISO 263) (in)	(mm)	min. (mm)	min. (mm)	+0.13 -0.00 (mm)	+0.4 -0.0 (mm)	min. (mm)	max. (mm)	Full Thread min. (mm)	±1° deg	Parker O-ring Size[7]
-2	1/8	—	5/16-24 UNF-2B	17	1.6	11	9.1	1.9	12.0	1.6	10.0	12°	3-902
-3	3/16	4	3/8-24 UNF-2B	19	3.2	13	10.7	1.9	12.0	1.6	10.0	12°	3-903
-4	1/4	6	7/16-20 UNF-2B	21	4.4	15	12.4	2.4	14.0	1.6	11.5	12°	3-904
-5	5/16	8	1/2-20 UNF-2B	23	6.0	16	14.0	2.4	14.0	1.6	11.5	12°	3-905
-6	3/8	10	9/16-18 UNF-2B	25	7.5	18	15.6	2.5	15.5	1.6	12.7	12°	3-906
-8	1/2	12	3/4-16 UNF-2B	30	10.0	22	20.6	2.5	17.5	2.4	14.3	15°	3-908
-10	5/8	14, 15, 16	7/8-14 UNF-2B	34	12.5	26	23.9	2.5	20.0	2.4	16.7	15°	3-910
-12	3/4	18, 20	1 1/16-12 UN-2B	41	16.0	32	29.2	3.3	23.0	2.4	19.0	15°	3-912
-14	7/8	22	1 3/16-12 UN-2B	45	18.0	35	32.3	3.3	23.0	2.4	19.0	15°	3-914
-16	1	25, 28	1 5/16-12 UN-2B	49	21.0	38	35.5	3.3	23.0	3.2	19.0	15°	3-916
-20	1 1/4	30, 32, 35	1 5/8-12 UN-2B	58	27.0	48	43.5	3.3	23.0	3.2	19.0	15°	3-920
-24	1 1/2	38, 42	1 7/8-12 UN-2B	65	33.0	54	49.8	3.3	23.0	3.2	19.0	15°	3-924
-32	2	50	2 1/2-12 UN-2B	88	45.0	70	65.7	3.3	23.0	3.2	19.0	15°	3-932

Source : Parker 4300

Figure 23.13 **Préparation d'un port O'Ring, perçage, alésage/chambrage/filetage**

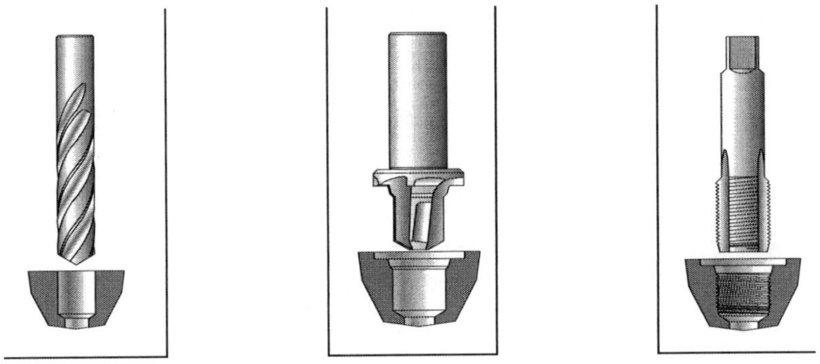

Source : Parker 4300

Montage avec O'Ring, métrique

Équivalent à la version impériale, mais en version métrique. Réponds à la norme ISO 6149-1.

Figure 23.14 **Montage avec O'Ring, métrique**

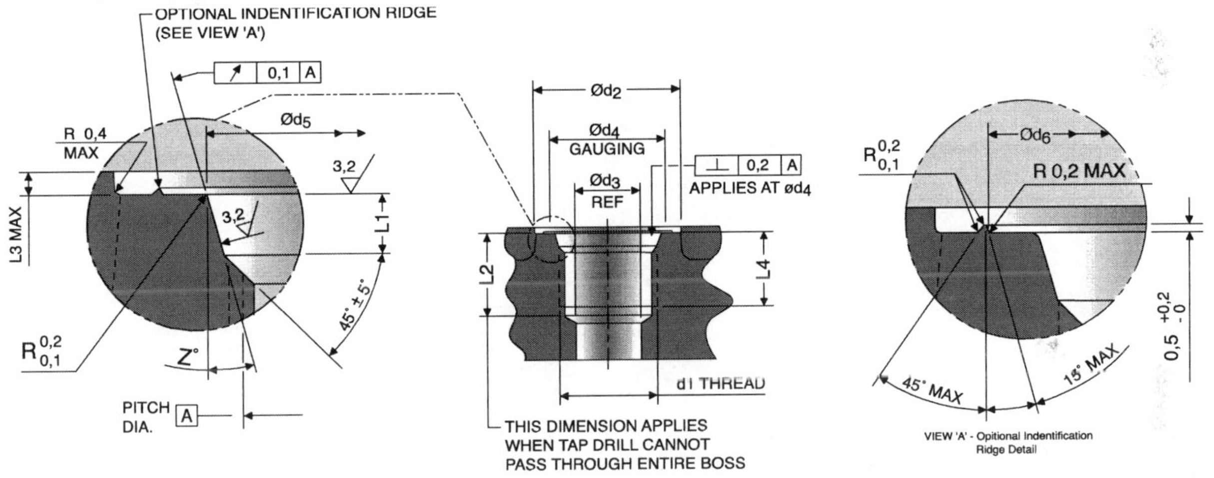

Thread Size d1 1)	Large d2 2) min	Small d2 3) min	d3 4) ref.	d4	d5 +0.1 0	d6 +0.5 0	L1 +0.4 0	L2 5) min	L3 max	L4 min full thread	Z° ±1°	Parker O-ring Size 8)
M8 X 1	17	14	3	12.5	9.1	14	1.6	11.5	1	10	12°	M8 ISO O-ring
M10 X 1	20	16	4.5	14.5	11.1	16	1.6	11.5	1	10	12°	M10 ISO O-ring
M12 X 1.5	23	19	6	17.5	13.8	19	2.4	14	1.5	11.5	15°	M12 ISO O-ring
M14 X 1.5 6)	25	21	7.5	19.5	15.8	21	2.4	14	1.5	11.5	15°	M14 ISO O-ring
M16 X 1.5	28	24	9	22.5	17.8	24	2.4	15.5	1.5	13	15°	M16 ISO O-ring
M18 X 1.5	30	26	11	24.5	19.8	26	2.4	17	2	14.5	15°	M18 ISO O-ring
M22 X 1.5	33	29	14	27.5	23.8	29	2.4	18	2	15.5	15°	M22 ISO O-ring
M27 X 2	40	34	18	32.5	29.4	34	3.1	22	2	19	15°	M27 ISO O-ring
M30 X 2	44	38	21	36.5	32.4	38	3.1	22	2	19	15°	M30 ISO O-ring
M33 X 2	49	43	23	41.5	35.4	43	3.1	22	2.5	19	15°	M33 ISO O-ring
M42 X 2	58	52	30	50.5	44.4	52	3.1	22.5	2.5	19.5	15°	M42 ISO O-ring
M48 X 2	63	57	36	55.5	50.4	57	3.1	25	2.5	22	15°	M48 ISO O-ring
M60 X 2	74	67	44	65.5	62.4	67	3.1	27.5	2.5	24.5	15°	M60 ISO O-ring

Source : Parker 4300

Montage avec interface BSPP

BSPP pour British Standard Pipe Parallel. Curieux standard que l'on retrouve encore à notre époque. Étanchéité assurée par un segment monté à la base du raccord. En théorie, le chambrage n'est pas requis si le trou est bien perpendiculaire à la surface de montage. Moins performant que l'interface O'Ring, ce standard est encore actif pour des raisons obscures. La dimension du filet retient les mêmes dimensions que le filet NPT. Bien que d'allure simple à réaliser, la réalisation en pratique n'est pas plus simple que le montage à O'Ring.

Figure 23.15 **Montage avec interface BSPP**

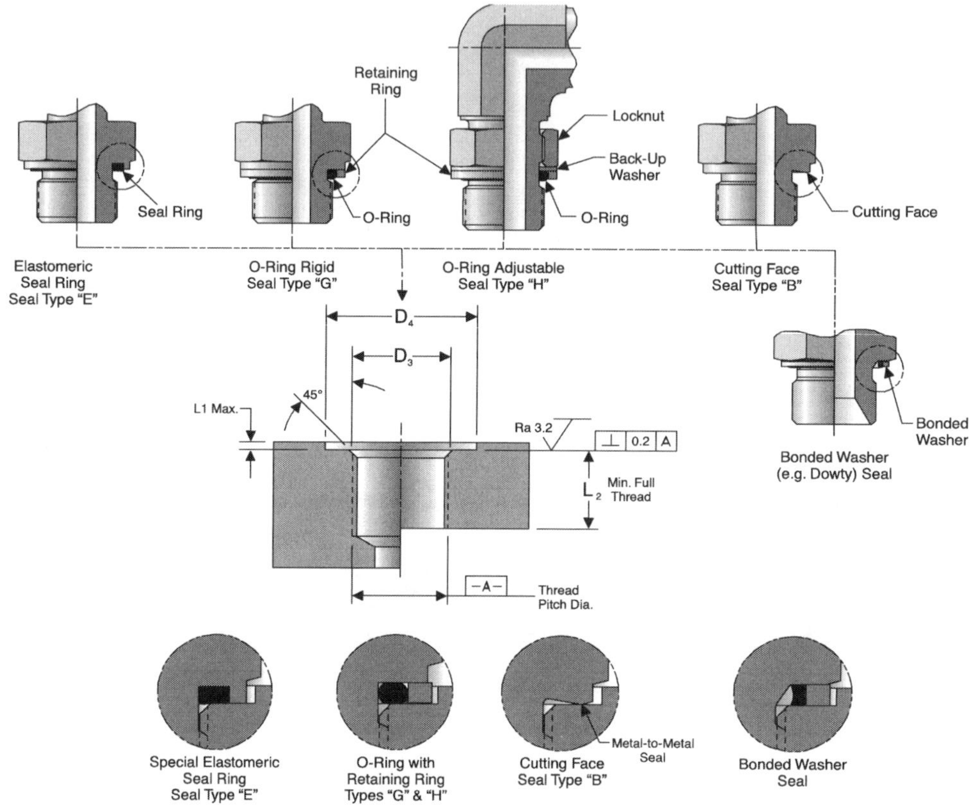

Port Sealing Methods

Thread Size (ISO 228-1)	D3 (mm)	D4 (mm) Narrow Types B & E	D4 (mm) Wide Types G & H	L1 max. (mm)	L2 min. (mm)	EOlastic Seal (Type E) Part Number	O-Ring and Retaining Ring (Types G & H)[3] Parker O-Ring Size[2]	O-Ring I.D. x Section (mm)	Retaining Ring Part Number	Bonded Washer Part No.[4]
G 1/8-28	9.9	15	17.2	1.0	8.5	**ED10X1X**	5-585	7.98 x 1.88	1/8 Retaining Ring	**D9DT-2**
G 1/4-19	13.3	20	20.7	1.5	12.5	**ED14X1.5X**	2-111	10.77 x 2.62	1/4 Retaining Ring	**D9DT-4**
G 3/8 19	16.8	23	24.5	2.0	12.5	**EDR3/8X**	2-113	13.94 x 2.62	3/8 Retaining Ring	**D9DT-6**
G 1/2-14	21.1	28	34.0	2.5	14.5	**EDR1/2X**	5-256	17.96 x 2.62	1/2 Retaining Ring	**D9DT-8**
G 3/4-14	26.6	33	40.0	2.5	16.5	**ED26X1.5X**	2-119	23.47 x 2.62	3/4 Retaining Ring	**D9DT-12**
G 1-11	33.5	41	46.1	2.5	18.5	**ED33X2X**	2-217	29.74 x 3.53	1 Retaining Ring	**D9DT-16**
G 1 1/4-11	42.2	51	54.0	2.5	20.5	**ED42X2X**	2-222	37.69 x 3.53	1 1/4 Retaining Ring	**D9DT-20**
G 1 1/2-11	48.1	56	60.5	2.5	22.5	**ED48X2X**	2-224	44.04 x 3.53	1 1/2 Retaining Ring	**D9DT-24**
G 2-11	59.9	69	73.3	3.0	26.0	—	—	—	—	**D9DT-32**

Source : Parker 4300

Montage avec interface métrique à joint plat

L'équivalent du montage BSPP en version métrique, tout simplement.

Figure 23.16 **Montage avec interface métrique à joint plat**

(DIN 3852, Part 1)
Metric ISO261, "M" Thread

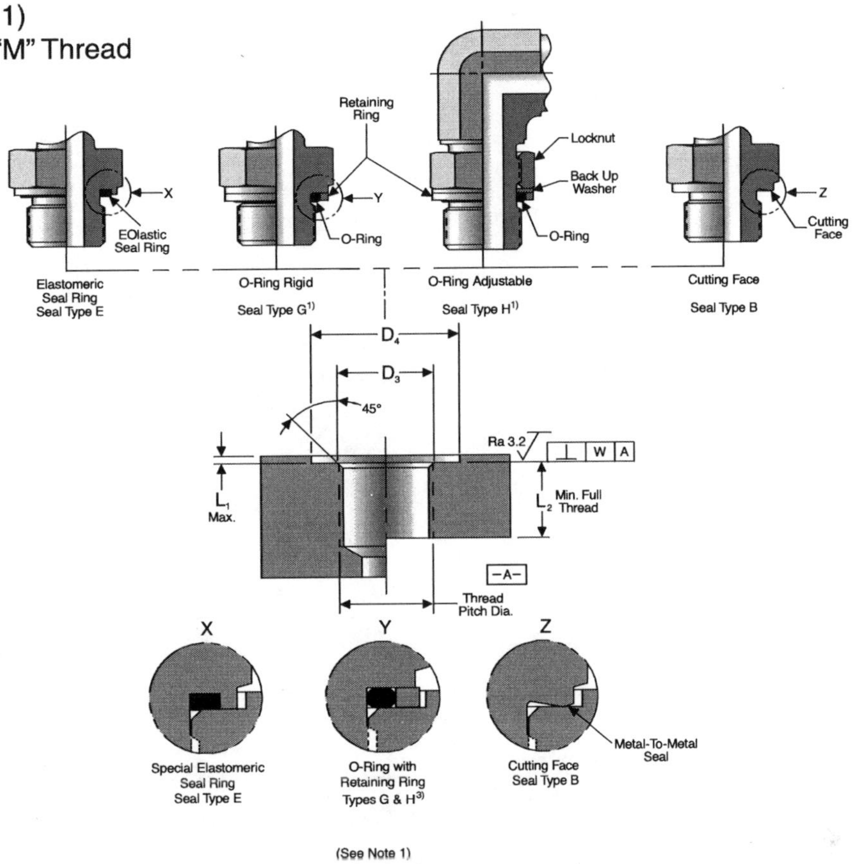

ISO 9974 Port seal types available from Parker

Thead Size (ISO 261)	D 3 (mm)	D 4 (mm)	L 1 max. (mm)	L 2 min. (mm)	W (mm)	EOlastic Seal (Type E)	O-ring and Retaining Ring[1)]		
						Part no.	O-ring Size[2)]	O-ring ID x section (mm)	Retaining Ring Part No.
M8 x 1	8 +0.2	13	1	8		ED8X1X	3-902	6.07 x 1.63	M8 RR
M10 x 1	10 +0.2	15	1	8		ED10X1X	6-074	8.00 x 1.50	M10 RR
M12 x 1.5	12 +0.2	18	1.5	12		ED12X1.5X	2-012	9.25 x 1.78	M12 RR
M14 x 1.5	14 +0.2	20	1.5	12	0.1	ED14X1.5X	2-013	10.82 x 1.78	M14 RR
M16 x 1.5	16 +0.2	23	1.5	12		ED16X1.5X	3-907	13.46 x 2.08	M16 RR
M18 x 1.5	18 +0.2	25	2	12		ED18X1.5XX	2-114	15.54 x 2.62	M18 RR
M20 x 1.5[3)]	20 +0.2	27	2	14		ED20X1.5X	2-017	17.17 x 1.78	M20 RR
M22 x 1.5	22 +0.2	28	2.5	14		ED22X1.5X	2-018	18.77 x 1.78	M22 RR
M24 x 1.5[4)]	26 +0.2	30	2.5	14		—	2-019	20.35 x 1.78	M24 RR
M26 x 1.5	26 +0.2	33	2.5	16		ED26X1.5X	2-118	21.89 x 2.62	M26 RR
M27 x 2	27 +0.2	33	2.5	16		ED26X1.5X	2-119	23.47 x 2.62	M27 RR
M33 x 2	33 +0.3	41	2.5	18	0.2	ED33X2X	2-122	28.24 x 2.62	M33 RR
M36 x 2[4)]	36 +0.3	43	2.5	18		—	2-124	31.42 x 2.62	M36 RR
M42 x 2	42 +0.3	51	2.5	20		ED42X2X	2-128	37.77 x 2.62	M42 RR
M45 x 2[4)]	45 +0.3	50	2.5	20		—	2-130	40.94 x 2.62	M45 RR
M48 x 2	48 +0.3	56	2.5	22		ED48X2X	2-132	44.12 x 2.62	M48 RR

Source : Parker 4300

Montage avec bride

Nous retrouvons souvent des brides de montages pour les applications tels que les pompes et les filtres. Ces brides se vissent sur le bâti avec 4 vis et incluent généralement une rainure pour un joint torique, à moins que l'étanchéité soit assurée par un joint plat. Il est aussi possible de joindre ensemble des tubes et boyaux. Ces brides permettent le démontage aisé d'une pompe, par exemple, en permettant son déplacement sans interférence. Ces brides sont offertes avec différents types de filets tels que nous avons vu dans cette section, et aussi, des brides existent pour le soudage de tube de plomberie. Elles permettent le montage de raccords de dimensions importantes.

Figure 23.17 **Brides de montage**

Source : Parker

Figure 23.18 **Brides code 61 et 62, et avec deux joints**

Code 61 and Code 62 Port Ends

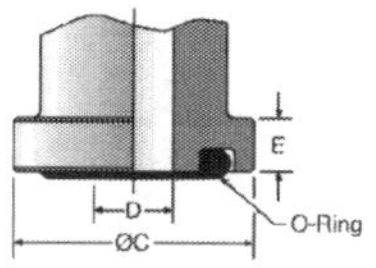

SIZE	Flange O.D. C (inch)	Drill D Max (inch)	Flange Height E (inch)
	CODE 61		
8	1.19	0.50	0.265
12	1.50	0.75	0.265
16	1.75	1.00	0.315
20	2.00	1.25	0.315
24	2.38	1.50	0.315
32	2.81	2.00	0.375
	CODE 62		
8	1.25	0.50	0.305
12	1.63	0.75	0.345
16	1.88	1.00	0.375
20	2.13	1.25	0.405
24	2.50	1.50	0.495
32	3.13	2.00	0.495

Port Ends for Dual Seal Flange Port

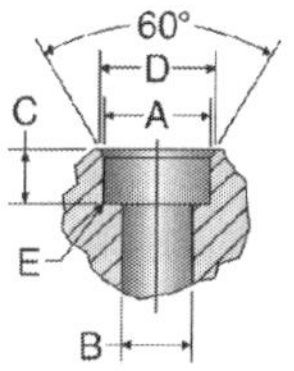

SIZE	A (in.)	B (in.)	C (in.)	D (CSK)	E (R)
8	0.750 - 0.752	0.500	0.400	.82 X 60°	0.02
16	1.375 - 1.377	0.938	0.400	1.445 X 60°	0.02
24	1.750 - 1.752	1.312	0.530	1.82 X 60°	0.02

Source : Parker

23.2.2 Raccords pour tubes

La section précédente présentait les interfaces de montage sur les bâtis de composante. Le montage des tubes est bien différent et doit composer avec un tube mince et permettre une fabrication économique. Pour cette raison, et à l'exception des filets NPT, on retrouvera toujours des adaptateurs qui permettront de passer d'un style de montage propre aux tubes vers les interfaces de bâtis. Nous verrons les adaptateurs dans le chapitre 23.2.4.

Raccords pour tube de plomberie

Le choix se limite à des composantes ayant des trous ayant des filets NPT/NPTF. Le tube est toujours un filet extérieur qui s'insère dans une composante femelle. Le tableau suivant montre quelques exemples typiques de composantes de liaison.

Tableau 23.7 **Raccords de tube de plomberie**

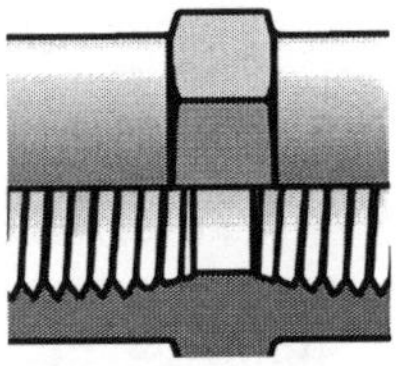	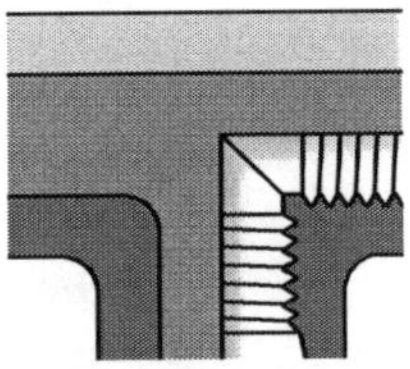	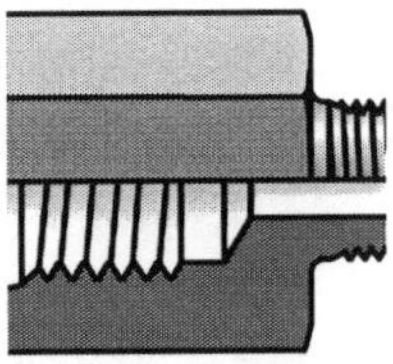
Union/Coupling	**T/Tee**	**Expandeur/Expander**
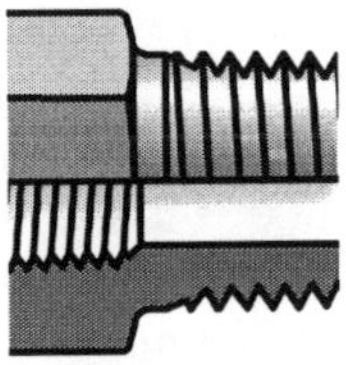	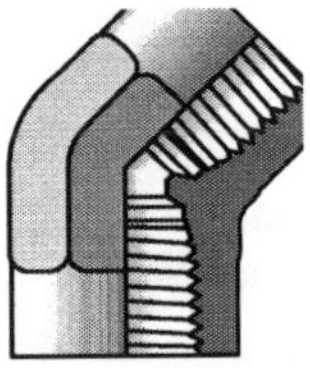	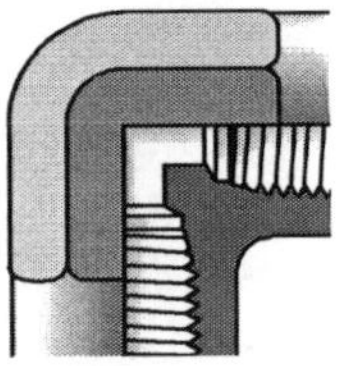
Réducteur/Reducer	**Coude femelle 45°/45° Female elbow**	**Coude femelle/ Female elbow**

Source : Parker

Figure 23.19 **Raccord pour tubes de plomberie, Victaulic Style 77**

Source : Victaulic G-103

Figure 23.20 **Préparation typique d'un tube pour raccord Victaulic**

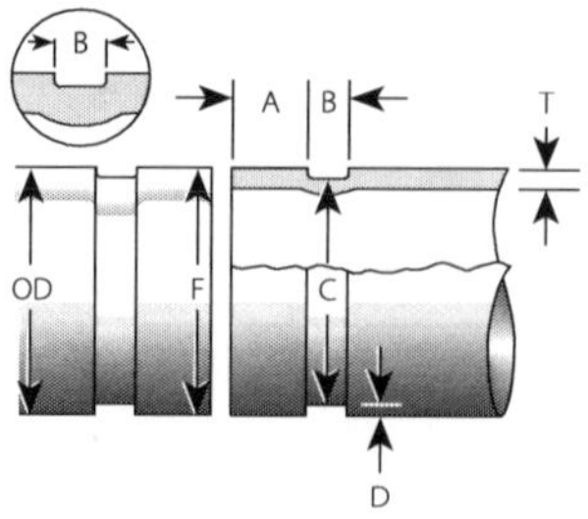

Source : Victaulic

Il y a bien entendu d'autres alternatives pour relier ensemble des tubes de plomberie. Pour ne citer qu'eux, on peut retrouver des brides de montage soudées, ou encore des raccords de type Victaulic pour des circuits basse pression.

Raccords pour tubes hydrauliques

Le choix de type de raccordement pour les tubes hydrauliques est grand alors que plusieurs technologies se sont développées en fonction des besoins. Encore ici, nous faisons face à des technologies qui cohabitent et qui proviennent de périodes différentes. Certains standards comme le type JIC sont largement utilisés malgré le risque élevé de fuites. Il est très difficile de changer les mœurs et la pratique courante.

Montage de type JIC

Probablement un des standards les plus largement utilisés et qui participe à la perception que les systèmes hydrauliques sont toujours une source de fuites hydrauliques. Soyons clair, un montage de type JIC est tout à fait étanche si parfaitement réalisé, parfaitement assemblé et s'il n'est jamais démonté. En d'autres termes, le risque de fuite est élevé. Beaucoup de solutions existent pour tenter de rendre cette solution étanche alors que d'autres solutions existent pour des nouveaux équipements. L'étanchéité est normalement assurée par un contact sec métal à métal.

Figure 23.21 **Montage de type JIC**

Nominal Tube O.D.		
Inch	Metric	A
1/8	—	0.07
3/16	—	0.08
1/4	6	0.09
5/16	8	0.08
3/8	10	0.08
1/2	12	0.12
5/8	14, 15, 16	0.13
3/4	18, 20	0.15
7/8	22	0.15
1	25	0.15
1 1/4	30, 32	0.20
1 1/2	38	0.18
2	42	0.28

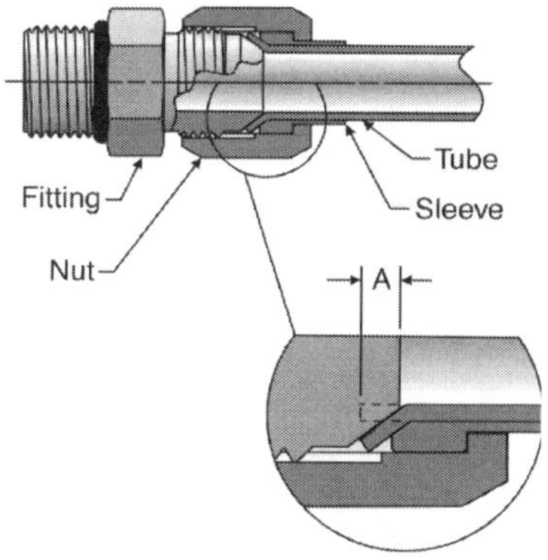

Fig. T25 — Tube length allowance

Source : Parker

On retrouve la désignation Triple-Lok chez PARKER pour le montage JIC. Au niveau de la préparation du tube, c'est exactement la même chose, JIC et Triple-Lok. Pour les raccords femelles, qui sont l'équivalent des tubes, l'angle de l'évasement est multiple et inclut un angle de 45 et de 37 degrés. En hydraulique industrielle, nous retrouvons essentiellement des angles de 37 degrés, alors que pour les plus petits systèmes, on verra souvent du 45 degrés. La préparation du tube inclut les étapes suivantes :

- Coupe du tube, parfaitement perpendiculaire à l'axe du tube;
- Enlèvement de la bavure avec précaution;
- Insertion de l'écrou (nut) et de la férule (sleeve);
- Évasement du tube à l'aide d'un outil de qualité et avec précaution.

La préparation de l'évasement est très critique tant au niveau de l'angle que de sa longueur. De plus, la surface du tube évasée doit être de qualité et n'avoir aucune bavure. Toutefois, si la méthode est maîtrisée, la préparation du tube est rapide et économique.

L'assemblage doit se faire alors que les surfaces entrant en contact sont propres et avec une surface uniforme. Le serrage doit être fait selon les recommandations. Trop de serrage déforme les surfaces ce qui peut créer des fuites. Un serrage insuffisant n'assure pas une étanchéité suffisante. Le fait de démonter pour la maintenance les joints peut faire en sorte que les surfaces de nouveau en contact ne retrouvent pas leur position d'origine et qu'elles ne s'ajustent pas aussi bien créant des fuites potentielles.

Il y a bien des solutions qui existent qui tente de limiter les fuites de ce type de raccordement. Certains raccords sont disponibles avec des joints d'étanchéités en caoutchouc, mais le montage sur un tube imparfait laisse peu de contact efficace. Cette solution en est une pour tenter d'améliorer une solution existante. Si l'évasement du tube est mal fait, on se retrouvera tout de même avec un risque de fuite. Une autre alternative très utile lors de réparation est d'ajouter une rondelle en matériel ductile sur le cône du raccord mâle.

Figure 23.22 **Montage JIC avec joint de caoutchouc**

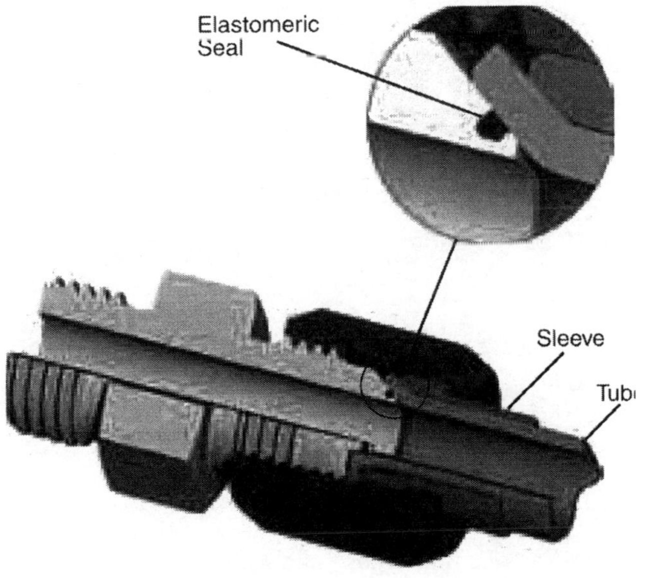

Source : Parker

Figure 23.23 **Rondelle d'étanchéité**

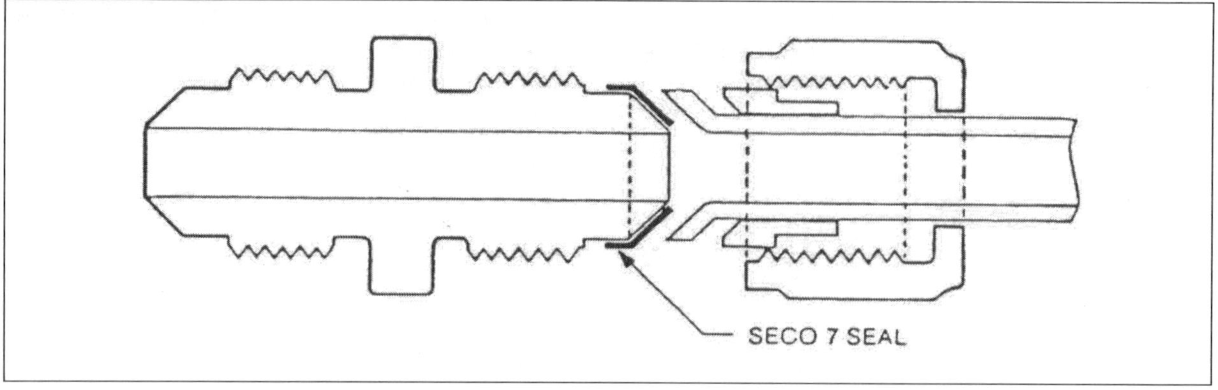

Source : SECO

Montage de type jointage de face

Face aux défauts du montage JIC, le montage par jointage de face (désigné comme étant Seal Lok chez Parker) est une alternative efficace qui assure une excellente étanchéité. L'étanchéité est assurée par des joints toriques de dimension acceptable. L'évasement du tube doit se faire avec des équipements de qualité alors que le tube subit un maximum de déformation. Les tubes doivent donc être d'excellente qualité. De plus, l'épaisseur de la paroi est critique et il faut s'assurer que le tube à évaser possède une paroi suffisante et pas trop épaisse. Au lieu d'évaser un tube, on peut avoir recours à des embouts qui s'assemblent à l'extrémité du tube par brasage à l'argent. Cette méthode n'est pas la plus économique, mais le siège d'appui du joint d'étanchéité est alors parfait.

Figure 23.24 **Montage avec embout soudé (gauche) et évasement du tube (droite)**

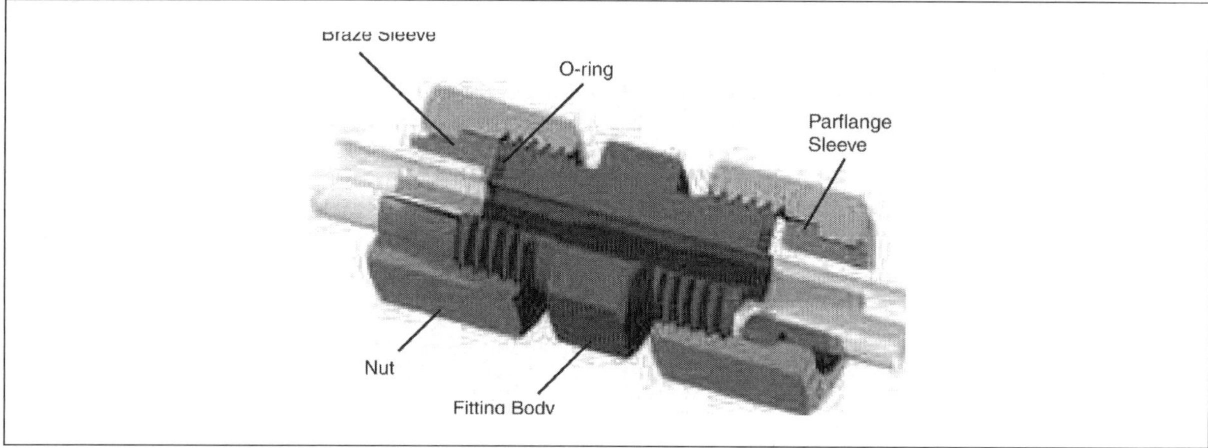

Source : Parker

Cette technique est disponible en version impériale et métrique. Outre la fabrication un peu plus complexe que le JIC, un autre inconvénient est le fait d'avoir des écrous de serrage de forte dimension. Les étapes de fabrication sont similaires au JIC.

Montage de type sans évasement

Lorsque l'on voit les performances des montages sans évasement on peut tout de suite se demander pourquoi les autres façons de faire coexistent encore de nos jours sur les nouveaux équipements. À la fois simple au niveau de la préparation des tubes, l'étanchéité excellente. Dans les montages avec des composantes impériales, les options sont légèrement plus limitées. Parker possède une gamme de produits dans cette catégorie désignée sous le nom de Ferulok Flareless. Swagelok possède une gamme de produits très intéressante et est dévoué à cette technologie de montage. Au niveau des montages métriques, qui représentent la méthode standard actuelle et grandement diffusée, le nombre d'options est important et judicieux et représente le summum de la technologie.

La préparation du tube est minimale consiste essentiellement à le couper droit et à ébavurer son extrémité sommairement. Il suffit ensuite d'insérer l'écrou sur le tube et d'insérer ensuite la férule.

La mise en place permanente de la férule se fait en place lors de l'assemblage sur le raccord. La férule pénètre et déforme le tube lors du serrage de l'écrou alors que le raccord sert de butée à angle créant le plan de déformation. Il n'est pas possible de remplacer la férule ensuite, et le tube est déformé de façon permanente. La méthode est très rapide et efficace. Comme la plupart des méthodes de montage, il faut serrer l'écrou suffisamment et sans excès pour assurer un montage adéquat. Le raccord utilisé possède une cavité conique qui reçoit la férule, ou encore un raccord pénétrant à l'intérieur du cône, comme l'on retrouve à l'extrémité d'un boyau. Lors des démontages, les surfaces assurant l'étanchéité sont naturellement protégées.

Figure 23.25 **Montage avec tubes sans évasement**

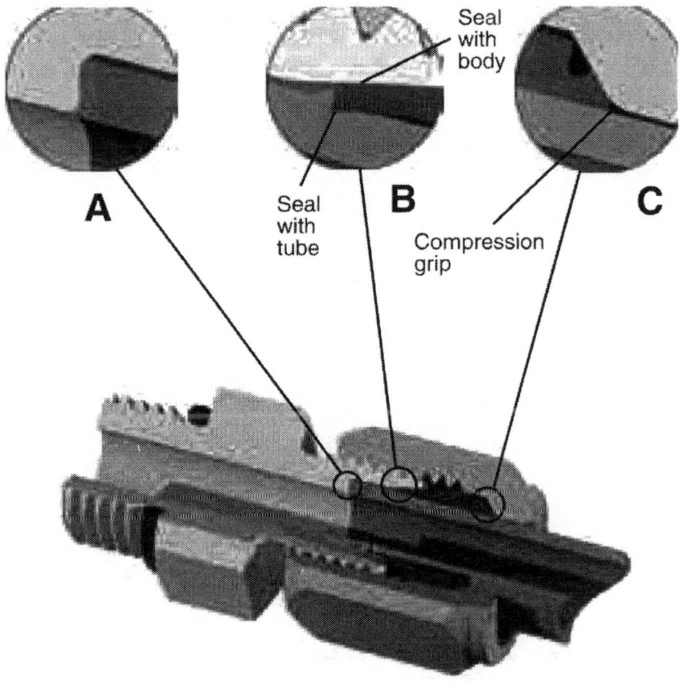

Source : Parker

La version métrique courante de cette technologie est normalisée (DIN 2353) et contient deux versions, soit la version EO ainsi que la EO-2. La différence entre ces deux versions est le fait que la version EO-2 utilise des segments de caoutchouc pour assurer l'étanchéité. La version EO utilise, tout comme la version impériale, un contact métal à métal. La grande différence entre le système métrique et le système impérial est que la norme métrique prévoit des tubes dont le diamètre extérieur varie en fonction des pressions dans le circuit. Cette approche permet d'obtenir des diamètres intérieurs plus réguliers entre les boyaux, les raccords et les tubes le long du parcours de l'huile. On distingue trois catégories de pression :

- LL : application basse pression
- L : application moyenne pression
- S : application haute pression

On remarque à la Figure 23.26 des indications de pression d'opération. CF étant pour les raccords en acier; 71 étant pour les raccords en acier inoxydable; et enfin MS pour les raccords en laiton.

Figure 23.26 **Union métrique EO et EO-2**

G

Union

24° Flareless / 24° Flareless

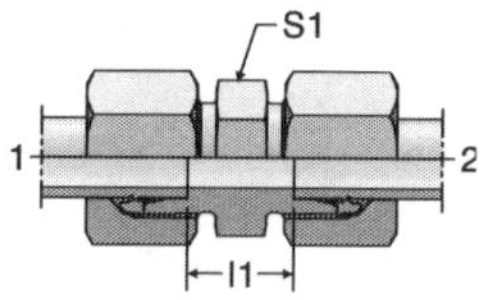

TUBE FITTING PART #	END SIZE 1 (mm)	END SIZE 2 (mm)	l1 (mm)	S1 (mm)	STANDARD Pressure Rating (bar) EO CF	EO 71	EO MS	EO-2 CF	EO-2 71
G04LL	4	4	12	9	100	100	63	100	
G06LL	6	6	9	11	100	100	63	100	
G08LL	8	8	12	12	100	100	63		
G10LL	10	10	12	14	100		63		
G12LL	12	12	11	17	100				
G06L	6	6	10	12	315	315	200	315	315
G08L	8	8	11	14	315	315	200	315	315
G10L	10	10	13	17	315	315	200	315	315
G12L	12	12	14	19	315	315	200	315	315
G15L	15	15	16	24	315	315	200	315	315
G18L	18	18	16	27	315	315	200	315	315
G22L	22	22	20	32	160	160	100	160	160
G28L	28	28	21	41	160	160	100	160	160
G35L	35	35	20	46	160		100	160	160
G42L	42	42	21	55	160		100	160	160
G06S	6	6	16	14	630	630	400	630	630
G08S	8	8	18	17	630	630	400	630	630
G10S	10	10	17	19	630	630	400	630	
G12S	12	12	19	22	630	630	400	630	630
G14S	14	14	22	24	630		400	630	
G16S	16	16	21	27	400	400	250	400	400
G20S	20	20	23	32	400	400	250	400	400
G25S	25	25	26	41	400	400	250	400	
G30S	30	30	27	46	400	400	250	400	400
G38S	38	38	29	55	315		205	315	315

For EO-2 part number, insert "Z" between size and pressure series. Example: G06ZLCF

Source : Parker

La sélection peut paraître déroutante au départ dans le système métrique, en pratique toutefois, c'est assez simple, car il faut partir du boyau et de ses raccords d'embout, puis en fonction de la pression d'opération, sélectionner le bon tube qui résiste, puis de retenir cette information pour le choix des raccords en tenant compte de la série de pression (LL, L ou S).

23.2.3 Raccords d'embout de boyaux

Un boyau s'installe généralement sur un adaptateur, et parfois directement dans un bâti ou encore sur un tube hydraulique. Un embout est une pièce que l'on installe à l'extrémité du boyau selon deux modes, soit en montage permanent (assemblage avec une presse) ou soit en montage manuel, ce qui peut être utile, mais à la fois très pénible à exécuter.

En hydraulique, nous retrouvons essentiellement des embouts qui s'insèrent dans le boyau et dont un tube extérieur crée un lien très résistant avec la paroi extérieure du boyau par un serrage. On retrouve trois configurations distinctes :

- Embout pour montage manuel, réutilisable
- Embout permanent pressé fait d'une pièce
- Embout permanent pressé fait de deux pièces

Figure 23.27 **Embout permanent pressé**

Source : Parker 4400

Lorsque l'on doit choisir un embout, la première chose à faire est de confirmer le choix du boyau. Les données techniques du boyau renseignent sur le type d'embout à utiliser. Chaque boyau a ses propres dimensions internes et externes. Pour cette raison, normalement, les raccords seront du même manufacturier que celui du boyau, ainsi, nous avons la garantie que le mariage est bon.

Il y a des règles simples pour s'assurer que la conception est bien faite. En autre, il faut éviter d'avoir deux embouts à angle sur le même boyau. Cela rend presque impossible d'orienter correctement les embouts l'un par rapport à l'autre, à moins qu'un des embouts soit pivotant sur lui-même (« swivel »). Il faut aussi tenter d'éviter pour les équipements industriels d'avoir à faire tourner sur lui-même le boyau lors de son installation sur un raccord ou un adaptateur.

Embout pour montage manuel, réutilisable

Ce type d'embout peut laisser croire que c'est une façon commode et facile d'installation sur un boyau. Il ne suffit que d'une fois pour réaliser que cette alternative est celle que l'on prend en dernier lieu. L'installation d'un seul embout peut prendre facilement plus de six minutes de travail ardu. La technique est simple et suit les étapes suivantes :

- On visse le tube extérieur sur le boyau. Dans les faits, le tube extérieur est une bague à six pans dont l'intérieur est un gros filet grossier. À l'autre extrémité de la bague se trouve un filet très fin apte à recevoir l'embout;
- On implante l'embout en le vissant à l'intérieur du filet très fin de la bague. L'extrémité pénétrant de l'embout est très fine et pénètre graduellement dans le boyau. En s'insérant, le tube interne repousse vers la bague extérieure la paroi du boyau. C'est là que le travail est le plus ardu, lorsque les boyaux sont de fortes dimensions, le couple de serrage devient alors très élevé et le filet très fin demande une multitude de tours de serrage.

Le fait d'avoir deux composantes demande parfois de commander distinctement la bague extérieure et l'embout dépendamment du manufacturier. La fabrication plus complexe de ce type d'embout le rend plus dispendieux que les autres types.

Ce type d'embout est une bonne alternative dans les cas où la longueur du boyau doit être déterminée en chantier ou pour des réparations. Ce n'est toutefois pas la meilleure approche à prendre lorsqu'il y a beaucoup de boyaux à préparer.

Figure 23.28 **Embout pour montage manuel**

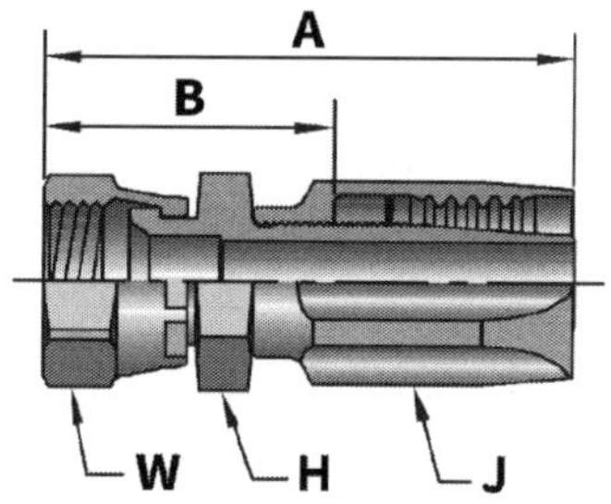

Source : Parker 4400

Embout permanent pressé d'une seule pièce

Un embout pressé d'une seule pièce demeure la méthode d'assemblage la plus rapide sur un boyau. La Figure 23.27 présente un tel embout. L'assemblage se fait en suivant les quelques étapes simples suivantes :

- On implante l'embout préalablement huilé dans le boyau;
- À l'aide d'une presse à embout ayant le bon gabarit de serrage, on écrase la bague extérieure jusqu'à ce que le gabarit se referme complètement sur lui-même.

Le temps de quelques secondes permet de maîtriser la procédure d'assemblage.

Le choix d'embouts de ce type est exhaustif avec une panoplie de possibilités.

Embout permanent pressé en deux pièces

Un embout pressé fait de deux pièces ressemble à la construction avec une seule pièce à l'exception du fait que le tube extérieur (la bague) est séparé de l'embout. Cette approche a l'avantage de pouvoir avoir par exemple un seul embout pour une grosseur de boyau et de prendre au besoin la bague en fonction de l'extérieur du boyau. Pour une entreprise ayant plusieurs types de boyaux, cette approche peut faire en sorte de diminuer les stocks. Autre point qui peut être intéressant pour la maintenant est le fait que la bague est facilement coupable et que l'on peut aisément récupérer l'embout existant.

La méthode d'assemblage est semblable à la version à une pièce et ne prend que quelques secondes de plus.

Le choix d'embouts de ce type est exhaustif avec une panoplie de possibilités, et lors de la commande, la bague et l'embout se commandent séparément. Parker n'utilise pas cette méthode alors que Gates semble y être attaché.

Figure 23.29 **Embout fait de deux pièces**

Source : Gates

23.2.4 Adaptateur

Un adaptateur est un raccord qui raccorde différentes composantes hydrauliques, ensemble peu importe leur système de montage. Il est strictement impossible de présenter tous les adaptateurs disponibles, car la variété est juste trop importante. Tous les manufacturiers n'ont pas obligatoirement la même gamme de produits et il peut arriver qu'il puisse être pertinent d'utiliser plusieurs manufacturiers pour faire un montage complet. Il arrive fréquemment qu'il soit nécessaire d'avoir 2 voire même 3 adaptateurs en ligne pour passer d'une connexion à un tube par exemple.

Figure 23.30 **Exemple d'une liste d'adaptateurs JIC**

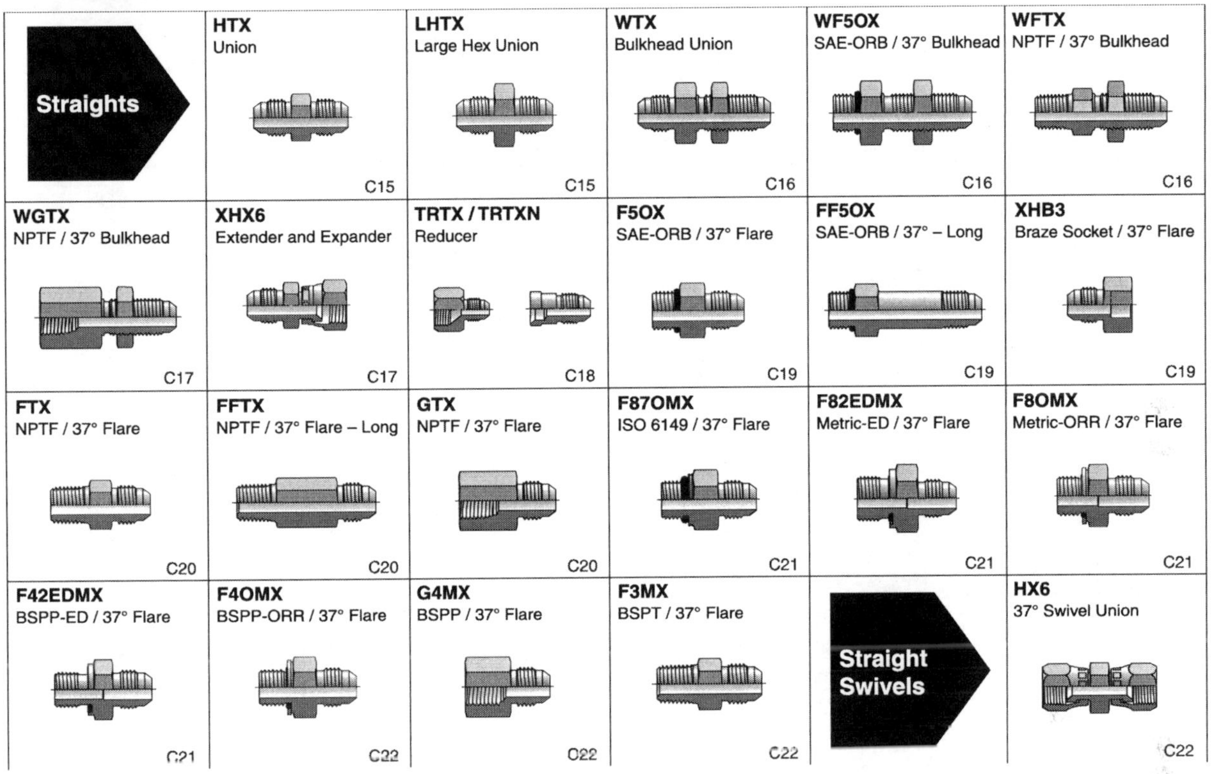

Source : Parker 4300

Généralement, on installera un adaptateur sur un bâti où viendra s'installer un boyau par exemple. Un exemple typique est d'installer un adaptateur O'Ring SAE-10 (port 5/8 pouce) sur un moteur hydraulique dont l'autre extrémité permet un montage JIC SAE-8 (1/2 pouce) mâle afin de recevoir un boyau ayant le bon embout. Dans ce cas, comme bien souvent, on peut passer d'un format à un autre directement avec l'adaptateur.

23.2.5 Perte de charge dans les raccords

Les pertes de charges dans les raccords et adaptateurs sont en général relativement faibles. On sélectionne généralement la grosseur des lignes hydrauliques en fonction de la vitesse du fluide hydraulique dans les tubes hydrauliques (voir 23.3). Toutefois, lorsque le nombre de raccords devient très important, l'effet des pertes de charge dans les raccords peut devenir un enjeu avec l'accumulation des petites pertes. Plus les passages sont obstrués et plus les pertes de charges seront importantes. Les graphiques suivants sont tirés de Parker et sont là à titre indicatif.

En général, l'analyse des pertes de charge se fait rarement de façon extrêmement détaillée.

Figure 23.31 **Perte de charges dans des raccords**

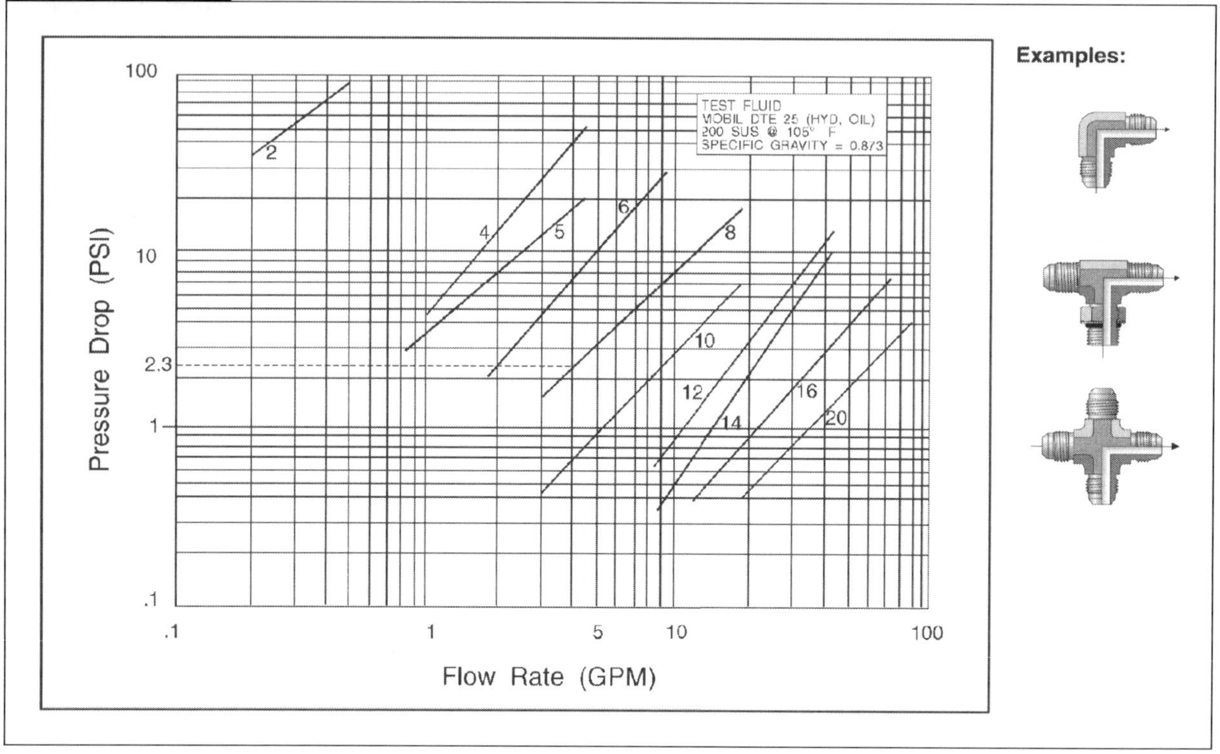

Source : Parker cat. 4300

Figure 23.32 **Perte de charges dans des raccords**

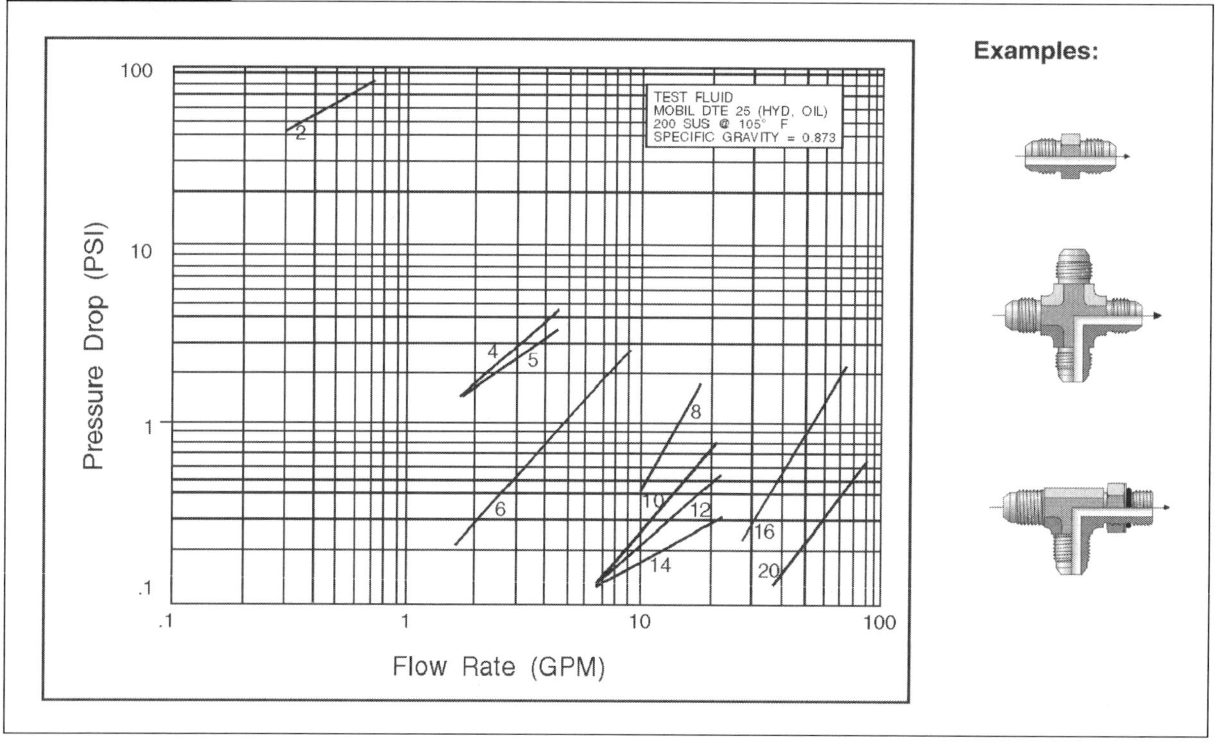

Source : Parker cat. 4300

Figure 23.33 **Perte de charges dans des raccords**

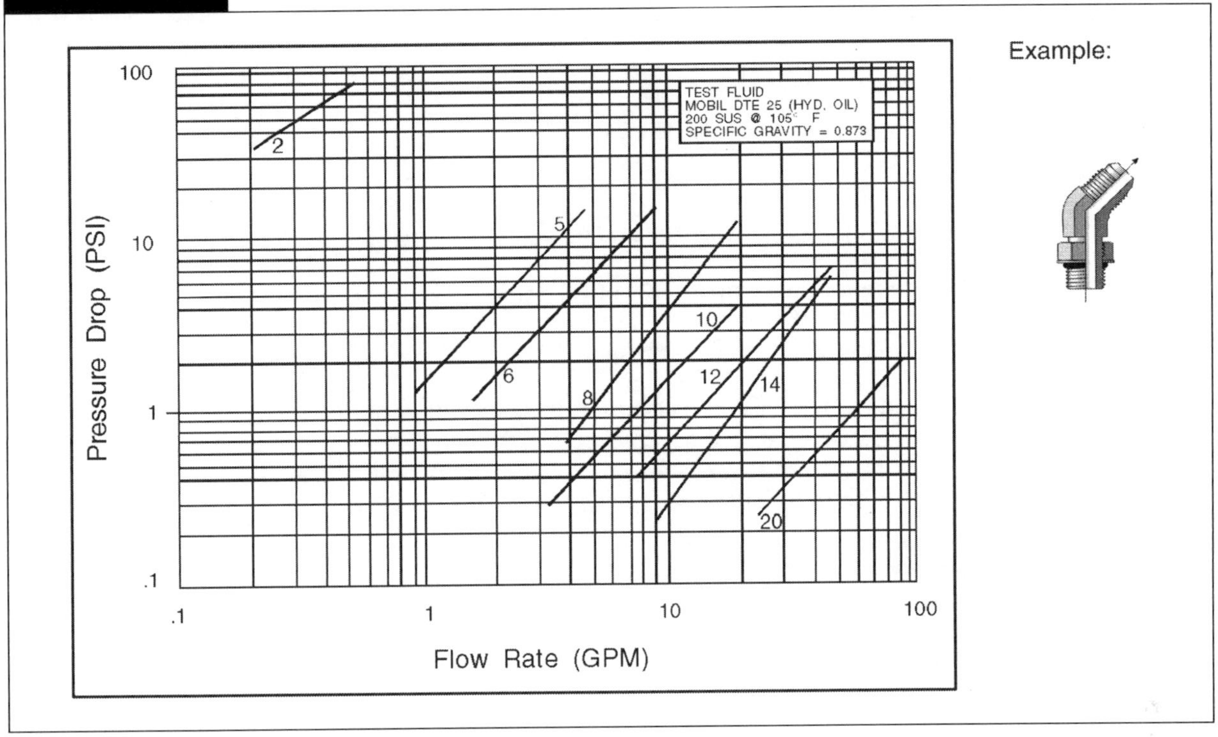

Source : Parker cat. 4300

23.3 Sélection du diamètre des composantes

Rappelons que la grosseur des composantes de transport du fluide hydraulique influence le rendement global d'un circuit hydraulique. On considèrera généralement une perte de charge allant de 10 à 15 % dans les composantes, ce qui inclut les valves, les tubes et les raccords.

Améliorer le rendement du système en réduisant les pertes de charges dans les composantes impose d'utiliser des composantes surdimensionnées, ce qui devient rapidement beaucoup plus onéreux. Sous-dimensionner les composantes impose une perte de rendement pouvant devenir importante, et pouvant conduire à l'incapacité d'atteindre la vitesse désirée des mouvements.

Pour cette raison, plus la pression de fonctionnement de la pompe est élevée, et plus les pertes de charge dans les composantes pourront être importantes pour un même rendement.

Ainsi, en augmentant la pression du double, on devrait s'attendre à réduire le débit de moitié, et permettre une perte de charge dans les composantes deux fois plus importante. C'est comme réduire d'un facteur de 4 la grosseur des composantes. C'est une analogie bien entendue et aucunement précise.

À moins d'avoir des enjeux très critiques au niveau des pertes de charge, la sélection du diamètre des composants de transport de l'huile se fait en fonction de la vitesse moyenne du débit dans les canalisations. La vitesse du débit est un indicatif qui est lié aux pertes de charge. La pratique courante autorise une certaine perte de charge, et plus la pression du système sera élevée et plus on aura droit à une perte de charge importante.

La première étape est de déterminer le diamètre intérieur minimal des tubes hydrauliques en fonction du débit et de l'application, et ce en fonction d'une vitesse de débit considérée comme acceptable. Les vitesses acceptables suivent à peu près les règles suivantes :

- Canalisation de succion : 4 pieds/s (1,22 m/s)
- Canalisation de retour : 10 pieds/s (3,05 m/s)
- Canalisation de pression :
  - Système fonctionnant entre 500 et 2 000 psis : 15 à 20 pieds/s (4,57 à 6,10 m/s)
  - Système fonctionnant entre 2 000 et 3 000 psis : 25 pieds/s (7,62 m/s)
  - Système fonctionnant entre 3 000 et 5 000 psis : 30 pieds/s (9,14 m/s)

Ces vitesses représentent un compromis jugé acceptable économiquement qui tient compte de la perte de rendement liée aux pertes de charge ainsi que du coût d'achat des canalisations. La raison pour laquelle la vitesse du débit de retour gagne à être plus faible est simple et s'expliquent par le fait qu'il est économique d'acheter un tube de plus grands diamètres à paroi mince. Pour les canalisations sous pression, à mesure que la pression augmente, il est nécessaire d'avoir recours à des tubes de plus en plus épais ce qui fait grimper les coûts, et qui même parfois, limite tout simplement la sélection à des tubes plus petits aptes à ne pas éclater.

La ligne de retour à laisser passer un débit plus important que le débit de la pompe. Ce fait est possible dans le cas des vérins et s'accentue à mesure que le rapport de surface devient élevé.

Le calcul de départ afin de déterminer la dimension intérieure du tube se fait avec les formules suivantes :

$$D\,intérieur\,du\,tube(pouce) = 0,64\sqrt{\frac{Débit(gpm)}{Vitesse\,du\,débit(pieds/s)}}$$

$$D\,intérieur\,du\,tube(mm) = 4,61\sqrt{\frac{Débit(lpm)}{Vitesse\,du\,débit(m/s)}}$$

Il faut ensuite déterminer le diamètre extérieur du tube qui permet de résister à la pression en tenant compte du diamètre intérieur minimal obtenu et du type de montage qui sera employé. Il faut s'assurer que le tube satisfait les critères de résistance à la pression en fonction de la sécurité nécessaire, il faut utiliser les bons facteurs.

23.3.1 Perte de charge

Lorsque l'on désire connaître les pertes de charge dans les tubes hydrauliques ainsi que les tubes de plomberie, il est possible d'utiliser différentes approches et celle qui est présentée ici se base sur la référence « Fluid Power Databook ».

Le Tableau 23.8 donne la perte de charge théorique pour un tube de plomberie cédule 40 ayant une longueur de 100 pieds. La perte de charge est pour une huile hydraulique standard ayant une masse spécifique de 0,9 ainsi qu'une viscosité de 220 SUS. La perte de charge est proportionnelle à la masse spécifique, ainsi, une huile de type phosphate ester aura une perte de charge augmentée de 22 % par rapport à la table. La perte de charge est aussi proportionnelle à la viscosité, ainsi, une huile ayant une viscosité de 440 SUS créera une perte de charge deux fois plus grande.

Tableau 23.8 **Perte de charge par 100 pieds de tube de plomberie cédule 40**

GPM	Tube	Perte de charge PSI
10	3/8	185
	1/2	73
	3/4	24
	1	9,0
	1 1/4	3,0
15	1/2	109
	3/4	36
	1	14
	1 1/4	4,5
	1 1/2	2,4
20	1/2	146
	3/4	47
	1	18
	1 1/4	6,0
	1 1/2	3,2
25	1/2	180
	3/4	59
	1	23
	1 1/4	7,6
	1 1/2	4,0
30	1/2	214
	3/4	71
	1	27
	1 1/4	9,0
	1 1/2	4,8

GPM	Tube	Perte de charge PSI
35	1/2	249
	3/4	83
	1	32
	1 1/4	11
	1 1/2	5,7
40	3/4	95
	1	36
	1 1/4	12
	1 1/2	6,5
	2	2,4
45	3/4	106
	1	41
	1 1/4	14
	1 1/2	4,4
	2	2,7
50	3/4	122
	1	46
	1 1/4	15
	1 1/2	8,1
	2	3,0
60	3/4	142
	1	53
	1 1/4	18
	1 1/2	9,8
	2	3,6

GPM	Tube	Perte de charge PSI
70	3/4	205
	1	63
	1 1/4	21
	1 1/2	11
	2	4,2
80	1	75
	1 1/4	24
	1 1/2	13
	2	4,8
	2 1/2	2,3
90	1	80
	1 1/4	27
	1 1/2	15
	2	5,4
	2 1/2	2,6
100	1	89
	1 1/4	30
	1 1/2	16
	2	6,0
	2 1/2	2,9
125	1	114
	1 1/4	38
	1 1/2	20
	2	7,5
	2 1/2	3,6

Pour utiliser cette table pour d'autres dimensions intérieures de tube, il faut avoir recours à la table suivante (tableau 23.9) qui procure une corrélation entre la première table en se servant d'un facteur de conversion.

Exemple : Nous avons un débit de 40 gpm passant dans une canalisation de 150 pieds de long et ayant un diamètre intérieur de 1,120 pouces. Le tableau 23.9 nous indique de prendre la perte de charge d'un tube 1 ¼ et de multiplier la perte de charge par un facteur de 1,52. Dans le tableau 23.8 nous retrouvons une perte de charge de 12 psis pour un tube de 100 pieds. On peut donc prétendre que la perte de charge pour notre tube sera alors de 12 × 1,52, soit 18,2 psis par 100 pieds de canalisation. Étant donné que notre canalisation a une longueur de 150 pieds, on peut donc estimer la perte de charge à 18,2 psis × (150/100), soit 27,3 psis.

Tableau 23.9 **Table de conversion pour différents diamètres de tube**

Tube DI	Utilisez tube	Facteur de conversion	Tube DI	Utilisez tube	Facteur de conversion	Tube DI	Utilisez tube	Facteur de conversion
0,334	3/8	2,18	0,760	3/4	1,17	1,120	1 1/4	1,52
0,356	3/8	1,92	0,782	3/4	1,11	1,134	1 1/4	1,48
0,370	3/8	1,77	0,810	3/4	1,03	1,152	1 1/4	1,43
0,384	3/8	1,65	0,824	3/4	1,00	1,260	1 1/4	1,20
0,402	3/8	1,50	0,834	1	1,58	1,282	1 1/4	1,16
0,416	3/8	1,40	0,856	1	1,50	1,310	1 1/4	1,11
0,430	3/8	1,31	0,870	1	1,45	1,334	1 1/4	1,07
0,493	3/8	1,00	0,884	1	1,41	1,356	1 1/4	1,04
0,532	1/2	1,37	0,902	1	1,35	1,370	1 1/4	1,01
0,506	1/2	1,23	1,010	1	1,08	1,732	2	1,42
0,584	1/2	1,13	1,032	1	1,03	1,760	2	1,38
0,606	1/2	1,08	1,049	1	1,00	1,782	2	1,34
0,620	1/2	1,01	1,060	1 1/4	1,69	1,810	2	1,30
0,634	3/4	1,69	1,084	1 1/4	1,62	1,834	2	1,27
0,652	3/4	1,60	1,106	1 1/4	1,56	1,856	2	1,24

Source : Fluid Power Databook

23.3.2 Boyau versus tube

En général, dans le système impérial, la procédure est de choisir de diamètre interne du tube que nous avons vu à la section 23.2.5. De là, nous avons un diamètre extérieur normalisé. Par exemple, nous nous retrouvons avec un cas où le diamètre extérieur du tube est de 3/4. L'approche standard est de prendre des boyaux de 3/4. En pratique, le boyau aura un diamètre réel plus grand que le tube hydraulique, c'est normal. Si des problèmes de perte de charge surviennent, on peut être tenté de prendre un tube légèrement plus gros toujours avec les boyaux 3/4, ce qui est tout à fait correct, mais qui demande des embouts de boyau moins standards.

En métrique, la dimension intérieure des tubes et boyaux sera plus constante naturellement.

23.4 Exercices

23.4.1 Exercices niveau #1

Exercice #1

Q	Énoncé/choix de réponse	Image
1	Dites quel type de raccord on retrouve sur l'image de droite : _______ SAE ORING _______ BSPP _______ PIPE _______ BOSS _______ JIC _______ ORING FACE SEAL	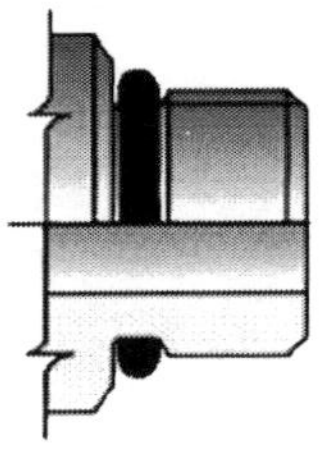
2	Dites quel type de raccord on retrouve sur l'image de droite : _______ SAE ORING _______ BSPP _______ PIPE _______ BOSS _______ JIC _______ ORING FACE SEAL	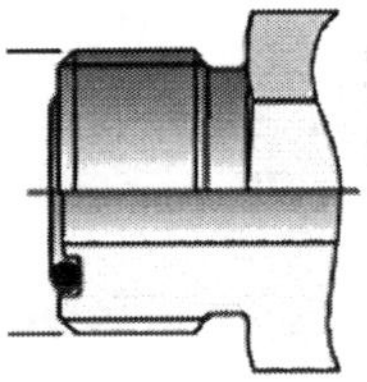
3	Dites quel type de raccord on retrouve sur l'image de droite : _______ SAE ORING _______ BSPP _______ PIPE _______ BOSS _______ JIC _______ ORING FACE SEAL	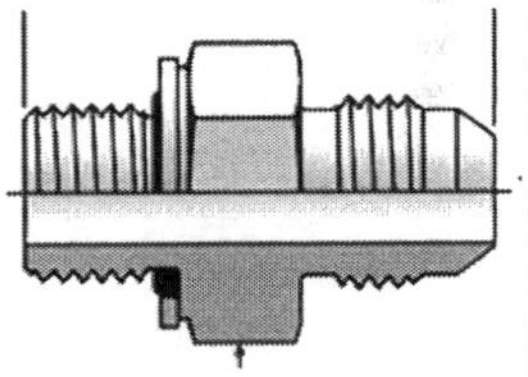
4	Dites quel type de raccord on retrouve sur l'image de droite : _______ SAE ORING _______ BSPP _______ PIPE _______ BOSS _______ JIC _______ ORING FACE SEAL	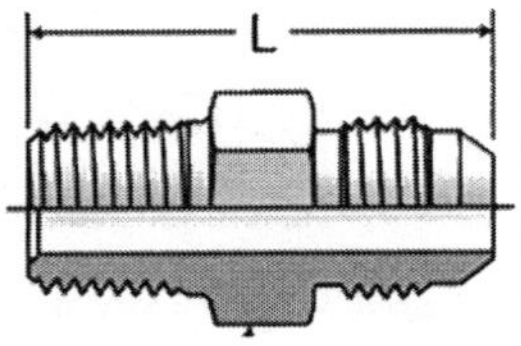

Exercice #2 : Parmi les types de filets suivants, lesquels peut-on retrouver pour le montage sur les blocs, moteurs, etc.? Encerclez les choix pertinents.

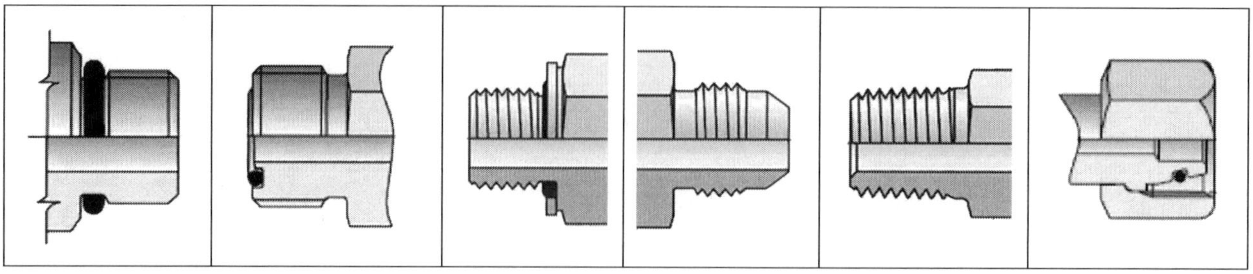

Exercice #3 : Parmi les types de filets suivants, lesquels peut-on retrouver pour le raccord entre raccords? Encerclez les choix pertinents.

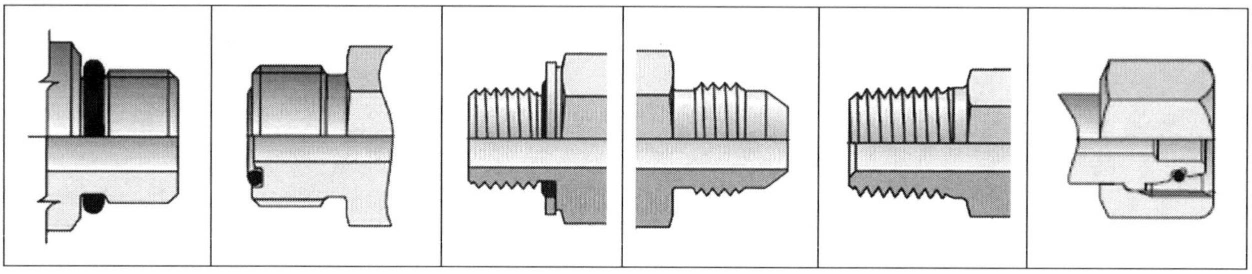

Exercices niveau #2

Exercice #1 : Pour un tube de type « pipe » 1 ¼ cédule #80, donnez :

g) Son diamètre extérieur (2 pts) : ____________

h) Son diamètre intérieur (2 pts) : ____________

i) Le débit maximal pour une ligne de pression fonctionnant à 1 000 psis (5 pts) : ____________

j) La perte de pression pour un débit de 50 gpm et une longueur de 250 pieds (9 pts) : ____________

k) La pression d'opération maximale recommandée (2 pts) : ____________

l) Il est possible de faire un filet NPT sur le tube (Vrai/Faux) (2 pts) : ____________

m) Il est possible de faire un embout de type JIC (Vrai/Faux) (2 pts) : ____________

Exercice #2 : Pour un tube hydraulique ¾ ayant une paroi de 0,083, donnez :

a) Son diamètre extérieur (2 pts) : ____________

b) Son diamètre intérieur (2 pts) : ____________

c) Le débit maximal pour une ligne de pression fonctionnant à 1 000 psis (5 pts) : ____________

d) La perte de pression pour un débit de 10 gpm et une longueur de 250 pieds (9 pts) : ____________

e) La pression d'opération maximale recommandée (FS de 6) (2 pts) : ____________

f) Il est possible de faire un filet NPT sur le tube (Vrai/Faux) (2 pts) : ____________

g) Il est possible de faire un embout de type JIC (Vrai/Faux) (2 pts) : ____________

Exercice niveau #3

N/A

Réponses exercices niveau #1

Exercice #1

Q	Énoncé/choix de réponse	Image
1	Dites quel type de raccord on retrouve sur l'image de droite : __X__ SAE ORING _____ BSPP _____ PIPE __X__ BOSS _____ JIC _____ ORING FACE SEAL	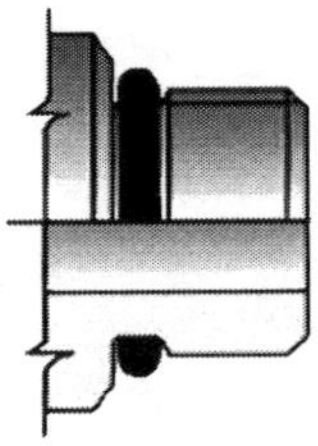
2	Dites quel type de raccord on retrouve sur l'image de droite : _____ SAE ORING _____ BSPP _____ PIPE _____ BOSS _____ JIC __X__ ORING FACE SEAL	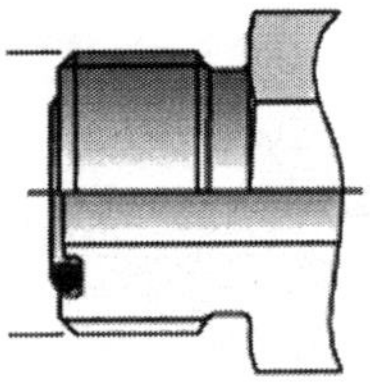
3	Dites quel type de raccord on retrouve sur l'image de droite : _____ SAE ORING __X__ BSPP _____ PIPE _____ BOSS __X__ JIC _____ ORING FACE SEAL	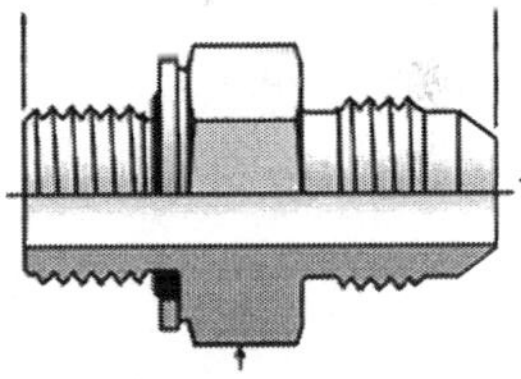
4	Dites quel type de raccord on retrouve sur l'image de droite : _____ SAE ORING _____ BSPP __X__ PIPE _____ BOSS __X__ JIC _____ ORING FACE SEAL	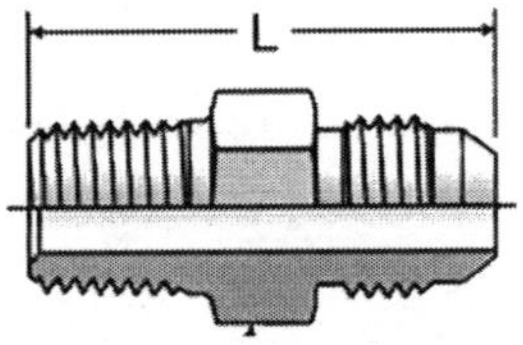

Exercice #2 :

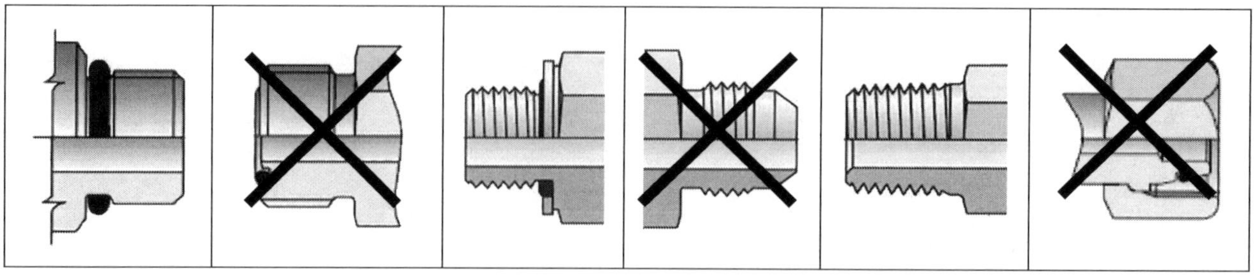

Exercice #3 :

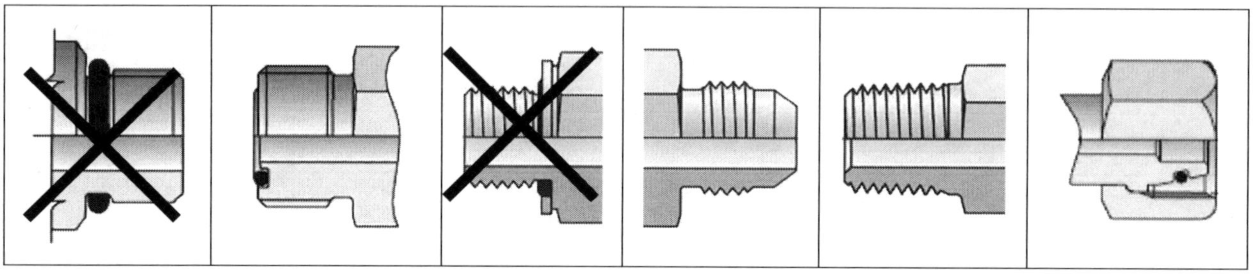

Réponses exercices niveau #2

Exercice #1 : Pour un tube de type « pipe » 1 ¼ cédule #80, donnez :

a) Son diamètre extérieur (2 pts) : *1,660*

b) Son diamètre intérieur (2 pts) : *1,278*

c) Le débit maximal pour une ligne de pression fonctionnant à 1 000 psis (5 pts) : *79,97 gpm*

d) La perte de pression pour un débit de 50 gpm et une longueur de 250 pieds (9 pts) : *250 pi/100 pi × 15 psis × 1,16 (pour tube ID de 1,282)= 43,5 psi*

e) La pression d'opération maximale recommandée (2 pts) : *1 534 psi*

f) Il est possible de faire un filet NPT sur le tube (Vrai/Faux) (2 pts) : *V*

g) Il est possible de faire un embout de type JIC (Vrai/Faux) (2 pts) : *F*

Exercice #2 : Pour un tube hydraulique ¾ ayant une paroi de 0,083, donnez :

a) Son diamètre extérieur (2 pts) : *0,750*

b) Son diamètre intérieur (2 pts) : *0,584*

c) Le débit maximal pour une ligne de pression fonctionnant à 1 000 psis (5 pts) : *16,7 gpm*

d) La perte de pression pour un débit de 10 gpm et une longueur de 250 pieds (9 pts) : *250 pi/100 pi × 73 psis × 1,13 (pour tube ID de 1,282) = 206 psis*

e) La pression d'opération maximale recommandée (FS de 6) (2 pts) : *2 029 psi*

f) Il est possible de faire un filet NPT sur le tube (Vrai/Faux) (2 pts) : *F*

g) Il est possible de faire un embout de type JIC (Vrai/Faux) (2 pts) : *V*

Réponse exercice niveau #3

N/A

24 Joints d’étanchéité et compatibilité avec les fluides

La majorité des huiles hydrauliques fonctionnent avec des joints d'étanchéités faits du caoutchouc Buna-N (caoutchouc nitrile, Acrylonitrile-Butadiène (NBR), qui est le composé le plus répandu. On retrouve souvent des joints faits en Viton pour des applications utilisant des huiles plus spéciales comme les phosphates ester. En cas de doute, il est faut toujours vérifier la compatibilité entre l'huile utilisée dans un circuit et les types de joints.

Lorsqu'il y a incompatibilité, les joints d'étanchéités peuvent rapidement perdre de leur efficacité en se détériorant sous l'effet de l'huile.

Lorsqu'un système a été conçu pour fonctionner avec un certain type d'huile, il devient très complexe de changer pour un type de fluide qui serait incompatible avec les joints existants.

25 | Démarrage d'un système

Le démarrage d'un système est un moment critique où le circuit risque combine un maximum de risque. En effet, le risque le colmatage est au maximum à cause des contaminants présents dans le circuit. La pompe fonctionnera obligatoirement à vide le temps que la canalisation d'aspiration soit emplie. Il y a un risque élevé qu'au moins un raccord hydraulique ne soit pas étanche ou correctement raccordé. Évidemment, les régulateurs de débit ne sont pas ajustés selon les besoins alors que des mouvements trop rapides peuvent apparaître lorsqu'on commande une valve pour la première fois.

Il faut distinguer deux trois types de démarrage, soit :

- Premier démarrage chez le manufacturier de l'équipement, ou encore chez l'utilisateur si aucun test d'essai n'est fait avant ce stade;
- Premier démarrage là où l'équipement est installé et qui a déjà fonctionné lors d'essai chez le manufacturier;
- Démarrage après un entretien du système.

Pour le premier démarrage chez le manufacturier de l'équipement, en ordre, on devrait suivre les indications suivantes :

1. S'assurer que toutes les canalisations soient propres. Cela se fait lors de la fabrication des composantes alors que plusieurs solutions existent pour les nettoyer. Citons le nettoyage qui se fait en faisant circuler un débit d'un fluide à très haute vitesse, ou encore d'utiliser des projectiles nettoyants les tubes.
2. Idéalement, on ferait le démarrage d'un circuit avec une unité hydraulique permettant de délivrer des débits beaucoup plus importants que celui requis, question d'atteindre des vitesses d'écoulement beaucoup plus élevées que prévu pour permettre un nettoyage optimal des canalisations. On doit démarrer le système en tenant compte des aspects suivants :
    a) À ce stade, on tente de faire des boucles de contournement des débits d'huile pour les actuateurs.
    b) Étant donné qu'aucun mouvement n'est possible, on en profite pour ouvrir au maximum les régulateurs de débit;
    c) On démarre le système d'abord avec la valve de contournement du système à sa position ouverte afin que la pompe n'ait pas tendance à créer une pression. On referme graduellement la valve de contournement en vérifiant que le circuit ne fuit pas;
    d) On enclenche chacune des valves de distribution afin de laisser passer un débit maximal dans chaque sous-circuit;
    e) L'unité hydraulique utilisée pour le démarrage gagne à être dotée de filtres à huile du côté pression ainsi que du côté retour;
    f) À la fin, on rebranche le circuit comme prévu;
3. Avec l'unité hydraulique prévue pour le fonctionnement normal, on doit poursuivre le démarrage en tenant compte des critères suivants :
    a) On démarre le système d'abord avec la valve de contournement du système à sa position ouverte afin que la pompe n'ait pas tendance à créer une pression. On referme graduellement la valve de contournement en vérifiant que le circuit ne fuit pas;

b) On doit d'abord faire fonctionner chaque mouvement avec les régulateurs de vitesse à leur position limitant le débit au minimum avant de les réajuster pour atteindre les vitesses désirées;

c) L'unité hydraulique doit contenir de l'huile propre et idéalement préfiltrée.

Pour le premier démarrage là où l'équipement est installé, on devrait suivre les indications suivantes :

1. On démarre le système d'abord avec la valve de contournement du système à sa position ouverte afin que la pompe n'ait pas tendance à créer une pression. On referme graduellement la valve de contournement en vérifiant que le circuit ne fuit pas.

2. Faire le réglage précis des vitesses des mouvements l'un après l'autre, idéalement avec la charge prévue.

Après chaque entretien, il est sage de démarrer le système avec la valve de contournement du système à sa position ouverte afin que la pompe n'ait pas tendance à créer de pression. On vérifie ensuite qu'il n'y a pas de fuite lorsque l'on referme la valve de contournement.

25.1 Exercices

Exercice niveau #1

N/A

Exercice niveau #2

N/A

Exercice niveau #3

N/A

Réponse exercice niveau #1

N/A

Réponse exercice niveau #2

N/A

Réponse exercice niveau #3

N/A

26 Valves de contrôle de débit proportionnelles

Dans ce chapitre ainsi qu'au chapitre 26.7.1.1 nous verrons les valves et circuits à effet proportionnel ainsi que leurs applications. Le fonctionnement de base d'une valve proportionnelle est d'obtenir par exemple un contrôle de vitesse proportionnelle au niveau de signal électrique que l'on fournit à une valve. On parle ici de contrôler une valve à l'aide d'un signal analogique. Pour les valves de distribution traditionnelle, nous fournissons un signal discret à une valve ce qui lui permet d'ouvrit complètement ou encore de demeurer fermée. Idéalement, en procurant un signal de 50 % à la valve on souhaiterait obtenir une vitesse de 50 % de la pleine vitesse d'où la proportionnalité. En pratique, ce n'est pas aussi simple et c'est ce que nous verrons dans ce chapitre.

Une des références principales utilisées dans ce document est le manuel : « electronically controlled proportional valves, selection and application », Micheal J. Tonyan, 1985, Marcel Dekker Inc., ISBN : 0-8247-7431-0. Ce manuel est très complet et présente beaucoup d'études de cas intéressant en se rendant plus loin que ce qui est dans ce manuel. Ce manuel n'est aucunement une copie du manuel cité en référence.

D'un circuit avec composantes proportionnelles, on peut obtenir les avantages suivants par rapport à un circuit traditionnel :

- Mouvement doux;
- Mouvement rapide avec rampe d'accélération;
- Mouvement précis;
- Flexibilité de contrôle d'un système;
- Contrôle (et/ou):
    - Contrôle précis d'une position;
    - Contrôle précis d'une vitesse.

Parfois, on vise plusieurs buts en même temps, alors que parfois un vise un seul but ce qui fait en sorte d'avoir des solutions différentes. Le système doit aussi conjuguer avec les limites du système mécanique ainsi que la dynamique des fluides.

Bien que ce chapitre se limite à parler des valves proportionnelles, il y a d'autres technologies qui permettent d'obtenir des comportements proportionnels. En effet, les valves dites proportionnelles sont en fait la version de base d'une gamme de produits de ce type. Plus performante, les valves servos offrent des performances plus poussées, mais avec des inconvénients dont un prix de revient élevé, un besoin d'avoir une huile extrêmement propre, et enfin, sa précision s'obtient au prix d'une perte de charge importante. Entre la valve servo et la valve proportionnelle nous retrouvons la valve servo de type solénoïde, dite à réponse rapide (servo-solenoid, high response valve).

Compte tenu du fait qu'un circuit avec composantes proportionnelles est utilisé pour varier les paramètres de vitesse et de position, on se retrouve ainsi avec un système qui opère en mode transitoire et pouvant avoir du mal à s'amortir. Ainsi, la rigidité du système peut faire en sorte d'obtenir qu'il devienne oscillant. Les facteurs influençant ce comportement oscillant sont en autre :

- La rigidité des boyaux;
- La compressibilité de l'huile;
- La rigidité du système mécanique a une grande influence sur le comportement d'un équipement.

Bien souvent lors des démonstrations dans des expositions industrielles, on verra un vérin contrôlé par une valve localisée à proximité. C'est une application idéale, mais la réalité est beaucoup plus complexe.

L'alimentation en huile d'une valve proportionnelle gagne fortement à ce que la pression d'huile soit constante à l'entrée de la valve. En ce sens, les canalisations doivent être idéalement surdimensionnées et l'application est particulièrement adaptée à des circuits avec pompes à pression compensée.

26.1 Besoins de contrôle de vitesse proportionnelle

Avant de parler des propriétés des valves proportionnelles, il est bon de se rappeler les approches traditionnelles de faire du contrôle de vitesse sans ces valves. Ainsi, avec des composantes avec commandes discrètes, nous pouvons faire du contrôle de vitesse selon les méthodes suivantes :

- Régulateur de débit sur P, A, B ou T, pression compensée ou non;
- Valve directionnelle avec butée de fin de course du tiroir (valve pilotée);
- Dans un système hydraulique traditionnel, la gestion des débits est contrôlée par une valve « on/off ».

Le contrôle d'un débit avec les composantes citées pose les problèmes suivants :

- Incapacité de changer le débit en fonctionnement avec un signal électrique. De ce fait, il est difficile de générer des rampes d'accélération et décélération (on y reviendra plus loin), et surtout, avec un contrôle de position précis;
- La vitesse de l'équipement change en fonction de la charge.

Au-delà du contrôle de vitesse maximale, il est difficile de créer des rampes d'accélération qui minimisent les chocs. Il est possible de minimiser les chocs entre les transitions de vitesse des systèmes traditionnels selon les méthodes suivantes :

- Un système mécanique peut généralement subir des accélérations importantes pour de faibles variations de vitesse sans avoir des à-coups trop importants;
- Une des solutions pour diminuer les à-coups pour des mouvements rapides est d'avoir un système à plusieurs vitesses. En accélération, cela est assez simple, toutefois, le contrôle de la diminution de vitesse pose plus de problèmes, car d'avoir simplement des temporisateurs n'est pas suffisant. Bien souvent, la machine aura à opérer à basse vitesse sur une certaine distance pour atteindre sa position d'arrêt;
- On retrouve parfois des valves directionnelles où l'on peut ajuster la vitesse de déplacement du tiroir. Ici, il faut bien comprendre que le tiroir ne produit pas forcément une variation de débit proportionnelle à son déplacement. Il existe essentiellement trois types de ces contrôles :
  - Les valves pilotées où l'on contrôle le débit de pilotage;
  - Les valves avec des bobines DC où l'on applique un voltage variant dans le temps. On retrouve parfois des connecteurs avec des potentiomètres intégrés;
  - Les valves avec des bobines DC où l'on applique un voltage. Toutefois, le déplacement du tiroir est contrôlé par un circuit restrictif hydraulique. Cette façon de faire est plus rare.
  - Ces valves produisent donc une rampe, mais lorsque l'on désire arrêter le mouvement, il y aura toujours un décalage entre la commande et la réaction de la machine. On peut arriver à faire des réglages qui fonctionnent avec des minuteries dans l'automate et des signaux de fin de course en avance, mais la position d'arrêt n'est pas précise et surtout, la répétitivité peut être douteuse. Cette option existe, mais n'est pas très populaire pour les mouvements avec positionnement.

Nous arrivons rapidement à dire que les systèmes traditionnels ont les désavantages suivants :

- Manque de précision en termes de positionnement;
- Manque de précision au niveau de la vitesse;
- Manque de précision en termes de répétitivité;
- Manque de flexibilité;
- Difficulté de réglage des rampes et leur manque de précision;
- Perte de temps de cycle, il faut limiter les secousses et les vitesses en plus de devoir bien souvent fonctionner sur une vitesse lente un certain temps lors de positionnement.

Il ne faut toutefois pas sous-estimer les avantages des circuits utilisant des composantes traditionnelles et pouvant avoir plusieurs vitesses :

- Technologie simple;
- Facilité de réparation avec un minimum de connaissance;
- Tolérance à la contamination dans l'huile;
- Coût;
- Programmation simple avec des signaux discrets.

Nous arrivons donc à considérer que le fait d'avoir la possibilité d'utiliser des valves contrôlées avec des signaux analogiques peut réduire voire même éliminer les inconvénients des circuits traditionnels. En faisant varier la position du tiroir dans une valve, nous pouvons dès lors créer un étranglement qui varie comme si nous contrôlions un mouvement en gardant toujours en main un régulateur de débit que l'on ajuste en continu. Les caractéristiques générales d'une valve proportionnelle sont les suivantes :

- On peut faire un contrôle de vitesse d'un mouvement avec un signal analogique. Le signal électrique peut être un voltage de plus ou moins 10 V DC généré par une carte de contrôle d'un automate. Parfois, on peut trouver du 4-20A. En 4-20 mA, pour un contrôle avance/recul, un signal de 12 mA devient la position du tiroir au centre. En +- 10 V DC, 0 V devient la position du tiroir au centre;
- On peut obtenir un contrôle en douceur;
- Les systèmes permettent normalement d'obtenir une gradation du contrôle, allant d'une vitesse lente jusqu'à pleine vitesse à l'aide d'un signal électrique;
- Les valves tentent de faire varier la vitesse linéairement par rapport au voltage de commande;
- Il est possible de créer des rampes d'accélération suivant deux modes :
  - On fait varier le courant de vitesse selon une programmation du signal à l'aide de l'automate;
  - On fournit un voltage fixe pour la vitesse maximale et la carte de contrôle de la valve génère une rampe.

Avec une valve proportionnelle, on peut alors créer des profils de vitesse tels que représentés à la **Figure 26.1**. Dans ce cas, la valve proportionnelle est directement la valve de distribution de type 4/3, mais il est aussi possible d'avoir des valves aussi simples que des 2/2. Il est possible de générer ce mouvement en étant en fonctionnant en boucle fermée. En boucle ouverte, le profil suivrait une forme légèrement parabolique.

Figure 26.1 **Profil de vitesse avec une valve proportionnelle**

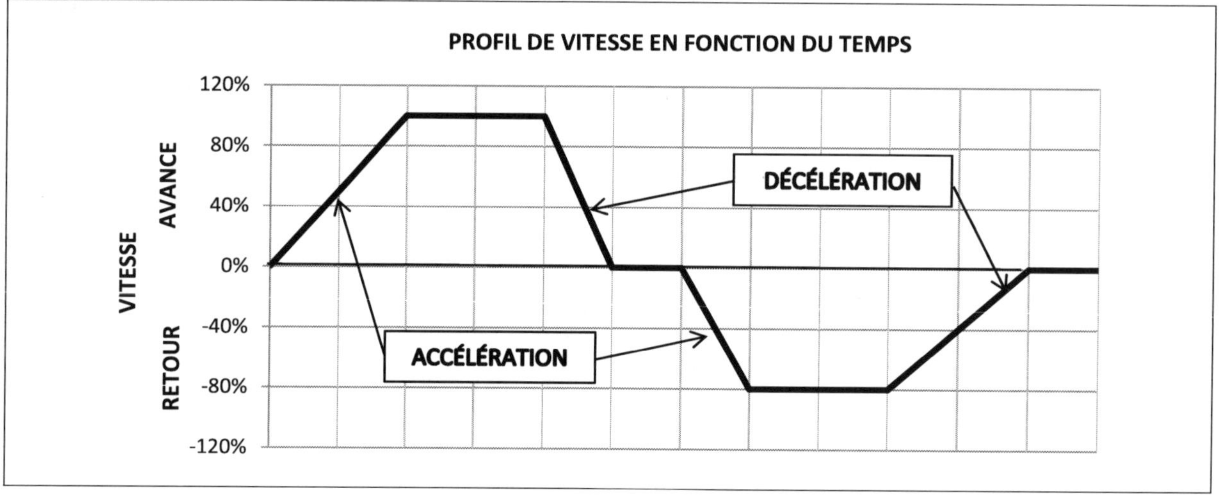

26.2 Accélération naturelle avec une valve proportionnelle

Nous avons vu à la section 3.8 l'accélération d'un mouvement hydraulique avec des composantes standards. On retrouve le même phénomène avec l'utilisation d'une valve proportionnelle, mais où l'on freine toujours l'accélération du mouvement. On peut distinguer deux cas différents :

Situation où la programmation est en boucle ouverte et où l'on fait varier linéairement l'ouverture du tiroir de la valve. Dans ce cas, le système ne peut aller plus rapidement que si l'on déplaçait subitement le tiroir à sa position maximale. Il faut donc prévoir assez de réserve en pression pour accélérer, mais dans ce cas, la valve devra de toute façon créer une restriction à pleine vitesse. Cela est d'autant plus vrai pour les mouvements d'équipements lourds roulant où il faut beaucoup de force pour accélérer et très peu une fois à pleine vitesse. Nous aurons toujours un profil de vitesse qui sera parabolique, mais avec une bonne réserve de pression, on assurera une accélération constante la majeure partie du mouvement.

Situation où la programmation est en boucle fermée et où l'on compense l'ouverture du tiroir de la valve en permanence pour suivre la progression du mouvement. Dans ce cas, il est possible de prévoir moins de réserve en pression en ouvrant la valve de façon non linéaire. Pour un mouvement d'un équipement lourd roulant, au départ le signal serait progressif et s'accentuerait à mesure que l'équipement prend de la vitesse. Près de la vitesse maximale, la valve devrait alors se refermer pour limiter la vitesse de l'équipement. À la façon d'une automobile qui prend de la vitesse pour se synchroniser avec la vitesse d'autoroute, on accélère et une fois la vitesse désirée atteinte, on relâche d'accélérateur. Il y a donc un risque d'oscillation au moment où l'on débute la fermeture de la valve rendue à pleine vitesse. Le système ne suit pas les courbes décrites à la section 3.8. Pour le calcul, il faut tenir compte de la perte de pression minimale dans la valve proportionnelle de l'ordre de 150 psis, et que l'actuateur soit dimensionné en tenant compte de la charge statique ainsi que de la charge pour accélérer le système.

26.3 Concept de base

Avant de pouvoir choisir une valve proportionnelle, certains concepts de base demandent d'être revus.

26.3.1 Bobine à effet proportionnelle

Dans le cas d'une valve électrique traditionnelle, on applique un voltage à une bobine ce qui fait en sorte de déplacer le tiroir d'une position à une autre rapidement. Bien souvent, l'électro-aimant doit avoir une force suffisante pour vaincre la force d'un ressort qui maintient la valve à une position fermée par exemple. Dans le cas d'une valve proportionnelle, on applique un voltage variable à l'électro-aimant et ce voltage crée une force que l'on souhaite proportionnelle au voltage et qui vient pousser un ressort qui lui possède une constante de rigidité constante. L'électro-aimant d'une valve proportionnelle possède les propriétés suivantes :

- Il est alimenté avec un courant continu;
- Un électro-aimant à effet proportionnel transforme un signal électrique d'entrée en course. Ce mouvement est appliqué directement sur un tiroir avec rappel par ressort;
- Sa force est constante tout le long de sa course pour un certain voltage. Cette force s'oppose à celui à la résistance du ressort qui lui n'est pas constant plaçant le tiroir à un endroit proportionnel compte tenu de la rigidité K du ressort;
- Évidemment, ceci est en théorie. En pratique, la position du tiroir n'est pas rigoureusement là où on le souhaiterait, en plus de l'effet des pressions des deux côtés du tiroir;
- Il est possible d'alimenter directement la bobine avec du 24 Volts par exemple, ou encore avec 12 volts pour que la valve soit à mi-course. Ainsi, avec une série de résistance, il est possible de créer un système à plusieurs vitesses avec des sorties digitales;

- Le voltage analogique est en fait créé à partir d'un voltage fixe que l'on interrompt. On parle alors d'un voltage analogique qui est créé par coupures, que l'on nomme PWM (« Pulse Width Modulation »). Les coupures se font normalement à une fréquence relativement élevée de manière à ce que la bobine de par son impédance ne voie pas vraiment le changement de voltage dans le temps en ne voyant que la moyenne. Si la fréquence est basse, le tiroir pourra vibrer ce qui est parfois recherché, mais qui est parfois créé indépendamment par une fonction communément appelée Dither. La vibration du tiroir est appelée un signal Dither.
- Il est préférable de créer une vibration du tiroir afin d'améliorer le comportement de la valve. Cette vibration d'une très faible amplitude crée un mouvement de va-et-vient du tiroir permettant de diminuer la friction et aussi de procurer une réponse plus rapide. On parle parfois des signaux avec une fréquence Dither. La fréquence doit être assez faible afin que le tiroir puisse percevoir cette oscillation, mais pas trop basse pour éviter que le mouvement hydraulique en soit affecté.

Figure 26.2 **Signal d'entrée d'une bobine combinant un signal PWMet Dither. L'axe abscisse (X) représente le temps et l'ordonnée (Y) le signal en volts**

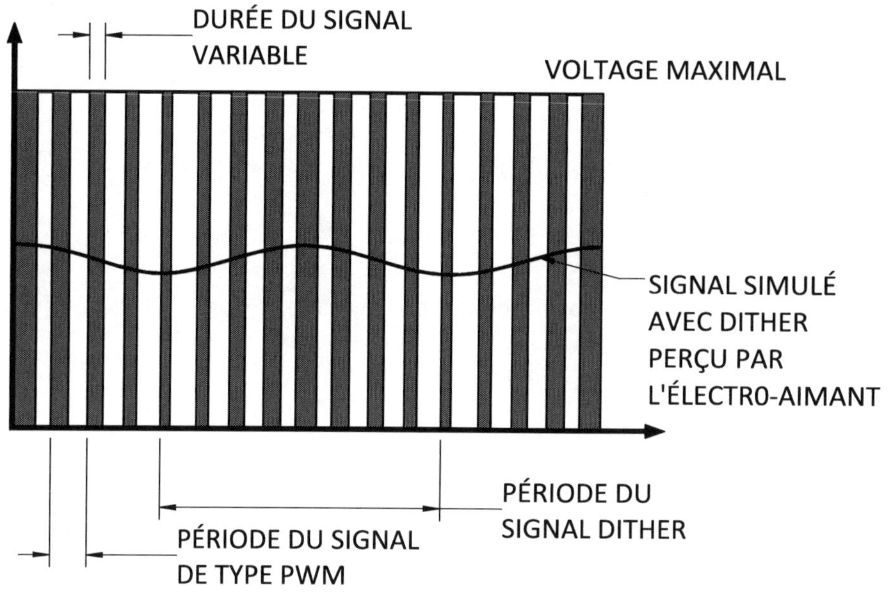

Un électro-aimant possède une impédance ce qui crée un décalage entre le signal d'entrée et le signal de sortie, en fonction de la fréquence à laquelle est soumise à une correction. De plus, le tiroir même de la valve n'est pas parfait et un certain déplacement est requis avant même que la même se mette à laisser passer un débit.

Zone morte (recouvrement, « deadband », « cracking ») :

- Avant qu'un tiroir puisse laisser passer un débit, il faut toujours fournir un minimum de courant. Ainsi, pour une bobine de 24 volts, il est possible qu'à 1 volt, il n'y ait aucun débit. Si la zone morte est de 20 %, la proportionnalité débutera à près de 5 volts. Ainsi, il y a une zone où le tiroir se déplace, mais où il n'y a pas ou très peu de débit;
- Ceci est toujours présent pour une valve proportionnelle;
- La valeur de la zone morte n'est pas constante d'une valve à l'autre;
- De l'ordre de 20 %, mais parfois compensé par les modules de contrôle.

Figure 26.3 **Zone morte**

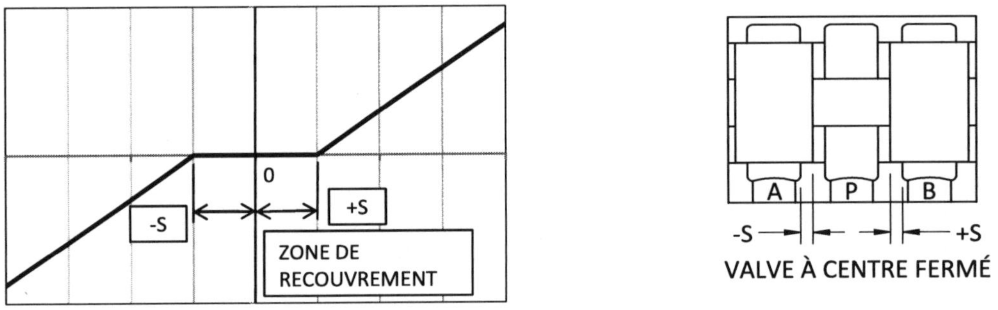

Hystérésis :

- Un signal de 50 % du courant n'entraînera pas le même débit si le signal augmente versus s'il diminue.
- De l'ordre de 3 à 8 % sans gestion de la position du tiroir, et de l'ordre de .5 % avec LVDT.

Figure 26.4 **Hystérésis**

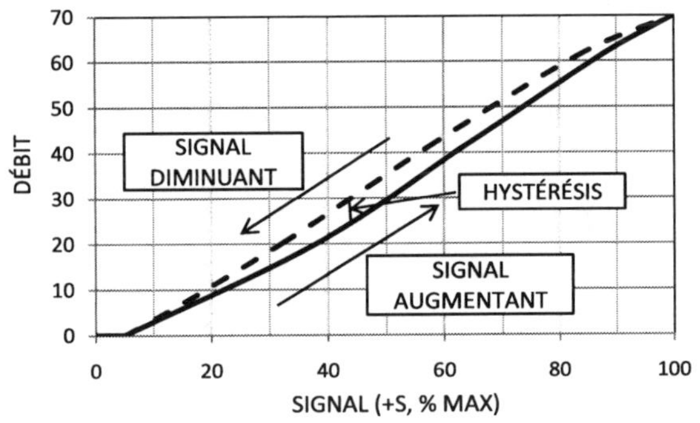

Linéarité :

- Même en tenant compte de la zone morte, un signal de 25 % ne fera pas en sorte d'avoir un débit de 25 %.

Figure 26.5 **Linéarité**

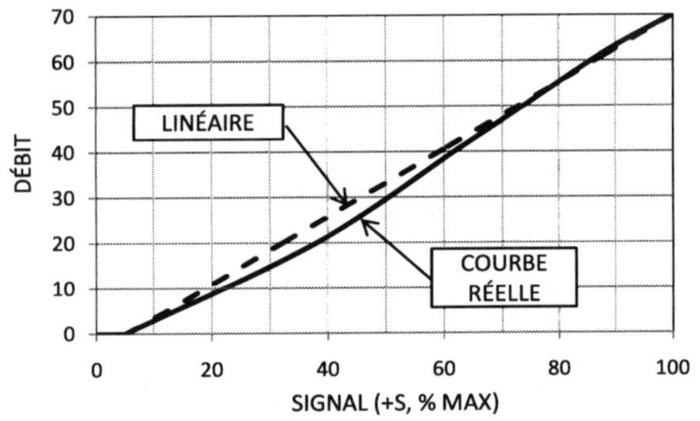

Réponse en temps :

- La valve reçoit un signal, mais la valve répond après un certain temps de l'ordre de 40 à 60 ms. Cette réaction est fonction de l'inertie de la valve et de son impédance.
- Pour un signal d'entrée alternatif, un déphasage se mesure en degré.

Réponse en amplitude :

- On donne un signal, mais la valve répond mais n'arrive pas à déplacer le tiroir de la valve selon ce qui est désiré.
- Pour un signal d'entrée alternatif, une erreur de l'amplitude du déplacement du tiroir se mesure en décibel. Si le tiroir ne se rend pas à la position désirée, l'erreur est négative. Si le tiroir dépasse la position désirée, l'erreur est négative.

Fréquence limite :

- C'est la fréquence qui provoque un déphasage de 90 degrés entre le signal et la position du tiroir dans son mouvement sinusoïdal.
- De l'ordre de 10 Hz pour une valve proportionnelle.

Figure 26.6 **Réponse**

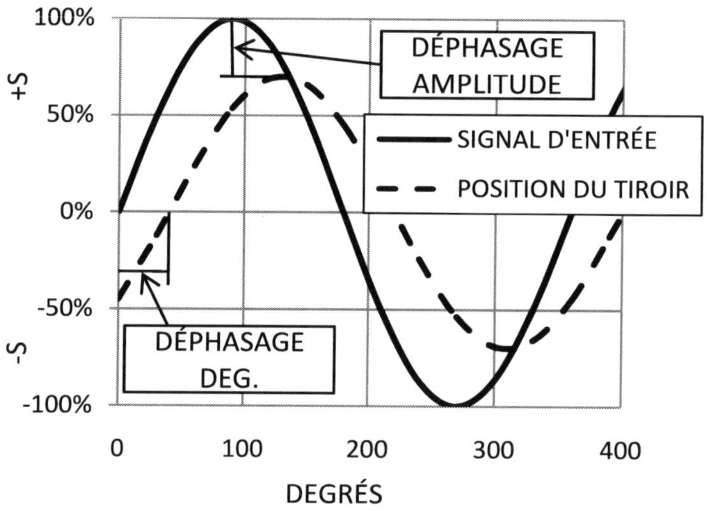

Un outil a été créé pour représenter la capacité d'une valve à répondre à une commande. Le résultat de cette simulation est représenté par le diagramme de Bode. Bien que difficile à utiliser, ce diagramme permet de comparer des valves entre elles. Voici quelques informations à savoir sur le diagramme de Bode :

- En appliquant une onde sinusoïdale à l'électro-aimant à différentes fréquences, on observe et quantifie le comportement de la valve en termes de déplacement du tiroir et de décalage;
- Ne pas confondre avec la fréquence du PWM;
- Le rapport d'amplitude s'exprime en dB;
- On retrouve parfois aussi la réponse du tiroir appelé « signal step ». C'est le temps que prend le tiroir à se déplacer à un certain % de sa position ouverte. Il y a plusieurs façons de quantifier cela, mais c'est peu utilisé, d'autant plus que le but d'une valve est souvent de déplacer le tiroir pour créer une rampe…
- Les notions que sont les « réponses en fréquence » et « signal step » sont des caractéristiques bonnes à savoir lorsque l'on a des problèmes de réponse en mode transitoire.

Figure 26.7 **Diagramme de Bode**

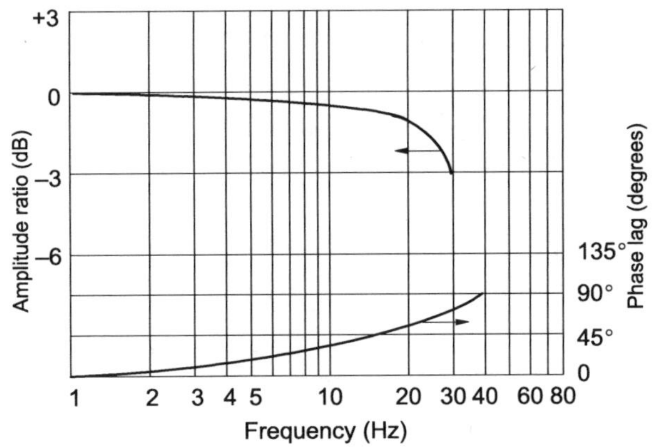

Source : valve psrop. Vickers KBFD/TG4V-5

Figure 26.8 **Diagramme de Bode**

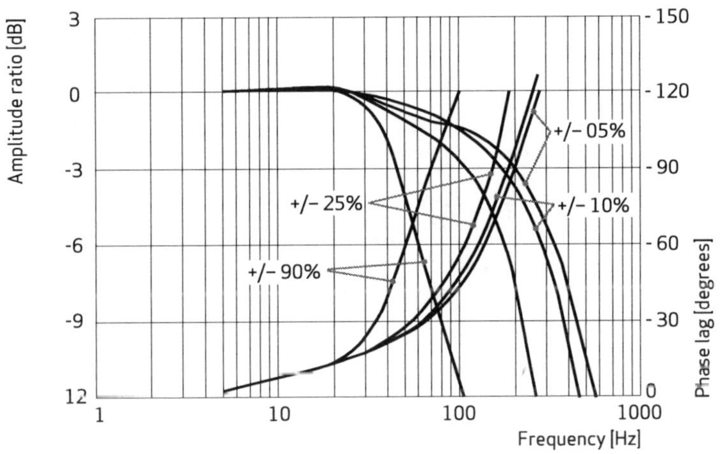

Source : valve servo Moog D636

Comme nous venons de voir dans ce chapitre, une valve proportionnelle n'est pas parfaite et il faut apprendre à composer avec ses défauts. On peut comprendre que pour faire du contrôle de mouvement près d'une vitesse nulle avec la possibilité de bouger d'un côté comme de l'autre, la valve proportionnelle n'est pas adaptée à cette opération. La linéarité d'une valve est particulièrement bonne dans une certaine zone de signal alors qu'elle est moins bonne pour les signaux faibles.

Comparativement, une valve de type « servo » permet d'obtenir une meilleure réponse pour des fréquences beaucoup plus élevées. De plus, la zone morte est presque nulle, ce qui est rendu possible par un jeu extrêmement réduit entre le tiroir et l'alésage. Cette caractéristique rend les valves servos plus adaptées à un mouvement qui resterait en opération transitoire près du mouvement d'arrêt. Les calculs de pertes de charge se font pour des valeurs plus importantes, de l'ordre de 500 psis.

Une valve proportionnelle se comporte un peu comme un orifice fixe, c'est-à-dire que la force de l'électro-aimant tente de placer le tiroir de la valve à une certaine position. Cette position fixe est garante d'une perte de charge constante pour un débit spécifique, mais n'est aucunement garante d'une vitesse stable d'un mouvement, peu importe la charge. Si l'on désire un mouvement ayant une vitesse stable alors que la charge varie, il est alors nécessaire de faire de l'asservissement du mouvement.

La valve peut toutefois avoir un effet de pseudo compensation par la perte de pression à travers la valve dans certains cas, mais c'est exceptionnel.

Dans un système normal, les pertes de charge sont comparables à des valves directionnelles usuelles (75 psis et moins). Toutefois, le fait d'augmenter la perte de charge permet un contrôle plus précis. Dans ce cas, on fonctionne avec un tiroir fonctionnant dans une marge réduite de sa course.

Figure 26.9 **Diagramme de performance d'une valve Vickers KBFD en fonction du signal**

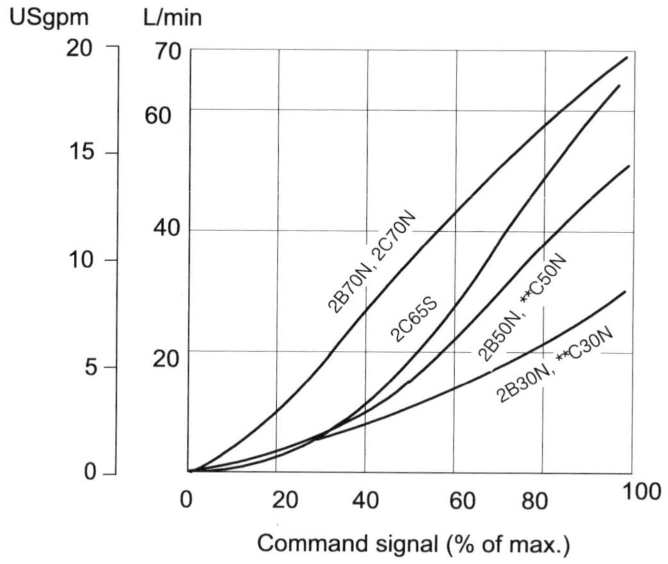

La Figure 26.9 présente la courbe de performance d'une valve Vickers en fonction du signal et du choix de tiroir. Dans ce cas précis, la valve est disponible avec différents tiroirs afin de créer une restriction optimale pour un contrôle adéquat. On peut remarquer que tous les choix de tiroirs présentent une belle linéarité pour un signal allant entre 50 et 90 %. C'est donc à ces valeurs de signaux que l'on préférerait contrôler un mouvement.

Si l'on désire une valve ayant des performances supérieures et un comportement s'approchant de l'idéal près de la vitesse nulle avec un mouvement réversible, il faut alors se tourner vers les valves servos.

26.3.2 Type de configurations et d'opérations

Une valve proportionnelle contrôlant le débit permet de faire plusieurs types d'opérations et se présente à nous sous différentes formes.

La valve proportionnelle la plus simple que l'on retrouve est une valve à cartouche 2/2 qui permet de contrôler un débit. Ces valves sont généralement des valves de base. Elles se comportent comme des régulateurs de débit que l'on place suivant les mêmes règles.

Figure 26.10 **Valve proportionnelle à cartouche 2/2**

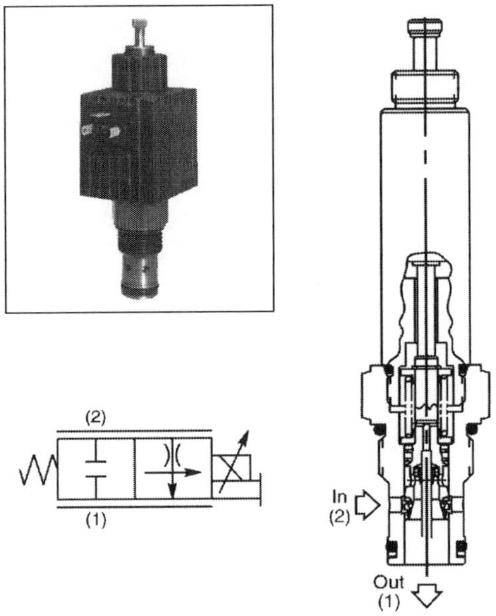

Source : valve DF122C de Parker

Figure 26.11 **Carte de contrôle typique pour contrôler une valve telle que la DF122C**

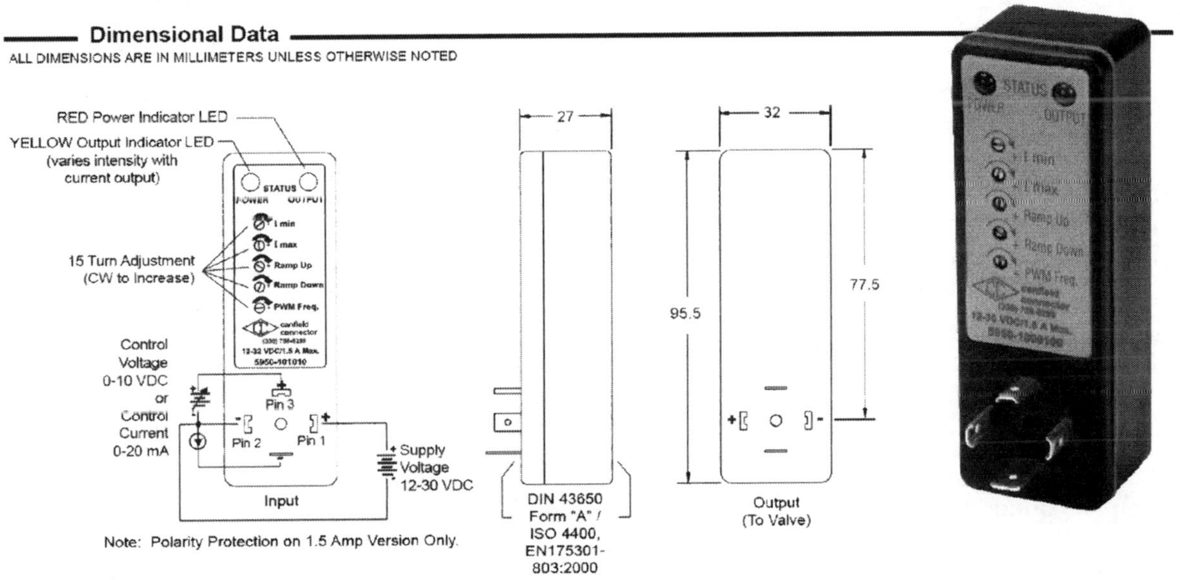

Source : Canfield Connector

On retrouve plus fréquemment des valves de distributions 4/3 qui permettent ainsi de gérer les débits ainsi que le sens du mouvement. On se retrouve donc à créer des pertes de charge de type meter-in et meter-out simultanément. On retrouve ces valves sous différents formats tout comme pour les valves de distributions normales.

Comme nous avons vu, le fait d'appliquer un signal d'entrée à une valve ne garantit pas une position exacte du tiroir. Afin de minimiser cette erreur, on retrouve en option un capteur de position (LVDT) du tiroir. Dans ce cas, la valve est contrôlée en boucle fermée par sa carte de contrôle. À ne pas confondre avec un système en boucle fermé. Ici, la valve se regarde elle-même et tente de placer le tiroir à la position souhaitée par le signal d'entrée. Ainsi, si l'on émet un signal d'entrée de 50 %, la valve tentera de placer le tiroir à 50 % de sa course, et il se peut que pour y arriver, le contrôleur de la carte doit possiblement donner un signal différent tel que 55 %.

On peut distinguer deux modes d'opérations, soit le premier où l'on contrôle une vitesse d'un mouvement, et le deuxième où l'on contrôle des positions d'un mouvement. La différence est subtile, mais présente certains enjeux. Si l'on contrôle une vitesse, il se peut que la précision demandée soit importante demandant ainsi d'asservir le mouvement. À priori, c'est relativement simple. Le contrôle de position est plus subtil et dans bien des cas, la vitesse précise du mouvement n'est pas un enjeu outre l'optimisation du cycle d'opération. Le contrôle de position demande de faire varier la vitesse d'un mouvement et de tenter d'arriver à une position précisément, et ce dans un délai raisonnable.

Si le système est prévu pour faire du contrôle de vitesse, nous pouvons constater les points suivants :

- Évidemment, si l'on utilise une valve asservie pour contrôler une position, c'est que la vitesse varie au cours du trajet;
- Bien souvent, la vitesse est constante au cours du trajet et l'on crée une rampe d'accélération et de décélération aux extrémités des courses;
- Évidemment, une valve asservie permet d'avoir différentes vitesses maximales en fonction des moments dans le cycle d'opération. Exemple une vitesse à l'allée et une autre au retour;
- On peut s'assurer que la vitesse visée est bel et bien rencontrée ou encore ne pas la vérifier. Pour la vérifier, il faut donc vérifier en boucle fermée la variation de déplacement dans le temps.

Si le système est prévu pour faire du contrôle de position, nous pouvons constater les points suivants :

- Une position d'arrêt doit être rencontrée en fin de course avec une certaine précision;
- Il peut devenir complexe et coûteux en termes de temps de tenter d'atteindre une vitesse nulle au point précis;
- Bien souvent, on fera fonctionner un équipement à une vitesse lente pour atteindre sa position d'arrêt, et arrivée à ce point, l'équipement arrête rapidement sans rampe de décélération;
- Compte tenu des rampes, il faut donc prévoir la commande du début de l'arrêt avant la position finale, ce qui se fait entre autres avec des encodeurs ou encore des potentiomètres linéaire (« linear transducer »). On peut aussi avoir deux capteurs aux extrémités, soit un au début d'arrêt puis un indiquant la position d'arrêt finale.

26.3.3 Système en boucle ouverte versus en boucle fermée

Notion importante qui peut être difficile à assimiler au départ. Une opération en boucle ouverte en est une où l'on donne par exemple un signal de 50 % à une valve et pour laquelle on ne fait aucune validation à savoir si le signal de sortie est bien celui demandé. C'est un peu comme conduire une voiture à l'aveugle, c'est-à-dire que l'on tourne le volant de 45 degrés sans regarder que nous sommes bien dans la bonne direction. Cette façon de conduire a l'avantage de ne pas demander de compensation et on peut dire que c'est une opération simple, mais ayant une certaine marge d'erreur.

Une opération en boucle fermée en est une où l'on vérifie bien que le signal de sortie est représentatif du signal d'entrée. Pour y arriver, il faut avoir des capteurs qui fonctionnent en continu nous renseignant sur l'évolution du mouvement. S'il y a un écart, il faut alors compenser le signal ce qui crée un risque de confusion parfois. Prenons un conducteur automobile qui tente de contrôler la vitesse de son véhicule à 100 km/h. Il se peut que la personne soit très stable dans son contrôle ou bien que le pied manque de précision, nous obligeant à vivre avec des fluctuations de vitesse allant de 95 à 105 km/h. Une mauvaise compensation pourrait faire en sorte que l'ajustement de vitesse se fasse avec des à-coups. On arrive à 105, on relâche l'accélérateur et voyant une vitesse arrivée inférieure à 100, avec un temps de réaction un peu lent, il se peut qu'avant que l'accélérateur soit réenclenché, la vitesse soit déjà à 95, puis voilà on appuie à fond pour revenir à 100 et oups nous revoilà à 105. Un système en boucle fermé demande un bon contrôle et une capacité du système à réagir sans tomber en résonnance. En boucle fermée, on retrouve des systèmes extrêmement efficaces et précis, alors que d'autres posent des enjeux pouvant être insurmontables.

Il faut distinguer le fait d'avec un système en boucle ouverte ou fermée avec le fait d'utiliser une valve qui elle peut être en boucle ouverte ou encore en boucle fermée. On peut distinguer quatre variations de systèmes présentés dans la grille suivante :

Tableau 26.1 **Stratégie de contrôle, boucle ouverte versus boucle fermée**

Type de système/ type de valve	Avantages	Désavantages
Boucle ouverte/ Boucle ouverte	• Système simple • Peut fonctionner avec des capteurs simples de fin de course • La programmation est simple • La valve est peu sollicitée pour un risque réduit de mouvement oscillatoire	• Si le circuit hydraulique est flexible, le risque d'avoir un mouvement oscillatoire est élevé. • Si le système mécanique est flexible, le risque d'avoir un mouvement oscillatoire est élevé. • Contrôle moins précis
Boucle ouverte/ Boucle fermée	• Système simple • Peut fonctionner avec des capteurs simples de fin de course • La programmation est simple • La valve est peu sollicitée pour un risque réduit de mouvement oscillatoire • Solution qui permet de réduire au maximum le risque d'un mouvement oscillatoire	• Coût de la valve élevé • Contrôle moins précis • Solution très peu utilisée
Boucle fermée/ Boucle ouverte	• Solution très peu utilisée dont la pertinence est douteuse	
Boucle fermée/ Boucle fermée	• Système procurant un maximum de précision • Solution commune • Permet d'asservir des mouvements simultanés • Cycle d'opération optimum	• Doit fonctionner avec des capteurs en continu • Programmation plus complexe • Coût des composantes • Le système peut devenir oscillatoire en fonction de la réponse de la valve • Le système peut devenir oscillatoire si le système est flexible

26.3.4 Mouvement oscillatoire

Dans ce chapitre sur les valves proportionnelles, on reviendra souvent sur le phénomène d'oscillation que l'on peut observer. Bien que les systèmes hydrauliques soient très performants, ils présentent un risque élevé d'obtenir un mouvement plus ou moins hors de contrôle. Les systèmes entraînés par des moteurs électriques asservis sont en comparaison beaucoup plus stables de par l'inertie inhérente des moteurs lourds et qui tournent à vitesse élevée.

Définissons dès maintenant ce qu'est un mouvement oscillatoire. La Figure 26.11 présente un cas typique qui peut facilement devenir oscillant. Le phénomène d'oscillation peut être difficile à percevoir et sa compréhension peut demander un peu de persévérance du lecteur. Dans un premier temps, imaginons que le convoyeur fonctionne à très basse vitesse (c'est à ce moment que le risque d'oscillation est maximal) et que l'entrainement fonctionne à une vitesse parfaitement constante. Au départ, le moteur démarre et la chaine devient alors graduellement sous-tension. Au départ, la chaine n'a aucune charge, mais atteint une tension de l'ordre de 2 000 × 0,3, soit 600 lb. Le couple au moteur atteint alors 2 700 lbs.po (avec l'hypothèse d'une roue dentée de 9 pouces de diamètre). Une fois cette tension atteinte, la charge débute son déplacement, et du coup, la friction diminue subitement à 0,25, et la tension de la chaine veut diminuer à 2 000 × 0,25, soit 500 lb. Il y a donc un débalancement des forces selon $\sum F=ma$, où nous avons alors $\sum F= 600-500 = ma = 2\ 000\ a$. À ce stade, la charge accélère donc de 100/2 000, soit 0,05 G (G étant la gravité terrestre, 32,2 pieds/s^2, 9,81 m/s^2). Le couple au moteur diminue alors à 2 250 lbs.po. Avec l'inertie, la charge conserve sa vitesse, et elle prend alors de l'avance par rapport à la vitesse théorique de la chaine, un peu comme un élastique que l'on étire et qui soudainement se relâche. À ce stade, la tension de la chaine peut atteindre une valeur inférieure à la tension dynamique de 500 lb, voire même 400 lb, ce qui se traduit par un couple moteur qui lui aussi diminue. Devant cette avance de la charge sur le mouvement naturel de la chaine et l'effort réduit dans la chaine, la charge s'arrête. Elle se remettra à bouger de nouveau lorsque la tension de la chaine sera de nouveau à la valeur de la friction statique. Nous sommes en présence d'un mouvement oscillatoire où l'entrainement est à vitesse constante et la charge passe d'un mouvement arrêté à un mouvement au-delà de la vitesse de la chaine alternativement. C'est un cas fréquent que l'on rencontre avec les mouvements à basse vitesse.

Figure 26.11 **Convoyeur à chaine**

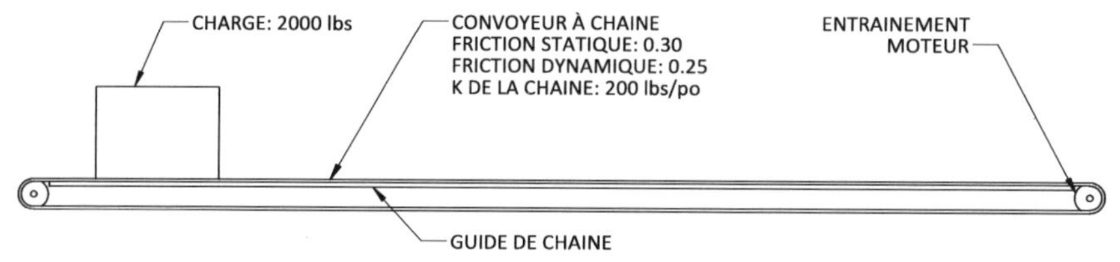

Pour être réaliste, il faut maintenant tenir compte de la réaction du système d'entrainement. Si le moteur est électrique, il se peut que le l'oscillation demeure contrôlée, car le moteur risque de varier entre une vitesse de rotation comprise entre 1 720 à 1 780 RPM, donc dans une marge de plus ou moins 2 %. Dans une application hydraulique, le phénomène devient beaucoup plus complexe et le mouvement oscillatoire peut s'accentuer encore davantage. Le fait que le couple varie fait en sorte plus ou moins relâcher la pression dans le fluide hydraulique. On se retrouve avec un liquide que l'on comprime et qui ensuite se relâche, un peu à la façon de la chaine. L'élasticité du système d'accentue, et l'addition de deux élasticités en résulte toujours un système plus élastique que le plus flexible. Même le temps de réaction de la pompe peut avoir un effet. Avec une valve de distribution traditionnelle accouplée à un régulateur de débit sans compensation, le problème tend toutefois à s'amortir naturellement jusqu'à un certain point. Ce comportement oscillatoire devient encore pire lorsque l'on ajoute une valve proportionnelle. En effet, le changement de pression sur les lignes déséquilibre les forces sur le tiroir. L'électro-aimant génère une force relativement constante, mais le tiroir se fait pousser d'un côté puis de l'autre. À ce stade, le tiroir se met à se déplacer en réaction. Le résultat est difficile à prédire, car le tiroir peut devenir en phase avec l'oscillation ou carrément opposé. Si la valve est dotée d'un LVDT, le tiroir tentera de demeurer en position plus ou moins efficacement. Si la valve n'a pas de LVDT, le tiroir oscillera. C'est ici qu'entre en jeu le diagramme de Bode d'une valve, à savoir comme se comporte une valve en mode oscillatoire. Une valve servo par exemple avec sa boucle fermée de contrôle (hydraulique dans bien des cas) sera davantage apte à réagir de la bonne manière pour éviter un emballement de l'oscillation.

Si l'on tente d'asservir un tel mouvement en boucle fermée, il se peut que le résultat puisse devenir encore pire en raison du contrôle qui tente lui aussi de faire se déplacer le tiroir possiblement en opposition à ce qu'il serait judicieux de faire. C'est un cas où parfois on optera pour une valve proportionnelle en boucle fermée alors que le contrôle du système se fait en boucle ouverte.

Dans des cas extrêmes, on peut parfois voir des mouvements de descentes qui en mode oscillation passe d'une vitesse élevée de descente à une secousse se traduisant par un mouvement de montée avant de redescendre à nouveau. Dans ce cas extrême, les forces en jeu sur le tiroir de la valve sont telles qu'avec un signal ordonnant à la valve d'avoir par exemple une ouverture de l'ordre de 40 % de P vers A, et de B vers T, on peut se retrouver avec le tiroir en position de P vers B l'espace d'un moment. Afin de diminuer cet effet, il faut diminuer l'accélération des mouvements et croiser les doigts.

Pour les systèmes présentant un mécanisme flexible, il est impératif de faire des tests afin de valider si le système peut être fonctionnel. Normalement, les consultants en hydrauliques refusent de tels mandats et lorsqu'ils acceptent, ils ne prennent pas la responsabilité en cas de mauvais résultats même si les choix de technologie n'étaient pas appropriés.

26.3.5 Perte de charge

Une valve proportionnelle contrôle la vitesse d'un mouvement en créant une restriction à la façon d'un régulateur de débit. Lorsque l'on choisit une valve, il faut donc connaître la perte de charge que l'on désire que la valve crée en fonction du débit à laisser passer. Il arrive des cas où l'on désire que la valve crée une perte de charge importante et dans ce cas, il faut faire particulièrement attention à choisir une valve qui peut sembler trop petite pour le débit à contrôler. Comme nous savons qu'une valve proportionnelle est à son meilleur en termes de linéarité dans une certaine zone de signal, par exemple entre 50 et 90 %, il faut donc s'assurer que la valve sera en mesure de créer une perte de charge adéquate dans cette zone.

Les valves de distributions proportionnelles créent généralement une perte de charge en meter-in et meter-out simultanément.

Les valves sont généralement disponibles avec un choix de tiroirs afin de créer une restriction adéquate. De base, les valves sont spécifiées pour un débit en fonction d'une certaine perte de charge. Si l'on se réfère à la Figure 26.12, nous trouvons par exemple que le tiroir 2C50N est spécifié pour un débit de 13,2 gpm générant une perte de charge de 75 psis par passage dans la valve, soit de P à A et aussi B à T. Cette donnée est pour un signal de commande de 100 %. Si l'on désirait par exemple générer une perte de charge de 500 psis entre P et A avec le débit de 12 gpm, pour y arriver, il faudrait donner un signal réduit pour que le tiroir crée cette restriction. Afin de déterminer le signal, il faut trouver le débit équivalent basé sur la courbe caractérisant la valve (voir Figure 26.13). Il faut revenir à la théorie des orifices fixes, mais adaptés aux valves proportionnelles pour le calcul de perte de charge, soit la formule suivante :

$$Q_x = Q_d \sqrt{\frac{\Delta P_x}{\Delta P_d}}$$

Dans notre cas, le débit Q_x est le débit à contrôler, soit 12 gpm. De la même manière, la perte de charge désirée est de 500 psis, représentée par la variable ΔP_x. Nous cherchons le débit équivalent dans la valve basé sur sa courbe de débit versus le signal, qui est défini pour une perte de charge de ΔP_d de 75 psis. On trouve alors que :

$$Q_d = Q_x \sqrt{\frac{\Delta P_d}{\Delta P_x}} = 12\,gpm \sqrt{\frac{75\,psis}{500\,psis}} = 4{,}665\,gpm$$

Il faut alors se référer au diagramme de la valve pour le tiroir 2C50N (voir Figure 26.13). On trouve alors que le signal à la valve devrait être de l'ordre de 50 %. On remarque que si nous avions pris le tiroir 2C30N, le signal aurait été bonifié à une valeur de plus de 70 %.

Figure 26.12 **Choix de tiroirs pour une valve Vickers KBFD**

Spool Symbols

Available Spools for K(B)FDG4V-5

Spool type 2C**N, meter-in/meter-out

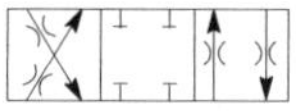

Spool type 2C50N25, assymetric flow

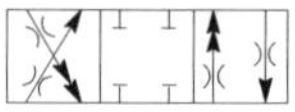

Spool Type 2C65S, meter-out only

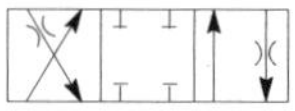

Spool type 33C**N, meter-in/meter-out

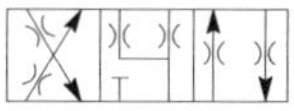

Spool type 33C50N25, assymetric flow

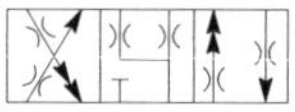

Available Spools for K(B)FTG4V-5

Spool type 2B**N, meter-in/meter-out

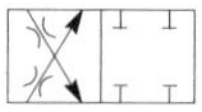

Spool Types and Flow Ratings

Symmetric Spools

Base line starting at Δp = 5 bar (75 psi) per metering flow path, e.g. B to T. For actual maximum flow refer to power capacity envelope curves.

Spool code	Spool symbol	Flow rating
For K(B)FDG4V-**5** valves:		
2C30N	2C	30 L/min (7.9 USgpm)
2C50N	2C	50 L/min (13.2 USgpm)
2C65S	2C	65 L/min (17.2 USgpm)
2C70N	2C	70 L/min (18.5 USgpm)
33C30N	33C	30 L/min (7.9 USgpm)
33C50N	33C	50 L/min (13.2 USgpm)
For K(B)FTG4V-**5** valves:		
2B30N	2B	30 L/min (7.9 USgpm)
2B50N	2B	50 L/min (13.2 USgpm)
2B70N	2B	70 L/min (18.5 USgpm)

Asymmetric Spools

Figure preceding metering type designator, "N" (e.g. 2C***N) is flow rating P-A, or A-T ("A" port flow); figure after "N" (N***) is flow rating P-B, or B-T ("B" port flow).

Spool code	Spool symbol	Flow rating
For K(B)FDG4V-**5** valves:		
2C50N25	2C	50 L/min (13.2 USgpm), "A" port flow 25 L/min (6.6 USgpm), "B" port flow
33C50N25	33C	50 L/min (13.2 USgpm), "A" port flow 25 L/min (6.6 USgpm), "B" port flow

Figure 26.13 **Diagramme de performance d'une valve Vickers KBFD en fonction du signal**

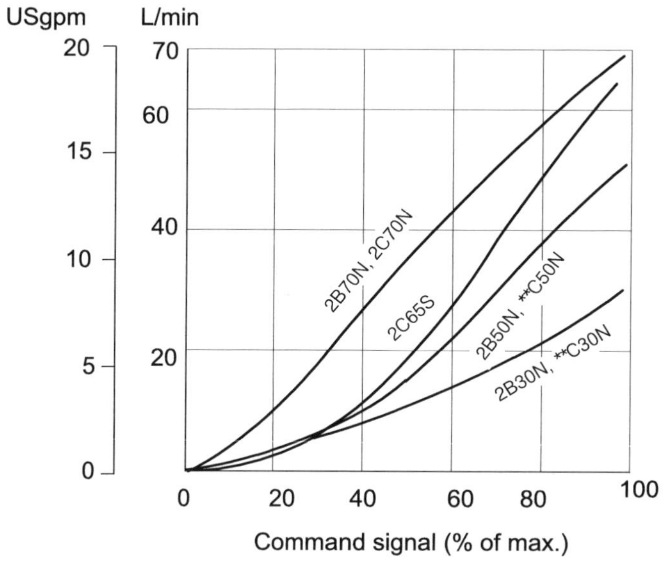

Nous comprenons par le dernier exemple qu'il ne faut pas se fier directement au débit indiqué de la valve pour la choisir. Dans ce cas, et afin d'avoir un meilleur signal, le tiroir 2C30N est un meilleur choix alors que l'on fait circuler un débit de 12 gpm dans un tiroir spécifié pour un débit de seulement 7,9. Un mauvais choix de valve peut conduire à un mouvement difficile à exécuter avec précision si le niveau de signal est faible. Et ici, nous avons seulement analysé le comportement de la valve à plein débit, mais si l'on désire fonctionner parfois à une vitesse inférieure, un signal de départ de 50 % peut conduire à un signal de 10 % à basse vitesse, une zone où l'on ne désire pas être sauf en transition.

26.4 Sélection d'une valve

La sélection d'une valve proportionnelle se fait en tenant compte d'une série de critères. Afin de faire une sélection hors de tout doute, il faudrait considérer faire une étude exhaustive de tous les détails du système hydraulique et du système mécanique.

Une telle analyse dépasse de loin le niveau de ce manuel ainsi que les compétences du rédacteur de ce manuel. Bien souvent, on se limitera à concevoir des circuits proportionnels pour des mouvements très rigides, et en tentant de minimiser les risques de flexibilité du circuit hydraulique. Est-ce que le niveau d'analyse assure à ce point un fonctionnement sans problème? Non, il faut donc se rabattre sur l'expérimentation.

Si le mécanisme est flexible, il faut possiblement oublier la possibilité d'asservir en boucle fermée, car une telle combinaison fait en sorte de demander beaucoup de correction à la valve et on risque de créer une oscillation sévère. Dans ce cas, il est préférable d'y aller en boucle ouverte avec une valve dotée d'un contrôleur en boucle fermée, car cette approche aide à amortir le mouvement. Bien souvent, les consultants en hydraulique hésiteront à conseiller un circuit proportionnel pour un mécanisme flexible.

Si le mécanisme est rigide, nous avons alors le choix entre un contrôle en boucle ouverte ou encore en boucle fermée. C'est alors l'application qui commande la solution et si le circuit hydraulique est suffisamment rigide, le système devrait fonctionner. S'il y a des problèmes, il faut tenter de faire une analyse des facteurs pouvant conduire à un mouvement oscillatoire.

26.4.1 Contrôleur de la valve

Bien qu'il soit possible de contrôler une valve avec un courant continu et un voltage fixe directement appliqué à un électro-aimant, il est de loin préférable un contrôleur. On distingue essentiellement deux types distincts de contrôleurs, soit le contrôleur sur la valve ou encore à distance :

Contrôleur installé directement sur la valve : habituellement, ce type de contrôleur est conçu pour être piloté par un signal analogique provenant d'un automate par exemple. L'automate envoie par exemple un signal de 50 % au contrôleur, et ce dernier crée un signal de type PWM avec une oscillation Dither qui alimente l'électro-aimant. Si la valve possède l'option d'être en boucle fermée, le contrôleur fera en sorte de placer le tiroir le plus près de 50 % en fonction de son temps de réponse. Si le système fonctionne en boucle fermée, le signal émis par l'automate variera. L'automate aura un temps de réponse en fonction de ses capteurs et du temps nécessaire pour lire toutes les données. La valve recevra donc le signal et tentera de placer le tiroir selon la commande avec un temps de réaction et en tenant compte de l'élasticité de l'huile par exemple.

Ce type de contrôleur est plus typique des dernières façons de faire de notre époque. Le signal analogique d'entrée au contrôleur peut être un signal de ±10 Volts (2 bobines), ou +10 volts, ou encore un signal 4-20 mA. Ce choix technologique possède les caractéristiques suivantes :

- Un panneau de contrôle plus compact;
- Un filage simple entre le panneau et la valve;

- Moins sensible aux bruits bien que le câble gagne à être isolé;
- Normalement, et surtout au cours des dernières années, les rampes sont essentiellement générées par les automates. Ainsi, on retrouve bien souvent des contrôleurs dépourvus d'ajustement de rampe. Si le contrôleur possède un ajustement de rampe et que l'on utilise un signal de rampe, il devient préférable d'ajuster le potentiomètre sur la valve avec une rampe de 0 seconde;
- Étant donné que la carte est intimement liée à la valve, certains paramètres sont ajustés d'usine comme la zone morte;
- Il y a une économie du côté manufacturier, mais plus dispendieux en pièces de rechange (la valve seule devient très dispendieuse).

Contrôleur installé à distance dans le panneau électrique : habituellement, ce type de contrôleur offre une grande versatilité pour le contrôle du mouvement. Il devient possible de gérer le mouvement avec des signaux discrets ou encore en mode analogique. Lorsque des signaux discrets sont utilisés, les rampes ainsi que les vitesses seront ajustées à l'aide de potentiomètres installés à bord de la carte. Bien que simple comme façon de faire et ne demandant aucune interaction avec la programmation de l'automate si l'équipement en est doté, l'ajustement des potentiomètres devient rapidement difficile et très itératif. Ce choix technologique possède les caractéristiques suivantes :

- Contrôleur installé dans le panneau électrique;
- Avec un contact sec : dans ce cas, la carte doit contrôler la rampe;
- Demande de faire les ajustements pour s'adapter à la valve au niveau de la zone morte;
- Ces cartes ont normalement des fonctions de rampes que l'on peut ajuster avec des potentiomètres;
- Il faut choisir la carte qui fonctionne avec le type de valve à contrôler;
- Il faut limiter la distance entre la carte et la valve. Normalement la distance maximale serait de l'ordre de 50 mètres;
- Peut être contrôlé par un signal ±10 Volts, ou par des contacts secs qui permettent de choisir la configuration de vitesse et rampe;
- Faire attention à la localisation des fils d'alimentation des bobines pour ne pas avoir des problèmes d'interférence;
- Peut produire des signaux de sorties renseignant sur le travail de la valve si la carte a cette possibilité;
- Courant de sortie de référence : Il est commun de retrouver des sorties +10 V et -10 V ou encore 25 mA de référence qui permettent ensuite de contrôler des entrées de la carte;
- Il y a possibilité de brancher ensemble plusieurs cartes afin d'avoir une carte maître et les autres qui sont commandées par la première.

Quel que soit le type de contrôleur utilisé, on retrouve certaines caractéristiques qui leur sont communes :

- Le contrôleur s'occupe de compenser la zone morte;
- Génère un signal PWM;
- Gère la position du tiroir en boucle fermée avec un LVDT;
- Consigne Validation (« enable »). On retrouve parfois cette entrée. La fonction de cette entrée est d'activer la carte. Ainsi, on peut fournir les autres signaux à la carte, mais ils seront actifs seulement lorsque la validation sera active. Très utile d'un point de vue sécurité, cette entrée peut être alimentée par le circuit de protection (circuit de e-stop), ou par une sortie de l'automate avec des conditions particulières. Lorsque présente, il faut alimenter cette consigne pour rendre opérationnelle la valve;
- Consigne d'inversion : On peut bien entendu contrôler une valve avec du +/- 10 volts, ainsi, on décide du sens du mouvement avec le choix entre un signal positif ou négatif. Mais il est possible d'utiliser un seul signal positif et de décider du sens du mouvement avec la consigne d'inversion à partir de l'automate.

Figure 26.14 **Valves avec contrôleur à distance (en haut) et à même la valve (en bas)**

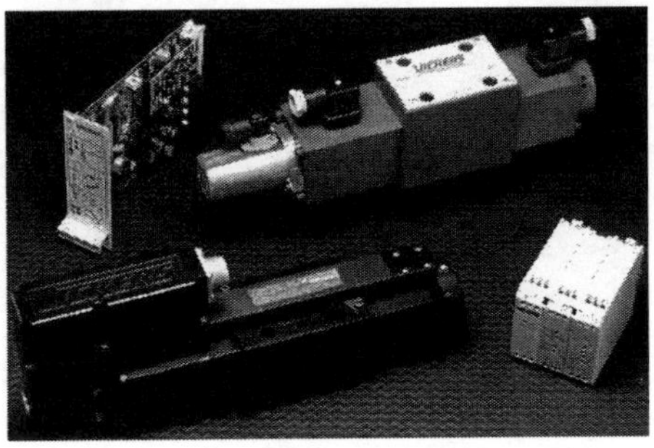

Source : Vickers

26.4.2 Valve avec ou sans LVDT

Si l'on désire que la valve fonctionne en boucle fermée, elle sera alors dotée d'un LVDT (« Linear Variable Differential Transformer »). Le contrôleur de la valve fera en sorte de gérer la position du tiroir. Avec un LVDT, la valve devient elle-même en boucle fermée, ce qui ne conduit pas à avoir un système en boucle fermée. Ainsi, si l'on désire par notre signal de commande que la valve soit à 50 %, la carte s'assurera que le tiroir soit à une position précise, ce qui aura comme effet de maintenir une perte de pression constante par rapport à un débit. Ainsi, si la charge varie, la vitesse de l'équipement variera tout comme pour un régulateur de débit à tiroir sans compensation. Si nous sommes en présence d'un système qui a tendance à devenir oscillatoire, la valve aura comme effet de diminuer cet effet, car la valve agit un peu comme un amortisseur.

On peut aussi opter pour une valve sans LVDT, ce qui se traduit par une valve plus économique, mais aussi par une forme de compensation hydraulique maintenant une vitesse un peu plus stable en fonction des changements de charge. Mais les risques d'obtenir un système oscillatoire deviennent plus importants. Si le système devient oscillatoire, il faut travailler sur les rampes et trouver les caractéristiques optimales par tâtonnement.

Figure 26.15 **Valve avec LVDT**

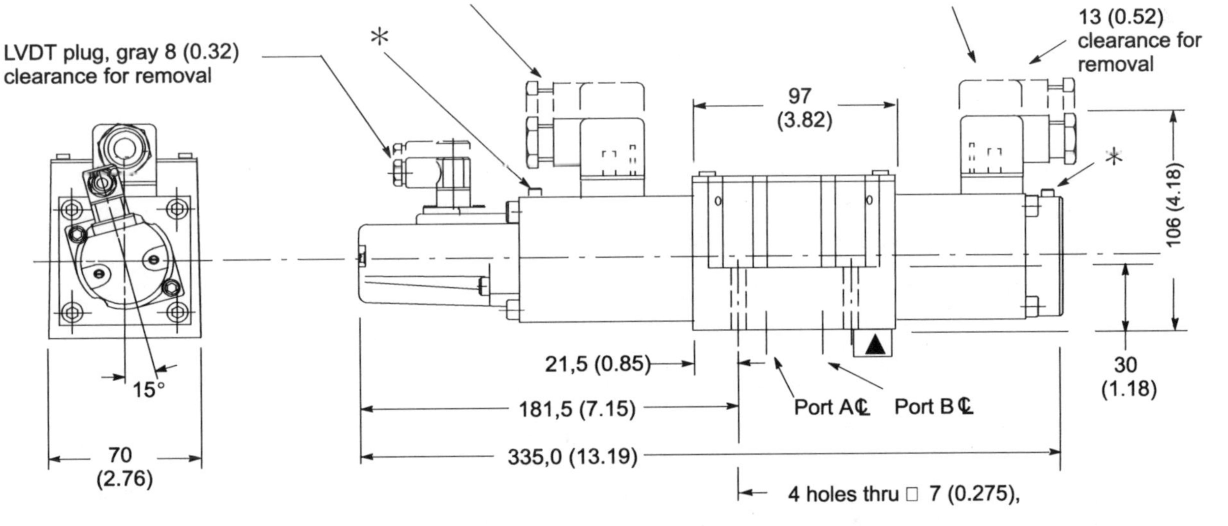

Source : Vickers KBDG4V-5

26.4.3 Estimation des pertes de charge et pression utile

Étant donné que le choix d'une valve proportionnelle se base sur la perte de pression qu'elle doit générer, il est plus que jamais important de déterminer les pertes de charge dans le circuit. À la limite, il peut être avantageux de faire une analyse des pertes de charge dans les raccords et les conduits si l'application semble particulièrement critique, ou de faire un estimé réaliste. Évidemment, si des composantes de contrôle sont installées dans le circuit, il faut en tenir compte dans les pertes de charge. Lors du dimensionnement des vérins et des moteurs, il faut tenir compte qu'il y aura une certaine perte de charge dans la valve proportionnelle de l'ordre de 75 psis par passage, soit un total de 150 psis minimum. Cette perte de charge peut être plus faible, mais au risque d'une perte de précision.

Comme nous le verrons dans le chapitre 26.4.4, il est nécessaire de déterminer les pertes de charge que la valve aura à créer. Mais avant cela, il faut être en mesure de définir quelle est la pression utile du système afin que les équations fonctionnent. Lorsque l'on établit la pression utile, il faut idéalement tenir compte de toutes les pertes de charge dans le circuit, mais sans tenir compte de la restriction créée dans la valve proportionnelle.

Dans les applications avec moteurs hydrauliques, l'estimation de la pression utile se fait simplement. Si la pression à l'entrée de la valve est de 2 000 psis, et que la perte de charge sur la ligne A est de 60 psis et sur la ligne B de 80 psis, la pression utile sera alors de 2 000 − 60 − 80, soit 1 860 psis. Dans ce cas précis, si la charge demande une variation de pression au moteur de 1 200 psis, la valve devra alors générer une restriction de 1 860 − 1 200, soit 660 psis.

Le cas des vérins est un peu plus complexe, car il faut idéalement tenir compte du rapport de surface du vérin. De plus, il faut supposer qu'il y a une perte de charge causée par la friction du vérin, que l'on peut estimer de façon conservative à 10 %. Nous nous retrouvons avec deux cas de figure, soit lorsque le vérin est en extension versus le cas où le vérin se rétracte.

Cas où le vérin est en extension : la pression utile est donnée par l'équation suivante :

$$P_u = 0{,}9\ (P - \Delta P_{amont} - \Delta P_{aval} / S)$$

Cas où le vérin se rétracte : la pression utile est donnée par l'équation suivante :

$$P_u = 0{,}9\left(P - \Delta P_{amont} - \Delta P_{aval} \times S\right)$$

Où : P = la pression à l'entrée de la valve, généralement la pression de la pompe

ΔP_{amont}= la restriction sur la ligne d'alimentation entre la valve proportionnelle et le vérin

ΔP_{aval}= la restriction sur la ligne de retour entre le vérin et la valve proportionnelle

S = rapport de surface du vérin

Prenons l'exemple où nous avons un vérin en extension dont la perte de charge est de 75 psis sur la ligne d'alimentation et de 50 psis sur la ligne de retour, alors que la pression à l'entrée de la valve est de 2 000 psis, on se retrouve ainsi avec une pression utile de :

$$P_u = 0{,}9\ (P - \Delta P_{amont} - \Delta P_{aval} / S) = 0{,}9\ (2000 psis - 75\ psis - 50\ psis / 2) = 1710$$

On verra comment calculer les pertes de charge que la valve proportionnelle doit générer pour les vérins à la section 26.4.4. Comme on sait, le débit entrant et le débit sortant d'un vérin ne sont pas les mêmes ce qui crée des pertes de charge asymétriques dans la valve. De plus, on peut se retrouver avec le phénomène de surpression. Dans certaines applications, il est possible d'obtenir des valves proportionnelles ayant des tiroirs asymétriques (typiquement 2:1) permettant d'obtenir une perte de charge plus équilibrée entre les deux côtés de la valve. Le fait d'utiliser un tiroir 2:1 ne résout pas tout, et dans les mouvements menant, il faut bien souvent avoir une autre source de restriction pour pouvoir utiliser le tiroir sur sa plage d'utilisation. Les charges motrices posent comme à l'habitude des problèmes inhérents. Il faut s'assurer qu'un vérin ne devienne pas sous dépression, car cela crée une cavitation et ultimement un mouvement hors de contrôle. Un vérin avec un rapport de surface de 2:1 demeure un vérin avec une tige relativement grosse par rapport au cylindre. Ainsi, bien souvent, on aura à faire le choix de prendre ou non une valve avec un tiroir 2:1, le choix n'est pas automatique. Le côté moins restrictif se branche toujours avec l'arrière du vérin, là où le débit est plus important.

26.4.4 Estimation des pertes de charge dans la valve proportionnelle

Le cas des moteurs est simple comme nous l'avons vu précédemment. Si nous avons une pression utile (voir 26.4.3) de 1 800 psis et que le moteur demande une variation de pression de 1 500 psis entre l'entrée et la sortie, la valve proportionnelle aura à générer une restriction totale de 1 800 − 1 500, soit 300 psis. Étant donné que la valve crée une perte de charge en meter-in et meter-out équivalente, on se retrouve alors avec une restriction à générer de 150 psis par passage.

Pour un vérin c'est plus compliqué, car nous avons dans un premier temps un rapport de surface qui crée une perte de pression qui n'est pas la même pour le débit d'entrée versus le débit de sortie. De plus, dans certaines applications, on gagne à utiliser une valve qui crée une restriction plus grande pour le débit de la tête du vérin. Ces valves créant une restriction non constante pour un même débit sont identifiées comme étant des valves asymétriques. Ces valves sont offertes avec un rapport de restriction de 2 à 1.

La grille suivante permet de calculer les pertes de charge dans la valve, soit dP1 et dP2. La pression Pu est en fait la pression utile que nous avons calculée à la section 26.4.3.

Tableau 26.2

Application		Charge rétro-active		Charge à entraîner	
Schémas		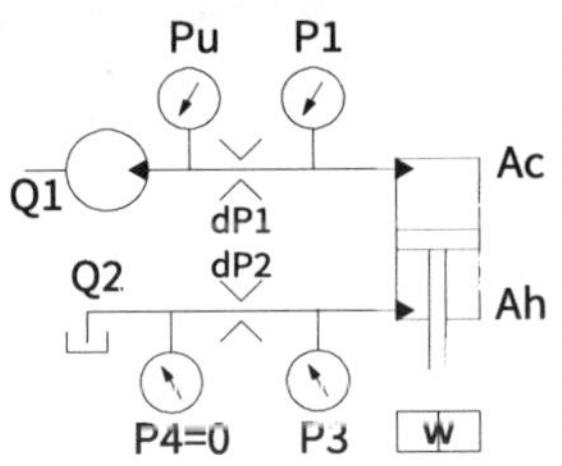	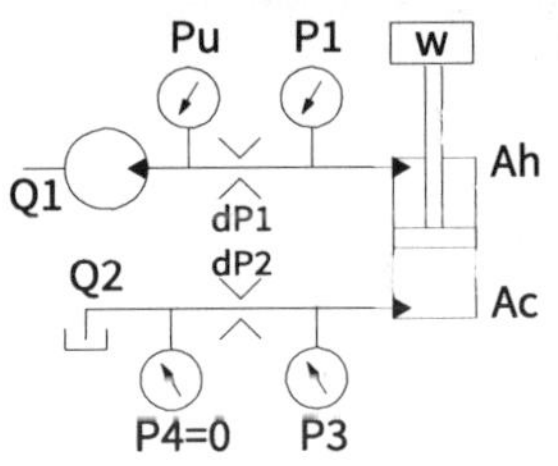	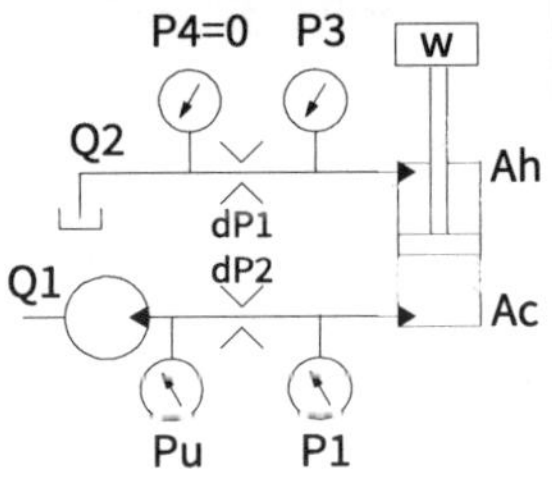	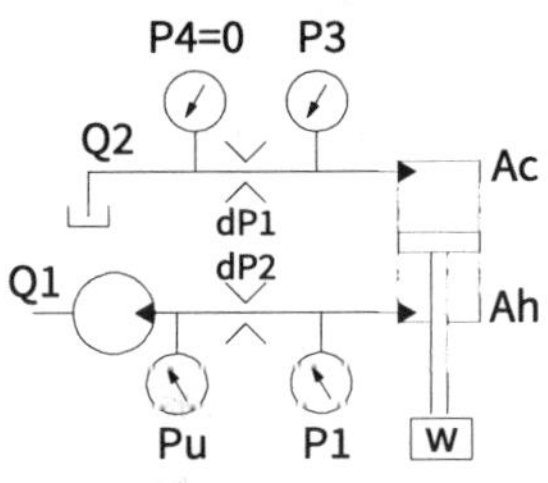
Pression P1	**Valve 1:1**	$P_1 = \dfrac{\dfrac{P_u}{S^2} - \dfrac{W}{A_h}}{S + \dfrac{1}{S^2}}$	$P_1 = \dfrac{P_u S^2 - \dfrac{W}{A_c}}{\dfrac{1}{S} + S^2}$	$P_1 = \dfrac{W + P_3 A_h}{A_c}$	$P_1 = \dfrac{W + P_3 A_c}{A_h}$
Pression P3		$P_3 = \dfrac{W + P_1 A_c}{A_h}$	$P_3 = \dfrac{W + P_1 A_h}{A_c}$	$P_3 = \dfrac{P_u - \dfrac{W}{A_c}}{S^2 + \dfrac{1}{S}}$	$P_3 = \dfrac{P_u - \dfrac{W}{A_h}}{\dfrac{1}{S^2} + S}$
Perte de pression à travers la valve		$\Delta P_1 = P_u - P_1$ $\Delta P_2 = P_3$ $\Delta P_t = \Delta P_1 + \Delta P_2$	$\Delta P_1 = P_u - P_1$ $\Delta P_2 = P_3$ $\Delta P_t = \Delta P_1 + \Delta P_2$	$\Delta P_1 = P_u - P_1$ $\Delta P_2 = P_3$ $\Delta P_t = \Delta P_1 + \Delta P_2$	$\Delta P_1 = P_u - P_1$ $\Delta P_2 = P_3$ $\Delta P_t = \Delta P_1 + \Delta P_2$

Application		Charge rétro-active		Charge à entraîner	
Pression P1	**Valve 2:1**	$P_1 = \dfrac{\dfrac{4P_u}{S^2} - \dfrac{W}{A_h}}{S + \dfrac{4}{S^2}}$	$P_1 = \dfrac{P_u \dfrac{S^2}{4} - \dfrac{W}{A_c}}{\dfrac{1}{S} + \dfrac{S^2}{4}}$	$P_1 = \dfrac{W + P_3 A_h}{A_c}$	$P_1 = \dfrac{W + P_3 A_c}{A_h}$
Pression P3		$P_3 = \dfrac{W + P_1 A_c}{A_h}$	$P_3 = \dfrac{W + P_1 A_h}{A_c}$	$P_3 = \dfrac{P_u - \dfrac{W}{A_c}}{\dfrac{S^2}{4} + \dfrac{1}{S}}$	$P_3 = \dfrac{P_u - \dfrac{W}{A_h}}{\dfrac{4}{S^2} + S}$
Perte de pression à travers la valve		$\Delta P_1 = P_u - P_1$ $\Delta P_2 = P_3$ $\Delta P_t = \Delta P_1 + \Delta P_2$	$\Delta P_1 = P_u - P_1$ $\Delta P_2 = P_3$ $\Delta P_t = \Delta P_1 + \Delta P_2$	$\Delta P_1 = P_u - P_1$ $\Delta P_2 = P_3$ $\Delta P_t = \Delta P_1 + \Delta P_2$	$\Delta P_1 = P_u - P_1$ $\Delta P_2 = P_3$ $\Delta P_t = \Delta P_1 + \Delta P_2$
		$S = A_C / A_h$			

26.4.5 Estimation du signal

Une fois que nous avons estimé la perte de charge que la valve doit générer, il est possible d'estimer la valeur du signal selon deux méthodes. La première qui est présentée dans la section 26.3.5 est la plus précise, mais demande d'interpréter les diagrammes et de choisir la capacité de débit de la valve par tâtonnement.

Si le signal est dans la zone où la valve réagit de façon linéaire, il est possible d'y aller par un autre chemin qui est légèrement plus simple et qui nous aide à choisir rapidement le choix de tiroir. Si nous avons fait les calculs de perte de charge que la valve doit générer, nous n'avons qu'à tenir en compte la perte de charge et le débit associé pour un seul côté de la valve, peu importe lequel, le résultat sera toujours le même.

L'équation est similaire à ce que l'on a utilisé précédemment, mais ici nous cherchons la valeur de Q_{dmin} pour un signal de commande approprié.

$$Q_{dmin} = Q_x \sqrt{\frac{\Delta P_d}{\Delta P_x}}$$

Ensuite, une fois Q_{dmin} trouvé, on le compare au Q_d de la valve la plus proche. On obtient alors une estimation du signal avec la relation suivante :

$$signal\ approx(\%) = \frac{100 \times Q_{dmin}}{Q_d}$$

Prenons l'exemple où nous avons obtenu une perte de charge requise dP1 de 220 psis pour un débit de 20 gpm. Supposons que nous avons une valve ayant les choix de tiroirs ayant des capacités de débit de 8, 12, 16 et 20 gpm, tous à 75 psis de perte de charge par passage. On trouve alors :

$$Q_{dmin} = Q_x \sqrt{\frac{\Delta P_d}{\Delta P_x}} = 20gpm \sqrt{\frac{75\ psis}{220\ psis}} = 11,7\ gpm$$

Si nous prenons le tiroir ayant une capacité de 12 gpm pour un signal de 100 %, nous obtenons alors :

$$signal\ approx(\%) = \frac{100 \times Q_{dmin}}{Q_d} = \frac{100 \times 11,7}{12} = 97,5\%$$

Un tel signal est trop élevé, aller au-delà de 90 % est critique. Il faudrait faire une étude plus détaillée des pertes de charge pour aller vers ce choix de tiroir. Une autre solution est de choisir le tiroir suivant, soit le 16 gpm qui procure un signal de 73 %, ce qui est acceptable.

Il faut rappeler que ce calcul du signal est approximatif et que ce calcul suppose que le comportement de la valve est linéaire. En réalité, ce n'est pas le cas, il est toujours nécessaire de vérifier avec la courbe caractéristique de la valve. Toutefois, ce calcul approximatif se fait rapidement et aisément et permet de cerner rapidement la valve nécessaire.

Lors du choix de la valve, il faut aussi tenir compte des facteurs suivants :

- On tente de choisir un tiroir où le signal de commande est de l'ordre de 90 %. Parfois, on sera limité à 60 % en fonction des options de tiroir, le système demeure fonctionnel, mais on perd un peu de précision de commande;
- On doit tenter d'avoir des pertes de charge dans la valve de moins de 50 % de la pression d'opération. Une perte de charge plus importante peut causer des forces faisant tourner le tiroir sur lui-même;
- Si la charge est motrice, il faut avoir un circuit qui assure qu'il n'y ait pas de cavitation;
- Il faut s'assurer que l'on satisfait les critères de choix de valves en fonction de la fréquence d'oscillation du circuit qui sera abordé au chapitre 26.5.

26.4.6 Exemple de calculs

Exemple 1 : Il faut choisir la valve proportionnelle pour l'application de droite en fonction des paramètres suivants :

- Pression de réglage de la pompe (PS) à 2 000 psis;
- Débit de 16 gpm;
- Pression de réglage (PR) du limiteur de pression de 2 300 psis;
- Perte de pression à travers le moteur (DPAB) de 1 700 psis;
- Perte de charge dans les raccords et boyaux des lignes A et B de 150 psis total.

On cherche les pressions PP, PA, PB et PT pour le calcul de la valve proportionnelle, où la valve devra créer une perte de charge de PP-PA et PB-PT lorsque la valve est énergisée de P vers A et B vers T.

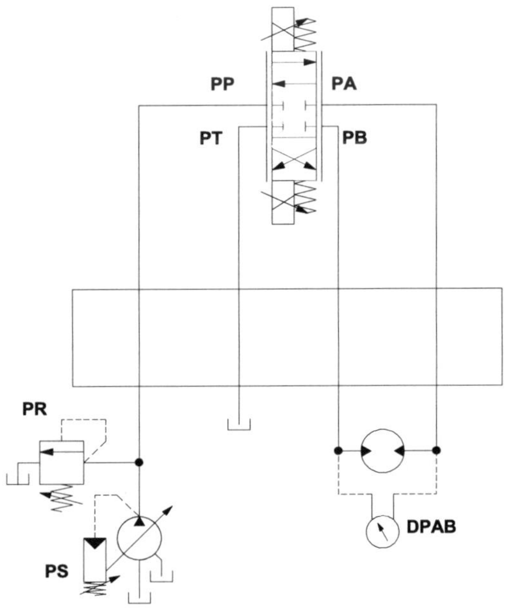

Solution :

La pression utile du circuit est de 2 000 – 150, soit 1 850 psis. Ainsi, pour l'analyse de la valve proportionnelle, on prétend alors que Pu égale 1 850 psis. On sait que la pression PT est nulle. La valve proportionnelle doit donc créer une perte de pression totale de 1 850 – 1 700, soit 150 psis. Étant donné que la perte de pression est symétrique dans la valve, on se retrouve à générer une perte de pression par passage de 150/2, soit 75 psis, et ce pour un débit est de 16 gpm. Nous avons donc Pu = 1 850, PA = 1 775, PB = 75 et enfin PT = 0 psi. Ces données sont pour le calcul de la valve proportionnelle. Toutefois, il faut garder à l'esprit que les pressions réelles seraient de Pu = 2 000, PA à la valve de 1 925, PA au moteur de 1 850, PB au moteur de 150, PB à la valve de 75, et PT de 0 psi.

Le débit de la valve devrait être plus élevé ou égal à notre besoin pour la perte de charge de 75 psis par passage. Supposons que le choix de tiroirs pour la valve soit des débits 7,9, 13,2, 17,2, 18,5 pour une perte de charge de 75 psi par passage.

Si nous prenons la valve la plus proche en termes de débit alors que la perte de charge est dans ce cas le même que notre application, on serait tenté de choisir le tiroir de 17,2 gpm. Ce tiroir entraînerait un signal de l'ordre de 16/17,2, soit 93 % ce qui est très et trop élevé. Il serait préférable de prendre la valve avec un tiroir de 18,5 gpm, dont le signal d'entrée devrait être de l'ordre de 86,5 %.

Exemple 2 : Il faut choisir la valve proportionnelle pour l'application de droite en fonction des paramètres suivants :

- Pression de réglage de la pompe (PS) à 2 000 psis
- Débit de 16 gpm
- Pression de réglage (PR) du limiteur de pression de 2 300 psis
- Perte de pression à travers le moteur (DPAB) de 900 psis
- Perte de charge dans les raccords et boyaux des lignes A et B de 150 psis.

On cherche les pressions PP, PA, PB et PT pour le calcul de la valve proportionnelle, où la valve devra créer une perte de charge de PP-PB et PA-PT lorsque la valve est énergisée de P vers B et A vers T (sens inverse de l'exemple 1).

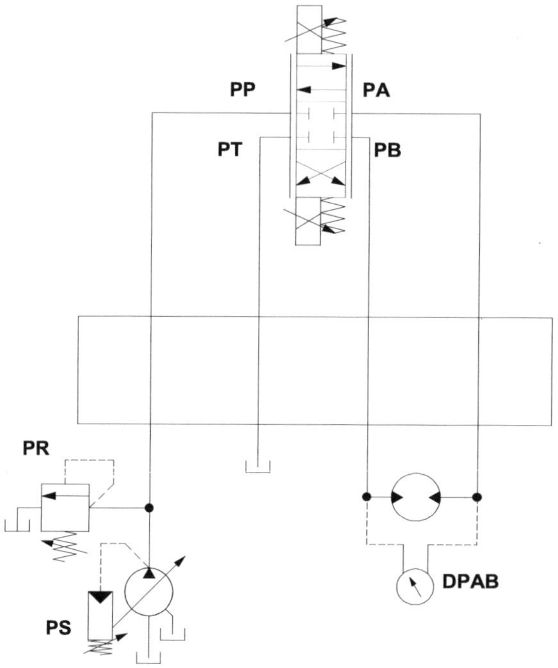

Solution :

La pression utile du circuit est de 2 000 – 150, soit 1 850 psis. Ainsi, pour l'analyse de la valve proportionnelle, on prétend alors que Pu égale 1 850 psis. On sait que la pression PT est nulle. La valve proportionnelle doit donc créer une perte de pression totale de 1 850 – 900, soit 950 psis. Étant donné que la perte de pression est symétrique dans la valve, on se retrouve à générer une perte de pression par passage de 950/2, soit 475 psis, et ce pour un débit est de 16 gpm. Nous avons donc Pu = 1 850, PA = 1 375, PB = 475 et enfin PT = 0 psi. Ces données sont pour le calcul de la valve proportionnelle. Toutefois, il faut garder à l'esprit que les pressions réelles seraient de Pu = 2 000, PB à la valve de 1 525, PB au moteur de 1 450, PA au moteur de 550, PA à la valve de 475, et PT de 0 psi.

Le débit de la valve devrait être plus élevé ou égal à notre besoin pour la perte de charge de 475psi par passage. Supposons que le choix de tiroirs pour la valve soit des débits 7,9, 13,2, 17,2, 18,5 pour une perte de charge de 75psi par passage. Dans un premier temps, il faut trouver le débit équivalent de notre application pour une perte de charge de 75 psis qui tient en compte notre perte de pression à générer de 475 psis. Nous avons donc :

$$Q_{dmin} = Q_x\sqrt{\frac{\Delta P_d}{\Delta P_x}} = 16gpm\sqrt{\frac{75}{475}} = 6{,}4\,gpm$$

Si nous prenons la valve la plus proche en termes de débit sans tenir compte des pertes de charge, le choix irait pour la valve avec un tiroir de 17,2, ce qui nous conduirait à avoir un signal de l'ordre de 6,4/17,2, soit de 37 %. Mais en tenant compte de la correction, on tente de prendre une capacité de débit la plus proche soit 7,9 gpm. Ce choix nous conduit à obtenir un signal de l'ordre de 6,4/7,9, soit 81 %.

Exemple 3 : Il faut choisir la valve proportionnelle qui combine l'exemple 1 et le 2.

L'exemple 1 nous conduisait à une valve ayant un tiroir de 18,5 gpm alors que l'exemple nous conduisait à une valve ayant un tiroir de 7,9 gpm. Il arrive fréquemment qu'une machine fonctionne selon deux cas de figure, soit chargée en avançant et à vide au retour.

Le choix de la valve doit se faire en tenant compte du pire des cas, ce qui nous conduit à considérer la valve de 18,5 gpm pour les deux mouvements. Nous avons donc un signal estimé à 86,5 % en avance, alors qu'au retour nous avons un signal de l'ordre de 6,4/18,5, soit 34,6 %. Ce signal est très bas si l'on décide de réduire encore plus la vitesse, nous risquons d'avoir un mouvement qui ne se comporte pas selon nos attentes.

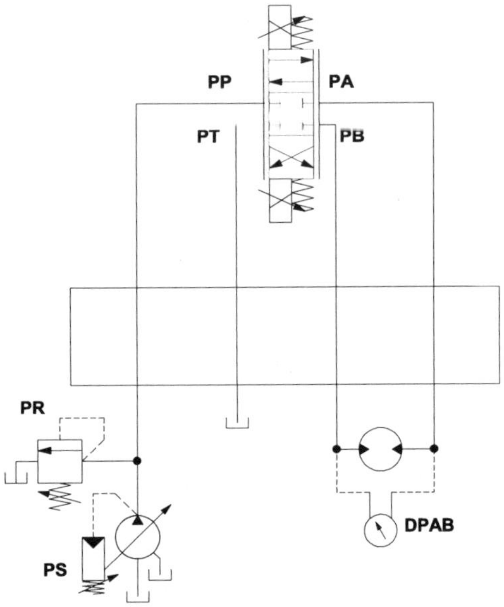

Si le signal devient trop bas, la valve travaillera moins bien en étant dans une plage de travail où l'hystérésis est plus importante. Il devient encore plus préférable à un certain point d'avoir une valve dotée d'un LVDT sur le tiroir.

Si l'on voulait générer une perte de charge pour pouvoir augmenter la valeur du signal de 36,5 %, nous avons plusieurs options :

- Installer une valve de décharge en ligne fonctionnant dans un sens d'écoulement, avec un clapet de contournement, avant ou après le moteur. Dans ce cas, la perte de charge est fixe, si la charge varie, on risque de perdre trop de puissance…
- Installer une valve de réduction de pression en aval du moteur avec un clapet de contournement. On fixe alors la perte de pression que la valve proportionnelle doit générer.
- Installer un régulateur de débit avec un clapet de contournement, mais dans ce cas, on obtiendra un contrôle de la valve proportionnelle qui n'est vraiment plus linéaire à cause des caractéristiques de perte de charge du régulateur qui n'est pas linéaire.

Exemple 4 : Il faut choisir la valve proportionnelle avec tiroir symétrique pour l'application de droite en fonction des paramètres suivants :

- Pression de réglage de la pompe (PS) à 2 500 psis
- Diamètre du vérin de 4 pouces
- Diamètre de la tige du vérin de 2,5 pouces
- Pression de réglage (PR) du limiteur de pression de 2 700 psis
- Charge W de 23 000 livres
- Perte de charge dans les raccords et boyaux dans la ligne A de 50 psis
- Perte de charge dans les raccords et boyaux dans la ligne B de 90 psis
- Le vérin doit monter et descendre à 350 pouces/min

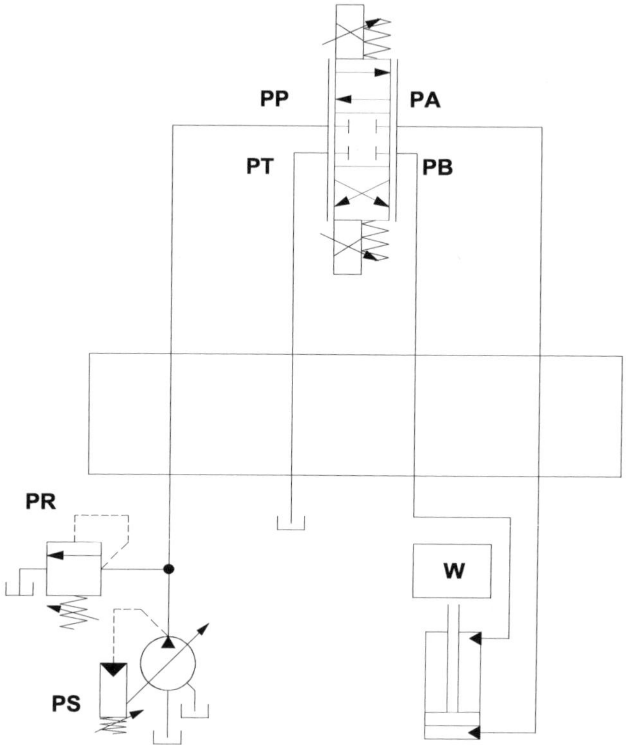

Solution (en montée) :

Il faut dans un premier temps faire la sélection de la valve et de son tiroir lorsque le vérin pousse la charge vers le haut. C'est à ce moment que la valve doit avoir le minimum de perte de charge afin d'être en mesure de soulever la charge.

Il faut considérer les formules pour les charges résistives de la feuille de calcul des vérins. Dans un premier temps, il faut calculer les différents paramètres de base :

$$Ac = \pi D^2/4 = \pi 4^2/4 = 12{,}57 \text{ po}^2$$

$$Ah = Ac - \pi d^2/4 = 12{,}57 - \pi^2{,}5^2/4 = 7{,}66 \text{ po}^2$$

$$S = Ac/Ah = 1{,}64$$

Avec la vitesse du vérin, on obtient Q1 = 19 gpm alors que Q2 est de 11,6 gpm.

Trouvons maintenant la pression utile pour les calculs :

$$P_u = 0{,}9\,(P - \Delta P_{amont} - \Delta P_{aval} / S) = 0{,}9\,(2500 - 50 - 90/1{,}64) = 2156\,psis$$

À l'aide des formules :

$$P_3 = \frac{P_u - \dfrac{W}{A_c}}{S^2 + \dfrac{1}{S}} = 99\,psis$$

$$P_1 = \frac{W + P_3 A_h}{A_c} = 1890\,psis$$

$$\Delta P_1 = P_u - P_1 = 2155 - 1890 = 265\,psis$$

$$\Delta P_2 = P_3 = 99\,psis$$

$$\Delta P_t = \Delta P_1 + \Delta P_2 = 265 + 99 = 364\,psis$$

On peut remarquer que le rapport de perte de charge en fonction du rapport de surface est conservé, soit $99 \times 1{,}64^2 = 265$ psi.

Afin de déterminer Q_{dmin} nous avons deux choix, soit de considérer le passage de P vers A avec un débit de 19 gpm et une perte de charge de 460psi, ou encore de considérer le passage de B vers T avec un débit de 11,6 gpm et une perte de charge de 171 psi. Peu importe, le résultat sera toujours le même. Toujours en assumant que les données de la valve sont pour une perte de charge de 75 psis par passage, on trouve alors :

$$Q_{dmin} = Q_x \sqrt{\frac{\Delta P_d}{\Delta P_x}} = 19gpm \sqrt{\frac{75}{265}} = 11{,}6gpm \sqrt{\frac{75}{99}} = 10{,}1\,gpm$$

Supposons que le choix de tiroirs pour la valve soit des débits 7,9, 13,2, 17,2, 18,5 pour une perte de charge de 75 psi par passage. Le choix irait donc pour la valve ayant un tiroir de 13,2 gpm. Ce choix nous conduit à obtenir un signal de l'ordre de 10,1/13,2, soit 77 %.

Rappelons que les pressions réelles sont de : Pu de 2 500 psis, PA à la sortie de la valve de 2 500 –265 = 2 235psis, PA à l'entrée du vérin de 2 235 – 50 = 2 185psis, PB à l'entrée de la valve de 99 psis, PB à la sortie du vérin de 189psi, et enfin, PT de 0.

Solution (en descente) :

Il faut maintenant voir de plus près le comportement de la valve sélectionnée en descente, ce qui pose toujours des enjeux importants.

Il faut maintenant considérer les formules pour une charge entrainante de la feuille de calcul des vérins.

Trouvons maintenant la pression utile pour les calculs :

$$P_u = 0{,}9\left(P - \Delta P_{amont} - \Delta P_{aval} \times S\right) = 0{,}9\left(2500 - 90 - 50 \times 1{,}64\right) = 2095\,psis$$

À l'aide des formules :

$$P_1 = \frac{P_u S^2 - \dfrac{W}{A_c}}{\dfrac{1}{S} + S^2} = 1154\,psis$$

$$P_3 = \frac{W + P_1 A_h}{A_c} = 2534\,psis$$

$$\Delta P_1 = P_u - P_1 = 2095 - 1154 = 941\,psis$$

$$\Delta P_2 = P_3 = 2534\,psis$$

$$\Delta P_t = \Delta P_1 + \Delta P_2 = 3475\,psis$$

On remarque que la valve proportionnelle doit générer des pertes de charge très importantes. Elle doit fournir une perte de charge totale de 3 475 psis. Cela signifie que le tiroir de la valve devrait être presque fermé pour contrôler adéquatement le vérin. Une perte de charge peut faire tourner le tiroir et le moindre signal peut conduire à un mouvement beaucoup plus rapide que souhaité, voire dangereux. À titre indicatif, estimons le signal d'entrée à la valve :

$$Q_{dmin} = Q_x \sqrt{\frac{\Delta P_d}{\Delta P_x}} = 19\,gpm \sqrt{\frac{75}{2534}} = 3{,}3\,gpm$$

On obtient alors un signal de l'ordre de 3,3/13,2, soit 25 %.

Rappelons que les pressions réelles sont de : Pu de 2 500 psis, PB à la sortie de la valve de 2 500 – 941 = 1 559 psis, PB à l'entrée du vérin de 1 559–90 = 1 469 psis, PA à l'entrée de la valve de 2 534 psis, PA à la sortie du vérin de 2 534 + 50 = 2 584 psis, et enfin, PT de 0.

On pourrait faire l'exercice avec une valve 2:1, mais le résultat serait pire en créant une perte de charge dP1 plus importante voire trop importante.

Dans cet exemple, on voit clairement que les mouvements verticaux posent des enjeux importants. Il y a plusieurs solutions pour améliorer la situation que l'on verra au chapitre 26.7. Néanmoins, on peut déjà constater que si l'on réduisait la pression du système lors de la descente, cela aiderait en effet le signal. Ce changement de pression pourrait se faire sur une machine dont le mouvement de descente ne se fait pas en même temps que d'autres mouvements. Lors des calculs, il faut toujours s'assurer d'avoir une pression positive à l'entrée du vérin en descente.

Exemple 5 : Il faut choisir la valve proportionnelle avec tiroir symétrique pour l'application de droite en fonction des paramètres suivants :

- Pression de réglage de la pompe (PS) à 2 500 psis
- Diamètre du vérin de 4 pouces
- Diamètre de la tige du vérin de 2,5 pouces
- Pression de réglage (PR) du limiteur de pression de 2 700 psis
- Charge W de 11 000 livres
- Perte de charge dans les raccords et boyaux dans la ligne A de 90 psis
- Perte de charge dans les raccords et boyaux dans la ligne B de 50 psis
- Le vérin doit monter et descendre à 350 pouces/min

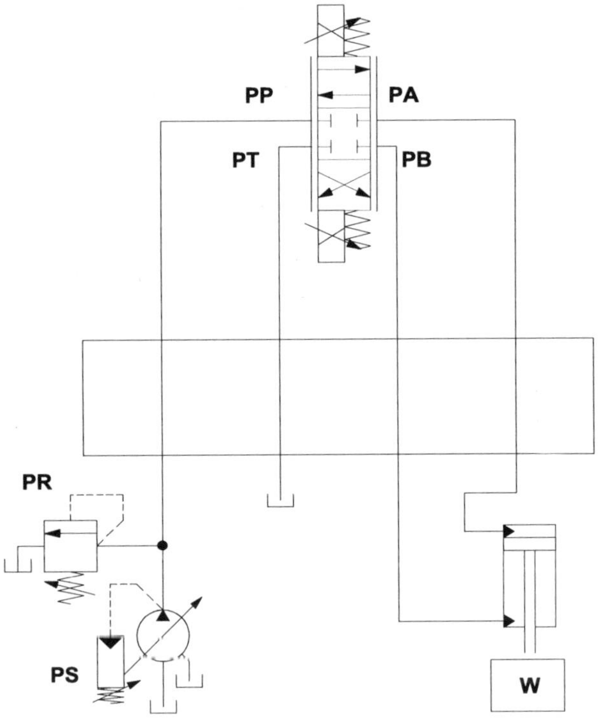

Solution 1 (en montée) :

Il faut dans un premier temps faire la sélection de la valve et de son tiroir lorsque le vérin pousse la charge vers le haut. C'est à ce moment que la valve doit avoir le minimum de perte de charge afin d'être en mesure de soulever la charge.

Il faut considérer les formules pour une charge restrictive de la feuille de calcul des vérins. Dans un premier temps, il faut calculer les différents paramètres de base :

$$Ac = \pi D^2/4 = \pi 4^2/4 = 12{,}57 \text{ po}^2$$

$$Ah = Ac - \pi d^2/4 = 12{,}57 - \pi^2{,}5^2/4 = 7{,}66 \text{ po}^2$$

$$S = Ah/Ac = 1{,}64$$

Avec la vitesse du vérin, on obtient Q1 = 11,6 gpm alors que Q2 est de 19 gpm.

Trouvons maintenant la pression utile pour les calculs :

$$P_u = 0{,}9\ (P - \Delta P_{amont} - \Delta P_{aval} / S) = 0{,}9\left(2500 - 50 - 90 \times 1{,}64\right) = 2072\ psis$$

À l'aide des formules :

$$P_3 = \frac{P_u - \frac{W}{A_h}}{\frac{1}{S^2} + S} = 316\,psis$$

$$P_1 = \frac{W + P_3 A_c}{A_h} = 1955\,psis$$

$$\Delta P_1 = P_u - P_1 = 2072 - 1955 = 117\,psis$$

$$\Delta P_2 = P_3 = 316\,psis$$

$$\Delta P_t = \Delta P_1 + \Delta P_2 = 117 + 316 = 433\,psis$$

On peut remarquer que le rapport de perte de charge en fonction du rapport de surface est conservé, soit 93 × $1{,}64^2$ = 251 psis.

Afin de déterminer Q_{dmin} nous avons deux choix, soit de considérer le passage de P vers A avec un débit de 19 gpm et une perte de charge de 316psis, ou encore de considérer le passage de B vers T avec un débit de 11,6 gpm et une perte de charge de 117psis. Peu importe, le résultat sera toujours le même. Toujours en assumant que les données de la valve sont pour une perte de charge de 75 psis par passage, on trouve alors :

$$Q_{dmin} = Q_x \sqrt{\frac{\Delta P_d}{\Delta P_x}} = 19\,gpm \sqrt{\frac{75}{316}} = 11{,}6\,gpm \sqrt{\frac{75}{117}} = 9{,}3\,gpm$$

Supposons que le choix de tiroirs pour la valve soit des débits 7,9, 13,2, 17,2, 18,5 pour une perte de charge de 75 psis par passage. Le choix irait donc pour la valve ayant un tiroir de 13,2 gpm. Ce choix nous conduit à obtenir un signal de l'ordre de 9,3/13,2, soit 70,3 %.

Rappelons que les pressions réelles sont de : Pu de 2 500 psis, PB à la sortie de la valve de 2 500 –117 = 2 383 psis, PB à l'entrée du vérin de 2 383 – 50 = 2 333 psis, PA à l'entrée de la valve de 316 psis, PA à la sortie du vérin de 316+90=406psis, et enfin, PT de 0.

Solution 1 (en descente) :

Il faut maintenant voir de plus près le comportement de la valve sélectionnée en descente, ce qui pose toujours des enjeux importants.

Il faut maintenant considérer les formules pour une charge entrainante de la feuille de calcul des vérins.

Trouvons maintenant la pression utile pour les calculs :

$$P_u = 0{,}9\,(P - \Delta P_{amont} - \Delta P_{aval} / S) = 0{,}9\,(2500 - 90 - 50 / 1{,}64) = 2142\,psis$$

À l'aide des formules :

$$P_1 = \frac{\frac{P_u}{S^2} - \frac{W}{A_h}}{S + \frac{1}{S^2}} = -319\,psis$$

À ce point, il faut arrêter les calculs et voir que le fait que la pression P1 soit négative conduit à une situation non fonctionnelle. La valve freine le mouvement en meter-in là où le débit est le plus important. Afin de favoriser un freinage en meter-out, il faut considérer une valve asymétrique 2:1. Il faut donc reprendre du début les calculs avec la nouvelle configuration de valve.

Solution 2 (en montée) :

Il faut considérer les formules de charge résistive de la feuille de calcul des vérins pour une valve 2:1. Dans un premier temps, il faut calculer les différents paramètres de base :

À l'aide des formules :

$$P_3 = \frac{P_u - \dfrac{W}{A_h}}{\dfrac{4}{S^2} + S} = 203\,psis$$

$$P_1 = \frac{W + P_3 A_c}{A_h} = 1770\,psis$$

$$\Delta P_1 = P_u - P_1 = 2072 - 1770 = 302\,psis$$

$$\Delta P_2 = P_3 = 203\,psis$$

$$\Delta P_t = \Delta P_1 + \Delta P_2 = 302 + 203 = 505\,psis$$

Supposons que le choix de tiroirs asymétriques pour la valve soit des débits 13,2/6,6 et 18,5/9,25 pour une perte de charge de 75 psi par passage. Le premier nombre est pour le passage de A puis le deuxième est pour le passage de B plus restrictif. Il arrive fréquemment que le choix de tiroirs asymétriques soit plus restreint.

Afin de déterminer Q_{dmin} nous avons deux choix, soit de considérer le passage de P vers A avec un débit de 19 gpm et une perte de charge de 203 psi, ou encore de considérer le passage de B vers T avec un débit de 11,6 gpm et une perte de charge de 302 psi. Toujours en assumant que les données de la valve sont pour une perte de charge de 75 psis par passage, on trouve alors :

$$Q_{dmin}A = Q_x\sqrt{\frac{\Delta P_d}{\Delta P_x}} = 19gpm\sqrt{\frac{75}{203}} = 11,6\,gpm$$

$$Q_{dmin}B = Q_x\sqrt{\frac{\Delta P_d}{\Delta P_x}} = 11,6gpm\sqrt{\frac{75}{302}} = 5,8\,gpm$$

Le tiroir approprié serait alors le 13,2/6,6. Ce choix nous conduit à obtenir un signal sur A de l'ordre de 11,6/13,2 = 5,8/6,6, soit 87,6 %. Par rapport au premier essai avec une valve symétrique, nous obtenons des résultats très différents.

Rappelons que les pressions réelles sont de : Pu de 2 500 psis, PB à la sortie de la valve de 2 500 –302 = 2 198 psis, PB à l'entrée du vérin de 2 198 – 50 = 2 148psis, PA à l'entrée de la valve de 203 psis, PA à la sortie du vérin de 203+90=293psis, et enfin, PT de 0.

Solution 2 (en descente) :

Il faut maintenant voir de plus près le comportement de la valve sélectionnée en descente, dans sa configuration 2:1.

Il faut maintenant considérer les formules pour une charge entrainante de la feuille de calcul des vérins pour un tiroir asymétrique.

À l'aide des formules :

$$P_1 = \frac{\frac{4P_u}{S^2} - \frac{W}{A_h}}{S + \frac{4}{S^2}} = 558\,psis$$

$$P_3 = \frac{W + P_1 A_c}{A_h} = 2352\,psis$$

$$\Delta P_1 = P_u - P_1 = 2142 - 558 = 1584\,psis$$

$$\Delta P_2 = P_3 = 2352\,psis$$

$$\Delta P_t = \Delta P_1 + \Delta P_2 = 3936\,psis$$

Nous avons maintenant une pression P1 positive, le tiroir 2:1 permet donc dans ce cas d'assurer une pression positive à l'entrée du vérin en descente. On remarque toujours que la valve proportionnelle doit générer des pertes de charge très importantes. Elle doit fournir une perte de charge totale de 2 799 psis.

Cela signifie que le tiroir de la valve devrait être presque fermé pour contrôler adéquatement le vérin. Une perte de charge peut faire tourner le tiroir et le moindre signal peut conduire à un mouvement beaucoup plus rapide que souhaité, voire dangereux. À titre indicatif, estimons le signal d'entrée à la valve :

$$Q_{dmin}A = Q_x\sqrt{\frac{\Delta P_d}{\Delta P_x}} = 19\,gpm\sqrt{\frac{75}{1584}} = 4{,}1\,gpm$$

$$Q_{dmin}B = Q_x\sqrt{\frac{\Delta P_d}{\Delta P_x}} = 11{,}6\,gpm\sqrt{\frac{75}{2352}} = 2{,}1\,gpm$$

On obtient alors un signal de l'ordre de 2,1/6,6 = 4,1/13,2, soit 31,4 %.

Rappelons que les pressions réelles sont de : Pu de 2 500 psis, PA à la sortie de la valve de 2 500 – 1 584 = 916 psis, PA à l'entrée du vérin de 916 – 90 = 826 psis, PB à l'entrée de la valve de 2 352 psis, PB à la sortie du vérin de 2 352 + 50 = 2 402 psi, et enfin, PT de 0.

Dans cet exemple, on voit clairement que les mouvements verticaux posent des enjeux importants. Il y a plusieurs solutions pour améliorer la situation que l'on verra au chapitre 26.7. Néanmoins, on peut déjà constater que si l'on réduisait la pression du système lors de la descente, cela aiderait en effet le signal. Ce changement de pression pourrait se faire sur une machine dont le mouvement de descente ne se fait pas en même temps que d'autres mouvements. Lors des calculs, il faut toujours s'assurer d'avoir une pression positive à l'entrée du vérin en descente.

26.5 Fréquence d'oscillation d'un circuit

Étant donné que la fonction d'une valve proportionnelle est de faire varier la vitesse d'un équipement, il est de mise que la valve puisse répondre à la commande afin de suivre la variation de vitesse désirée. Le temps de réponse d'une valve proportionnelle, bien que bonne, est de loin moins performant qu'une valve de type servo. L'application typique d'une valve proportionnelle est de faire varier le débit (ou la pression) au-delà de la plage d'opération.

Une valve de type servo est plus apte à travailler dans les positions où il n'y a pas de débit et où l'on désire contrôler en alternance un mouvement de va-et-vient, un peu à la manière d'un simulateur de vol ou d'arcade. Il se peut que la valve réponde rapidement, encore faut-il que le système mécanique puisse suivre. Ici, on parle de la fréquence propre du système mécanique (voir 26.3.4). Le circuit hydraulique possède aussi sa fréquence propre dont il faut tenir compte et qui est plus facile à estimer que la fréquence propre du système mécanique.

En pratique, il y a bien des chances que les fréquences propres ne soient pas calculées, parce que c'est complexe, ou encore par le fait qu'au stade de concept, il est difficile de tout prévoir dans un environnement de développement normal. Ainsi, les réglages du contrôle de la valve sont souvent à faire expérimentalement lors du démarrage.

Facteurs influençant la fréquence de réaction du circuit hydraulique, et ainsi le risque d'obtenir un système oscillant hors de contrôle :

- Des éléments de type compensé dans le circuit;
- Un grand volume d'huile dans les lignes A et B (l'huile en P avant la valve ne compte pas si la pression se maintient) :
  - L'huile est compressible et agit donc comme un ressort.
  - On gagne donc à installer la valve le plus près possible de l'élément à contrôler.
- L'utilisation de boyaux : l'utilisation de tubes est donc favorisée, bien que l'on retrouve toujours des boyaux;
- Une accélération et décélération rapide:
  - On accélère en poussant par analogie sur un ressort;
  - Le temps minimum de rampe doit être au moins 2x plus grande que le temps de réponse de la valve;
  - En tenant compte de la fréquence propre du système mécanique non amortie (ω_0) (voir plus loin), on se retrouve avec un temps minimum d'accélération et décélération de :
    - → $t_B = 18/\omega_0$ (s)(ref Rexroth)
    - → $t_B = 35/\omega_0$ (s) (ref Atos)
- Le fait d'avoir des éléments permettant d'amortir le circuit hydraulique réduit le risque d'avoir un système pouvant osciller, ou de permettre au système d'osciller moins longtemps:
  - L'emploi de régulateurs de débit non compensés
  - L'emploi d'une valve proportionnelle avec LVDT

- Bien souvent, les calculs sont difficiles à faire de façon précise, et l'approche se résigne à calculer l'effet des volumes d'huile que l'on tente de réduire au minimum;
- Pour être stable, on doit essayer de ne pas solliciter un circuit à sa fréquence propre, sinon le contrôle peut devenir hors de contrôle.

Ce qui suit est en pratique difficile à déterminer et à calculer, avec un résultat douteux. Toutefois, la compréhension de ces concepts est utile lorsque nous sommes en présence d'un équipement ayant un comportement oscillant.

En boucle fermée, la fréquence de réaction de la valve est importante à considérer, car elle se corrige constamment afin de suivre les caractéristiques de déplacement de l'équipement. Ainsi, la valve peut se retrouver à travailler constamment en mode transitoire et ainsi solliciter le comportement élastique du circuit.

La valve possède une fréquence de réponse f_v que l'on retrouve dans ses spécifications. Mais encore faut-il choisir la fréquence où le signal devient un problème. Il y a bien des standards du -3 dB et du 90 degrés de déphasage, mais cela n'est pas un gage d'une conception sans problème.

Le circuit hydraulique possède une fréquence naturelle f_h qui tient compte du volume d'huile et de la charge (m) à déplacer (dans les calculs, on ne tient normalement pas compte des boyaux, mais ils ont un effet). Pour un circuit avec vérin, la fréquence w_o se calcule ainsi (basé sur des notes de Rexroth, Electronically controlled proportional valves, Selection and Application) :

$$\omega_o = \sqrt{\frac{386 E A_c^2}{M V_1} + \frac{386 E A_h^2}{M V_2}} \left[\frac{rad}{sec}\right]$$

$$f_h = {}^{\omega_o}\!/_{2\pi} (Hz)$$

Où :

- E = élasticité de l'huile, de l'ordre de 220 000 psis à 20 °C et 2 000 psis de pression de système
- Ac = Aire d'un piston de vérin, côté cap (po^2)
- Ah = Aire d'un piston de vérin, côté tête (po^2)
- Ac = Surface du vérin (le vérin a deux côtés)
- V_1 = volume d'huile dans le circuit côté cap incluant les canalisations, varie en fonction de la position du vérin (po^3)
- V_2 = volume d'huile dans le circuit côté tête incluant les canalisations, varie en fonction de la position du vérin (po^3)
- M = masse à déplacer (livres)

La fréquence change donc à mesure que le vérin se déploie ou se rétracte.

On gagne à avoir une fréquence la plus élevée possible et différente de l'équipement mécanique. On remarque que pour faire augmenter la fréquence, on gagne à avoir :

- Un volume d'huile restreint au minimum
- Une masse la plus légère possible (pour diminuer la pression d'opération)

- Un vérin avec une grande surface (pour diminuer la pression d'opération)
- Évidemment, si l'on désire diminuer le volume d'huile dans le vérin, cela demande d'augmenter la pression en réduisant la surface du vérin, et au compte, l'effet va dans le sens inverse de ce qui y est recherché, mais dans une moindre mesure

Il y a différentes variantes de cette équation qui inclut moins de facteurs comme celle-ci qui est basée sur une équation tirée de la documentation d'ATOS :

$$\omega_o = \left(3{,}1 + \sqrt{9{,}6 / S}\right)\sqrt{\frac{40\, E\, A_c}{c\, M}}\left[\frac{rad}{sec}\right]$$

Où :

- E = élasticité de l'huile, de l'ordre de 220 000 psis à 20 °C et 2 000 psis de pression de système
- Ac = Aire d'un piston de vérin (po^2)
- S = Rapport de surface du vérin (Ac/Ah)
- C = Course du vérin (po)
- M = masse à déplacer (livres)

Le système hydraulique inclut la valve ainsi que le circuit d'huile. Il se comporte alors comme deux ressorts montés en série. Si une autre composante telle qu'un hydrostat compose le circuit, le système se comporte alors comme deux ressorts en série. Le système résultant est toujours plus flexible que l'élément ayant la fréquence la plus faible. En tenant compte uniquement de la valve et du circuit d'huile, on obtient un système ayant une fréquence f_o de :

$$f_o = \frac{f_v f_h}{f_v + f_h}(Hz)$$

Dans certains manuels, on verra que les concepteurs prennent la plus basse des deux fréquences alors que l'équation précédente donne un résultat combiné. On gagne à avoir une valve ayant une fréquence élevée, car à la limite, on trouvera que f_o devient presque égale à f_h. Quelques points à tenir en compte :

- Les équations précédentes ne tiennent pas compte de la capacité du système à s'amortir.
- La fréquence propre minimum d'un système mécanique ne devrait pas être inférieure à :
  - Système non compensé : 3 Hz
  - Système compensé : 4 Hz

L'expérience montre que les phases d'accélération et de décélération ne peuvent plus être réalisées correctement pour des systèmes dont la fréquence propre est inférieure aux valeurs précédentes à cause de la raideur insuffisante du système. Dans ce cas, il y a également risque d'effet stick-slip à basse vitesse. Ces effets négatifs sont plus présents avec des éléments compensés, car ils ont aussi une fréquence propre.

26.6 Hydrostat

Comme nous avons vu précédemment, une valve proportionnelle gérant le débit tente de gérer avec précision la position du tiroir. Et si la valve est dotée d'un LVDT, la position du tiroir sera encore plus précise alors que si la valve n'en est pas dotée, il se peut que le tiroir ne soit pas exactement à sa position théorique. Nous avons vu que la valve agit comme un régulateur de débit sans compensation. À ce titre, la perte de charge à travers la valve est fonction du débit qui y circule. Si la charge varie dans un circuit, et dans la mesure où la pression du système est maintenue, la valve proportionnelle doit alors créer une plus ou moins grande perte de charge. Trois possibilités se présentent alors au concepteur du circuit :

- Accepter que le système s'adapte par lui-même, avec la conséquence que la vitesse de l'équipement variera un peu comme si nous étions en présence d'un circuit utilisant des régulateurs de débit sans compensation. Si la valve est dotée d'un LVDT, il n'y aura absolument aucune compensation possible. Toutefois, cette solution permet de limiter au minimum les risques d'oscillation, car l'orifice qui tente d'être fixe de la valve atténue ce phénomène. Si la valve n'a pas de LVDT, les pressions en jeu d'un côté comme de l'autre du tiroir peuvent créer une forme de compensation hydraulique. Compte tenu du fait que le signal à l'électro-aimant est là pour générer une force sur le tiroir, en mode transitoire du tiroir, nous ne sommes jamais très certains d'où se trouvera réellement le tiroir. Mais ce phénomène permet parfois dans certaines valves de générer une compensation permettant une plus grande régularité de débit avec une charge qui varie.
- Il est possible de s'assurer que le système fonctionne à une vitesse constante en créant une boucle fermée d'asservissement. Dans ce cas, il s'agit de vérifier en permanence l'évolution du mouvement et de corriger le signal à la valve en réaction aux mesures faites. Pour y arriver, il est nécessaire d'utiliser des capteurs de position du mouvement tels que des encodeurs, règles LVDT ou autres. On doit contrôler la valve avec un signal analogique. Cette solution est du point de vue du contrôle le plus sophistiqué et le plus onéreux. Toutefois, c'est la solution qui permet d'atteindre un maximum de précision à priori. À priori, car cette correction permanente du signal peut générer un mouvement oscillatoire. La rigidité du montage hydraulique ainsi que de la mécanique devient cruciale, la valve doit répondre rapidement, et l'automate gérant la boucle fermée doit alors prioriser la lecture des capteurs pour limiter le temps de réaction. Le temps de lecture de toutes les entrées de l'automate (« scan time ») peut affecter le comportement du système.
- La troisième solution est simple et fonctionne à la façon d'un régulateur de débit à pression compensée (voir section 7.2.3). La valve proportionnelle agit comme le régulateur de débit à orifice fixe auquel on vient ajouter un compensateur hydraulique que l'on nomme « hydrostat ». Cette solution possède les mêmes avantages et inconvénients que le régulateur à pression compensée, mais en étant ici proportionnelle. Le fait d'ajouter un élément utilisant un ressort pour compenser les pertes de charge rend le système plus vulnérable aux risques d'oscillation. C'est donc une solution à considérer si l'on désire une vitesse stable sans avoir recours à la complexité d'un circuit asservi, et où le montage mécanique et hydraulique est très rigide, avec des variations de vitesse faibles.

Résumons donc ici quelques propriétés d'un « hydrostat » :

- S'installe en sandwich entre la surface de montage et la valve proportionnelle;
- Évidemment, pour fonctionner, l'hydrostat génère toujours une perte de pression minimale, de type meter-in sur la ligne P, c'est l'équivalent d'une valve de réduction de pression;
- Comme tout élément ajouté avec compensation, l'hydrostat augmente le risque d'oscillation du système hydraulique;
- L'hydrostat avec clapet de sélection de circuits (« shuttle valve ») fonctionne si le point de prise de pression est immédiatement à la sortie de la valve avec l'huile allant au vérin.
  - Ce critère n'est pas satisfait avec une charge de type menante.
- Il faut faire les réglages de vitesse avec les charges maximales, là où l'hydrostat fera en sorte de minimiser les pertes de charge;
- Il faut toutefois faire attention lorsque nous avons des charges menantes afin que l'hydrostat fonctionne adéquatement. On y reviendra plus loin.

Figure 26.16 **Cartouche hydrostat de Sun Hydraulic**

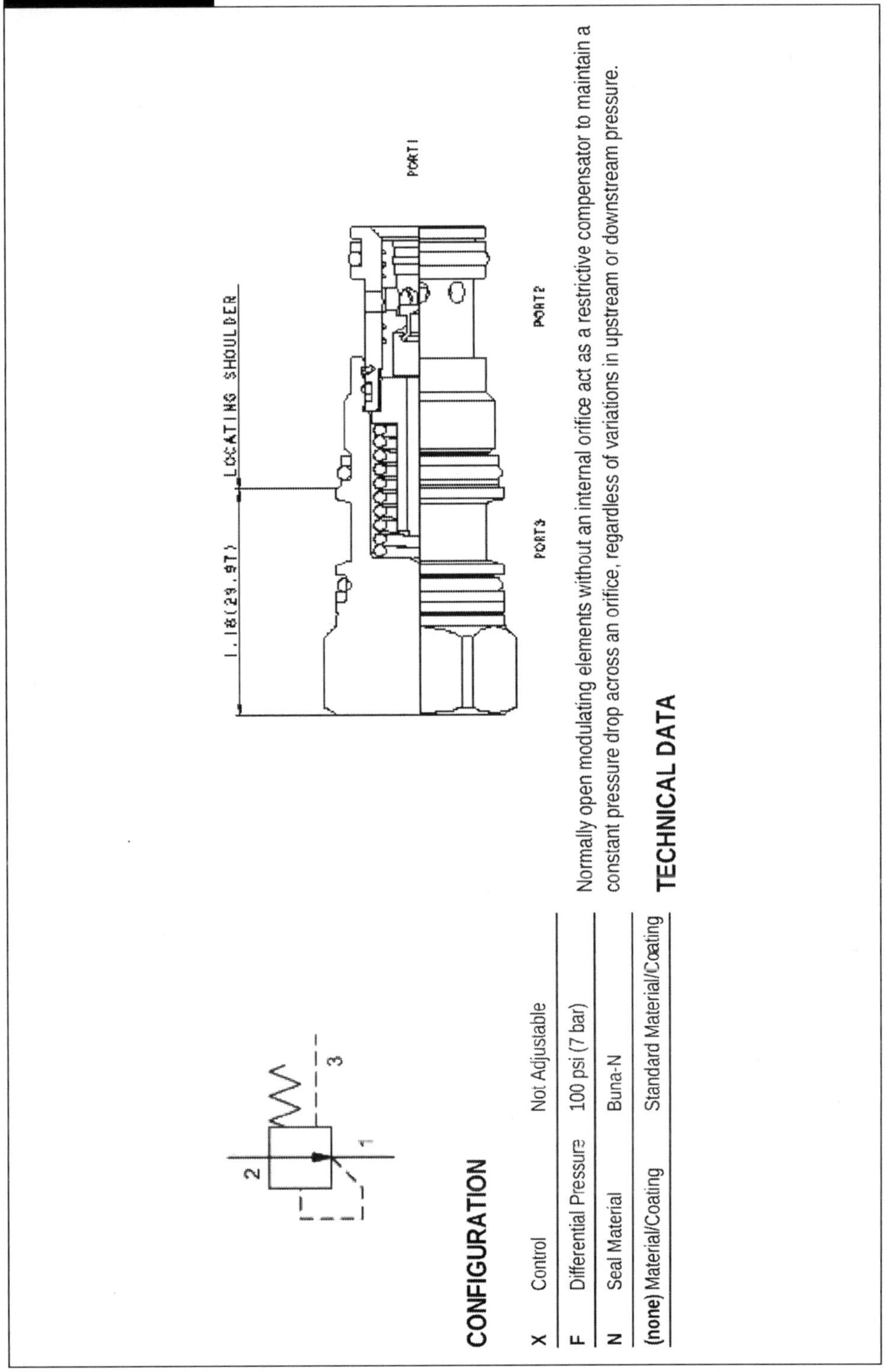

On retrouvera souvent une sélection d'hydrostat disponible directement dans le catalogue des valves proportionnelles. On peut remarquer que l'hydrostat monté sur la ligne A en meter-out que l'on retrouve à la Figure 26.18 se comporte comme une valve de réduction de pression. On y reviendra plus loin dans la section 26.7.

Dans le bas de la Figure 26.17, le régulateur de débit symbolisé entre P1 et P2 représente la valve proportionnelle.

Figure 26.17 **Graphique de compensation pour différents hydrostat LPDC de Sun Hydraulic**

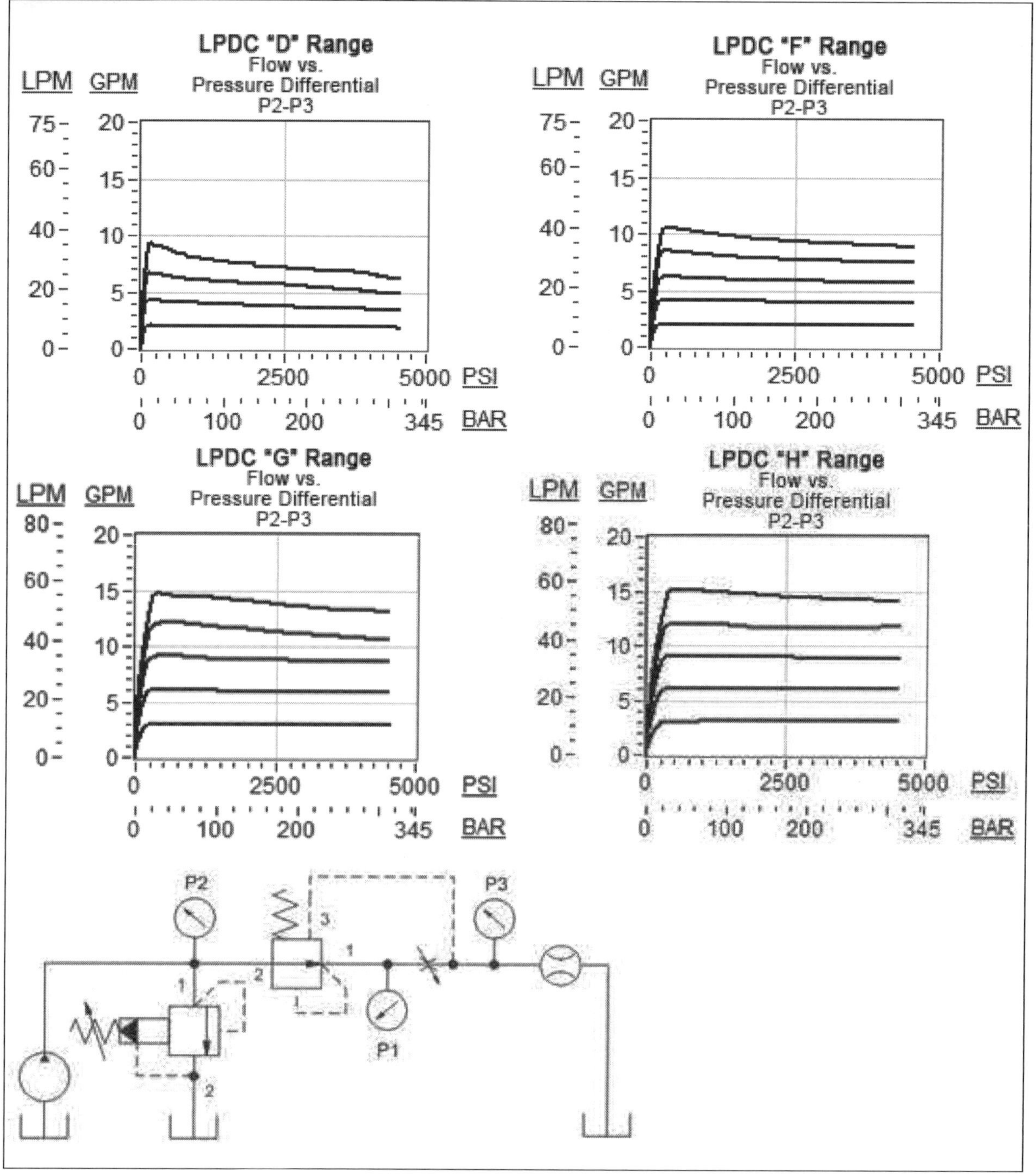

Figure 26.18 **Différentes configurations d'hydrostat de Vickers**

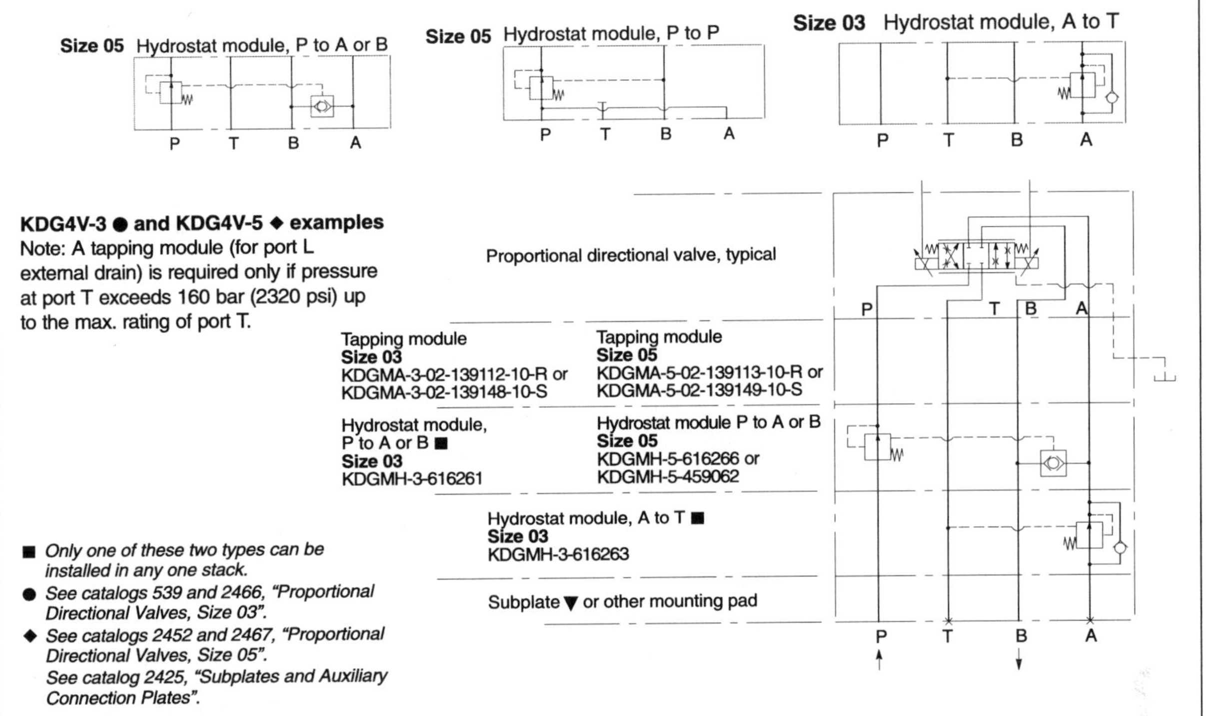

26.7 Analyse de circuits avec composantes optionnelles

L'utilisation des différentes composantes présentées dans ce manuel peut s'intégrer différemment avec l'utilisation d'une valve proportionnelle. On verra donc plusieurs cas dans ce chapitre avec des explications du comportement anticipé.

26.7.1 Mouvements verticaux

Les mouvements verticaux sont ceux qui présentent le plus le problème, car en plus d'avoir une charge rétroactive, on se retrouve avec la pression du système qui pousse le mouvement vers le bas lors du mouvement de descente. Dès lors, le circuit doit générer un maximum de perte de pression. Bien souvent, les mouvements verticaux ont peu de friction et les circuits doivent parfois être sécurisés afin de limiter les pressions comme dans le cas des charriots élévateurs. Lorsque les éléments sont flexibles comme le cas d'un mât d'un charriot élévateur où des chaines sont utilisées, le risque d'un mouvement oscillatoire est maximal.

Ce chapitre sera donc divisé en plusieurs sections où des circuits seront présentés avec des explications sommaires.

Voici quelques points que l'on doit tenir en compte lors de la conception :

- Comme nous avons vu, le contrôle de vitesse avec une valve proportionnelle d'un mouvement qui est rétroactif (overrunning) présente certains enjeux. On peut se retrouver avec les phénomènes suivants :
  - Pression négative (cavitation) entre la valve et l'entrée du vérin, encore plus risqué avec un vérin dont la tige se fait tirer.
  - Valve proportionnelle dont le signal doit être faible.

- Il y a plusieurs alternatives pour améliorer le contrôle du mouvement :
  - Ajouter un élément permettant une plus grande perte de charge du côté meter-in si cela se fait sans entraîner de la cavitation.
  - Ajouter un élément permettant une plus grande perte de charge du côté meter-out. Cette méthode augmente la pression à la sortie du vérin pouvant être bien au-delà de la pression normale du système. Une attention particulière doit être portée.
  - Une combinaison des deux solutions précédentes. Tout en s'assurant d'une perte de charge optimale sans créer de cavitation, on limite la pression du côté meter-out qui sera toutefois au-dessus de la pression normale d'opération. On ne fera pas d'exemple ici, mais il est possible en théorie.
- Il faut souvent composer avec le fait que la charge peut être variable dans le cycle d'opération. Il faut donc faire certains ajustements en fonction des pires cas et avoir un système fonctionnel dans toutes les conditions d'opération.
- Pour des raisons de sécurité, on peut opter pour des valves de contrebalance qui agit en meter-out, mais cette solution n'est pas forcément la meilleure en termes de contrôle.

Contrôle meter-out avec contrebalance directe

L'utilisation d'une valve de contrebalance (CB) à action directe est un élément de sécurité qui limite la perte de pression que doit générer la valve proportionnelle lorsque la charge est motrice en plus d'offrir une protection.

On retrouve généralement des CB à action directe avec drainage à sa sortie dont la perte de charge dP2 s'additionne à la valeur d'ajustement de la valve. Ainsi, la perte de charge est la valeur de l'ajustement. On se retrouve alors à avoir une pression résultante à la sortie du vérin qui est la pression d'ajustement plus la pression dP2.

La façon de faire le calcul est simple et consiste à réduire la charge W en calculant la pression résultante de la charge retenue moins la pression d'ajustement de la CB.

Figure 26.19 Circuit avec contrebalance directe

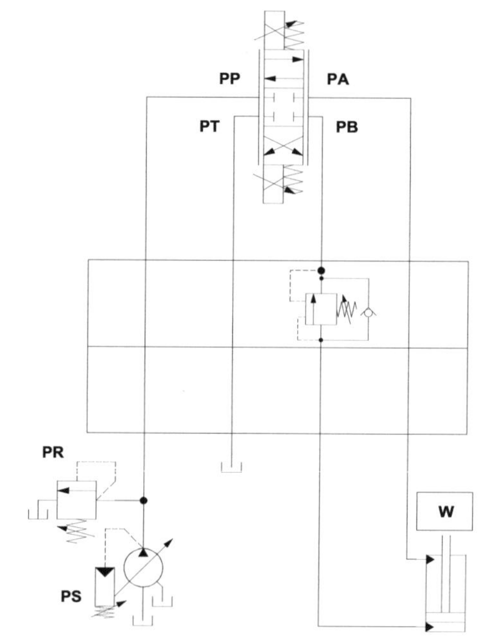

Exemple : Nous avons une charge à retenir de 7 000# sur un vérin ayant une surface de 4.91 po², ce qui crée une pression de retenue de 1 426 psis. Si la CB est ajustée à 1 200 psis, on se retrouve alors avec une pression à vaincre de 1 426 – 1 200 = 226 psis, cela revient à dire que nous avons une charge de 226 psis × 4.91 po², soit une charge de 1 110 #.

Lorsque l'ajustement de la CB est plus élevé que la pression de retenue, cela revient à dire que nous avons une charge résistive et non pas motrice. Ainsi, si l'on retient une charge de 7 000# sur un vérin ayant une surface de 4,91 po², cela crée une pression de retenue de 1 426 psis. Si la CB est ajustée à 1 850 psis, cela revient à dire que nous avons une charge résistive de 424 psis, soit une charge résistive de 2 100#, c'est comme si l'on montait une charge.

Question de mieux comprendre le fonctionnement du circuit, prenons un cas d'étude avec un vérin ayant un diamètre de 4 pouces et une tige de 2 pouces (Ac = 12,57, Ah = 9,42) tel que l'image plus haut. Circuit avec une pression utile de 2 400 psis, charge maximale créant une pression de retenue de 2 000 psis, et une CB ajustée à 2 600 psis. De ces paramètres, nous avons un rapport de surface S de 0,75. La charge maximale à retenir est de 2 000 psis × 12,57 po², soit 25 135 lb. Assumons une valve 1:1. Du tableau de données, nous pouvons observer les points suivants :

- Si la charge est trop faible par rapport aux ajustements pour la charge maximale, le système risque de ne pas pouvoir descendre. La charge limite est ici de 10 100# ce qui n'autorise plus aucune perte de charge.
- Plus la pression de la CB est élevée et plus la pression à la sortie du vérin sera élevée avec un maximum pour la charge maximale.
- Le fait que dP1 et dP2 varient fait en sorte que lorsque la charge varie, la vitesse du vérin variera aussi.

Tableau 26.3 **Simulation d'une opération avec une contrebalance directe**

Cas	1	2	3	4	5	6	7	8
W (lb)	25 135	25 135	25 135	25 135	20 000	15 000	10 100	0
CB psi	0	1 000	2 000	2 600	2 600	2 600	2 600	0
W calcul (lb)	25 135	12 568	2	7 538	12 673	17 673	22 572	0
Type	Motrice	Motrice	Motrice	Résistive	Résistive	Résistive	Résistive	Motrice
dP1 (psi)	1 503	1 108	712	475	313	156	1	712
dP2 (psi)	2 673	1 969	1 266	844	557	277	3	1 266
P sortie du vérin (psi)	2 673	2 969	3 266	3 444	3 157	2 877	2 603	1 266

Cas d'étude avec un vérin ayant un diamètre de 4 pouces et une tige de 2 pouces. (Ac = 12,57, Ah = 9,42), pression utile de 2 400 psis, charge maximale créant une pression de retenue de 2 000 psis, et une CB ajustée à 2 600 psis. De ces paramètres, nous avons un rapport de surface S de .75. La charge maximale à retenir est de 2 000 psis × 9,42 po², soit 18 850 lb. Assumons une valve 1:1. Du tableau de données, nous pouvons observer les points suivants :

- Moins de pression à la sortie du vérin par rapport à l'étude précédente avec le vérin vers le haut, à cause de la prédominance du meter-in de la valve proportionnelle;
- Plus la pression de la CB est élevée et plus la pression à la sortie du vérin sera élevée avec un maximum avec la charge maximale.

Figure 26.20 **Circuit avec contrebalance directe**

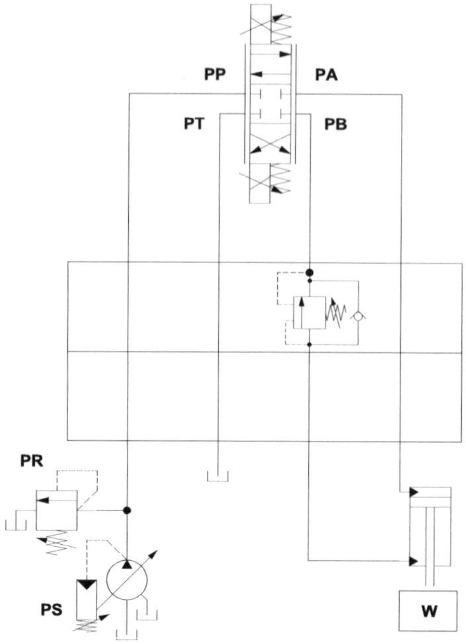

- Si la charge est trop élevée (cas 1), on peut se retrouver avec un cas avec de la cavitation, ce qui demande d'avoir une solution pour réduire l'effet du meter-in trop important, comme une CB, ou une valve 2:1.
- Dans cet exemple, le vérin est toujours capable de descendre, peu importe la charge qui est soutenue. Ce système est donc fonctionnel même si la charge varie grandement.
- Le fait que dP1 et dP2 varient fait en sorte que lorsque la charge varie, la vitesse du vérin variera aussi.

Tableau 26.4 **Simulation d'une opération avec une contrebalance directe**

Cas	1	2	3	4	5	6	7	8
W (lb)	18 850	18 850	18 850	18 850	12 000	6 000	0	0
CB psi	0	1 000	2 000	2 600	2 600	2 600	2 600	0
W calcul (lb)	18 850	9 425	0	5 654	12 504	18 504	24 504	0
Type	Motrice	Motrice	Motrice	Résistive	Résistive	Résistive	Résistive	Motrice
P2 (psi)	-343	185	712	1 029	1 412	1 748	2 084	712
dP1 (psi)	2 743	2 215	1 688	1 371	988	652	316	1 688
dP2 (psi)	1 543	1 246	949	771	556	367	178	949
P sortie du vérin (psi)	1 543	2 246	2 949	3 371	3 156	2 967	2 778	949

Si l'on ne désire pas avoir d'effet sur l'ajustement de la contrebalance et de limiter la pression à la sortie du vérin, il est aussi possible de faire le branchement comme présenté à l'image ci-contre. Dans ce cas, la valve proportionnelle fonctionne en meter-in seulement. Ainsi, l'analyse du circuit impose de calculer toute la perte de charge nécessaire au niveau de dP1.

Cas d'étude avec un vérin ayant un diamètre de 4 pouces et une tige de 2 pouces (Ac = 12,57, Ah = 9,42), pression utile de 2 400 psis, charge maximale créant une pression de retenue de 2 000 psis, et une CB ajustée à 2 600 psis. Cas d'un vérin avec la tige vers le haut. La pression PA est donnée par l'équation suivante :

$$PA = CB \times Ac/Ah - W/Ah$$

$$dP1 = Pu - PA$$

Si la charge est trop faible par rapport aux ajustements pour la charge maximale, le système risque de ne pas pouvoir descendre.

Figure 26.21 **Circuit avec contrebalance directe**

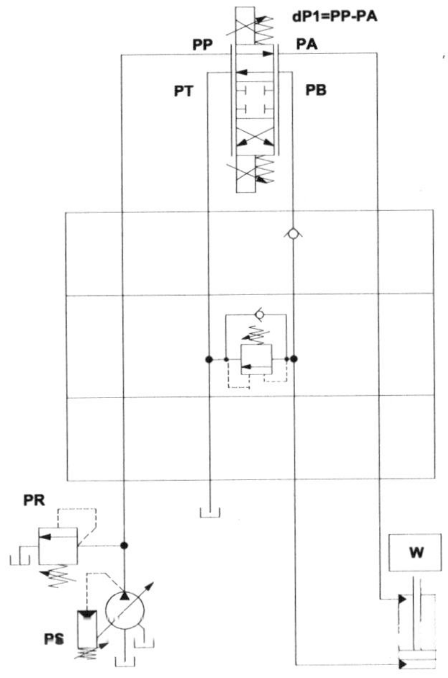

Tableau 26.5 **Simulation d'une opération avec une contrebalance directe**

Cas	1	2	3
W (lb)	25 135	18 000	10 100
CB (psi)	2 600	2 600	2 600
P2 (psi)	800	1 557	2 395
dP1 (psi)	1 600	843	5
dP2 (psi)	0	0	0
P sortie du vérin (psi)	2 600	2 600	2 600

Similaire au cas précédent, mais avec la tige du vérin orientée vers le bas.

Cas d'étude avec un vérin ayant un diamètre de 4 pouces et une tige de 2 pouces (Ac = 12,57, Ah = 9,42), pression utile de 2 400 psis, charge maximale créant une pression de retenue de 2 000 psis, et une CB ajustée à 2 600 psis. La pression PA est donnée par l'équation suivante :

$$PA = CB \times Ah/Ac - W/Ac$$

$$dP1 = Pu - PA$$

Si la charge est trop faible par rapport aux ajustements pour la charge maximale, le système risque de ne pas pouvoir descendre.

Plus la pression de la CB est élevée et plus la pression à la sortie du vérin sera élevée avec un maximum avec la charge maximale

Figure 26.22 **Circuit avec contrebalance directe**

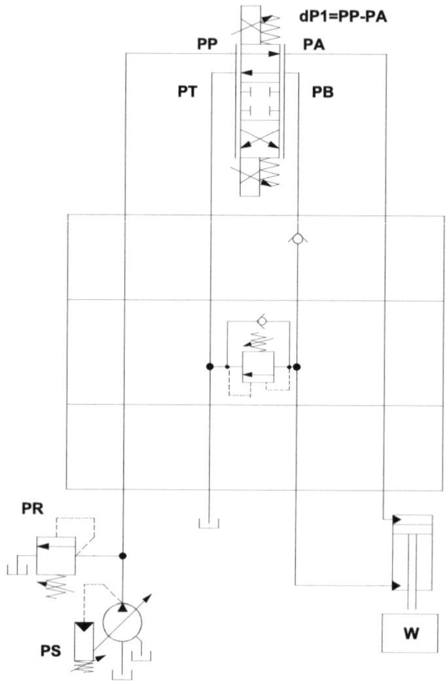

Tableau 26.6 **Simulation d'une opération avec une contrebalance directe**

Cas	1	2	3
W (lb)	18 850	9 000	0
CB (psi)	2 600	2 600	2 600
P2 (psi)	450	1 234	1 950
dP1 (psi)	1 950	1 166	450
dP2 (psi)	0	0	0
P sortie du vérin (psi)	2 600	2 600	2 600

Contrôle avec contrebalance pilotée

Il est généralement considéré qu'il est préférable d'utiliser une contrebalance avec drainage externe et de ne pas utiliser une valve avec drainage interne qui est affectée par le fait que la valve proportionnelle crée des pertes de charge de type meter-in et meter-out. Une contrebalance pilotée demande toujours d'avoir une valve avec le centre ouvert A-B-T.

Une valve de contrebalance pilotée n'est pas un élément qui génère une perte de charge. Ainsi, au niveau calcul, on doit faire les calculs de façon normale comme si la CB n'était pas là. Il faut s'assurer que la pression de pilotage sera toujours suffisante afin que la contrebalance soit pleinement ouverte.

Contrôle avec régulateur de débit en meter-out

Si l'on désire freiner un mouvement descendant, il est possible d'ajouter un régulateur de débit. De cette façon, la perte de charge générée permettra de limiter la perte de pression dans la valve proportionnelle et du coup d'autoriser un signal de contrôle plus important. Notons toutefois que le régulateur agit comme un orifice fixe, ainsi, on s'éloigne de la proportionnalité du signal versus le débit contrôlé.

Cette solution fait en sorte d'augmenter de façon importante la pression à la sortie du vérin. La pression maximale se définit par la pression qui serait générée si la valve était fermée.

Cette méthode assure au système de toujours pouvoir bouger, peu importe la charge minimale. Ne représente pas un élément de sécurité comme le fait une contrebalance. Il est possible d'installer le régulateur avec une CB pilotée avec drainage externe.

Figure 26.23 **Circuit avec contrebalance pilotée**

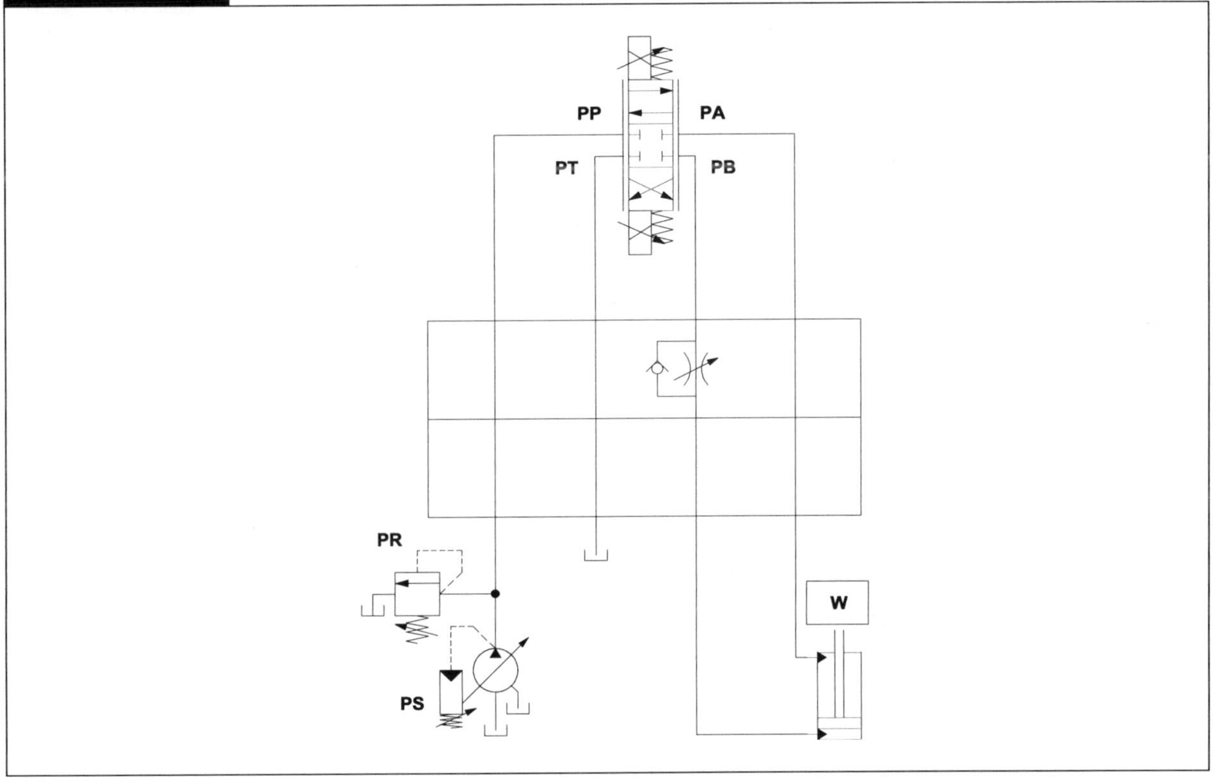

L'avantage d'un régulateur de débit et que c'est un élément qui ne crée pas d'oscillation du circuit, en agissant comme un amortisseur. C'est une solution fonctionnelle, mais qui n'est pas très élégante.

Contrôle meter-out avec hydrostat sur la ligne de retour

Cette méthode est probablement une des méthodes les plus intéressantes afin d'améliorer le signal à notre valve proportionnelle.

La proposition réside à installer une valve de type hydrostat à la sortie du vérin. Il faut remarquer que cela revient à utiliser une valve de réduction de pression où la pression de sortie est celle de contrôle de la valve proportionnelle. Généralement, un hydrostat n'est pas ajustable alors que la valve de réduction l'est. Évidemment, la valve doit avoir un clapet de contournement pour le mouvement inverse. La valve génère donc une perte de charge aussi importante que nécessaire et maintien une pression constante à la sortie. La valve doit pouvoir se drainer directement au réservoir.

L'hydrostat fixe alors la pression PB, par exemple 75 psis, ce qui définit dP2 si la pression sur la ligne T est 0, où dP2 égale PB-PT.

Figure 26.24 **Circuit avec hydrostat sur B**

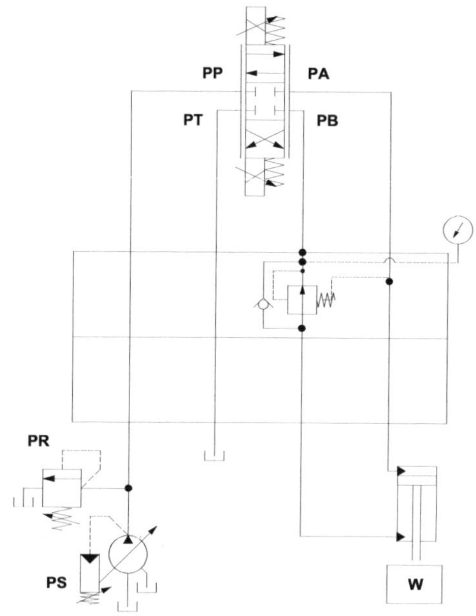

Compte tenu des rapports de surface (S), on trouve alors que dP1 doit être de dP2 × S^2.

Le défaut de cette méthode est encore une fois d'autoriser une pression très élevée à la sortie du vérin. Dans cet exemple avec le vérin retenant la charge en traction, on se retrouve avec une pression à la sortie du vérin de (PP-(dP2-S^2)) × S + W/Ah, ce qui sera bien au-delà de la pression de la pompe.

Figure 26.25 **Circuit avec hydrostat sur A**

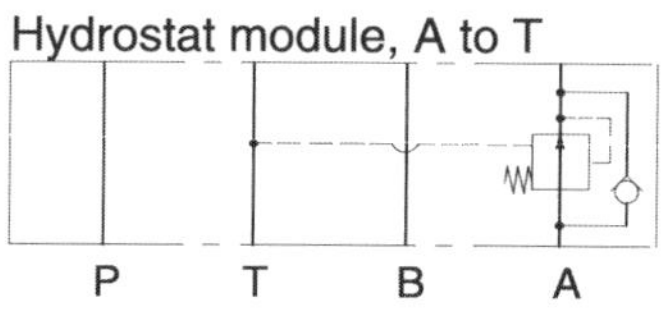

Source : Vickers

26.8 Exercices

Exercices niveau #3

Exercice #1

Il faut choisir la valve proportionnelle pour l'application à droite lorsque :

PS = 2 500 psis, PR = 2 800 psi

Mouvement d'avance :

Q = 13 gpm, DPAB = 1 900 psis

Perte de charge dans les raccords et boyaux sur la ligne

A = 125 psis, et sur la ligne B = 150 psi

Mouvement de recul :

Q = 15 gpm, DPAB = 1 000 psi

Choix de valve : 5, 8, 12, 16, 20, 24 gpm à 75 psis de perte de pression par côté de valve

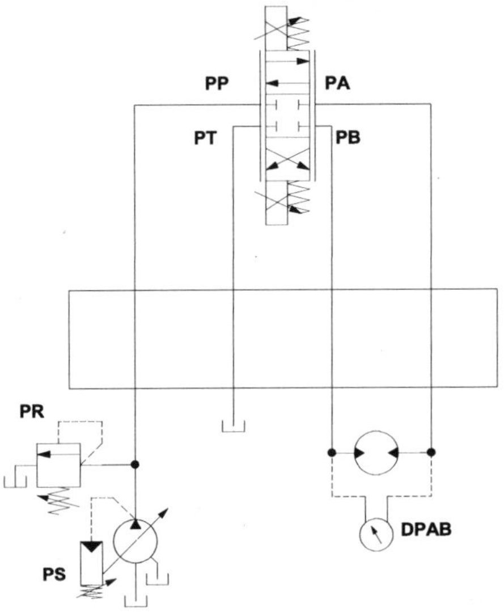

	Mouvement d'avance
A	Trouvez la pression utile pour fin de calcul :
B	Calculez la perte de pression que doit générer la valve pour le débit indiqué :
C	Trouvez PA, PB (PA et PB au niveau de la valve) et PT, les vraies pressions :
D	Trouvez la capacité de débit minimale que la valve doit permettre selon la perte de charge (Qdmin) :
E	Faites la sélection de la capacité de débit de la valve et donnez un estimé du signal de contrôle à plein débit :
	Mouvement de recul
F	Estimez les pertes de charge dans les lignes A et B :
G	Trouvez la pression utile pour fin de calcul :
H	Faites la sélection de la capacité de débit de la valve et donnez un estimé du signal de contrôle à plein débit :

Exercice #2

Il faut choisir la valve proportionnelle (1:1) pour l'application à droite lorsque :

PS = 2 000 psis, PR = 2 300 psi

Vérin de 2 ½ avec une tige de 1 ½

Mouvement de montée :

Charge : 7 500 livres

Vitesse 540 pouces/minute

Perte de charge dans les raccords et boyaux sur la ligne A = 160 psis, et sur la ligne B = 100 psi

Mouvement de descente :

Charge : 3 000 livres

Vitesse 600 pouces/minute

Choix de valve : 5, 8, 12, 16, 20, 24 gpm à 75 psis de perte de pression par côté de valve

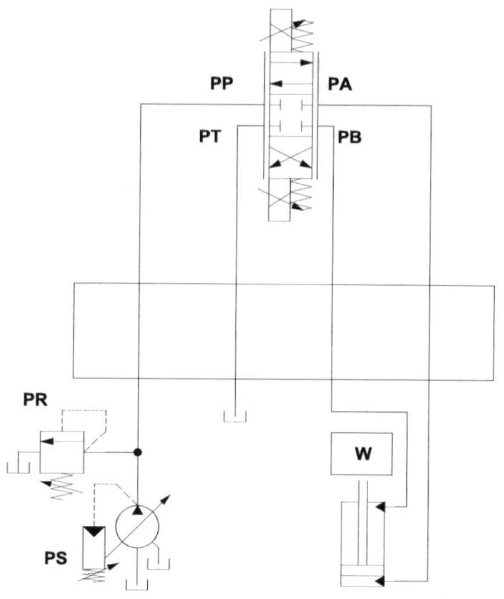

	Mouvement de montée
A	Trouvez l'aire du vérin côté « cap » Ac et côté tête Ah :
B	Trouvez les débits entrant et sortant :
C	Trouvez la pression utile pour fin de calcul :
D	Calculez la perte de pression que doit générer la valve pour le débit indiqué (dP1, dP2 et dP total) :
E	Trouvez PA, PB (PA et PB au niveau de la valve) les vraies pressions :
F	Trouvez la capacité de débit minimale que la valve doit permettre selon la perte de charge (Qdmin) :
G	Faites la sélection de la capacité de débit de la valve et donnez un estimé du signal de contrôle à plein débit :
	Mouvement de descente
H	Trouvez les débits entrant et sortant :
I	Estimez les pertes de charge dans les lignes A et B :
J	Trouvez la pression utile pour fin de calcul :
K	Calculez la perte de pression que doit générer la valve pour le débit indiqué (dP1, dP2 et dP total) :
L	Trouvez PA, PB (PA et PB au niveau de la valve) les vraies pressions :
M	Faites la sélection de la capacité de débit de la valve et donnez un estimé du signal de contrôle à plein débit :

Exercice #3 : Donnez deux (2) raisons expliquant le fait qu'une valve proportionnelle est moins sensible aux contaminants qu'une servovalve?

Exercice #4 : Décrivez brièvement la raison expliquant que la solution du PWM est utilisée pour créer un signal analogique?

Exercice #5 : Donnez deux avantages d'utiliser une valve proportionnelle directionnelle avec un LVDT?

1	Exercice 1 : Afin d'améliorer le signal électrique pour le mouvement de recul, on gagnerait à diminuer la pression d'ajustement de la valve de décharge (relief valve)	V F
2	Exercice 1 : Afin d'améliorer le signal électrique pour le mouvement de recul, on pourrait utiliser une valve de contrebalance directe en meter-out sur la ligne après le moteur.	V F
3	Exercice 1 : Afin d'améliorer le signal électrique pour le mouvement de recul, on pourrait utiliser une valve de contrebalance pilotée en meter-out sur la ligne après le moteur.	V F
4	Exercice 1 : Afin d'améliorer le signal électrique pour le mouvement de recul, on pourrait utiliser un régulateur de débit en meter-in sur la ligne avant le moteur.	V F
5	Exercice 1 : Afin d'améliorer le signal électrique pour le mouvement de recul, on pourrait utiliser un régulateur de débit en meter-out sur la ligne après le moteur.	V F
6	L'avantage d'un régulateur de débit placé sur la ligne est de créer une restriction tout en maintenant la linéarité de la valve proportionnelle en fonction du signal de commande	V F
7	Si nous avons un circuit qui a tendance à avoir un comportement instable et oscillatoire utilisant une valve directionnelle proportionnelle, afin d'améliorer le comportement on gagne à utiliser une valve de type hydrostat dans le circuit.	V F
8	Si nous avons un circuit qui a tendance à avoir un comportement instable et oscillatoire, afin d'améliorer le comportement on gagne à utiliser une valve directionnelle proportionnelle ayant un LVDT gérant la position du tiroir.	V F
9	Si nous avons un circuit qui a tendance à avoir un comportement instable et oscillatoire utilisant une valve directionnelle proportionnelle, afin d'améliorer le comportement on gagne à utiliser une valve de réduction de pression à la sortie du vérin.	V F
10	Si nous avons un circuit qui a tendance à avoir un comportement instable et oscillatoire utilisant une valve directionnelle proportionnelle, afin d'améliorer le comportement on gagne à rapprocher la valve du vérin ou du moteur à contrôler.	V F

Réponse exercices niveau #3

Exercice #1	
Mouvement d'avance	
A	2 500 – 125 – 150 = 2 225 psis
B	2 225 – 1 900 = 325 psis, 163 psis par côté de la valve étant donné que le débit est équivalent en A et B.
C	PP = 2 500 psis, PA en A = 2 500 – 163 = 2 337 psis, PA au moteur = 2 337 – 125 = 2 212 psis, PB au moteur = 2 212 – 1 900 = 312 psis, PB à la valve = 312 – 150 = 162, PT = 0
D	Les données de la valve sont en général pour 75 psis par passage dans la valve, donc : $Qd_{min} = Q_x \times \sqrt{(dP_d/dP_x)}=13 \times \sqrt{(75/163)} = 8,8$ gpm
E	12 gpm > 8,8, ok, signal approx = 8,8/12 = 74 %
Exercice #1 (suite)	

	Mouvement de recul
F	Ligne A : $dP_2 = dP_1 \times (Q_2/Q_1)^2 = 125 \times (15/13)^2 = 166$ psis Ligne B : $dP_2 = dP_1 \times (Q_2/Q_1)^2 = 150 \times (15/13)^2 = 200$ psis
G	Pertes de charge que la valve doit créer : 2 500 – 166 – 200 – 1 000 = 1 134 psis Perte de charge par côté : 1 134/2 = 567 psis
H	$Qd_{min} = Q_x \times \sqrt{}(dP_d/dP_x) = 15 \times \sqrt{}(75/567) = 5{,}5$ gpm signal approx = 5,5/12 = 45 %

	Exercice #2
	Mouvement de montée
A	Ac = 4,91, Ah = 3,14, S = 1,56
B	Q_{in} = Ac × V/231 = 4,91 × 540/231 = 11,5 gpm Q_{out} = 11,5/1,56 = 7,3 gpm
C	Putile = 2 000 – 160 – 100/1,56 = 1 776 psis
D	À partir des équations pour les vérins, pour une charge résistive avec une valve 1:1 dP1 = 197 psis, dP2 = 81 psis, dPtot = 278 psis
E	PA = 2 000 – 197 = 1 803 psis PB = 81 psis
F	$Qd_{min} = Q_x \times \sqrt{}(dP_d/dP_x) = 11{,}5 \times \sqrt{}(75/197) = 7{,}1$ gpm $Qd_{min} = Q_x \times \sqrt{}(dP_d/dP_x) = 7{,}3 \times \sqrt{}(75/81) = 7{,}1$ gpm
G	Valve de 8 gpm : Signal approx. = 7,1/8 = 89 %
	Mouvement de descente
H	Q_{in} = Ah × V/231 = 4,91 × 600/231 = 8,2 gpm Q_{out} = 8,2 × 1,56 = 12,7 gpm
I	Ligne A : $dP_2 = dP_1 \times (Q_2/Q_1)^2 = 160 \times (12{,}7/11{,}5)^2 = 198$ psis Ligne B : $dP_2 = dP_1 \times (Q_2/Q_1)^2 = 100 \times (8{,}2/7{,}3)^2 = 123$ psis
J	P_{utile} = 2 000 – 123 – 198 × 1,56 = 1 568 psis
K	dP1 = 524 psis, dP2 = 1 279 psis, dP_{tot} = 1 803 psis
L	PA = 1 279 psis, PB = 2 000 – 524 = 1 476 psis
M	$Qd_{min} = Q_x \times \sqrt{}(dP_d/dP_x) = 12{,}7 \times \sqrt{}(75/1\,279) = 3{,}1$ gpm $Qd_{min} = Q_x \times \sqrt{}(dP_d/dP_x) = 8{,}1 \times \sqrt{}(75/524) = 3{,}1$ gpm Signal approx. = 3,1/8 = 39 %

Exercice #3 : Jeu plus grand entre le tiroir et le bâti; En fonctionnement, ouverture plus grande du tiroir; Beaucoup de passages d'huile fine

Exercice #4 : Gestion digitale d'un voltage constant pour créer une illusion d'un voltage variable; Moins sensible aux bruits; Moins affecté par l'impédance; Efficacité car pas de résistance

Exercice #5 : Hystérésis plus faible; Répétitivité de meilleure qualité; Mouvement risquant d'être plus stable et moins oscillatoire; Capacité d'amortissement supérieure; Préférable en PID

1	Exercice 1 : Afin d'améliorer le signal électrique pour le mouvement de recul, on gagnerait à diminuer la pression d'ajustement de la valve de décharge (relief valve)	**F**
2	Exercice 1 : Afin d'améliorer le signal électrique pour le mouvement de recul, on pourrait utiliser une valve de contrebalance directe en meter-out sur la ligne après le moteur.	**V**
3	Exercice 1 : Afin d'améliorer le signal électrique pour le mouvement de recul, on pourrait utiliser une valve de contrebalance pilotée en meter-out sur la ligne après le moteur.	**F**
4	Exercice 1 : Afin d'améliorer le signal électrique pour le mouvement de recul, on pourrait utiliser un régulateur de débit en meter-in sur la ligne avant le moteur.	**V**
5	Exercice 1 : Afin d'améliorer le signal électrique pour le mouvement de recul, on pourrait utiliser un régulateur de débit en meter-out sur la ligne après le moteur.	**V**
6	L'avantage d'un régulateur de débit placé sur la ligne est de créer une restriction tout en maintenant la linéarité de la valve proportionnelle en fonction du signal de commande	**F**
7	Si nous avons un circuit qui a tendance à avoir un comportement instable et oscillatoire utilisant une valve directionnelle proportionnelle, afin d'améliorer le comportement on gagne à utiliser une valve de type hydrostat dans le circuit.	**F**
8	Si nous avons un circuit qui a tendance à avoir un comportement instable et oscillatoire, afin d'améliorer le comportement on gagne à utiliser une valve directionnelle proportionnelle ayant un LVDT gérant la position du tiroir.	**V**
9	Si nous avons un circuit qui a tendance à avoir un comportement instable et oscillatoire utilisant une valve directionnelle proportionnelle, afin d'améliorer le comportement on gagne à utiliser une valve de réduction de pression à la sortie du vérin.	**F**
10	Si nous avons un circuit qui a tendance à avoir un comportement instable et oscillatoire utilisant une valve directionnelle proportionnelle, afin d'améliorer le comportement on gagne à rapprocher la valve du vérin ou du moteur à contrôler.	**V**

27 | Valves de contrôle de pression proportionnelles

La théorie pour la sélection des valves proportionnelles de contrôle de pression est beaucoup plus simple que pour le cas des valves directionnelles et se limite essentiellement à la pression désirée ainsi que la capacité de laisser passer un certain débit en fonction d'une perte de charge autorisée.

On retrouve deux types de valves pour le contrôle de la pression, soit :

- Les soupapes de limitation de pression :
  - Montage qui n'est pas toujours conforme aux standards ISO03, ISO05, etc.
  - Une valve inclut seulement deux orifices, soit une entrée et une sortie, normalement considérée comme étant P et T.
  - Le montage sur une base standard ISO est possible, mais il faut alors boucher les ports A et B.
  - Si l'on désire installer une valve à montage ISO sur un manifold pour contrôler un élément en saignage, il est possible de le faire en la plaçant à une extrémité et en installant un bouchon d'isolation dans la conduite P du manifold.
- Réduction de pression
  - Généralement, une soupape de réduction de pression est pilotée par une valve limitatrice de pression.
  - Il existe des valves directionnelles avec contrôle de pression, voir plus loin dans le présent chapitre.

27.1 Soupape de limitation de pression

Les soupapes de limitation de pression s'apparentent aux soupapes traditionnelles, mais offrent la possibilité d'ajuster la pression à l'aide d'un signal analogique. Les points à retenir sont :

- On distingue deux familles de soupape de limitation de pression :
  - Soupape pour le contrôle de débit de saignage.
  - Soupape pour le contrôle de débit plus important. Généralement, on retrouve une valve traditionnelle dotée ou non d'un LVDT, qui est contrôlée par saignage pour une valve de proportionnelle de faible débit.
- Montage qui n'est pas toujours conforme aux standards ISO03, ISO05, etc.
- Une valve inclut seulement deux orifices, soit une entrée et une sortie, normalement considérée comme étant P et T.
- Le montage sur une base standard ISO est possible, mais il faut alors boucher les ports A et B.
- Si l'on désire installer une valve à montage ISO sur un manifold pour contrôler un élément en saignage, il est possible de le faire en la plaçant à une extrémité et en installant un bouchon d'isolation dans la conduite P du manifold.

La soupape Vickers KCG-3 est un exemple de valve pour le contrôle en saignage de faible débit. Les caractéristiques générales sont les suivantes :

- Vickers KCG-3
  - Débit nominal : 0,26 gpm
  - Débit max : 1,3 gpm

- Pression au choix : 87 à 5 075 psis
- Utilisé pour contrôler des composantes de contrôle de pression mécanique
- Sans LVDT
- Hystérésis < 4 %
- Linéarité < 4 %
- Pression minimale : 50 % du maximum en fonction de l'option

Figure 27.1 **Valve de contrôle de limitation de pression**

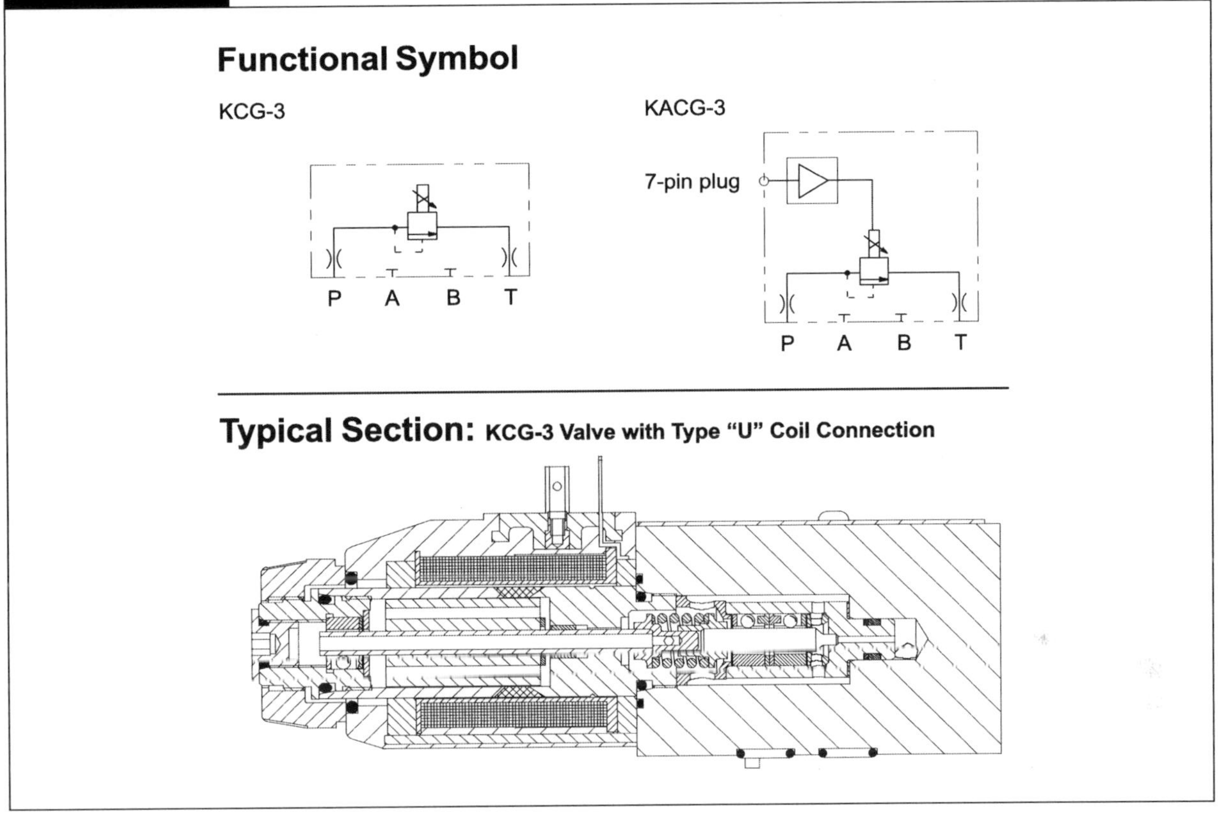

Source : Vickers

La soupape Vickers KCG-6 & KCG-8 est un exemple de valve pour le contrôle de débit plus important. Les caractéristiques générales sont les suivantes :

- Vickers KCG-6 & KCG-8
  - Contrôlé par une KCG-3
  - Incorpore une soupape de limitation de pression pour la pression maximale à ajuster mécaniquement au-dessus de la pression maximale proportionnelle
  - Hystérésis <5 %
  - Linéarité <6 %

Figure 27.2 **Valve de limitation de pression**

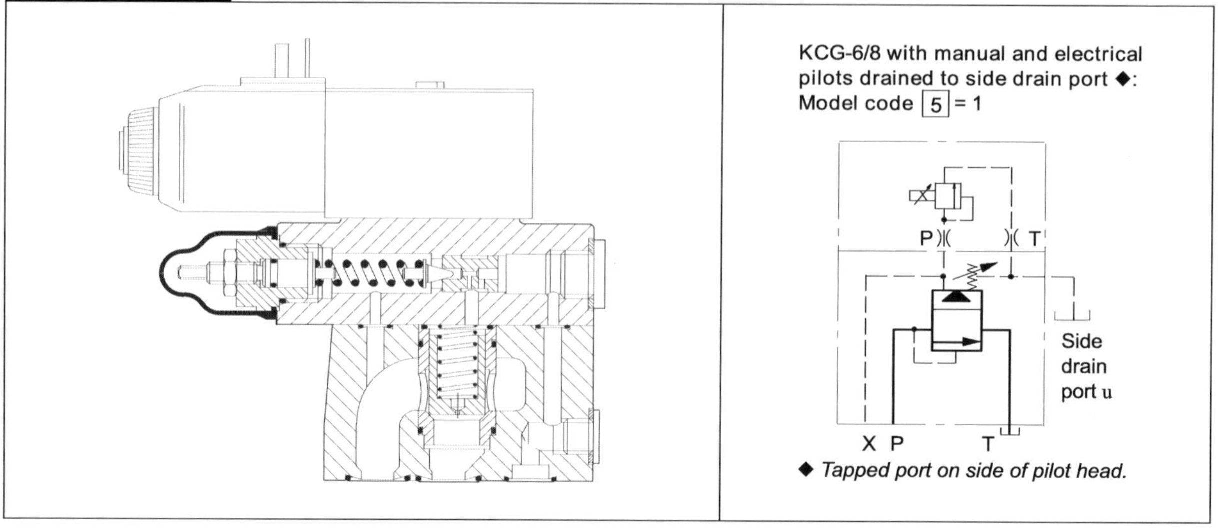

Source : Vickers

La soupape Vickers EHST-3 est un exemple de valve pour le contrôle en saignage de faible débit avec contrôleur intégré. Les caractéristiques générales sont les suivantes :

- Vickers EHST
  - Débit nominal : 0,26 gpm
  - Débit max : .65 gpm
  - Utilisé pour contrôler des composantes de contrôle de pression mécanique
  - Pression au choix : 58 à 3 045 psi
  - Sans LVDT
  - Hystérésis < 2,4 %
  - Linéarité < 1 %
  - Contrôleur intégré

Figure 27.3 **Valve de contrôle de limitation de pression**

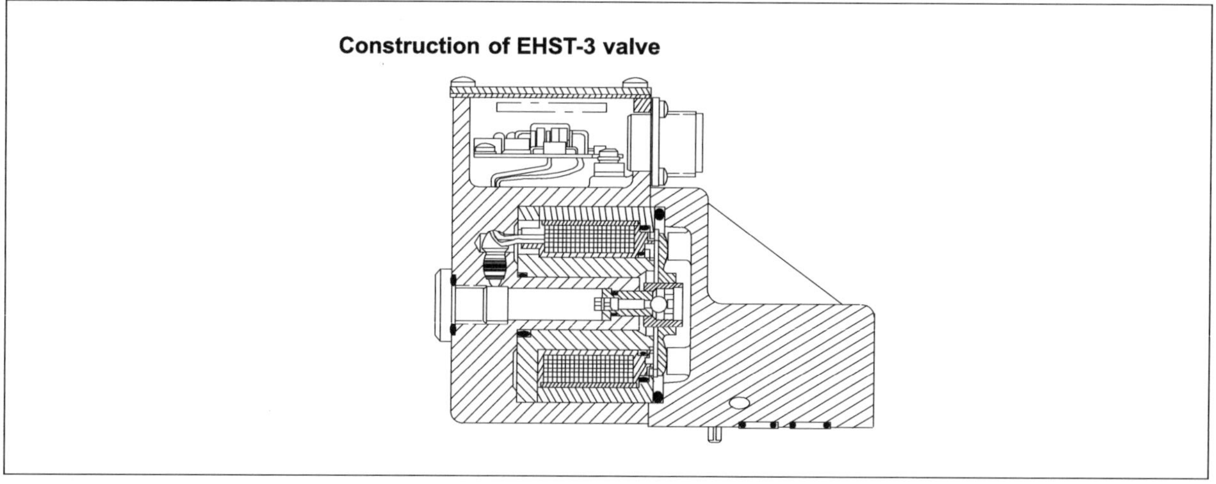

Source : Vickers

27.2 Valve de réduction de pression

Les soupapes de réduction de pression s'apparentent aux versions traditionnelles, mais offrent la possibilité d'ajuster la pression à l'aide d'un signal analogique. Les points à retenir sont :

- On distingue trois familles de valves de réduction de pression :
  - Valve de réduction de pression traditionnelle avec contrôle par saignage. Dans cette catégorie, qui n'est pas en fait une valve proportionnelle, mais constitue un rappel des valves traditionnelles, la valve est contrôlée par saignage via une soupape de limitation proportionnelle.
  - Valve de réduction de pression incorporée dans un ensemble spécifique, qui comprend une soupape de limitation de pression proportionnelle.
  - Valve de limitation de pression intégrée à une valve de distribution. Cette configuration est peu courante.
- Montage qui n'est pas toujours conforme aux standards ISO03, ISO05, etc.

La valve Vickers KXG-6/8 est un exemple de valve pour le contrôle de pression. Les caractéristiques générales sont les suivantes :

- Vickers KXG-6/8
  - Contrôler par une KCG-3
  - Sans LVDT
  - Hystérésis <6 % (7 % KAXG)
  - Linéarité <6 %

Figure 27.4 **Valve de réduction de pression**

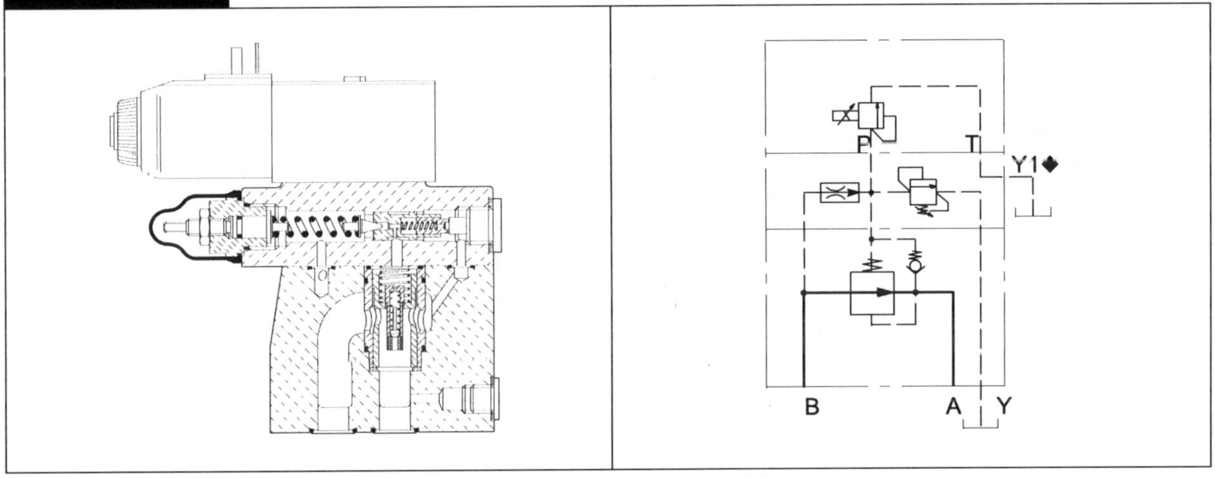

Source : Vickers

La valve DREP de Rexroth est un exemple de valve pour le contrôle de pression intégré à une valve de distribution. Les caractéristiques générales sont les suivantes :

- Agit comme une valve directionnelle
- Avec option de contrôle de pression en A, B ou A et B
- Sans LVDT
- Hystérésis <5 %

Figure 27.5 **Valve directionnelle de réduction de pression**

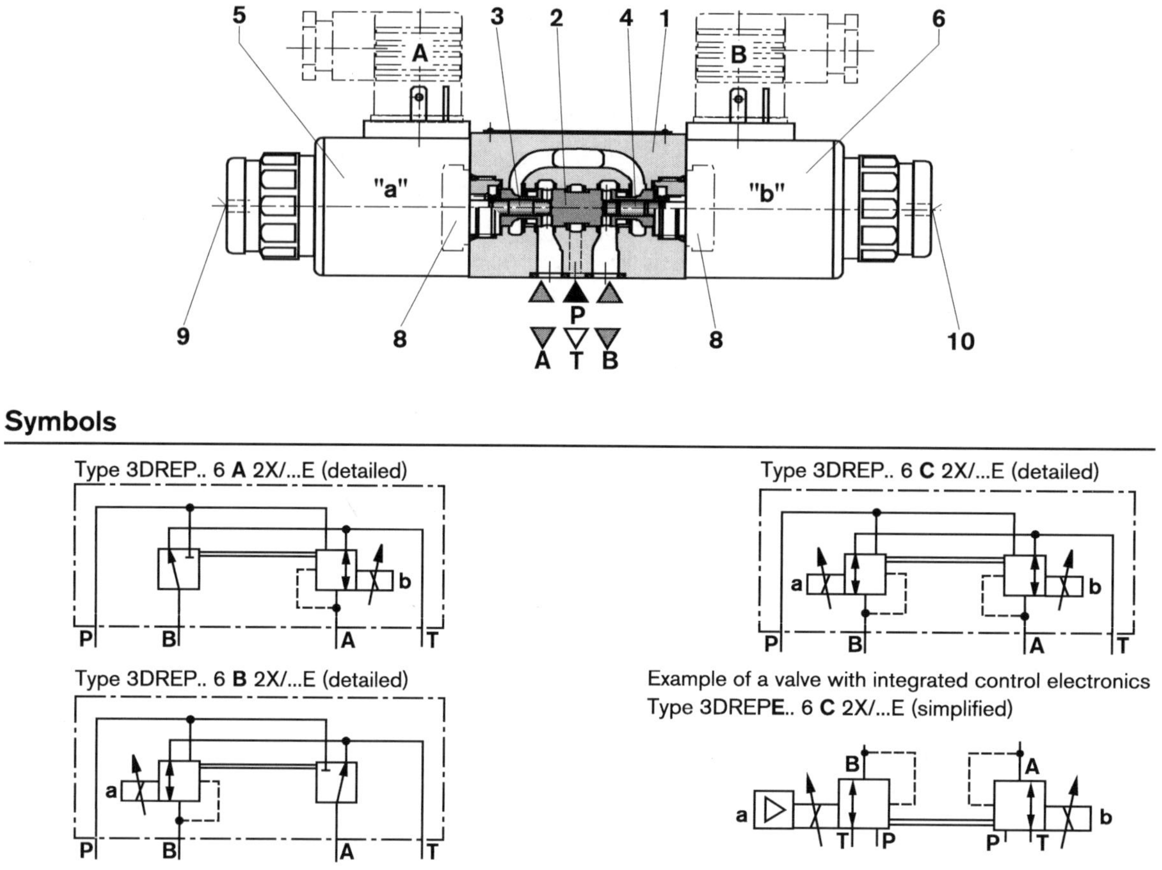

Source : REXROTH

27.3 Exercices

Exercices niveau #3

1	Une valve de réduction de pression proportionnelle directionnelle permet de contrôler le débit en ajustant la pression à la sortie de la valve.	V F
2	Il est fréquent de voir des valves de limitation de pression et des valves de réduction de pression qui sont commandées par saignage à l'aide d'une valve de limitation de pression proportionnelle.	V F

Réponses exercices niveau #3

1	Une valve de réduction de pression proportionnelle directionnelle permet de contrôler le débit en ajustant la pression à la sortie de la valve.	F
2	Il est fréquent de voir des valves de limitation de pression et des valves de réduction de pression qui sont commandées par saignage à l'aide d'une valve de limitation de pression proportionnelle.	V

28 Introduction aux systèmes hydrostatiques

Nous entendons souvent parler de circuits hydrostatiques. Ce n'est pas très sorcier comme concept, mais il y a plusieurs subtilités qui font d'eux des systèmes très particuliers.

Un système hydrostatique se caractérise par le fait que c'est un circuit en boucle fermé entre une seule pompe et un seul circuit de moteur(s). La pompe est normalement réversible au niveau du sens de l'écoulement du débit. La pompe est évidemment à débit variable. La fonction de la pompe est de fournir un débit variable en fonction de la vitesse des moteurs que l'on désire obtenir.

Ici, on ne contrôle pas la pression, la pression est résultante de l'effort que les moteurs doivent fournir. Le contrôleur peut avoir une programmation qui permet de contrôler le débit en fonction de la pression atteinte pour maintenir une puissance maximale pour différents débits.

Bien souvent, les moteurs sont à cylindrée fixe, mais il est possible de retrouver des moteurs à cylindrée variable. On retrouve même des unités de pompe directement couplée à un moteur hydraulique. La pompe est toujours à cylindrée variable et est réversible pour le sens de l'écoulement. Les ports de la pompe sont en fait les ports A et B du circuit, et non pas comme communément les ports P et T. La pompe peut donc s'alimenter du port A et pressuriser le port B, et inversement pour permettre un mouvement d'avance et de recul.

On retrouve souvent des circuits hydrostatiques pour les équipements mobiles pour le système de propulsion afin d'augmenter le rendement de l'équipement en mode transport. La pression est maintenue au minimum alors que le débit devient fonction de la vitesse tout simplement.

Un équipement avec un circuit hydrostatique comprend un minimum de deux pompes, soit la pompe hydrostatique ainsi qu'une pompe de précharge du circuit qui permet aussi un renouvellement de l'huile. Une troisième pompe devient alors nécessaire pour les autres mouvements de l'équipement.

Un circuit hydrostatique possède des qualités inhérentes, mais n'est pas une fin en soi. Il faut vraiment avoir un objectif d'économie d'énergie et de ne pas avoir à maintenir une pression alors que le débit doit varier.

Malgré ses qualités, ce n'est pas une solution adaptée pour un équipement de levage où la descente demande obligatoirement de perdre de la pression dans une contrebalance par exemple.

Pas très pertinent si l'équipement fonctionne de façon intermittente.

Pas pertinent pour un équipement qui fonctionne toujours à pleine charge.

Ces circuits demandent une expertise spécifique en plus de demander une très bonne connaissance des produits sur le marché. L'utilisation d'un expert est souhaitable tout en gardant en tête le but d'aller dans cette voie.

Étant donné qu'un circuit hydrostatique est par définition très efficace, il y a un minimum de chaleur qui est transféré à l'huile. Du coup, si l'on désire obtenir un mouvement où l'on freine un mouvement rétroactif important, une partie de cette énergie sera reléguée au système d'entrainement de la pompe.

Le fait que le rendement hydraulique soit de l'ordre de 65 % permet une certaine capacité de freinage naturelle, mais les limites peuvent être rapidement atteintes. Ultimement, c'est toujours l'huile qui prend cette chaleur, et la quantité d'huile renouvelée par la pompe de gavage demeure modeste.

28.1 Gestion de la puissance

Tel que présenté sommairement dans l'introduction de ce chapitre, le but d'un système hydrostatique est de permettre une certaine économie d'énergie, mais aussi de pouvoir utiliser la pleine puissance sur une grande plage d'utilisation.

Ramenons-nous à l'équation de base pour le calcul de la puissance, soit :

$$P(hp) = \frac{Q(gpm)P(psi)}{1714} = \frac{Q(lpm)P(bar)}{447,4}$$

$$P(kW) = \frac{Q(lpm)P(bar)}{600}$$

Un système hydrostatique joue sur les paramètres de débit et de pression. Typiquement, la pression dans un système hydrostatique est créée par la résistance au mouvement. Si la résistance est faible, la pression sera faible, et si la résistance est importante, la pression sera plus élevée, avec bien entendu un maximum. Le débit est quant à lui gérer par la demande de vitesse.

Prenons un exemple simple, soit un tracteur à moteur diesel avec entrainement hydrostatique, où le moteur d'entrainement est à cylindrée fixe.

L'opérateur, via l'accélérateur, commande au tracteur de rouler à une certaine vitesse. Le contrôleur doit alors gérer deux paramètres, soit la cylindrée de la pompe ainsi que le régime du moteur diesel. La gestion du moteur diesel permet quant à lui d'avoir deux effets, soit d'influencer la puissance disponible, ainsi que le débit maximal de la pompe qu'il entraîne. Le moteur diesel peut fonctionner à plusieurs régimes avec une puissance livrée qui est variable. Nous avons donc les caractéristiques suivantes :

Régime du moteur diesel	Influence la plage de débit disponible par la pompe
Puissance livrée du moteur diesel	Influence la puissance disponible hydraulique
Cylindrée de la pompe	Influence la vitesse du tracteur
Pression hydraulique	Influence le couple disponible au moteur hydraulique pour vaincre la résistance au roulement

Prenons une application où le tracteur utiliserait un moteur diesel dont la puissance disponible est de 20,5 hp en continu (par exemple, un moteur Kubota D905) ainsi qu'une unité pompe/moteur hydrostatique.

Les paramètres de la simulation sont les suivants :

- Régime maximal du moteur : 3 600 RPM;
- Puissance maximale du moteur au régime maximal : 20,5 hp;
- Pompe dont la cylindrée est de 2,5 po^3/t;
- Efficacité de la pompe : 85 %;

- Pression maximale de fonctionnement en continu : 4 000 psi;
- Puissance hydraulique disponible : 85 % × 20,5 hp = 17,4 hp;
- Moteur hydraulique à cylindrée fixe.

Ces données nous permettent d'établir la pression disponible en fonction du débit (voir Figure 28.1) en tenant compte de la limitation de puissance du moteur diesel. On remarque que si le tracteur fonctionne à basse vitesse, la pression peut atteindre le maximum au besoin en fonction de la puissance disponible du moteur diesel. À l'opposé, si le tracteur avance à pleine vitesse, la résistance sera limitée au couple que peut procurer le moteur avec une pression de fonctionnement réduite.

Figure 28.1 **Pression versus le débit versus**

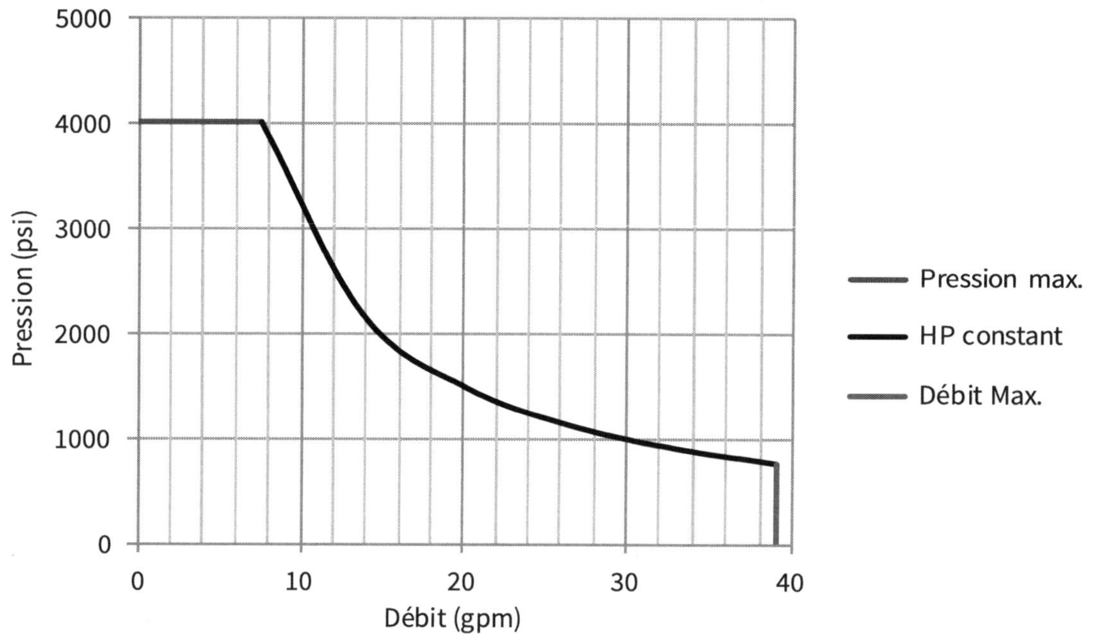

Ainsi, avec une puissance relativement faible du moteur diesel, le système d'entrainement peut tout de même offrir une force d'avance importante à très basse vitesse.

La Figure 28.2 nous permet de visualiser la puissance réellement disponible en fonction de la vitesse du véhicule. Rappelons-nous que le moteur est à déplacement fixe dans notre exemple. Cela fait en sorte qu'à très basse vitesse, la puissance disponible réellement est limitée. Le moteur hydraulique du tracteur est en mesure d'offrir un couple important, mais la puissance mécanique est limitée par les relations de puissance suivantes :

HP = Couple (N.m) × RPM/7 123

HP = Couple (lb.pied) × RPM/5 252

HP = Couple (lb.pouce) × RPM/63 030

kW = Couple (N.m) × RPM/9 549

Figure 28.2 **Puissance disponible versus la vitesse**

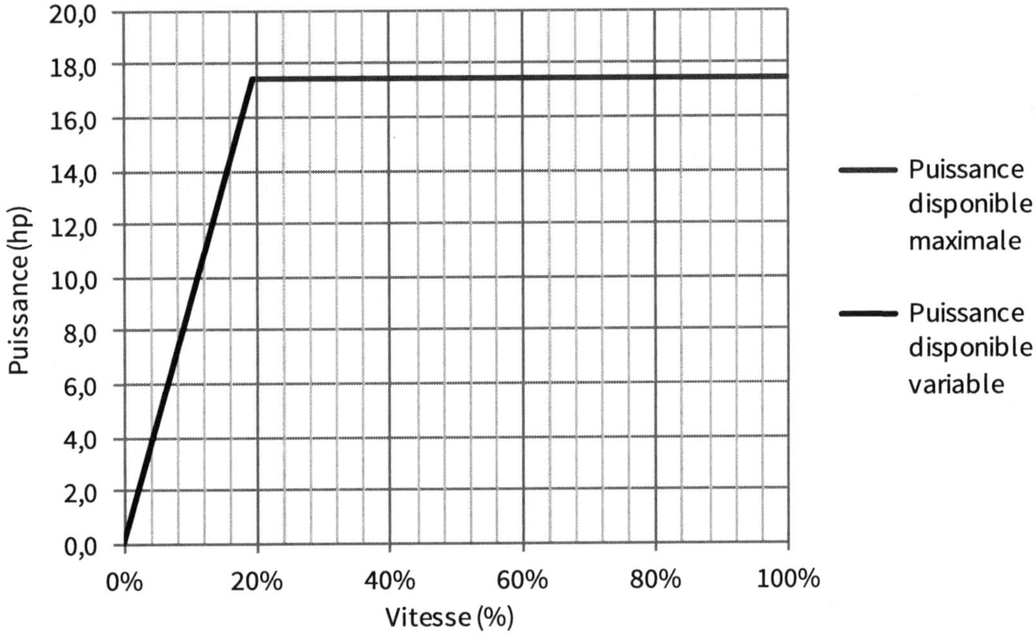

Avec un système hydrostatique, il est possible d'obtenir une plage de puissance encore plus étendue pour un équipement pouvant aller à une vitesse plus importante par l'emploi d'un moteur hydraulique à cylindré variable.

En faisant augmentant la cylindrée du moteur hydraulique à basse vitesse, le débit se voit augmenté et on se retrouve avec plus de couples au moteur, et ultimement plus de puissance disponible. La Figure 28.1 ne change pas, seule la Figure 28.2 change avantageusement.

28.2 Gestion de la chaleur

Par définition, un système hydrostatique est un système qui optimise l'efficacité du système d'entrainement. Évidemment, le rendement de la pompe ainsi que du moteur, plus la perte de charge dans le transport de l'huile conduit à l'élévation de température de cette huile. Rappelons-nous qu'en principe, un système hydrostatique est un circuit qui fonctionne en boucle fermée. Afin de limiter la température de l'huile, il est nécessaire de la renouveler. C'est en gros la pompe de charge que s'assure de cette fonction. Cette pompe permet de maintenir une pression minimale dans la ligne de retour vers la pompe, et de renouveler l'huile qui est puisée dans un réservoir. L'huile d'échappe du circuit via un circuit de valve de décharge fonctionnement à basse pression. Le débit de cette pompe affecte ainsi la capacité du circuit à maintenir une température acceptable. Généralement, la pompe de charge consiste en une pompe à engrenage à même le boitier de la pompe hydrostatique. La sélection de la cylindrée de la pompe de charge est donc prédéterminée dans ces cas par les concepteurs de la pompe hydrostatique et pour une utilisation normale.

Normalement, les systèmes hydrostatiques sont prévus pour la propulsion d'équipement roulant fonctionnant normalement. Le rendement qui est au mieux de l'ordre de 68 % (85 % pour la pompe, 80 % pour le moteur) permet une certaine capacité de freinage. Si l'on désire freiner davantage, le moteur hydraulique deviendra la pompe, la pompe le moteur qui ensuite tentera de faire tourner le moteur diesel qui offre une capacité de freinage relativement faible. Au pire, on limite au minimum la cylindrée de la pompe offrant une grande résistance, et voilà que l'huile par le circuit de protection de pression du circuit. Dans ce dernier mode d'opération, on court vers une série de problèmes. L'huile chauffera rapidement, et il y a des risques de cavitation si le débit de la pompe de charge est insuffisant. Pour une application normale, il n'y a pas de problème. Le circuit où l'huile s'échappe du circuit principal doit pouvoir offrir une capacité de refroidissement adéquat, soit par la capacité de refroidissement du réservoir, ou encore par l'emploi d'un refroidisseur d'huile.

Les problèmes peuvent survenir lorsque l'on sort de ce qui est normal. Un exemple relativement simple est si l'on désirait concevoir un équipement de levage avec un circuit hydrostatique. L'équipement serait en effet efficace en montée, alors que le système déploie une puissance importante. Une fois élevé, l'équipement atteint son maximum d'énergie potentielle. Lors du mouvement de descente, il faudra freiner cette charge tout le long de la course alors que cette énergie potentielle doit se transformer en chaleur, obligatoirement. À priori, un circuit hydrostatique n'est pas prévu pour récupérer une quantité si importante de chaleur. Donc, à priori, on n'utilise pas un circuit hydrostatique pour un mouvement de ce type.

Figure 28.3 **Exemple de circuit hydrostatique**

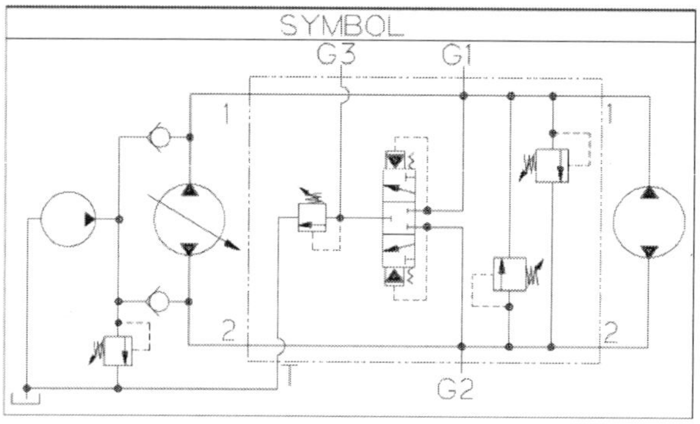

XRHB-LC*-A*

L'élément de droite est un moteur et non pas une pompe telle que dessinée.

Source : Sun Hydraulic

28.3 Contrôleur

Les applications avec entrainement hydrostatique demandent généralement un contrôleur qui gère la cylindrée de la pompe en fonction des paramètres de puissance, de la commande de l'opérateur et des critères programmés. Ces contrôleurs sont fournis par les fabricants des systèmes.

29 | Contrôleur électronique

Dans la grande majorité des équipements fixes, le contrôle d'un équipement automatisé sera fait à l'aide d'un automate industriel traditionnel. Il y a aussi d'autres types de contrôleurs qui sont souvent utilisés dans les équipements fixes. Ce chapitre fait un bref aperçu des technologies de contrôle.

29.1 Automate industriel

Un automate est un dispositif reproduisant en autonomie une séquence d'actions prédéterminées sans l'intervention humaine. Ces séquences peuvent être figées, le système fait toujours la même chose, ou s'adapte à des conditions environnementales perçues par l'intermédiaire de capteurs. L'automate est un objet programmé.

On retrouve des séries d'entrées qui captent les mouvements ainsi que les fins de course. On retrouve aussi des séries de sorties qui contrôlent des actions et des mouvements. Il existe de petits automates programmables d'abord conçus pour un nombre limité d'entrées/sorties tel que présenté à la Figure 29.1. Généralement, il est possible d'ajouter des modules supplémentaires pour obtenir plus d'entrées et sorties. Ces automates incluent aussi généralement un nombre limité d'entrées de type haute vitesse.

Figure 29.1 **Automate programmable de la série MicroLogix 1100 de Allen Bradley**

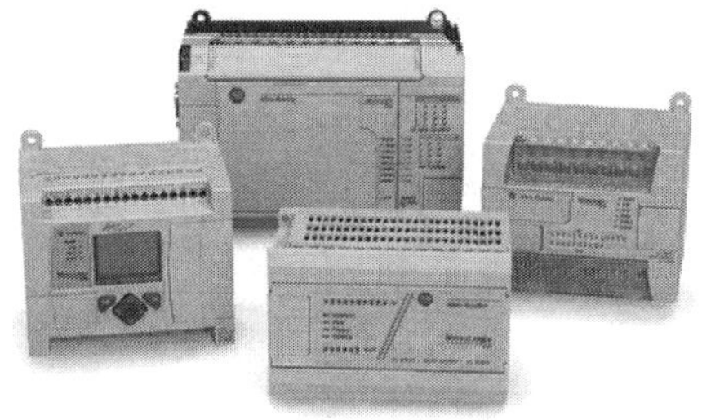

Pour les systèmes où le nombre d'entrées/sorties est plus important et où l'on désire un maximum de flexibilité, on retrouvera des automates plus imposants demandant obligatoirement des cartes d'entrées et de sorties qui s'installent dans un support tel que présenté à la Figure 29.2.

Ces automates sont très flexibles et un grand nombre d'options sont disponibles pour le choix des cartes d'entrées et de sorties. Il n'est pas possible d'en faire la liste ici. Limitons-nous à signaler qu'il y a des cartes d'entrées discrètes, pour une fréquence normale ou encore de grande vitesse (pour les encodeurs entre autres), et évidemment des cartes adaptées à recevoir des signaux analogiques.

Pour les cartes de sorties, on retrouve des sorties discrètes ou encore analogiques.

Les cartes sont contrôlées par le cœur de l'automate via un protocole de communication. La puissance électrique de contrôle provient du cœur de l'automate. Toutefois, la puissance transmise aux entrées et sorties de l'automate se fait via des bornes de puissance à l'entrée des cartes. On peut se retrouver à avoir un automate alimenté par un voltage CC 24 volts, mais dont les sorties sont alimentées par un voltage AC 110 volts. Rappelons que la logique demeure l'utilisation de relais de commande miniaturisés.

Pour les cartes de sorties analogiques, notons qu'il y a entre autres des cartes de sortie +0-10 Volts, +/- 10 Volts, ainsi que 4-20 mA. Ces deux dernières configurations permettent de gérer aisément des mouvements d'avances/reculs. Pour le 4-20 mA, un signal 12 mA correspond normalement à un mouvement à l'arrêt.

Figure 29.2 **Automates CompactLogix 5370, Série 1769 de Allen Bradley**

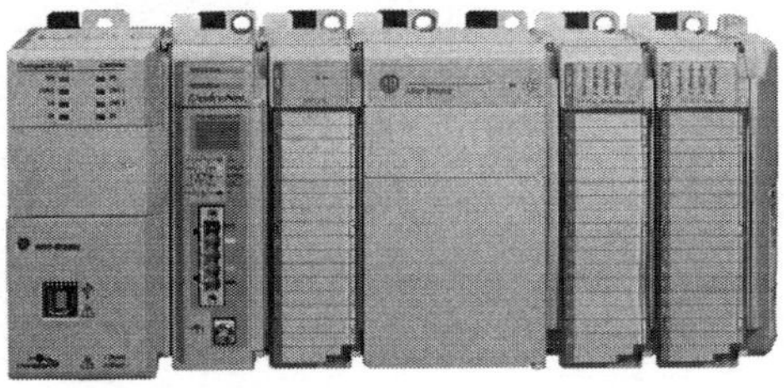

Un automate fonctionne en faisant une lecture des entrées sorties selon un certain rythme. C'est-à-dire qu'il a besoin d'un certain temps pour lire les signaux un après l'autre ce qui peut avoie des incidences sur les mouvements et la précision de ceux-ci, et d'autant plus s'ils sont contrôlés en boucle fermée.

29.2 Contrôleurs dédiés aux systèmes hydrauliques

Bien qu'il soit possible de contrôler des équipements à la façon des automates programmables, on retrouve souvent ces contrôleurs dédiés aux systèmes hydrauliques pour les équipements mobiles. Ces contrôleurs servent de liens entre autres entre une commande de type « Joy Stick » et les valves. Il est possible de programmer des conditions d'opérations pour la sécurité.

Il est possible de brancher ensemble plusieurs cartes pour plus d'entrées et de sorties. Certains contrôleurs sont particulièrement optimisés pour des utilisations spécifiques telles que les circuits hydrostatiques utilisant un moteur à combustion avec gouverneur électronique.

Figure 29.3 **Contrôleur Parker**

30 | Circuits de base et analyse

Ce chapitre présentera plusieurs schémas afin d'expliquer certaines notions et leurs incidences en fonction de différentes thématiques.

30.1 Utilisation d'une valve de limitation de pression versus une valve de réduction de pression

Schéma #1 : Le schéma suivant est un schéma typique que l'on peut rencontrer sur un équipement utilisant une pompe à débit fixe et utilisant des valves à 4 ports.

Les valves de distributions sont de type tandem ce qui permet au système de ne pas bâtir de pression inutilement et ainsi de ne pas consommer de puissance.

La pression maximale du système est donnée par la valve de décharge PM alors que chaque circuit peut recevoir une valve limitant la pression à des valeurs plus faibles afin de minimiser la pression du système.

Figure 30.1 **Circuit avec limiteurs de pression sur A et B**

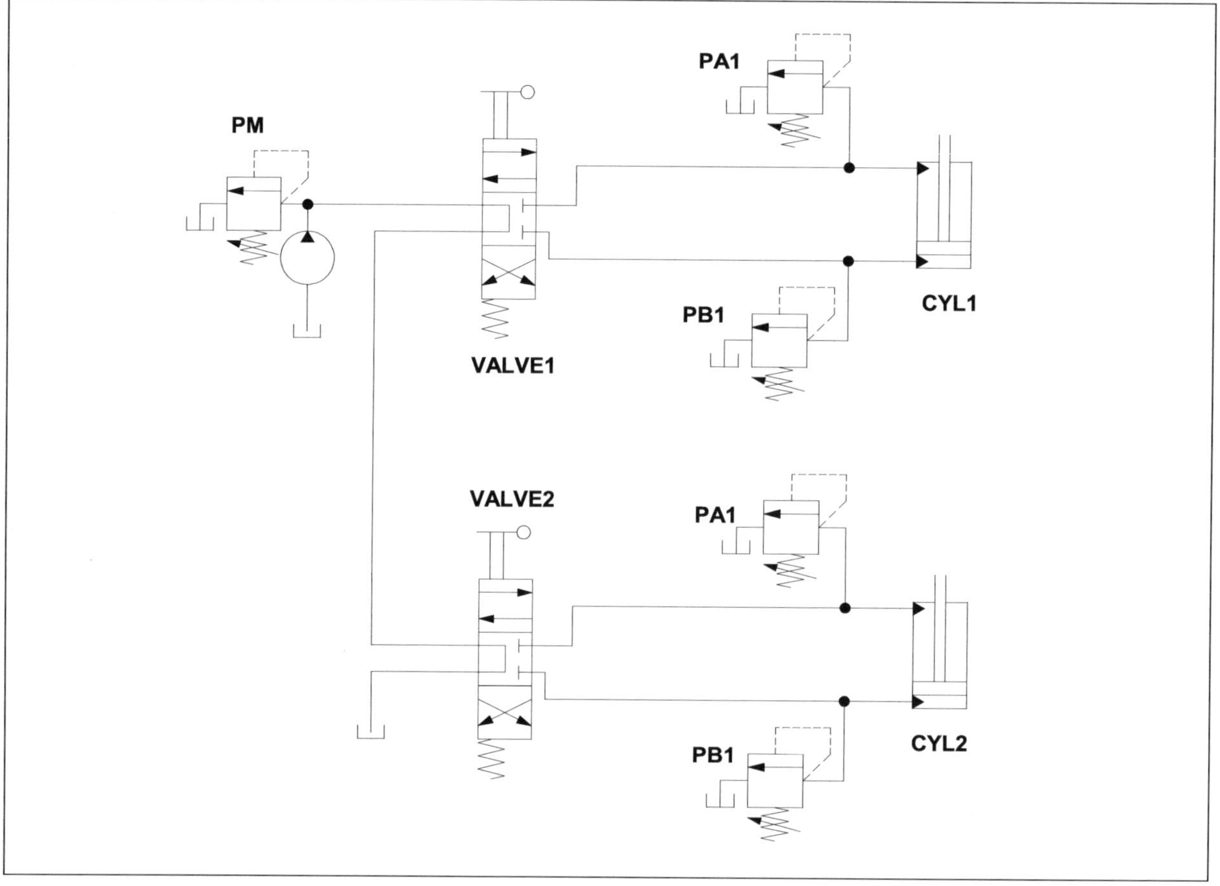

Le schéma utilise des valves de distribution actionnées manuellement. Assumons que la pompe fournit un débit de 10 gpm et que la valve PM est ajustée à 3 000 psis. Prenons le cas où la valve1 est pleinement ouverte pour un mouvement en extension du vérin et enfin que la valve PB1 est ajustée à 1 000 psis. Le vérin aura tendance à se déplacer à une vitesse équivalente au débit avec une pression en lien directe avec la charge, supposons 700 psis. À ce stade, le système est très efficace et consomme un minimum d'énergie. Une fois complètement en fin de course, la pression du système est limitée à 1 000 psis. Dans ce cas, la perte en chaleur est alors de 1 000 psis × 10 gpm/1 714, soit 6 HP.

Si les valves de distribution étaient à centre fermé, la perte en chaleur serait très importante de l'ordre de 12 HP (10 gpm × 2 000 psis/1 714).

Ce circuit oblige une priorisation des commandes alors que si l'on décide de se servir des deux vérins, le débit sera alors obligatoirement le même dans les deux valves par le circuit devenu en série. La pression serait ainsi partagée et limitée au départ par le circuit du cyl1.

Schéma #2 : Le schéma suivant est atypique et n'est pas très pertinent. Si l'on compare ce schéma avec le schéma #1 en extension du cyl1.

Si nous désirons encore une fois nous assurer que la pression au vérin soit limitée à 1 000 psis par la valve PB1, on se retrouve avec une grande perte énergétique. En extension, la valve de réduction sera pleinement ouverte et la pression du système sera alors de 700 psis tel que cité au schéma #1.

Figure 30.2 **Circuit avec limiteurs et réducteurs de pression sur A et B**

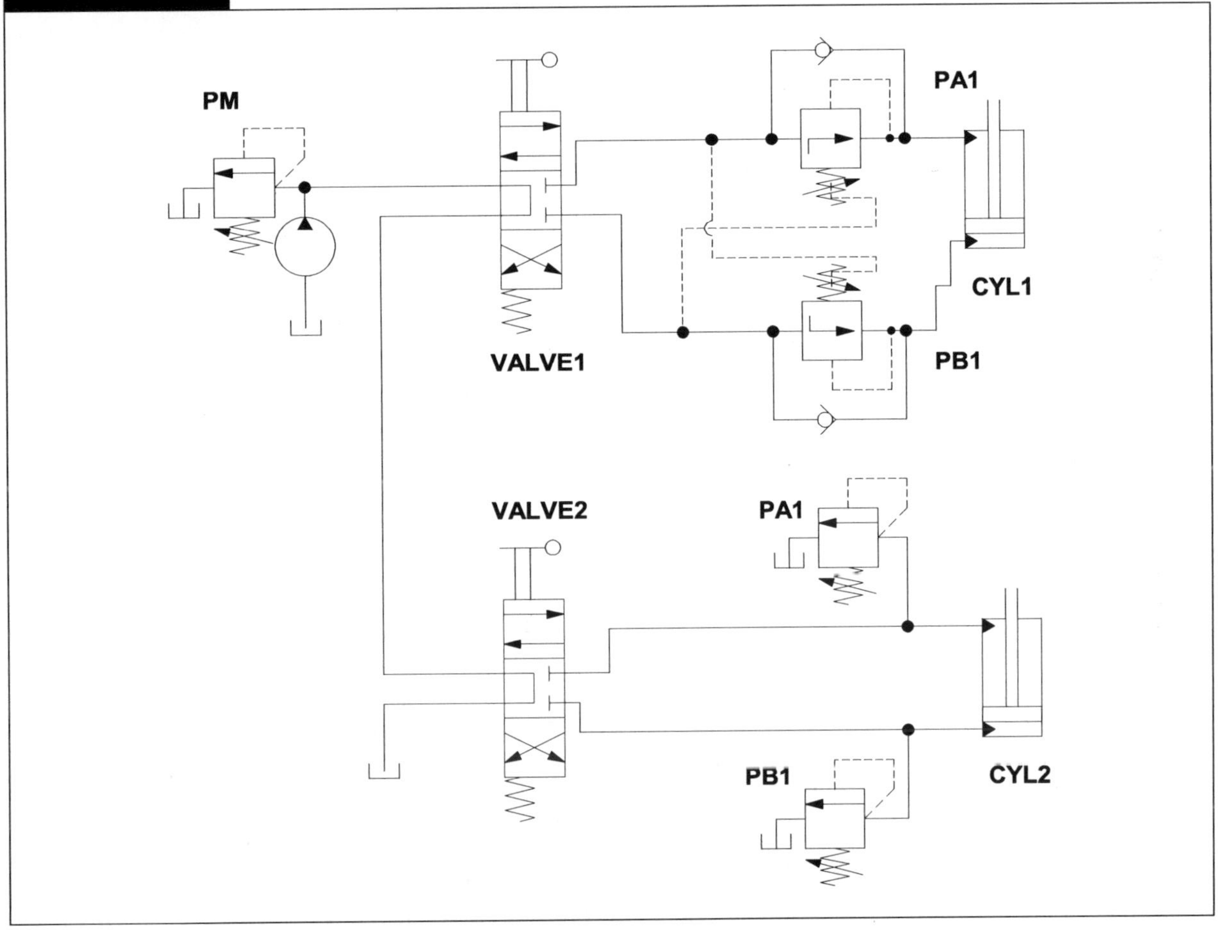

Une fois le vérin arrivé en fin de course, la valve de réduction s'assurera que la pression au vérin ne dépasse pas 1 000 psis, alors que la pression à la sortie de la pompe sera alors de 2 000 psis. On se retrouve à ce moment avec une perte en chaleur de 2 000 psis × 10 gpm/1 714, soit 11,7 HP. Soit beaucoup plus que le schéma #1.

Il est très rare que l'on utilise des valves de réduction de pression dans les circuits utilisant une pompe à débit fixe.

Schéma #3 : Le schéma suivant est un schéma typique que l'on peut rencontrer sur un équipement utilisant une pompe à pression compensée.

Les valves de distributions sont de type à centre fermé ce qui permet au système de maintenir une pression dans le système sans perte de débit. La puissance consommée est faible et se limite à la puissance requise pour le débit de fuite.

Figure 30.3 **Circuit avec réducteur de pression sur A**

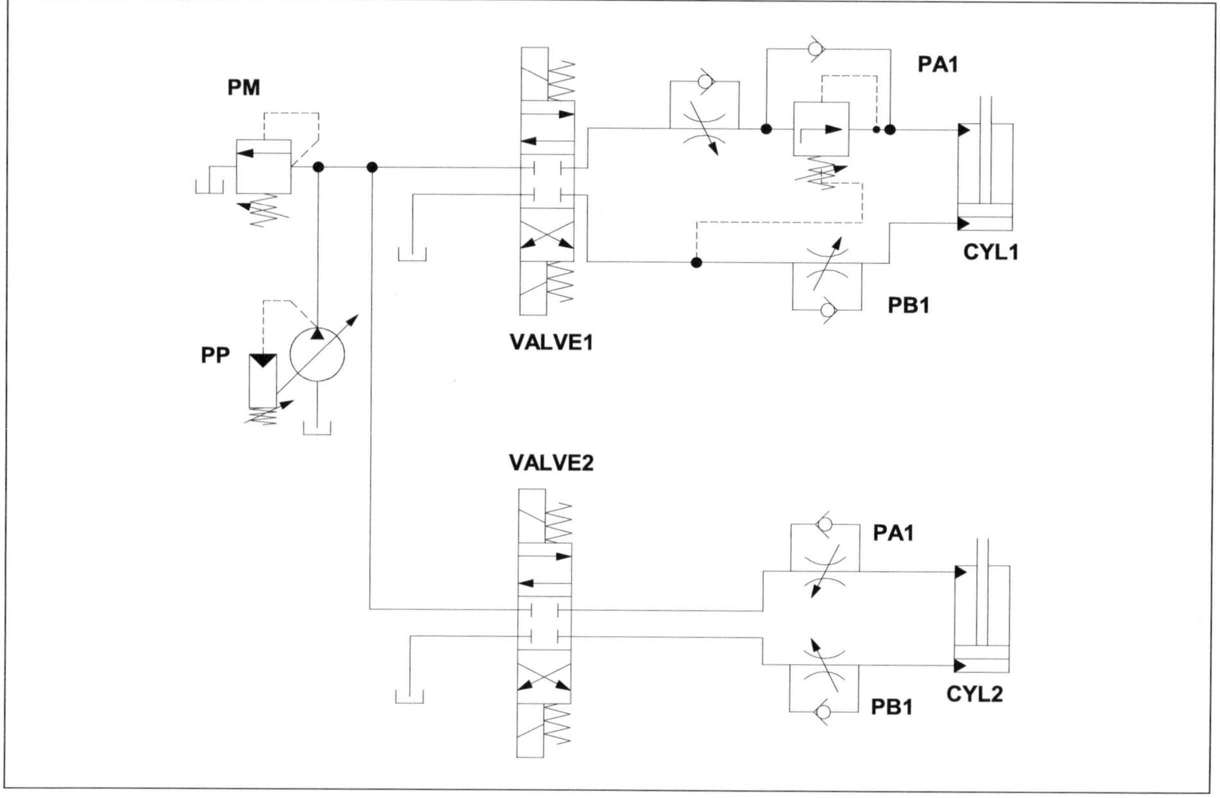

La pression maximale du système est donnée par la pression d'ajustement du compensateur de la pompe.

La valve de limitation de pression PM est optionnelle et ajustée à environ 200 psis au-delà de la pression d'ajustement de la pompe. En théorie, aucun débit ne circule à travers la valve PM.

Si l'on compare ce circuit au schéma #1 et que l'on considère encore une fois que la pression requise en extension du cyl1 est de 700 psis, nous nous retrouvons avec différents cas de figure. En effet, et cela dépend de la capacité de débit de la pompe. Si la pompe est à faible débit et que la vitesse du vérin correspond au débit de la pompe, le régulateur de débit sera pleinement ouvert et en extension, la pression se limitera à la pression de la charge, soit 700 psis. Toutefois, et c'est généralement le cas, la pompe possède une capacité de débit supérieure (supposons 20 gpm) et apte à alimenter par exemple les deux circuits de vérin en même temps. Dans ce dernier cas, en extension du vérin cyl1, la pression à la pompe serait alors de 2 000 psis (comme le schéma #1) alors que le débit requis serait de 10 gpm. La différence entre la pression à la sortie de la pompe et la pression requise serait assumée par le régulateur de débit, qui créerait une perte de charge de 1 300 psis (car en position meter-in). Ainsi, la perte en chaleur serait alors durant l'extension de 10 gpm × 1 300 psis/1 714, soit 7,6 HP. On se retrouve alors avec un schéma moins efficace que pour le schéma #1 en extension. Toutefois, une fois le vérin en butée et la valve de distribution toujours ouverte, on se retrouve alors avec aucune perte de débit autre que la fuite interne de la pompe. À ce stade, le système est particulièrement efficace comparativement au schéma #1.

Prenons maintenant le cas du mouvement de retrait du cyl1 où la pression est limitée par la valve de réduction de pression, par exemple à 1 500 psis alors que la pression requise pour le mouvement est de 1 400 psis. Si encore une fois nous assumons un débit de 10 gpm (avec une pompe à 20 gpm), nous nous retrouvons alors avec une perte de puissance en chaleur qui est de 600 psis × 10 gpm/1 714, soit 3,5 HP. À ce stade, la valve de réduction est pleinement ouverte, car la pression à sa sortie n'est que de 1 400 psis, et c'est le régulateur de débit qui crée la perte de charge de 600 psis. Si le régulateur de débit avait été placé après la valve de réduction, la situation n'aurait pas été la même alors que la valve de réduction aurait généré une perte de charge de 500 psis, alors que le régulateur de débit aurait alors généré une perte de charge de 100 psis. Une fois en butée, la pression à la sortie de la valve de réduction serait alors de 1 500 psis, alors qu'elle produit entièrement à elle seule la perte de charge de 500 psis. À ce stade, le circuit est efficace alors que la puissance consommée par la pompe est celle pour combler ses fuites internes.

Schéma #4 : Le schéma suivant est atypique et n'est pas pertinent. Si l'on compare ce schéma avec le schéma #3 en rétraction du cyl1.

Toujours avec les mêmes paramètres que le schéma #3, on limiterait la pression à l'entrée du vérin à 1 500 psis. Cela signifie que lorsque la valve1 est actionnée, un débit passerait en permanence dans la valve de limitation de pression placée sur la ligne A du vérin. À la limite, tout le débit passerait par là.

Figure 30.4 **Circuit avec limiteurs de pression sur A et une pompe avec un débit important**

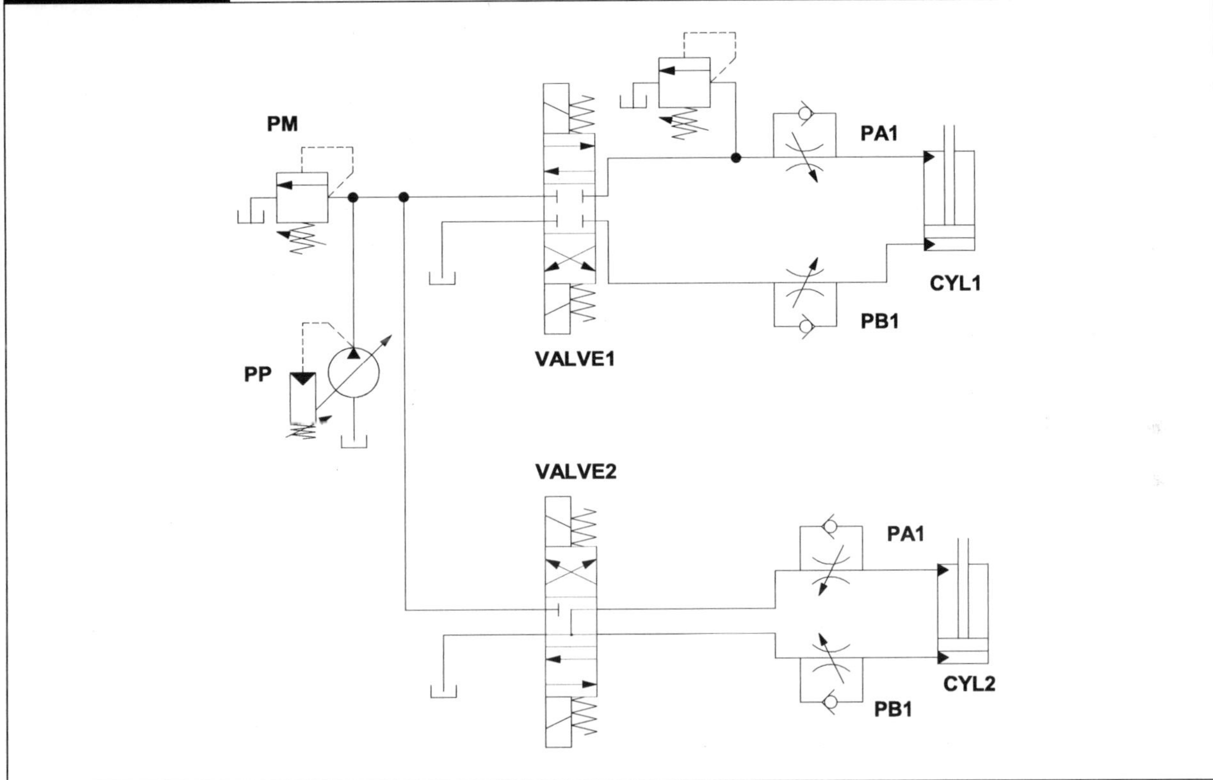

On peut donc se retrouver avec une perte de débit de 20 gpm dans la valve alors qu'une perte de charge est générée de 1 500 psis, soit la pression du système. La perte de puissance en chaleur est alors de 17,5 HP. Ça pourrait être encore pire si la pompe avait un débit plus important. Cela revient à faire un trou dans un circuit. De plus, dans ce cas où la valve1 est ouverte pour le retrait du vérin, la pression sera obligatoirement plus faible pour le circuit 2 avec le cyl2.

Il est d'usage de ne jamais employer de valves de décharge dans les circuits avec pompe à pression compensée. En pratique, on se limite à utiliser des valves de décharges afin de contrôler des circuits par saignage.

30.2 Contrôle de mouvement avec deux vitesses

Pour les circuits simples, on peut souhaiter avoir un schéma nous permettant d'avoir un mouvement avec deux vitesses, voire plusieurs vitesses. Évidemment, l'utilisation de valves proportionnelles nous permet un contrôle plus fin, mais au prix d'une technologie plus avancée ayant son lot d'inconvénients.

Un novice aura tendance à concevoir un circuit deux vitesses qui fonctionne avec une logique du « **ou** ». Cela sous-entend qu'un circuit peut fonctionner à une vitesse lente ou encore à une vitesse rapide, où le passage entre les deux modes se fait en arrêtant le signal de la vitesse lente et en donnant simultanément le signal de vitesse rapide. Il se peut que cela puisse fonctionner, mais ce n'est pas la façon de faire. Une analogie serait de passer du rapport de première en voiture au rapport de deuxième en appliquant les freins en même temps que le passage du deuxième rapport se fait.

La méthode généralement employée avec des valves ayant des signaux discrets est celle où le contrôle de la deuxième vitesse se fait en ajoutant un circuit, donc une logique du « et ». Ce sont les circuits qui seront présentés dans cette section. Évidemment, une multitude de façons existe et l'on se limitera à seulement quelques cas.

Schéma #1 : Probablement la méthode la plus élémentaire d'obtenir un contrôle de mouvement avec deux vitesses, soit en branchant en parallèle deux circuits au même actionneur. On peut avoir par exemple la valve de gauche qui alimente le moteur avec 5 gpm, alors que l'ajout de la valve de droite pourrait ajouter un 10 gpm supplémentaires, pour un débit total de 15 gpm.

Comme présenté, le schéma possède l'avantage d'avoir un contrôle total de la vitesse lente dans les deux directions autant que la vitesse rapide. Dans certains cas, cette solution peut avoir l'avantage de pouvoir réduire le format des valves, car le débit passant dans l'actionneur est l'addition de deux débits. Bien que le débit total soit de l'ordre de 15 gpm dans l'exemple cité, la valve voyant le plus gros débit serait de l'ordre de 10 gpm (si la charge est constante entre la vitesse lente et la vitesse rapide).

Cette solution possède l'inconvénient d'avoir sommes toutes un grand nombre de composantes avec quatre signaux d'automate, et un branchement de raccords extérieur au bloc de distribution.

Figure 30.5 **Circuit deux vitesses, 4 signaux**

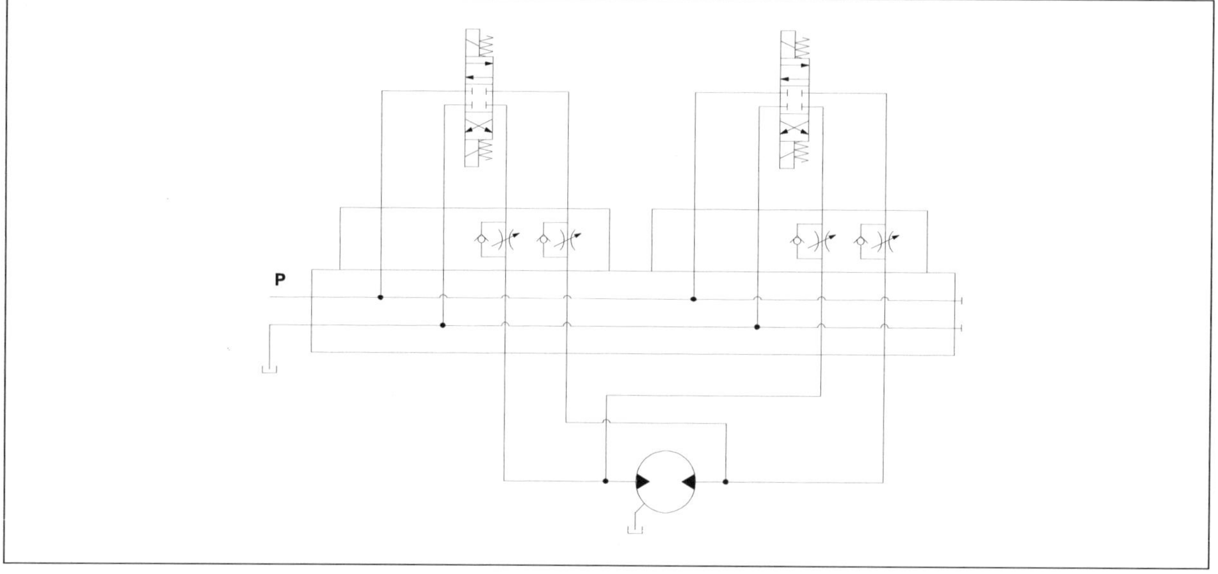

Schéma #2 : Le schéma représenté ici possède l'avantage de fonctionner avec un minimum de réglages et de signaux d'automate. La valve de gauche contrôle la direction du mouvement, alors que la valve 2/2 gère le choix de vitesse lente ou vitesse rapide. La méthode fonctionne encore ici avec une logique du « et ». Tous les branchements sont faits sur les composantes localisées sur le bloc de distribution.

Le schéma peut devenir encore plus simple lorsqu'élaboré sur un bloc de distribution personnalisé. SI l'on reprend l'exemple (schéma #1) que la vitesse lente fonctionne avec 5 gpm, alors que la vitesse rapide fonctionne à 15 gpm, il faut bien s'assurer que la valve de gauche pourra bien faire circuler le débit total de 15 gpm avec des pertes de charge acceptables. Dans un circuit en sandwich tel que présenté, il faut faire particulièrement attention aux pertes de charge. En effet, le parcours de l'huile passe à travers plusieurs blocs et valves, on peut rapidement se retrouver avec une difficulté à atteindre les vitesses désirées. Le bloc sous la valve de distribution de gauche possède généralement des ports de branchements relativement petits alors que l'huile voit un changement de direction important dans son parcours. Il est bien entendu possible de modifier ce bloc de transfert pour avoir des passages plus importants si le jeu en vaut la chandelle.

Figure 30.6 **Circuit deux vitesses, 3 signaux**

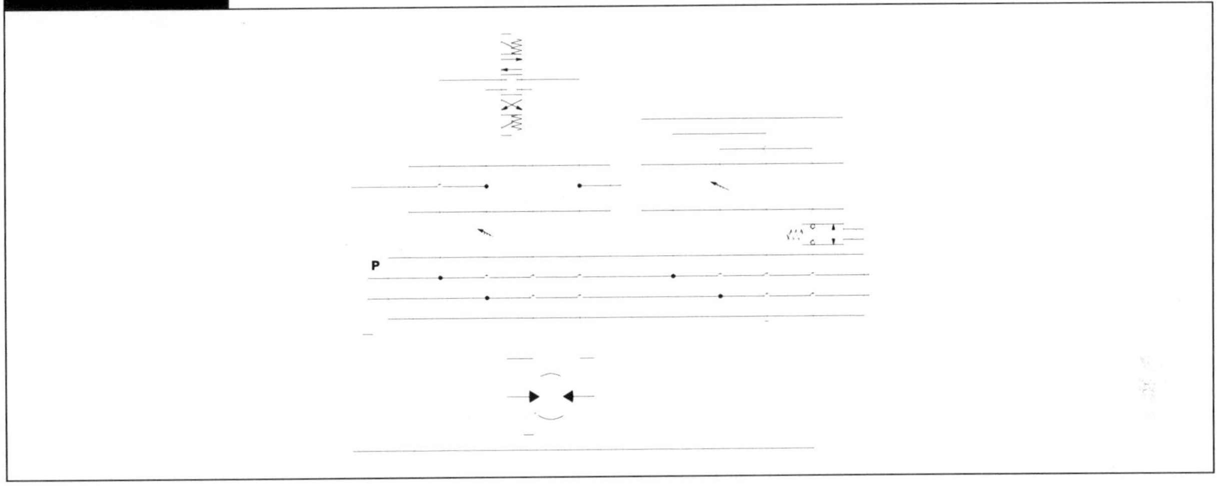

Schéma #3 : Le schéma est très similaire au circuit #2 alors qu'il emploie une valve proportionnelle 2/2 pour le contrôle de la ou des vitesses rapides. C'est un schéma très rudimentaire où l'on peut se questionner sur son intérêt. On se retrouve avec un schéma proportionnel de bas de gamme si l'on peut le décrire ainsi. À la limite, on peut décider de fermer ou non le régulateur de débit sous la valve de distribution. Ainsi, le contrôle de la vitesse lente serait aussi géré par la valve proportionnelle. Les quelques avantages de ce circuit est en autre la fait que ce type de valve proportionnelle est très simple et tolérante aux contaminants. Le coût est faible, et on peut décider de gérer la basse vitesse avec le régulateur de débit sans avoir à gérer un signal proportionnel. Comme pour le cas du schéma #2, il faut faire attention aux pertes de charge.

Figure 30.7 **Circuit deux vitesses, 3 signaux (1 proportionnel)**

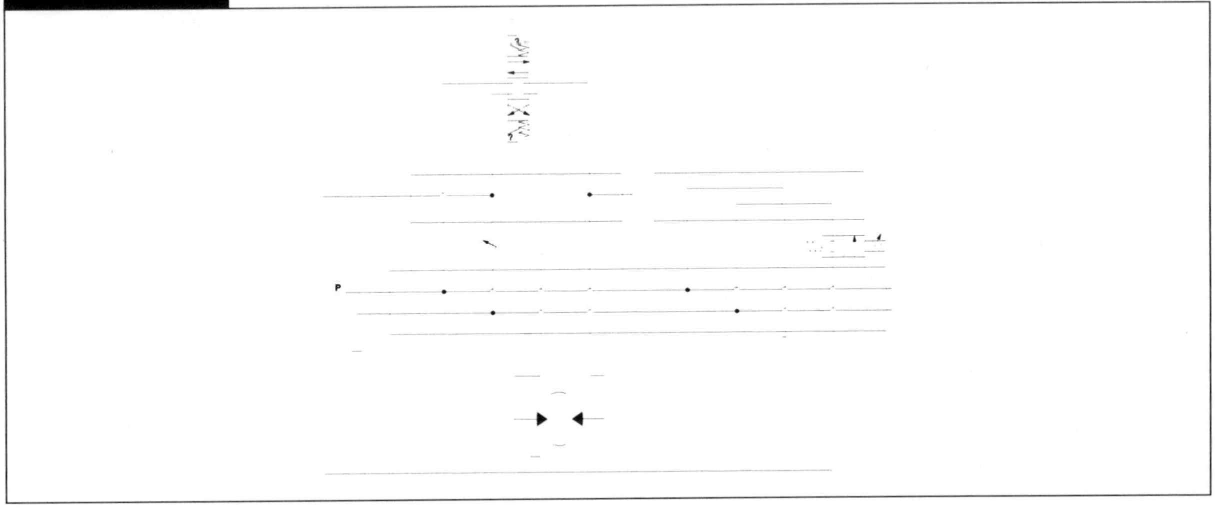

Schéma #4 : Le schéma représenté ici est une variante des schémas précédents. Un seul régulateur contrôle la vitesse lente alors que lorsque la valve de droite est énergisée, le débit devient alors contrôlé par les régulateurs placés sous la valve de distribution de gauche. Nous avons donc dans ce schéma deux vitesses distinctes à haute vitesse. La prédiction des ajustements est particulièrement compliquée théoriquement.

La valve de distribution de droite n'est pas disponible chez tous les manufacturiers.

Figure 30.8 **Circuit deux vitesses, 3 signaux**

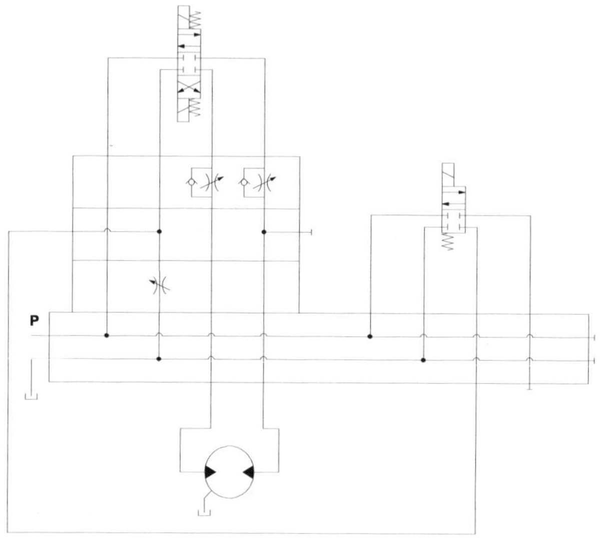

30.3 Schémas divers incorporant plusieurs notions

Schéma #1 : L'unité de pompe n'est pas représentée, cela n'est pas traditionnel, mais acceptable si un autre document fourni au client l'indique.

Le schéma laisse croire que le circuit hydraulique est construit à l'intérieur d'un bloc fait sur mesure et utilisant des valves cartouches, aussi bien pour les valves de contrôle que pour les valves de distribution. Ces dernières sont représentées avec deux bobines superposées, ce qui n'est pas usuel, mais accepté pour ce type de schéma. Les lignes P et T passent à travers le bloc.

Le schéma indique les numéros de fils électriques aux bobines ce qui est conforme à la norme CE.

Les lignes A et B des vérins indiquent le type de boyau hydraulique à utiliser, ce qui est souvent utile, mais qui n'est pas une obligation.

La pression des quatre vérins de gauche est contrôlée par une valve de réduction de pression combinant la fonction de limitation de pression. La valve en question (item 12) fonctionne sous deux ajustements de pression, soit celle interne de son ajustement qui représente la limite supérieure, ou encore celle qui est contrôlée par saignage par la valve de décharge (item 26).

La pression des trois vérins de droite est contrôlée par une valve de réduction de pression (item 11) ajustée à 1000 psis.

Figure 30.9 **Circuit avec bloc custom**

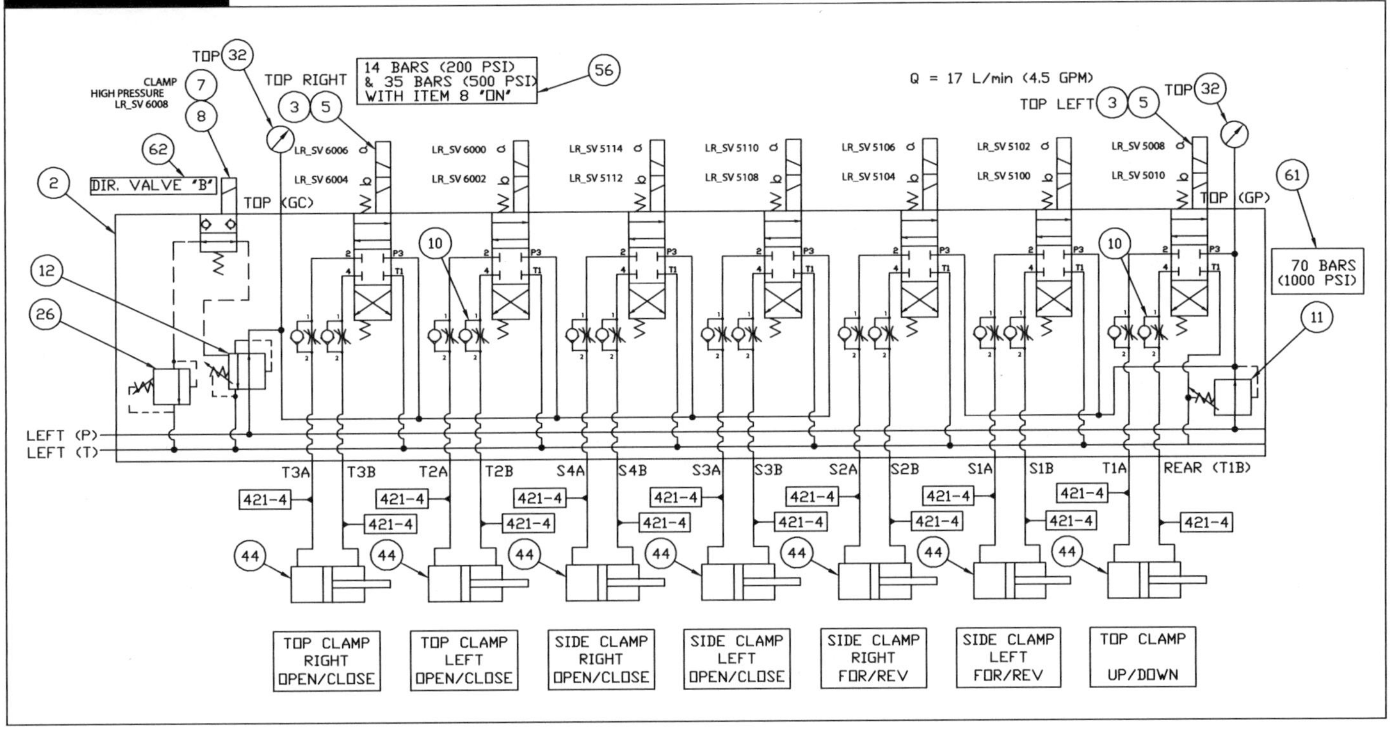

Schéma #2 : Le schéma suivant est un peu plus complexe que les précédents tout en présentant un système relativement simple.

L'unité de pompe n'est pas représentée, cela n'est pas traditionnel, mais acceptable si un autre document fourni au client l'indique. Le schéma laisse croire que le circuit hydraulique est construit à l'intérieur de deux blocs faits sur mesure et utilisant des valves cartouches pour les contrôles alors que les valves de distribution sont de type normal.

Le vérin identifié « fork up/down » est contrôlé par une valve proportionnelle à deux étages dont le tiroir possède un LVDT. Il manque des flèches sur les bobines de la valve proportionnelle indiquant que les bobines sont proportionnelles.

L'accumulateur (item 34) (dont le triangle est inversé) est branché à la ligne P du système via une valve électrique pouvant fermer et ouvrir le passage. Cette valve permet donc de rendre actif ou inactif l'accumulateur.

Le fait que la pression de l'accumulateur soit aussi faible, soit de 750 psis alors que la pression du système est de 2 000 psis laisse penser qu'un mouvement demande un très grand débit et qu'il est permis d'avoir une grande perte de charge, alors que la pression doit tout de même être élevée à certains moments critiques alors que l'accumulateur ne serait pas encore rechargé.

Le bloc du bas présente une valve (item 9) qui conserve ouvert le lien entre P et T lorsque la pompe n'est pas en fonction, vraisemblablement pour permettre la vidange de l'accumulateur. Il faut noter que la pression de pilotage se fait avant le clapet antiretour ce qui garantit une pression minimale.

Le circuit du « spool drive » est spécial et le moteur (item 40) serait mal symbolisé. Le schéma laisse croire que le moteur peut agir comme pompe. Le circuit est un système qui permet de dérouler un câble électrique sous une certaine pression (basse) lorsque la valve de distribution est énergisée, alors que lorsqu'elle n'est pas énergisée, la pression est plus élevée pour le rembobinage.

Le couvercle (item 27) monté directement sur le bloc laisse croire que le système est prévu pour une option qui n'est pas fournie dans ce schéma. On remarque que le port B est bloqué, mais qu'à la sortie du bloc, ce port est directement relié à la ligne P.

Le circuit « guiding arm in/out » est un circuit qui fonctionne avec deux pressions par saignage. La valve de régulation de débit (item 16) sur la ligne de décharge de la valve item 12 ne respecte pas la règle de l'art. Le fait de créer une restriction sur la ligne de décharge change la pression d'ajustement de la valve ce qui n'est pas souhaitable normalement. Il y a possiblement une erreur de conception à cet endroit.

L'item 16 localisé à la droite du bloc du bas est une valve de contournement reliant la ligne P vers la ligne T pour les démarrages après maintenance.

Le système utilise une sonde de pression (item 31) qui permet au contrôleur de savoir si la pompe fonctionne.

Figure 30.10 **Circuit avec deux blocs customs**

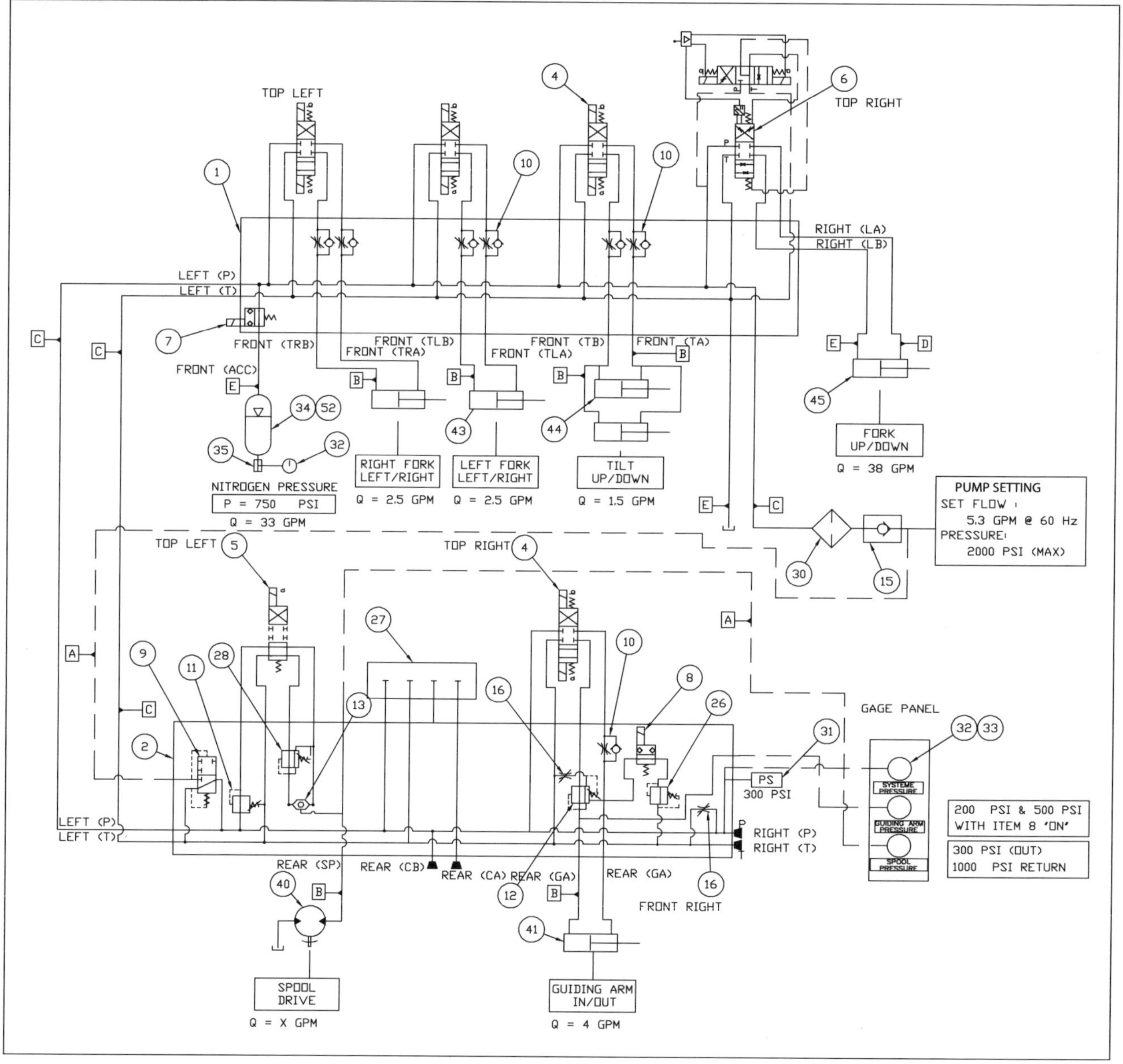

Schéma #3 : Le schéma montre que le circuit hydraulique est assemblé sur un bloc de distribution standard sur lequel sont installées des valves de contrôle en sandwich. Ce schéma nous permet de voir l'étagement et le positionnement des sandwichs dans l'espace.

Nous retrouvons un schéma similaire au schéma #6 pour le « spool drive ».

Le schéma « platform drive » possède plusieurs subtilités. Les quatre moteurs sont selon un montage hydraulique parallèle/série. Dans ce cas précis, l'intérêt est d'avoir quatre roues motrices sur l'équipement et de pouvoir fonctionner même si une roue quitte le sol. On remarque que la ligne de retour est déviée vers l'extérieur où une valve à cartouche proportionnelle qui contrôle le débit d'huile. Le circuit est rudimentaire, mais fonctionnel. Une valve est installée dans un circuit parallèle aux quatre moteurs. Ce circuit est probablement là pour permettre une action manuelle lorsque la valve de distribution est fermée, par exemple de pouvoir pousser la machine manuellement.

Figure 30.11 **Circuit d'une plateforme**

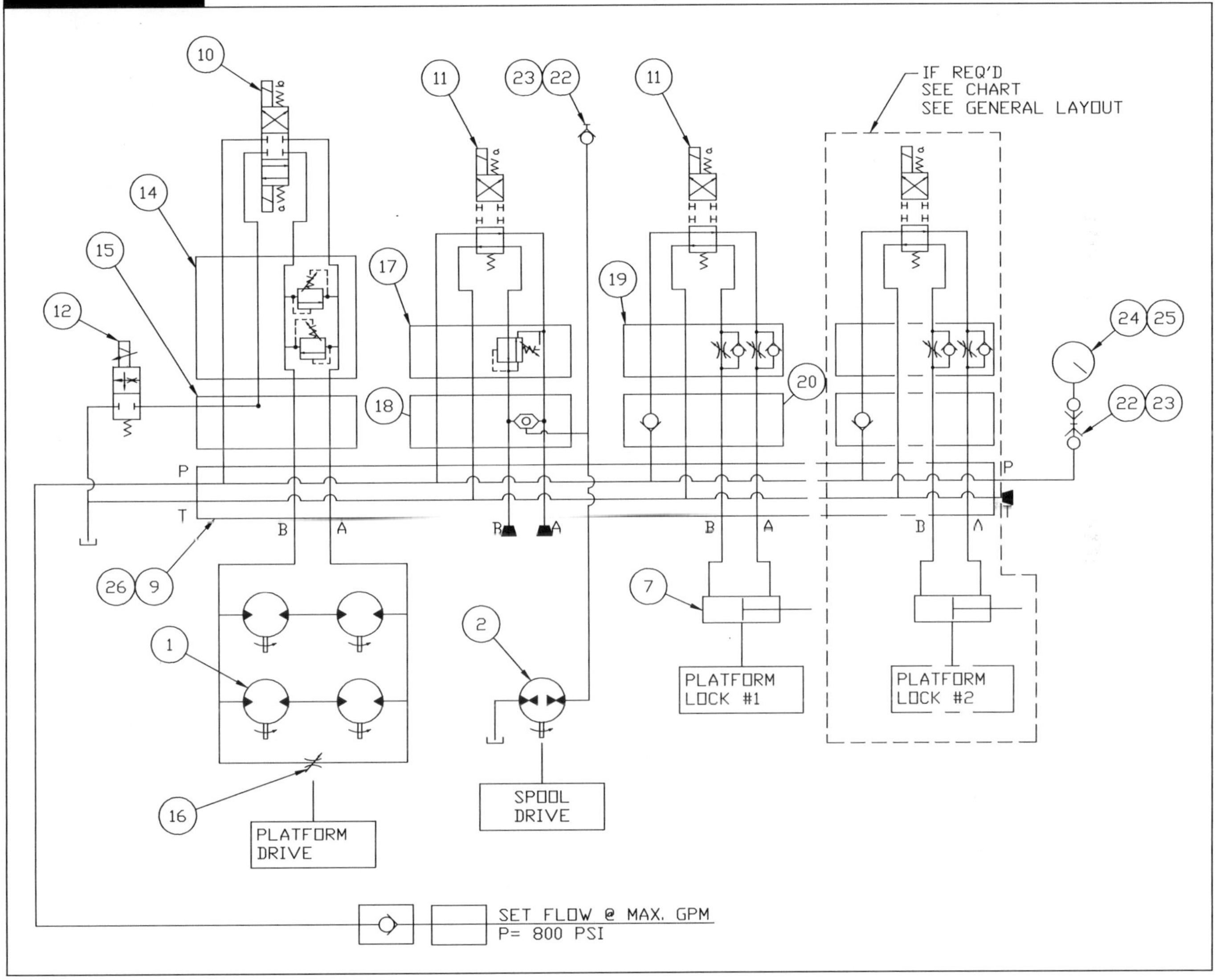

Lexique des symboles

Ac	Aire d'un piston de vérin, côté cap	**Pc**	Pression d'ajustement d'une contrebalance
Ah	Aire d'un piston de vérin, côté tête	**Pe**	Pression à l'entrée
At	Aire de la tige d'un vérin	**Po**	Pression de précharge d'un accumulateur
C	Cylindrée par tour	**Pp**	Pression d'ajustement de la pompe
dP	Variation de pression (delta P)	**Pr**	Pression de retenue causée par une charge externe
F	Force	**psi**	Pression, livre par pouce carré
gpm	Gallon par minute	**Ps**	Pression à la sortie
Lb(s)	Livre(s) (libra en latin)	**Q**	Débit
M	Masse	**RP**	Rapport de pilotage
N	Vitesse de rotation, tour par minute (RPM) ou Newton	**S**	Rapport de surface Ac/Ah
η	Rendement, efficacité	**T**	Couple mécanique
n	Facteur polytropique d'un gaz	**V**	Vitesse
P	Pression et Puissance		

Liste de manufacturiers

Une liste de quelques entreprises que l'on retrouve dans l'industrie de l'hydraulique et de la pneumatique :

Marque	Site internet	Note
Aeroquip	eaton.com	Raccords
Argo Hytos	argo-hytos.com	Hydraulique générale
Atos	atos.com	Hydraulique générale
Barksdale	barksdale.com	Contrôle
Bimba	bimba.com	Actionneur pneumatique
Bosch	boschrexroth.com	Hydraulique générale
Char-Lynn	eaton.com	Voir Eaton
Continental hydraulics	continentalhydraulics.com	Hydraulique générale
Daman	Daman.com	Bloc de distribution hydraulique
Delta power	Delta-power.com	Valves cartouches hydraulique
Eaton	eaton.com	Hydraulique générale
Denison hydraulic	denisonhydraulics.com	Pompes et moteurs hydrauliques, Parker
Donaldson	donaldson.com	Filtres
Festo	festo.com	Pneumatique générale
Gates	Gates.com	Raccords
Gresen	N/A	Acheté par Parker
Hydac	hydac.com	Hydraulique générale

Marque	Site internet	Note
Jahnshydraulike	jahns-hydraulik.de	Diviseur de débit
Lovejoy	lovejoy-inc.com	Accouplement mécanique
Magnaloy	magnaloy.com	Accessoires de réservoirs
Mico	Mico.com	Freins pour moteurs hydrauliques
Moog	moog.com	Proportionnelle et servos
MP filtri	mpfiltri.com	Accessoires de réservoirs, filtre, etc
Norgren	norgren.com	Valves et composantes pneumatiques
Parker Hennefin	parker.com	Hydraulique générale
Pneutrol	pneutrol.com	Pneumatique générale
Prince	princehyd.com	Hydraulique mobile
Rexroth	boschrexroth.com	Hydraulique générale
Sauer-Danfoss	danfoss.com	Hydraulique générale
Schroeder Industries	schroederindustries.com	Filtres
Stauff	Stauff.com	Accumulateur et accessoires
Sun Hydraulics	sunhydraulics.com	Valves cartouches hydraulique
Swageloc	swagelok.com	Raccords
Thermal Transfer	thermaltransfersystems.com	Échangeur de chaleur
Vickers	eaton.com	Voir Eaton
Victaulic	victaulic.com/	Raccords
Yuken	yuken-usa.com	Hydraulique générale

Feuille utile

Application		Charge rétro-active		Charge à entraîner	
Schémas		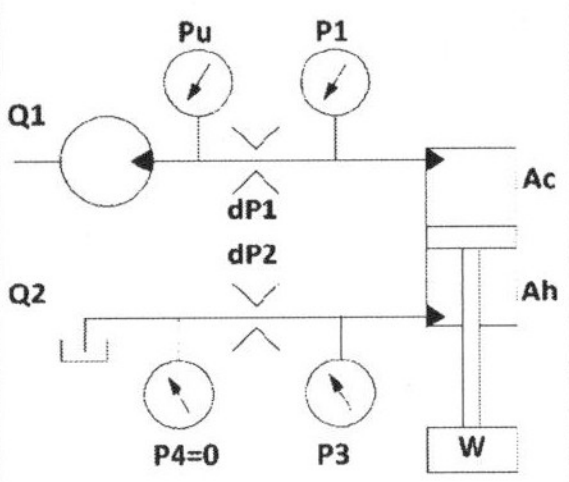	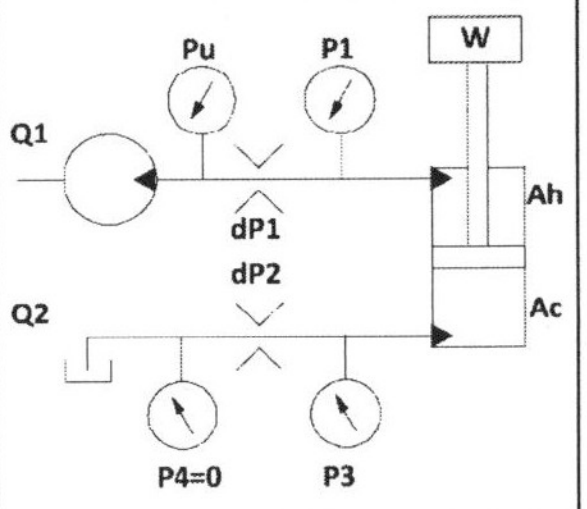	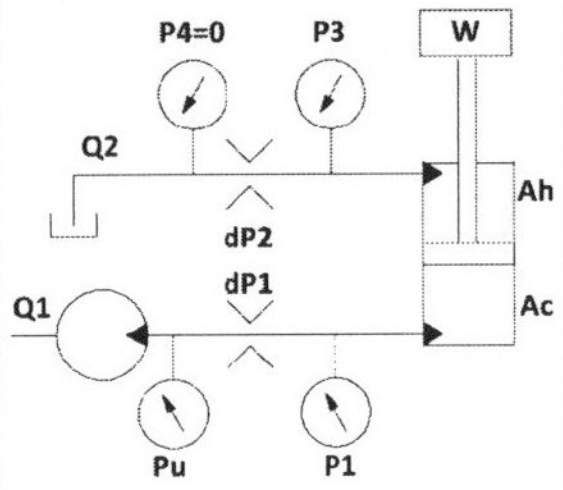	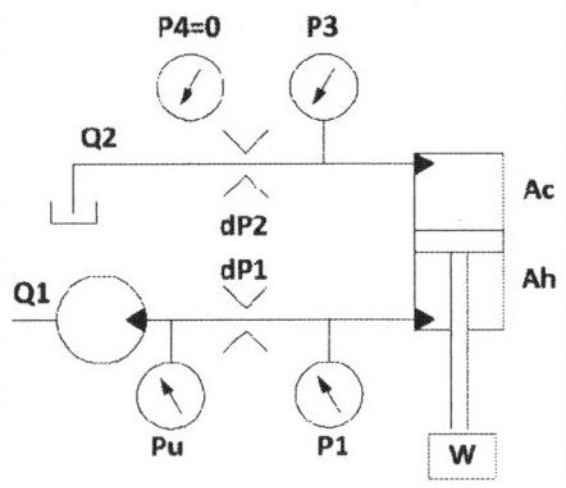
Pression P1	Valve 1:1	$P_1 = \dfrac{\dfrac{P_u}{S^2} - \dfrac{W}{A_h}}{S + \dfrac{1}{S^2}}$	$P_1 = \dfrac{P_u S^2 - \dfrac{W}{A_c}}{\dfrac{1}{S} + S^2}$	$P_1 = \dfrac{W + P_3 A_h}{A_c}$	$P_1 = \dfrac{W + P_3 A_c}{A_h}$
Pression P3		$P_3 = \dfrac{W + P_1 A_c}{A_h}$	$P_3 = \dfrac{W + P_1 A_h}{A_c}$	$P_3 = \dfrac{P_u - \dfrac{W}{A_c}}{S^2 + \dfrac{1}{S}}$	$P_3 = \dfrac{P_u - \dfrac{W}{A_h}}{\dfrac{1}{S^2} + S}$
		$\Delta P_1 = P_u - P_1$ $\Delta P_2 = P_3$ $\Delta P_t = \Delta P_1 + \Delta P_2$	$\Delta P_1 = P_u - P_1$ $\Delta P_2 = P_3$ $\Delta P_t = \Delta P_1 + \Delta P_2$	$\Delta P_1 = P_u - P_1$ $\Delta P_2 = P_3$ $\Delta P_t = \Delta P_1 + \Delta P_2$	$\Delta P_1 = P_u - P_1$ $\Delta P_2 = P_3$ $\Delta P_t = \Delta P_1 + \Delta P_2$
Pression P1	Valve 2:1	$P_1 = \dfrac{\dfrac{4P_u}{S^2} - \dfrac{W}{A_h}}{S + \dfrac{4}{S^2}}$	$P_1 = \dfrac{P_u \dfrac{S^2}{4} - \dfrac{W}{A_c}}{\dfrac{1}{S} + \dfrac{S^2}{4}}$	$P_1 = \dfrac{W + P_3 A_h}{A_c}$	$P_1 = \dfrac{W + P_3 A_c}{A_h}$

Références

Bosch-hydraulique de la théorie à la pratique, 1984 Robert Bosch GmbH, Stuttgart, 1 987 762 603

boschrexroth.com

Conception des circuits hydrauliques édition corrigée, Réjean Labonville, Presses internationales Polytechnique, 2008, ISBN-13 : 978-2-553-00777-4

Design engineers handbook, volume 1 – Hydraulics, Parket Hennifin Corporation, 2001, USA

Electronically controlled proportional valves selection and application, Micheal J. Tonyan, Marcel Dekker Inc., 1985, ISBN 0-8247-7431-0

Eaton.com

Floria Huang, Atlas Copco, oil-free compressor ou oil-injected screw compressor,

HYDAC.com

Hydraulique et pneumatique industrielle, Système de transmission de puissance, Daniel Cervera, Collège de Valleyfield, 2016, ISBN 978-2-920918-15-3

Industrial Fluid Power, Volume 1, third edition, Womack Education Publications, Framers Branch, Texas, ISBN 0-9605644-5-4

Industrial Fluid Power, Volume 2, fourth edition, Womack Education Publications, Framers Branch, Texas, ISBN 0-943719-01-1

Industrial Fluid Power, Volume 3, third edition, Womack Education Publications, Framers Branch, Texas, ISBN 0-943719-00-3

Industrial hydraulics manual second edition 1989, Vikers, USA, 935100-B

Ingersollrandproducts.com

Keaser.ca

Lubrification Fundamentals, second edition, D.M. Pirro A.A. Wessol, CRC Press, Sound Parkway, NW, ISBN 978-0-8247-0574-9

Lubrification industrielle, note de cours, juillet 2015, Christian Raymond, ing

Mécanismes hydrauliques et pneumatiques 9e édition, Jacques Faisandier et coll., DUNOD, Paris, ISBN 2100499483

Parker.com

Powersolutions.danfoss.com

Sunhydraulics.com

Womackmachine.com

Made in the USA
Monee, IL
16 January 2026

41651724R00282